U0237911

1

2
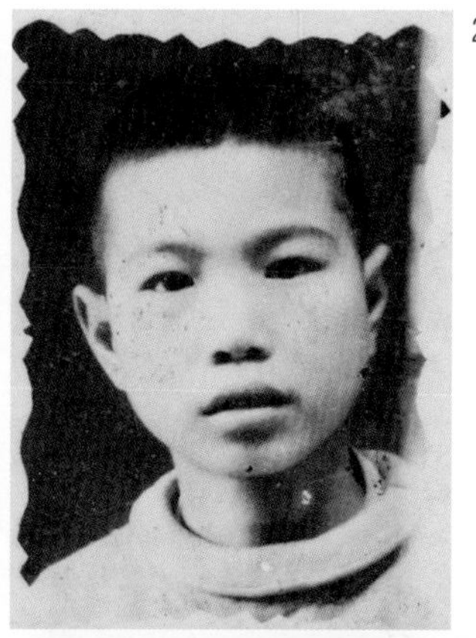

3

4

1 /　儿时与母亲在浙江奉化中山公园合影（1934）

2 /　15 岁考高中时的报名照（1948）

3 /　18 岁考入大连工学院造船系时的报名照（1951）

4 /　与父母、兄弟姐妹在浙江奉化合影（1956）

1

2

3

4

1/　与妻子、儿女合影（1986）

2/　全家合影（2010）

3/　夫妻合影（2018）

4/　单人照（2007）

1

2

3

4

1/　访问南伊利诺伊大学与贝克（右）合影（1990）

2/　访问美国国家数学科学研究所与首任所长陈省身先生（右）合影（1991）

3/　在法国马赛老港轮渡上（1998）

4/　当选国际欧亚科学院院士、接受科学院主席颁发证书（1998）

1

2

3

4

1/ 庆祝李锐夫先生（中排左四）八十寿辰时的合影（1983）

2/ 与程其襄先生（中）、徐义保（左）合影（1998）

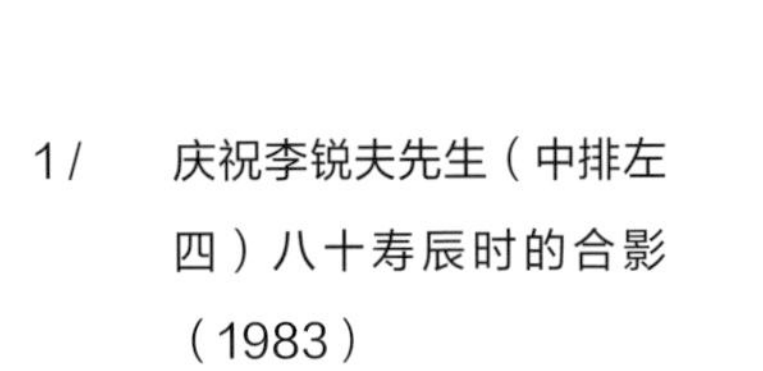

3/ 与马知恩先生（左三）、顾沛先生（左二）等在高等数学教学研究会上（2010）

4/ 与夏道行先生（左）在一起（2015）

张奠宙文集 · 第一卷

数学研究与数学思想

《张奠宙文集》编辑委员会◎编

华东师范大学出版社
· 上海 ·

图书在版编目（CIP）数据

数学研究与数学思想 /《张奠宙文集》编辑委员会编. -- 上海 : 华东师范大学出版社, 2024. --(张奠宙文集). -- ISBN 978-7-5760-5460-6

Ⅰ. O1 - 53

中国国家版本馆 CIP 数据核字第 20247UC091 号

张奠宙文集（第一卷）

数学研究与数学思想

编　　者　《张奠宙文集》编辑委员会
责任编辑　孙　莺　刘祖希
特约审读　王善平
责任校对　张安迪　时东明
装帧设计　卢晓红

出版发行　华东师范大学出版社
社　　址　上海市中山北路 3663 号　邮编 200062
网　　址　www.ecnupress.com.cn
电　　话　021 - 60821666　行政传真 021 - 62572105
客服电话　021 - 62865537　门市(邮购)电话 021 - 62869887
地　　址　上海市中山北路 3663 号华东师范大学校内先锋路口
网　　店　http://hdsdcbs.tmall.com

印 刷 者　浙江临安曙光印务有限公司
开　　本　787 毫米 × 1092 毫米　1 / 16
印　　张　26
字　　数　563 千字
插　　页　2
版　　次　2025 年 3 月第 1 版
印　　次　2025 年 3 月第 1 次
书　　号　ISBN 978 - 7 - 5760 - 5460 - 6
定　　价　78.00 元

出 版 人　王　焰

《张奠宙文集》编委会

总序

张奠宙先生(1933年5月21日—2018年12月20日)出生于浙江奉化,先后就读于烟台养正小学、烟台一中和家乡奉化中学;1950年考取大连工学院造船系,后转入应用数学系,一年后随着该系并入东北师范大学数学系而转到东北师范大学继续学习;1954年考进华东师范大学数学系数学分析研究生班,1956年毕业后留在数学系(现数学科学学院)长期执教,直至退休。

张奠宙先生毕生勤于治学,勇于探索,著述不辍,所涉及的学术领域广泛,其中最主要的工作则聚焦于数学、数学史和数学教育,成果甚丰。在数学方面,张奠宙先生的研究主要聚焦在线性算子谱理论,是我国泛函分析研究上做出贡献的主要学者之一;在数学史方面,他对世界现代数学史和中国近现代数学史进行了全面、系统的研究,在国内外甚有影响;而在创建中国特色数学教育理论、培养中国数学教育人才以及推动中国数学教育走向世界方面,他更是贡献巨大,影响深远。

张奠宙先生于1995—1998年担任国际数学教育委员会(International Commission on Mathematical Instruction)执行委员会成员,成为首位进入该国际组织领导机构的中国学者;他又于1999年当选为国际欧亚科学院(International Eurasian Academy of Sciences)院士。

经张奠宙先生家属和华东师范大学有关部门同意,我们决定编纂和出版《张奠宙文集》,一方面是为了比较全面地记载和反映张奠宙先生在数学、数学史与数学教育等领域的研究、人才培养及国际交流等多方面所做出的重要贡献,另一方面是为了更好地继承和发扬张奠宙先生的精神,推动我国数学与数学教育研究的进一步发展。同时,也是为了进一步弘扬华东师范大学数学教育专业在人才培养、学术创新和社会服务上的优良传统。

《张奠宙文集》共分六卷。第一卷《数学研究与数学思想》(主编:胡善文、朱成杰)收集了十多篇数学专业的学术论文、专著《线性算子组的联合谱》和《现代数学思想讲话》的部分章节;第二卷《现代数学史与数学文化》(主编:王善平)收集了数学文化与普及(含回忆文章)、现代数学史(含论文与传记)和数学教育史等内容;第三卷《数学史专著》(主编:王善平、倪明)收集了《中国近现代数学的发展》和《20世纪数学经纬》两部著作;第四卷《全球视野的数学教育》(主编:李俊、徐斌艳)收集了基于全球视角对数学教育论述的文章以及《我亲历的数学教育》一书中的相关内容;第五卷《中国特色的数学教育》(主编:李士锜、黄兴丰)收集了张奠宙先生主持的数学教育高级研讨班的有关论述,涉及从"双基"到"四基"、教育改革等方面的论文;第六卷《数学教育随笔》(主编:熊斌,副主编:胡耀华、赵小平)收集了与他人一起进行的数学教育访谈、为自己或他人著作所撰写的前言、序跋、后记,以及长期为《数学教学》等杂志撰写的随笔或编后漫笔。前五卷所有收集的作品，除了第二卷中的《李郁荣传——生平与科学成就》为首次发表外，其余都曾以书籍出版，或在杂志、会议论文集正式发表过。第六卷的内容也都摘选自正式出版的书籍、杂志。

在编辑《张奠宙文集》过程中，我们遵循尽量做到全面、准确和忠于历史、忠于原作者的原则，尽可能反映张奠宙先生学术研究的全貌。另外，为了出版的规范与读者阅读的便利，我们特地成立了译名工作小组，对各卷译名做了统一处理。

在《张奠宙文集》即将出版之际，我们作为主编要特别感谢张奠宙先生家属对开展本套文集编纂和出版工作的授权，感谢张奠宙先生有关著述的合作者和出版部门的支持。我们还要感谢华东师范大学有关领导和数学科学学院、亚洲数学教育中心等部门的支持。感谢华东师范大学出版社在文集立项与编辑出版过程中所给予的人力、物力支持。编委会各位同仁以及工作人员为文集的出版做了大量复杂细致的工作，我们向他们表示真挚的谢意。本文集的编纂工作还得到了华东师范大学张奠宙数学教育基金的资助，我们对此也要表示特别感谢。

最后要说明的是，由于张奠宙先生一生著述量多、面广、时间跨度长，出版本套文集既有很多有利条件，在不少方面也有其复杂性和挑战性。虽然我们在编纂过程中作了很大努力，但一定会有疏漏和不足，恳请广大读者批评指出，以便将来有机会修改或完善。

王建磐　范良火

2024 年 12 月于华东师范大学

编辑说明

本卷汇集了张奠宙先生毕生的在数学研究与数学思想领域发表的科研和学术成果，共分三部分。第一部分收集了从 1956 年到 1994 年张先生发表的数学学术论文，涉及复变函数、调和分析、实变函数、混沌理论和泛函分析各领域，展现了张先生从研究生开始的数学探索的巨大潜能。第二部分是张先生领衔撰写的科研专著《线性算子组的联合谱》，该书解决了当时算子谱论对联合谱的各个重大问题。如亚正常算子组、可分解算子组、紧算子组和 fredholm 算子组的联合谱和本质联合谱。第三部分是张先生与朱成杰合作的著作《现代数学思想的讲话》中主要由张先生撰写的内容。其中阐明了数学研究中“数学思想”是数学的核心的精辟结论。张先生用数学逻辑语言，结合中外数学发展史和当今数学的热门话题，讲述数学中的关系学、迭代法、对策论、信息论、控制论、系统论等，在读者面前展现了一个包罗万象、精彩纷呈的数学世界。

目录

第三部分　现代数学思想讲话 / 307

第一部分

数学论文

编辑说明

这里收集了张奠宙先生的15篇数学学术论文。早在1956年，张先生在复旦研究生班就读期间，就发表了题目为“关于Riemann映射定理”的证明，开启了他对数学孜孜不倦的探索与追求。张先生在他的处女作中摒弃了当时复杂传统的方法，另辟蹊径直接从Schwarz引理出发，反映了张先生独特的数学思维方式。在20世纪五六十年代广义函数还是刚刚冒出来的时髦话题，张先生发表的多篇论文(第2、3、4篇论文)把广义函数用于解无限阶的微分方程，令人耳目一新。“文革”后，张先生带领研究生，开辟了新的数学探索之路。在20世纪80年代，张先生的科研集中在可分解闭算子的谱论的研究，在第6、8、12、14等篇论文中对无界可单位分解算子、无界超广义标量、S-可分解算子等问题展开了深入研究，取得丰硕成果。张先生后期对泛函分析领域的工作集中在对线性算子组的系统和全面的工作，在第7、9、11、12各篇论文的基础上，第15篇论文作了当时对算子组联合谱的全面系统的论述。

关于 Riemann 保角映射定理的证明[①]

张奠宙

Riemann 关于保角映射的定理是：任何单连通区域含有多于一个界点时，可由一个单值函数将其变换到单位圆的内部。

本文是用下列预备定理将 Tchmarch，E.C. 函数论中关于 Riemann 定理的证明加以修改。

以下称单位圆即指单位圆的内部。

预备定理[②] 设 G 是任意一个包含原点且含于单位圆内的单连通区域，如果它不与单位圆重合，则存在一个在 G 内的单叶解析函数 $F(z)$ 使

$$F(0)=0;\ |F(z)|<1 \text{ 当 } z\in G;$$

$$|F(z)|>|z| \quad \text{当} \quad z\in G, z\neq 0,$$

现在证明 **Riemann 定理**：

按照普通的证明，可以假定区域 G 含有原点且含于单位圆 K_0 之内。由于原点 O 是区域 G 的点，故必有以 O 为圆心，以 R 为半径的闭圆 $K(O, R)$，而 $K(O, R)\subset G$。

今考虑函数族 E，其中每一函数 $f(z)$ 是单叶解析的，而且满足：

$$f(0)=0,\ f(G)\subset K_0。$$

以 $m(f)$ 表示函数 $f(z)$ 在 $K(O, R)$ 上的最大模（必在此圆的圆周上取得）。

令 $\rho=\sup\limits_{E} m(f)$，因 $f(G)\subset K_0$，

故
$$\rho<1。$$

可以证明 $\rho>0$，实际上，$f(z)=z$ 是 E 内的函数：

$$f(0)=0,\ f(G)\subset K_0;$$

且因为 G 是区域，用函数 $f(z)$ 变换后，在 $K(O, R)$ 上的最大模是 $R\neq 0$。故 $\rho\geqslant R>0$。

得到
$$0<\rho<1。$$

今在 E 中选取函数列 $\{f_n(z)\}$，使 $\lim\limits_{n\to\infty} m(f_n)=\rho$。

---

① 署名：数学分析研究班研究生　张奠宙。

发表：《华东师范大学学报》，1956 年第 3 期，111—112。

② 见 Saks-Zygmund：Analytic Functions，Chap. Ⅴ.6.4，P.226(1952)。

因为 E 是一致有界的解析函数族，即是致密(Compact)族。故据 Montel 定理，必存在 $f_{n_k}(z)$，殆一致收敛于某一函数。设此函数为 $\phi(z)$。显然 $\phi(z)$在 G 内为解析，

$$\phi(0)=0,\ \phi(G)\subset K_0。$$

次证 $\phi(z)$的单叶性。因 $m(\phi)>\rho-\varepsilon$，但已有 $\phi(0)=0$，故知 $\phi(z)$不是常数。因单叶解析函数列的极限函数若非常数必为单叶解析函数，可知 $\phi(z)$是单叶的。

这样可以断定： $$\phi(z)\in E。$$

从而 $$m(\phi)\leqslant\rho。$$

更由 $$m(\phi)>\rho-\varepsilon,$$

此处 $\varepsilon>0$ 为任意小的数，

故 $$m(\phi)=\rho。$$

现在我们断言 $\omega=\phi(z)$ 即是将区域 G 映射到单位圆内部的函数，即 $\phi(G)=K_0$。

假设相反，即设

$$\phi(G)\neq K_0。$$

则由预备定理，在区域 $\phi(G)$上存在一个单叶的解析函数 $F(\omega)$，

$$F(0)=0,\ |F(\omega)|<1,\ \omega\in\phi(G);$$

$$|F(\omega)|>|\omega|,\ \omega\in\phi(G),\ \omega\neq 0。$$

再考虑复合函数 $F(\phi(z))=\Psi(z)$，定义在区域 G 上，因单叶解析函数的复合函数仍是单叶解析函数，故 $\Psi(z)$是单叶解析函数，而

$$\Psi(0)=F(\phi(0))=F(0)=0,$$

$$\Psi(G)=F(\phi(G))\subset K_0(因\ |F(\omega)|<1),$$

$$\Psi(z)\in E。$$

因此

但当 $z\in G$ 时，

$$|\Psi(z)|=|F(\phi(z))|=|F(\omega)|>|\omega|=|\phi(z)|。$$

特别地，当 z 在闭圆 $K(O,R)$上亦有此关系。

故 $$m(\Psi)>m(\phi)=\rho,$$

此与 ρ 之定义相矛盾，故 $\phi(G)=K_0$ 必须成立。

定理已证明。

无限阶常系数微分方程的广义函数解[①]

张奠宙

在整函数空间上可以定义无限阶微分算子。无限阶微分方程的整函数解在[1]中已有详细的讨论。本文拟用傅里叶变换方法考虑无限阶微分方程的广义函数解：采取适当的基本函数空间 S_α^β，推广熟知的公式 $\widetilde{P\left(\frac{d}{dx}\right)f}=P(-i\sigma)\ \tilde{f}$（$P(z)$表示某个整函数）。最后在某些附加条件下，给出了解的积分表示。

一、基本空间 S_α^β

S 型空间 S_α^β 的定义见[2](210 页)。当 $0<\alpha<1\quad 0<\beta<1\quad \alpha+\beta\geqslant 1$ 时，其中的基本函数是整函数，且这种 S_α^β 是非平凡的，充分丰富的([2],278,281 页)。

凡在 x 轴上增长不超过$\frac{1}{\alpha}$级，在全平面增长不超过 $\frac{1}{1-\beta}$ 级的整函数 $E(z)$都是 S_α^β 上的乘子，即 $E(z)\cdot\psi(z)=E(\psi)$ 是 S_α^β 上的连续算子。

如果 $P(s)=\sum\limits_{\nu=0}^{\infty}c_\nu s^\nu$ 是不超过$\frac{1}{\beta}$级最小型的整函数$\left(\text{记作}\leqslant\left(\frac{1}{\beta},\varepsilon\right)\right)$，则$P\left(\frac{d}{dx}\right)$将 S_α^β 仍映为 S_α^β，且是其上的连续算子。以后我们只考虑这种级型$\left(\leqslant\left(\frac{1}{\beta},\varepsilon\right)\right)$的无限阶微分算子([2],234 页)。

预备定理 1 设 $P\left(\frac{d}{dx}\right)=\sum\limits_{\nu=0}^{\infty}c_\nu\left(\frac{d^\nu}{dx^\nu}\right)$ 是上述级型的算子，则级数

$$\Phi(x)=\sum_{\nu=0}^{\infty}c_\nu\varphi^{(\nu)}(x)\quad(\varphi(x)\in S_\alpha^\beta)$$

是依 S 空间的拓扑收敛的。

证 $\sum\limits_{\nu=0}^{\infty}c_\nu\varphi_\nu(x)$ 在 S 空间中的收敛可以描写为：该级数及其导数在任何有限区间上都一致收敛于某函数 $\Phi(x)$及其导数，且

① 发表：《华东师范大学学报》，1964 年第 1 期，29—32。

$$\left|x^k\sum_{\nu=0}^{N}c_\nu\varphi_\nu{}^{(q)}(x)\right|\leqslant c_{kq}\quad (c_{kq}\text{ 与 }N\text{ 无关})([3],233\text{ 页})。$$

因此只须证明 $\sum_{\nu=0}^{\infty}|c_\nu x^k\varphi^{(\nu+q)}(x)|$ 对任何 k，q 都存在一个收敛的常数项优级数即可。依 $\varphi\in S_\alpha^\beta$ 的定义得知

$$\begin{aligned}\sum_{\nu=0}^{\infty}|c_\nu x^k\varphi^{(\nu+q)}(x)|&\leqslant\sum_{\nu=0}^{\infty}|c_\nu|CB^{\nu+q}A^kk^{k\alpha}(\nu+q)^{(\nu+q)\beta}\\&\leqslant CA^kk^{k\alpha}B^qq^{q\beta}\sum_{\nu=0}^{\infty}|C_\nu|B^\nu\frac{(\nu+q)^{(\nu+q)\beta}}{q^{q\beta}}\\&=C_1(A,k,B,q,\alpha,\beta)\sum_{\nu=0}^{\infty}|C_\nu|B^\nu(\nu+q)^{\nu\beta}\left(1+\frac{\nu}{q}\right)^{q\beta}\\&\leqslant C_1\sum_{\nu=0}^{\infty}|C_\nu|B^\nu e^{\nu\beta}\nu^{\nu\beta}e^{q\beta}\\&\leqslant C_2\sum_{\nu=0}^{\infty}|C_\nu|B^\nu e^{\nu\beta}\nu^{\nu\beta}。\end{aligned}$$

因为 $\sum_{\nu=0}^{\infty}C_\nu S^\nu$ 是 $\leqslant\left(\frac{1}{\beta},\varepsilon\right)$ 的整函数，故 $|C_\nu|\leqslant C_0\left(\frac{\varepsilon e}{\nu\beta}\right)^{\nu\beta}$，$\varepsilon>0$ 可任意小。取 $\varepsilon=\frac{\varepsilon_1{}^{\frac{1}{\beta}}\beta}{B^{\frac{1}{\beta}}e^2}$ 则 $|c_\nu|\leqslant c_0\left(\frac{\varepsilon_1^\nu}{B^\nu e^{\nu\beta}\nu^{\nu\beta}}\right)$。

将 $|c_\nu|$ 的估计式代入前面的不等式中，即得

$$\sum_{\nu=0}^{\infty}|c_\nu x^k\varphi^{(\nu+q)}(x)|\leqslant c_3\sum_{\nu=0}^{\infty}c_0\varepsilon_1^\nu=K,$$

K 是与 ν 无关的常数。证完。

二、S_α^β 上的广义函数及其傅里叶变换

S_α^β 上的线性连续泛函称为 S_α^β 上的广义函数，记为

$$f=(f,\varphi),\ \varphi\in S_\alpha^\beta。$$

$\widetilde{S}_\alpha^\beta=S_\beta^\alpha$，$\widetilde{S}_\alpha^\beta$ 表示空间 S_α^β 的傅立叶变换象空间。由于已假定 $0<\alpha<1$，$0<\beta<1$，$\alpha+\beta\geqslant1$，故 S_β^α 仍属我们所考虑的那一类空间：由整函数构成，非平凡，充分丰富。

定义 对广义函数 f 施行无限阶常系数微分算子的意义是：

$$(P(D)f,\varphi)=(f,P(-D)\varphi),$$

$D=\frac{d}{dx}$，$\varphi\in S_\alpha^\beta$，$P(-D)$ 的级型为 $\leqslant\left(\frac{1}{\beta},\varepsilon\right)$。

故　$P(-D)\varphi \in S_{\alpha}^{\beta}$。

预备定理 2　设 $P(D)$的级型$\leqslant\left(\frac{1}{\beta}, \varepsilon\right)$，则 $\widetilde{P(D)f} = \bar{P}(-i\sigma)\tilde{f}$　($\bar{P}(z)$ 是由 $P(z)$ 的泰劳系数加共轭而得的整函数)，即对任何$\tilde{\varphi}(\varphi \in S_{\alpha}^{\beta})$，$(\widetilde{P(D)f}, \tilde{\varphi}) = (\bar{P}(-i\sigma)\tilde{f}, \tilde{\varphi})$。

证　记 $P(-D)\varphi(x) = \Phi(x)$，$\tilde{\varphi}(x) = \psi(\sigma)$，$\tilde{\Phi}(x) = \psi(\sigma)$。

由预理 1，得知 $\Phi(x) = \sum_{\nu=0}^{\infty} c_{\nu}(-1)^{\nu}\varphi^{(\nu)}(x)$ 依 S 空间拓扑是收敛的。再依傅里叶算子对 S 空间的连续性([2]，156 页)，得知

$$\begin{aligned}\Psi(\sigma) \doteq \tilde{\Phi}(x) &= \sum_{\nu=0}^{\infty} c_{\nu}(-1)^{\nu}\,\widetilde{\varphi^{(\nu)}}(x) = \sum_{\nu=0}^{\infty} c_{\nu}(-1)^{\nu}(-i\sigma)^{\nu}\tilde{\varphi}(x)\\ &= P(i\sigma)\tilde{\varphi}(x) = P(i\sigma)\psi(\sigma),\end{aligned}$$

这里 $\psi(\sigma) \in S_{\beta}^{\alpha}$。依前文，欲 $P(i\sigma)$ 是 S_{β}^{α} 空间上的乘子，只须在 x 轴上增长不超过$\frac{1}{\beta}$级，在全平面增长不超过$\frac{1}{1-\alpha}$级。今 $P(i\sigma)$ 的级型$\leqslant\left(\frac{1}{\beta}, \varepsilon\right)$。因为 $\alpha+\beta \geqslant 1$，$\frac{1}{\beta} \leqslant \frac{1}{1-\alpha}$，所以 $P(i\sigma)$ 在全平面上的级也不超过$\frac{1}{1-\alpha}$级。这就是说 $P(i\sigma)$ 是 S_{α}^{β} 上的乘子。故

$$\bar{\Psi}(\sigma) = P(i\sigma)\psi(\sigma) \in S_{\beta}^{\alpha}。$$

这样一来，依广义函数傅立叶变换的定义：

$$\begin{aligned}(\widetilde{P(D)}f, \psi) = (\widetilde{P(D)}f, \tilde{\varphi}) &= 2\pi(P(D)f, \varphi)\\ &= 2\pi(f, P(-D)\varphi) = 2\pi(f, \Phi(x)) = (\tilde{f}, \tilde{\Phi}(x))\\ &= (\tilde{f}, \bar{\psi}(\sigma)) = (\tilde{f}, P(-i\sigma)\varphi(\sigma)) = (\bar{P}(-i\sigma)\tilde{f}, \psi(\sigma))\end{aligned}$$

故
$$\widetilde{P(D)}f = \bar{P}(-i\sigma)\,\tilde{f}。$$

证完。

三、无限阶常系数微分方程的广义函数解

定理　给定微分方程(*) $P(D)f = h$，其中 f，h 是 S_{α}^{β} 上的广义函数 $(0 < \alpha, \beta < 1, \alpha + \beta \geqslant 1)$，

若 1°　$P(D)$的级型$\leqslant\left(\frac{1}{\beta}, \varepsilon\right)$

2°　$\tilde{h} = H(z)$ 是整函数，其级型亦为$\leqslant\left(\frac{1}{\beta}, \varepsilon\right)$，

则方程(*)可用傅立叶变换求解，即归结为

$$\bar{P}(-iz)\,\tilde{f} = H(z) \text{ 的除法问题。}$$

此外，若还有 3° $\dfrac{H(z)}{P(iz)}$在实轴上的增长不超过幂级，

则除法的解可由积分表出。

证 由预理立刻可得定理的前一半。当 3°满足时，

$$(g,\psi)=\int_{\Gamma}\frac{\overline{H}(z)}{P(-iz)}\psi(z)dz$$

是 S_{β}^{α} 上的一个解析泛函，这里 Γ 是不通过 $P(-iz)$ 的零点，且和实轴等阶的路线([3]，203 页)，因整函数的零点至多是可列个，这样的路线总是存在的。

我们证明 g 是方程 $\bar{P}(-iz)\ \tilde{f}=H(z)$ 的解：

$$(\bar{P}(-iz)g,\psi)=(g,P(-iz)\psi(z))=\int_{\Gamma}\frac{\overline{H}(z)}{P(-iz)}\cdot P(-iz)\psi(z)dz$$

$$=\int_{\Gamma}\overline{H}(z)\psi(z)dz=\int_{-\infty}^{\infty}\overline{H}(x)\psi(x)dx=(H(x),\psi(x))=H。$$

故方程(∗)的解是 g 的傅里叶逆变换 $F^{-1}(g)$。

特别地，如果 $\dfrac{H(x)}{P(-ix)}e^{bx}$ 对任一个 b 都绝对可积，则方程的解可表示为

$$f(s)=\frac{1}{2\pi}\int\frac{H(x)}{P(-ix)}e^{isx}dx,$$

这时 $f(s)$是普通函数。

例 解 $e^{D}f=\delta(x+1)$。

考虑 $S_{\frac{1}{2}}^{\frac{1}{2}}$。因 $e^{D}<(2,\varepsilon)$，作傅立叶变换得

$$e^{-iz}\ \tilde{f}=e^{-iz}\quad(\overline{e^{-iz}}=e^{-iz}),$$

$$(\widetilde{e^{bz}}=2\pi\delta(s-ib),\ 2\pi\delta\ \widetilde{(s-ib)}=\approx e^{bz}=2\pi e^{-bz})。$$

取 Γ 为实轴，$\tilde{f}=\int_{-\infty}^{\infty}\dfrac{e^{-iz}}{e^{-iz}}\psi(z)dx=\int_{-\infty}^{\infty}1\cdot\psi(x)dx=1$。

所以 $f=F^{-1}(\tilde{f})=F^{-1}(1)=\delta(x)$。

故得 $e^{D}\delta(x)=\delta(x+1)$。

此处 $\delta(x)$看成是 $S_{\frac{1}{2}}^{\frac{1}{2}}$上的广义函数。

若进一步考虑空间 $S_{\alpha A}^{\beta B}$，则本文的结果还可进一步精确化，不必限定 $P(D)$为最小型。

参考文献

[1] Sikkema, P.C. Differential operators and diflerential equtions of infinite order with Constant Coefficients.

[2] И. М. Гельфана, Г. И. Шилов: Пронстраства основных и обобщенных функций 1958.

[3] И. М. Гельфана, Г. И. Шилов: Обобщенные функций и действия над ними 1959.

非拟解析算子与广义标量算子[①]

张奠宙　沈祖和

引言

Любич，Ю. И. 和 Мацаев，В.И. 在[1]中研究了非拟解析算子。有界的非拟解析算子 T 可定义为满足条件

$$\| \exp(iTt) \| \leqslant \omega(t)$$

的算子，其中 $\omega(t)$是零点集中在正虚轴上的零类超越整函数[②]。

Любич 和 Мацаев 指出，非拟解析算子是 S-算子。这是一类具有某种可分解性质的算子，详见[1]。此外 C. Foiaç 考察过广义标量算子[2]。伍镜波[3]，[4]指出二者之间的关系。他证明若 $\| \exp(iTt) \|$ 的增长被小于 1 级的整函数所控制，即

$$\| \exp(iTt) \| = O(e^{|t|^\gamma}) \quad (\gamma < 1)$$

则 T 是 S^α-型广义标量算子 $\left(\gamma < \frac{1}{\alpha} < 1\right)$。然而[1]中所提到的零类整函数可以达到 1 级，因此[3]，[4]所考察的算子只是非拟解析算子类的一部分，本文指出[1]中所研究的任何非拟解析算子(不论有界或无界)都是某一非拟解析函数空间上的广义标量算子。

一、零类整函数的一些性质

设 $\omega(t)$ $(-\infty < t < \infty)$ 是零点集中在正虚轴上的零类超越整函数：

$$\omega(t) = c \prod_{k=1}^{\infty} \left(1 - \frac{t}{it_k}\right), \tag{1}$$

此处 $c =$ 常数，$c \geqslant 1$，

$$0 < t_1 \leqslant t_2 \leqslant t_3 \leqslant \cdots, \ \sum_{k=1}^{\infty} \frac{1}{t_k} < \infty。$$

今后 $\omega(t)$均表示由(1)所定义的零类超越整函数。

---

① 本文是在导师夏道行指导下完成的，讨论班的同志也给予很多帮助，作者对此表示感谢。
发表：复旦大学学报，1966 年第 11 卷第 1 期，43—53。

② 零类超越整函数的定义见[9]，定义 2.7.3。

引理 1　令 $\alpha(t)=\lg|\omega(t)|$，则 $t\alpha'(t)$ 是严格上升函数，并且当 $t\to\infty$ 时 $t\alpha'(t)\to\infty$。

证　因为 $|\omega(t)|=\prod_{k=1}^{\infty}\left|\left(1-\frac{t}{it_k}\right)\right|$，则

$$\alpha(t)=\lg|\omega(t)|=\sum_{k=1}^{\infty}\lg\frac{\sqrt{t_k^2+t^2}}{t_k}。$$

由于整函数标准乘积的一致收敛性，上面的级数可以逐项求导，于是

$$\alpha'(t)=\sum_{k=1}^{\infty}\frac{t_k}{\sqrt{t_k^2+t^2}}\cdot\frac{1}{t_k}\cdot\frac{t}{\sqrt{t_k^2+t^2}}=\sum_{k=1}^{\infty}\frac{t}{t_k^2+t^2};$$

$$t\alpha'(t)=\sum_{k=1}^{\infty}\frac{t^2}{t_k^2+t^2}。$$

设 $t'<t''$，则 $1+\left(\frac{t_k}{t'}\right)^2>1+\left(\frac{t_k}{t''}\right)^2$，故

$$\frac{t'^2}{t_k^2+t'^2}<\frac{t''^2}{t_k^2+t''^2},$$

因此 $t\alpha'(t)$ 是严格上升的。现在证明当 $t\to\infty$ 时，$t\alpha'(t)\to\infty$。任给正整数 M，令 $N=2M$，取 $|t|$ 充分大，使得 $|t|>|t_k|$ $(k\leqslant N)$。此时 $\frac{t^2}{t_k^2+t^2}>\frac{t^2}{2t^2}=\frac{1}{2}$。从而

$$t\alpha'(t)=\sum_{k=1}^{\infty}\frac{t^2}{t_k^2+t^2}\geqslant\sum_{k=1}^{N}\frac{t^2}{t_k^2+t^2}\geqslant\sum_{k=1}^{N}\frac{1}{2}=\frac{N}{2}=M。$$

证毕。

引理 2　设 $\alpha(t)=\lg|\omega(t)|$。令 $m_k=\sup_{t>0}t^k e^{-\alpha(t)}$ $(k=1,2,\cdots)$，则当 $k\geqslant k_0$（k_0 是某一正整数）时，$\{m_k\}$ 是对数凸的。

证　容易知道函数 $\Phi_k(t)=t^k e^{-\alpha(t)}$ 在方程 $q(t)=t\alpha'(t)=k$ 的根 t_k 上达到唯一极大值，即 $m_k=t_k^k e^{-\alpha(t_k)}$。由引理 1，当 $k\to\infty$ 时 $t_k\to\infty$，因此可取 k_0 适当大使得当 $k\geqslant k_0$ 时，$t_k\geqslant 1$。这时

$$m_k=\sup_{t>1}t^k e^{-\alpha(t)}\quad(k\geqslant k_0)。$$

现考察 $\lg m_k$：

$$\lg m_k=\lg\sup_{t>1}(t^k e^{-\alpha(t)})=\sup_{t>1}\lg(t^k e^{-\alpha(t)})=\sup_{t>1}(k\lg t-\alpha(t))=\sup_{u>0}(ku-\alpha(e^u))。$$

不难证明 $\alpha(e^u)$ 是变量 u 的 N-函数（参看[5]p.5），令

$$N(v)=\sup_{u>0}[vu-\alpha(e^u)]。$$

则由[5]p.13 可知 $N(v)$ 亦是 N-函数,从而是凸的。因为 $\lg m_k = N(k)$,所以 m_k 是对数凸的。

注:从引理 2 可知,由 $\omega(t)$ 可以产生一列 $\{m_k\}$,即

$$m_k = \sup_{t>0} t^k e^{-\alpha(t)}。$$

今后就称 $\{m_k\}$ 是由 $\omega(t)$ 导出的。

引理 3 (Kopec. J 和 Musielak. J) 设 $\{m_k\}$ 是由 $\omega(t)$ 导出的,令

$$T(t) = \sup_{k\geqslant 0} \frac{|t|^k}{m_k},$$

则

$$\frac{\omega(t)}{t} \leqslant T(t) \leqslant \omega(t)。$$

证 事实上,只需在[7]命题 2.1 中令 $\alpha(t) = \lg|\omega(t)|$ 即可。

引理 4 设 $\omega(t)$ 是由(1)定义的,则

$$\int_{-\infty}^{\infty} \frac{\lg|\omega(t)|}{1+t^2} dt < \infty ①。$$

证 令 $u(t) = \omega(t)\omega(-t)$,则

$$u(t) = \prod_{k=1}^{\infty}\left(1-\frac{t}{it_k}\right)\left(1+\frac{t}{it_k}\right) = \prod_{j=1}^{\infty}\left(1-\frac{t}{iS_j}\right),$$

其中 $S_{2k+1} = t_k$, $S_{2k} = -t_k$, $\sum_{j=1}^{\infty}\frac{1}{|S_j|} = \sum_{k=1}^{\infty}\frac{1}{|t_k|} + \sum_{k=1}^{\infty}\frac{1}{|-t_k|} < \infty$,故 $u(t)$ 仍是零类超越整函数,而且是偶函数。由[9].p.35 可知

$$\int_{-\infty}^{+\infty} \frac{\lg M(t)}{1+t^2} dt < \infty,$$

其中 $M(t) = \max_{|z|<t} |u(z)|$。由 $|u(t)| = |\omega(t)||\omega(-t)| = |\omega(t)|^2$,可知 $|u(t)|$ 是 t 的严格单调函数,并且

$$|u(t)| = \max_{-t<x<t} |u(x)| \leqslant \max_{|z|<t} |u(z)| = M(t)。$$

故

$$\int_{-\infty}^{+\infty} \frac{\lg|\omega(t)|}{1+t^2} dt = \frac{1}{2}\int_{-\infty}^{+\infty} \frac{\lg|u(t)|}{1+t^2} dt \leqslant \frac{1}{2}\int_{-\infty}^{+\infty} \frac{\lg M(t)}{1+t^2} dt < \infty。$$

证毕。

---

① 此结果在[8]中已得到,但我们未见到该文,故再证于此。

引理 5 设$\omega(t)$由(1)定义,则存在另一个零类超越整函数$\omega_1(t)$使得对一切$\lambda \neq 0$有

$$\frac{|\omega(t)|}{|\omega_1(\lambda t)|} \leqslant A(\lambda) < \infty,$$

此时$\omega_1(t)$称为$\omega(t)$的强控制函数。

证 由引理 4,$\int_{-\infty}^{+\infty} \frac{\lg|\omega(t)|}{1+t^2} dt < \infty$,故由[10]定理 1 知,存在一个强控制函数$\omega_1(t)$:

$$\omega_1(t) = \prod_{k=1}^{\infty}\left(1 + i\frac{c_k}{a_k}t\right) = \prod_{k=1}^{\infty}\left(1 - \frac{t}{i\frac{a_k}{c_k}}\right) \tag{2}$$

其中$c_k \geqslant e$, $c_k \to \infty$, $\sum_{k=1}^{\infty} \frac{c_k}{a_k} < \infty$,使得

$$\frac{|\omega(t)|}{|\omega_1(\lambda t)|} \leqslant A(\lambda) < \infty。$$

由(2)立刻可知$\omega_1(t)$仍是零点集中在正虚轴上的零类超越整函数。

证毕。

二、非拟解析函数空间

设正数列$m_0 = 1$, m_1, m_2, …, m_k, …,满足

(i) 存在常数K_0, ν_0使得对一切$k_0 = 0, 1, 2, \cdots$有$k! \leqslant K_0 \nu_0^k m_k$。

(ii) 对数凸条件:存在自然数$k_0 \geqslant 1$,当$k \geqslant k_0$时$\lg m_k$是k的凸函数,即

$$m_k^2 \leqslant m_{k-1} m_{k+1} \quad (k \geqslant k_0 + 1)。$$

(iii) 非拟解析条件:

$$\int_{-\infty}^{+\infty} \frac{\lg \sup\limits_{k>0} \frac{|t|^k}{m_k}}{1+t^2} dt < \infty。$$

令$C_{\langle m_k \rangle}$表示由满足下列条件的无穷次可微函数$\varphi(t)$组成的空间:存在常数K,正数ν使得

$$|\varphi^{(\nu)}(t)| \leqslant K \nu^m m_k \quad (k = 0, 1, 2, \cdots, -\infty < t < \infty)。$$

记$\|\varphi\|_\nu = \sup\limits_{\substack{-\infty<t<\infty \\ k>0}} \frac{|\varphi^{(k)}(t)|}{\nu^k m_k}$。若$\varphi_n$, $\varphi \in C_{\langle m_k \rangle}$, $\varphi_n \xrightarrow{C_{\langle m_k \rangle}} \varphi$意味着对$\varphi_n$,$\varphi$存在一个公共的$\nu$使得$\|\varphi_n - \varphi\|_\nu \to 0$。

$C_{\langle m_k\rangle}$ 中具有紧支集的函数全体记成 $C^0_{\langle m_k\rangle}$。若 φ_n，$\varphi\in C^0_{\langle m_k\rangle}$，$\varphi_n \xrightarrow{C^0_{\langle m_k\rangle}} \varphi$ 意味着 φ_n，φ 的支集都含在某一个共同的区间 Δ 中，并且具有 ν 使得 $\|\varphi_n-\varphi\|_\nu\to 0$。

今后称 $C_{\langle m_k\rangle}$，$C^0_{\langle m_k\rangle}$ 是由 $\omega(t)$ 导出的基本空间，在[4]中研究过这种空间，其中一个重要的结果是：

设 F 是直线上的闭集，G 是包含 F 的开集，则有 $\varphi\in C^0_{\langle m_k\rangle}$ 使 φ 在 G 外为零而在 F 的环境上为 1。

这个性质在[4]中已经证明，今后将要用到。

引理 6 设 $\omega(t)$ 由(1)定义，$\{m_k\}$ 是由 $\omega(t)$ 导出的正数列，则 $\{m_k\}$ 满足条件(i)，(ii)，(iii)。因而相应地导出了基本空间 $C_{\langle m_k\rangle}$ 和 $C^0_{\langle m_k\rangle}$。

证 先证条件(i)。因为 $T(t)=\sup\limits_{k>0}\dfrac{|t|^k}{m_k}$，故对一切 $k\geqslant 0$ 有

$$T(t)\geqslant\frac{|t|^k}{m_k},$$

从而

$$T(k)\geqslant\frac{k^k}{m_k}\geqslant\frac{k!}{m_k}。$$

由于 $\omega(t)$ 的增长不超过 1 级 0 型，故当 t 充分大时 $|\omega(t)|<e^t$。从而存在自然数 k_0，当 $k\geqslant k_0$ 时 $|\omega(k)|<e_k$。故

$$k!\leqslant m_kT(k)\leqslant m_k|\omega(k)|\leqslant m_ke^k\quad(k\geqslant k_0)。$$

今取常数 $K_0>k_0$，则对一切 $k\geqslant 0$，都有

$$k!\leqslant K_0e^km_k。$$

(i)证毕。

条件(ii)可由引理 2 立刻推出。

证(iii)，事实上，由引理 3，可知 $T(t)\leqslant e^{\alpha(t)}=|\omega(t)|$，故

$$\int_{-\infty}^{+\infty}\frac{\lg|T(t)|}{1+t^2}dt\leqslant\int_{-\infty}^{+\infty}\frac{\lg|\omega(t)|}{1+t^2}dt<\infty。$$

引理 6 证毕。

引理 7 设 $\{m_k\}$ 是由 $\omega(t)$ 导出的正数列。则相应的基本空间 $C_{\langle m_k\rangle}$，$C^0_{\langle m_k\rangle}$ 是非拟解析函数环。

证 事实上，由引理 6，$\{m_k\}$ 满足对数凸条件，故 $C_{\langle m_k\rangle}$，$C^0_{\langle m_k\rangle}$ 是环(见[6]p.50～51)。再由引理 6，$\{m_k\}$ 满足非拟解析条件，故 $C_{\langle m_k\rangle}$，$C^0_{\langle m_k\rangle}$ 是非拟解析函数环(见[10])。证毕。

三、$C_{\langle m_k \rangle}$，$C^0_{\langle m_k \rangle}$ 型广义标量算子

此后，用 X 表示 Banach 空间，I 表示单位算子，$B(X)$表示 X 中线性有界算子环，对 $T \in B(X)$，用 $\sigma(T)$和 $\rho(T)$分别表示 T 的谱集和正则点集。

定义 1 设 $T \in B(X)$。设有 $C_{\langle m_k \rangle}$ 到 $B(X)$的线性连续映照 U 使得

(i) U 有紧支集 $S(U)$。

(ii) 存在在 $S(U)$的某环境上等于 1 且具有紧支集的函数 $\chi(t) \in C_{\langle m_k \rangle}$ 使得

$$U_\chi = I\,;\ U_{t\chi} = T。$$

(iii) 对一切 $\varphi, \psi \in C_{\langle m_k \rangle}$，$U_\varphi U_\psi = U_{\varphi\psi}$。

则称 T 为 $C_{\langle m_k \rangle}$ 型广义标量算子。

下面定义无界广义标量算子的概念。我们基本上采用了 Fumi-Yuki-Maeda 的定义[12]，但也略有不同。

定义 2 设 T 是定义在 X 上的稠定闭线性算子，设存在 $C^0_{\langle m_k \rangle}$ 到 $B(X)$的线性连续同态 U 使得

(i) $C^0_{\langle m_k \rangle}$ 中有一列在$[-n, n]$的环境上为 1 的函数 $\chi_n(t)$使得

$$U_{\chi_n} \xrightarrow{\text{强}} I,$$

即对每个 $x \in X$，$U_{\chi_n} x \to x$；

(ii) $TU_\varphi \supset U_\varphi T$，$(\varphi \in C^0_{\langle m_k \rangle})$；

(iii) 令 $L(\Delta) = \{x \mid U_\varphi x = x : \varphi \in M(\Delta)\}$，其中 $M(\Delta)$ 表示 $C^0_{\langle m_k \rangle}$ 中所有在开区间 Δ 的闭包$\bar{\Delta}$的环境上为 1 的函数全体，则对每个开区间 Δ 有

$$T_\Delta = T \mid L(\Delta) = U_{t\chi_\Delta} \mid L(\Delta) \quad (\chi_\Delta \in M(\Delta))^{①},$$

这时称 T 为 $C^0_{\langle m_k \rangle}$ 型广义标量算子。

定理 1 设 T 是 $C^0_{\langle m_k \rangle}$ 型广义标量算子，则 T 为 S -算子(见[1]p.452)，即

(Ⅰ) $T \mid L(\Delta) = T_\Delta$ 是 $L(\Delta)$ 上有界线性算子。

(Ⅱ) $\sigma(T \mid L(\Delta)) \subset \bar{\Delta} \cap \sigma(T)$。

(Ⅲ) $L(\Delta)$是谱极大子空间(见[12]p.341)，即设 L 是 T 的任意不变子空间，如果 $\sigma(T \mid L) \subset \sigma(T \mid L(\Delta))$，则 $L \subset L(\Delta)$。

(Ⅳ) 设$\{\Delta\}$是有限开区间族，覆盖了整个数直线，则

$$\overline{\{\bigcup_\Delta L(\Delta)\}} = X。$$

证 由于有些部分的证明采用了[1]，[11]的部分想法，为避免重复，下面仅写出证

① 不难证明，这样定义是有意义的，即 $U_{t\chi_\Delta}$ 仅被区间 Δ 所确定，而不依赖于 $M(\Delta)$ 中函数 χ_Δ 的选取。

明的主要步骤。

（Ⅰ）是显然的，兹证（Ⅱ）。

首先证明，若 $f_\Delta \in C^0_{\langle m_k \rangle}$，且满足

$$f_\Delta = \begin{cases} 1, & \text{在 } \Delta \text{ 的闭包 } \bar{\Delta} \text{ 的环境 } G \text{ 上}, \\ 0, & \text{在 } t_0 \text{ 的某环境 } N \text{ 上}, t_0 \overline{\in} \Delta, \end{cases} \tag{3}$$

则

$$\frac{1}{t-\mu} f_\Delta \in C^0_{\langle m_k \rangle} \quad (\mu \in N)。$$

事实上，设 $|t-\mu| > \varepsilon$，则

$$\left(\frac{1}{t-\mu}\right)^{(k)} = \frac{d^k}{dt^k}\left(\frac{1}{t-\mu}\right) = \frac{k!}{(t-\mu)^{k+1}} \leqslant \frac{k!}{\varepsilon^{n+1}} \leqslant \frac{K_0}{\varepsilon}\left(\frac{\nu_0}{\varepsilon}\right)^k m_k。$$

设 $|f_\Delta^{(k)}| \leqslant K_\Delta (\nu_\Delta)^k m_k$，则

$$\begin{aligned}
\left|\left(\frac{1}{t-\mu} f_\Delta\right)^{(n)}\right| &\leqslant \sum_{k=1}^{n} \binom{n}{k} \left(\frac{1}{t-\mu}\right)^{(k)} (f_\Delta)^{(n-k)} \\
&\leqslant \sum_{k=1}^{n} \binom{n}{k} \left[\frac{K_0}{\varepsilon}\left(\frac{\nu_0}{\varepsilon}\right)^k m_k \cdot K_\Delta (\nu_\Delta)^{n-k} m_{n-k}\right] \\
&\leqslant \frac{K_0}{\varepsilon} \cdot K_\Delta \sum_{k=1}^{n} \binom{n}{k} \left(\frac{\nu_0}{\varepsilon}\right)^k (\nu_\Delta)^{n-k} m_k m_{n-k} \\
&\leqslant \frac{K_0}{\varepsilon} K_\Delta \left(\frac{\nu_0}{\varepsilon} + \nu_\Delta\right)^n m_n,
\end{aligned}$$

因此

$$\frac{f_\Delta}{\lambda - \mu} \in C^0_{\langle m_k \rangle}。$$

设 $t_0 \overline{\in} \Delta$，令 f_Δ 如(3)式，易知 $U_{f\Delta} \mid L(\Delta) = I \mid L(\Delta) = I_\Delta$。记

$$U_{\lambda f_\mu} \mid L(\Delta) = S_\Delta,\ f_\mu(t) = \frac{f_\Delta}{\mu - t} \quad (\mu \in \mathrm{N})。$$

前面已证 $f_\mu(t) \in C^0_{\langle m_k \rangle}$，且是 μ 的解析函数，故 $U_{f_\mu} \mid L(\Delta) = U_{f_\mu}$，$\Delta$ 是 μ 的抽象解析函数，由于

$$\begin{aligned}
(\mu I_\Delta - S_\Delta) \cdot U_{f_\mu, \Delta} &= [\{\mu U_{f\Delta} - U_{tf\Delta}\} U_{f_\mu}]_\Delta = U_{(\mu f\Delta - \lambda f\Delta)(\mu - \lambda)^{-1} f\Delta, \Delta} \\
&= U_{f^2\Delta} = [(U_{f\Delta})_\Delta]^2 = I_\Delta,
\end{aligned}$$

因此 $t_0 \in \rho(S_\Delta)$，所以 $\Delta^C \subset \rho(S_\Delta)$ 或 $\sigma(S_\Delta) \subset \bar{\Delta}$。（Ⅱ）获证。

其次，当 $\lambda \overline{\in} \sigma(T)$ 时，λ 亦不会是 T_Δ 的谱点，这只需要注意到 $U_\varphi T \subset TU_\varphi$，并利用

[1]p.450 的方法即可证明。

证(Ⅲ)。设 $x \in L$。由(Ⅱ),$\sigma(T \mid L) \subset \sigma(T \mid L(\Delta)) \subset \bar{\Delta}$,任取开区间 $O \supset \Delta$ 以及 φ_1, $\varphi_2 \in M(\Delta)$ 满足

$$S(\varphi_i) \subset O \quad (i=1, 2),$$

其中 $S(\varphi_i)$表示 φ_i 的支集。①

现在证明 $U_{\varphi_1} x = U_{\varphi_2} x$。事实上,因为 φ_1, $\varphi_2 \in M(\Delta)$,故 $\varphi_1 - \varphi_2$ 的支集 $S(\varphi_1 - \varphi_2) \subset c_1 \cup c_2 \subset O / \bar{\Delta}$,其中 c_1, c_2 是两个不相交的开区间,于是 $U_{\varphi_1 - \varphi_2} x \in L(c_1 \cup c_2)$②,且

$$\sigma(T_L \mid L(c_1 \cup c_2)) \subset \overline{c_1 \cup c_2}。$$

另一方面 $\sigma(T \mid L) \subset \bar{\Delta}$,且 $\bar{\Delta} \cap \overline{c_1 \cup c_2} = \varnothing$,故 $L(c_1 \cup c_2) = \{0\}$,即 $U_{\varphi_1} x = U_{\varphi_2} x$。

再由定义 2 的(i),可知 $U_{\chi_n} x \to x$。当 n 充分大使 $\Delta \subset [-n, n]$ 时,就有

$$x = U_{\chi_n} x = U_{\varphi} x \quad (\varphi \in M(\Delta))。$$

(Ⅲ)证毕。

(Ⅳ)是显然的。

四、主要结论

Любич, Ю. И.和 Мацаев, В. И.称满足下列四条件的算子 T 为非拟解析算子(见[1])。

1. T 是稠定的闭算子,$D(T)$为其定义域;

2. 柯西问题:

$$\begin{cases} i\dfrac{dx(t)}{dt} = Tx(t) \quad (-\infty < t < \infty), \\ x(0) = x \end{cases}$$

在强可微的意义下,对任意 $x \in D(T)$ 有解;

3. 对任何 t,存在常数 E_t,使得

$$\| x(t) \| \leqslant E_t \| x(0) \|,$$

其中 $x(t)$是以上柯西问题的解。

4. 记 $u_t x = x(t)$, ($\| u_t \| \leqslant E_t$),则

$$\int_{-\infty}^{+\infty} \frac{\lg \| u_t \|}{1+t^2} dt < \infty。 \tag{4}$$

---

① 这一关系式实际上当 Δ 是任意有界开集时都成立,证明亦一样。

② 符号 $L(c_1 \cup c_2)$ 也可类似地定义,即 $L(c_1 \cup c_2) = \{x \mid u_\varphi x = x, x \in M(c_1 \cup c_2)\}$,其中 $M(c_1 \cup c_2)$表示在开集 $c_1 \cup c_2$ 的环境上为 1 的函数全体。

可以证明非拟解析算子仅有实谱([1]p.444)。

现在我们来证明本文主要定理。

定理 2 设 T 是无界非拟解析算子，则存在$\{m_k\}$使 T 是 $C^0_{\langle m_k \rangle}$ 型的无界广义标量算子。

为了叙述简便，我们先就有界算子的情况证明下列定理。

定理 2′ 设 T 是 Banach 空间 X 上的有界线性算子，满足

$$\| \exp(iTt) \| \leqslant | \omega(t) |,$$

其中 $\omega(t)$由(1)所定义，则存在数列$\{m_k\}$使 T 是$C_{\langle m_k \rangle}$型广义标量算子。

证 1° 由引理 5，从已知的 $\omega(t)$可以找到强控制函数 $\omega_1(t)$。令

$$\omega_2(t) = \left(1 - \frac{t}{i}\right)^3 \omega_1(t)。$$

显然 $\omega_2(t)$仍是零点集中在正虚轴上的零类超越整函数。根据引理 3，可由 $\omega_2(t)$导出非拟解析函数环 $C_{\langle m_k \rangle}$。

2° 设 $\varphi \in C_{\langle m_k \rangle}$，$\varphi$ 的支集 $S(\varphi)$ 在$[-l, l]$中。记$\tilde{\varphi}$ 是 φ 的 Fourier 变换，则

$$| \tilde{\varphi}(t) | \leqslant \frac{2lKt}{\left| \omega_2\left(\frac{t}{\nu}\right) \right|} \quad (K, \nu \text{ 是只与 } \varphi \text{ 有关的常数})。$$

事实上，

$$| \varphi^{(k)}(t) | \leqslant K\nu^k m_k,$$

因此

$$| t^k \tilde{\varphi}(t) | = \left| \int_{-l}^{l} \varphi^{(k)}(s) e^{-ist} ds \right| \leqslant \int_{-l}^{l} | \varphi^{(k)}(s) | ds \leqslant 2lK\nu^k m_k。$$

故

$$| \tilde{\varphi}(t) | \leqslant 2lK \inf_{k>0} \frac{\nu^k m_k}{| t |^k} = \frac{2lK}{\sup\limits_{k>0} \frac{| t/\nu |^k}{m_k}}。$$

由引理 3 知

$$T(t) \geqslant \frac{| \omega_2(t) |}{t},$$

所以得到

$$| \tilde{\varphi}(t) | \leqslant \frac{2lKt}{\left| \omega_2\left(\frac{t}{\nu}\right) \right|}。$$

3° T 具有实谱，设 $\sigma(T) \subset [-a, a]$。

用 $C_{\langle m_k\rangle}(a)$ 记 $C_{\langle m_k\rangle}$ 中支集含于 $[-a, a]$ 的函数全体，其拓扑为 $C_{\langle m_k\rangle}$ 中拓扑的导出拓扑。

作 $C_{\langle m_k\rangle}(a)$ 到 $B(X)$ 的同态 U 如下：

$$U_\varphi=\int_{-\infty}^{+\infty}\tilde{\varphi}(t)\exp(iTt)dt。$$

这一积分按算子范数收敛，事实上

$$|\tilde{\varphi}(t)|\cdot\|\exp(iTt)\|\leqslant\frac{Kt}{|\omega_2(t/\nu)|}\cdot|\omega(t)|=\frac{Kt}{\left|\left(1-\frac{t}{i}\right)^3\right|}\ \frac{|\omega(t)|}{|\omega_1(\lambda t)|}$$

$$=\frac{Kt}{(\sqrt{1+t^2})^3}\cdot\frac{\omega(t)}{\omega_1(\lambda t)}\leqslant\frac{KA(\lambda)t}{(\sqrt{1+t^2})^3}\quad\left(\lambda=\frac{1}{\nu}\right)。$$

因此

$$\int_{-\infty}^{+\infty}|\tilde{\varphi}(t)|\cdot\|\exp(iTt)\|dt\leqslant\int_{-\infty}^{+\infty}\frac{KA(\lambda)t}{(\sqrt{1+t^2})^3}dt<\infty。$$

4° 这一映照 U 是连续的。

设 $\varphi_n, \varphi\in C_{\langle m_k\rangle}(a)$，$\varphi_n\xrightarrow{C_{\langle m_k\rangle}}\varphi$，即存在 ν 使

$$a_n=\|\varphi_n-\varphi\|_\nu=\sup_{\substack{-\infty<t<\infty\\ k>0}}\frac{|\varphi_n^{(k)}(t)-\varphi^{(k)}(t)|}{\nu^k m_k}\to 0。$$

由于 $|\tilde{\varphi}_n-\tilde{\varphi}|\leqslant 2aa_n/\sup\limits_{k>0}\dfrac{|t/\nu|^k}{m_k}$，可得

$$\begin{aligned}\|U_{\varphi n}-U_\varphi\|&\leqslant\int_{-\infty}^{+\infty}|\tilde{\varphi}_n-\tilde{\varphi}|\cdot\|\exp(iTt)\|dt\\&\leqslant\int_{-M_e}^{M_e}|\tilde{\varphi}_n(t)-\tilde{\varphi}(t)|\cdot\|\exp(iTt)\|dt+\\&\quad\int_{|t|>M_e}|\tilde{\varphi}_n(t)-\tilde{\varphi}(t)|\cdot\|\exp(iTt)\|dt\\&\leqslant 2a\sup_{-\infty<t<\infty}|\varphi_n(t)-\varphi(t)|\cdot\int_{-M_e}^{M_e}\|\exp(iTt)\|dt+\\&\quad 2aa_n\int_{|t|>M_e}\frac{2lKtA(\lambda)}{(\sqrt{1+t^2})^3}dt。\end{aligned}$$

当 $n\to\infty$ 时，$\sup\limits_{-\infty<t<\infty}|\varphi_n(t)-\varphi(t)|\to 0$ 以及 $a_n\to 0$，故

$$\|U_{\varphi_n}-U_\varphi\|\to 0。$$

5° 任取 $\chi\in C_{\langle m_k\rangle}(a)$，使得 $\chi(t)$ 在 $\sigma(T)$ 的某个环境上为 1。对于 $\varphi\in C_{\langle m_k\rangle}$，令

$$V_\varphi=\int_{-\infty}^{\infty}\widetilde{\varphi}\chi(t)\exp(iTt)dt,$$

显然 V_φ 是 $C_{\langle m_k\rangle}$ 到 $B(X)$ 上的连续映照。

可以和[4]完全一样地证明 V_φ 不依赖于 $\chi(t)$ 和 a 的选择，并且 V_φ 是同态，满足定义 1 的(i)，(ii)，(iii)。

定理 2′证毕。

下面回到定理 2 的证明。

定理 2 的证明，因为证明方法和有界算子时的情况很类似，故只叙述其主要步骤。

1° 因 T 是非拟解析算子，必有 $\int_{-\infty}^{+\infty}\frac{\lg\|u_t\|}{1+t^2}dt<\infty$。由[10]可知，存在零点集中在正虚轴上的零类超越整函数 $\omega(t)$，使得

$$\|u_t\|\leqslant|\omega(t)|。$$

于是像前面一样，可由 $\omega(t)$ 找出强控制函数 $\omega_1(t)$。令

$$\omega_2(t)=\left(1-\frac{t}{i}\right)^3\omega_1(t)。$$

从 $\omega_2(t)$ 可以导出空间 $C^0_{\langle m_k\rangle}$。

2° $C^0_{\langle m_k\rangle}$ 到 $B(X)$ 上的映照 U 可由下面方式确定

$$U_\varphi=\int_{-\infty}^{+\infty}\widetilde{\varphi}(t)u_t dt,$$

其中 u_t 是由(4)所确定的，它是以 T 为无穷小母元所产生的单参数算子群。这一积分的收敛性可和有界算子的情况同样证明。

下面证明这一映照是连续的，我们已规定在 $C^0_{\langle m_k\rangle}$ 中 $\varphi_n\xrightarrow{C^0_{\langle m_k\rangle}}\varphi$ 是指 φ_n 和 φ 的支集都含在公共的有限区间 $(-a,a)$ 内，且有 ν 使 $\|\varphi_n-\varphi\|_\nu\to 0$。故仍可得到下列估计：

$$|\widetilde{\varphi}_n-\widetilde{\varphi}|\leqslant\frac{2aK}{T\left(\frac{t}{\nu}\right)}。$$

这样一来，当 $\varphi_n\xrightarrow{C^0_{\langle m_k\rangle}}\varphi$ 时，即有

$$\int_{-\infty}^{\infty}|\widetilde{\varphi}_n-\widetilde{\varphi}|\cdot\|u_t\|dt\to 0。(n\to\infty)$$

3° $U_{\varphi_1}U_{\varphi_2}=U_{\varphi_2}U_{\varphi_1}=U_{\varphi_1\varphi_2}$。事实上

$$\begin{aligned}U_{\varphi_1}U_{\varphi_2}&=\int_{-\infty}^{+\infty}\left(\widetilde{\varphi}_1(t)u_t\int_{-\infty}^{+\infty}\widetilde{\varphi}_2(s)u_2 ds\right)dt\\&=\int_{-\infty}^{+\infty}\widetilde{\varphi}_1(t)\left(\int_{-\infty}^{+\infty}\widetilde{\varphi}(s)u_{t+s}ds\right)dt\end{aligned}$$

$$=\int_{-\infty}^{+\infty}\widetilde{\varphi}_1(t)\int_{-\infty}^{+\infty}\widetilde{\varphi}(\lambda-t)u_\lambda d\lambda \quad (t+s=\lambda)$$

$$=\int_{-\infty}^{+\infty}\left(\int_{-\infty}^{+\infty}\widetilde{\varphi}_1(t)\,\widetilde{\varphi}_2(\lambda-t)dt\right)u_\lambda d\lambda$$

$$=\int_{-\infty}^{+\infty}\widetilde{\varphi_1\varphi_2}u_\lambda d\lambda=U_{\varphi_1\varphi_2}。$$

以上证明了 U 是连续的同态。

4° 验证定义(2)的(i)。即求 $\chi_n(t)$,它在$[-n, n]$的环境上为 1 而且

$$U_{\chi_x}\xrightarrow{\text{强}}I(n\to\infty)。$$

首先在 $C^0_{\langle m_k\rangle}$ 中选取函数 $\chi(t)$,它在$[-1, 1]$的环境上为 1。令 $\widetilde{\chi}(t)=Q(t)$, 则

$$\int_{-\infty}^{+\infty}Q(t)dt=\int_{-\infty}^{+\infty}Q(t)e^{i.O.t}dt=\widetilde{\widetilde{\chi}}(0)=\chi(0)=1。$$

于是和前面一样可以证明

$$\int_{-\infty}^{+\infty}|Q(t)||\omega(t)|dt=\int_{-\infty}^{+\infty}|\widetilde{\chi}(t)|\cdot|\omega(t)|dt<\infty。$$

另外 $\|u_t\|\leqslant\omega(t)$ 是已知的。有了这些准备,直接应用[1] 的引理 1.1.6 及其 §4.9,就可以得到所需结论$\left(\text{其中 }\chi_n(t)=\widetilde{nQ}(nt)=\chi\left(\frac{t}{n}\right)\right)$。

5° 验证定义 2 的(ii)。即 $TU_\varphi\supset U_\varphi T$。

因为 u_t 和 T 有关系式 $Tu_t\supset u_tT$,故在[1]引理1.2,1 中令 $z=t$, $L(z)=u_t$, $\rho(z)=\widetilde{\varphi}(t)$。 即得。

6° 验证定义 2 的(iii),即 $T_\Delta=T\mid L(\Delta)=U_{t\chi_\Delta}\mid L(\Delta)$。

只需证明对任何 $x\in L(\Delta)$ 有 $Tx=U_{t\chi}x$ 即可。事实上,当 $x\in L(\Delta)$ 时,有

$$U_{t\chi_\Delta}x=\int_{-\infty}^{+\infty}t\,\widetilde{\chi}_\Delta u_t x dt=+i\int_{-\infty}^{+\infty}u_t x d\,\widetilde{\chi}_\Delta$$

$$=+i\int_{-\infty}^{+\infty}\widetilde{\chi}_\Delta\frac{du_t x}{dt}dt=+i\int_{-\infty}^{+\infty}\widetilde{\chi}_\Delta(-iTu_t x)dt$$

$$=\int_{-\infty}^{+\infty}\widetilde{\chi}_\Delta u_t Tx dt=U_{\chi_\Delta}(Tx)=TU_{\chi_\Delta}x=Tx。$$

(在这一串等式中,用了 $(\widetilde{\chi}_\Delta)'=-\widetilde{it\chi_\Delta}$;$TU_\varphi\supset T_\varphi T$;以及当 $x\in L(\Delta)$ 时 $U_{\chi_\Delta}x=x$ 等事实)。

定理 2 全部证毕。

注 1:当 T 是有界算子时,$C_{\langle m_k\rangle}$ 型广义标量算子是 C. Foiaç 意义下的可分解算子[13]。这在[4]中已经证明。

注 2:如果 $\omega(t)$是零点集中在正虚轴上的 n 次多项式,则

$$\| \exp(iTt) \| \leqslant \omega(t),$$

就意味着

$$\| \exp(iTt) \| \leqslant O(|t|^n)。$$

上式亦可改写为：当 $|t| > t_0$ 时

$$\| \exp(iTt) \| \leqslant \frac{K|t|^{n+2}}{1+t^2}。$$

这时 $t\lg|\omega(t)| \mapsto \infty$，因而引理 2 不能应用，但 m_k 仍可定义如下：

$$m_k = \sup_{|t|>t_a} \left(|t|^k \frac{1+t^2}{K|t|^{n+4}} \right)。$$

显然，当 $k > n+2$ 时 $m_k = \infty$。于是在这种情况之下，$C_{\langle m_k \rangle}$ 型广义标量算子就是 C. Foiaç 意义下的广义标量算子[2]。这在[3]中已详细讨论过。

参考文献

[1] Ю. И. Любич, В. И. Мацаев. об oнepaтopax c Отделимым спвктром. матем. сб. Т. 56. (98)：4 1962. 433—468.

[2] C. Foiaç, Une applications des distribution Vectorielles à la theorie spectrale. Bull. Sci. math 84. 147—158. 1960.

[3] 伍镜波.谱在曲线上的广义标量算子，已投复旦大学学报.

[4] 伍镜波.非拟解析广义标量算子，已投复旦大学学报.

[5] M. A. Красносельский.，Я.Б. Рутицкий.凸函数与奥尔利契空间.(1958)(中译本).

[6] C. Roumieu, Sur quelques extensiens de la notion des distribution Ann Scient sc Norm. Sp. 3° serie. t. 77. 1960. pp.40—121.

[7] J. Kopec, and. Musielak. J. On quasianalytic classes of function, expansible in series. Annales PoLonici. math. Ⅷ. 1960. pp.285—292.

[8] C.H. Бернштейн, Экстремальные Свойстиа пояиномов. москва-леннinfтрад. ОНТИ. 1937.

[9] R.P. Boas, Entiro function. 1954.

[10] S. Mandelbrojt, serie adherents, regularisation des suites application. Paries. 1952.

[11] О.И. Иноземцев, и В.А. Марченко, О мажорантах Нудевого Рода. усп. матем. наук. т. Ⅺ Вып. 2. (68) 1956. pp.173—178.

[12] Fumi-Yuki. maeda. Generalized Spectral Operators on locally Convex space. Pacif. J. math. vol.13. No.1. 1963. pp.177—192.

[13] C. Foiaç, Spectral maximal Spaces and. decomposable Operators in Banach Space. Arkiv. der. mathe. 14 4/5. 1963. 1. pp.341—349.

关于整函数导出的非拟解析函数空间①

张莫宙

非拟解析函数空间的研究已经很多，例如广义函数论中的基本空间 K 和 S 都是。为了研究线性算子谱论的需要，伍镜波[1]、张莫宙和沈祖和[2]曾引入一类由整函数导出的非拟解析函数空间。其定义是：设 $\omega(z)$ 是零点集中在正虚轴上的零类(Genus)整函数，这里

$$\omega(t)=C\prod_{k=1}^{\infty}\left(1-\frac{t}{it_k}\right),\ \sum_{k=1}^{\infty}\frac{1}{t_k}<\infty。$$

由 $\omega(t)$ 可导出一列 M_k：

$$M_k=\sup_{t>0}t^k e^{-\ln|\omega(t)|},\ k=0,\ 1,\ 2,\ \cdots$$

记无限次可微的函数空间为 C^{∞}。现在用 $\{M_k\}$ 定义 C^{∞} 中的子空间 C_{M_k}：

$$C_{M_k}=\{\varphi\mid\varphi\in C^{\infty},\ |\varphi^{(k)}(x)|\leqslant A\nu^k M_k,\ A,\ \nu\text{ 是 }\varphi\text{ 决定的常数}\},$$

C_{M_k} 称为由 $\omega(z)$ 导出的函数空间，它是非拟解析函数环。

首先要问，什么样的整函数可以导出这类空间？我们有

定理 1 设整函数 $\omega(z)$ 的零点 $a_k(k=1,\ 2,\ 3,\ \cdots)$ 集中在上半平面，其分布关于正虚轴是对称的，且满足

$$\sum_{k=1}^{\infty}\frac{1}{I_m(a_k)}<+\infty。$$

则上述定义的 C_{M_k} 空间构成非拟解析函数环。

以下讨论整函数 $\omega(z)$ 的零点分布和导出的 $\{M_k\}$ 分布间的关系。设 $\omega(z)$ 的零点为 $\{it_k\}$，$\sum_{k=1}^{\infty}\frac{1}{t_k}<\infty$。$D_r=\{z\mid |z|\leqslant r\}$。$n(r)$ 为 D_r 中所含零点个数。由[3]可知，$\omega(t)$ 导出的数列 M_k 必满足 $\sum_{k=1}^{\infty}\frac{1}{m_k}<\infty$，其中 $m_k=\frac{M_k}{M_{k-1}}$。用 $m(r)$ 记 D_r 中含 m_k 的个数。

我们有如下估计：

定理 2 设 $n(r)$，$m(r)$ 如上所定义，当 r 充分大时将成立下列关系

---

① 署名：华东师范大学　张莫宙。
发表：1978 年上海市数学会论文选。

$$(\ln r-\ln m_1)^{-1}\left[\frac{1}{2}\int_0^r \frac{n(t)}{t}dt-\ln r\right]\leqslant m(r)\leqslant (er)^2\int_0^{\infty}\frac{n(t)dt}{t(t^2+(er)^2)}。$$

此外还研究了 C_{M_k} 的可微性，即 $f\in C_{M_k}$ 将有 $f'\in C_{M_k}$ 的问题。

参考文献

［1］伍镜波，非拟解析广义标量算子.复旦学报，1965 年，10 卷 1 期。

［2］张奠宇、沈祖和，非拟解析算子和广义标量算子.复旦学报，1966 年，11 卷 1 期。

［3］C. Roumien, Sur Quelues extensions de la notion de distribution. Ann, Scient. SC Norm Sp 3t. (1960) 77.

不连续现象的数学模型——托姆的突变理论[①]

张奠宙

在自然现象和社会活动中，充满着突变和跳跃的过程。水突然沸腾，冰突然融化，火山爆发，房屋倒塌，蝗虫陡然大量发生铺天盖地而来，病人忽然产生休克以至死亡。这类由渐变、量变发展为突变、质变的过程无处不在。

但是，从牛顿（I. Newton）创立的微积分到今天的艰深数学成就，其主要部分都不是处理这类过程的。经典微积分的研究对象是渐变的、光滑变化的现象。例如地球绕太阳旋转，它是如此有规律地周而复始地连续不断进行，使得人们能极其精确地预测未来的运动状态。可以说，微积分是光滑变化现象的数学模型。二十世纪科学的进展，迫使数学家进一步描述突然发生的量的跃迁过程，研究不连续现象的数学理论陆续出现。法国数学家托姆（R. Thom）创立的突变理论，就是一种十分引人注目的数学模型。

托姆是一位享有盛名的数学家，曾经获得过当前国际数学界的最高奖——菲尔兹奖章。1972 年，托姆出版了《结构稳定性和形态发生学》一书，系统地阐述了他的突变理论。近十年来，突变理论曾引起过轰动，也出现过非议，经受过严厉的批评。目前突变理论家们正从理论和实际应用方面，不断改进和完善这一模型。

一、突变——系统稳定态的跃迁

数学中处理不连续现象的方法还是有一些的，例如将不连续函数展成富氏级数，用偏微分方程描写激波形成等。突变理论并不是要代替它们，而是作为传统方法的一种补充。这种新理论的要点，在于考察某种过程从一种稳定态到另一种稳定态的跃迁。

大家知道，系统所处的状态可以用一组参数描述。当系统处于稳定态时，标志该系统状态的某个函数就取唯一的极值（如能量取极小、熵取极大等）。当参数在某个范围内变化，该函数有不止一个极值时，那么系统必然处于不稳定状态。因为，如果系统的状态既可使某函数取极值甲，又可能取极值乙，究竟取哪个值不能判定，当然是不稳定的了。现在我们设想，系统从一种稳定态（比如取极值甲）进入某不稳定态，而且参数再稍作变化，将使处于不稳定状态的系统进入另一种稳定态（取极值乙），那么可以想见，在这一刹

---

① 署名：张奠宙（华东师范大学数学系）。
发表：《自然杂志》，1980 年 10 月，728—732。

那，状态发生了突变。托姆的突变理论，就是用数学工具描述系统状态的跃迁，给出系统处于稳定态的参数区域，以及系统处于不稳定状态时的参数区域。参数变化时，系统状态也随着变化；当参数通过某些特定位置时，状态就会出现突变。

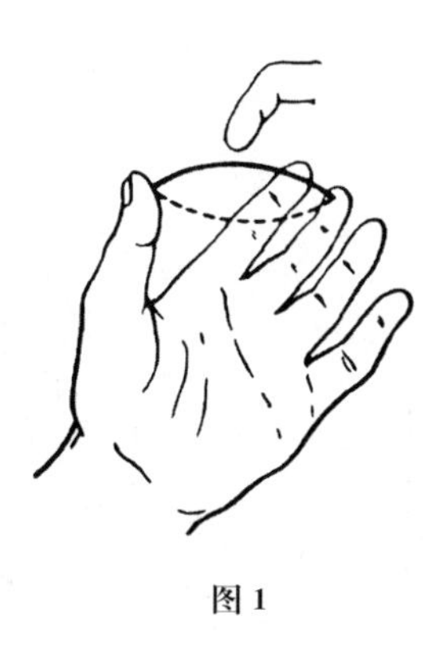

图 1

不妨看一个例子。用大拇指和中指夹持一段有弹性的钢丝，使其向上弯曲(图 1)，然后用力压钢丝使其变形，倘若继续加大外力，当达到一定程度时，钢丝就会突然向下弯曲。这是生活中常见的一种突变现象。它有两种稳定状态：上弯和下弯。状态由两个参数所决定，一是手指夹持的力(水平方向)，二是对钢丝的压力(垂直方向)。试想，只有水平的挤压力且钢丝向上弯时，它的内能处于极小值，是稳定状态。当垂直方向外力加大到一定程度，钢丝的内能变得相当大，很不稳定。这时再稍加外力，钢丝的内能就突然大量减少，急剧变为下弯，又处于新的稳定态，这时钢丝内能又处于极小值。注意，不是最小值。当水平和垂直方向的力都为零时，钢丝蓄积的内能才最小。这样，我们可以用数学方法来描述它。这是一个动力学系统，它的状态受两个因子(水平挤压力 a 和垂直荷载 b)所制约，其内能函数是 V，它和位移 x(衡量上弯下弯程度)有关。所以我们的任务就是研究函数 $V_{a,b}(x)$(其中 a，b 是参数)的极小值变化状况。突变理论正是从此入手的。也就是说，如果一个过程，或一个系统，其状态能够用一个依赖于 n 个参数，m 个变量的函数 $F_{a_1\cdots a_n}(x_1, x_2, \cdots, x_m)$来刻画，那么突变理论就有用武之地了。

二、尖顶突变——最有用的一种突变模型

在描述各种不连续现象的数学模型中，应用最广泛、最直观的一种，叫作尖顶突变。英国的齐曼教授用它来解释狗的行为，颇为有趣。

谁都知道，一条发怒的狗将会咬人，一条受惊的狗将会逃跑。那么一条既惊又怒的狗会怎样行动？这时，发怒和惊怕并不会彼此抵消而使狗变得温顺起来，恰恰相反，这条狗的行为将十分激烈，而且处于不稳定状态：可能恶狠狠咬人，也可能飞快逃跑，两种极端行为出现的概率都很高。在这种场合，突变行为也经常可以看到。比如一条既惊又怒的狗似乎要咬人，但只要再稍加恐吓就会掉头逃跑，而一条似乎要逃跑的恶狗却冷不防回头咬你一口。这种行为上的突变，可以用尖顶突变模型加以描述。

在图 2 中，x 轴表示狗的行为，a 表示恐惧程度，b 表示发怒程度。据报道，恐惧程度可用狗耳朵向后拉平的程度加以衡量，而狗张嘴露齿的程度可以标志发怒的状况。狗的行为标在 x 轴上，按逃跑、退缩、回避、平和、吼叫、咆哮、进攻等次序由下到上地排列。当然，这些行为用数量来描述有很多困难，但是作一大概的刻画，给出定性的判断，还是可能做到的。

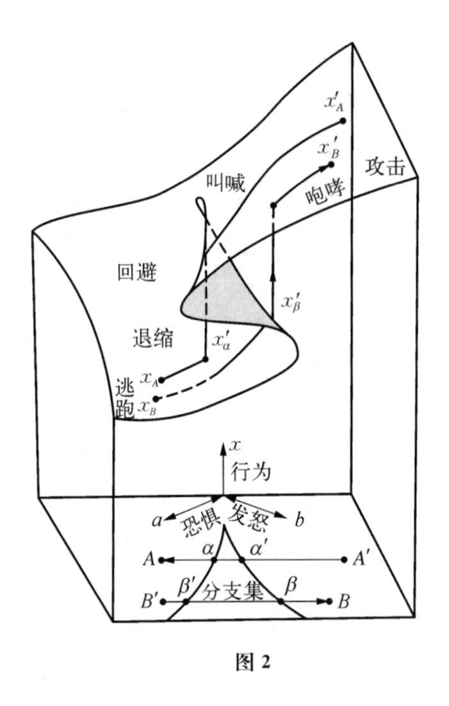

图 2

图 2 表示的是行为曲面 $x=\phi(a, b)$。底平面称为控制平面，表示两个相互矛盾的因子（发怒 b 和恐惧 a）的数值，标志狗的情绪状态。每一对 (a, b)，对应一个行为值 x。值得注意的是：在 a 和 b 的数值都很高的一个区域之上，曲面出现了折迭。这是这个模型最有趣的部分。在控制平面上标出了一个分支集，当 (a, b) 处于该集内的时侯，曲面有三层，即一对 (a, b) 对应三个 x 的值，这时的行为不唯一确定，行为状态不稳定。或者说，行为状态出现了分支。确定折迭边缘的线叫作折迭曲线，它在控制面上的投影正是分支集的边缘，称为分支曲线。

现在我们借这个模型来解释狗的行为突变。先看 $A'\to A$ 路线。当因子处于 A' 时，发怒程度高，恐惧因子较低，狗的行为性态以攻击为主，是稳定的。当因子改变，到达 α' 后，因子将进入分支集。与 A' 相比，狗的恐惧程度 a 有所增加，发怒程度 b 有所减低，但两者都相当高，这时狗又惊又怒，其行为处于可能攻击也可能逃跑的双重状态，即不稳定态。当因子改变到达 α 点时，曲面折迭部分到达边缘。这时如果再稍微增加一点恐吓，行为状态将离开折迭曲面的顶叶，突然跌到底下一叶，突变因而发生。当因子到达 A 时，狗处于退缩状态——另一个稳定态。同样，因子 (a, b) 沿 $B'\to B$ 路线走，那么 $x_B{}'$ 处于受惊逃跑状态，然后到达 β' 处开始进入分支集，在分支集内，狗又处于不稳定状态。因子变化达到 β 点时，x_β 从底叶突然跳至顶叶，然后在 x_B 又处于进攻的稳定态。

用一个有折迭的曲面描述狗的行为，一时也许说不上有什么实用价值，但是从过去无法描述到有了一个模型，不能不说是一个重大的进步。

以上所说的钢丝弯曲和狗的行为都可以用三维空间的带有折迭的曲面来描述突变现象，通常称为尖顶突变。它有几个鲜明的特征。(1) 双峰性，即有两种稳定态。如上弯和下弯、逃跑和进攻。(2) 双因子性，即控制系统的因子有两种，且互相矛盾。如水平力和垂直力，发怒和恐惧。(3) 发散性，即在某些状态下，只要因子稍微改变即发生行为的突然变化。当 (a, b) 从分支集内达到分支曲线时就是这样。(4) 滞后性，即突变不是发生在进入不稳定态的开始，而是经过一段时间，到达不稳定态另一个边缘时才出现跳跃。这段间隔就是滞后。这种现象，只要我们细心体察，是不难发现的。让我们看一个生态学上的例子。设有鼠、土蜂、三叶草、蛇组成的系统。如鼠多，破坏土蜂窝使土蜂减少，因而三叶草少，蛇也少。这是稳定态。如果人类灭鼠，鼠少，结果蜂多、草多、蛇多。这又是一种稳定态。这时若停止灭鼠，鼠的数量仍会减少（因蛇吃鼠），不会立即向鼠增多方向发展，这就是一种滞后现象。一般来说稳定性越大，滞后越强。

具有上述特征的现象是很多的。

辽宁省有一位中医，把健康和病残看作双峰状态，发病看作不稳定态(可能痊愈也可能恶化)。把人体内的"正气"和"邪气"看作两个互相矛盾的控制因子。于是可以完全类似上述的进攻模型画出一个病人的状态曲面。这位中医认为在医学上"突变"是不好的。由发病突然变为病残固然不好，就是病体因正气上升突然好转也往往形成"虚脱"，后果不好。所以中医反对用猛药"驱邪拔正"，而要用缓药"扶正祛邪"，避免发生突变。反映在图形上，就是治疗路线不能通过分支集，而要退出并绕过分支集，那样做，病人状态就不会由一叶跳到另一叶，而是渐渐地恢复健康。这个例子，虽然很难定量化，但是用几何曲面描述中医理论，即便是定性的，也是一个可喜的尝试。

三、高维空间的曲面理论——突变理论的数学基础

托姆是一位出色的拓扑学家，对高维曲面的拓扑性质有精到的见解。上面提到的尖顶突变中涉及曲面的折迭性质，就是托姆所研究的对象之一。

前面说过，微积分是连续过程的数学模型，突变理论是不连续过程的数学模型。但是，突变理论的数学基础仍然要使用微积分思想，只不过用法与众不同罢了。

从数学的角度考察一个系统的稳定态，就是求某函数的极值。而由微分学可知，求极值先要求临界点，即要求函数在该点的导数是零。设函数可表为 $F_{ab}(x)$，a，b 是参数。那么临界点必须满足方程 $\frac{d}{dx}F_{ab}(x)=0$。给定(a, b)，得一个或几个临界点 x，所以临界点 x 是参数a、b 的单值或多值函数：$x=\phi(a, b)$。它是三维空间(a, b, x)中的一个曲面。大家知道，临界点不一定是极值点。所以临界曲面上的点可能使系统稳定，也可能使系统不稳定。托姆正是从考察临界曲面 $x=\phi(a, b)$ 入手，建立起整个突变理论。

让我们回到钢丝弯曲的例子。用力学的原理可以证明，受水平挤压力和加垂直荷载的弹性梁，其内能函数是位移 x 的四次多项式：$V_{ab}(x)=\frac{1}{4}x^4+\frac{1}{2}ax^2+bx$。其中 a、b 是由水平力和垂直力决定的两个系数(经过适当选择常数，三次项可以消去)。于是首先求 $V_{ab}(x)$的临界点，即解方程 $V'_{ab}(x)=x^3+ax+b=0$。这是一个三次方程，当(a, b)给定后，它有三个根。又可分为两种情形：(1) 一个实根和两个复根，(2) 三个实根。前一种情形，$V_{ab}(x)$有一个极小值，是稳定状态。后一种情形，则有两个极小值一个极大值。这时，$V_{ab}(x)$取极大值的那个根没有意义，可以舍去，而两个极小值，说明能量 $V_{ab}(x)$有两种极小状态，究竟取哪一种不能确定，因而表示不稳定态。这种有三个根的参数(a, b)就处在分支集内，三个 x 值正好表示曲面 $x=\phi(a, b)$ 出现了折迭。数学计算表明，三次方程的解由判别式决定。$x^3+ax+b=0$ 的判别式是 $D=4a^3+27b^2$，$D=0$ 就是分支曲线，$D<0$ 表示分支集 I，使 $D>0$ 的(a, b)，$V_{ab}(x)$ 只有唯一极小值，x 处于

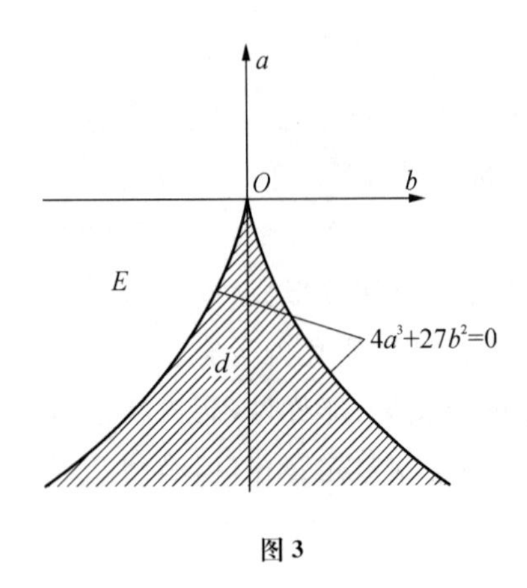

图 3

稳定态(见图 3)。

托姆用严格的数学方法证明,凡是由两个参数,一个变量的状态函数所构成的模型,在某种意义上等价于一个四次多项式,只要适当选取参数,就能使状态函数有标准形式 $\frac{1}{4}x^4-\frac{1}{2}bx^2-ax$,其行为曲面和分支集都和图 2、图 3 所表示的等同,这样我们只要把这种特殊类型的多项式研究清楚,一切两参数一变量的状态函数所描述的突变过程就可以掌握了。

那么,若因子个数有 m 个,变量个数有 n 个,有没有标准形式?这时的问题当然要复杂得多。因为变量不止一个,求多元函数的极值要用偏导数,不能只解一个方程 $F_{ab}'(x)=0$,而要解一个方程组:$\frac{\partial F}{\partial x_1}=0$,…,$\frac{\partial F}{\partial x_n}=0$。临界点构成的曲面是 $n+m$ 维空间中的高维曲面,它的分支集、分支曲线都是高维的,图形画不出,光凭直观简直无法想象。然而这一困难的工作被托姆解决了,找出了它们的标准形式,这就是著名的托姆分类定理。

托姆证明,只要控制因子(参量)的个数不超过 5,那么按某种意义的等价性分类,总共有 11 种突变类型。当因子个数不大于 4 时 ($m\leqslant 4$),只有七种基本类型(见表 1)。

表 1

突变名称	变量 x 的个数	参量个数	函　数　f
折迭型	1	1	$\frac{1}{3}x^3-ax$
尖顶型	1	2	$\frac{1}{4}x^4-ax-\frac{1}{2}bx^2$
燕尾型	1	3	$\frac{1}{5}x^5-ax-\frac{1}{2}bx^2-\frac{1}{3}cx^3$
蝴蝶型	1	4	$\frac{1}{6}x^6-ax-\frac{1}{2}bx^2-\frac{1}{3}cx^3-\frac{1}{4}dx^4$
双曲脐型	2	3	$x^3+y^3+ax+by+cxy$
椭圆脐型	2	3	$x^3-xy^3+ax+by+c(x^2+y^3)$
抛物脐型	2	4	$x^2y+y^4+ax+by+cx^2+dy^2$

这七种类型中,最简单的是折迭型。它的突变曲面(即临界曲面)退化为 $x^3=a$。尖顶型突变用途最广,它的突变曲面的几何直观性强,比较容易构造。燕尾型涉及三个参

量，其突变曲面为 $x^4=a+bx+cx^2$，是(a, b, c, x)四维空间中曲面，无法画出。但其分支集是三维的，因其形状像燕尾，故而得名。至于蝴蝶型突变，那里有 4 个参量，这时连分支集也是四维的，我们只能画出它的三维截口和二维截口。这些多参量的突变模型已在光的色散、弹性梁弯曲（考虑高阶矩）等问题中得到应用。蝴蝶型突变的应用较为广泛。它能处理有三种稳定态的问题。例如考虑物体的固、液、气三相的变化就是典型的例子。这种类型的标准势函数为 $f=\frac{1}{6}x^6-ax-\frac{1}{2}bx^2-\frac{1}{3}cx^3-\frac{1}{4}dx^4$。临界曲面为 $x^5-a-bx-cx^2-dx^3=0$，对给定的参数(a, b, c, d)能有方程的 5 个根。可能出现 1 个实根、3 个实根和 5 个实根的情形。当任意固定(a, b)，即得一截口，它将 c-d 平面上分为几个区域，有二相共存区和三相共存区，可用来更细致地分析过热、过饱和等相变现象。蝴蝶型突变在化学上应用的例子是氢氧化物的水溶液，它也有三种稳定态：a) 电离出 H^+，呈酸性；b) 电离出 OH^-，呈碱性；c) 不电离。燕尾型也能描述三种状态的突变。对这种势函数最高次为奇数的模型，还可以刻画不可逆的突变。

至于两个变量的情形，情况要复杂得多。由于不能用一个曲面来描述分支集，较少直观，但亦可以画出某些截口。抛物脐型更为少见。

有了托姆分类定理，我们就能对不超过四个因子的动力学系统进行定性和定量的分析。假如我们面对一种突变现象，就要分析它从一种状态到另一种状态的突变能否用某个函数的极小或极大来描写，然后剖析这一函数受几个因子的控制，如果因子数不超过 4，则可根据函数变量的个数找出它的标准型，于是对这种突变的性质就可以有大体的了解。至于要进行定量的分析，那还得仔细研究分支集。特别是通过物理、化学、生物或其他科学的知识仔细选择控制因子的参数表示，构造出正确的合理的动力学函数再加定量计算（光靠数学是不行的），就能获得一些定量的结果。

四、突变理论的现状和前景

突变理论问世十年，已为自己在各个科学领域找到了稳固的立足点。

在它的数学基础方面，除托姆以外，苏联的阿诺尔德（Arnold）有许多重要工作。这方面的专著已有不少，主要是关于可微映照的奇点理论的研究。目前和将来的一段时间内，以下问题将是重要的，突变理论中的“等价量”，微分和拓扑的等价性，无限维状态空间的运用，以及初等突变中的大量不变量问题。动力学系统和分支集的一般理论越来越受到注意。显然，求临界点的问题和求高次方程的根完全是类同的，突变理论的分析将会有助于计算数学的研究。

在物理、化学工程学等“硬”科学上的应用目前发展很迅速。这是因为在这些部门中的突变模型比较容易获得定量的结果。一个不完全的应用清单是：船舶的稳定性、流体几何学、光和色散理论、弹性结构、热力学和相变理论、激光物理、激波形成等问题。许多结论和实验数据相当吻合。另外，据最近报道，在非线性控制理论中，已经使用托姆突变理论的分析，目的是避免控制“突然”失灵。非线性系统的反应扩散方程求解问题，不可逆系统的分支点理论，耗散结构的热力学理论，都在使用突变理论的拓扑学方法加以讨论。当然，这些在非线性问题上的应用，目前离实际实现还有很大距离。

突变理论在生物学上的应用，有不少争论，也有不少进展。托姆本人最初是从研究胚胎学的许多数据开始的。一个卵细胞和精子在结合以后，尽管可以分裂得越来越多，但又是怎样产生出各种各样的细胞来呢？就是说，细胞是如何发生变异的呢？从胚胎发生过程的数据中可以发现结构的稳定和不稳定状态。托姆的工作是开创性的，后来也有许多人进行工作，但定量的结果仍然不多。有人批评其中的一些实验报告是牵强附会的，没有价值。突变理论在生态学中的应用较为成功，从蜂群的经济模型中发展了一种具有边界区域上“约束”的突变理论，取得了不少定量的结果。生物学上的其他应用还包括：研究心脏动力学系统和神经脉冲的关系，发展生物学中的初级和次级波，脑模型等等。医学和心理学方面也有报告。

突变理论在社会科学方面的应用还极不成熟。它涉及如何定量化，如何将社会现象的突变归结为某种量的突变等这样一些根本问题。社会现象的模型目前已提出很多，有些似乎方法不对，意义不大，如防止战争突然爆发和防范囚犯突然暴动等模型显然不足取。许多社会因素是不能用数学来模拟的。有一些工作是关于经济模型的，如预测股票市场是否会崩溃，从心理上提高儿童学习兴趣等问题可能有些道理，但也顶多具有定性的意义。托姆本人研究了在语言学中使用突变理论的问题。

一般来说，人们对托姆在突变理论中所作的数学研究，给予高度评价，认为是了不起的成就，但对突变理论的应用则有不同看法。在 70 年代中期，有过一阵“突变热”，到处找模型套，似乎突变理论可以包医百病，丝毫不懂数学的人也可以用，而且誉之为“自微积分发明以来最伟大的一次智力革命”，结果是不少文章穿凿附会，信口开河，败坏了突变理论的声誉。近几年来，一些突变理论学家认为，应用工作的重点应放在物理学、工程学等易于定量的学科上面（目前似乎已经这样做了）。当然也不能排斥给各类问题提供突变模型，有时作些定性的分析也是颇有意义的。

突变理论出现至今不过十年光景，进展还是相当快的，目前已有论文 400 多篇（据不完全统计）。它的作用尚未充分发挥，潜力很大。突变理论是否能有更大的作为，要看今后的十年。

参考文献

[1] Thom R., *Stabilité structurelle et Morphogénese*, Benjamin (1972).

[2] Zeeman E.C., *Catastrophe Theory: Selected paper* (1972—1977), Addison-Wesley Reading Mass. (1977).

[3] Poston T., Stewart I., *Catastrophe Theory and its Applications*, Pitman (1978).

[4] Gibson C. G., *Singular Points of Smooth Mappings*, Pitman (1979).

无界可单位分解算子①

张奠宙　王漱石

在有界可分解算子与有界广义标量算子之间，王声望[1]引入了一类有界可单位分解算子。刘光裕在他的研究生毕业论文中，把有界可单位分解算子的概念在某种意义上推广到无界情形，参见[2][3]。**本文考虑无界的封闭可单位分解算子，证明了一些概念的等价性，并指出正规的无界广义标量算子[5]和离散算子[6]都是无界可单位分解的。**

在本文中，我们用 C 表示复平面。用 C_∞ 表示闭复平面，即 $C_\infty = C \cup \{\infty\}$。用 $\mathscr{F}$ 和 $\mathscr{F}_\infty$ 分别表示 C 和 C_∞ 中闭子集的全体，用 $\mathscr{K}$ 表示 C 中紧子集全体。我们用 $Q(X)$ 表示复 Banach 空间 X 上有非空预解集的闭算子（不一定稠定）的全体，当 $T \in Q(X)$ 时，以 $\sigma(T)$ 和 $\sigma_e(T)$ 分别表示 T 的谱和扩充谱，以 $\rho(T)$ 表示 T 的预解集，以 $\sigma(x, T)$ 表示局部谱，本文中，我们不要求算子的不变子空间和极大谱子空间一定要包含在算子的定义域内，就是说若 Y 是 X 的闭子空间且 $T(Y \cap D_T) \subset Y$，则称 Y 是 T 的不变子空间，记作 $Y \in \mathrm{Inv}(T)$。若 $Y \in \mathrm{Inv}(T)$ 且对于任意的 $Z \in \mathrm{Inv}(T)$ 当 $\sigma(T \mid Z) \subset \sigma(T \mid Y)$ 时有 $Z \in Y$，则称 Y 是 T 的极大谱子空间，记作 $Y \in SM(T)$。

引理 1　设 $T \in Q(X)$，$Y \in SM(T)$，$A \in B(X)$，如果 $AX \subset D_T$ 并且 $AT \mid D_T = TA \mid D_T$，那么 $AY \subset Y$。

证：对于每一个非零的 $\lambda \in \rho(A)$。命 $Y_\lambda = R(\lambda, A)Y$，那么 Y_λ 是 X 的闭子空间。因为 $AT \mid D_T = TA \mid D_T$，对任意的 $\alpha, \beta \in C$，我们有 $(\alpha - A)(\beta - T) \mid D_T = (\beta - T)(\alpha - A) \mid D_T$。我们还有 $R(\lambda, A)D_T \subset D_T$。事实上，如果 $x \in D_T$，$y = R(\lambda, A)x$，那么 $(\lambda - A)y = x$ 且 $y = \dfrac{1}{\lambda}[x + Ay] \in D_T$。故 $R(\lambda, A)D_T \subset D_T$。因为 $T[Y_\lambda \cap D_T] = T[R(\lambda, A)Y \cap D_T] = R(\lambda, A)(\lambda - A)T[R(\lambda, A)Y \cap D_T] = R(\lambda, A)T(\lambda - A)[R(\lambda, A)Y \cap D_T] \subset R(\lambda, A)T[Y \cap D_T] \subset R(\lambda, A)Y = Y_\lambda$，我们有 $Y_\lambda \in \mathrm{Inv}(T)$。

我们来证 $\sigma(T \mid Y_\lambda) = \sigma(T \mid Y)$，如果 $\mu \in \rho(T \mid Y)$，那么对任 $z \in Y_\lambda$，存在 $y \in Y$，使得 $z = R(\lambda, A)y$，且存在 $x \in Y \cap D_T$ 使得 $y = (\mu - T)x$，于是 $z = R(\lambda, A)y = R(\lambda, A)(\mu - T)x = R(\lambda, A)(\mu - T)(\lambda - A)R(\lambda, A)x = R(\lambda, A)(\lambda - A)(\mu - T)R(\lambda, A)x = (\mu - T)R(\lambda, A)x$。因为 $R(\lambda, A)x \in Y_\lambda \cap D_T$，$\mu - T \mid Y_\lambda$ 是满射的。对任意

---

① 署名：张奠宙　王漱石（数学系）。
发表：《华东师范大学学报》，1980 年 10 月第 5 期，5—11。

的 $x \in Y_\lambda \cap D_T$，存在 $y \in Y$，使得 $x = R(\lambda, A)y$。显然 $y = (\lambda - A)x \in Y \cap D_T$，因此由 $(\mu - T)x = 0$ 可得 $0 = (\mu - T)R(\lambda, A)y = R(\lambda, A)(\lambda - A)(\mu - T)R(\lambda, A)y = R(\lambda, A)(\mu - T)(\lambda - A)R(\lambda, A)y = R(\lambda, A)(\mu - T)y$。于是 $(\mu - T)y = 0$。因 $\mu \in \rho(T \mid Y)$，$y \in Y \cap D_T$，我们有 $y = 0$。因而 $x = R(\lambda, A)y = 0$，于是 $\mu - T \mid Y_\lambda$ 还是单射的。这样 $\mu \in \rho(T \mid Y_\lambda)$。另一方面，如果 $\mu \in \rho(T \mid Y_\lambda)$，那么对任 $y \in Y$，$R(\lambda, A)y \in Y_\lambda$。故有 $z = R(\lambda, A)x \in Y_\lambda \cap D_T$，这里 $x \in Y$，使得 $(\mu - T)z = R(\lambda, A)y$，即 $(\mu - T)R(\lambda, A)x = R(\lambda, A)y$。因 $x = (\lambda - A)z \in Y \cap D_T$，故 $R(\lambda, A)y = (\mu - T)R(\lambda, A)x = R(\lambda, A)(\lambda - A)(\mu - T)R(\lambda, A)x = R(\lambda, A)(\mu - T)(\lambda - A)R(\lambda, A)x = R(\lambda, A)(\mu - T)x$。于是 $(\mu - T)x = y$。因此 $\mu - T \mid Y$ 是满射的。对任意的 $x \in Y \cap D_T$，由 $(\mu - T)x = 0$，可得 $(\mu - T)(\lambda - A)R(\lambda, A)x = 0$。因 $R(\lambda, A)D_T \subset D_T$，我们有 $R(\lambda, A)x \in Y_\lambda \cap D_T$ 并且 $(\mu - T)R(\lambda, A)x = R(\lambda, A)(\lambda - A)(\mu - T)R(\lambda, A)x = R(\lambda, A)(\mu - T)(\lambda - A)R(\lambda, A)x = R(\lambda, A)(\mu - T)x = R(\lambda, A)0 = 0$，因 $\mu \in \rho(T \mid Y_\lambda)$，我们有 $R(\lambda, A)x = 0$，于是 $x = 0$，因此 $\mu - T \mid Y$ 是单射的。这样 $\mu \in \rho(T \mid Y)$。至此我们证明了 $\sigma(T \mid Y_\lambda) = \sigma(T \mid Y)$。

因 $Y \in SM(T)$，我们有 $Y_\lambda \subset Y$，即 $R(\lambda, A)Y \subset Y$。这样对任意的 $\lambda \in \rho(A)/(0)$ 和任意的 $y \in Y$，我们有 $R(\lambda, A)y \in Y$。因此

$$Ay = \frac{1}{2\pi i}\int_\Gamma \lambda R(\lambda, A)y d\lambda \in Y。$$

这里 Γ 是一条可求长封闭曲线，包围 $\sigma(A)$ 于其内部，而 Γ 本身包含在 $\rho(A)/(0)$ 中，于是 $AY \subset Y$。证毕。

引理 2 如果 $T \in Q(X)$，那么下列三条等价：(i) $(0) \in SM(T)$，(ii) 对任非零的 $Y \in \mathrm{Inv}(T)$，$\sigma(T \mid Y) \neq \varnothing$，(iii) 对任 $Y \in \mathrm{Inv}(T)$，如果 $\sigma(T \mid Y)$ 有界，那么 $Y \subset D_T$。

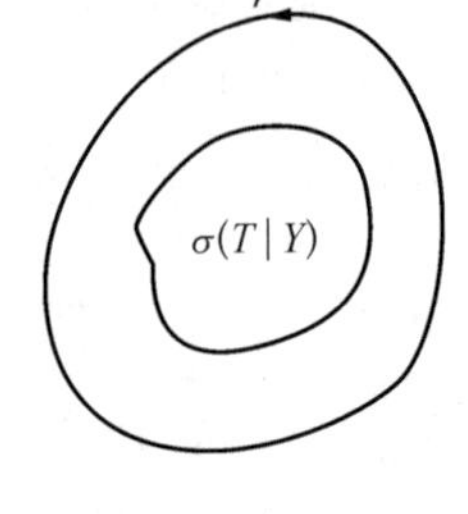

证：(ii)⇒(iii)。如果 $Y \in \mathrm{Inv}(T)$ 且 $\sigma(T \mid Y)$ 有界，命 $P = \frac{1}{2\pi i}\int_\Gamma R(\lambda, T \mid Y)d\lambda$，这里 Γ 是包围 $\sigma(T \mid Y)$ 于其内部的可求长封闭曲线，那么 P 和 $I \mid Y - P$ 都是 Y 上的有界投影算子。命 $Y_1 = PY$，$Y_2 = (I \mid Y - P)Y$，那么 Y_1，Y_2 都是 X 的闭子空间，我们来证 Y_1，$Y_2 \in \mathrm{Inv}(T)$ 且 $Y_1 \subset D_T$。

对任 $x \in Y_2 \cap D_T$，我们有 $x = (I - P)x = x - Px$，故 $Px = 0$，即 $\frac{1}{2\pi i}\int_\Gamma R(\lambda, T \mid Y)xd\lambda = 0$。取 Γ 上的分点 ξ_0，ξ_1，$\cdots$，$\xi_n = \xi_0$，命 $x_n = \frac{1}{2\pi i}\sum R(\xi_i, T \mid Y)(\xi_{i+1} - \xi_i)x$，那么 $x_n \in Y \cap D_T$，当这个分割无限加细时，$x_n \to \frac{1}{2\pi i}\int_\Gamma R(\lambda, T \mid Y)xd\lambda = 0$，并且 $Tx_n = \frac{1}{2\pi i}\sum TR(\xi_i, T \mid Y)(\xi_{i+1} - \xi_i)x = \frac{1}{2\pi i}\sum R(\xi_i, T \mid Y)(\xi_{i+1} - \xi_i)Tx \to \frac{1}{2\pi i}\int_\Gamma R(\lambda,$

$T\mid Y)Txd\lambda$。因 T 是闭算子，故 $\frac{1}{2\pi i}\int_\Gamma R(\lambda,\ T\mid Y)Txd\lambda=0$，即 $PTx=0$。于是 $Tx\in Y_2$。故 $Y_2\in \mathrm{Inv}(\tau)$。

对任 $x\in Y_1$，命 $x_n=\frac{1}{2\pi i}\sum R(\xi_i,\ T\mid Y)(\xi_{i+1}-\xi_i)x$，那么 $x_n\in D_T$，$x=Px=\frac{1}{2\pi i}\times\int_\Gamma R(\lambda,\ T\mid Y)xd\lambda=\lim\frac{1}{2\pi i}\sum R(\xi_i,\ T\mid Y)(\xi_{i+1}-\xi_i)x=\lim x_n$。且 $Tx_n=\frac{1}{2\pi i}\sum TR(\xi_i,\ T\mid Y)(\xi_{i+1}-\xi_i)x=\frac{1}{2\pi i}\sum(T-\xi_i+\xi_i)R(\xi_i,\ T\mid Y)(\xi_{i+1}-\xi_i)x=\frac{1}{2\pi i}\sum\xi_iR(\xi_i,\ T\mid Y)(\xi_{i+1}-\xi_i)x\to\frac{1}{2\pi i}\int_\Gamma\lambda R(\lambda,\ T\mid Y)xd\lambda$，因 T 是闭算子，我们有 $x\in D_T$ 且 $Tx=\frac{1}{2\pi i}\int_\Gamma\lambda R(\lambda,\ T\mid Y)xd\lambda=\frac{1}{2\pi i}\int_\Gamma(\lambda-T+T)R(\lambda,\ T\mid Y)xd\lambda=\frac{1}{2\pi i}\int_\Gamma TR(\lambda,\ T\mid Y)xd\lambda=\frac{1}{2\pi i}\int_\Gamma R(\lambda,\ T\mid Y)Txd\lambda=PTx\in Y_1$。因此 $Y_1\in D_T$ 且 $Y_1\in \mathrm{Inv}(T)$。

现证 $\sigma(T\mid Y_2)=\phi$。先证 $\sigma(T\mid Y_2)\subset\sigma(T\mid Y)$。对任意的 $\mu\in\rho(T\mid Y)$，若 $x\in Y_2\cap D_T$ 且 $(\mu-T\mid Y_2)x=0$。那么 $(\mu-T\mid Y)x=0$，所以 $x=0$。这样 $\mu-T\mid Y_2$ 是单射的，对任 $y\in Y_2$，我们有 $\frac{1}{2\pi i}\int_\Gamma R(\lambda,\ T\mid Y)yd\lambda=0$。命 $x=R(\mu,\ T\mid Y)y$。那么 $x\in Y\cap D_T$ 且 $\frac{1}{2\pi i}\int_\Gamma R(\lambda,\ T\mid Y)xd\lambda=\frac{1}{2\pi i}\int_\Gamma R(\lambda,\ T\mid Y)R(\mu,\ T\mid Y)yd\lambda=R(\mu,\ T\mid Y)\frac{1}{2\pi i}\int_\Gamma R(\lambda,\ T\mid Y)yd\lambda=0$。因此 $x\in Y_2\cap D_T$，显然 $(\mu-T\mid Y_2)x=(\mu-T\mid Y)R(\mu,\ T\mid Y)y=y$ 故 $\mu-T\mid Y_2$ 是满射的。于是 $\sigma(T\mid Y_2)\subset\sigma(T\mid Y)$。这样 $\frac{1}{2\pi i}\int_\Gamma R(\lambda,\ T\mid Y_2)d\lambda=\frac{1}{2\pi i}\int_\Gamma R(\lambda,\ T\mid Y)\mid Y_2d\lambda=0$。由[8]定理5.13.1，得 $\sigma(T\mid Y_2)=\phi$。由(ii)，$Y_2=(0)$。这样 $Y=Y_1\subset D_T$，(ii)⇒(iii)得证。

(iii)⇒(i)，对任 $Y\in \mathrm{Inv}(T)$，若 $\sigma(T\mid Y)\subset\sigma(T\mid 0)=\varnothing$，那么由(iii)得 $Y\subset D_T$ 且 $Y=(0)$。故 $(0)\in SM(T)$，(i)⇒(ii)是显然的。

定义 3　设 $T\in Q(X)$，如果对 $\sigma(T)$ 的任意开覆盖 $(G_i)_1^n$，其中 G_1 是 ∞ 的邻域，$G_2,\ \cdots,\ G_n$ 是有界开集，n 是任意正整数，存在 $\{Y_i\}_1^n\subset SM(T)$，使得(i) $X=\sum_{i=1}^n Y_i$，(ii) $i\neq1$ 时 $Y_i\subset D_T$，(iii) $\sigma(T\mid Y_i)\subset G_i\ (i=1,\ 2,\ \cdots,\ n)$，则称 T 是可分解的。如果除了存在 $(Y_i)_1^n\subset SM(T)$ 满足条件(ii)和(iii)外还存在 $(\pi_i)_1^n\subset B(X)$ 满足(iv) $R(\pi_i)\subset Y_i\ (i=1,\ 2,\ \cdots,\ n)$，这里 $R(\pi_i)$ 表示 π_i 的值域，(v) $I=\sum_1^n\pi_i$，(vi) $i\neq1$ 时对每一 $x\in D_T$ 有 $T\pi_ix=\pi_iTx$，则称 T 是可单位分解的(这时条件(i)显然满足，故可单位分解算子

必是可分解算子)。

在上面的定义中如果限定 $n=2$,那么我们就得到 2-可分解算子和 2-可单位分解算子的定义。

如果对于每一个 $Y \in SM(T)$, $T|Y$ 都是可分解的(可单位分解的),则称 T 为强可分解的(强可单位分解的)。显然,强可单位分解算子必是强可分解的。

命题 4 设 $T \in Q(X)$,那么下列三概念等价:(i) T 是 2-可单位分解的。(ii) T 是可单位分解的。(iii) T 是强可单位分解的。

证:只要证(i)⇒(iii),余皆显然。

我们先在(i)的条件下证明对于每一个 $Y \in SM(T)$, $T \mid Y$ 是 2-可单位分解的。设 (G_1, G_2) 是 $\sigma(T \mid Y)$ 的一个开覆盖,其中 G_1 是 ∞ 的开邻域, G_2 是有界开集,命 $H_1 = G_1 \cup [\sigma(T \mid Y)]^r$, $H_2 = G_2$,那么 (H_1, H_2) 是 C 的一个开覆盖且 H_1 是 ∞ 的开邻域, H_2 是有界开集,故有 $Y_1, Y_2 \in SM(T)$, $\pi_1, \pi_2 \in B(X)$,使得 $I=\pi_1+\pi_2$, $Y_2 \subset D_T$, $\sigma(T \mid Y_i) \subset H_i$, $R(\pi_i) \subset Y_i (i=1, 2)$ 且当 $x \in D_T$ 时 $\pi_2 Tx = T\pi_2 x$。因 $Y \in SM(T)$,故由引理 1,有 $\pi_2 Y \subset Y$,因而 $\pi_1 Y=(I-\pi_2)Y \subset Y$。命 $Z_1 = Y_1 \cap Y$, $Z_2 = Y_2 \cap Y$,那么由[4]定理1.7, $Z_1, Z_2 \in SM(T)$。且 $\sigma(T \mid Z_i) \subset \sigma(T \mid Y_i) \cap \sigma(T \mid Y) \subset G_i$。这时易知 $Z_i \in SM(T \mid Y)$, $\pi_4 Y \subset Z_i (i=1, 2)$, $Z_2 \subset Y \cap D_T$,且 $I \mid Y = \pi_1 \mid Y + \pi_2 \mid Y$。故 $T|Y$ 是 2-可单位分解的。再证在(i)的条件下, T 是可单位分解的,我们就 $n=3$ 的情形加以证明,一般情形可用归纳法推出,设 $\bigcup_1^3 G_i \supset \sigma(T)$,其中 G_1 是 ∞ 的开邻域, G_2, G_3 是有界开集,那么存在 $Y_1, Z_2 \in SM(T)$ 和 $\pi_1, P_2 \in B(X)$ 使得 $Z_2 \subset D_T$, $\sigma(T \mid Y_1) \subset G_1$, $\sigma(T \mid Z_2) \subset G_2 \cup G_3$, $R(\pi_1) \subset Y_1$, $R(P_2) \subset Z_2$, $I=\pi_1+P_2$,且当 $x \in D_T$ 时 $P_2 Tx = TP_2 x$,由上面所证, $T \mid Z_2$ 是2-可单位分解的,因为 $\sigma(T \mid Z_2) \subset G_2 \cup G_3$,故有 $Y_2, Y_3 \in SM(T \mid Z_2)$(显然这时 $Y_2, Y_3 \in SM(T)$),以及 $P'_2, P'_3 \in B(Z_2)$。使得 $\sigma(T \mid Y_2) \subset G_2$, $\sigma(T \mid Y_3) \subset G_3$, $I \mid Z_2 = P'_2 + P'_3$。$R(P'_2) \subset Y_2$。$R(P'_3) \subset Y_3$ 且 $P'_2(T \mid Z_2) = (T \mid Z_2)P'_2$, $P'_3(T \mid Z_2) = (T \mid Z_2)P'_3$。命 $\pi_2 = P'_2 P_2$, $\pi_3 = P'_3 P_2$,那么 $I=\pi_1+\pi_2+\pi_3$。当 $x \in D_T$ 时, $\pi_2 Tx = T\pi_2 x$, $\pi_3 Tx = T\pi_3 x$。$R(\pi_i) \subset Y_i$, $Y_i \in SM(T)$, $\sigma(T \mid Y_i) \subset G_i (i=1, 2, 3)$,且当 $i \neq 1$ 时 $Y_i \subset D_T$。故 T 是可单位分解的。这样, T 是 2-可单位分解的 ⇒ 对任意的 $Y \in SM(T)$, $T \mid Y$ 是 2-可单位分解的 ⇒ 对任意的 $Y \in SM(T)$, $T \mid Y$ 是可单位分解的 ⇒ T 是强可单位分解的。(i)⇒(iii)得证。

定义 5 设 $T \in Q(X)$,如果存在映射 $E: \mathscr{F} \to S(X)$,其中 $S(X)$ 为 X 的闭子空间全体,满足:

(i) $E(\varnothing)=(0)$, $E(C)=X$。

(ii) $E(\bigcap_1^\infty F_n) = \bigcap_1^\infty E(F_n)$。这里 $(F_n)_1^\infty \subset \mathscr{F}$。

(iii) $K \in k$ 时 $E(k) \subset D_T$。

(iv) $F \in \mathscr{F}$ 时 $T[E(F) \cap D_T] \subset E(F)$,即 $E(F) \in \mathrm{Inv}(T)$。

(v) $F \in \mathscr{F}$ 时 $\sigma[T \mid E(F)] \subset F$。

(vi) 对于 C 的任意开覆盖$(G_i)_1^n$。其中 G_1 是∞的开邻域,$G_2, \cdots, G_n$ 是有界开集,n 是任意正整数,有 $X = \sum_1^n E(\overline{G}_i)$。

则称 E 为 T 所具有的谱容量。

如果(i)~(v)照旧满足而(vi)改成下面的(vi)′,(vi)″,(vi)‴,那么我们分别称 E 为 T 所具有的单位谱容量,强谱容量,强单位谱容量。

(vi)′ 对于C 的任意开覆盖$(G_i)_1^n$,其中 G_1 是∞的开邻域,$G_2, \cdots, G_n$ 是有界开集。n 是任意正整数,存在$\pi_i \in B(X)$,使得$I = \sum_1^n \pi_i$, $R(\pi_i) \subset E(\overline{G}_i)$,且当$i \neq 1$时对每一$x \in D_T$ 有 $T\pi_i x = \pi_i Tx$。

(vi)″ 对于任$F \in \mathscr{F}$和F 的任意开覆盖$(G_i)_1^n$,其中G_1 是∞ 的开邻域,$G_2, \cdots, G_n$ 是有界开集,n 是任意正整数,有 $E(F) = \sum_1^n E(F \cap \overline{G}_i)$。

(vi)‴ 对于任$F \in \mathscr{F}$和F 的任意开覆盖$(G_2)_1^n$,其中G_1 是∞ 的开邻域,$G_2, \cdots, G_n$ 是有界开集,n 是任意正整数,存在 $\pi_i \in B(E(F))$,使得 $I \mid E(F) = \sum_1^n \pi_i$, $R(\pi_i) \subset E(F \cap \overline{G}_i)(i = 1, 2, \cdots, n)$ 且 $i \neq 1$ 时对任 $x \in E(F) \cap D_T$ 有 $T\pi_i x = \pi_i Tx$。

如果(i)~(v)照旧满足而把(vi)和(vi)′中的n 限定为 2,那么就得到 T 所具有的 2-谱容量和 2-单位谱容量的定义。

命题 6 设 $T \in Q(X)$,则 T 是强可单位分解的充要条件是 T 具有强单位谱容量。

证:必要性,设 T 是强可单位分解,那么 T 必是强可分解,由[4]定理 4.6,T 有强谱容量E,对任意的 $F \in \mathscr{F}$和F 的任意开覆盖$(G_i)_1^n$,其中G_1 是∞ 的开邻域,$G_2, \cdots, G_n$ 是有界开集,n 是任意正整数,命 $Y = E(F)$,那么由[4]定理 4.5,$Y \in SM(T)$,显然$\sigma(T \mid Y) \subset F$。由于 T 是强可单位分解的,故有 $Y_i \in SM(T \mid Y)$ 和 $\pi_i \in B(Y)$ 使得$\sigma(T \mid Y_i) \subset G_i R(\pi_i) \subset Y_i (i = 1, 2, \cdots, n)$。$I \mid Y = \sum_1^n \pi_i$,当 $i \neq 1$ 时,$Y_i \subset D_T$ 且对任意的 $x \in Y \cap D_T$,有 $\pi_i Tx = T\pi_i x$。显然$R(\pi_i) \subset Y_i = E[\sigma(T \mid Y_i)] \subset E(F \cap \overline{G}_i)$。故 E 是 T 的强单位谱容量。

充分性,设 T 有强单位谱容量E,那么对任意的$Y \in SM(T)$,有$Y = E[\sigma(T \mid Y)]$。由此易知 T 是强可单位分解的。

类似地可以证明

命题 7 设 $T \in Q(X)$,那么 T 是可单位分解(2-可单位分解)的充要条件是 T 有单位谱容量(2-单位谱容量)。

综上所述,可得以下的

定理 8 设 $T \in Q(X)$,则下列六者等价:(i) T 2-可单位分解。(ii) T 可单位分解。(iii) T 强可单位分解。(iv) T 有 2-单位谱容量。(v) T 有单位谱容量。(vi) T 有强单位谱容量;并且这时 T 必是强可分解的。

下面的定理 9 说明当 $T \in B(X)$ 时，本文关于可单位分解的定义与[1]的一致。

定理 9 设 $T \in Q(X)$，那么 T 可单位分解的充要条件是 $(0) \in SM(T)$ 且对 $\sigma(T)$ 的任意开覆盖 (G_1, G_2)，其中 G_1 是 ∞ 的开邻域，G_2 是有界开集，存在 $Z_1, Z_2 \in \mathrm{Inv}(T)$ 和 $\pi_1, \pi_2 \in B(X)$，使得 $\sigma(T \mid Z_i) \subset G_i$，$R(\pi_i) \subset Z_i (i=1, 2)$，$I=\pi_1+\pi_2$，$Z_2 \subset D_T$ 且当 $x \in D_T$ 时 $T\pi_2 x = \pi_2 Tx$。

证：必要性由本文的定理 8 和[4]的定理 2.7 可得，现证充分性。不妨设 $T \notin B(X)$。取 $\lambda_0 \in \rho(T)$。命 $f(\lambda)=(\lambda_0-\lambda)^{-1}$。我们先证 $f(T)$ 可单位分解。显然 $0 \in \sigma[f(T)]$。对于 $\sigma[f(T)]$ 的任意开覆盖 (H_1, H_2) 不妨设 H_1，H_2 都是有界开集且 $0 \notin \overline{H}_2$，命 $G_1=f^{-1}(H_1)$，$G_2=f^{-1}(H_2)$，那么 (G_1, G_2) 就是 $\sigma(T)$ 的开覆盖，G_1 是 ∞ 的开邻域，G_2 是有界开集，且 $\lambda_0 \notin \overline{G_1 \cup G_2}$。由假设，存在 $Z_1, Z_2 \in \mathrm{Inv}(T)$ 以及 $\pi_1, \pi_2 \in B(X)$ 使得 $\sigma(T \mid Z_i) \subset G_i$，$R(\pi_i) \subset Z_i (i=1, 2)$。$I=\pi_1+\pi_2$，$Z_2 \subset D_T$ 且当 $x \in D_T$ 时 $T\pi_2 x=\pi_2 Tx$。对任意的 $x \in Z_i$，我们有 $f(T)x=\dfrac{1}{2\pi i}\displaystyle\int_\Gamma f(\lambda)R(\lambda, T)x d\lambda = \dfrac{1}{2\pi i}\displaystyle\int_\Gamma f(\lambda)R(\lambda, T \mid Z_i)x d\lambda \in Z_i$，这里 Γ 是以 λ_0 为圆心，充分小的长为半径的顺时针圆周，半径取得充分小使这个小闭圆与 $\overline{G_1 \cup G_2}$ 不相交。因此 $Z_i \in \mathrm{Inv}[f(T)]$ 且 $f(T) \mid Z_i = f(T \mid Z_i)$。对任意的 $x \in X$，因为 $R(\lambda, T)\pi_2 x = R(\lambda, T) \times \pi_2(\lambda - T)R(\lambda, T)x = R(\lambda, T)(\lambda - T)\pi_2 R(\lambda, T)x = \pi_2 R(\lambda, T)x$。所以 $f(T)\pi_2 x = \dfrac{1}{2\pi i}\displaystyle\int_\Gamma f(\lambda)R(\lambda, T)d\lambda \pi_2 x = \dfrac{1}{2\pi i}\displaystyle\int_\Gamma f(\lambda)R(\lambda, T)\pi_2 x d\lambda = \dfrac{1}{2\pi i}\displaystyle\int_\Gamma f(\lambda)\pi_2 R(\lambda, T)x d\lambda = \pi_2 \dfrac{1}{2\pi i}\displaystyle\int_\Gamma f(\lambda)R(\lambda, T)x d\lambda = \pi_2 f(T)x$，因而 $f(T)\pi_2 = \pi_2 f(T)$，此外 $R(\pi_i) \subset Z_i$，$\sigma[f(T) \mid Z_i]=\sigma[f(T \mid Z_i)]=f[\sigma_e(T \mid Z_i)] \subset H_i (i=1, 2)$，$I=\pi_1+\pi_2$，因而 $f(T)$ 是[1]意义下的有界可单位分解算子，故是可分解的。

现证 T 是可单位分解的。对任意的 $Y \in SM[f(T)]$，先证 $Y \in \mathrm{Inv}(T)$。若 $0 \notin \sigma[f(T) \mid Y]=\sigma[R(\lambda_0, T) \mid Y]$。那么 $R(\lambda_0, T) \mid Y$ 是以 Y 到 Y 上的一一对应，故 $Y \subset D_T$ 且 $(\lambda_0 - T)Y=Y$，因而 $TY \subset Y$。若 $0 \in \sigma[f(T)[Y]]$，那么对任意的 $y \in Y \cap D_T$，有 $f(T) \times (\lambda_0 - T)y = R(\lambda_0, T)(\lambda_0 - T)y = y \in Y$。因 $Y \in SM[f(T)]$，由[7]的定理 3.7，Y 是 $f(T)$ 吸收的，故 $(\lambda_0 - T)y \in Y$，因而 $Ty \in Y$。这样 $T[Y \cap D_T] \subset Y$，$Y \in \mathrm{Inv}(T)$。

次证 $\sigma_e(T \mid Y) = f^{-1}[\sigma(f(T) \mid Y)]$。因 $Y \in \mathrm{Inv}[f(T)] = \mathrm{Inv}[R(\lambda_0, T)]$，故 $R(\lambda_0, T)Y \subset Y$。因 $\lambda_0 \in \rho(T)$。所以 $x \in Y \cap D_T$ 且 $(\lambda_0 - T \mid Y)x=0 \Rightarrow x \in D_T$ 且 $(\lambda_0 - T)x=0 \Rightarrow x=0$。故 $\lambda_0 - T \mid Y$ 是单射的。对任意的 $y \in Y$，命 $x=R(\lambda_0, T)y$，那么 $x \in Y \cap D_T$ 且 $\mid (\lambda_0 - T \mid Y)x=y$。故 $\lambda_0 - T \mid Y$ 是满射的。因此 $\lambda_0 \in \rho(T \mid Y)$。这样可以证明 $f(T) \mid Y = f(T \mid Y)$。因此 $\sigma[f(T) \mid Y] = \sigma[f(T \mid Y)] = f[\sigma_e(T \mid Y)]$。故 $\sigma_e(T \mid Y) = f^{-1}[\sigma(f(T) \mid Y)]$。

然后证 $Y \in SM(T)$。由上面所证 $\sigma_e(T \mid Y) = f^{-1}[\sigma(f(T) \mid Y)] \subset f^{-1}\sigma[f(T)] = \sigma_e(T)$。故 $\sigma(T \mid Y) \subset \sigma(T)$。若 $Z \in \mathrm{Inv}(T)$ 且 $\sigma(T \mid Z) \subset \sigma(T \mid Y)$，那么 $\sigma(T \mid Z) \subset \sigma(T)$。与前面同样可证 $f(T \mid Z) = f(T) \mid Z$。因为 $\sigma(T \mid Z) \subset \sigma(T \mid Y)$ 且 $(0) \in SM(T)$，所以由引理 2，$\sigma_e(T \mid Z) \subset \sigma_e(T \mid Y)$，故 $\sigma[f(T) \mid Z] = \sigma[f(T \mid Z)] = f[\sigma_e(T \mid Z)] \subset f[\sigma_e(T \mid Y)] = \sigma[f(T) \mid Y]$。由于 $Y \in SM[f(T)]$，所以 $Z \subset Y$，这样 $Y \in SM(T)$。

再证 T 是可分解的。设 $(G_i)^n$ 是 $\sigma(T)$ 的一个开覆盖，其中 G_1 是 ∞ 的开邻域，$G_2, \cdots, G_n$ 都是有界开集。命 $H_1 = f(G_1) \cup (0)$，$i \neq 1$ 时命 $H_i = f(G_i)$，那么 $(H_i)_1^n$ 是 $\sigma[f(T)] = f[\sigma_e(T)]$ 的一个开覆盖。因 $f(T)$ 可分解，故有 $Y_i \in SM[f(T)]$ 使得 $X = \sum_1^n Y_i$，$\sigma[f(T) \mid Y_i] \subset H_i$。由上面所证 $Y_i \in SM(T)$ 且 $\sigma_e(T \mid Y_i) = f^{-1}[\sigma(f(T) \mid Y_i)]$。于是 $\sigma(T \mid Y_i) \subset G_i (i = 1, 2, \cdots, n)$ 且 $i \neq 1$ 时 $Y_i \subset D_T$。故 T 可分解。

最后证 T 是可单位分解。显然 T 有 SVEP。命 $W_i = X_T[\sigma(T \mid Z_i)] (i=1, 2)$，这里 $X_T(F) = \{x \in X, \sigma(x, T) \subset F\}$，那么 $W_i \in SM(T)$，$\sigma(T \mid W_i) \subset \sigma(T \mid Z_i) \subset G_i$，$R(\pi_i) \subset Z_i \subset W_i (i=1, 2)$，$W_2 \subset D_T$ 且当 $x \in D_T$ 时 $\pi_2 Tx = T\pi_2 x$。故 T 是可单位分解的。（充分性证毕）

设 $T \in Q(X)$，$Y \in \mathrm{Inv}(T)$，如果对任意的 $Z \in \mathrm{Inv}(T)$，当 $\sigma_e(T \mid Z) \subset \sigma_e(T \mid Y)$ 时有 $Z \subset Y$，则称 Y 为 T 的 (e) 极大谱子空间，记作 $Y \in SM_e(T)$。显然 T 的极大谱子空间必是 T 的 (e) 极大谱子空间，在定义 3 和定义 5 中，我们把 $\sigma(T)$，$\sigma(T \mid Y_i)$，$SM(T)$，$\mathscr{F}$，C，$\sigma[T \mid E(F)]$ 分别改为 $\sigma_e(T)$，$\sigma_e(T \mid Y_i)$，$SM_e(T)$，$\mathscr{F}_\infty$，C_∞，$\sigma_e[T \mid E(F)]$，那么相应地就得到 (e) 可分解，(e) 可单位分解，2 -(e) 可分解，2 -(e) 可单位分解，(e) 强可分解，(e) 强可单位分解以及 T 的 (e) 谱容量，(e) 单位谱容量，(e) 强谱容量，(e) 强单位谱容量，2 -(e) 谱容量，2 -(e) 单位谱容量等概念。

关于可分解算子与谱容量的关系，我们在[4]中已作了讨论，用类似的方法我们可以证明

定理 10 设 $T \in Q(X)$，那么 a)，$T(e)$ 可分解，T2 -(e) 可分解，T 有 (e) 谱容量，T 有 2 -(e) 谱容量四者等价。b) $T(e)$ 强可分解与 T 有 (e) 强谱容量等价。c) 若 T 有 (e) 谱容量 E，那么 T 有 SVEP，且对任 $F \in \mathscr{F}_\infty$，有 $E(F) = X_{eT}(F) \in SM_e(T)$。这里 $X_{eT}(F) = \{x \in X, \sigma_e(x, T) \subset F\}$，$\sigma_e(x, T)$ 是扩充的局部谱。即当 ∞ 是 $\tilde{x}_T(\cdot)$ 的正则点时 $\sigma_e(x, T) = \sigma(x, T)$，当 ∞ 是 $\tilde{x}_T(\cdot)$ 的奇点时 $\sigma_e(x, T) = \sigma(x, T) \cup (\infty)$。

相应于本文的定理 8 和定理 9，我们有

定理 11 设 $T \in Q(X)$。那么下列六者等价：(i) T2 -(e) 可单位分解。(ii) $T(e)$ 可单位分解。(iii) $T(e)$ 强可单位分解。(iv) T 有 2 -(e) 单位谱容量。(v) T 有 (e) 单位谱容量。(vi) T 有 (e) 强单位谱容量。并且这时 T 必是 (e) 强可分解的。

定理 12 设 $T \in Q(X)$。那么 $T(e)$ 可单位分解的充要条件是对于 $\sigma_e(T)$ 的任意开覆盖 (G_1, G_2)，其中 G_2 是有界开集，$\infty \in G_1$，存在 $Z_1, Z_2 \in \mathrm{Inv}(T)$，和 $\pi_1, \pi_2 \in$

$B(X)$，使得 $\sigma_e(T \mid Z_i) \subset G_i$，$R(\pi_i) \subset Z_i (i=1, 2)$，$I=\pi_1+\pi_2$。且当 $x \in D_T$ 时有 $T\pi_2 x=\pi_2 Tx$。

关于这两类可分解概念的关系，我们有

定理 13 设 $T \in Q(X)$，那么 T 可单位分解（可分解，强可分解）的充要条件是 $T(e)$ 可单位分解（(e) 可分解，(e) 强可分解）且 $(0) \in SM(T)$。

例 14 正规的有非空预解集的 $\mathscr{D}_{\langle M_k \rangle}$ 型广义标量算子（见[5]）是可单位分解的。

例 15 可分 Hilbert 空间上的离散算子是 (e) 可单位分解的，有性质 S 的离散算子（见[6]）是可单位分解的。

证：设 T 是可分 Hilbert 空间上的离散算子，那么 $\sigma(T)$ 是可数集且除 ∞ 外无聚点。设 (G_1, G_2) 是 $\sigma_e(T)$ 的一个开覆盖其中 $\infty \in G_1$，G_2 是有界开集，那么有 $\sigma(T)$ 的子集 M, N 使得 $\sigma(T)=M \cup N$，$M \cap N=\phi$，$M \subset G_1$，$N \subset G_2$。命 $P_N=\frac{1}{2\pi i}\int_{\Gamma_N} R(\lambda, T) d\lambda$，$P_M=I-P_N$，这里 Γ_N 是封闭可求长曲线包围 N 于其内部而 M 在其外部。命 $Y_1=P_M X$，$Y_2=P_N X$，那么 $Y_1, Y_2 \in SM_e(T)$，$Y_2 \subset D_T$，$\sigma_e(T \mid Y_1) \subset M \cup (\infty) \subset G_1$，$\sigma_e(T \mid Y_2) \subset N \subset G_2$。当 $x \in D_T$ 时，$P_N Tx=\frac{1}{2\pi i}\int_{\Gamma_N} R(\lambda, T) Tx d\lambda=TP_N x$。故 T 是 (e) 可单位分解的，若这时 T 还有性质 S，则 $(0) \in SM(T)$。故 T 是可单位分解的。

参考文献

[1] 王声望.局部预解式与可单位分解算子.科学通报通讯稿.

[2] 王声望.刘光裕.具有可单位分解性质的谱容量.科学通报通讯稿.

[3] 刘光裕.$\mathscr{D}_{\langle M_k \rangle}$ 型算子与可单位分解算子的若干问题.南京大学研究生毕业论文.

[4] 王漱石.封闭可分解算子.华东师范大学学报（自然科学版），1981(3).

[5] 张奠宙，王漱石.无界超广义标量算子和无界可分解算子.待发表.

[6] Robert M. Kauffman. A. *Spectral decomposition theorem and its application to higher-order non-self adjoint differential operators in* $L_2[a, \infty]$. Proc. London, Math. Soc. Vol. XL Part 3, May (1980), 476—506.

[7] Erdelyi I. and Lange, R. *Spectral decompositions on Banach Spaces*. *Springer-Verlag*. (1977).

[8] Hille, E. and Phillips., R.S. *Functional Analysis and Semi-Groups*. Amer. Math. Soc. (1957) 2nd Edit.

On the Joint Spectrum for N-tuple of Hyponormal Operators [①]

Zhang Dianzhou(张奠宙)　Huang Danrun(黄旦润)

Abstract: Let $A=(A_1, \ldots, A_n)$ be an n-tuple of double commuting hyponormal operators. It is proved that: 1. The joint spectrum of A has a Cartesian decomposition: $\mathrm{Re}[Sp(A)] = S_p(\mathrm{Re}\, A)$, $\mathrm{Im}[Sp(A)] = Sp(\mathrm{Im}\, A)$; 2. The joint resolvent of A satisfies the growth condition: $\| \widehat{(A-z)} \| = \dfrac{1}{\mathrm{dist}(z, Sp(a))}$; 3. If $0 \notin \sigma(A_i)$, $i=1, 2, \ldots, n$, then

$$\| A \| = r_{Sp}(A).$$

If $A_1, A_2, \ldots A_n$ are mutually commuting linear bounded operators on Hilbert space H, then the joint spectrum of n-tuples $A=(A_1, \ldots, A_n)$ can be defined in terms of the Koszul complex by J. L. Taylor. Several analysts have investigated the joint spectral properly of an n-tuple of hyponormal operators. In this paper, we shall give some new results about it, for example, the property of the Cartesian decomposition of joint spectrum, of the growth of joint resolvent, of the joint normaloid, etc.

§ 1　Definitions and Preliminaries

We denote the Taylor joint spectrum of commuting n-tuple $A=(A_1, \ldots, A_n)$ by $Sp(A, H)$. We shall say that a point $z=(z_1, \ldots, z_n)$ of $\mathscr{C}^n$ is in the joint approximate point spectrum $\sigma_\pi(A)$ if there exists a sequence $\{x_k\}_{k=1}^{\infty} \subset H$, $\| x_k \| =1$ such that

$$\| (A_i - z_i) x_k \| \to 0 \quad (k \to \infty),\ i=1, 2, \ldots, n.$$

We say that $z \in \mathscr{C}^n$ is in the joint compressive spectrum of A, if $z \in \sigma_x(A^*)$, where $A^* = (A_1^*, \ldots, A_n^*)$. We denote the joint norm of A:

$$\| A \| = \sup\left\{ \left(\sum_{i=1}^{n} \| A_i x \|^2 \right)^{\frac{1}{2}} : x \in H,\ \| x \| =1 \right\},$$

---

① Manuscript received December 27, 1983.
Department of Mathematics, East China Normal University, Shanghai, China.
发表：《数学年刊(B辑)》,1983年第1期,14—23.

the joint spectral radius:

$$r_{sp}(A)=\sup\left\{\left(\sum_{i=1}^{\infty}|\lambda_i|^2\right)^{\frac{1}{2}}:\lambda=(\lambda_1,\ldots,\lambda_n)\in Sp(A)\right\},$$

the joint numerical range:

$$W(A)=\{((A_1x,x),(A_2x,x),\ldots,(A_nx,x)):x\in H,\ \|x\|=1\}$$

and the joint numerical radius: $\omega(A)=\sup\{|\lambda|:\lambda\in W(A)\}$.

If $\omega(A)=\|A\|$, we say A is joint normaloid.

Muneo Chō has proved $r_{Sp}(A)\leqslant\omega(A)\leqslant\|A\|$ and $\omega(A)=\|A\|$ iff $r_{Sp}(A)=\|A\|$ [6, 7].

Now, we quote some theorems which will be used in our discussion.

Theorem A (Taylor). *If A is a commuting n-tuple of operators, U is a neighbourhood of $Sp(A)$, $f_1,\ldots,f_m$ are analytic functions on U. Let $f:U\to C^m$ be defined by $f(z)=(f_1(z),\ldots,f_m(z))$ and let $f(A)=(f_1(A),\ldots,f_m(A))$. Then we have*

$$Sp(f(A),H)=f(Sp(A,H)).$$

Theorem B (Curto)[5]. *Let H be a complex Hilbert space, $A=(A_1,\ldots,A_n)$ be an n-tuple of mutually commuting linear bounded operators, $E(H,A)=\{E_p^n(H),d_p^{(n)}\}$ be a chain complex induced by A, where $d_p^{(n)}:E_p^n(H)\to E_{p-1}^n(H)$ are the boundary operators. Let d_i^* denote the conjugate operator of $d_i=d_i^n$ and construct an operator $\hat{A}$ on $H\otimes\mathscr{C}^{2n-1}$ as follows*

$$\hat{A}=\begin{bmatrix} d_1 & & \\ d_2^* & d_3 & \\ & & \ddots \\ & d_4^* & \\ & & \ddots \end{bmatrix}.$$

Then $A=(A_1,\ldots,A_n)$ is regular in the sense of Taylor's if and only if $\hat{A}$ has an inverse.

Theorem C (Curto[5], Corollary 3.14). *Let $A=(A_1,\ldots,A_n)$ be a commuting n-tuple, $\phi:\{1,\ldots,n\}\to\{1,*\}$ be a function and $\phi(A_i)=A_i^{\phi(i)}$.* Assume that *$\phi(A_i)\phi(A_j)=\phi(A_j)\phi(A_i)$ for all i,j. Then $Sp(\phi(A))=\{\phi(\lambda):\lambda\in Sp(A)\}$.*

§ 2 The Joint Spectrum of an n-tuple of Seminormal Operators

If $A\in B(H)$, $A^*A-AA^*\geqslant 0$, we say A is hyponormal. If $A^*A-AA^*\leqslant 0$, we say A is cohyponormal. Operator A will be said to be seminormal, if A is either hyponormal or cohyponormal.

An n-tuple of operators $A=(A_1, \ldots, A_n)$, $A_i \in B(H)$, will be said to be double commuting, if $A_iA_j=A_jA_i$, $A_iA_j^*=A_j^*A_i$, $i \neq j$, $i, j=1, 2, \ldots, n$.

Let $A_k=B_k+iC_k$, $k=1, 2, \ldots, n$, be the Cartesian decomposition of $A_k \in B(H)$. We denote

$$\operatorname{Re} A=(\operatorname{Re} A_1, \ldots, \operatorname{Re} A_n)=(B_1, \ldots, B_n),$$
$$\operatorname{Im} A=(\operatorname{Im} A_1, \ldots, \operatorname{Im} A_n)=(C_1, \ldots, C_n),$$

where A is double commuting, and so $\operatorname{Re} A$ and $\operatorname{Im} A$ are commuting n-tuples. Thus, we can define their joint spectrum.

Lemma 2.1 *Let $A=(A_1, \ldots, A_n)$ be an n-tuple of normal operators, Then we have Cartesian decomposition of the joint spectrum:*

$$\operatorname{Re}[Sp(A)]=Sp(\operatorname{Re} A), \operatorname{Im}[Sp(A)]=Sp(\operatorname{Im} A).$$

Proof For any n-tuple of normal operators, it is well known that the joint spectral mapping theorem holds. Since the mappings $(z_1, \ldots, z_n) \to (\operatorname{Re} z_1, \ldots, \operatorname{Re} z_n)$, $(z_1, \ldots, z_n) \to (\operatorname{Im} z_1, \ldots, \operatorname{Im} z_n)$ are continued, we can prove this lemma by operator calculus.

Q.E.D.

Now, we recall the definition of symbol of an operator (cf. [1]). Let $T \in B(H)$, $\{A(t) \mid 0 \leqslant t<\infty\}$ be a contractive semigroup of operators with one parameter. Its generator is iA, i.e. $A(t)=\exp(iAt)$. For $t<0$, we set $A(t)=A(-t)^*$. If $S_A^{\pm}(T)=s-\lim\limits_{t \to \pm\infty} A(t)TA(-t)$ exists, we shall call $S_A^{\pm}(T)$ the symbol of T for A. We denote

$$S_A^{\pm}=\{T \in B(H): S_A^{\pm} \text{ exists}\}.$$

The following theorem is a generalization of Xia's theorem (cf. [1] II. Theorem 1.6).

Theorem 2.2 *Let $A=(A_1, \ldots, A_n)$ be a double commuting n-tuple of operators. $A_k=B_k+iC_k$ is the Cartesian decomposition of A_k, $k=1, 2, \ldots, n$. We have*

(i) If $C_j \in S_{B_j}^{\pm}$, $j=1, 2, \ldots, n$, then $\operatorname{Re} \sigma_x(A) \supset \sigma_x(\operatorname{Re} A)$;

(ii) If $B_j \in S_{C_j}^{\pm}$, $j=1, 2, \ldots, n$, then $\operatorname{Im} \sigma_x(A) \supset \sigma_x(\operatorname{Im} A)$.

Proof We confine the proof to (i), and that of (ii) is similar.

Let $B=B_1+B_2+\ldots+B_n$, $B(t)=\exp(iBt)(t \geqslant 0)$, $B(t)=B(-t)^*(t<0)$, $B_j(t)=\exp(iB_jt)(t \geqslant 0)$, $B_j(t)=B_j(-t)^*(t<0)$. Since $A=(A_1, \ldots, A_n)$ is double commuting, it is easy to see that $\{B_i(t), B_j(t): i, j=1, 2, \ldots, n\}$ is a commuting tuple for any t. Morever, $B_i(t)$ and $B_i(-t)$ commute with C_j, $i \neq j$. By our present hypothesis, for each j,

$$S_B^{\pm}(C_j)=s-\lim_{t\to\pm\infty}B(t)C_jB(-t)=s-\lim_{t\to\pm\infty}B_1(t)\ldots B_n(t)C_jB_n(-t)\ldots B_1(t)$$
$$=s-\lim_{t\to\pm\infty}B_j(t)C_jB_j(-t)=S_{B_j}^{\pm}(C_j).$$

For simplicity, we denote this limit by $C_j^{\pm}$, $j=1,2,\ldots,n$.

Similarly, we can show that $(C_1^{\pm},\ldots,C_n^{\pm})$, $(B_1+iC_1^{\pm},\ldots,B_n+iC_n^{\pm})$ are also commuting tuples of normal operators (A is double commuting). Put

$$C^{\pm}=(C_1^{\pm},\ldots,C_n^{\pm}),\ B+iC^{\pm}=(B_1+iC_1^{\pm},\ldots,B_n+iC_n^{\pm}).$$

Now, let $b=(b_1,\ldots,b_n)\in\sigma_\pi(\mathrm{Re}\,A)=\sigma_\pi(B)=\sigma_\pi[\mathrm{Re}(B+iC^{\pm})]$. We have $Sp(A)=\sigma_\pi(A)$[8], if A is a commuting tuple of normal operators. Thus, by Lemma 2.1, there exists $c=(c_1,\ldots,c_n)\in Sp(C^{\pm})$ and a sequence $\{g_m\}$, $g_m\in H$, $\|g_m\|=1$, $m=1,2,\ldots$ (or $m=-1,-2,\ldots$) such that

$$\|(B_j-b_jI)g_m\|\to 0,\ \|(C_j^{\pm}-c_jI)g_m\|\to 0(m\to\infty),\ j=1,2,\ldots,n. \qquad (*)$$

By the definition of symbol of operators, and $C_j^{\pm}=S_B^{\pm}(C_j)$ we can find a real number $t_m^{\pm}$ for each g_m such that

$$\|(\exp(it_m^{\pm}B)C_j\exp(-it_m^{\pm}B)-C_j^{\pm})g_m\|<\frac{1}{|m|}.$$

Denote the class of operators which commute with B by $[B]'$. Since $B=B_1+\ldots+B_n$ is selfadjoint, we have $C_j^{\pm}=S_B^{\pm}(C_j)\in[B]'$ (cf. [1], II, Lemma 1.1). Thus

$$\|[C_j\exp(-it_m^{\pm}B)-C_j^{\pm}\exp(-it_m^{\pm}B)]g_m\|<\frac{1}{m}. \qquad (**)$$

Let $f_m=\exp(-it_mB)g_m$. Then $\|f_m\|=1$. Hence by $(*)$, $(**)$ and B_j, $C_j^{\pm}\in[B]'$, $j=1,2,\ldots,n$, it follows that

$$\|(B_j-b_jI)f_m\|=\|(B_j-b_jI)g_m\|\to 0$$
$$\|(C_j-C_jI)f_m\|\leqslant\|(C_j-C_j^{\pm})f_m\|+\|(C_j^{\pm}-C_jI)f_m\|$$
$$=\|(C_j-C_j^{\pm})f_m\|+\|(C_j^{\pm}-C_jI)g_m\|\to 0,\ m\to\pm\infty,\ j=1,2,\ldots,n.$$

Then $b=(b_1,\ldots,b_n)\in\mathrm{Re}(\sigma_\pi(A))$. Q.E.D.

Corollary 2.3 *If $A=(A_1,\ldots,A_n)$ is a double commuting tuple of hyponormal operators, then*

$$\mathrm{Re}(\sigma_\pi(A))=\sigma_\pi(\mathrm{Re}\,A),\ \mathrm{Im}(\sigma_\pi(A))=\sigma_\pi(\mathrm{Im}\,A).$$

This result was obtained by Wei (cf. [9]) early.

Proof Since $A_j=B_j+iC_j$ are hyponormal, we have $A_j\in S_{R_j}^{\pm}\cap S_{C_j}^{\pm}$, and $C_j\in$

$S^{\pm}_{B_j}$, $B_j \in S^{\pm}_{C_j}$, $j=1, 2, \ldots, n$. (cf. [1], Ⅱ, Theorem 2.6). Thus, by Theorem 2.2, we have $\mathrm{Re}(\sigma_\pi(A)) \supset \sigma_\pi(\mathrm{Re}\, A)$, and $\mathrm{Im}(\sigma_\pi(A)) \supset \sigma_\pi(\mathrm{Im}\, A)$. On the other hand, in general, $\sigma_{j\pi}(T)=\sigma_\pi(T)$, where $T = X + iY$ is hyponormal, $\sigma_{j\pi}(T) = \{\lambda = x + iy$: $\exists f_n \in H$, $\| f_n \| =1$ such that

$$\lim_{n\to\infty} \| (X - xI)f_n \| = \lim_{n\to\infty} \| (Y - yI)f_n \| = 0.\}$$

Therefore

$$\mathrm{Re}\,\sigma_\pi(A) \subset \sigma_\pi(\mathrm{Re}\, A),\ \mathrm{Im}\sigma_\pi(A) \subset \sigma_\pi(\mathrm{Im}\, A). \qquad \text{Q.E.D.}$$

Theorem 2.4 *If $A=(A_1, \ldots, A_n)$ is a double commuting tuple of hyponormal operators, then its joint spectrum has a Cartesian decomposition.*

Proof It is sufficient to prove that $\mathrm{Re}[Sp(A)]=Sp[\mathrm{Re}\, A]$. From Corollary 2.3 we can see that

$$Sp(\mathrm{Re}\, A)=\sigma_\pi(\mathrm{Re}\, A)=\mathrm{Re}[\sigma_\pi(A)] \subset \mathrm{Re}[Sp(A)],$$

where the first equality may be followed by the fact that $\mathrm{Re}(A)$ is a commuting tuple of normal operators. We shall prove $Sp(\mathrm{Re}\, A) \supset \mathrm{Re}(Sp(A))$ under an induction.

For $n=1$, the theorem holds (cf. [1], Ⅱ, Theorem 3.2).

For $n \geqslant 2$, assume that it holds for a double commuting $(n-1)$ - tuple of hyponormal operators. Then we shall prove that the theorem also holds for n. Let $\lambda = (\lambda_1, \ldots, \lambda_n) \in Sp(A)$. It is well known that $\sum_{i=1}^{n}(A_i-\lambda_i)(A_i-\lambda_i)^*$ is not invertible[5]. The Berberian extension of $A=(A_1, \ldots, A_n)$ is denoted by $A^0=(A_1^0, \ldots, A_n^0)$[11]. It is easy to see that $A^0=(A_1^0, \ldots, A_n^0)$ is also a double commuting n-tuple of hyponormal operators, and we have

$$\mathrm{Ker}\Big(\sum_{i=1}^{n}(A_i^0-\lambda_i)(A_i^0-\lambda_i)^*\Big)=\bigcap_{i=1}^{n} \mathrm{Ker}(A_i^0-\lambda_i)(A_i^0-\lambda_i)^* \neq \{0\}. \quad (***)$$

Let

$$\mathscr{M}=\mathrm{Ker}(A_n^0-\lambda_n)(A_n^0-\lambda_n)^*=\mathrm{Ker}(A_n^0-\lambda_n)^* \neq 0.$$

Since A^0 is double commuting, $\mathscr{M}$ reduces $(A_1^0-\lambda_1)$, …, $(A_{n-1}^0-\lambda_{n-1})$, and $\mathrm{Re}(A_1^0-\lambda_1)$, …, $\mathrm{Re}(A_{n-1}^0-\lambda_{n-1})$. By $(***)$ we have

$$0 \neq \mathrm{Ker}\Big(\sum_{i=1}^{n-1}[(A_i^0-\lambda_i)\mid_{\mathscr{M}}][(A_i^0-\lambda_i)\mid_{\mathscr{M}}]^*\Big)=\mathscr{M} \cap \Big(\bigcap_{i=1}^{n-1}\mathrm{Ker}(A_i^0-\lambda_i)(A_i^0-\lambda_i)^*\Big).$$

Since $(A_1^0\mid_{\mathscr{M}}, \ldots, A_{n-1}^0\mid_{\mathscr{M}})$ is double commuting $(n-1)$-tuple of hyponormal operators, and $\mathrm{Re}(A_i^0\mid_{\mathscr{M}})=(\mathrm{Re}\, A_i^0)\mid_{\mathscr{M}}$, we see that $(\mathrm{Re}(A_1^0-\lambda_1)\mid_{\mathscr{M}}, \ldots, \mathrm{Re}(A_{n-1}^0-\lambda_{n-1})\mid_{\mathscr{M}})$ is not regular in the sense of Taylor's (by the assumption of the induction).

Howerer, if we restrict the n-tuple of operators

$$T=(\mathrm{Re}\,A_1^0-\mathrm{Re}\,\lambda_1,\ \dots,\ \mathrm{Re}\,A_{n-1}^0-\mathrm{Re}\,\lambda_{n-1},\ (A_n^0-\lambda_n)(A_n^0-\lambda_n)^*)$$

in the subspace $\mathscr{M}$, we shall see that $((\mathrm{Re}\,A_1^0-\mathrm{Re}\,\lambda_1)|_{\mathscr{M}},\ \dots,\ (\mathrm{Re}\,A_{n-1}^0-\mathrm{Re}\,\lambda_{n-1})|_{\mathscr{M}},\ 0)$ is singular, and so is T. It is well known that the n-tuple T is regular if and only if $\sum_{i=1}^{n} T_i^* T_i$ is regular, where $T=(T_1,\ \dots,\ T_n)$ is a normal commuting n-tuple[8]. Hence we have

$$\left(\bigcap_{i=1}^{n-1}\mathrm{Ker}(\mathrm{Re}\,A_i^0-\mathrm{Re}\,\lambda_i)\right)\cap \mathrm{Ker}(A_n^0-\lambda_n)^*\neq\{0\}.$$

Let $\mathscr{N}=\bigcap_{i=1}^{n-1}\mathrm{Ker}(\mathrm{Re}\,A_i^0-\mathrm{Re}\,\lambda_i)$. Then $\mathscr{N}$ reduces $(A_n^0-\lambda_n)^*$ and $\mathrm{Re}(A_n^0-\lambda_n)$. Since $\mathscr{N}\cap\mathscr{M}\neq 0$, $(A_n^0-\lambda_n)|_{\mathscr{N}}$ is hyponormal, it follows that $(A_n^0-\lambda_n)|_{\mathscr{N}}$ is singular, whence $\mathrm{Re}\,A_n^0|_{\mathscr{N}}-\mathrm{Re}\,\lambda_n=\mathrm{Re}(A_n^0-\lambda_n)|_{\mathscr{N}}$ is also singular. As before, we can say that $(\mathrm{Re}\,A_1^0-\mathrm{Re}\,\lambda_1,\ \dots,\ \mathrm{Re}\,A_{n-1}^0-\mathrm{Re}\,\lambda_{n-1},\ \mathrm{Re}\,A_n^0-\mathrm{Re}\,\lambda_n)$ is singular, because this tuple is singular on reduced subspace $\mathscr{N}$. Then, owing to the relations $\sigma_\pi(A_i)=\sigma_\pi(A_i^0)=\sigma_0(A_i^0)$, $\sigma_\pi(A)=\sigma_\pi(A^0)=\sigma_0(A^0)$, where $\sigma_0(A)$ denotes the point spectrum of A, we have

$$\mathrm{Re}\,\lambda=(\mathrm{Re}\,\lambda_1,\ \dots,\ \mathrm{Re}\,\lambda_n)\in Sp(\mathrm{Re}\,A^0)=\sigma_\pi(\mathrm{Re}\,A^0)=\sigma_\pi(\mathrm{Re}\,A)=Sp(\mathrm{Re}\,A),$$

which proves this theorem. Q.E.D.

Corollary 2.5 *If $A=(A_1,\ \dots,\ A_n)$ is a double commuting n-tuple of seminormal operators, then its joint spectrum has a Cartesian decomposition.*

Proof There exists a function ϕ: $\{1,\ 2,\ \dots,\ n\}\to\{1,\ *\}$ such that $\phi(A)=(\phi(A_1),\ \phi(A_2),\ \dots,\ \phi(A_n))$ is a double commution n-tuple of hyponormal operators, where $\phi(A_i)=A_i^{\phi(i)}$. By §1, Theorem C and Theorem 2.4, we can come to the conclusion.

Definition 2.6 *If $A=(A_1,\ \dots,\ A_n)$ is a commuting n-tuple of operators, we call $(A-\lambda)$ for $\lambda\notin Sp(A)$ the joint resolvent of A.*

Lemma 2.7 (Muneo Chō)[7] *If $A=(A_1,\ \dots,\ A_n)$ is a double commuting n-tuple of hyponormal operators, then for any $\lambda=(\lambda_1,\ \dots,\ \lambda_n)\in\mathscr{C}^n$ we have*

$$\inf\left\{\left(\sum_{i=1}^{n}\|(A_i-\lambda_i)^*x\|^2\right)^{\frac{1}{2}}:\ \|x\|=1\right\}=\mathrm{dist}(\lambda,\ Sp(A)).$$

Theorem 2.8 *If $A=(A_1,\ \dots,\ A_n)$ is a double commuting n-tuple of hyponormal operators, then for any $z=(z_1,\ \dots,\ z_n)\notin Sp(A)$, we have*

$$\|(A-z)^{-1}\|=[\mathrm{dist}(z,\ Sp(A))]^{-1}.$$

Proof It is well known that (cf. [5], p.135)

$$
(\widehat{A-z})(\widehat{A-z})^* = \begin{bmatrix} \sum_{i=1}^{n}(A-z_i)(A_i-z_i)^* & 0 & & 0 \\ 0 & \sum_{i=1}^{n}{}^{f_{2i}}(A_i-z_i) & & \\ & & \ddots & \\ 0 & 0 & & \sum_{i=1}^{n}{}^{f_{ni}}(A_i-z_i) \end{bmatrix}
$$

where f_l: $(1, 2, \ldots, n) \to (0, 1)$.

${}^{f_l}(A_i - z_i) = (A_i - z_i)^*(A_i - z_i)$ or $(A_i - z_i)(A_i - z_i)^*$, if $f_l(i) = 0$ or 1.

Since $A = (A_1, \ldots, A_n)$ is hyponormal, for any f: $(1, 2, \ldots, n) \to (0, 1)$, we have

$$
\sum_{i=1}^{n}{}^{f}(A_i - z_i) \geqslant \sum_{i=1}^{n}(A_i - z_i)(A_i - z_i)^*.
$$

Thus

$$
\begin{aligned}
\| (A-z)^{-1} \| &= \| [(A-z)^{-1}]^*(A-z)^{-1} \| = \sup_i \left\| \left(\sum_{i=1}^{n}{}^{f_i}(A_i - z_i)\right)^{-1} \right\| \\
&= \left\| \left(\sum_{i=1}^{n}(A_i - z_i)(A_i - z_i)^*\right)^{-1} \right\| \\
&= \left(\inf\left\{\left(\sum_{i=1}^{n}(A_i - z_i)(A_i - z_i)^* x, x\right) : \|x\| = 1\right\}\right)^{-1}.
\end{aligned}
$$

By Lemma 2.7, we have

$$
\| (\widehat{A-z})^{-1} \|^2 = \left[\inf_{\|x\|=1} \sum_{i=1}^{n} \| (A_i - z_i)^* x \|^2\right]^{-1} = [\mathrm{dist}(z, Sp(A))]^{-2}.
$$

This completes the proof.

Q.E.D.

Now, we consider the seminormal operators. Let $A = (A_1, \ldots, A_n)$ be a double commuting n-tuple of seminormal operators, ϕ: $(1, 2, \ldots, n) \to (1, *)$, and $\phi(A_i) = A_i^{\phi(i)}$. We set $\phi(A) = (\phi(A_1), \ldots, \phi(A_n))$. Curto[5] showed that $Sp(\phi(A), H) = \{\phi(\lambda): \lambda \in Sp(A)\}$. If p is a permutation of $(1, 2, \ldots, n)$, $p(A) = (A_{p(1)}, \ldots, A_{p(n)})$, then $\hat{A} = U\,\widehat{p(A)}\,V$, U, V are unitary operators (cf. [5], p. 137). Thus, $\| \hat{A} \| = \| \widehat{p(A)} \|$. If A exsists, then $p(A)$ also has an inverse (cf. [3]).

Theorem 2.9 *If $A = (A_1, \ldots, A_n)$ is a double commuting n-tuple of seminormal operators, then for any $z = (z_1, \ldots, z_n) \notin Sp(A)$, we have*

$$
\| (\widehat{A-z})^{-1} \| = \frac{1}{\mathrm{dist}(z, Sp(A))}.
$$

Proof There exists a mapping ϕ: $\{1, 2, \ldots, n\} \to \{1, *\}$ such that $\phi(A)$ is a double commuting of hyponormal operators. We can prove that $\| \hat{A}^{-1} \| = \| \widehat{\phi(A)}^{-1} \|$. In fact, it is sufficient to show that for ϕ_1: $(A_1, \ldots A_n) \to (A_1^*, A_2, \ldots, A_n)$, $\| \hat{A} \| = \| \widehat{\phi_1(A)} \|$. Now, we set ϕ_2: $(A_1, A_2, \ldots, A_n) \to (A_1^*, -A_2, \ldots, -A_n)$. Then $(\hat{A})^* = \widehat{\phi_2(A)}$, $\widehat{\phi_1(A)}(\widehat{\phi_1(A)})^* = \widehat{\phi_2(A)}(\widehat{\phi_2(A)})^*$. Thus, $\| \widehat{\phi_1(A)} \| = \| \widehat{\phi_2(A)} \| = \| \hat{A} \|$. Similarly, we can also prove that $\| \widehat{\phi_1(A)}^{-1} \| = \| \hat{A}^{-1} \|$ if A has an inverse. By Theorem 2. 8, we have $\| \widehat{\phi_1(A - z)}^{-1} \| = [\text{dist}(\phi(z)), Sp(\phi(A))]^{-1}$. Since $Sp(\phi(A)) = \phi(Sp(A))$, we have

$$\text{dist}(z, Sp(A)) = \text{dist}(\phi(z), \phi[Sp(A)]) = \text{dist}(\phi(z), Sp(\phi(A)).$$

On the other hand, $\| (\widehat{A - z})^{-1} \| = \| \phi(\widehat{A - z})^{-1} \|$. Thus

$$\| (\widehat{A - z})^{-1} \| = [\text{dist}(z, Sp(A))]^{-1}. \qquad \text{Q.E.D.}$$

§ 3 The Normaloid Property of an n-Tuple of Semi-hyponormal Operators

Theorem 3.1 *If $A = (A_1, \ldots, A_n)$ is a double commuting n-tuple of semi-hyponormal operators, then $Sp(A) = \sigma_p(A)$, where $\sigma_p(A)$ is the joint compressive spectrum of A.*

Proof It is sufficient to prove $Sp(A) \subset \sigma_p(A)$. If $Z = (Z_1, \ldots, Z_n) \in Sp(A)$, then $(A - Z)$ is not invertible (§ 1. Theorem B). Clearly, $(\widehat{A - Z})^* (\widehat{A - Z})$ and $(\widehat{A - Z}) \cdot (\widehat{A - Z})^*$ are diagonal metrices on the space $H \otimes C^{2n-1}$ with diagonal entries $\sum_{i=1}^{n} {}^{f_i} (A_i - Z_i)$. Hence we can find an operator

$$\sum_{i=1}^{n} {}^{f_{i_0}} (A_i - Z_i) = \sum_t (A_t - Z_t)^* (A_t - Z_t) + \sum_s (A_s - Z_s)(A_s - Z_s)^*$$

which has no inverse. Thus, there are $\{x_n\} \subset H$, $\| x_n \| = 1$, such that

$$\left(\sum_{i=1}^{n} {}^{f_{i_0}} (A_i - Z_i) x_m, x_m\right) = \sum_t \| (A_t - Z_t) x_m \|^2 + \sum_s \| (A_s - Z_s) x_m \|^2 \to 0.$$

By [1], Theorem. I 2.5, $\| (A_t - Z_t) x_m \| \to 0$ implies $\| (A_t - Z_t)^* x_m \| \to 0$. Hence $\| (A_i - Z_i)^* x_m \| \to 0 \quad (m \to \infty)$, $i = 1, 2, \ldots, n$. Therefore, $Z \in \sigma_p(A)$. This completes the proof.

Q.E.D.

Muneo Chō and Makoto Takaguchi have proved that every double commuting n-tuples of hyponormal operators satisfies $r_{sp}(A) = \| A \|$. In the case of semi-hyponormal operators, we conjecture that it remains true. But we now only prove two particular cases.

Corollary 3.2 *If $A=(A_1, \ldots, A_n)$ is a double commuting n-tuple of semi-hyponormal operators, $A_i=U_i\mid A_i\mid$, where U_i are unitary,* $\dim \mathscr{R}(A)^{\perp}=\dim \mathscr{R}(A^*)^{\perp}$, $\sigma(U_i)\neq C_1$, $i=1, 2, \ldots, n$, *then*

$$r_{Sp}(A)=\|A\|.$$

Proof By Theorem 3.1, it is easy to see that $A-Z$ is invertible iff $\sum_{i=1}^{n}(A_i-Z_i)\cdot(A_i-Z_i)^*$ is invertible. For any $r_i\in\sigma(A_i^*A_i)$, we can find $Z_i\in\sigma(A_i)$ such that $|Z_i|=\sqrt{r_i}$ (cf. [1], Ⅱ, Theorem 3.3). Now, we may apply the proof which was used by M. Chō and M. Takaguchi[7] to the case of semi-hyponormal operators. Then the assertion will be proved.

Q.E.D.

If B is an isometric operator, we set

$$B^{[n]}=\begin{cases}B^n, & n\geqslant 0,\\ (B^*)^n, & n<0.\end{cases}$$

If $\mathscr{F}_B^{\pm}(T)=s-\lim\limits_{n\to\pm\infty}B^{[n]}TB^{[-n]}$ exists, we say that $\mathscr{F}_B^{\pm}(T)$ is a polar symbol of T relative to B. Set

$$\mathscr{F}_B^{\pm}=\{T\mid T\in B(H), \mathscr{F}_B^{\pm}(T)\text{exists}\}^{[1]}.$$

Lemma 3.3 *If U is a unitary operator, $T=(T_1, T_2, \ldots T_n)$, $T_i\in\mathscr{F}_U^{\pm}\cap(\mathscr{F}_U^{\pm})^*$, $i=1, 2, \ldots, n$. Denote $\mathscr{F}_U^{\pm}(T)=(\mathscr{F}_U^{\pm}(T_1), \ldots, \mathscr{F}_U^{\pm}(T_n))$. Then*

$$\sigma_\pi(\mathscr{F}_U^{\pm}(T))\subset\sigma_\pi(T), \sigma_\rho(\mathscr{F}_U^{\pm}(T))\subset\sigma_\rho(T).$$

Proof We know that $A\to\mathscr{F}_B^{\pm}(A)$ is an involution homomorphism from $\mathscr{F}_U^{\pm}\cap(\mathscr{F}_U^{\pm})^*$ to $[B]'$ (cf. [1]). On the other hand, we have

$$\lambda=(\lambda_1, \ldots, \lambda_n)\notin\sigma_\pi(T)$$

iff there is $\varepsilon_1>0$ such that

$$\sum_{i=1}^{n}(T_i-\lambda_i)^*(T-\lambda_i)>\varepsilon_1 I,$$

$$\lambda=(\lambda_1, \ldots, \lambda_n)\notin\sigma_\rho(T)$$

iff there is $\varepsilon_2>0$ such that

$$\sum_{i=1}^{n}(T_i-\lambda_i)(T_i-\lambda_i)^*>\varepsilon_2 I.$$

Then we can establish the lemma.

Theorem 3.4 *If $T=(T_1, T_2, \ldots, T_n)$ is a double commuting n-tuple of semi-hyponormal operators, and if $0 \notin \sigma(T_i)$ $i=1, 2, \ldots, n$, then we have*

(i) $r_{Sp}(T)=\| T \|$;

(ii) *Let $T^{-1}=(T_1^{-1}, T_2^{-1}, \ldots, T_n^{-1})$, then*

$$\| T^{-1} \| = r_{Sp}(T^{-1}) = \sup\left\{\Big(\sum_{i=1}^{n} \frac{1}{|\lambda_i|^2}\Big)^{\frac{1}{2}} : (\lambda_1, \ldots, \lambda_n) \in Sp(T)\right\}.$$

Proof Let $T_i = U_i |T_i|$ be the polar decomposition of T_i, $i=1, 2, \ldots, n$. Since $0 \notin \sigma(T_i)$, we see that U_i is unitary, and $|T_i|$ is invertible. It is easy to see that $(U_1, \ldots, U_n)$ and $(|T_1|, \ldots, |T_n|)$ are double commuting and $U_i |T_j| = |T_j| U_i$, $i \neq j$. Let $U = U_1 \ldots U_n$, where U is unitary. Since T_i are semi-hyponormal, we have

$$\mathscr{F}_U^{\pm}(T_i) = s - \lim_{n \to \mp\infty} U^{[n]} T_i U^{[-n]} = s - \lim_{n \to \mp\infty} U^{[n]} T_i U^{[-n]} = \mathscr{F}_{U_i}^{\pm}(T_i).$$

Since U_i are unitary, we have $\mathscr{F}_U^{\pm}(T_i^*) = (\mathscr{F}_U^{\pm}(T_i))^*$, $|T_i| \leqslant \mathscr{F}_U^{+}(|T_i|)$[1]. Then $\mathscr{F}_U^{\pm}(T) = (\mathscr{F}_U^{\pm}(T_1), \ldots, \mathscr{F}_U^{\pm}(T_n))$ is a commuting n-tuple of normal operators, and $\mathscr{F}_U^{\pm}(T_i) = U_i \mathscr{F}_U^{\pm}(|T_i|)$, $i=1, 2, \ldots, n$. Now the following equality holds:

$$\begin{aligned} \| T \|^2 &= \sup_{\|x\|=1} \Big(\sum_{i=1}^{n} \| T_i x \|^2\Big) = \sup_{\|x\|=1} \Big(\sum_{i=1}^{n} (T_i^* T_i x, x)\Big) \\ &= \sup_{\|x\|=1} \Big(\sum_{i=1}^{n} \| |T_i| x \|^2\Big) = \| |T_i| \|^2. \end{aligned}$$

Thus $\| T \| = \| |T| \|$.

Now, since $|T| = (|T_1|, \ldots, |T_n|)$ is a commuting n-tuple of normal operators, we have $\omega(|T|) = \| |T| \| = \| T \|$[6]. Put $\mathscr{F}_U^{+}(|T|) = (\mathscr{F}_U^{+}(|T_1|), \ldots, \mathscr{F}_U^{+}(|T_n|))$. Then $\| T \| = \omega(|T|) \leqslant \omega(\mathscr{F}_U^{+}(|T|))$ by the inequlity $|T_i| \leqslant \mathscr{F}_U^{+}(|T_i|)$, $i=1, 2, \ldots, n$. On the other hand

$$\begin{aligned} \omega(\mathscr{F}_U^{+}(|T|)) &= \sup_{\|x\|=1} \Big(\sum_{i=1}^{n} (\mathscr{F}_U^{+}(|T_i|)x, x)^2\Big)^{\frac{1}{2}} \\ &\leqslant \sup_{\|x\|=1} \Big(\sum_{i=1}^{n} \mathscr{F}_U^{+}(|T_i|)x \|^2\Big)^{\frac{1}{2}} \\ &\leqslant \sup_{\|x\|=1} \Big(\sum_{i=1}^{n} (\mathscr{F}_U^{+}(|T_i|^2)x, x)\Big)^{\frac{1}{2}} \\ &= \sup_{\|x\|=1} \Big(\mathscr{F}_U^{+}\Big(\sum_{i=1}^{n} |T_i|^2\Big)x, x\Big)^{\frac{1}{2}} \leqslant \Big\| \sum_{i=1}^{n} |T_i|^2 \Big\|^{\frac{1}{2}} \\ &= \Big\| \sum_{i=1}^{n} T_i^* T_i \Big\|^{\frac{1}{2}} = \omega\Big(\sum_{i=1}^{n} T_i^* T_i\Big)^{\frac{1}{2}} = \| T \|. \end{aligned}$$

Thus

$$\omega(\mathscr{F}_U^+(|T|)) = \|T\|.$$

Since $\mathscr{F}_U^+(|T|)=(\mathscr{F}_U^+(|T_1|), \dots, \mathscr{F}_U^+(|T_m|))$ is a commuting n-tuple of normal operators, we see that the convex hull of $Sp(\mathscr{F}_U^+(|T|))$ is the closure of $W(\mathscr{F}_U^+(|T|))$[6]. Thus, we can find $r=(r_1, \dots, r_n) \in Sp(\mathscr{F}_U^+(|T|))$ such that $|r| = \|T\|$. By the continuous spectral mapping theorem of commuting n-tuples of normal operators[2], and by $\mathscr{F}_U^+(T_i)=U_i\mathscr{F}_U^+(|T_i|)$ (the polar decomposition of $\mathscr{F}_U^+(T_i)$), we can see that there exists $Z=(Z_1, \dots, Z_n) \in Sp(\mathscr{F}_U^+(T))$ such that $|Z_i|=r_i$, $i=1, 2, \dots, n$. Lemma 3.3 shows that

$$Z \in Sp(\mathscr{F}_U^+(T))=\sigma_\pi(\mathscr{F}_U^+(T)) \subset \sigma_\pi(T).$$

Thus $r_{Sp}(T) = \|T\|$.

(ii) $T^{-1}=(T_1^{-1}, \dots, T_n^{-1})$ is also a double commuting n-tuple of semi-hyponormal operators. By (i), we have $\|T^{-1}\| = r_{sp}(T^{-1})$. Since $0 \notin \sigma(T_i)$, $i=1, 2, \dots, n$. we see that $\left(\frac{1}{Z_1}, \dots, \frac{1}{Z_n}\right)$ is an analytic mapping on the neighbourhood of $Sp(T)$. By § 1, Theorem A, we have

$$Sp(T^{-1})=\{(\lambda_1^{-1}, \dots, \lambda_n^{-1}) \mid \lambda=(\lambda_1, \dots, \lambda_n) \in Sp(T)\}.$$

Thus

$$r_{Sp}(T^{-1}) = \sup_{\lambda \in Sp(T)} \left(\sum_{i=1}^{n} \frac{1}{|\lambda_i|^2}\right)^{\frac{1}{2}}. \qquad \text{Q.E.D.}$$

Finally, if $T=(T_1, T_2, \dots, T_n)$ is a double commuting n-tuple of operators, where T_i are semi-hyponormal or semi-cohyponormal, then Corollary 3.2 and Theorem 3.4 are also true. The proofs are omitted.

References

[1] Xia Daoxing, The spectral theory of linear operators Ⅰ, the Hyponormal operators and the semi-hyponormal operators. Peking, Science Press, 1983.

[2] Zhang Dianzhou, Huang Danrun, Product spectral measure and Taylor's spectrum, KeXue TongBao, 3(1985), 168—171.

[3] Taylor, J.L., A joint spectrum for several commuting operators, *J. Funct. Anal.*, **6**(1970), 172—191.

[4] Taylor, J.L., The analytic functional calculs for several commuting operators, *Acta malh.*, **125**(1970), 1—38.

[5] Curto, R. E., Fredholm and invertiable n-tuples of operators, The deformation problem, *Trans, Amer. Math Soc.*, **266**(1981), 129—159.

[6] Chō, M. and Takaguchi, M., Boundary points of joint numerical range, *Pacific J. Math.*,

95(1981), 129—159.

[7] Chō, M. and Takaguchi, M., Some classes of commuting n-tuples of operators (to appear in Studia Math.).

[8] Chō, M. and Takaguchi, M., Identity of Taylor's joint spectrum and Dash's joint spectrum, *Studia Math*. TLXX (1982), 225—229.

[9] Wei Guoqiang, The joint spectral decomposition for several hyponormal operators, *East normal Uni. Jour*. (Nat. Sci), 4(1984).

[10] Bunce, J.W., The joint spectrum of commuting nonnormal operators, *Proc. Amer. Math. Soc.*, **29**(1971), 499—504.

[11] Berberian, S. K., Approximate proper vectors, *Proc. Amer. Math. Soc.*, **13** (1962), 111—114.

[12] Buont, J. and Waohwa, B.L., On joint numerical ranges, *Pacific. J. Math.*, **95**: 1(1981).

无界超广义标量算子与无界可分解算子①

张奠宙　王漱石

提要：本文引进无界超广义标量算子的定义，然后证明：一个无界超广义标量算子为可分解算子的充要条件是 $\| U_{(\lambda-\mu)_k^{-1}} \mid x_{(U)}(K) \| \leqslant M(\mu, F)$，其中 F 是 C 的闭集，K 是紧子集且 $K \subset F$，$\mu \notin F$。M 是仅依赖于 μ 和 F 的常数。U 是 $\mathscr{D}_{\langle M_k \rangle}$ 型的谱分布，$(\lambda-\mu)_k^{-1} \in \mathscr{D}_{\langle M_k \rangle}$，$(\lambda-\mu)_k^{-1}=(\lambda-\mu)^{-1}$，$\lambda \in K$。$X_{[U]}(K)=V\{U_j x, f \in \mathscr{D}_{\langle M_k \rangle}, x \in X, \operatorname{supp} f \subset K\}$。

自从 Foias 提出广义标量算子的概念以来，已经有多方面的推广[1, 2]。文献[3]系统地研究了无界超广义标量算子，但限于实谱。[6]也给出了无界广义标量算子，但仅限于空间 $\mathscr{D}$。本文给出了更一般的谱在平面上的无界超广义标量算子的定义，导出一些基本性质。对一类正规的无界超广义标量算子，证明了谱映照定理，并且断定这类算子是有限可分解的且有无界谱容量[4, 5]。

一、$\mathscr{D}_{\langle M_k \rangle (R^2)}$ 谱表示和强谱容量

沿用[3]的记法。记 $\{M_k\}_{k=0}^{\infty}(M_0=1)$ 为一正数列，满足

(i) $M_k^2 \leqslant M_{k-1} M_{k+1}(k=1, 2, 3, \cdots)$；

(ii) $\displaystyle\sum_{k=1}^{\infty} \frac{M_{k-1}}{M_k} < \infty$；

(iii) 存在常数 h, A，使 $M_{k+1} \leqslant A h^k M_k(k=0, 1, 2, \cdots)$。

以上的(i)，(ii)，(iii)分别称为对数凸性，非拟解析性和可微性。

对序列$\{M_k\}$，正整数 ν 和复平面 C 的紧子集 K，记

$$\varepsilon_{\langle M_k \rangle}^{\nu, K}(R^2)=\left\{\varphi: \varphi \in C^{\infty}(R^2), \ \|\varphi\|_{\nu, K}=\sup_{\substack{k=k_1+k_2 \\ \lambda=s_1+is_2 \in K}}\left|\frac{\dfrac{\partial^k}{\partial S_1^{k_1} \partial S_2^{k_2}} \varphi(\lambda)}{M_k \nu^k}\right|<\infty\right\},$$

$$\mathscr{D}_{\langle M_k \rangle}^{\nu, K}(R^2)=\left\{\varphi: \varphi \in \underset{\operatorname{supp} p \subset K}{\mathscr{D}(R^2)}, \ \|\varphi\|_{\nu}=\sup_{\substack{k=k_1+k_2 \\ \lambda=s_1+is_2 \in C}}\left|\frac{\dfrac{\partial^k}{\partial S_1^{k_1} \partial S_2^{k_2}} \varphi(\lambda)}{M_k \nu^k}\right|<\infty\right\}。$$

---

① 署名：张奠宙　王漱石(华东师范大学)。
发表：《数学年刊》，1983 年第 5 期，671—678。

其中 $C^{\infty}(R^2)$ 表示平面上无限次可微函数空间，$\mathscr{D}(R^2)$ 是紧支集的无限次可微函数空间。再记

$$\varepsilon_{\langle M_k\rangle}(R^2)=\underset{\text{紧集}K\subset C}{\underrightarrow{\lim}}\ \underset{\nu\to\infty}{\underrightarrow{\lim}}\ \varepsilon^{\nu,K}_{\langle M_k\rangle}(R^2),$$

$$\mathscr{D}_{\langle M_k\rangle}(R^2)=\underset{\nu\to\infty}{\underrightarrow{\lim}}\ \underset{K\subset C}{\underrightarrow{\lim}}\ \mathscr{D}^{\nu,K}_{\langle M_k\rangle}(R^2)。$$

早已证明 $\varepsilon_{\langle M_k\rangle}$ 和 $\mathscr{D}_{\langle M_k\rangle}$ 都是环，见[1]。

定义 1(无界谱表示) 设 X 为复 Banach 空间，U 是 $\mathscr{D}_{\langle M_k\rangle}$ 到 $\mathscr{B}(X)$ 中的映射，我们称 U 是一个谱表示，如果 U 满足：

(i) U 是代数同态，即对任意的 $f,g\in\mathscr{D}_{\langle M_k\rangle}$ 和任意的复数 α,β，有

$$U_{\alpha f+\beta g}=\alpha U_f+\beta U_g,\ U_{fg}=U_fU_g,$$

(ii) U 是连续的，

(iii) 记 $G_n=\{\lambda\in C,\ |\lambda|<n\}$，存在 $\{I_n\}\subset\mathscr{D}_{\langle M_k\rangle}$，使得 I_n 在 $\overline{G}_n$ 的某邻域上等于 1 且对于任意的 $x\in X$，有 $U_{I_n}x\to x$。

注 如果条件(iii)改为下面的(iii)′，则本文的结论仍成立。

(iii)′ 对任意的 $x\in X$，存在 $\{f_n\}\subset\mathscr{D}_{\langle M_k\rangle}$，($\{f_n\}$ 可随 x 而不同)，使得 $U_{f_n}x\to x$。

定义 2 设 U 是 $\mathscr{D}_{\langle M_k\rangle}$ 谱表示，对复平面 C 的任意的开子集 G，命

$$X_{[U]}(G)=\bigvee\{U_fX,\ f\in\mathscr{D}_{\langle M_k\rangle}\quad\text{且}\quad \operatorname{supp}f\subset G\},$$

这里 $\bigvee$ 表示在 X 中取线性闭包，若 F 是 C 的闭子集，则命

$$X_{[U]}(F)=\bigcap\{X_{[U]}(G),\ G\supset F,G\text{ 是有界开集或}\infty\text{ 的开邻域}\}。$$

在[4]中我们引入了如下的概念：

设 X 是复 Banach 空间，T 是 X 上的闭算子且有非空预解集，其定义域为 D_T。如果 Y 是 X 的闭子空间且 $T[Y\cap D_T]\subset Y$，那么称 Y 为 T 的不变子空间，记作

$$Y\in\operatorname{Inv}(T)。$$

如果 $Y\in\operatorname{Inv}(T)$ 且对任意的 $Z\in\operatorname{Inv}(T)$ 由 $\sigma(T\mid Z)\subset\sigma(T\mid Y)$ 可推出 $Z\subset Y$，那么称 Y 是 T 的极大谱子空间，记作 $Y\in SM(T)$。

如果对 $\sigma(T)$ 的任意一个开覆盖 $(G_i)_1^n$，其中 G_1 是 ∞ 的开邻域，$G_2,\cdots,G_n$ 都是有界开集，存在 $(Y_i)_1^n\subset SM(T)$，使得(i) $X=\sum\limits_1^n Y_i$，(ii) 当 $i\neq 1$ 时，$Y_i\subset D_T$，(iii) $\sigma(T\mid Y_i)\subset G_i\ (i=1,2,\cdots,n)$，那么称 T 是可分解的。如果对于 $\sigma(T)$ 的由两个开集 G_1，G_2 组成的开覆盖，其中 G_1 是 ∞ 的开邻域，G_2 是有界开集，存在 $Y_1,Y_2\in SM(T)$，使得(i) $X=Y_1+Y_2$，(ii) $Y_2\subset D_T$，(iii) $\sigma(T\mid Y_i)\subset G_i$，那么称 T 是 2-可分解的。如果对于每一个 $Y\in SM(T)$，$T|Y$ 都是可分解的，那么称 T 是强可分解的。

记$\mathscr{F}$为复平面C中闭子集的全体，$S(X)$为X的闭子空间全体，设ε是从$\mathscr{F}$到$S(X)$中的一个映射。如果它满足

(i) $\varepsilon(\phi)=(0)$, $\varepsilon(C)=X$,

(ii) $\varepsilon(\bigcap_1^\infty F_n)=\bigcap_1^\infty \varepsilon(F_n)$，这里$(F_n)_1^\infty \subset \mathscr{F}$,

(iii) 对于C的任意一个开覆盖$(G_i)_1^n$，其中G_1是∞的开邻域，有

$$X=\sum_1^n \varepsilon(\overline{G}_i),$$

那么ε称为一个谱容量。

如果条件(i)，(ii)仍旧满足但(iii)由下面的(iii)′所代替，那么ε称为一个2-谱容量。

(iii)′ 对于C的任意开覆盖(G_1, G_2)，其中G_1是∞的开邻域，有

$$X=\varepsilon(\overline{G}_1)+\varepsilon(\overline{G}_2).$$

如果除(i)，(ii)外还满足下面的(iv)，则称ε为强谱容量。

(iv) 对于每一个$F\in\mathscr{F}$，如果$(G_i)_1^n$是F的一个开覆盖，且G_1是∞的开邻域，那么$\varepsilon(F)=\sum_1^n \varepsilon(F\cap\overline{G}_i)$。

谱容量(相应地或2-，或强)ε称为T所具有的，如果

(v) 对每一个C的紧子集K，有$\varepsilon(K)\subset D_T$；

(vi) 对每一个$F\in\mathscr{F}$，$T[\varepsilon(F)\cap D_T]\subset\varepsilon(F)$，即$\varepsilon(F)\in \mathrm{Inv}(T)$；

(vii) 对每一个$F\in\mathscr{F}$，有$\sigma[T\mid\varepsilon(F)]\subset F$。

这里关于谱容量的定义与I. Erdelyi[5]的稍有差别，在[4]中我们证明了：对于复Banach空间X上的有非空预解集的闭算子T来说：(a) T有2-谱容量，T有谱容量，T 2-可分解，T可分解四者等价而且T有强谱容量与T强可分解互相等价。(b) 如果T有2-谱容量ε，那么对任意的$F\in\mathscr{F}$，有$\varepsilon(F)=X_T(\mathscr{F})\in\delta M(T)$，这里

$$X_T(\mathscr{F})=\{x\in X, \sigma(x, T)\subset\mathscr{F}\}。$$

命题1 对任意的$g\in\mathscr{D}_{\langle M_k\rangle}$和$C$的开子集$G$，闭子集$F$，有

$$X_{[U]}(G)\in \mathrm{Inv}(U_g),\ X_{[U]}(F)\in \mathrm{Inv}(U_g)。$$

证 对任意的$x\in X_{[U]}(G)$，有$h_i\in\mathscr{D}_{\langle M_k\rangle}$和$x_i\in X$使得$Uh_ix_i\to x$，且$\operatorname{supp} h_i\subset G$。因$U_g$有界，故$U_{gh_i}x_i=U_gU_{h_i}x_i\to U_gx$，又$\operatorname{supp} gh_i\subset G$，故$U_gx\in X_{[U]}(G)$。$X_{[U]}(F)$是不变子空间$X_{[U]}(G)$的交，仍为不变子空间。

命题2 设$F\subset C$是闭集，那么$x\in X_{[U]}(F)$必须且只须对任意的满足$(\operatorname{supp} f)\cap F=\varnothing$的$f\in\mathscr{D}_{\langle M_k\rangle}$，有$U_fx=0$。

证 必要性 设$x\in X_{[U]}(F)$，如果$f\in\mathscr{D}_{\langle M_k\rangle}$且$(\operatorname{supp} f)\cap F=\varnothing$，那么有开集$G\supset F$（若$F$无界，则取$G$为$\infty$的开邻域），使得$(\operatorname{supp} f)\cap\overline{G}=\varnothing$，对$y\in X_{[U]}(G)$，有

$\sum_{i=1}^{P(n)} f_n^{(i)} x_n^{(i)} \to y$，由于 $\operatorname{supp} f \cap \operatorname{supp} f_n^{(i)} = \varnothing$，故 $U_f y = 0$。

充分性　设 $x \in X$，对于任意的满足 $(\operatorname{supp} f) \cap F = \varnothing$ 的 $f \in \mathscr{D}_{\langle M_k \rangle}$，有 $U_f x = 0$，如果 F 是有界闭集，则取有界开集 G_1, G_2, G_3 使得 $F \subset G_1 \subset \overline{G}_1 \subset G_2 \subset \overline{G}_2 \subset G_3$。由[1]可知存在 $h \in \mathscr{D}_{\langle M_k \rangle}(R^2)$，在 G_1 上为1，在 G_2 之外为0。对任意的 $x \in X$，有 $U_{f_n} x \to x$，且 $U_h U_{I_n} x \to U_h x$，于是 $U_{I_n} - hI_n x \to x - U_h x$。因 $\operatorname{supp}(I_n - hI_n) \cap F = \varnothing$，故 $U_{f_n - hI_n} x = 0$。因而 $x - U_h x = 0$，$x = U_h x \in X_{[U]}(G_3)$。因 G_3 是包含 F 的任意开集，故 $x \in X_{[U]}(F)$。如果 F 是无界闭集，对任意的包含 F 的 ∞ 点邻域 G_3，可作 ∞ 点邻域 G_2 和 G_1，使 $F \subset G_1 \subset \overline{G}_1 \subset G_2 \subset \overline{G}_2 \subset G_3$。今取 $h \in \mathscr{D}_{\langle M_k \rangle}$，使得在 G_3 的余集 G_3^c 的某邻域（含于 G_2^c 中）上为常数1，在 G_1 为0，即 $\operatorname{supp} h \cap G_1 = \varnothing$，当然 $\operatorname{supp} h \cap F = \varnothing$。同上，对任意的 $x \in X$，有 $U_{I_n} x \to x$，且 $U_h U_{I_n} x = U_{hI_n} x \to U_h x$。但当 n 充分大时 $\operatorname{supp} hI_n = \operatorname{supp} h$，故 $\operatorname{supp} hI_n \cap F = \varnothing$。由假设知 $U_{hI_n} x = 0$，于是 $U_h x = 0$。另一方面，有 $U_{I_n - hI_n} x = U_{I_n} x - U_{hI_n} x \to x - U_h x = x$。但 $I_n - hI_n$ 在 G_3^c 的某领域中为0，故 $\operatorname{supp}(I_n - hI_n) \subset G_3$。因此可知 $U_{I_n - hI_n} x \in X_{[U]}(G_3)$，由 $X_{[U]}(G_3)$ 的闭性，遂有 $x \in X_{[U]}(G_3)$。又因 G_3 是包含 F 的任何 ∞ 邻域，故知 $x \in X_{[U]}(F)$。

推论 3　若 $K \subset C$ 是紧集，记 $E(K) = \{x : U_\varphi x = x, \varphi \in M(K)\}$，其中 $M(K)$ 表示在 K 的邻域上为1的 $\mathscr{D}_{\langle M_k \rangle}$ 中的函数，那么

$$X_{[U]}(K) = E(K)。$$

顺便指出，当 F 为无界闭集时，$E(F)$ 没有意义，因为 $\mathscr{D}_{\langle M_k \rangle}$ 中函数的支集是紧的，但 $X_{[U]}(F)$ 仍有意义，因此我们更多地采用 $X_{[U]}(F)$ 进行研究。

命题 4　命 $G_n = \{\lambda \in C, |\lambda| < n\}$，$H_n = \{\lambda \in C, |\lambda| > n\}$，那么 $\bigcup_1^\infty X_{[U]}(\overline{G}_n)$ 在 X 中稠密，并且 $\bigcup_1^\infty X_{[U]}(\overline{H}_n) = (0)$。

证　对任意的 $x \in X$，有 $I_n \in \mathscr{D}_{\langle M_k \rangle}$ 使得 $U_{I_n} x \to x$。故 $\bigcup_1^\infty X_{[U]}(\overline{G}_n)$ 在 X 中稠，对任意的 $x \in \bigcap_1^\infty X_{[U]}(\overline{H}_n)$，有 $I_n \in \mathscr{D}_{\langle M_k \rangle}$ 使得 $U_{I_n} x \to x$。由命题2，$U_{I_n} x = 0$，故 $x = 0$。因而

$$\bigcap_1^\infty X_{[U]}(\overline{H}_n) = (0)。$$

命题 5　设 U 是 $\mathscr{D}_{\langle M_k \rangle}$ 谱表示，对任何闭集 $F \subset C$，命 $\varepsilon(F) = X_{[U]}(F)$，那么 ε 是强谱容量，且 $\bigcup_1^\infty \varepsilon(\overline{G}_n \cap F)$ 在 $\varepsilon(F)$ 中稠密。

证　(i) 显然 $\varepsilon(C) = X_{[U]}(C) = X$，$\varepsilon(\phi) = X_{[U]}(\phi) = (0)$。

(ii) 证 $X_{[U]}(\bigcap_1^\infty F_n) = \bigcap_1^\infty X_{[U]}(F_n)$，这里 $(F_n)_1^\infty \subset \mathscr{F}$。

这只要证 $X_{[U]}(\bigcap_1^\infty F_n) \supset \bigcap_1^\infty X_{[U]}(F_n)$。对任意的 $x \in \bigcap_1^\infty X_{[U]}(F_n)$，只要证 $\varphi \in \mathscr{D}_{\langle M_k \rangle}$ 且

$$(\operatorname{supp}\varphi)\cap(\bigcap_1^{\infty}F_n)=\varnothing\Rightarrow U_{\varphi}x=0$$

即可。记 $\operatorname{supp}\varphi=K$，因 $K\cap(\bigcap_1^{\infty}F_n)=\varnothing$，故 $K\subset\bigcap_1^{\infty}F_n^c$。由 K 的紧性知存在正整数 N，使得 $K\subset\bigcup_1^{N}F_n^c$。记 $G_0=K^c$，$G_n=F_n^c(n=1, 2, \cdots, N)$，那么 $\bigcup_{i=0}^{N}G_i=C$。根据 $\varepsilon_{\langle M_k\rangle}(R^2)$ 的单位分解定理，存在 $g_i(i=0, 1, \cdots, N)$，使得 $1\equiv\sum_0^N g_i$，$\operatorname{supp}g_i\subset G_i(i=0, 1, \cdots, N)$，且当 $i\neq 0$ 时 $g_i\in\mathscr{D}_{\langle M_k\rangle}$。因为有 $I_n\in\mathscr{D}_{\langle M_k\rangle}$ 使得 $U_{I_n}x\to x$，故

$$\begin{aligned}U_{\varphi}x&=\lim_{n\to\infty}U_{\varphi}U_{I_n}x=\lim_{n\to\infty}U_{\varphi I_n}x=\lim_{n\to\infty}\sum_{i=0}^{N}U_{\varphi I_n g_i}x\\&=\lim_{n\to\infty}\sum_{i=0}^{N}U_{\varphi g_i}U_{I_n}x=\sum_{i=0}^{N}U_{\varphi g_i}x。\end{aligned}$$

因 $\varphi g_0=0$。故 $U_{\varphi g_0}x=0$。当 $i\neq 0$ 时，$\operatorname{supp}\varphi g_i\subset K\cap F_i^c$。故 $(\operatorname{supp}\varphi g_i)\cap F_i=\varnothing$。又因 $x\in\bigcap_1^{\infty}X_{[U]}(F_n)\subset X_{[U]}(F_i)$，所以 $U_{\varphi g_i}x=0$。这样 $U_{\varphi}x=0$。(ii) 得证。

(iii) 对任意的 $F\in\mathscr{F}$ 及 F 的一个开覆盖 $(G_i)_1^n$，这里 G_1 是 ∞ 的邻域，我们证

$$X_{[U]}(F)=\sum_1^n X_{[U]}(F\cap\bar{G}_i)。$$

这只要证 $X_{[U]}(F)\subset\sum_1^n X_{[U]}(F\cap\bar{G}_i)$ 就行了。命 $G_0=F^c$，则 $G_0, G_1, \cdots, G_n$ 覆盖 C，故存在 $g_0, g_1, \cdots, g_n$ 使得 $g_1\in\varepsilon_{\langle M_k\rangle}$，当 $i\neq 1$ 时 $g_i\in\mathscr{D}_{\langle M_k\rangle}$，$\sum_{i=0}^n g_i=1$ 且 $\operatorname{supp}g_i\subset G_i(i=0, 1, 2, \cdots, n)$。今考察任意的 $x\in X_{[U]}(F)$。我们有

$$x=U_{g_0}x+(x-\sum_{i\neq 1}U_{g_i}x)+\sum_{i=2}^{n}U_{g_i}x。$$

因 $\operatorname{supp}g_0\subset G_0=F^e$，故 $U_{g_i}x=0$。当 $i=2, 3, \cdots, n$ 时，$\operatorname{supp}g_i\subset G_i$，故 $U_{g_i}x\in X_{[U]}(\bar{G}_i)$。又 $x\in X_{[U]}(F)$。而 $X_{[U]}(F)\in\operatorname{Inv}(U_{g_i})$。故 $U_{g_i}x\in X_{[U]}(\bar{G}_i)\cap X_{[U]}(F)=X_{[U]}(F\cap\bar{G}_i)$。现证 $x-\sum_{i\neq 1}U_{g_i}x\in X_{[U]}(F\cap\bar{G}_i)$。这只要证 $x-\sum_{i\neq 1}U_{g_i}x\in X_{[U]}(\bar{G}_1)$ 即可。今设 $f\in\mathscr{D}_{\langle M_k\rangle}$，且 $\operatorname{supp}f\cap\bar{G}_1=\varnothing$。我们设法证明 $U_f(x-\sum_{i\neq 1}U_{g_i}x)=0$ 就行了。因有 $I_n\in\mathscr{D}_{\langle M_k\rangle}$ 使得 $U_{I_n}x\to x$，故 $x-\sum_{i\neq 1}U_{g_i}x=\lim_{n\to\infty}\left[U_{I_n}x-\sum_{i\neq 1}U_{g_iI_n}x\right]=\lim_{n\to\infty}U_{I_n(1-\sum_{i\neq 1}g_i)}x=\lim_{n\to\infty}U_{I_ng_1}x$。

因 $\operatorname{supp}f\cap\bar{G}_1=\varnothing$，　故　$fI_ng_1\equiv 0$。

所以 $U_{fI_ng_1}x=0$。因而 $U_f\left(x-\sum_{i\neq k}U_{g_i}x\right)=\lim_{n\to\infty}U_{fI_ng_1}x=0$。(iv) 得证。故 ε 是强谱容量。最后我们证 $\bigcup_1^{\infty}X_{[U]}(F\cap\bar{G}_n)$ 在 $X_{[U]}(F)$ 中稠。对任意的 $x\in X_{[U]}(F)$，有 $I_n\in$

$\mathscr{D}_{\langle M_k\rangle}$，使得 $U_{I_n}x \to x$。不妨设 $\operatorname{supp} I_n \subset G_n$。又 $X_{[U]}(F) \in \operatorname{Inv}(U_{I_n})$。故 $U_{I_n}x \in X_{[U]}(F) \cap X_{[U]}(\bar{G}_n) = X_{[U]}(F \cap \bar{G}_n)$。所以 $\bigcup\limits_{1}^{\infty} X_{[U]}(F \cap \bar{G}_n)$ 在 $X_{[U]}(F)$ 中稠密。

二、无界超广义标量算子及其性质

命题 6 设 $U: \mathscr{D}_{\langle M_k\rangle} \to B(X)$ 是一个谱表示。现定义线性算子 S 如下：命

$$D_S = \bigcup \{X_{[U]}(K), K \subset C \text{ 是紧集}\}。$$

当 $x \in X_{[U]}(K)$ 时命 $Sx = U_{\lambda_k}x$，这里 λ_k 表示 $\mathscr{D}_{\langle M_k\rangle}$ 中的一个函数在 K 的某邻域上等于 λ，那么 S 有闭扩张。

证 先证 S 的定义无歧义。若 $f_1, f_2 \in \mathscr{D}_{\langle M_k\rangle}$ 且在 K 的某邻域上 $f_1(\lambda) = f_2(\lambda)$，那么 $K \cap \operatorname{supp}(f_1 - f_2) = \varnothing$。故对于任意的 $x \in X_{[U]}(K)$，有 $U_{(f_1 - f_2)}x = 0$。因而 $U_{f_1}x = U_{f_2}x$。又若 $x \in X_{[U]}(K_1) \cap X_{[U]}(K_2)$，那么 $(K_1 \cap K_2) \cap \operatorname{supp}(\lambda_{k_1} - \lambda_{k_2}) = \varnothing$。故 $U_{(\lambda_{k_1} - \lambda_{k_2})}x = 0$。因而 $U_{\lambda_{k_1}}x = U_{\lambda_{k_2}}x$。因此 S 的定义是合理的。S 的线性是显然的。现证 S 有闭扩张，设 $x_n \in X_{[U]}(K_n)$，$x_n \to 0$，$Sx_n \to y$，即 $U_{\lambda_{k_n}}x_n \to y$。我们证 $y = 0$。由定义 1，有 $I_m \in \mathscr{D}_{\langle M_k\rangle}$ 使得 $U_{I_m}y \to y$。对固定的 m，显然当 $n \to \infty$ 时有 $U_{I_m}U_{\lambda_{k_n}}x_n \to U_{I_m}y$。但另一方面当 $n \to \infty$ 时 $U_{I_m}U_{\lambda_{k_n}}x_n = U_{I_m\lambda_{k_n}}x_n = U_{\lambda I_m}x_n \to 0$，故 $U_{I_m}y = 0$。所以 $y = 0$。因而 S 有闭扩张。

定义 3 命题 6 中线性算子 S 的最小闭扩张（记作 A）称为 $\mathscr{D}_{\langle M_k\rangle}$ 型广义标量算子。显然 A 是 X 上的稠定闭算子。

命题 7 若 U 是 $\mathscr{D}_{\langle M_k\rangle}(R^2)$ 型谱表示，则对任意的 $\varphi \in \mathscr{D}_{\langle M_k\rangle}$，$U_\varphi$ 是有界广义标量算子，且 $\sigma(U_\varphi) \subset \varphi(\operatorname{supp} U)$。

证 对任意的 $f \in \mathscr{D}_{\langle M_k\rangle}$，定义 $\tilde{f}(\lambda) = f[\varphi(\lambda)] - f(0)$。这时 $\tilde{f} \in \mathscr{D}_{\langle M_k\rangle}$。事实上因 $\varepsilon_{\langle M_k\rangle}$ 是可微的，即 $\{M_k\}_0^\infty$ 满足可微性条件，$\varphi \in \varepsilon_{\langle M_k\rangle}$，故 φ 的各阶导数均属于 $\varepsilon_{\langle M_k\rangle}$。因 $\varepsilon_{\langle M_k\rangle}$ 是函数环，而 $\tilde{f}$ 的各阶导数是 f 和 φ 的各阶导数的组合，仍属于 $\varepsilon_{\langle M_k\rangle}$。其次 $\tilde{f}$ 的支集是紧的。当 $\lambda \notin \operatorname{supp}\varphi$ 时，$\tilde{f}(\lambda) = f[\varphi(\lambda)] - f(0) = f(0) - f(0) = 0$，故 $\tilde{f} \in \mathscr{D}_{\langle M_k\rangle}$。现定义映照 V：对任意的 $f \in \mathscr{D}_{\langle M_k\rangle}$。命 $V_f = U_{\tilde{f}} + f(0)I$。这里 I 是 X 上的恒等算子。我们证明 V 是 $\mathscr{D}_{\langle M_k\rangle}$ 谱表示，U_φ 是其广义标量算子。对任意的 $x \in X$，有 $I_n \in \mathscr{D}_{\langle M_k\rangle}$，使得 $U_{I_n}x \to x$。故 $V_f x = U_{\tilde{f}}x + f(0)x = \lim\limits_{n\to\infty}[U_{\tilde{f}I_n}x + f(0)U_{I_n}x] = \lim\limits_{n\to\infty}U_{f[\varphi(\lambda)]I_n}x$。对任意的 $f_1, f_2 \in \mathscr{D}_{\langle M_k\rangle}$，我们有 $V_{f_2} = U_{\tilde{f}_1} + f_1(0)I$，$V_{f_2} = U_{\tilde{f}_2} + f_2(0)I$。由简单的计算，可知 $V_{f_1f_2} = V_{f_1}V_{f_2}$，故 V 是同态。现证 V 是连续的。若 $f_n \xrightarrow[\mathscr{D}_{\langle M_k\rangle}]{} f$，则不难验证

$f_n[\varphi(\lambda)] - f(0) \xrightarrow[\mathscr{D}_{\langle M_k\rangle}]{} f[\varphi(\lambda)] - f(0)$，故 $V_{f_n} = U_{\tilde{f}_n} + f_n(0)I = U_{f_n[\varphi(\lambda)] - f_n(0)} +$

$f_n(0)I \to U_{f[\varphi(\lambda)] - f(0)} + f(0)I = U_{\tilde{f}} + f(0)I = V_f$。所以 V 是连续的。最后对任意的 $f \in \mathscr{D}_{\langle M_k\rangle}$，若 $\operatorname{supp} f \cap \varphi(\operatorname{supp} U) = \varnothing$，那么 $f[\varphi(\lambda)]$ 在 $\operatorname{supp} U$ 的某邻域上为 0。故

$V_f x = \lim\limits_{n\to\infty} U_f[\varphi(\lambda)]I_n x = 0$。所以 $\operatorname{supp} V \subset \varphi(\operatorname{supp} U)$ 是紧集。因而 $V_1 x = \lim U_{1.} I_n x = x$。记 $f_0(\lambda) \equiv \lambda$，那么

$$V_{f_0} x = \lim_{n\to\infty} U_{f_0[\varphi(\lambda)]I_n} x = \lim_{n\to\infty} U_{\varphi(\lambda)I_n} x = U_\varphi x,$$

这里 $V_1 = I$，$V_{f_0} = U_\varphi$，即 $V_\lambda = U_\varphi$，故 U_φ 是以 V 为谱表示的广义标量算子。由 Foias 的谱映照定理，即知 $\sigma(U_\varphi) = \operatorname{supp} V \subset \varphi(\operatorname{supp} U)$。

命题 8 设 A 是 $\mathscr{D}_{\langle M_k\rangle}$ 型广义标量算子，则对任何闭集 $F \subset C$，$X_{[U]}(F)$ 是 A 的 ν 空间，即 $X_{[U]}(F) \in \operatorname{Inv}(A)$ 且 $\sigma[A \mid X_{[U]}(F)] \subset \sigma(A)$。若 $K \subset C$ 是紧集，则

$$\sigma[A \mid X_{[U]}(K)] \subset K。$$

证 先证 $X_{[U]}(F) \in \operatorname{Inv}(A)$。如果 $x \in X_{[U]}(F) \cap D_A$，那么有 $x_n \in X_{[U]}(K_n)$，使得 $x_n \to x$ 且 $Ax_n \to Ax$，这里 $K_n \subset C$ 都是紧集。对任何满足 $(\operatorname{supp}\varphi) \cap F = \varnothing$ 的 $\varphi \in \mathscr{D}_{\langle M_k\rangle}$，由命题 2 知 $U_\varphi x = 0$ 且 $U_{\lambda\varphi} x = 0$。故 $U_\varphi A x = \lim U_\varphi A x_n = \lim U_\varphi U_{\lambda k_n} x_n = \lim U_{\lambda\varphi} x_n = U_{\lambda\varphi} x = 0$。所以 $Ax \in X_{[U]}(F)$。故 $X_{[U]}(F) \in \operatorname{Inv}(A)$。再证 $\sigma[A \mid X_{[U]}(F)] \subset \sigma(A)$。对任意的 $\lambda \in \rho(A)$，我们只要证 $R(\lambda, A) X_{[U]}(F) \subset X_{[U]}(F)$。任取开集 $G \supset F$（如果 F 无界，则取 G 为 ∞ 的开邻域），设 $x \in X_{[U]}(F)$，那么 $x \in X_{[U]}(G)$。故有 $f_i \in \mathscr{D}_{\langle M_k\rangle}$，$x_i \in X$，使得 $\operatorname{supp} f_i \subset G$ 且 $U_{f_i} x_i \to x$。因为

$$R(\lambda, A) U_{f_i} x_i = R(\lambda, A) U_{f_i} (\lambda - A) R(\lambda, A) x_i$$

$$= R(\lambda, A)(\lambda - A) U_{f_i} R(\lambda, A) x_i = U_{f_i} R(\lambda, A) x_i \in X_{[U]}(G)。$$

故

$$R(\lambda, A) x = \lim_{i\to\infty} R(\lambda, A) U_{f_i} x_i \in X_{[U]}(G)。$$

因而 $R(\lambda, A) x \in X_{[U]}(F)$，于是 $R(\lambda, A) X_{[U]}(F) \subset X_{[U]}(F)$。

最后证 $\sigma[A \mid X_{[U]}(K)] \subset K$。对任意的 $\mu \notin K$，用 $(\mu-\lambda)_K$，$(\mu-\lambda)_K^{-1}$ 分别表示在 K 的某邻域上分别为 $(\mu-\lambda)$ 和 $(\mu-\lambda)^{-1}$ 的 $\mathscr{D}_{\langle M_k\rangle}$ 中的函数，那么

$$\begin{aligned}[\mu - A \mid X_{[U]}(K)][U_{(\mu-\lambda)_{\bar{K}}^{-1}} \mid X_{[U]}(K)] &= U_{(\mu-\lambda)_k(\mu-\lambda)_{\bar{K}}^{-1}} \mid X_{[U]}(K) \\ &= U_{I_n} \mid X_{[U]}(K) = I \mid X_{[U]}(K)。\end{aligned}$$

同理 $[U_{(\mu-\lambda)_{\bar{K}}^{-1}} \mid X_{[U]}(K)][\mu - A \mid X_{[U]}(K)] = I \mid X_{[U]}(K)$。

因此 $\mu \notin \sigma[A \mid X_{[U]}(K)]$。故 $\sigma[A \mid X_{[U]}(K)] \subset K$。

命题 9 $\mathscr{D}_{\langle M_k\rangle}$ 型广义标量算子 A 具有单值扩充性。

证 设 $f: G \to D_A$ 在连通的有界开集 $G \subset C$ 上解析且满足 $(\mu - A) f(\mu) = 0$ $(\mu \in G)$。我们证 $f(\mu) = 0$ $(\mu \in G)$。对任意的 $g \in \mathscr{D}_{\langle M_k\rangle}$，必有 $(\mu - A) U_g f(\mu) = 0$。事实上对任意固定的 $\mu \in G$ 存在 $y_n \in X_{[U]}(K_n)$ 使得 $y_n \to f(\mu)$ 且 $Ay_n \to Af(\mu)$。这里 $K_n \subset C$ 都是紧集。因 U_g 有界，故 $U_g y_n \to U_g f(\mu)$ 且 $AU_g y_n = U_g A y_n \to U_g A f(\mu)$。所以 $U_g f(\mu) \in D_A$，且 $AU_g f(\mu) = U_g A f(\mu)$。因此 $(\mu - A) U_g f(\mu) = U_g(\mu - A) f(\mu) = 0$。现取开集 G_1，G_2 使得 $\varnothing \neq G_1 \subset \bar{G}_1 \subset G_2 \subset \bar{G}_2 \subset G$，再取 $h \in \mathscr{D}_{\langle M_k\rangle}$ 使得 $\operatorname{supp} h \subset G_2$ 且

当 $\lambda \in G_1$ 时 $h(\lambda)=1$，命 $g_1=g(1-h)$，$g_2=gh$，那么 g_1，$g_2 \in \mathscr{D}_{\langle M_k \rangle}$ 且当 $\mu \in G$ 时，有

$$(\mu - A)U_{g_1} f(\mu)=0,\ (\mu - A)U_{g_2} f(\mu)=0。$$

记 $K_1=G_1^c \cap \overline{D}$，$K_2=\overline{G}_2 \cap \overline{D}$，这里 D 是 $\operatorname{supp} g$ 的一个有界开邻域。当 $\mu \in G$ 时，

$$U_{g_1} f(\mu) \in X_{[U]}(K_1),\ U_{g_2} f(\mu) \in X_{[U]}(K_2)。$$

并且 $[\mu - A \mid X_{[U]}(K_1)]U_{g_1} f(\mu)=0$，$[\mu - A \mid X_{[U]}(K_2)]U_{g_2} f(\mu)=0$。所以当 $\mu \in G$，时 $U_{g_1} f(\mu)=0$，当 $\mu \in G/\overline{G}_2$ 时 $U_{g_2} f(\mu)=0$。因而 $\mu \in G$ 时 $U_{g_1} f(\mu)=0$。且 $U_{g_2} f(\mu)=0$。故 $U_g f(\mu)=U_{g_1} f(\mu)+U_{g_2} f(\mu)=0$。因 $g \in \mathscr{D}_{\langle M_k \rangle}$ 任取，所以 $\mu \in G$ 时 $f(\mu)=0$。

命题 10 如果 A 是 $\mathscr{D}_{\langle M_k \rangle}$ 型广义标量算子，则对任意的 $g \in \mathscr{D}_{\langle M_k \rangle}$，有

$$\sigma(U_g x,\ A) \subset \sigma(x,\ A)。$$

证 在 $\rho(x,\ A)$ 中，$(\mu - A)\,\tilde{x}(\mu)=x$，其中 $\mu \in \rho(x,\ A)$。现取 $y_n \in X_{[U]}(K_n)$，使得 $y_n \to \tilde{x}(\mu)$ 且 $Ay_n \to A\,\tilde{x}(\mu)$，这里 $K_n \subset C$ 是紧集。因 U_g 有界，故 $U_g y_n \to U_g\,\tilde{x}(\mu)$ 且 $AU_g y_n=U_g A y_n \to U_g A\,\tilde{x}(\mu)$。所以 $U_g\,\tilde{x}(\mu) \in D_A$ 且 $AU_g\,\tilde{x}(\mu)=U_g A\,\tilde{x}(\mu)$。因此

$$U_g x=U_g(\mu - A)\,\tilde{x}(\mu)=(\mu - A)U_g\,\tilde{x}(\mu)。$$

这就证明了 $\sigma(U_g x,\ A) \subset \sigma(x,\ A)$。

定义 4 设 A 是 $\mathscr{D}_{\langle M_k \rangle}$ 型广义标量算子，U 是其谱表示。如果对任意固定的闭集 $F \subset C$ 和 $\mu \notin F$，存在常数 $M=M(\mu,\ F)$，使得 $\| U_{(\mu-\lambda)_{\overline{k}}^{-1}} \mid X_{[U]}(K) \| \leqslant M(\mu,\ F)$ 对任意的紧集 $K \subset F$ 成立，则称 A 是正规的。

命题 11 设 A 是 $\mathscr{D}_{\langle M_k \rangle}$ 型广义标量算子，U 是其谱表示，则 $\operatorname{supp} U \subset \sigma(A)$。如果 A 还是正规的，则 $\operatorname{supp} U=\sigma(A)$。

证 先证 $\operatorname{supp} U \subset \sigma(A)$。若 $\operatorname{supp} U \not\subset \sigma(A)$，则有 $\lambda \in \operatorname{supp} U \cap \rho(A)$，且有 λ 的有界开邻域 D 使得 $\overline{D} \subset \rho(A)$。显然有 $f \in \mathscr{D}_{\langle M_k \rangle}$ 使得 $\operatorname{supp} f \subset D$ 且 $U_f \neq 0$。故 $X_{[U]}(\overline{D}) \neq (0)$。但 $\sigma[A \mid X_{[U]}(\overline{D})] \subset \overline{D} \cap \sigma(A)=\varnothing$。矛盾。所以 $\operatorname{supp} U \subset \sigma(A)$。再证 A 是正规时 $\sigma(A) \subset \operatorname{supp} U$。对任意的 $\mu \notin \operatorname{supp} U$，取 μ 的一个有界开邻域 G 使得 $\overline{G} \cap \operatorname{supp} U=\varnothing$。命 $F=G^c$，那么 $X_{[U]}(F)=X$。因 A 是正规的，故有常数 $M=M(\mu,\ F)$ 使得 $\| U_{(\mu-\lambda)_k^{-1}} \mid X_{[U]}(K) \| \leqslant M(\mu,\ F)$ 对任何紧集 $K \subset F$ 成立。对任意的 $x \in X=X_{[U]}(F)$，有 $x_n \in X_{[U]}(K_n)$ 使得 $x_n \to x$，这里 $K_n=\{\lambda \in F,\ |\lambda| \leqslant n\}$。由 A 的正规性可知 $U_{(\mu-\lambda)_{k_n}^{-1}} x_n$ 有极限。我们定义算子 T_μ 为：$T_\mu x=\lim U_{(\mu-\lambda)_{k_n}^{-1}} x_n$，容易验证 T_μ 的定义无歧义。$T_\mu \in B(X)$，$\| T_\mu \| \leqslant M(\mu,\ F)$，且当 $x \in X_{[U]}(K)$ 时 $T_\mu x=U_{(\mu-\lambda)_k^{-1}} x$，这里 $K \subset F$ 是紧集。对任意的 $x \in X$，有 $x_n \in X_{[U]}(K_n)$，使得 $x_n \to x$，这里 $K_n=\{\lambda \in F,\ |\lambda| \leqslant n\}$。显然 $T_\mu x_n \to T_\mu x$ 且 $(\mu - A)T_\mu x_n=x_n \to x$。因而 $T_\mu x \in D_A$ 且 $(\mu -$

$A)T_\mu x = x$，对任意的 $x \in D_A$，有 $x_n \in X_{[U]}(K_n)$ 使得 $x_n \to x$ 且 $Ax_n \to Ax$。故

$$T_\mu(\mu - A)x = \lim T_\mu(\mu - A)x_n = \lim x_n = x。$$

于是 $\mu \in \rho(A)$ 且 $R(\mu, A) = T_\mu$。因此 $\sigma(A) \subset \operatorname{supp} U$。

命题 12 设 A 是 $\mathscr{D}_{\langle M_k \rangle}$ 型广义标量算子，A 的预解集非空，U 是其谱表示，那么下列四者等价：(i) A 是正规的，(ii) A 强可分解，(iii) A 可分解，(iv) 对任何闭集 $F \subset C$，$X_A(F)$是闭的。

证 (i)⇒(ii) 用与命题 11 相类似的方法，可以证明，在(i)的条件下的任何闭集 $F \subset C$，有$\sigma[A \mid X_{[U]}(F)] \subset F$，命$\varepsilon(F) = X_{[U]}(F)$，再由命题 5 和命题 8 以及定义 3 知它是 A 所具有的强谱容量。因此 A 强可分解。(ii)得证。(ii)⇒(iii)和(iii)⇒(iv)都是显然的。现证(iv)⇒(i)。我们先在(iv)的条件下证明对任意的闭集 $F \subset C$，有

$$X_{[U]}(F) = X_A(F)。$$

先证对任意的紧集 $K \subset C$ 有 $X_{[U]}(K) = X_A(K)$。因为

$$x \in X_{[U]}(K) \Rightarrow \sigma(x, A) \subset \sigma[A \mid X_{[U]}(K)] \subset K \Rightarrow x \in X_A(K),$$

所以 $X_{[U]}(K) \subset X_A(K)$。反之若 $x \in X_A(K)$，那么$\sigma(x, A) \subset K$。由命题 10，对任意的$g \in \mathscr{D}_{\langle M_k \rangle}$ 有 $\sigma(U_g x, A) \subset K$。显然有解析函数 $f: \rho(U_g x, A) \to D_A$，使得当$\mu \in \rho(U_g x, A)$时，$(\mu - A)f(\mu) = U_g x$，取有界开集$G \supset \operatorname{supp} g$，再取$h \in \mathscr{D}_{\langle M_k \rangle}$ 使得$\operatorname{supp} h \subset G$ 且在 $\operatorname{supp} g$ 上 h 取值为 1，这样$\mu \in \rho(U_g x, A)$时$U_h f(\mu)$解析，$U_h f(\mu) \in X_{[U]}(\bar{G}) \subset D_A$。$U_g x \in X_{[U]}(\bar{G})$ 且 $AU_h f(\mu) = U_h A f(\mu)$。因此$(\mu - A)U_h f(\mu) = U_h(\mu - A)f(\mu) = U_h U_g x = U_g x$。所以$\rho(U_g x, A \mid X_{[U]}(\bar{G})) \supset \rho(U_g x, A) \supset K^c$，故$\sigma(U_g x, A \mid X_{[U]}(\bar{G})) \subset K \cap \bar{G}$。对任意的满足$(\operatorname{supp} g) \cap K = \varnothing$ 的 $g \in \mathscr{D}_{\langle M_k \rangle}$，可取 G 使得$\bar{G} \cap K = \varnothing$。故这时

$$\sigma[U_g x, A \mid X_{[U]}(\bar{G})] \subset K \cap \bar{G} = \varnothing,$$

所以 $U_g x = 0$。这样 $X_{[U]}(K) = X_A(K)$。再证对任何闭集 $F \subset C$，有 $X_{[U]}(F) = X_A(F)$。若$x \in X_{[U]}(F)$，则有$x_n \in X_{[U]}(K_n)$使得$x_n \to x$，这里$K_n = \{\lambda \in F, |\lambda| \leqslant n\}$，所以 $x_n \in X_{[U]}(K_n) = X_A(K_n) \subset X_A(F)$。因 $X_A(F)$ 闭，故 $x \in X_A(F)$。所以$X_{[U]}(F) \subset X_A(F)$。另一方面，若 $x \in X_A(F)$，那么$\sigma(x, A) \subset F$。由定义 1，有 $I_n \in \mathscr{D}_{\langle M_k \rangle}$ 使得$U_{I_n} x \to x$。因为$\sigma(U_{I_n} x, A) \subset \sigma(x, A) \subset F$ 且存在有界闭集$\Delta_n \subset C$，使得$\sigma(U_{I_n} x, A) \subset \sigma(A \mid X_{[U]}(\Delta_n)) \subset \Delta_n$，所以 $\sigma(U_{I_n} x, A) \subset F \cap \Delta_n$。故 $U_{I_n} x \in X_A(F \cap \Delta_n) = X_{[U]}(F \cap \Delta_n) \subset X_{[U]}(F)$。因此 $x \in X_{[U]}(F)$。于是 $X_A(F) \subset X_{[U]}(F)$。这样我们就证明了$X_A(F) = X_{[U]}(F)$。因而$\sigma[A \mid X_{[U]}(F)] \subset F$。对任意的$\mu \notin F$。命$M = M(\mu, F) = \| R[\mu, A \mid X_{[U]}(F)] \|$，因为对于任意的有界闭集$K \subset F$，有

$$U_{(\mu-\lambda)_K^{-1}} \mid X_{[U]}(K) = R[\mu, A \mid X_{[U]}(F)] \mid X_{[U]}(K)。$$

故 $$\| U_{(\mu-\lambda)_{\overline{k}}^{1}} \mid X_{[U]}(K) \| \leqslant M(\mu, F),$$ (i)得证。

无界 $\mathscr{D}_{\langle M_k \rangle}$ 广义标量算子不仅强可分解,而且还是无界单位可分解,见[8]。

参考文献

[1] 伍镜波.非拟解析广义标量算子[J].复旦大学学报,1965(1).

[2] 张奠宙,沈祖和.非拟解析算子与广义标量算子[J].复旦大学学报,1966(1).

[3] 王声望.$\mathscr{D}_{\langle M_k \rangle}$型算子及其预解式[J].中国科学数学专辑,1979.

[4] 王漱石.封闭可分解算子[J].华东师范大学学报,1981(3).

[5] Erdelyi, I. Unbounded operators with spectral capacities, *J. Math. Anal. Appl.*, **52**(1975) 404—414.

[6] Kritt., A Theory of unbounded generalized scalar operators, *Amer. Math. Proc.*, **32**: 2(1972).

[7] Colojoară, I. and Foias, C., Theory of Generalized Spectral operators, Gordon ε Breach, New York, 1968.

[8] 张奠宙,王漱石.无界可单位分解算子[J].华东师范大学学报,1981(4).

无界算子组的 Taylor 联合谱①

张莫宙　王宗尧

摘要：本文将 Banach 空间上两两可交换的有界线性算子组的 Taylor 联合谱的定义推广到含有一个闭算子的算子组的情况，并证明了这种算子组的谱是 $\boldsymbol{C}^n$ 中的一个闭集。对于 Hilbert 空间的情况，本文推广了 F.H.Vassilescu 和 R.E.Curto 的两个结果。

我们要把 J.L.Taylor 的联合谱推广到无界算子的情形，本文先考察算子组中包含一个无界算子的情形，证明了谱的闭性并找出算子组为正则的两个充分必要条件。

一、Banach 空间情形

在本节中设 X 为一个复的 Banach 空间，$B(X)$ 为 X 上有界线性算子全体，$a=(a_1,\cdots,a_n)$，其中 $a_i\in B(X)$ 且 $a_ia_j=a_ja_i(i,j=1,2,\cdots,n-1)$，$a_n$ 为稠定闭算子，$D(a_n)=D$ 且 $D\in \mathrm{Lat}\,a_i$，在 D 上 $a_na_i=a_ia_n(1\leqslant i\leqslant n-1)$。记 J_p 为不大于 n 的 p 个自然数组成的指标集，对于指标集都给予从小到大的序。Λ_p^n 为以 $e_1,\cdots,e_n$ 为不定元的 $\boldsymbol{C}$ 模 p 级外代数。记 $e_{J_p}=e_{j_1}\wedge\cdots\wedge e_{j_p}$，其中 $J_p=\{j_1,\cdots,j_p\}$。记 $\Lambda_p^n(a,X)=\sum\limits_{J_p}(X_{J_p}\otimes[e_{J_p}])$，这里

$$X_{J_p}=\begin{cases}X_p, & n\overline{\in} J_p,\\ D_p, & n\in J_p。\end{cases}$$

显然 $\Lambda_p^n(a,X)$为 $X\otimes\Lambda_p^n$ 的稠密线性流形。对于 $\sum\limits_{J_p}x_{J_p}e_{J_p}\in\Lambda_p^n(a,X)$，令

$$\delta_p(a)\Big(\sum_{J_p}x_{J_p}e_{J_p}\Big)=\sum_{J_p}\sum_{j_i\in J_p}(-1)^{i-1}a_{j_i}x_{J_p}e_{J_p}/(j_i)。$$

这里 i 为 j_i 在 J_p 中的序号。

可以证明 $\delta_p(a)$为 $\Lambda_p^n(a,X)$到 $\Lambda_{p-1}^n(a,X)$ 的线性算子，且

$$\delta_{p-1}\circ\delta_p=0,$$

---

① 署名：张莫宙　王宗尧(数学系)。
发表：《华东师范大学学报》，1983 年第 3 期，7—12。

即$\{\Lambda_p^n(a, X), \delta_p(a)\}$为一链复形。

如果记P_{J_p}为$\Lambda_p^n(a, X)$到子空间$X_{J_p} \otimes [e_{J_p}]$的投影，则由计算可知：

$$P_{J_{p-1}}\delta_p(a)P_{J_p}=\begin{cases} 0, & J_{p-1}\not\subset J_p, \\ (-1)^* a_{J_p/J_{p-1}}, & J_{p-1}\subset J_p, \end{cases}$$

其中当$J_{p-1}\subset J_p$时，若设$J_p/J_{p-1}=\{j\}$，j在J_p中的序号为i，则$*=i-1$。

命题1 $\delta_p(a)$为$X\otimes\Lambda_p^n$到$X\otimes\Lambda_{p-1}^n$的稠定闭算子。

证明 设$\xi_m=\sum\limits_{J_p}x_{J_p}^{(m)}e_{J_p}\in\Lambda_p^n(a, X)$，$\xi_0=\sum\limits_{J_p}x_{J_p}^{(0)}e_{J_p}\in X\otimes\Lambda_p^n$，$\eta_0=\sum\limits_{J_{p-1}}y_{J_{p-1}}^{(0)}e_{J_{p-1}}\in X\otimes\Lambda_{p-1}^n$且有$\xi_m\to\xi_0$和$\delta_p(a)\xi_m\to\eta_0(m\to\infty)$，即对任意的$J_p$和$J_{p-1}$，

$$x_{J_p}^{(m)}\to x_{J_p}^{(0)}$$

$$P_{J_{p-1}}\delta_p(a)\Big(\sum_{J_p}x_{J_p}^{(m)}e_{J_p}\Big)\to y_{J_{p-1}}^{(0)}e_{J_{p-1}}\quad(m\to\infty)。$$

对于固定的$\bar{J}_p$，当$n\in\bar{J}_p$时，令$\bar{J}_{p-1}=\bar{J}_p/\{n\}$，则

$$P_{\bar{J}_{p-1}}\delta_p(a)\Big(\sum_{J_p}x_{J_p}^{(m)}e_{J_p}\Big)=(-1)^{p-1}a_nx_{J_p}^{(m)}e_{\bar{J}_{p-1}}+\sum_{\substack{j\overline{\in}\bar{J}_{p-1}\\ j\neq n}}(-1)^*a_jx_{\bar{J}_{p-1}}U(f)e_{J_{p-1}}\to y_{\bar{J}_{p-1}}^{(0)}。$$

因为等式右边第二项和式中a_j都为有界线性算子，所以当$m\to\infty$时，$a_nx_{\bar{J}_p}^{(m)}$有极限。由于$x_{\bar{J}_p}^{(m)}\to x_{\bar{J}_p}^{(0)}$及$a_n$为闭算子，$x_{\bar{J}_p}^{(0)}\in D$，所以$\xi_0\in\Lambda_p^n(a, X)$且$\delta p(a)\xi_0=\eta_0$。因为$\Lambda_p^n(a, X)$在$X\otimes\Lambda_p^n$中稠，所以$\delta_p(a)$为$X\otimes\Lambda_p^n\to X\otimes\Lambda_{p-1}^n$的稠定闭算子。

定义2 算子组$a=(a_1, \cdots, a_n)$为正则的是指复形$\{\Lambda_p^n(a, X), \delta_p(a)\}$为正合的；复数组$z=\{z_1, \cdots, z_n\}$称为是算子组$a=(a_1, \cdots, a_n)$的一个谱点，是指算子组$a-z=(a_1-z_1, \cdots, a_n-z_n)$非正则，$a$的谱点全体称为$a$的谱，记为$S_p(a)$。

引理3 设X_1，X_2，X_3为Banach空间，A，B为稠定闭算子：$X_1\xrightarrow{A}X_2\xrightarrow{B}X_3$。若$\mathrm{Ker}\,B=\mathrm{Im}\,A$且$\mathrm{Im}\,B$闭，则$\mathrm{Ker}\,A^*=\mathrm{Im}\,B^*$。

证明 因为$\mathrm{Ker}\,B=\mathrm{Im}\,A$，所以$(\mathrm{Ker}\,B)^\perp=(\mathrm{Im}\,A)^\perp$，即$\overline{\mathrm{Im}\,B^*}=\mathrm{Ker}\,A^*$。因为$\mathrm{Im}\,B$闭，与有界算子的情形一样，可以证明$\mathrm{Im}\,B^*$闭，于是有$\mathrm{Ker}\,A^*=\mathrm{Im}\,B^*$。

因为$\delta_p(a)$为$X\otimes\Lambda_p^n$到$X\otimes\Lambda_{p-1}^n$的稠定闭算子，所以$\delta_p^*(a)$为$X^*\otimes\Lambda_{p-1}^n$到$X^*\otimes\Lambda_p^n$的稠定闭算子，且我们有：

命题4 $\{D(\delta_p^*(a)), \delta_p^*(a)\}$为一上链复形，其中

$$D(\delta_p^*)=\sum X_{J_{p-1}}^*\otimes[e_{\bar{J}_{p-1}}],\ X_{\bar{J}_{p-1}}^*=\begin{cases} X^*, & n\in J_{p-1}, \\ D^*=D(a_n^*), & n\overline{\in}J_{p-1}, \end{cases}$$

且 $\delta_p^*(a)x^*e_{J_{p-1}}=\sum\limits_{j\overline{\in}J_{p-1}}(-1)^{i-1}a_j^*x^*e_{J_{p-1}\cup(j)}$，在此 $x^*\in X_{J_{p-1}}^*$，i 为 j 在 $J_{p-1}\cup\{j\}$ 中的序号。

证明 因为 $\operatorname{Im}\delta_{p+1}\subset\operatorname{Ker}\delta_p$，所以 $\operatorname{Ker}\delta_{p+1}^*\supset\overline{\operatorname{Im}\delta_p^*}\supset\operatorname{Im}\delta_p^*$ 即 $\{D(\delta_p^*),\delta_p^*\}$ 为一上链复形。

设 $\xi^*\in D(\delta_p^*(a))$，则存在 $\eta^*\in X^*\otimes\Lambda_p^n$，使得对任何 $\zeta\in D(\delta_p)$ 有 $\langle\delta_p\zeta,\xi^*\rangle=\langle\zeta,\eta^*\rangle$，这里记号 $\langle\cdot,\xi^*\rangle$ 和 $\langle\cdot,\eta^*\rangle$ 分别表示线性泛函 ξ^* 和 η^* 的值。

设 $\xi^*=\sum\limits_{J_{p-1}}x_{J_{p-1}}^*e_{J_{p-1}}$，$\eta^*=\sum\limits_{J_p}h_{J_p}^*e_{J_p}$。固定 $\bar{J}_{p-1}$，若 $n\overline{\in}\bar{J}_{p-1}$，记 $\bar{J}_p=\bar{J}_{p-1}\cup\{n\}$，对任一 $y_{\bar{J}_p}\in D$，有

$$\langle\delta_py_{\bar{J}_p},\xi^*\rangle=\langle y_{\bar{J}_p}e_{\bar{J}_p},\eta^*\rangle=\langle y_{\bar{J}_p}e_{\bar{J}_p},\sum_{J_p}h_{J_p}^*e_{J_p}\rangle=\langle y_{\bar{J}_p},h_{\bar{J}_p}^*\rangle,$$

而
$$\begin{aligned}\langle\delta_py_{\bar{J}_p}e_{\bar{J}_p},\xi^*\rangle&=\langle\sum_{j\in\bar{J}_p}(-1)^*a_jy_{\bar{J}_p}e_{\bar{J}_p/(j)},\sum_{J_{p-1}}x_{J_{p-1}}^*e_{J_{p-1}}\rangle\\&=\sum_{j\in\bar{J}_p}\langle(-1)^*a_jy_{\bar{J}_p-(j)},x_{\bar{J}_p/(j)}^*\rangle\\&=\langle(-1)^{p-1}a_ny_{\bar{J}_p},x_{\bar{J}_{p-1}}^*\rangle+\langle y_{\bar{J}_p},\sum_{\substack{j\in\bar{J}_p\\j\neq n}}(-1)^*a_j^*x_{\bar{J}_p/(j)}^*\rangle,\end{aligned}$$

因此
$$\langle a_ny_{\bar{J}_p},x_{\bar{J}_{p-1}}^*\rangle=\langle y_{\bar{J}_p},(-1)^{p-1}h_{\bar{J}_p}^*-\sum_{\substack{j\in\bar{J}_p\\j\neq n}}(-1)^*a_j^*x_{\bar{J}_p-(j)}^*\rangle。$$

由于 $y_{\bar{J}_p}$ 为 D 中任意元，故 $x_{\bar{J}_{p-1}}^*\in D(a_n^*)=D^*$，这样 $\xi\in\sum\limits_{\bar{J}_{p-1}}X_{\bar{J}_{p-1}}^*\otimes[e_{J_{p-1}}]$，其中

$$X_{J_{p-1}}^*=\begin{cases}X^*, & n\in J_{p-1},\\ D^*, & n\overline{\in}J_{p-1}。\end{cases}$$

反过来，考察 $x_{\bar{J}_{p-1}}^*e_{\bar{J}_{p-1}}$，其中 $x_{\bar{J}_{p-1}}^*\in\begin{cases}D^*, & 当\ n\overline{\in}\bar{J}_{p-1},\\ X^*, & 当\ n\in\bar{J}_{p-1}。\end{cases}$ 这时对于任一 $\zeta=\sum\limits_{J_p}y_{J_p}e_{J_p}\in D(\delta_p)$，

$$\begin{aligned}\langle\delta_p\zeta,x_{\bar{J}_{p-1}}^*e_{\bar{J}_{p-1}}\rangle&=\langle\sum_{J_p}\sum_{j\in J_p}(-1)^*a_jy_{J_p}e_{J_p/(j)},x_{\bar{J}_{p-1}}^*e_{\bar{J}_{p-1}}\rangle\\&=\langle\sum_{j\overline{\in}\bar{J}_{p-1}}(-1)^*a_jy_{\bar{J}_{p-3}}U_{(j)}e_{\bar{J}_{p-2}},x_{\bar{J}_{p-1}}^*e_{\bar{J}_{p-1}}\rangle\\&=\langle\sum_{j\overline{\in}\bar{J}_{p-1}}y_{\bar{J}_{p-1}\cup(j)}e_{\bar{J}_{p-1}},\sum_{j\overline{\in}\bar{J}_{p-1}}(-1)^*a_j^*x_{\bar{J}_{p-1}}^*e_{\bar{J}_{p-1}}\rangle\\&=\langle\sum_{j\overline{\in}\bar{J}_{p-1}}y_{\bar{J}_{p-1}\cup(j)}e_{\bar{J}_{p-1}\cup(j)},\sum_{j\overline{\in}\bar{J}_{p-1}}(-1)^*a_j^*x_{\bar{J}_{p-1}}^*e_{\bar{J}_{p-1}\cup(j)}\rangle\\&=\langle\sum_{J_p}y_{J_p}e_{J_p},\sum_{j\overline{\in}\bar{J}_{p-1}}(-1)^*a_j^*x_{\bar{J}_{p-1}}^*e_{\bar{J}_{p-1}\cup(j)}\rangle=\langle\zeta,h^*\rangle,\end{aligned}$$

这里 $h^* = \sum_{j \overline{\in} \overline{J}_{p-1}} (-1)^* a_j^* x^*_{\overline{J}_{p-1}} e_{\overline{J}_{p-1} \cup (j)} \in X^* \otimes \Lambda^n_p$。因此,$x^*_{\overline{J}_{p-1}} e_{\overline{J}_{p-1}} \in D(\delta^*_p)$,这样 $\sum_{J_{p-1}} X^*_{J_{p-1}} \otimes [e_{J_{p-1}}] \subset D(\delta^*_p)$。综上所述,我们可得:

$$D(\delta^*_p) = \sum_{J_{p-1}} X^*_{J_{p-1}} \otimes [e_{J_{p-1}}],\text{其中 } X^*_{J_{p-1}} = \begin{cases} X^*, & n \in J_{p-1}, \\ D^*, & n \overline{\in} J_{p-1}, \end{cases}$$

且对于 $x^* \in X^*_{J_{p-1}}$,$y^*_p(a) x^* e_{J_{p-1}} = \sum_{j \overline{\in} J_{p-1}} (-1)^* a_j^* x^* e_{J_{p-1} \cup (j)}$。

定理 5 $a = (a_1, \cdots, a_n)$ 正则的充要条件是 $a^* = (a_1^*, \cdots, a_n^*)$ 正则。

证明 在链复形 $\{\Lambda^n_p(a^*, X^*), \delta_p(a^*)\}$ 和上链复形 $\{D(\delta^*_p(a)), \delta^*_p(a)\}$ 之间作一链变换 f:

$$\begin{array}{ccccccc}
\cdots \to \Lambda^n_{p+1}(a^*, X^*) & \xrightarrow{\delta_{p+1}(a^*)} & \Lambda^n_p(a^*, X^*) & \xrightarrow{\delta_p(a^*)} & \Lambda^n_{p-1}(a^*, X^*) \to \cdots \\
\downarrow f & & \downarrow f & & \downarrow f \\
\cdots \to D(\delta^*_{n-p}(a)) & \longrightarrow & D(\delta^*_{n-p+1}(a)) & \longrightarrow & D(\delta^*_{n-p+2}(a)) \to \cdots
\end{array}$$

对任一 p 和 x^*,定义 $x^* e_{J_p} \xrightarrow{f} (-1)^{\sum_{j \in J_p} j+p-n} \cdot x^* e_{J_n / J_p}$。则

$$\begin{aligned} f \circ \delta_p(a^*) x^* e_{J_p} &= f \circ \sum_{j \in J_p} (-1)^{J_p(j)} a_j^* x^* e_{J_p / (j)} \\ &= \sum_{j \in J_p} (-1)^{J_p(j) + \sum_{k \in (J_n / J_p) \cup (j)} k+p-1-n} a_j^* x^* e_{(J_n / J_p) \cup \{j\}}\text{。} \end{aligned}$$

这里,我们以 $J_p(j)$ 表示指标集 J_p 中位于 j 前面的元素个数。

而

$$\begin{aligned} \delta^*_{n-p+1}(a) \circ f x^* e_{J_p} &= \delta^*_{n-p+1}(a)(-1)^{\sum_{k \in J_n / J_p} k+p-n} x^* e_{J_n / J_p} \\ &= \sum_{j \in J_p} (-1)^{\sum_{k \in J_n / J_p} k+p-n+[(J_n - J_p) \cup \{j\}](j)} a_j^* x^* e_{(J_n / J_p) \cup \{j\}}\text{。} \end{aligned}$$

因为 $j = J_p(j) + [(J_n - J_p) \cup \{j\}](j) + 1$,所以

$$\begin{aligned} (-1)^{J_p(j) + \sum_{k \in (J_n / J_p) \cup \{j\}} k} &= (-1)^{J_p(j) + \sum_{k \in (J_n / J_p)} k+j} \\ &= (-1)^{2J_p(j) + \sum_{k \in (J_n / J_p)} k+[(J_n / J_p) \cup \{j\}](j)+1} \\ &= (-1)^{\sum_{k \in J_n / J_p} k+[(J_n - J_p) \cup \{j\}](j)+1}\text{。} \end{aligned}$$

这样,$f \circ \delta_p(a^*) x^* e_{J_p} = \delta^*_{n-p+1}(a) \circ f x^* e_{J_p}$ 即上图为一交换图。显然 f 又为 $\Lambda^n_p(a^*, X^*)$ 和 $D(\delta^*_{n-p+1}(a))$ 之间的等距同构。因此如果 $a = (a_1, \cdots, a_n)$ 为正则的,由引理 3,上链复形 $\{D(\delta^*_{n-p}(a)), \delta^*_{n-p}(a)\}$ 正合。在上面的交换图中,因为 f 为同构,所以复形 $\{\Lambda^n_p(a^*, X^*), \delta_p(a^*)\}$ 正合,即 $a^* = (a_1^*, \cdots, a_n^*)$ 正则。反之,如果 $a^* = (a_1^*, \cdots, a_n^*)$ 正则,则 $a = (a^*)^*$ 正则。因此 a 正则的充要条件是 a^* 正则。

定理 6 $S_p(a)$为$\boldsymbol{C}^n$中一闭集。

证明 当$a=(a_1, \cdots, a_n)$为n个有界线性算子时,J. L. Taylor [1]证明了a的谱是一闭集。对于我们的情况(a_n是闭算子),只要注意到:

(i) $\delta_p(a+\lambda)-\delta_p(a)$为有界线性算子且

$$\lim_{|\lambda|\to 0}\|\delta_p(a+\lambda)-\delta_p(a)\|=0,\text{在此 }\lambda=(\lambda_1, \cdots, \lambda_n),\ \lambda_i\in\boldsymbol{C},\ |\lambda|=\sqrt{\sum_1^n|\lambda_i|^2},$$

(ii) $\delta_p(a)$为稠定闭算子。

则 Taylor 的证明完全可用。

二、Hilbert 空间情形

本节中H为一复的 Hilbert 空间,$a=(a_1, \cdots, a_n)$,$a_ia_j=a_ja_i(i, j=1, \cdots, n-1)$,$a_n$为稠定闭算子,$D(a_n)=D$,$D\in\text{Lat}\,a_i(i=1, \cdots, n-1)$,在$D$上$a_ia_n=a_na_i$。

在$H\otimes\Lambda_p^n$上定义算子$\delta_p(a)+\delta_{p+1}^*(a)$:$H\otimes\Lambda_p^n\to(H\otimes\Lambda_{p-1}^n)\oplus(H\otimes\Lambda_{p+1}^n)$。记$D_p=D(\delta_p(a)+\delta_{p+1}^*(a))=D(\delta_p(a))\cap D(\delta_{p+1}^*(a))$,显然$D_p=\sum H_{J_p}\otimes[e_{J_p}]$,其中$H_{J_p}=\begin{cases}D, & n\in J_p\\ D^*, & n\overline{\in} J_p\end{cases}$且$D_p$在$H\otimes\Lambda_p^n$中稠密。在$\widetilde{H}=\sum_{p=0}^n\oplus(H\otimes\Lambda_p^n)$上定义

$\delta(a)=\sum\oplus(\delta_p(a)+\delta_{p+1}^*(a))$,$D(\delta(a))=\sum\oplus D_p$,则$D(\delta(a))$在$\widetilde{H}$上稠密。

命题 7 $\delta(a)$为$\widetilde{H}$上稠定闭算子。

证明 设$\xi_0^{(m)}\oplus\cdots\oplus\xi_n^{(m)}\in D(\delta(a))$,$\eta_0^{(0)}\oplus\cdots\oplus\eta_n^{(0)}\in\widetilde{H}$和$\xi_0^{(0)}\oplus\cdots\oplus\xi_n^{(0)}\in\widetilde{H}$,满足:$\xi_0^{(m)}\oplus\cdots\oplus\xi_n^{(m)}\to\xi_0^{(0)}\oplus\cdots\oplus\xi_n^{(0)}(m\to\infty)$,和$\delta(a)(\xi_0^{(m)}\oplus\cdots\oplus\xi_n^{(m)})\to\eta_0^{(0)}\oplus\cdots\oplus\eta_n^{(0)}(m\to\infty)$。则对任一$k$,有$\delta_k^*\xi_{k-1}^{(m)}+\delta_{k+1}\xi_{k+1}^{(m)}\to\eta_k^{(0)}(m\to\infty)$。

设$\xi_{k-1}^{(m)}=\sum_{J_{k-1}}x_{k-1,J_{k-1}}^{(m)}e_{J_{k-1}}$,$\xi_{k+1}^{(m)}=\sum_{J_{k+1}}x_{k+1,J_{k+1}}^{(m)}e_{J_{k+1}}$,$\eta_k^{(0)}=\sum_{J_k}y_{k,J_k}^{(0)}e_{J_k}$,则对任何$J_k$,

$$P_{J_k}[\delta_k^*\xi_{k-1}^{(m)}+\delta_{k+1}\xi_{k+1}^{(m)}]=\sum_{J_k=J_{k-1}\cup(j)}(-1)^*a_j^*x_{k-1J_{k-1}}^{(m)}e_{J_k}+\sum_{J_{k+1}=J_k\cup\{j\}}(-1)^*a_jx_{k+1,J_{k+1}}^{(m)}e_{J_k}。$$

在第一和式中,j跑遍J_k,第二和式中j跑遍J_n-J_k,所以上面等式的右边a_n和a_n^*两者仅出现一个。因为$\xi_{k-1}^{(m)}\to\xi_{k-1}^{(0)}$,$\xi_{k+1}^{(m)}\to\xi_{k+1}^{(0)}$,所以$x_{k-1,J_{k-1}}^{(m)}\to x_{k-1,J_{k-1}}^{(0)}$,$x_{k+1,J_{k+1}}^{(m)}\to x_{k+1,J_{k+1}}^{(0)}$,由$P_{J_k}[\delta_k^*\xi_{k-1}^{(m)}+\delta_{k+1}\xi_{k+1}^{(m)}]\to y_{k,J_k}^{(0)}e_{J_k}$及$a_n$的封闭性,$J_k$和$k$的任意性,可得$\xi_0^{(0)}\oplus\cdots\oplus\xi_n^{(0)}\in D(\delta(a))$且

$$\delta(a)(\xi_0^{(0)}\oplus\cdots\oplus\xi_n^{(0)})=\eta_0^{(0)}\oplus\cdots\oplus\eta_n^{(0)},$$

即$\delta(a)$为$\widetilde{H}$上稠定闭算子。

下面定理是 F.H.Vasilescu [3]一个定理在a_n为闭算子情况下的推广。

定理 8 a 正则的充要条件是 $\delta(a)^{-1} \in B(\widetilde{H})$。

证明 设 a 正则，此时 $D(\delta_p)=\operatorname{Ker}\delta_p \oplus (\operatorname{Im}\delta_p^* \cap D(\delta_p))=\operatorname{Im}\delta_{p+1} \oplus (\operatorname{Im}\delta_p^* \cap D(\delta_p))$，$D(\delta_{p+1}^*)=(\operatorname{Im}\delta_{p+1} \cap D(\delta_{p+1}^*)) \oplus \operatorname{Ker}\delta_{p+1}^* = (\operatorname{Im}\delta_{p+1} \cap D(\delta_{p+1}^*)) \oplus \operatorname{Im}\delta_p^*$。因此对任何 p 有

$$\operatorname{Im}\delta_p=\delta_p[D(\delta_p)]=\delta_p(D_p);\ \operatorname{Im}\delta_{p+1}^*=\delta_{p+1}^*[D(\delta_{p+1}^*)]=\delta_{p+1}^*(D_p),$$

这样 $\delta(a)[D(\delta(a))]=\widetilde{H}$。易证 $\delta(a)$ 又是一对一的，因为 $\delta(a)$ 为稠定闭算子，所以 $\delta(a)^{-1} \in B(\widetilde{H})$。

反过来，若 $\delta(a)^{-1} \in B(\widetilde{H})$，因为对于任何 p，

$$D(\delta_p)=\operatorname{Ker}\delta_p \oplus (\overline{\operatorname{Im}\delta_p^*} \cap D(\delta_p)),$$

$$D(\delta_{p+1}^*)=(\overline{\operatorname{Im}\delta_{p+1}} \cap D(\delta_{p+1}^*)) \oplus \operatorname{Ker}\delta_{p+1}^*,$$

所以
$$D_p=(D(\delta_p) \cap \overline{\operatorname{Im}\delta_p^*}) \oplus (\overline{\operatorname{Im}\delta_{p+1}} \cap D(\delta_{p+1}^*))。$$

因为 $\delta(a)(\widetilde{H})=\widetilde{H}$，所以

$$H \otimes \Lambda_p^n=\delta_{p+1}(D_{p+1}) \oplus \delta_p^*(D_{p-1})=\operatorname{Im}\delta_{p+1} \oplus \operatorname{Im}\delta_p^*。$$

这样 $\operatorname{Im}\delta_{p+1}$ 和 $\operatorname{Im}\delta_p^*$ 闭且$(\operatorname{Im}\delta_{p+1} \oplus \operatorname{Im}\delta_p^*)^{\perp}=\{0\}$，即

$$\operatorname{Ker}\delta_{p-1}=\operatorname{Im}\delta_p, a \text{ 正则。}$$

在 $H \otimes \Lambda_p^n$ 上定义 $\sigma_p=\delta_{p+1}\delta_{p+1}^*+\delta_p^*\delta_p$，$D(\sigma_p) \subset D_p$。

命题 9 σ_p 为一闭算子。

证明 设 $x_m \in D(\sigma_p)$，$x_m=x_1^{(m)} \oplus x_2^{(m)}$，其中 $x_1^{(m)} \in D(\delta_{p+1}^*) \cap \overline{\operatorname{Im}\delta_{p+1}}$，$x_2^{(m)} \in D(\delta_p) \cap \overline{\operatorname{Im}\delta_p^*}$，$x_m \to x_0$，$y_m=\sigma_p x_m \to y_0(m \to \infty)$。则 $y_m=\delta_{p+1}\delta_p^*+1x_1^{(m)}+\delta_p^*\delta_p x_2^{(m)}$，又因 $\delta_{p+1}\delta_{p+1}^*x_1^{(m)} \in \operatorname{Im}\delta_{p+1}$ 和 $\delta_p^*\delta_p x_2^{(m)} \in \operatorname{Im}\delta_p^*$，所以

$$\delta_{p+1}\delta_{p+1}^*x_1^{(m)} \to y_1^{(0)} \in \overline{\operatorname{Im}\delta_{p+1}},$$

$$\delta_p^*\delta_p x_2^{(m)} \to y_2^{(0)} \in \overline{\operatorname{Im}\delta_p^*}。$$

易证存在 $z_1^{(0)}$：$z_1^{(m)}=\delta_{p+1}^*x_1^{(m)} \to z_1^{(0)}$，由于 δ_{p+1}^* 为闭算子，$x_1^{(0)} \in D(\delta_{p+1}^*) \cap \overline{\operatorname{Im}\delta_{p+1}}$ 且 $\delta_{p+1}^*(x_1^{(0)})=z_1^{(0)}$。因为 $\delta_{p+1}z_1^{(m)} \to y_1^{(0)}$ 及 δ_{p+1} 为闭算子，$z_1^{(0)} \in D(\delta_{p+1})$ 且 $\delta_{p+1}z_1^{(0)}=\delta_{p+1}\delta_{p+1}^*x_1^{(0)}=y_1^{(0)}$。

同理，$x_2^{(0)} \in D(\delta_p) \cap \overline{\operatorname{Im}\delta_p^*}$ 且 $\delta_p^*\delta_p x_2^{(0)}=y_2^{(0)}$。这样，$x_0 \in D(\sigma_p)$ 且 $\sigma_p(x_0)=y_0$，σ_p 为闭算子。

命题 10 若 $\operatorname{Ker}\delta_p=\overline{\operatorname{Im}\delta_{p+1}}$，则 σ_p 在 $H \otimes \Lambda_p^n$ 上为一对一的。

证明 若有 $x \in H \otimes \Lambda_p^n$ 使 $\sigma_p x=0$，$x=x_1 \oplus x_2$，其中

$$x_1 \in \operatorname{Ker}\delta_p=\overline{\operatorname{Im}\delta_{p+1}},\ x_2 \in \overline{\operatorname{Im}\delta_p^*}=\operatorname{Ker}\delta_{p+1}^*,$$

则 $\sigma_p(x_1 \oplus x_2) = \delta_{p+1}\delta^*_{p+1}x_1 + \delta^*_p\delta_p x_2 = 0$。因为 $\delta^*_p\delta_p x_2 \in \mathrm{Im}\,\delta^*_p$，$\delta_{p+1}\delta^{*+1}_p x_1 \in \mathrm{Im}\,\delta_{p+1}$。而 $\mathrm{Im}\,\delta^*_p \perp \mathrm{Im}\,\delta_{p+1}$，所以 $\delta_{p+1}\delta^*_{p+1}x_1 = \delta^*_p\delta_p x_2 = 0$。由 $\delta^*_{p+1}x_1 \in \mathrm{Ker}\,\delta_{p+1} \cap \mathrm{Im}\,\delta^*_{p+1} = \{0\}$，$\delta^*_{p+1}x_1 = 0$。因此 $x_1 \in \mathrm{Ker}\,\delta^*_{p+1} \cap \overline{\mathrm{Im}\,\delta_{p+1}} = \{0\}$，$x_1 = 0$。同理，$x_2 = 0$，即 σ_p 为一对一的。

下面定理是 Curto, R.E.[4]一个定理在 a_n 为闭算子时的推广。

定理 11 a 正则的充要条件是 $\sum = \sum_{p=0}^{n} \oplus \sigma_p$ 在$\widetilde{H}$上可逆。

证明 设 a 正则，由定理 5，a^* 正则。对任一 p，$\mathrm{Im}\,\delta_{p+1} = \mathrm{Ker}\,\delta_p$，$\mathrm{Im}\,\delta^*_p = \mathrm{Ker}\,\delta^*_{p+1}$。不难证明，$\delta_p|_{\mathrm{Im}\,\delta^*_p}$ 为稠定闭算子且 $\mathrm{Im}[\delta_p|_{\mathrm{Im}\,\delta^*_p}] = \mathrm{Im}\,\delta_p$。$\delta_p|_{\mathrm{Im}\,\delta^*_p}$ 又为一对一的，因此$[\delta_p|_{\mathrm{Im}\,\delta^*_p}]^{-1} \in B[\mathrm{Im}\,\delta_p, \mathrm{Im}\,\delta^*_p]$。因为 $D(\delta^*_p) \cap \mathrm{Im}\,\delta_p$ 在 $\mathrm{Im}\,\delta_p$ 中稠密，$D(\delta_p) \cap \mathrm{Im}\,\delta^*_p$ 在 $\mathrm{Im}\,\delta^*_p$ 中稠密，所以 $D_{p_1} = [\delta_p|_{\mathrm{Im}\,\delta^*_p}]^{-1}(D(\delta^*_p) \cap \mathrm{Im}\,\delta_p)$ 在 $\mathrm{Im}\,\delta^*_p$ 中稠密。同理，$D_{p_2} = [\delta^*_{p+1}|_{\mathrm{Im}\,\delta_{p+1}}]^{-1}(D(\delta_{p+1}) \cap \mathrm{Im}\,\delta^*_{p+1})$ 在 $\mathrm{Im}\,\delta_{p+1}$ 中稠密。因此 $D(\sigma_p) = D_{p_1} \oplus D_{p_2}$ 在 $H \otimes \Lambda^n_p$ 中稠，σ_p 为稠定闭算子。另外，$\mathrm{Im}\sigma_p = \mathrm{Im}\,\delta_{p+1} \oplus \mathrm{Im}\,\delta^*_p = H \otimes \Lambda^n_p$。由命题 10，$\sigma_p$ 又是一对一的，因此 $\sigma_p^{-1} \in B(H \otimes \Lambda^n_p)$，$\sum^{-1} \in B(\widetilde{H})$。

反过来，若 $\sum^{-1} \in B(\widetilde{H})$，即对任一 p，$\sigma_p^{-1} \in B(H \otimes \Lambda^n_p)$，因为 $\mathrm{Im}\,\delta_{p+1} \oplus \mathrm{Im}\,\delta^*_p \supset \sigma_p(D(\sigma_p)) = \overline{\mathrm{Im}\,\delta_{p+1}} \oplus \mathrm{Ker}\,\delta^*_{p+1} = H \otimes \Lambda^n_p$，所以 $\mathrm{Im}\,\delta_{p+1} \supset \overline{\mathrm{Im}\,\delta_{p+1}}$，即 $\mathrm{Im}\,\delta_{p+1}$ 闭。因此 $H \otimes \Lambda^n_p = \mathrm{Im}\,\delta_{p+1} \oplus \mathrm{Ker}\,\delta^*_{p+1}$。设 $x \in \mathrm{Ker}\,\delta_p$，因为 σ_p 可逆，存在 $y \in H \otimes \Lambda^n_p$，使 $\sigma_p y = x$，如果 $y = y_1 \oplus y_2$，其中 $y_1 \in \mathrm{Im}\,\delta_{p+1}$，$y_2 \in \mathrm{Ker}\,\delta^*_{p+1}$，则

$$x = \sigma_p y = \delta_{p+1}\delta^*_{p+1}y_1 + \delta^*_p\delta_p y_2。$$

因为 $x \in \mathrm{Ker}\,\delta_p$，$\delta_{p+1}\delta^*_{p+1}y_1 \in \mathrm{Im}\,\delta_{p+1} \subset \mathrm{Ker}\,\delta_p$，所以

$$\delta^*_p\delta_p y_2 \in \mathrm{Ker}\,\delta_p \cap \mathrm{Im}\,\delta^*_p = \{0\}。$$

这样，$x = \delta_{p+1}\delta^*_{p+1}y_1$，则 $x \in \mathrm{Im}\,\delta_{p+1}$，$\mathrm{Ker}\,\delta_p = \mathrm{Im}\,\delta_{p+1}$，$\delta_p$正合，$a$ 正则。

参考文献

[1] Taylor, J.L. *A joint spectrum for several commuting operators*, J. Functional Analysis **6** (1970), 172—191.

[2] Taylor, J.L. *The analytic functional calculus for several commuting operators*. Acta Math. **125**(1970), 1—38.

[3] Vasilescu, F.H. *A characterization of the joint spectrum in Hilbert spaces*, Rev. Roumaine Math. Pures et Appl. XXII(1977), 1003—1009.

[4] Curto, R.E. *On the connecteness of invertible n-tuples*, Indiana University Math. J. **29**, No.3 (1980), 393—406.

乘积谱测度和 Taylor 谱①

张奠宙　黄旦润

本文指出，对于正常算子组，其 Taylor 谱与 Sleeman 的多参数谱是一致的。此外还推广了 Putnam 的一个结果，给出联合预解式的增长估计。最后证明了 Taylor 谱的 Weyl 定理。

一、本文始终假设 H 是 Hilbert 空间，$A=(A_1, \cdots, A_n)$ 是 H 上交换算子组，$S_p(A)$ 为 A 的 Taylor 谱[1]，$\sigma_z(A)$为联合近似点谱，$\sigma_p(A)$为联合点谱，$\|A\|$ 为联合范数，$r_{sp}(A)$为联合谱半径[2]。Sleeman 多参数谱是由一族两两可交换的自共轭算子组 $(\Gamma_1, \cdots, \Gamma_n)$所决定的：Supp E，其中 E 是Γ_i 的谱测度 E_i 所构成的乘积谱测度[3]。

定理 1　设 $A=(A_1, \cdots, A_n)$是交换的正常算子组，$E_i(z_i)$是 A_i 的谱测度，$E(z)=\prod_{i=1}^{n} E_i(z_i)$ 是乘积谱测度，则

(i) $Sp(A)=\operatorname{Supp} E(z)$。

(ii) $\lambda \in \sigma_p(A)$ 当且仅当 $E(\{\lambda\}) \neq 0$。

证　对于交换的正常算子组 A，有 $Sp(A)=\sigma_z(A)$[4]。作谱积分$(A_1, \cdots, A_n)=\int_{\prod_{i=1}^{n} Sp(A_i)} z dE(z)$，其中 $z=(z_1, \cdots, z_n)$。由谱测度的知识立即可得(i)、(ii)。证完。

这也就证明了 Taylor 谱和 Sleeman 谱的等价性。

仍设 $A=(A_1, \cdots, A_n)$为交换的正常算子组，$f=\{f_1, \cdots, f_m\}$：$Sp(A) \rightarrow \boldsymbol{C}^m$，其中每个 f_i：$Sp(A) \rightarrow \boldsymbol{C}$ 关于A 的乘积谱测度$E(\cdot)$本性有界可测。我们定义算子演算：

$$f(A_1, \cdots, A_n)=\int_{Sp(A)} f(\lambda_1, \cdots, \lambda_n) dE(\cdot)。$$

不难得出下面结果：

推论 1　在上述假定下，我们有

(i) $Sp[f(A)]=\{(z_1, \cdots z_m) \in \boldsymbol{C}^m$：对任何$\varepsilon>0$，$E(\{\lambda \in Sp(A) \mid \sum_{i=1}^{m} |f_i(\lambda)-z_i|<\varepsilon\})>0\}$。且有 $\|f(A)\| \leqslant \|f\|_{\infty} \triangleq \operatorname{ess\,sup}_{\lambda \in Sp(A)}\left(\sum_{i=1}^{m} |f_i(\lambda)|^2\right)^{1/2}$。

① 署名：张奠宙　黄旦润(华东师范大学数学系，上海)。
发表：《科学通报》，1983 年 10 月，168—171。

(ii) 当 f 连续时，$Sp[f(A)]=f[Sp(A)]$，$\|f(A)\|=\gamma_{Sp}[f(A)]=\|f\|_{\infty}$。特别当 f 在 $Sp(A)$某邻域解析时，上述算子演算与 Taylor 给出的算子演算[5]是一致的。

二、设 $A=(A_1, \cdots, A_n)$ 为算子组，$R(T)$ 是 T 的值域，$K\subset \boldsymbol{C}^n$。我们定义 $S(A; K)=\bigcap_{t\in K}\left[\sum_{i=1}^{m}R(A_i-t_iI)\right]$，这里 $t=(t_1, \cdots, t_n)$。下面定理是 Putnam 的一个结果[6]在算子组情形的推广。

定理 2 设 $A=(A_1, \cdots, A_n)$ 为交换的正常算子组，$E(\cdot)$ 为 A 的乘积谱测度，$K\subset \boldsymbol{C}^n$ 为 Borel 可测集，则有

(i) $S(A; c(K))\subset R(E(K))\subset S(A; \mathrm{int}(c(K)))$，这里 $c(K)$表示 K 的余集，int 表示集的内部。

(ii) 当 K 是 $Sp(A)$的闭子集时，$S(A; Sp(A)\backslash K)=R(E(K))$。特别地，$S(A; Sp(A))=0$。

证 设 $f\in S(A; c(K))$，则对任何的 $c=(c_1, \cdots, c_n)\in c(K)$，必存在 $g_1, \cdots, g_n\in H$，使得 $f=\sum_{i=1}^{n}(A_i-c_i)g_i$。现令 D_s 为 $\boldsymbol{C}^n$ 中以 c 为中心 s 为半径的球，则有

$$\begin{aligned}\|E(D_s)f\|^2&=\left\|\sum_{i=1}^{n}E(D_s)(A_i-c_i)g_i\right\|^2\leqslant n\sum_{i=1}^{n}\|E(D_s)(A_i-c_i)g_i\|^2\\&=n\sum_{i=1}^{n}\int_{D_s}|\lambda_i-c_i|^2 d\|E(\lambda)g_i\|^2\leqslant n\cdot s^2\sum_{i=1}^{n}\|E(D_s/\{c\})g_i\|^2。\end{aligned}$$

因此，当 $s\to 0$ 时，$s^{-2}\|E(D_s)f\|^2\to 0$，$s^{-2n}\|E(D_s)f\|^{2n}\to 0$。所以 $\|E(\cdot)f\|^{2n}$ 在 $c(K)$ 的每一点上的对称导数为零，因此有 $\|E(c(K))f\|^{2n}=0$，这说明 $f\in E(K)H$（参见文献[6]）。

另一方面，对任何 $c\in \mathrm{int}(c(K))$，$f\in R(E(K))$，令 $g=\int_K\left(\sum_{i=1}^{n}|\lambda_i-c_i|^2\right)^{-1}dE(\lambda)f$，我们有 $\int_K dE(\lambda)f=\int_K\sum_{i=1}^{n}|\lambda_i-c_i|^2dE(\lambda)g=\sum_{i=1}^{n}(A_i-c_i)h_i$，这里 $h_i=(A_i-c_i)^*g$。因此 $f\in S(A; \mathrm{int}(c(K)))$。这就说明了(i)。由(i)我们容易得到(ii)。证完。

推论 2 设 $A=(A_1, \cdots, A_n)$ 为重可换的[7]次正常算子组，则也有 $S(A; Sp(A))=\{0\}$。

证 据文献[7]，A 有联合极小正常扩张 N，且 $Sp(N)\subset Sp(A)$，所以 $S(A; Sp(A))\subset S(A; Sp(N))\subset S(N; Sp(N))=\{0\}$。证完。

三、设 $A=(A_1, \cdots, A_n)$ 为 Hilbert 空间 H 上的交换算子组，d_K 为由 A 导出的 Kosznl 复形中 $E_k^n(A, H)\to E_{K-1}^n(A, H)$ 的边界算子。Curto 在文献[8]中定义了 $\widetilde{H}=H\otimes \boldsymbol{C}^{2^{n-1}}$ 上的算子 $\hat{A}$ 如下：

$$\hat{A}=\begin{bmatrix}d_1 & & \\ d_2^* & d_3 & \ddots \\ & d_4^* & \end{bmatrix}\in L(H\otimes \boldsymbol{C}^{2^{n-1}})。$$

Curto 证明了 A 在 Taylor 意义正则当且仅当$\hat{A}$可逆。我们称$\hat{A}$为 A 的 Curto 算子，并且定义 $(\widehat{A-zI})^{-1}$ 为 A 的联合预解式。下面我们给出正常算子组的联合预解式的增长估计。

定理 3 设 $A=(A_1, \cdots, A_n)$ 是交换的正常算子组，则有

(i) $\| \hat{A} \|_H = \| A \|$。

(ii) 当 $z=(z_1, \cdots, z_n) \in \mathbf{C}^* / Sp(A)$ 时，有

$$\| (\widehat{A-zI})^{-1} \|_{\widetilde{H}} = [\operatorname{dist}(z, Sp(A))]^{-1} = \left[\inf_{\| x \| =1} \left(\sum_{i=1}^{n} \| (A_i - z_i)x \|^2 \right)^{1/2} \right]^{-1}。$$

证 当 A 是交换正常算子组时，计算可知$(\hat{A})^* \hat{A}$是一个$\widetilde{H}$上的对角矩阵，对角线上每个元素都是 $T=A_1^* A_1 + \cdots + A_n^* A_n$。因此 $\| \hat{A} \|_{\widetilde{H}} = \| T \|_H^{\frac{1}{2}} = \sup\limits_{\| x \| =1} \left(\sum\limits_{i=1}^{n} \| A_i x \|^2 \right)^{1/2} = \| A \|$。这就证明了(i)。类似地我们有 $(\widehat{A-z})^* (\widehat{A-z})$ 是对角矩阵，对角线上各个元素都是 $K=\sum\limits_{i=1}^{n} (A_i^* - \bar{z}_i)(A_i - z_i)$。因 $z \notin Sp(A)$，故由 $Sp(A)=\sigma_z(A)$ 可知 K 可逆，且 $\| (\widehat{A-z})^{(-1)} \|_{\widetilde{H}} = \| K^{-1} \|_H^{\frac{1}{2}}$。但 K 是正算子，由推论 1 的(ii)及正算子性质易证得(ii)。证完。

四、现在我们推广正常算子的著名 Weyl 定理。

定义 1 设 $A=(A_1, \cdots, A_n)$ 为交换正常算子组，$\mathscr{K}$ 表示紧算子组 $K=(K_1, \cdots, K_n)$ 且能使 $A+K$ 为交换算子组的全体。我们称 $\omega(A) = \bigcap\limits_{K \in \mathscr{K}} Sp(A+K)$ 为 A 的联合 Weyl 谱。

我们记 $\sigma_0(A)$ 为 $Sp(A)$ 中有限重数的孤立联合点谱全体。$Sp_c(A)$ 为 Curto 用 Calkin 代数上复形定义的联合本性谱。

引理 1 设 A 为交换算子组，$\hat{A}$为 A 的 Curto 算子。$L(H)$和 $LC(H)$分别表示 H 上的全体线性有界算子和全体紧算子。π_1：$L(H) \to L(H)/LC(H)$，π_2：$L(H \otimes \mathbf{C}^{2^{n-1}}) \to L \cdot L(H \otimes \mathbf{C}^{2^{n-1}})/LC(H \otimes \mathbf{C}^{2^{n-1}})$ 均为自然投影，则$\widehat{\pi_1(A)}$可逆当且仅当 $\pi_2(\hat{A})$可逆。

证 记 $M_{2^{n-1}}$ 为 $2^{n-1} \times 2^{n-1}$ 的矩阵代数，易知存在下列的代数 $*$ 同构，使得

$$\begin{aligned} M_{2^{n-1}}(L(H))/LC(H) &\cong M_{2^{n-1}}(L(H))/M_{2^{n-1}}(LC(H)) \\ &\cong L(H \otimes \mathbf{C}^{2^{n-1}})/LC(H \otimes \mathbf{C}^{2^{n-1}})。\end{aligned}$$

因为都是 $\mathbf{C}^*$ 代数，故必是等距同构，且$\widehat{\pi_1(A)}$和 $\pi_2(\hat{A})$是对应元素，由此证得引理。

定理 4 设 $A=(A_1, \cdots, A_n)$ 为交换正常算子组，则 $\omega(A) = Sp_c(A) = Sp(A)/\sigma_0(A)$。

证 先证 $Sp(A)/\sigma_0(A) \subset \omega(A)$。这只需证对任何 $K \in \mathscr{K}$，若 A 奇异而 $A+K$ 正则，则 $0 \in \sigma_0(A)$。事实上，$\hat{A} = \widehat{A+K} - \hat{K}$，由单个算子的 Weyl 定理知 $0 \in \sigma_0(\hat{A})$。但

$\hat{A}^* \hat{A}$ 的对角线元素均为 $\sum_{i=1}^{n} A_i^* A_i$，又 $Sp(\hat{A}^* \hat{A}) = | Sp(\hat{A}) |^2$，故 $0 \in \sigma_0\left(\sum_{i=1}^{n} A_i^* A_i\right)$。再由推论 1 的(ii) 可知 $(0, \cdots, 0) \in \sigma_0(A)$。

再证 $Sp(A)/\sigma_0(A) \supset \omega(A)$。设 $E(\cdot)$为 A 的乘积谱测度。任取 $\lambda \in \sigma_0(A)$，则 $E(\{\lambda\})$ 是有限秩算子。令 $K = (E(\{\lambda\}), \cdots, E(\{\lambda\}))$，则显然 $K \in \mathscr{K}$，且 $E(\{\lambda\})H$ 是 $A + K$ 的公共约化子空间，从而由 λ 是 $Sp(A)$ 的孤立点及联合谱的分割性质（文献[5]Th. 4.9）不难知道在 $E(\{\lambda\})H$ 上，$A + K = ((\lambda_1 + 1)I, \cdots, (\lambda_n + 1)I)$，在 $E(\mathbf{C}^n/\{\lambda\})H$ 上 $A + K = A$，易知此时 $\lambda = (\lambda_1, \cdots, \lambda_n) \notin S_p(A + K)$。

现在证 $Sp(A)/\sigma_0(A) = Sp_c(A)$。这可由以下一列等价关系得到

$\lambda \notin Sp_c(A) \Leftrightarrow \pi_1(\widehat{A) - \lambda}$ 可逆 $\Leftrightarrow \pi_2(\widehat{A - \lambda})$ 可逆　（文献[8]、引理 7）

$\Leftrightarrow (\pi_2(\widehat{A - \lambda}))^* (\pi_2(\widehat{A - \lambda}))$ 可逆　（因 $\widehat{A - \lambda}$ 正常）

$\Leftrightarrow \pi_2\left(\mathrm{diag}\left(\sum_{i=1}^{n} (A_i - \lambda_i)^* (A_i - \lambda_i)\right)\right)$ 可逆　$\left(\mathrm{diag} T \triangleq \begin{bmatrix} T & & 0 \\ & \ddots & \\ 0 & & T \end{bmatrix}_{\widetilde{H}}\right)$

$\Leftrightarrow \pi_1\left(\sum_{i=1}^{n} (A_i - \lambda_i)^* (A_i - \lambda_i)\right)$ 可逆　（引理 7）

$\Leftrightarrow 0 \notin Sp\left(\sum_{i=1}^{n} (A_i - \lambda_i)^* (A_i - \lambda_i)\right) / \sigma_0\left(\sum_{i=1}^{n} (A_i - \lambda_i)^* (A_i - \lambda_i)\right)$

（Weyl 定理）

$\Leftrightarrow \lambda = (\lambda_1, \cdots, \lambda_n) \notin Sp(A)/\sigma_0(A)$　（算子演算、引理 2(ii)）　证完。

参考文献

[1] Taylor, J.L., *J. Func. Analysis*, 6(1970), 172—191.

[2] Chō, M. and Takaguchi, M., *Pacific J. Math.*, **95**(1981), 1: 27—35.

[3] Sleeman, B.D., *Multiparameter Spectral Theory in Hilbert Space.*, Pitman, London, 1978.

[4] Chō, M. and Takaguchi, M., *Studia Math.*, **70**(1982), 255—229.

[5] Taylor, J.L., *Acta Math.*, **125**(1970), 1—38.

[6] Putnam, C.R., *Michigen Math. J.*, **18**(1971), 33—36.

[7] Curto, R.E., *Proc. Amer. Math. Soc.*, **83**(1981), 4: 730—734.

[8] Curto, R.E., *Trans. Amer. Math. Soc.*, **266**(1981), 1: 129—159.

Hilbert 空间上闭算子组的 Taylor 联合谱①

张奠宙　王宗尧

摘要： 本文将 Taylor 联合谱的定义推广到闭算子的情形，并且推广了分别由 Vasilescu, F.H. 和 Curto, R.E. 证明的有界算子组为正则的两个充要条件。此外，本文还研究了共轭算子组的联合谱，证明了闭算子组的联合谱是 $\boldsymbol{C}^n$ 中的一个闭集，给出了一个例子。

由 Taylor[1, 2] 所定义的 n 个两两可交换的算子组的联合谱受到许多数学家的关注[3—6]。我们想把 Taylor 联合谱的定义推广到无界算子的情形，在文献[7]中，我们已经对含有一个闭算子的算子组给出了联合谱的定义。本文又定义了 Hilbert 空间上 n 个闭算子组成的算子组的联合谱，并得出一系列结果。在本文完成以后，我们发现 Eschmeier 在文献[8]中给出了模同态的联合谱的定义，但本文所给出的定义及理论和文献[8]是不同的。我们并不要求每个算子的预解集是非空的，而且从我们的定义出发，可以推广由 Vasilescu 和 Curto 分别得出的有界算子组为正则的两个充要条件。此外，我们还研究了共轭算子组的联合谱，证明了闭算子组的联合谱是 $\boldsymbol{C}^n$ 中一个闭集，并给出一个例子。

设 H 是一个复的 Hilbert 空间；J_P 是由不大于 n 的 p 个自然数所组成的指标集，并赋予自然的顺序；$\Lambda^n = \sum_{p=0}^{\infty} \Lambda_p^n$ 是由 n 个不定元 $e_1, e_2, \cdots, e_n$ 生成的复的外代数。对于 $J_P = \{j_1, j_2, \cdots, j_p\}$，我们记 $e_{J_P} = e_{j_1} \wedge e_{j_2} \wedge \cdots \wedge e_{j_p}$。

设 $a = \{a_1, a_2, \cdots, a_n\}$ 是 H 上的稠定闭算子组。令 $D_{J_0} = H$，对 $J_P (1 \leqslant p \leqslant n)$，令 $D_{J_p} = \{x \in \bigcap_{j \in J_P} D(a_j) : a_j x \in D_{J_P/(j)}, j \in J_P\}$。在此 $D(a_j)$ 是 a_j 的定义域。类似地，对 $a^* = (a_1^*, a_2^*, \cdots, a_n^*)$ 定义 $D_{J_0}^*, D_{J_1}^*, \cdots, D_{J_n}^*$。显然，当 $J_P \supset J_q$ 时，有 $D_{J_P} \subset D_{J_q}$ 和 $D_{J_P}^* \subset D_{J_q}^*$。

在本文中，我们假设 $a = (a_1, \cdots, a_n)$ 满足：

1) 当 $x \in D(a_i) \cap D(a_j)$ 且 $a_i x \in D(a_j)$, $a_j x \in D(a_i)$ 时有

$$a_i a_j x = a_j a_i x。$$

2) $\overline{D_{J_n} \cap D_{J_n}^*} = H$。

我们记 $\Lambda_p^n(a, H) = \sum_{J_P} \oplus D_{J_P} \otimes e_{J_P} (0 \leqslant p \leqslant n)$，显然 $\Lambda_p^n(a, H)$ 在 $\Lambda_p^n(H) =$

---

① 署名：张奠宙　王宗尧（华东师范大学数学系，上海）。
发表：《中国科学》，1984 年第 12 期，1089—1095。

$H \otimes \Lambda_p^n$ 中稠密。

对于 $x \in D_{J_P}$，我们令

$$\delta_p(a)(xe_{J_P}) = \sum_{j \in J_P} (-1)^{J_P(j)} a_j x e_{J_P/(j)}。$$

这里 $J_P(j)$ 表示 J_P 中位于 j 前面的元素个数。这样，对于每个 p，定义了一个 $\Lambda_p^n(a, H) \to \Lambda_{p-1}^n(a, H)$ 的同态 $\delta_p(a)$。使用简单的计算可以证明：$\delta_p \circ \delta_{p+1} = 0$。因此$\{\Lambda_p^n(a, H), \delta_p(a)\}$ 是一个链复形，$\delta_p(a)$是边界算子。

命题 1 对于每一个 p，$\delta_{p+1}(a)$ 是可闭的。

证 因为 $\Lambda_{p+1}^n(a, H)$ 在 $\Lambda_{p+1}^n(H)$ 是稠密，所以 $\delta_{p+1}^*(a)$ 存在。对任一固定的 $xe_{J_P} \in D_{J_n/J_P}^* \otimes e_{J_P}$ 和任意的$\sum_{J_{P+1}} y_{J_{P+1}} e_{J_{P+1}} \in \Lambda_{p+1}^n(a, H)$，有

$$\left(\delta_{p+1} \sum_{J_{P+1}} y_{J_{P+1}} e_{J_{P+1}}, xe_{\bar{J}_P}\right) = \left(\sum_{J_{P+1}} y_{J_{P+1}} e_{J_{P+1}}, \sum_{j \notin \bar{J}_P} (-1)^{[\bar{J}_P \cup \{j\}](j)} a_j^* x e_{\bar{J}_P \cup \{j\}}\right),$$

因此 $xe_{\bar{J}_P} \in D(\delta_{p+1}^*(a))$ 且 $\delta_{p+1}^*(a) xe_{\bar{J}_P} = \sum_{j \in \bar{J}} (-1)^{[\bar{J}_P \cup \{j\}](i)} a_j^* x e_{\bar{J}_P \cup \{j\}}$。由此可知 $D(\delta_{p+1}^*(a_j)) \supset \sum_{J_P} D_{J_n/J_P}^* \otimes e_{J_P}$，$\delta_{p+1}^*(a)$ 是 $\Lambda_p^n(H) \to \Lambda_{p+1}^n(H)$ 的稠定闭算子，这样 $\delta_{p+1}^{**}(a)$ 存在且 $\delta_{p+1}^{**}(a) = \bar{\delta}_{p+1}(a)$。即 $\delta_{p+1}(a)$ 是可闭的。命题 1 证毕。

命题 2 $\{D(\bar{\delta}_p), \bar{\delta}_p\}$是一个链复形。

证 因为 $(\mathrm{Im}\,\delta_{p+1})^{\perp} = \mathrm{Ker}\,\delta_{p+1}^*$ 和 $\mathrm{Im}\,\delta_{p+1} \subset \mathrm{Ker}\,\delta_p$，我们有

$$\mathrm{Ker}\,\delta_{p+1}^* = (\mathrm{Im}\,\delta_{p+1})^{\perp} \supset (\mathrm{Ker}\,\delta_p)^{\perp} \supset (\mathrm{Ker}\,\bar{\delta}_p)^{\perp} = \mathrm{Im}\,\delta_p^*。$$

于是 $\{D(\delta_{p+1}^*), \delta_{p+1}^*\}$ 是一上链复形。由 $\mathrm{Ker}\,\delta_{p+1}^* \supset \mathrm{Im}\,\delta_p^*$ 可知 $\mathrm{Im}\,\bar{\delta}_{p+1} \subset \mathrm{Ker}\,\bar{\delta}_p$，即$\{D(\bar{\delta}_p), \bar{\delta}_p\}$ 是一个链复形。命题 2 证毕。

定义 1 如果链复形$\{D(\bar{\delta}_p), \bar{\delta}_p\}$正合，我们称 $a = (a_1, \cdots, a_n)$ 是正则的；对于 $z = (z_1, \cdots, z_n) \in \boldsymbol{C}^n$，如果算子组 $z - a = (z_1 - a_1, \cdots, z_n - a_n)$ 是正则的，那么我们称 z 在 a 的预解集中，否则称 z 为 a 的谱点 $(z \in \mathrm{Sp}(a))$。

命题 3 如果 a 正则，则对每一个 p，有

$$\mathrm{Im}\,\bar{\delta}_{p+1} = \overline{\mathrm{Im}\,\delta_{p+1}} = \overline{\mathrm{Ker}\,\delta_p} = \mathrm{Ker}\,\bar{\delta}_p。$$

证 对任一 $\eta_0 \in \mathrm{Im}\,\bar{\delta}_{p+1}$，存在 $\xi_0 \in D(\bar{\delta}_{p+1})$ 满足$\bar{\delta}_{p+1}\xi_0 = \eta_0$，即存在一列$\{\xi_m\} \subset D(\delta_{p+1})$ 满足 $\xi_m \to \xi_0$ 和 $\delta_{p+1}\xi_m \to \eta_0 (m \to \infty)$。因此 $\eta_0 \in \overline{\mathrm{Im}\,\delta_{p+1}}$ 和 $\mathrm{Im}\,\bar{\delta}_{p+1} \subset \overline{\mathrm{Im}\,\delta_{p+1}}$ 因为 $\mathrm{Ker}\,\delta_p \subset \mathrm{Ker}\,\bar{\delta}_p$ 和 $\mathrm{Ker}\,\bar{\delta}_p$ 是一闭集，所以$\overline{\mathrm{Ker}\,\delta_p} \subset \mathrm{Ker}\,\bar{\delta}_p$。

另一方面，$\overline{\mathrm{Im}\,\delta_{p+1}} \subset \overline{\mathrm{Ker}\,\delta_p}$ 是显然成立的，因此我们有

$$\mathrm{Im}\,\bar{\delta}_{p+1} \subset \overline{\mathrm{Im}\,\delta_{p+1}} \subset \overline{\mathrm{Ker}\,\delta_p} \subset \mathrm{Ker}\,\bar{\delta}_p。$$

当 $\boldsymbol{a}$ 正则时，这四个子空间都相等。命题 3 证毕。

在空间 $\widetilde{H}=\sum_{1}\oplus\Lambda_{p}^{n}(H)$ 上我们定义一个算子 $\alpha(a)$：

$$D[\alpha(a)]=\sum_{p}\oplus[D(\bar{\delta}_{p})\cap D(\delta_{p+1}^{*})],$$

$$\alpha(a)=\begin{pmatrix}0 & \delta_{n}^{*} & 0 & 0 & \cdots & 0 & 0\\ \bar{\delta}_{n} & 0 & \delta_{n-1}^{*} & 0 & \cdots & 0 & 0\\ 0 & \bar{\delta}_{n-1} & 0 & \delta_{n-2}^{*} & \cdots & 0 & 0\\ \vdots & \vdots & \vdots & \vdots & & \vdots & \vdots\\ 0 & 0 & 0 & 0 & \cdots & 0 & \delta_{1}^{*}\\ 0 & 0 & 0 & 0 & \cdots & \bar{\delta}_{1} & 0\end{pmatrix},$$

命题 4　$\alpha(a)$是$\widetilde{H}$上的自共轭算子。

证　对任何 $\xi,\eta\in D(\alpha(a))$，由计算可以知道$(\alpha(a)\eta,\xi)=(\eta,\alpha(a)\xi)$，因此 $\alpha(a)$ 是一对称算子。对于每个 p，$D(\bar{\delta}_{p})\cap D(\delta_{p+1}^{*})=F_{p}\oplus G_{p}=M_{p}\oplus N_{p}$，在此：

$$F_{p}=\operatorname{Ker}\bar{\delta}_{p}\cap D(\delta_{p+1}^{*}),\ G_{p}=\overline{\operatorname{Im}\delta_{p}^{*}}\cap D(\bar{\delta}_{p})$$

$$M_{p}=\operatorname{Ker}\delta_{p+1}^{*}\cap D(\bar{\delta}_{p}),\ N_{p}=\overline{\operatorname{Im}\bar{\delta}_{p+1}}\cap D(\delta_{p+1}^{*})。$$

而且 F_{p}，G_{p}；M_{p}，N_{p} 满足下面性质：

i) $\bar{\delta}_{p}(F_{p})=\delta_{p+1}^{*}(G_{p})=\bar{\delta}_{p}(N_{p})=\delta_{p+1}^{*}(M_{p})=\{0\}$；

ii) $\bar{\delta}_{p}(G_{p})=\bar{\delta}_{p}(M_{p})=\operatorname{Im}\bar{\delta}_{p}$；$\delta_{p+1}^{*}(F_{p})=\delta_{p+1}^{*}(N_{p})=\operatorname{Im}\delta_{p+1}^{*}$。

我们接下来要证明 $D[\alpha(a)^{*}]\subset D(\alpha(a))$。

对任一 $\xi\in D[\alpha(a)^{*}]$，存在 $h\in\widetilde{H}$，使得对于所有的 $\eta\in D(\alpha(a))$，有

$$(\alpha(a)\eta,\xi)=(\eta,h),\tag{*}$$

设 $\xi=\xi_{n}\oplus\cdots\oplus\xi_{0}$，$h=h_{n}\oplus\cdots\oplus h_{0}$，其中 ξ_{p}，$h_{p}\in\Lambda_{p}^{n}(H)$。对任何固定的 p 和任何 $\eta_{p}\in D(\bar{\delta}_{p})\cap D(\delta_{p+1}^{*})$，我们令 $\eta=0\oplus\cdots\oplus0\oplus\eta_{p}\oplus0\oplus\cdots\oplus0$，由等式(*)得

$$(\delta_{p+1\eta_{p}}^{*},\xi_{p+1})+(\bar{\delta}_{p}\eta_{p},\xi_{p-1})=(\eta_{p},h_{p})。\tag{**}$$

设 $\xi_{p+1}=\xi_{p+1}^{(1)}\oplus\xi_{p+1}^{(2)}$，$\xi_{p-1}=\xi_{p-1}^{(1)}\oplus\xi_{p-1}^{(2)}$，$\eta_{p}=\eta_{p}^{M}\oplus\eta_{p}^{N}$ 和 $h_{p}=h_{p}^{(1)}\oplus h_{p}^{(2)}$。其中 $\xi_{p+1}^{(1)}\in\operatorname{Ker}\bar{\delta}_{p+1}$，$\xi_{p+1}^{(2)}\in\overline{\operatorname{Im}\delta_{p+1}^{*}}$，$\xi_{p-1}^{(1)}\in\operatorname{Ker}\delta_{p-1}$，$\xi_{p-1}^{(2)}\in\overline{\operatorname{Im}\delta_{p-1}^{*}}$，$\eta_{p}^{M}\in M_{p}$，$\eta_{p}^{N}\in N_{p}$，$h_{p}^{(1)}\in\operatorname{Ker}\delta_{p+1}^{*}$，$h_{p}^{(2)}\in\overline{\operatorname{Im}\bar{\delta}_{p+1}}$。则对所有的 $\eta_{p}\in D(\bar{\delta}_{p})\cap D(\delta_{p+1}^{*})$，从(**)式可得：

$$\begin{aligned}(\delta_{p+1\eta_{p}}^{*},\xi_{p+1}^{(2)})&=(\delta_{p+1}^{*}\eta_{p}^{N},\xi_{p+1}^{(2)})=(\delta_{p+1}^{*}\eta_{p}^{N},\xi_{p+1})=(\eta_{p}^{N},h_{p})\\&=(\eta_{p}^{N},h_{p}^{(2)})=(\eta_{p}^{N},h_{p}^{(2)})。\end{aligned}$$

因此对任何 $\bar{\eta}_{p}=\eta_{p}'\oplus\eta_{p}\in D(\delta_{p+1}^{*})$，这里 $\eta_{p}'\in\operatorname{Ker}\delta_{p+1}^{*}$，$\eta_{p}\in\overline{\operatorname{Im}\delta_{p+1}}\cap D(\delta_{p+1}^{*})$ 我们有$(\delta_{p+1}^{*}\bar{\eta}_{p},\xi_{p+1}^{(2)})=(\delta_{p+1}^{*}\eta_{p},\xi_{p+1}^{(2)})=(\eta_{p},h_{p}^{(2)})=(\bar{\eta}_{p},h_{p}^{(2)})$。这样，$\xi_{p+1}^{(2)}\in D(\bar{\delta}_{p+1})\cap$

$\overline{\operatorname{Im} \delta^*_{p+1}} = G_{p+1}$。

类似可证 $\xi^{(1)}_{p-1} \in D(\delta^*_p) \cap \operatorname{Ker} \bar{\delta}_{p-1} = F_{p-1}$。因为 p 是任意的，所以对每个 p，$\xi_p \in F_p \oplus G_p = D(\bar{\delta}_p) \cap D(\delta^*_{p+1})$，$\xi \in D(\alpha(a))$。命题 4 证毕。

定理 1　$a = (a_1, \cdots, a_n)$ 是正则的充分必要条件是 $\alpha^{-1}(a) \in B(\widetilde{H})$。

证　必要性：因为对每个 p，$\operatorname{Ker} \bar{\delta}_p = \operatorname{Im} \bar{\delta}_{p+1}$，所以 $\operatorname{Im} \delta^*_p = \operatorname{Ker} \delta^*_{p+1}$（参见文献[7]引理 3）且 $\Lambda^n_p(H) = \operatorname{Im} \bar{\delta}_{p+1} \oplus \operatorname{Im} \delta^*_p$，由此可知 $\alpha(a)$ 是满的，因而 $\alpha(a)^{-1} \in B(\widetilde{H})$。

充分性：对任何 $\xi_p \in \operatorname{Ker} \bar{\delta}_p$，令 $\xi = 0 \oplus \cdots \oplus 0 \oplus \xi_p \oplus 0 \oplus \cdots \oplus 0$。则存在 $\eta = \eta_n \oplus \cdots \oplus \eta_0 \in D[\alpha(a)]$，满足 $\alpha(a)\eta = \xi$。则 $\bar{\delta}_{p+1\eta_{p+1}} + \delta^*_p \eta_{p-1} = \xi_p$。则 $\delta^*_p \eta_{p-1} \in \operatorname{Im} \delta^*_p$ 和 $\bar{\delta}_{p+1} \eta_{p+1}$，$\xi_p \in \operatorname{Ker} \bar{\delta}_p$ 得 $\delta^*_p \eta_{p-1} = 0$。因此 $\bar{\delta}_{p+1} \eta_{p+1} = \xi_p$，$\{D(\delta_p), \bar{\delta}_p\}$ 正合。定理 1 证毕。

设 f_p 是由 $xe_{J_P} \mapsto (-1)_{j \in J_P}^{\sum j-p-n} xe_{J_n/J_P}$ 所定义的 $\Lambda^n_p(H) \to \Lambda^z_n(H)$ 的同态；F 是 $\widetilde{H}$ 上的自同态：

$$F = \begin{pmatrix} 0 & & & f_n \\ & & f_{n-1} & \\ & \iddots & & \\ f_0 & & & 0 \end{pmatrix}。$$

显然 F 是 $\widetilde{H}$ 上的酉算子且 $F^{-1} = (-1)^{\frac{n(n-1)}{2}} F$。

对任何 p，J_p 和 $x \in D^*_{J_P} \cap D_{J_n/J_P}$，有

$$f_{p-1} \circ \delta_p(a^*) xe_{J_P} = \sum_{j \in J_P} (-1)^{\left[J_P(j) + \sum\limits_{K \in (J_n/J_P \cup \{j\})} K+P-1-n\right]} a^*_j xe_{(J_n/J_P) \cup \{j\}}。$$

另一方面

$$\delta^*_{n-p+1}(a) \circ f_p xe_{J_P} = \sum_{j \in J_P} (-1)^{\left\{\sum\limits_{K \in J_n/J_P} K+P-n+[J_n/J_P] \cup \{j\} J(j)\right\}} a^*_j xe_{(J_n/J_P) \cup \{j\}}。$$

因为 $f = J_p(j) + [(J_n/J_p) \cup \{j\}](j) + 1$，所以

$$f_{p-1} \circ \delta_p(a^*) xe_{J_P} = \delta^*_{n-p+1}(a) \circ f_p xe_{J_P}。$$

这样下图是交换的：

$$\begin{array}{ccccccc} \cdots \to & \Lambda^n_p(D_{J_n} \cap D^*_{J_n}) & \xrightarrow{\delta_p(a^*)} & \Lambda^n_{p-1}(D_{J_n} \cap D^*_{J_n}) & \to \cdots \\ & \downarrow f_p & & \downarrow f_{p-1} & \\ \cdots \to & \Lambda^n_{n-p}(D_{J_n} \cap D^*_{J_n}) & \xrightarrow[\delta^*_{n-p+1}(a)]{} & \Lambda^n_{n-p+1}(D_{J_n} \cap D^*_{J_n}) & \to \cdots \end{array}$$

类似地，对任何 p，J_p 和 $x \in D_{J_P} \cap D^*_{J_n/J_P}$，我们有

$$f_{n-p+1} \circ \delta^*_{n-p+1}(a^*) xe_{J_n/J_P} = \delta_p(a) \circ f_{n-p} xe_{J_n/J_P},$$

且下图成交换：

$$\begin{array}{ccc}\cdots \to \Lambda^n_{n-p}(D_{J_n} \cap D^*_{J_n}) & \xrightarrow{\varepsilon^*_{n+1-p}(a^*)} & \Lambda^n_{n-p+1}(D_{J_n} \cap D^*_{J_n}) \to \cdots \\ f_{n-p}\downarrow & & \downarrow f_{n-p+1} \\ \cdots \to \Lambda^n_p(D_{J_n} \cap D^*_{J_n}) & \xrightarrow[\delta_p(a)]{} & \Lambda^n_{p-1}(D_{J_n} \cap D^*_{J_n}) \to \cdots\end{array}$$

我们用 $\alpha'(a)$ 表示 $\alpha(a)$ 在 $\sum\limits_p \oplus \Lambda^n_p(D_{J_n} \cap D^*_{J_n})$ 上的限制，即

$$\alpha'(a) = \alpha(a) \mid_{\sum\limits_p \oplus \Lambda^n_p(D_{J_n} \cap D^*_{J_n})}。$$

显然 $\alpha'(a)$ 是 $\widetilde{H}$ 上的稠定对称算子，以 $\overline{\alpha'}(a)$ 和 $\overline{\alpha'}(a^*)$ 分别表示 $\alpha'(a)$ 和 $\alpha'(a^*)$ 的闭包，则有

$$\alpha'(a) \subset \overline{\alpha'}(a) \subset \alpha(a) = \alpha^*(a) \subset \alpha'(a)^*$$

和
$$\alpha'(a^*) \subset \overline{\alpha'}(a^*) \subset \alpha(a^*) = \alpha^*(a^*) \subset \alpha'(a^*)^*。$$

命题 5 i) 如果 $\xi \in \sum\limits_p \oplus \Lambda^n_p(D_{J_n} \cap D^*_{J_n})$，则 $F\alpha'(a^*)\xi = \alpha'(a)F\xi$。

ii) $F[D(\overline{\alpha'}(a^*))] = D(\overline{\alpha'}(a))$。

证 i) 当 $x \in D_{J_n} \cap D^*_{J_n}$ 时，由

$$f_{p-1} \circ \delta_p(a^*)xe_{J_P} = \delta^*_{n-p+1}(a) \circ f_p xe_{J_P}$$

和
$$f_{n-p+1} \circ \delta^*_{n-p+1}(a^*)xe_{J_n/J_P} = \delta_p(a) \circ f_{n-p}xe_{J_n/J_P}。$$

通过计算可知对任何 $\xi \in \sum \oplus \Lambda^n_p(D_{J_n} \cap D^*_{J_n})$，$F\alpha'(a^*)\xi = \alpha'(a)F\xi$。

ii) 设 $\xi = \xi_n \oplus \cdots \oplus \xi_0 \in D(\overline{\alpha'}(a))$，即存在一列 $\{\xi_m\}_{m=1}^{\infty} \subset \sum\limits_p \oplus \Lambda^n_P(D_{J_n} \cap D^*_{J_n})$，使得当 $m \to \infty$ 时，$\xi^m \to \xi$，且 $\lim\limits_{m\to\infty} \alpha'(a)\xi^m$ 存在。则当 $m \to \infty$ 时，$F\xi^m \to F\xi$，且 $\alpha'(a)F\xi^m = F\alpha'(a^*)\xi^m$ 趋向一极限。因此 $F\xi \in D[\overline{\alpha'}(a)]$，$F[D(\overline{\alpha'}(a^*))] \subset D[\overline{\alpha'}(a)]$。

类似地，$F^{-1}[D[\overline{\alpha'}(a)]] \subset D(\overline{\alpha'}(a^*))$，命题 5 证毕。

我们分别以 $V(a)$ 和 $V(a^*)$ 表示 $\alpha(a)$ 和 $\alpha(a^*)$ 的 Cayley 变换，即

$$V(a) = (i - \alpha(a))(-i - \alpha(a))^{-j},$$

$$V(a^*) = (i - \alpha(a^*))(-i - \alpha(a^*))^{-j}。$$

因为 $\alpha(a)$ 和 $\alpha(a^*)$ 是自共轭的，所以 $V(a)$ 和 $V(a^*)$ 是 $\widetilde{H}$ 上的酉算子。

命题 6 $FV(a^*) = V(a)F$。

证 设 $A = [-i - \alpha(a^*)]\sum\limits_P \oplus (D_{J_n} \cap D^*_{J_n})$。因为 $\sum\limits_P \oplus \Lambda^n_p(D_{J_n} \cap D^*_{J_n})$ 在 $\widetilde{H}$ 中稠密且 $[-i - \alpha(a^*)]^{-1}$ 是有界的，所以 A 也在 $\widetilde{H}$ 中稠密。如果 $\xi \in A$，$\zeta = [-i -$

$\alpha(a^*)]\xi$，则由命题 5

$$FV(a^*)\xi = F(i-\alpha(a^*))\zeta = F(i-\alpha'(a^*))\zeta$$
$$= (i-\alpha'(a))F\zeta = (i-\alpha'(a))F\zeta。$$

因为

$$F\xi = F[-i-\alpha(a^*)]\zeta = (-i-\alpha(a))F\zeta,$$

$F\zeta = [-i-\alpha(a)]^{-1}F\zeta$。所以，对 $\xi \in A$，

$FV(a^*)\xi = V(a)F\xi$。因为 A 是 $\widetilde{H}$ 的稠密子集，这一等式对所有的 $\xi \in \widetilde{H}$ 都成立且下图成交换：

$$\begin{array}{ccc} \widetilde{H} & \xrightarrow{V(a^*)} & \widetilde{H} \\ F\downarrow & & \downarrow F \\ \widetilde{H} & \xrightarrow[V(a)]{} & \widetilde{H} \end{array}$$

命题 6 证毕。

命题 7 i) $F[D(\alpha(a^*))] = D(\alpha(a))$。

ii) 对 $\bar{\xi} \in D(\alpha(a^*))$，有 $F\alpha(a^*)\bar{\xi} = \alpha(a)F\bar{\xi}$。

证 i) 令 $N_+(a^*) = \mathrm{Im}[-i-\overline{\alpha'}(a^*)]^\perp$。

$$N_+(a) = \mathrm{Im}[-i-\overline{\alpha'}(a)]^\perp。$$

对任何 $\xi \in D(\overline{\alpha'}(a^*))$，存在一列 $\{\xi^m\}_{m=1}^\infty \subset \sum \oplus \Lambda_p^n(D_{J_n} \cap D_{J_n}^*)$，满足 $\xi^m \to \xi$ 和 $\alpha'(a^*)\xi^m \to \overline{\alpha'}(a^*)\xi (m \to \infty)$。这样，$F\overline{\alpha'}(a^*)\xi = \lim\limits_{m\to\infty} F\alpha'(a^*)\xi^m = \lim\limits_{m\to\infty}\alpha'(a)F\xi^m = \overline{\alpha'}(a)F\xi$。

另一方面，$\widetilde{H} = \overline{\mathrm{Im}[-i-\overline{\alpha'}(a^*)]} \oplus \mathrm{Im}[-i-\overline{\alpha'}(a^*)]^\perp = \overline{\mathrm{Im}[-i-\overline{\alpha'}(a)]} \oplus \mathrm{Im}[-i-\overline{\alpha'}(a)]^\perp$，对 $\xi \in \mathrm{Im}[-i-\overline{\alpha'}(a^*)]^\perp$ 和所有的 $\eta \in D[-i-\overline{\alpha'}(a)]$，我们有 $(F\xi, [-i-\overline{\alpha'}(a)]\eta) = (\xi, F^{-1}[-i-\overline{\alpha'}(a)]\eta) = (\xi, [-i-\overline{\alpha'}(a^*)F^{-1}\eta) = 0$。于是

$$F\mathrm{Im}[-i-\overline{\alpha'}(a^*)]^\perp \subset \mathrm{Im}[-i-\overline{\alpha'}(a)]^\perp。$$

类似地，

$$F^{-1}\mathrm{Im}[-i-\overline{\alpha'}(a)]^\perp \subset \mathrm{Im}[-i-\overline{\alpha'}(a^*)]^\perp。$$

因此我们有

$$FN_+(a^*) = N_+(a)。$$

根据自共轭延拓的 Von-Neumann 第二公式(参见文献[9]定理 8.12)和命题 6，

$$
\begin{aligned}
FD[\alpha(a^*)] &= FD(\overline{\alpha'}(a^*)) + \{F\xi - FV(a^*)\xi : \xi \in N_+(a^*)\} \\
&= D(\overline{\alpha'}(a)) + \{F\xi - V(a)F\xi : \xi \in N_+(a^*)\} \\
&= D(\overline{\alpha'}(a)) + \{\eta - V(a)\eta : \eta \in N_+(a)\} \\
&= D(\alpha(a))。
\end{aligned}
$$

ii) 设 $\bar{\xi} = \xi_0 + \xi - V(a^*)\xi \in D(\alpha(a^*))$，其中 $\xi_0 \in D(\overline{\alpha'}(a^*))$，$\xi \in N_+(a^*)$，则

$$
\begin{aligned}
F\alpha(a^*)\xi &= F\alpha(a^*)\xi_0 + F[i(I+V(a^*))(I-V(a^*))^{-1}(I-V(a^*))]\xi \\
&= F\,\overline{\alpha'}(a^*)\xi_0 + F[i(I+V(a^*)]\xi = \overline{\alpha'}(a)F\xi_0 + i[I+V(a)]F\xi \\
&= \alpha(a)F\xi_0 + i[(i+V(a))(I-V(a))^{-1}(F\xi - V(a)F\xi)] \\
&= \alpha(a)F\xi_0 + \alpha(a)(F\xi - V(a)F\xi) = \alpha(a)[F\xi_0 + F\xi - V(a)F\xi] \\
&= \alpha(a)F[\xi_0 + \xi - V(a^*)\xi] = \alpha(a)F\xi。
\end{aligned}
$$

这样下图成为交换图：

$$
\begin{array}{ccc}
D(\alpha(a^*)) & \xrightarrow{F} & D(\alpha(a)) \\
\downarrow{\scriptstyle \alpha(a^*)} & & \downarrow{\scriptstyle \alpha(a)} \\
\widetilde{H} & \xrightarrow[F]{} & \widetilde{H}
\end{array}
$$

命题 7 证毕。

定理 2　$a=(a_1, \cdots, a_n)$ 是正则的充分必要条件是 $a^*=(a_1^*, \cdots, a_n^*)$ 是正则的。

证　直接从命题 7 得出。

定理 3　$a=(a_1, \cdots, a_n)$ 是正则的充分必要条件是对每一 p，$\delta_p^* \bar{\delta}_p + \bar{\delta}_{p+1}\delta_{p+1}^*$ 是 $\Lambda_P^n(H)$ 上的可逆算子。

证　注意 $\alpha^2(a) = \sum\limits_p \oplus (\delta_p^* \bar{\delta}_p + \bar{\delta}_{p+1}\delta_{p+1}^*)$ 是自共轭的，因此，a 是正则的 $\Leftrightarrow \alpha(a)$ 是可逆的 $\Leftrightarrow \mathrm{Im}\alpha(a) = \widetilde{H} \Leftrightarrow \mathrm{Im}\alpha^2(a) = \widetilde{H} \Leftrightarrow \alpha^2(a)$ 是可逆的 $\Leftrightarrow$ 对每一 p，$\delta_p^* \bar{\delta}_p + \bar{\delta}_{p+1}\delta_{p+1}^*$ 是可逆的。定理 3 证毕。

定理 4　$S_p(a)$ 是 $\mathbf{C}^n$ 中的闭集。

证　设 $z_0 \in \rho(a)$，由 $\delta_p(a-z) = \delta_p(a) - \delta_p(z)$ 和 $\delta_{p+1}^*(a-z) = \delta_{p+1}^*(a) - \delta_{p+1}^*(z)$，可知 $D(\bar{\delta}_p(a-z)) = D(\bar{\delta}_p(a))$ 和 $D(\delta_{p+1}^*(a-z)) = D(\delta_{p+1}^*(a))$。因此 $D(\alpha(a-z)) = D(\alpha(a))$ 且 $\alpha(a-z) = \alpha(a-z_0) + \alpha(z_0 - z)$。由于 $\alpha^{-1}(a-z_0)$ 是有界的，且 $\| \alpha(z_0 - z) \| = | z_0 - z |$，(如果 $z=(z_1, \cdots, z_n)$，$|z| = \left(\sum\limits_{k=1}^n |z_k|^2\right)^{1/2}$)，则存在 $r>0$，使得当 $|z - z_0| < r$ 时，$\| \alpha(z_0 - z) \cdot \alpha(a - z_0)^{-1} \| < 1$。这时 $\alpha(a-z)$ 是可逆的(参见文献[9] 定理 5.11)，由定理 1，$a-z$ 是正则的。定理 4 证毕。

例　设 $a=(a_1, \cdots, a_n)$ 是 H 上的无界自共轭算子组。

1) 下面两点是等价的：

① $\overline{D_{J_n}}=H$，而且如果 $x\in D(a_i)\cap D(a_j)$，$a_ix\in D(a_j)$，$a_jx\in D(a_i)$ 则有 $a_ia_jx=a_ja_ix(1\leqslant i, j\leqslant n)$。

② $E_i(\lambda_i)$和 $E_j(\lambda_j)$是可交换的 $(1\leqslant i, j\leqslant n, \lambda_i, \lambda_j\in\mathbf{R})$。这里 E_i，E_j 分别是 a_i 和 a_j 的谱测度。

2）如果 $E_i(\lambda_i)$，$E_j(\lambda_j)$是可交换的 $(1\leqslant i, j\leqslant n, \lambda_i, \lambda_j\in\mathbf{R})$，则 a 是奇异的充分必要条件是存在一列 $\{x_n\}\subset H$ 使得 $\|x_m\|=1$ 和 $a_ix_m\to 0(m\to\infty, i=1, 2, \cdots, n)$。

这个例子的证明将在另一篇文章中给出。

参考文献

[1] Taylor, J.L., *J. Functional Analysts*, **6**(1970), 172—191.

[2] Taylor, J.L., *J. Acta Math*, **125**(1970), 1—38.

[3] Vasilescu, F.H., *Rev. Roumaine Math. Pures et Appl.*, ⅩⅫ(1977), 1003—1009.

[4] Curto, R.E., *Indiana Univ. Math. J.*, **29**(1980), 393—406.

[5] Frunza, S., *J. Functional Analysis*, **19**(1975), 390—421.

[6] Muneo, Cho, *Sci. Rep. Hirosaki*, **27**(1980), 47—49.

[7] Zhang Dianzhou and Wang Zongyao, *J. East China Normal University* (Natural Science Edition), 1983, 3: 7—12.

[8] Eschmeier, J., *Spektralzerlegungen und funktionalkalküle für Vertauschende tupel stetiger und abgeschlossener operatoren in Banach* Raumen, Schriften Reihe des Mathematischen Institute der Universität Münster, 2. Serie, Heft 20.

[9] Joachim Weidmann, *Linear Operators in Hilbert Spaces*.

S -可分解算子的一些性质[①]

王漱石　张奠宙

本文中用 C 表示复平面，C_∞ 表示扩充的复平面，$C(X)$ 为复 Banach 空间 X 上闭算子的全体。若 $T\in C(X)$，我们用 D_T 记 T 的定义域，$\rho(T)$，$\sigma(T)$，$\sigma_e(T)$ 分别为 T 的预解集、谱和扩充谱。$\sigma(x,T)$ 是 T 在 x 处的局部谱。我们还定义 T 在 x 处的扩充局部谱 $\sigma_e(x,T)$ 如下

$$\sigma_e(x,T)=\begin{cases}\sigma(x,T) & \text{若 } \infty \text{ 为 } \tilde{x}_T(\cdot) \text{ 的正则点，}\\ \sigma(x,T)\cup\{\infty\} & \text{若 } \infty \text{ 为 } \tilde{x}_T(\cdot) \text{ 的奇点。}\end{cases}$$

设 Y 为 X 的闭子空间，如有 $T(Y\cap D_T)\subset Y$，则称 Y 是 T 的不变子空间，记作 $Y\in I_{nv}(T)$。$T\mid Y$ 和 T^Y 分别表示 T 在 Y 上限制及在 X/Y 上的诱导商算子，设 $Y\in I_{nv}(T)$，如果对任何 $Z\in I_{nv}(T)$，恒可经 $\sigma_e(T\mid Z)\subset\sigma_e(T\mid Y)$ 推得 $Z\subset Y$，则称 Y 为 T 的 (e) 极大谱子空间，记作 $Y\in SM_e(T)$。对 $\Delta\subset C_\infty$，我们记 $X_T(\Delta)=\{x\in X: \sigma_e(x,T)\subset\Delta\}$，$X_T(\Delta)=\bigcup\{Y\in I_{nv}(T): \sigma_e(T\mid Y)\subset\Delta\}$。

定义 1　设 $T\in C(X)$，S 是闭集，$S\subset\sigma_e(T)$，n 为自然数，如果对 $\sigma_e(T)$ 的任一开覆盖 $\{G_i\}_{i=0}^n$，其中 $S\subset G_0$，必存在 $\{Y_i\}_{i=0}^n\subset SM_e(T)$，使得(i) $X=\sum_{i=0}^n Y_i$，(ii) $\sigma_e(T\mid Y_i)\subset G_i(i=0,1,2,\cdots,n)$，则称 T 为 (S,n) 可分解算子[1] 如对任何 n 都成立，则称 T 为 S 可分解算子。$(S,1)$ 可分解与 S 可分解是等价的(参见[4])。这类算子的性质已有一些研究[2][3][4]。

定理 2　设 T 是 S -可分解算子，F 是 C_∞ 中闭集。如果 $F\supset S$，则 $X_T(F)=X(T,F)\in SM_e(T)$，且 $\sigma_e(T\mid X(T,F))\subset F$。如果 $F\cap S=\varnothing$，则 $X(T,F)\in SM_e(T)$，且 $\sigma_e(T\mid X(T,F))\subset F$。

证　本定理的前半部分我们已证得，后发现在[3]中已有。现在若有 $F\cap S=\varnothing$，命 $F_1=F\cup S$。将前半部分结论用于 F_1，再由 $X(T,F_1)=Y_0\oplus Y_0^1(Y_0,Y_0^1\in SM_e(T\mid X(T,F)))$，$\sigma_e(T\mid Y_0)\subset F$，$\sigma_e(T\mid Y_0^1)\subset S$，则可知 $Y_0=X(T,F)\in SM_e(T)$。证毕。

命题 3　设 $T\in C(X)$，$Y\in SM_e(T)$，$T^Y\in C(X)$，则

---

① 署名：王漱石(嘉兴师专)　张奠宙(华东师范大学数学系)。
发表：《华东师范大学学报》，1984 年第 4 期，9—13。

(i) $\sigma_e(T) \subset \sigma_e(T \mid Y) \cup \sigma(T^Y)$；

(ii) $\sigma_e(T \mid Y) \subset \sigma_e(T) \cup \sigma_e(T^Y)$；

(iii) $\sigma_e(T^Y) \subset \sigma_e(T) \cup \sigma_e(T \mid Y)$。

证 若 $\infty \notin \sigma_e(T \mid Y) \cup \sigma_e(T^Y)$，则 $Y \subset D_T$，$X/Y = D_{T^Y}$，故对每一 $x \in X$，$[x]_Y \cap D_T \neq \varnothing$。故存在 $x' \in [x]_Y \cap D_T$，$y' \in Y \subset D_T$ 使得 $x = x' + y$，故 $x \in D_T$，此即 $X \subset D_T$，故 $T \in B(X)$。其余的证明和有界算子情形同(见[5]p.12)。证毕。

命题 4 设 $T \in C(X)$，$S \subset \sigma_e(T)$ 且为闭集，T 在 S^c 上有 $SVEP$，若 Y_0，$Y_1 \in I_{nv}(T)$，$X = Y_0 + Y_1$，且 $S \subset \sigma_e(T \mid Y_0)$，则 $\sigma_e(T \mid Y_0) \cup \sigma_e(T \mid Y_1) \supset \sigma_e(T)$。

证 若 $\infty \notin \sigma_e(T \mid Y_0) \cup \sigma_e(T \mid Y_1)$，则 Y_0，$Y_1 \subset D_T$ 故 $X \subset D_T$，即知 $\infty \notin \sigma_e(T)$。

设 $\lambda \neq \infty$，$\lambda \notin \sigma_e(T \mid Y_0) \cup \sigma_e(T \mid Y_1)$。任取 $y \in X$，存在 y_0，y_1，使得 $y = y_0 + y_1$，且 $y_0 = (\lambda - T)x_0$，$y_1 = (\lambda - T)x_1$，其中 x_0，$x_1 \in X$。于是可知 $y = (\lambda - T)x$。故 $\lambda - T$ 满射，现证其为单射。因 $\lambda \notin \sigma_e(T \mid Y_0) \supset S$，知 $d = \inf\{|\lambda - \xi|, \xi \in S\} > 0$。若 $\lambda - T$ 不是单射，则存在 $x_0 \in D_T$，有 $(\lambda - T)x_0 = 0$，$\|x_0\| = 1$。已证 $\lambda - T$ 满射，故由逆算子定理可知有 x_1，使得 $(\lambda - T)x_1 = -x_0$，$\|x_1\| \leqslant M$。为此继续可得一列 x_n，使 $(\lambda - T)x_n = -x_{n-1}$，$\|x_n\| \leqslant M\|x_{n-1}\| \leqslant \cdots \leqslant M^n\|x_0\| = M^n$。命 $D = \left\{\mu \in C, |\mu - \lambda| \leqslant \min\left(\alpha, \frac{1}{M}\right)\right\}$，$f(\mu) = \sum_{n=0}^{\infty}(\mu - \lambda)^n x_n$，则 f 在 D 上解析，且不恒为 0。不难算得 $(\lambda - T)f(\mu) = -(\mu - \lambda)f(\mu)$，即 $(\mu - T)f(\mu) = 0$。由于 T 在 $D \subset S^e$ 上有 $SVEP$，故 $f(\mu) \equiv 0$(在 D)。这与 $f(\mu)$ 在 D 上不恒为 0 矛盾。于是 $\lambda \in \rho(T)$。证毕。

命题 5 设 T 是 S-可分解算子，$Y \in SM_e(T)$，$\sigma_e(T \mid Y) \cap S = \varnothing$，且 T^Y 是闭算子，则 $\sigma_e(T^Y) = \overline{\sigma_e(T)/\sigma_e(T \mid Y)}$。

证 由命题 2 只需再证 $\sigma_e(T^Y) \subset \overline{\sigma_e(T)/\sigma_e(T \mid Y)}$。先考虑 ∞。若 $\infty \in \sigma_e(T^Y)$。只需证 $\sigma_e(T)/\sigma_e(T \mid Y)$ 不能有界。不然的话，取 ∞ 的开邻域 H，使 $H \cap \sigma_e(T) = \sigma_e(T \mid Y)^1$(表示 $\sigma_e(T \mid Y)$ 关于 $\sigma_e(T)$ 的相对拓扑的内部)。作有界开集 G 使 $G \cup H = C_\infty$。$G \supset S$。于是存在 Y_0，$Y_1 \in SM_e(T)$，$X = Y_0 + Y_1$，$\sigma(T \mid Y_0) \subset G$，$\sigma(T \mid Y_1) \subset H$。因 G 有界，知 $T_0 \subset D_T$。由 $\sigma_e(T \mid Y_1) \subset H \cap \sigma_e(T) \subset \sigma_e(T \mid Y)$，$Y \in SM_e(T)$ 知 $Y_1 \subset Y$。故 $X = Y_0 + Y$，即 T^Y 有界。这表明 $\sigma(T^Y)$ 有界，因而和 $\infty \in \sigma(T^Y)$ 矛盾。这就证明了 ∞ 点的情形。

现设 $\lambda \neq \infty$，$\lambda \in \sigma(T^Y)$，但 $\lambda \notin \overline{\sigma_e(T)/\sigma_e(T \mid Y)}$。因 $\sigma_e(T^Y) \subset \sigma_e(T)$，故 $\lambda \in \sigma_e(T)$。因而必有 $\lambda \in \sigma_e(T \mid Y)$。令 $G_1 = \{\lambda\}^e$，$G_2 = [\sigma_e(T)/\sigma_e(T \mid Y)]^e$，则 G_1，G_2 形成覆盖。我们有 Y_1，Y_2 满足 $X = Y_1 + Y_2$，$\sigma(T \mid Y_1) \subset G_1$，$\sigma(T \mid Y_2) \subset G_2$。因 $\sigma_e(T \mid Y_2) \subset G_2 \cap \sigma_e(T) \subset \sigma_e(T \mid Y)$，且 $Y \in SM_e(T)$，所以 $Y_2 \subset Y$。任取 $y \in X$，有 $y = y_1 + y_2$，$y_1 \in Y_1$，$y_2 \in Y_2$。因 $\lambda \notin G_1$，故对 y_1 必存在 $x \in Y_1 \cap D_T$ 满足 $(\lambda - T)x = y_1$，于是 $(\lambda - T^Y)[x]_Y = [(\lambda - T)x]_Y = [y_1]_Y = [y]_Y$。因此 $\lambda - T^Y$ 是满射。为证其还是单射，

设有$[x]_Y \in D_{T^Y}$，适合$(\lambda - T^Y)[x]_Y = 0$。不妨设$x \in D_T$，那么有$[(\lambda - T)x]_Y = 0$。记$y = (\lambda - T)x$，$y \in Y$。因$Y \in SM_e(T)$是T吸收的，故$x \in Y$。这证明了$\lambda - T^Y$是单射，因此$\lambda \in \rho(T^Y)$。这与原来的假设$\lambda \in \sigma(T^Y)$矛盾。于是$\sigma_e(T^Y) \subset \overline{\sigma_e(T)/\sigma_e(T \mid Y)}$。证毕。

命题 6 设T是S可分解算子。F是C_∞中闭集，且$F \cap S$为空集。令$Y = X(T, F)$，则$\overline{F^I} \subset \sigma_e(T \mid Y) \subset F$，这里$F^I$表示关于$\sigma_e(T)$的相对拓扑的内部。

证 由命题1只需证$F^I \subset \sigma_e(T \mid Y)$即可，设$\lambda \in F^I$，$\lambda \neq \infty$，取一列开圆$G_n = \left\{\mu \in C_\infty : |\mu - \lambda| < \frac{1}{n}\right\}$，使得$\bar{G}_n \cap \sigma_e(T) \subset F^I$（这只需$n$充分大即可）。命$Y_n = X(T, \bar{G}_n \cap \sigma_e(T))$，则$Y_n \in SM_e(T)$，$Y_n \neq \{0\}$，$\sigma_e(T \mid Y_n) \subset \bar{\sigma}_n \cap \sigma_e(T)$。故存在$\lambda_n \in \sigma_e(T \mid Y_n) \subset \sigma_e(T \mid Y)$，因$\lambda_n \to \lambda$，故$\lambda \in \sigma_e(T \mid Y)$。用类似方法可证若$\infty \in F^I$则$\infty \in \sigma_e(T)$。证毕。

定理 7 设$T \in C(X)$，S是$\sigma_e(T)$内的闭集，则下列四者等价：

(i) T是S-可分解算子。

(ii) 对C中任意有界开集G，若$\bar{G} \cap S = \varnothing$，则存在$Y \in SM_e(T)$，使得$T^Y$闭，且$\sigma_e(T \mid Y) \subset \bar{G} \cap \sigma_e(T)$，$\sigma_e(T^Y) \cap G = \varnothing$。

(iii) 同(ii)但只要求$Y \in I_{nv}(T)$。

(iv) 对$\sigma_e(T)$的任意开覆盖$\{G_0, G_1\}$，若$S \subset G_0$，则存在$Y_0, Y_1 \in SM_e(T)$，使得$X = Y_0 + Y_1$，$S \subset \sigma_e(T \mid Y_0) \subset \bar{G}_0$，$\sigma_e(T \mid Y_1) \subset \bar{G}_1$。

证 (i)⇒(ii)。令$Y = X(T, \bar{G} \cap \sigma_e(T))$，由命题2，$Y \in SM_e(T)$且$\sigma_e(T \mid Y) \subset \bar{G} \cap \sigma_e(T)$，易证$T^Y$闭。由命题5和命题6可知$(\sigma_e(T^Y) \cap G) \subset [\sigma_e(T)/G \cap G_e(T)] \cap G = \varnothing$。(ii)⇒(iii)是显然的。(iii)⇒(i)。设开覆盖$\{G_0, G_1\}$有$G_0 \supset S$，$\bar{G}_1 \cap S = \varnothing$，且不妨设其中有一个是有界的。命$G = G_0 \cap G_1$，则$G$有界，且$\bar{G} \cap S = \varnothing$。由(iii)存在$Y \in I_{nv}(T)$，使$T^Y$闭，$\sigma_e(T \mid Y) \subset \bar{G} \cap \sigma_e(T)$，且$\sigma_e(T^Y) \cap G = \varnothing$。因$\sigma_e(T \mid Y) \subset \sigma_e(T)$，故$\sigma(T^Y) \subset \sigma_e(T)$。因此$\sigma_e(T^Y) \subset [\sigma_e(T)/(G_0 \cap G_1)] \subset (\sigma_e(T)/G_1) \cup (\sigma_e(T)/G_0)$。但$(\sigma_e(T)/G_1) \cap (\sigma_e(T)/G_0) = \sigma_e(T)/(G_0 \cup G_1) = \varnothing$故$\sigma_e(T^Y)$为两个不相交的闭集$\tau_0$，$\tau_1$之并。因此$X/Y = Z_0 \oplus Z_1$，其中$Z_i \in SM_e(T^Y)$，$\sigma(T^Y \mid Z_i) \subset \tau_i (i = 0, 1)$。用$J$表$X \to X/Y$的典范映射，则$X = J^{(-1)}(X/Y) = J^{-1}(Z_0 \oplus Z_1) = J^{-1}Z_0 + J^{-1}Z_1$，且$J^{-1}Z_i \in I_{nv}(T)$，$\sigma_e(T \mid J^{-1}Z_i) \subset \sigma_e(T^Y \mid Z_i) \cup \sigma_e(T \mid Y) \subset \tau_i \cup \overline{(G_0 \cap G_1)} \subset \bar{G}_i (i = 0, 1)$。这就证明了$T$是$S$可分解。因此(i)(ii)(iii)三者等价。(iv)⇒(i)是显然的。我们只需证(ii)⇒(iv)。我们分为两步走。首先，在(iii)⇒(i)时所取的$Y \in I_{nv}(T)$现在可以取为$Y \in SM_e(T)$（因ii），相应地有$J^{-1}Z_0$。

我们的第一步是证明$J^{-1}Z_0 \in AI(T)$。设$f: D \to D_T$在连通开集D上解析且满足$(\lambda - T)f(\lambda) \in J^{-1}Z_0$，欲证$f(\lambda) \in J^{-1}Z_0$。再分三种情形。a) 若$D \subset S$。因$S \subset \tau_0 = \sigma_e(T^Y \mid Z_0)$且$Z_0 \in SM_e(T^Y)$是$T^Y$吸收的。故由$(\lambda - T^Y)[f(\lambda)]_Y \in Z_0$可知$[f(\lambda)]_Y \in$

Z_0，即 $f(\lambda)\in J^{-1}Z_0$。b) $D\not\subset S$，但 $D\cap\rho(T\mid J^{-1}Z_0)\neq\varnothing$。不妨设 $D\cap S=\varnothing$，$D\subset\rho(T\mid J^{-1}Z_0)$。由[5]引理4.8，对任意的 $\lambda_0\in D$，存在含于 D 的开邻域 $N(\lambda_0)$ 以及解析函数 $f_0(N(\lambda_0)\to J^{-1}Z_0)$ 和 $f_1(N(\lambda_0)\to J^{-1}Z_1)$，使得当 $\mu\in N(\lambda_0)$ 时，$f(\mu)=f_0(\mu)+f_1(\mu)$。因 $f(\mu)\in D_T$，$J^{-1}Z_0$ 和 $J^{-1}Z_1$ 中至少有一个含于 D_T(G_0，G_1 至少一个有界)，故可有 $(\mu-T)f(\mu)=(\mu-T)f_0(\mu)+(\mu-T)f_1(\mu)$，因而 $(\mu-T)f_1(\mu)\in J^{-1}Z_0\cap J^{-1}Z_1=Y$。显然 $\sigma_e(T\mid J^{-1}Z_1)\cup\sigma_e(T\mid Y)\subset\bar{G}_1\cup\bar{G}=\bar{G}_1\neq C_\infty$。取定 $\mu_1\in\bar{G}_1^e$，则 $(\mu-T)R(\mu_1,T\mid J^{-1}Z_1)f_1(\mu)$ 在 $N(\lambda_0)$ 上解析且等于 $R(\mu_1,T\mid Y)(\mu-T)f_1(\mu)\in Y\subset J^{-1}Z$。再作用 $R(\mu,T\mid J^{-1}Z_0)$，由 T 在 S^c 上的单值扩充性，可知当 $\mu\in N(\lambda_0)$ 时 $R(\mu_1,T\mid J^{-1}Z_1)f_1(\mu)\in J^{-1}Z_0$，于是 $f_1(\mu)\in J^{-1}Z_0$。进而当 $\lambda\in D$ 时 $f(\lambda)\in J^{-1}Z_0$。最后考察 c) $D\cap\rho(T\mid J^{-1}Z_0)=\varnothing$，$D\cap S=\varnothing$。这时又可分两种情形。若 $D\cap\rho(T\mid Y)\neq\varnothing$，不妨设 $D\subset\rho(T\mid Y)$，则 $D\subset D/\sigma_e(T\mid Y)\subset\sigma_e(T\mid J^{-1}Z_0)/\sigma_e(T\mid Y)\subset\sigma_e(T^Y\mid Z_0)$，因 Z_0 是 T^Y 吸收的，故 $\lambda\in D$ 时 $[f(\lambda)]_Y\in Z_0$，因而 $f(\lambda)\in J^{-1}Z_0$。若 $D\cap\rho(T\mid Y)=\varnothing$，则 $D\subset\sigma(T\mid Y)$，故 $\sigma_e(T^Y)=\overline{\sigma_e(T)/\sigma_e(T\mid Y)}\subset\sigma_e(T)/D$。因 $D\subset\rho(T^Y)\subset\rho(T^Y\mid Z_0)$。所以当 $\lambda\in D$ 时 $[f(\lambda)]_Y=R(\lambda,T^Y)(\lambda-T^Y)[f(\lambda)]_Y=R(\lambda,T^1\mid Z_0)(\lambda-T^Y)[f(\lambda)]_Y\in Z_0$，故 $f(\lambda)\in J^{-1}Z_0$。这样我们证明了 $J^{-1}Z_0\in AI(T)$。

第二步再证 $S\subset\sigma_e(T\mid Y_0)\subset\bar{G}_0$。由于 $Y\in SM_e(T)$，故 $\sigma_e(T)=\sigma_e(T\mid Y)\cup\sigma(T^Y)$。所以 $\sigma_e(T)\supset\sigma_e(T^Y)\supset\sigma_e(T)/\sigma_e(T\mid Y)\supset\sigma_e(T)/\bar{G}\supset S$。$\tau_0=(\sigma_e(T^Y)/G_1)\supset S$，$\tau_1=\sigma_e(T^Y)/G_0$。因而

$$\sigma_e(T\mid J^{-1}Z_0)\cup\sigma_e(T\mid Y)\supset\sigma_e(T^Y\mid Z_0)=\tau_0\supset S。$$

因此 $S=S/\sigma_e(T\mid Y)\subset\sigma_e(T\mid J^{-1}Z_0)$。在(iii)⇒(i)时已证 $\sigma_e(T\mid J^{-1}Z_0)\subset\bar{G}_0$，故 $S\subset\sigma_e(T\mid J^{-1}Z_0)\subset\bar{G}_0$。现在回到(iv)的证明，我们令 $Y_0=X(T,\bar{G}_0)$，$Y_1=X(T\mid\bar{G}_1)$ 由命题2，$Y_i\in SM_e(T)$ 且 $\sigma_e(T\mid Y_i)\subset G_i$，$i=0,1$。但 $J^{-1}Z_i\subset Y_i$ 故 $X=Y_0+Y_1$，又由于 $J^{-1}Z_0\in AI(T)$，故也是 $T\mid Y_0$ 的解析不变子空间，故有 $S\subset\sigma_e(T\mid J^{-1}Z_0)\subset\sigma_e(T\mid Y_0)\subset\bar{G}_0$。这就证明了(iv)。定理7证毕。

推论8 其 T 是 S 可分解算子。$\{G_0,G_1\}$ 是 $\sigma_e(T)$ 的开覆盖 $G_0\supset S$。则必存在 Y_0，$Y_1\in SM_e(T)$ 使得 $X=Y_0+Y_1$，$S\subset\sigma(T\mid Y_0)\subset G_0$，$\sigma_e(T\mid Y_1)\subset G_1$，且 $\sigma_e(T\mid Y_0)\cup\sigma_e(T\mid Y_1)=\sigma_e(T)$。

证 由命题4和定理7立即可得。

命题9 设 $T\in C(X)$，$S\subset\sigma_e(T)$ 是闭集，$Y\in SM_e(T)$，且 $\sigma_e(T\mid Y)\supset S$，则(i)如果 $\rho(T)\neq\varnothing$，且 T 在 S^c 上有 $SVEP$，则 $Y\in AI(T)$。(ii) 若 T 是 S-可分解算子，则 $Y\in AI(T)$。

证 (i) 设 $f: V\to D_T$，V 是 C 中连通开集，f 解析，$(\lambda-T)f(\lambda)\in Y$。当 $V\cap\rho(T\mid Y)\neq\varnothing$，不妨设 $V\subset\rho(T\mid Y)$。取定 $\lambda_0\in\rho(T)$，则易知

$$(\lambda - T)R(\lambda_0, T)f(\lambda) = (\lambda - \lambda_0)R(\lambda_0, T)f(\lambda) + f(\lambda) \in Y。$$

再作用$R(\lambda, T \mid Y)$,由T在$S^c \supset V$上有$SVEP$可知$R(\lambda_0, T)f(\lambda) \in Y$,因而$f(\lambda) \in Y$。若$V \cap P(T \mid Y) = \varnothing$。因$Y$是$T$吸收的,亦有$f(\lambda) \in Y$。

(ii) 设f仍如上。当$V \cap \rho(T \mid Y) = \varnothing$时如(i)一样可证$f(\lambda) \in Y$。当$V \cap \rho(T \mid Y) \neq \varnothing$时,不妨设$\bar{V} \subset \rho(T \mid Y)$。记$F = \sigma_e(T \mid Y)$。如果$\infty \in F$,则任取开集$G$、$H$,使得$F \subset G$, $\bar{H} \cap F = \varnothing$, $\bar{G} \cap V = \varnothing G \cup H = C_\infty$。令$Y_0 = X(T, \bar{G})$, $Y_1 = X(T, \bar{H})$,那么$X = Y_0 + Y_1$,且有$\sigma_e(T \mid Y_0) \subset \bar{G}$, $\sigma_e(T \mid Y_1) \subset \bar{H}$, $Y_1 \subset D_T$, $V \subset \bar{G}^c \subset \rho(T \mid Y_0)$。对任$\lambda_0 \in V$,由[5]引理4.8,存在$\lambda_0$的邻域$N(\lambda_0) \subset V$和解析函数$f_0: N(\lambda_0) \to Y_0$, $f: N(\lambda_0) \to Y_1$,使得$\mu \in N(\lambda_0)$时$f(\mu) = f_0(\mu) + f_1(\mu)$。因$Y_1 \subset D_T$, $Y \subset Y_0$,两边作用$(\mu - T)$后可得$(\mu - T)f_1(\mu): N(\lambda_0) \to Y_0 \cap Y_1$解析。令$g(\mu) = R(\mu, T \mid Y_0)(\mu - T)f_1(\mu)$,则$\mu \in N(\lambda_0)$时$(\mu - T)g(\mu) = (\mu - T)f_1(\mu)$,由$T$在$S^c$上的单位扩充性,故$f_1(\mu) = g(\mu) \in Y_0$即$f(\mu) \in Y_0$。由解析延拓可知在$V$上$f(\lambda) \in Y_0 = X(T, \bar{G})$。因而$f(\lambda) \in \cap \{X_T(\bar{G}): G \supset F, \bar{G} \cap V = \varnothing\} = X_T(F) = Y$,即$Y \in AI(T)$。现在再考虑$\infty \notin F$情形,令$F_1 = F \cup \{\infty\}$,由上可同样证明当$\lambda \in V$时$f(\lambda) \in X(T, F_1) = X(T, F) \oplus X(T, \{\infty\})$。令$P(P')$为$X(T, F_1)$沿$X(T, F)(X(T, \{\infty\}))$到$X(T, \{\infty\})(X(T, F))$上投影,则$Pf(\mu)$、$P'f(\mu)$仍解析且

$$(\lambda - T)f(\lambda) = (\lambda - T)P'f(\lambda) + (\lambda - T)Pf(\lambda) \in Y = X(T, F),$$

故$(\lambda - T)Pf(\lambda) = 0(\lambda \in V)$,又因$V \subset C = \rho(T \mid X(T, \{\infty\}))$,故$Pf(\lambda) = 0$,此即$f(\lambda) = P'f(\lambda) \in Y$。因此$Y \in AI(T)$证毕。

定理 10 设$T \in C(X)$是S-可分解算子,若F也是闭集且有$F \cap S = \varnothing$或$S \subset F^I$。令$Y = X(T, F)$,则$\bar{F}^I \subset \sigma_e(T \mid Y) \subset F$。

证 由定理2知$\sigma_e(T \mid Y) \subset F$。若$F \cap S = \varnothing$,命题6已证得$\bar{F}^I \subset \sigma_e(T \mid Y)$。现证当$S \subset F^I$时仍有此结论,任取$\lambda \subset F^I$,命$G_0 \subset C_\infty$为开集,使得$G_0 \cap \sigma_e(T) = F^I$。又令$G_1 = (SU\{\lambda\})^c$。则由定理7存在$Y_0$, $Y_1 \in SM_e(T)$使得$X = Y_0 + Y_1$, $S \subseteq \sigma_e(T \mid Y_0) \subset G_0$, $\sigma_e(T \mid Y_1) \subset G_1$, $\sigma_e(T) = \sigma_e(T \mid Y_0) \cup \sigma_e(T \mid Y_1)$。由于$\lambda \in \sigma_e(T)/\sigma_e(T \mid Y_1)$,故$\lambda \in \sigma_e(T \mid Y_0)$。又因$Y_0 \in SM_e(T \mid Y)$,故$\lambda \in \sigma_e(T \mid Y)$,即$F^I \subset \sigma_e(T \mid Y)$。证毕。

定理 11 条件同定理10。如果还有T^Y闭,则

$$\sigma_e(T^Y) = \overline{\sigma_e(T)/\sigma_e(T \mid Y)}。$$

证 命题5已证$F \cap S = \varnothing$的情形,现设$F^I \supset S$。如命题5同样可证$\infty \notin \sigma_e(T^Y)/\overline{\sigma_e(T)/\sigma_e(T \mid Y)}$。若存在$\lambda \neq \infty$, $\lambda \in \sigma_e(T^Y)$但$\lambda \notin \overline{\sigma_e(T)/\sigma_e(T \mid Y)}$,则令$G_0 = [\overline{\sigma_e(T)/\sigma_e(T \mid Y)}]^c$, $G_1 = \{\lambda\}^c$,用定理10可知存在Y_0, $Y_1 \in SM_e(T)$,使得$X = Y_0 + Y_1$, $S \subset \sigma_e(T \mid Y_0) \subset G_0$, $\sigma_e(T \mid Y_1) \subset G_1$, $S \cap \sigma_e(T \mid Y_1) = \varnothing$。以下的证明与命题

5 相同,将推出 $\lambda \in \rho(T^Y)$ 而导致矛盾。证毕。

定理 12 设 $T \in C(X)$ 是 S-可分解算子,$\{Y_\alpha\}_{\alpha\in\Lambda} \subset SM_e(T)$,且对每一 $\alpha \in \Lambda$, $\sigma_e(T \mid Y_\alpha) \supset S$ 或者 $\sigma_e(T \mid Y_\alpha) \cap S = \varnothing$,则 $\bigcap\limits_{\alpha\in\Lambda} Y_\alpha \in SM_e(T)$ 且 $\sigma_e(T \mid \bigcap\limits_{\alpha\in\Lambda} Y_\alpha) \subset \bigcap\limits_{\alpha\in\Lambda}\sigma_e(T \mid Y_\alpha)$。

证 分为几种情形讨论。(i) 对每一 α,都有 $\sigma_e(T \mid Y_\alpha) \supset S$。这由 $Y_\alpha = X_T(\sigma_e(T \mid Y_\alpha))$ 立即可得。(ii) 对每一 α,都有 $\sigma_e(T \mid Y_\alpha) \cap S = \varnothing$。对 $\alpha = \{1, 2\}$ 情形,令 $F_i = \sigma_e(T \mid Y_i)$, $F = F_1 \cup F_2$, $Y = X(T, F)$。由定理 2 容易推得。对一般的 Λ 可取定 $\gamma \in \Lambda$,然后注意 $\bigcap\limits_{\alpha\in\Lambda} Y_\alpha = \bigcap\limits_{\alpha\in\Lambda}(Y_2 \cap Y_\alpha)$ 也不难得出。(iii) 若 $Y_1, Y_2 \in SM_e(T)$, $\sigma_e(T \mid Y_1) \cap S = \varnothing$, $\sigma_e(T \mid Y_2) \supset S$。则由定理 9 知 $Y_2 \in AI(T)$,故 $Y_1 \cap Y_2 \in AI(T \mid Y_1)$。因而 $\sigma_e(T \mid Y_1 \cap Y_2) \subset \sigma_e(T \mid Y_1)$。现证 $\sigma_e(T \mid Y_1 \cap Y_2) \subset \sigma_e(T \mid Y_2)$,这只需验证 $(\lambda - T \mid Y_1 \cap Y_2)$ 是单射和满射的(对 $\lambda \in \rho(T \mid Y_2)$)。(iv) 对最一般情形,即 $\Lambda_1 = \{\alpha \in \Lambda, \sigma_e(T \mid Y_\alpha) \cap S = \varnothing\}$, $\Lambda_2 = \{\alpha \in \Lambda, \sigma_e(T \mid Y_\alpha) \supset S\}$,且 Λ_1, Λ_2 均非空。此时记 $Y = \bigcap\limits_{\alpha\in\Lambda_1} Y_\alpha$。对每一 $\alpha \in \Lambda_2$ 考察 $Y_\alpha \cap Y$。由(ii)(iii) 结论也可证得 $Y_\alpha \cap Y \in SM_e(T)$, $\sigma_e(T \mid Y_\alpha \cap Y) \cap S = \varnothing$,再由(ii) 即可得出 $\bigcap\limits_{\alpha\in\Lambda} Y_\alpha = \bigcap\limits_{\alpha\in\Lambda_2}(Y_\alpha \cap Y)$,且 $\sigma_e(T \mid \bigcap\limits_{\alpha\in\Lambda_2}(Y_\alpha \cap Y)) \subset [\bigcap\limits_{\alpha\in\Lambda_2}\sigma_e(T \mid Y_\alpha)] \cap [\bigcap\limits_{\alpha\in\Lambda_1}\sigma_e(T \mid Y_\alpha)] = \bigcap\limits_{\alpha\in\Lambda}\sigma_e(T \mid Y_\alpha)$,证毕。

推论 13 设 T 是 S-可分解算子,则(i) 若闭集 F 有 $F \supset S$,则 $X(T, F) \in AI(T)$ (ii) 若 F_α 是一族闭子集,且或者 $F_\alpha \cap S = \varnothing$,或者 $F_\alpha \supset S$,则 $\bigcap\limits_{\alpha\in\Lambda} X(T, F_\alpha) = X(T, \bigcap\limits_{\alpha\in\Lambda} F_\alpha)$。

参考文献

[1] F-H. Vasilescu.: Tôkoku. Math. J **21** (1969) 509～552.

[2] F-H. Vasilescu.: Rev. Roum. Math. Pure Appl. **16** (1971) 1573～1587.

[3] Bacalu, I.: Bull. Soc. Sci. Math. Roumanie **20** (1976).

[4] Nagy, B.: *Topic in mordern operafor theory* (1981).

[5] Erdelly, I. *Spectral decomposition on Banach space* (1977).

Joint Spectrum and Unbounded Operator Algebras①

Huang Danrun(黄旦润) Zhang Dianzhou(张奠宙)

§ 1 Introduction

Allan, G. has defined a class of locally convex involution algebras and named it GB^*-algebras[2]. In [6], Inoue, A. introduced another class of unbounded operator algebras called $EC^\#$-algebras. The purpose of this paper is to discuss some properties of the joint spectrum of a commuting n-tuple $A=(A_1, \ldots, A_n)$ of unbounded normal operators in terms of the GB^*-algebra and the EC^*-algebra. We show that the joint spectrum of A can be characterized by the extended multiplicative lincar functionals defined by Allan. As a consequence, we obtained the theorem of continuous spectral mapping. In the last section, we provide an estimation of the distance to the joint spectrum by means of $EC^\#$-algebras and Curto's operator matrix[4].

The authors have learned that Patel, A. has discussed the joint spectrum of unbounded normal operators in terms of GB^*-algebra but in a different way.[7] We found that Patel's definition of the joint spectrum are different from that of the extended Taylor's joint spectrum[5] and his conditions there seem strong. The present paper has given a natural definition and obtained more general results under a weaker condition.

In the following, $\mathcal{H}$ will be a complex Hilbert space. A closed operator T on $\mathcal{H}$ will be said normal if T is densely defined and $T^*T=TT^*$. $A=(A_1, \ldots, A_n)$ will denote an n-tuple of normal operators which are commuting in the sense that their spectral measures are commutative. $\mathbb{C}^n$-will denote the product of n-tuple of extended complex plane $\mathbb{C}$.

§ 2 The $EC^\#$-algebra and the CB^*-algebra

Definition 2.1 (A. Inoue [6]) Let $\mathcal{D}$ be a dense subspace of $\mathcal{H}$ and $\mathcal{U}$ a subalgebra

① 署名：Huang Danrun(黄旦润) Zhang Dianzhou(张奠宙)。
发表：《数学学报》,1986 年第 1 期,260—269。

of $\mathcal{L}(\mathcal{D})$ with indentity I($\mathcal{L}(\mathcal{D})$ denotes the set of all linear operators on $\mathcal{D}$). $\mathcal{U}$ is called an $EC^{\#}$-algebra on $\mathcal{D}$, if the following conditions are satisfied:

(1) There exists an involution on $\mathcal{U}$: $T \to T^{\#}$. such that $(T\zeta, \eta) = (\zeta, T^{\#}\eta)$ for all $T \in \mathcal{U}$ and $\zeta, \eta \in \mathcal{D}$.

(2) $(I + T^{\#}T)^{-1}$ exists and lies in $\mathcal{U}_b$ for all $T \in \mathcal{U}$, where $\mathcal{U}_b$ is the set of all bounded operators in $\mathcal{U}$.

(3) $\bar{\mathcal{U}}_b = \{\bar{T}: T \in \mathcal{U}_b\}$ is a C^*-algebra, where $\bar{T}$ *denotes the closure operator of* T.

Theorem 2.2 *Let $A = (A_1, \ldots, A_n)$ be a commuting n-tuple of normal operators and E be the product spectral measure of A. $\mathcal{F}$. denotes the all continuous functions on supp E and $\mathcal{D} = \bigcap_{f \in \mathcal{F}} D[E(f)]$, where $D[E(f)]$ is the domain of the operator $E(f) = \int_{\text{supp } E} f(Z)dE(z)$. Then $\mathcal{D}$ is dense in $\mathcal{H}$ and invariant for each $E(f)(f \in \mathcal{F})$, $\mathcal{D}$ is a common core for $\mathcal{A} = \{E(f): f \in \mathcal{F}\}$. Moreover, $\mathcal{U} = \{E(f)_{\mathcal{D}}: f \in \mathcal{F}\}$ is a closed commutative $EC^{\#}$-algebra on $\mathcal{D}$, where $E(f)_{\mathcal{D}}$ is the restriction of $E(f)$ on $\mathcal{D}$.*

Proof. Take a sequence $\{\Delta_n\}$ of compact sets in $\mathbb{C}^n$ which monotonously increases to $\mathbb{C}^n$. Then one can easily see that

$$D[E(f)] = \left\{x \in \mathcal{L}: \int_{\text{supp } E} |f(z)|^2 d \| E(z)x \|^2 < \infty\right\},$$

and

$$E(f)x = \lim_{n \to \infty} \int_{\Delta_n \cap \text{supp } E} f(z)dE(z)x, \quad x \in D[E(f)].$$

Obviously, for any $f \in \mathcal{F}$, $E(f)$ is a normal operator on $\mathcal{L}$ and $E(f)$ is bounded iff that f is bounded on supp E.

Now, for any $x \in \mathcal{H}$, we have $E(\Delta_n)x \in \mathcal{D} = \bigcap_{f \in \mathcal{F}} D[E(f)]$ and $x = \lim_{n \to \infty} E(\Delta_n)x$. This means that $\mathcal{D}$ is dense in $\mathcal{H}$. Next, for any $f, g \in \mathcal{F}$, $x \in \mathcal{D}$, we have

$$x \in \mathcal{D} \subset D[E(fg)] \cap D[E(g)] \subset D[E(f)E(g)],$$

which implies $E(g)x \in D[E(f)]$ and hence $\mathcal{D}$ is invariant for each $E(g)$, $g \in \mathcal{F}$. Denoting $T = E(g)_{\mathcal{D}}$, then for any $x_0 \in D[E(g)]$, we have $x_n = E(\Delta_n)x_0 \in \mathcal{D}$, $n = 1, 2, \ldots$, and

$$\| x_n - x_0 \| + \| Tx_n - E(g)x_0 \| = \| E(\Delta_n^c)x_0 \| + \| E(\Delta_n^c)E(g)x_0 \| \to 0, \ (n \to \infty).$$

This follows that $\mathcal{D}$ is a core of $E(g)$ for any $g \in \mathcal{F}$, that is $E(g) = E(\bar{g})_{\mathcal{D}}$.

Now let $\mathcal{U} = \{E(f)_{\mathcal{D}}: f \in \mathcal{F}\}$. Clearly $\mathcal{U}$ is a commutative subalgebra of $\mathcal{L}(\mathcal{D})$ with the identity $I_{\mathcal{D}}$.

Defining an involution on $\mathcal{U}$ as

$$E(f)_{\mathcal{D}} \to E(f)_{\mathcal{D}}^{\#} \equiv [E(\bar{f})]_{\mathcal{D}},$$

one can easily see that $\mathcal{U}$ satisfies the conditions (1) in Definition 2.1 (since $\bar{f} \in \mathcal{F}$, $E(\bar{f}) = E(f)^*$).

Furthermore, for any $f \in \mathcal{F}$, $(I_{\mathcal{D}} + E(f)_{\mathcal{D}}^{\#} E(f)_{\mathcal{D}})^{-1} = E[(1+|f|^2)^{-1}]_{\mathcal{D}} \in \mathcal{U}_b$ and it is not difficult to verify that $\bar{\mathcal{U}}_b = \{E(f): f \in \mathcal{F} f \text{ is bounded on } \operatorname{supp} E\}$ becomes a C^*-algebra under the operator norm owing to that

$$\| E(f) \| = \sup\{ | f(z) | : z \in \operatorname{supp} E\}.$$

Thus, we prove that $\mathcal{U}$ is a $EC^{\#}$-algebra on $\mathcal{D}$. The closeness of $\mathcal{U}$ follows from [6] and our definition of $\mathcal{D}$.

We shall call $\mathcal{U}$ the $EC^{\#}$-algebra generated by $A = (A_1, \ldots, A_n)$. One can see that every operator in $\mathcal{U}$ is closable. Denoting $\mathcal{A} = \bar{\mathcal{U}}$, the following corollary comes from A. Inoue [6].

Corollary 2.3 $\mathcal{A} = \bar{\mathcal{U}}$ *is a* GB^* *-algebra under the weak topology on* $\mathcal{U}$ *(defined by A. Inoue [6]).*

Remark. We note that the topology above will become the usual weak operator topology whenever all elements in $\mathcal{A}$ are bounded. But we find another GB^*-topology on $\mathcal{A}$ such that its GB^*-topology will become the usual norm topology whenever all elements of $\mathcal{A}$ are bounded. In fact, this topology can be generated by a simple metric ρ on $\mathcal{A}$. Here is an example. For $T_1, T_2 \in \mathcal{A}$, let

$$\rho(T_1, T_2) = \sum_{n=1}^{\infty} \frac{1}{2^n} \frac{\| E(\Delta_n)(T_1 - T_2) \|}{1 + \| E(\Delta_n)(T_1 - T_2) \|},$$

where $\{\Delta_n\}$ is a sequence of compact sets in $\mathbb{C}^n$-which monotonously increase to $\mathbb{C}^n$. The verification is immediate and we omit it here.

One of the advantages of this topology is that all positive linear functionals on $\mathcal{A}$ are continuous under it, which will be useful in approaching the joint numerical range of unbounded normal operators (see [8]).

From now on, we shall call $\mathcal{A}$ the GB^*-algebra generated by $A = (A_1, \ldots, A_n)$. Meanwhile, the operation on $\mathcal{A}$ are in the strong sense (cf. [6]): for any $T_1\ T_2 \in \mathcal{A}$, $\lambda \in \mathbb{C}$, $T \in \mathcal{A}$,

$$T_1 + T_2 = \overline{T_1 + T_2};\ T_1 \cdot T_2 = \overline{T_1 T_2};$$

$$\lambda \cdot T = \begin{cases} \lambda T & \lambda \neq 0, \\ 0 & \lambda = 0. \end{cases}$$

§ 3 The Spectral Property

Definition 3.1 Let $A=(A_1, \ldots, A_n)$ be a commuting n-tuple of normal operators and E the product spectral measure of A. The extended joint spectrum of A is defined by

$$Sp_E(A)=\operatorname{supp}\hat{E},$$

where $\hat{E}(\Delta)=E(\Delta \cap \mathbb{C}^n)$ for every Borel set Δ in $\mathbb{C}^n$. Thus $\hat{E}$ defines an extended spectral measure on $\mathbb{C}^n$.

Remark It is not difficult to see that if an n-tuple of unbounded normal operators satisfies the Eschmier's conditing, it must be commuting and $\hat{E}$ is a spectral capacity on $\mathbb{C}^n$ defined by Eschmier. Therefore in this case, $\mathrm{Sp}_E(A)$ coincides with the extended Taylor's joint spectrum defined in [5].

Let $\mathcal{A}$ be the GB*-algebra generated by $A=(A_1, \ldots, A_n)$ and $\mathcal{A}_b$ the commutative C*-algebra consisting of all bounded elements in $\mathcal{A}$. M will be the carrier space of $\mathcal{A}_b$, then the following lemma comes from Allan [2].

Lemma 3.2 *For any $\varphi \in M$, there is a unique $\mathbb{C}$-value function φ' on $\mathcal{A}$ such that*

(1) *φ' is an extension of φ.*

(2) *If the operation on ∞ is not ambiguous, φ' is multiplicative and linear.*

(3) *The map*

$$T \rightarrow \hat{T}(\varphi)=\varphi'(T),\ T \in \mathcal{A},$$

extends the Gelfand representation of $\mathcal{A}_b$. The image $\hat{\mathcal{A}}$ is a *-algebra of continuous $\mathbb{C}$-valued functions on M which includes all continuous $\mathbb{C}$-valued function on M.

Lemma 3.3 *Let Λ be a subset of $\{1, 2, \ldots, n\}$ which can be empty. Then $z=\{z_1, \ldots, z_n\} \in Sp_E(A)$, where $z_i=\infty$ for $i \in \Lambda$, iff*

$$\sum\nolimits_{i \notin \Lambda}(A_i-z_i)^*(A_i-z_i)+\sum\nolimits_{i \in \Lambda}(I+A_i^* A_i)^{-2}$$

is singular.

Proof. (1) First, we assume that $z \in Sp_E(A) \cap \mathbb{C}^n=\operatorname{supp} E$. Take a sequence $\{O_k\}$ of ball neighborhood of z which shrinks to $\{z\}$, then we can choose a sequence of unit vectors $x_k \in E(O_k)\mathcal{H}$, $k=1, 2, \ldots$, Clearly that $\{x_k\} \subset \mathcal{D}=\bigcap_{f \in \mathcal{F}} E(f)$ and

$$\begin{aligned}
&\|[\sum\nolimits_{i=1}^n(A_i-z_i)^*(A_i-z_i)]x_k\|^2 \\
\leqslant &[\sum\nolimits_{i=1}^n\|(A_i-z_i)^*(A_i-z_i)x_k\|]^2
\end{aligned}$$

$$\leqslant n \| \sum_{i=1}^{n} (A_i - z_i)^* (A_i - z_i) x_k \|^2$$

$$= n \sum_{i=1}^{n} \int_{O_k} | \lambda_i - z_i |^4 d \| E(\lambda) x_k \|^2 \to 0 \quad (k \to \infty).$$

Therefore, $\sum_{i=1}^{n} (A_i - z_i)^* (A_i - z_i)$ is singular.

On the other hand, if $z \in \mathbb{C}^n / \mathrm{supp}\, E$, then there is a constant $c > 0$, such that

$$\| [\sum_{i=1}^{n} (A_i - z_i)^* (A_i - z_i)] x \| \geqslant \| [\sum_{i=1}^{n} (A_i - z_i) x] \|^2$$

$$= \int \sum_{i=1}^{n} | \lambda_i - z_i |^2 d \| E(\lambda) x \|^2 \geqslant c \| x \|, \ x \in \mathcal{D}, \ \| x \| = 1.$$

Put $f(\lambda) = \sum_{i=1}^{n} | \lambda_i - z_i |^2 = | \lambda - z |^2$, then for any $x \in D[f(A)]$, we have $x_n = E(\Delta_n) x \in \mathcal{D}$, $n = 1, 2, \ldots$, where $\{\Delta_n\}$ is a sequence of compact subsets of $\mathbb{C}^n$ inereasing to $\mathbb{C}^n$. Thus

$$\| f(A) x \| = \| \lim_{n \to \infty} \int_{\Delta_n} f(\lambda) dE(\lambda) x \| = \lim_{n \to \infty} \| E(f) x_n \| \geqslant \lim_{n \to \infty} e \| x_n \| = e \| x \|.$$

This implies that $f(A) = \sum_{i=1}^{n} (A_i - z_i)^* (A_i - z_i)$ is invertible, since $f(A)$ is normal.

(2) Now generally, let $z \in \mathbb{C}^n$. Suppose E_i is the spectral measure of A_i, then the spectral measure F_i of $(I + A_i^* A_i)^{-1}$ can be induced from E_i:

$$F_i(\delta) = E_i[z_i: (1 + | z_i |^2)^{-1} \in \delta], \ i = 1, 2, \ldots, n.$$

where δ is any Borel subset of $\mathbb{R}$.

According to the definition of $\mathrm{Sp}_E(A)$, we have

$$z = (z_1, \ldots, z_n) \in \mathrm{Sp}_E(A), \text{ where } z_i = \infty \text{ for } i \in \Lambda, \text{ iff}$$

$$\tilde{z} = (\tilde{z}_1, \ldots, \tilde{z}_n) \in \mathrm{Sp}_E(\tilde{A}) \cap \mathbb{C}^n, \text{ where}$$

$$\tilde{A} = (\bar{A}, \ldots, \tilde{A}_n), \ \tilde{A}_i = \begin{cases} A_i & i \notin \Lambda \\ (I + A_i^* A_i)^{-1} & i \in \Lambda; \end{cases}$$

$$\tilde{z} = (\tilde{z}_1, \ldots, \tilde{z}_n), \ \tilde{z}_i = \begin{cases} z_i & i \notin \Lambda \\ o & i \in \Lambda. \end{cases}$$

Now the result immediately follows from (1), this completes the proof.

Theorem 3.4 *Let A be a commuting n-tuple of normal operators, $\mathcal{A}$ be the GB^*-algebra generated by A and $\mathcal{A}_b$, the commutative C^*-algebra consists of all bounded operators of $\mathcal{A}$. M will be the carrier space of $\mathcal{A}_b$. Then for any n-tuple $T = (T_1, \ldots, T_n)$ of operators in $\mathcal{A}$,* we have

$$\mathrm{Sp}_E(T)=\{[\varphi'(T_1),\ \ldots,\ \varphi'(T_n)]:\ \varphi\in M.\ \varphi' \text{ is the extension of } \varphi.\}.$$

Proof. Clearly, T is also a commuting n-tuple. Now suppose $z=(z_1,\ \ldots,\ z_n)\in \mathrm{Sp}_E(T)$, where $z_i=\infty$ for $i\in\Lambda$, then $B=\sum_{i\notin\Lambda}(T_i-z_i)^*(T_i-z_i)+\sum_{i\in\Lambda}(I+T_i^*T_i)^{-2}$ is singular by Lemma 3.3. If there exists no $\varphi\in M$ such that $z=(z_1,\ \ldots,\ z_n)=[\varphi'(A_1),\ \ldots,\ \varphi'(A_n)]$, then for any $\varphi\in M$,

$$\hat{B}(\varphi')=\varphi'(B)=\sum_{i\notin\Lambda}|\hat{T}_i(\varphi')-z_i|^2+\sum_{i\in\Lambda}[1+|\hat{T}_i(\varphi')|^2]^{-2}>0.$$

So $\psi(\varphi)=[\hat{B}(\varphi')]^{-1}$ is a continuous complex function on M. It follows from Lemma 3.2 that $\psi(\varphi)$ is the Gelfand image of the unique bounded operator J in $\mathcal{A}_b$. Thus B has a bounded inverse J (see [2] Thm 3.12) and this is a contradiction.

Conversely if $z=(z_1,\ \ldots,\ z_n)\notin \mathrm{Sp}_E(T)$, then B is invertible by Lemma 3.3. Clearly the bounded inverse of B is

$$J=\int_{\mathrm{supp}\,E}\left[\sum_{i\notin\Lambda}|f_i-z_i|^2+\sum_{i\in\Lambda}(1+|f_i|^2)^{-2}\right]^{-1}dE(\lambda)$$

and $J\in\mathcal{A}_b$. Since $JB=I$ (strong product), and for any $\varphi\in M$, φ' is an extended*-homomorphism on $\mathcal{A}$ such that $\varphi'(I)=1$, it is impossible to find a $\varphi\in M$ such that $[\varphi'(T_1),\ \ldots,\ \varphi'(T_n)]=(z_1,\ \ldots,\ z_n)$. This completes the proof.

Corollary 3.5 *Let A be a commuting n-tuple of normal operators. $f=(f_1,\ \ldots,\ f_m)$ be functions from $\mathrm{Sp}_E(A)$ to $\mathbb{C}^m$ such that $f_i(\lambda)/(1+|\lambda|^2)^{l_i}$ is continuous on $\mathrm{Sp}_E(A)$ for some nonnegative integers l_i, $i=1,\ 2,\ \ldots,\ m$. Then*

$$f[\mathrm{Sp}_E(A)]=\mathrm{Sp}_E[f(A)]\ (\textit{if not ambiguous in operation}),$$

where $f(A)=[f_1(A),\ \ldots,\ f_m(A)]$ *and* $f_i(A)=E(f_i)$, $i=1,\ 2,\ \ldots,\ m$.

Proof. First, we consider that f is continuous on $\mathrm{Sp}_E(A)$. For each j, $f_j[\hat{A}(\varphi')]$ is a continuous $\mathbb{C}$-valued function on M, where $\hat{A}(\varphi')=[\hat{A}^1(\varphi'),\ \ldots,\ \hat{A}_n(\varphi')]$, and M is the carrier space of $\mathcal{A}_b$. So by Lemma 3.2, $f_j[\hat{A}(\varphi')]$ is the Gelfand image of the unique element $E(f_j)\in\mathcal{A}_b$, $j=1,\ 2,\ \ldots,\ m$. According to Theorem 3.4, we have

$$\begin{aligned}\mathrm{Sp}_E[f(A)]&=\{[f_1(A)(\varphi'),\ \ldots,\ f_m(A)(\varphi')]:\ \varphi\in M\}\\&=\{[f_1(A)(\varphi'),\ \ldots,\ f_1(A)(\varphi')]:\ \varphi\in M\}\\&=f[\mathrm{Sp}_E(A)].\end{aligned}$$

Now, suppose that $g_i=f_j/(1+|\lambda|^2)^{l_j}$ is continuous on $\mathrm{Sp}_E(A)$ for some nonnegative integer l_j, $j=1,\ 2,\ \ldots,\ m$. Then

$$f_i(A)=g_i(A)(1+\sum_{i=1}^{n}A_i^*A_i)^{l_j},\ j=1,\ 2,\ \ldots,\ m.$$

Noting that φ' is an extended *-homomorphism and using the result above, we have:

$$
\begin{aligned}
\mathrm{Sp}_E[f(A)] &= \{[f_1(A)(\varphi'), \ldots, f_m(A)(\varphi')]: \varphi \in M\} \\
&= \{[g_1(\hat{A}(\varphi'))h(\varphi')^{l_1}, \ldots, g_m(\hat{A}(\varphi'))h(\varphi')^{l_m}]: \varphi \in M\} \\
&= [f_1(\hat{A})(\varphi')], \ldots, [f_m(\hat{A})(\varphi')]: \varphi \in M\} \\
&= f[\mathrm{Sp}_E(A)].
\end{aligned}
$$

where $h(\varphi') = 1 + \sum_{i=1}^{n} |\hat{A}_i(\varphi')|^2$. Thus the proof is complete.

Definition 3.6 Let $A = (A_1, \ldots, A_n)$ be a commution n-tuple of normal operators on the Hilbert space $\mathcal{H}$, $\mathcal{A}$ is the GB*-algebra generated by A, $\mathcal{A}''$ is the double commutator of $\mathcal{A}$ in $\mathcal{B}(\mathcal{H})$, The extended Dash's spectrum $\sigma_E(\mathrm{A})$ of A consists of all $\lambda = (\lambda_1, \ldots, \lambda_n) \in \mathbb{C}^n$, where $\lambda_i = \infty$ for $i \in \Lambda$. for which there exists no $B = (B_1, \ldots, B_n) \subset \mathcal{A}''$ such that

$$\sum_{i \notin \Lambda} B_i(A_i - \lambda_i) + \sum_{i \in \Lambda} B_i(I + A_i^* A_i)^{-1} = I$$

in the sense of strong operation.

The following theorem is a result of Lemma 3.3:

Theorem 3.7 *let* $A = (A_1, \ldots, A_n)$ *be a commuting n-tuple of normal operators, then* $\mathrm{Sp}_E(A) = \sigma_E(A)$.

§ 4 Distance to the Joint Spectrum

For a commuting n-tuple of bounded normal operators $A = (A_1, \ldots, A_n)$. if $z \in \mathbb{C}^n / \mathrm{Sp}_E(A)$, then we have shown in [1] that

$$\mathrm{dist}[z, \mathrm{Sp}(A)] = \| (A - z)^{-1} \|^{-1},$$

where $A - z$, we call the Curto's matrix of $A - z$ (cf. [4]). In the case of unbounded operators, we shall apply the technique in unbounded operator algebras to the estimation of distance to the joint spectrum $\mathrm{Sp}_E(A)$.

Lemma 4.1 (A: *Inoue* [6] *Th*.2.3) *Let* $\mathcal{U}$ *be a* $EC^{\#}$*-algebra. Then we have* $\overline{T}_1 + \overline{T}_2 = \overline{T_1 + T_2}$; $\overline{T}_1 \cdot \overline{T}_2 = \overline{T_1 T_2}$; $\lambda \cdot \overline{T} = \lambda T$ *and* $(\overline{T})^* = (\overline{T^{\#}})$ *for all* $T_1, T_2, T \in \mathcal{U}$ *and* $\lambda \in \mathbb{C}$, *where* $\overline{T}$ *denotes the closure operator of* T *and the operation in the left side of the above equalities are in the strong sense.*

Lemma 4.2 *Let* $A = (A_1, \ldots, A_n)$ *be a commuting n-tuple of normal operators and* $\mathcal{A}$ *the GB***-algebra generated by* A. $\mathcal{D} = \bigcap_{T \in \mathcal{A}} D(T)$, *then*

$$\text{dist}[z, \text{Sp}_E(A)] = \inf\left\{[\sum_{i=1}^{n} \| (A_i - z_i)x \|^2]^{\frac{1}{2}} : \| x \| = 1, x \in \mathcal{D}\right\}.$$

Proof. Let $B = \sum_{i=1}^{n} (A_i - z_i)^* (A_i - z_i)$. By corollary 3.5, we have

$$\text{Sp}_E(B) = \{\sum_{i=1}^{n} | \lambda_i - z_i |^2 : \lambda = \langle \lambda_1, \ldots, \lambda_n \rangle \in \text{Sp}_E(A)\}. \qquad (*)$$

Since B is positive, we have

$$\begin{aligned} \text{dist}[o, \text{Sp}_E(B)] &= \inf\{(Bx, x) : x \in D(B), \| x \| = 1\} \\ &= \inf\left\{\sum_{i=1}^{n} \| (A_i - z_i)x \|^2 : x \in \mathcal{D}, \| x \| = 1\right\}. \quad (**) \end{aligned}$$

In fact, for any $x \in D(B)$, and any sequence of compact subsets $\{\Delta_n\}$ which increase to $\mathbb{C}^n$, we can show that $E(\Delta_n)x \in \mathcal{D}$ and $BE(\Delta_n)x \to Bx$. Therefore

$$\begin{aligned} \text{dist}[z, \text{Sp}_E(A)] &= \inf\{| \lambda - z | : \lambda \in \text{Sp}_E(A)\} \\ &= \{\text{dist}[o, \text{Sp}_E(B)]\}^{\frac{1}{2}} \quad (\text{by}(*)) \\ &= \inf\{[\sum_{i=1}^{n} \| \Psi(A_i - z_i)]x \|^2]^{\frac{1}{2}} : \| x \| = 1, x \in \mathcal{D}\}. \\ &\quad (\text{by}(**)) \end{aligned}$$

In order to prove the theorem, we need a result of linear algebra as our lemma.

Lemma 4.3 (*see* [9]) *If R is a commutative ring, a matrix $N \in M_n(R)$ is invertible in $M_n(R)$ if and only if its determinant is invertible in R.*

Now we come to the main theorem of this section.

Theorem 4.4 *Let A be a commuting n-tuple of normal operators. $\mathcal{A}$ is the $GB^\#$-algebra generated by A. Let $\mathcal{D} = \bigcap_{T \in \mathcal{A}} D(T)$, $z \in \mathbb{C}^n / \text{Sp}_E(A)$, then we have*

$$\text{dist}[z, \text{Sp}_E(A)] = \| (A - z)^{-1} \|^{-1}.$$

Where $(A - z)$ is the closure operators of $(A - z)_{\mathcal{D}}$ on $\mathcal{H} \otimes \mathbb{C}^{2^{n-1}}$ and $(A - z)_{\mathcal{D}}$ denotes the restriction to $\mathcal{D}$ of the formal Curto's operator matrix induced by $A - z$.

Proof. By Theorem 2.2, $\mathcal{D}$ is a common core for $T \in \mathcal{A}$. So we can formally induce the Curto's matrix $(A - z)_{\mathcal{D}}$ corresponds to $A - z$ just like in the bounded case. For example, for $n = 2$, we have

$$(A - z)_{\mathcal{D}} = \begin{bmatrix} (A_1 - z_1)_{\mathcal{D}} & (A_2 - z_2)_{\mathcal{D}} \\ -(A_2 - z_2)^*_{\mathcal{D}} & (A_1 - z_1)^*_{\mathcal{D}} \end{bmatrix}.$$

It is clearly that $\mathcal{U} = \mathcal{A} |_{\mathcal{D}}$ is just the $EC^\#$-algebra generated by A, and $\mathcal{A} = \bar{\mathcal{U}}$ (see Thm. 2.2 and Coro. 3.3). Now we verify that the matrix ring

$$M_{2^{n-1}}(\mathcal{A} |_{\mathcal{D}}) = M_{2^{n-1}}(\mathcal{U})$$

is another EC$^{\#}$-algebra acting on the dense space $\mathscr{D}\otimes\mathbb{C}^{2^{n-1}}$ of $\mathscr{H}\otimes\mathbb{C}^{2^{n-1}}$ under the usual operation for involutive matrix algebra.

We only verify (2) and (3) in Definition 2.1, since the others are relatively simple.

(2) We have to show that $(I+T^{\#}T)^{-1}$ exists, is bounded and belongs to $[M_{2^{n-1}}(\mathscr{U})]_b$ for any $T\in M_{2^{n-1}}(\mathscr{U})$.

Still let $\{\Delta_n\}$ be a sequence of compact sets in $\mathbb{C}^n$-which monotonously increase to $\mathbb{C}^n$, let $F(\Delta_n)$ denote the diagonal operator matrix diag $[E(\Delta_n)]$ on $\mathscr{H}\otimes\mathbb{C}^{2^{n-1}}$ and $T_{\Delta_n}=F(\Delta_n)TF(\Delta_n)$. Then T are bounded, $n=1, 2, \ldots$, and for any $y\in\mathscr{H}\otimes\mathbb{C}^{2^{n-1}}$, we have

$$\begin{aligned}\|(I+T^{\#}T)F(\Delta_n)y\| &= \|F(\Delta_n)y+T^{\#}_{\Delta_n}T_{\Delta_n}y\|\\ &\geqslant (F(\Delta_n)y, y)+(T^{\#}_{\Delta_n}T_{\Delta_n}y, y)\\ &\geqslant \|F(\Delta_n)y\|^2.\end{aligned}$$

If $y\in D(I+T^{\#}T)$, we notice that $F(\Delta_n)y\to y$ and

$$(I+T^{\#}T)F(\Delta_n)y\to(I+T^{\#}T)y\quad(n\to\infty).$$

Hence we have $\|(I+T^{\#}T)y\|\geqslant\|y\|^2$, thus for any unit vector $y\in D(I+T^{\#}T)$, we have $\|(I+T^{\#}T)y\|\geqslant 1$, therefore $(I+T^{\#}T)^{-1}$ exists and is bounded.

$\bar{\mathscr{U}}=\mathcal{A}$ can be looked as the set of all continuous functions on $\mathrm{Sp}(A)\equiv\mathrm{Sp}_E(A)\cap\mathbb{C}^n$ the determinant $\overline{\det(I+T^{\#}T)}$ is still a continuous function on Sp (A). If $\overline{\det(I+T^{\#}T)}$ doesn't vanish on Sp(A), then by Lemma 4.3, we have $(I+T^{\#}T)^{-1}\in M_{2^{n-1}}(\mathscr{U})$, thus proves (2) If not so, suppose that $\overline{\det(I+T^{\#}T)}$ has a zero point $z_0\in$ Sp(A), then there exists a compact set Δ such that $z_0\in\mathrm{int}\Delta$. Look at the bounded operator $I_\Delta+T^*_\Delta T_\Delta=F(\Delta)(I+T^{\#}T)$ acting on $F(\Delta)(\mathscr{H}\otimes\mathbb{C}^{2^{n-1}})$, we see that det $[F(\Delta)(I+T^{\#}T)]=\chi_\Delta\cdot\overline{\det(I+T^{\#}T)}$ (look as the continuous function) has zero hence is singular, but this is impossible for bounded operator $I_\Delta+T^*_\Delta T_\Delta$, so (2) holds.

(3) Since $\bar{\mathscr{U}}_b$ is a C^*-algebra and so is the matrix ring $\overline{M_{2^{n-1}}(\mathscr{U}_b)}=m_{2^{n-1}}(\bar{\mathscr{U}}_b)$, we only to show that $M_{ij}\in\mathscr{U}_b$ whenever $M=(M_{ij})\in[M_{2^{n-1}(\mathscr{U})}]_b$. But this can be shown as follows.

For any $x\in\mathscr{D}$, let

$$y_i=(0, \ldots, 0, \underset{i\text{-}th}{x}, 0, \ldots, 0),\ y_i=(0, \ldots, 0\ \underset{j\text{-}th}{x}, 0, \ldots, 0)\in\mathscr{H}\otimes\mathbb{C}^{2^{n-1}}$$

then $|(M_{ij}x, x)|=|(M_{y_j, y_i})|\leqslant\|M\|\ \|x\|^2\quad i, j=1, 2, \ldots, 2^{n-1}$. since $\{M_{ij}\}$ are all normal operators, we have

$$\| M_{ij} \| = \omega(M_{ij}) \leqslant \| M \| \quad i, j = 1, 2, \ldots, 2^{n-1},$$

where $\omega(M_{ij})$ is the numerical radious of M_{ij}. Thus proves (3) and $M_{2^{n-1}}(\mathcal{U})$ is a $EC^{\#}$-algebra on $\mathcal{D} \otimes \mathbb{C}^{2^{n-1}}$.

Therefore, by Lemma 4.1, $(A-z)_{\mathcal{D}}$ is closable and $(A-z)_{\mathcal{D}}^{2*} = \overline{(A-z)_{\mathcal{D}}^{\#}}$. We denote the closure operator of $(A-z)_{\mathcal{D}}$ as $A-z$. Now since

$$\begin{aligned}(A-z)_{\mathcal{D}}^{\#}(A-z)_{\mathcal{D}} &= (A-z)_{\mathcal{D}}(A-z)^{\#}\mathcal{D} \\ &= \mathrm{diag}\{\textstyle\sum_{i=1}^{n}(A_i - z_i)_{\mathcal{D}}^{\#}(A_i - z_i)\mathcal{D}\},\end{aligned}$$

so we have

$$\begin{aligned}(A-z)^*(A-z) &= [\overline{(A-z)_{\mathcal{D}}}] * \overline{(A-z)_{\mathcal{D}}} \\ &= \overline{(A-z)_{\mathcal{D}}^{\#}}\ \overline{(A-z)_{\mathcal{D}}} = \overline{(A-z)_{\mathcal{D}}^{\#}\ \overline{(A-z)_{\mathcal{D}}}} \\ &= \mathrm{diag}\{\textstyle\sum_{i=1}^{n}(A_i - z_i)_{\mathcal{D}}^{\#}\ \overline{(A_i - z_i)_{\mathcal{D}}}\} \\ &= \mathrm{diag}\{\textstyle\sum_{i=1}^{n}(A_i - z_i)_{\mathcal{D}}^{\#}\ \overline{(A_i - z_i)_{\mathcal{D}}}\} \\ &= \mathrm{diag}\{\textstyle\sum_{i=1}^{n}(A_i - z_i)^*(A_i - z_i)\}.\end{aligned}$$

According to Lemma 3.3, it is easy to see that if $z \notin \mathrm{Sp}_E(A)$, then $A-z$ is invertible on $\mathcal{H} \otimes \mathbb{C}^{2^{n-1}}$. Futhurmore, we have

$$\begin{aligned}\| (A-z)^{-1} \|^2 &= \| (A-z)^{-1}[(A-z)^{-1}]^* \| \\ &= \| [(A-z) * (A-z)]^{-1} \| \\ &= \| [\textstyle\sum_{i=1}^{n}(A_i - z_i) * (A_i - z_i)]^{-1} \| \qquad (\text{by } (***)) \\ &= \left\{\inf[([\textstyle\sum_{i=1}^{n}(A_i - z_i) * (A_i - z_i)]x, x) : x = 1, x \in \mathcal{D}\right\}^{-1} \\ &= \{\mathrm{dist}[z, \mathrm{Sp}_E(A)]\}^{-2} \qquad (\text{Lemma 4.2}).\end{aligned}$$

Then the proof is complete.

Corollary 4.5 *Let A be as above, $\widetilde{A}$ is the Curto's matrix on $\mathcal{H} \otimes \mathbb{C}^{2^{n-1}}$ induced by A. Then A is a normal operator on $\mathcal{H} \otimes \mathbb{C}^{2^{n-1}}$ and A is singular if and only if that $\widetilde{A}$ is singular.*

References

[1] Zhang Dianzhou and Huang Danrun, Product spectral measure and Taylor's joint spectrum (in Chinese), *Ke Xue Tong Bao*, **3** (1985), 168—171.

[2] Allan, G. R., On a class of locally convex algebras. *Proc. London Math. Soc.*, (3) **17** (1967), 91—114.

[3] Cho, M. and Takaguochi, M., Indentity of Taylor's joint spectrum and Dash's joint spectrum, and Dash's joint spectrum, *Studia Math.*, **70** (1982), 225—229.

[4] Curto, R.E., Fredholm and invertible n-tuples of operators, the deformation problem. *Trans. Amer. Math. Soc.*, **266** (1981), 129—159.

[5] Eshmeier, J., *Schriffent Math. Inst. Univ. Munster* 2, series 20, 104s (1981).

[6] Inoue, A., On a class of unbounded operator algebra, *Paciffic J. Math.*, **65** (1976), 77—95.

[7] Patel, A.B., A joint spectral theorem for unbounded normal operators, *J. Austral Math. Soc., series A*, **34** (1983), 203—213.

[8] Huang Danrun, Joint numerical ranges for unbounded normal operators, *Proc. Edinb. Math. Soc.*, **28** (1985), 225—232.

[9] Jacobson, N., Basic algebra I, *W.H. Freeman and Company*, (1974), 90—94.

S-可分解算子的谱对偶定理①

张奠宙　王漱石

关于 S 剩余可分解算子已有过一些讨论[2][3][4][5]，但是完整的谱对偶定理尚未建立。王声望在[1]系统地建立了闭可分解算子的谱对偶理论，我们把它移植到 S-可分解的情形。然而这一推广并不是平凡的。有一些准备工作见作者的论文[7]。本文的定理 1 给出稠定 S 可分解算子的谱子空间的对偶关系，定理 3 证明当 T, T^*, T^{**} 稠定时由 T^* 为 S-可分解知 T 为S-可分解。从而完整地建立起 S-可分解算子的对偶理论。

本文中以 C 和 C_∞ 分别记复平面和扩充的复平面，$C(X)$是复 Banach 空间 X 上闭算子的全体。若 $T \in C(X)$，D_T 为 T 的定义域，$\rho(T)$，$\sigma(T)$，$\sigma_e(T)$ 分别记 T 的预解集、谱和扩充谱，$\sigma(x, T)$ 和 $\sigma_e(x, T)$ 为 T 的局部谱和局部扩充谱，这里 $\sigma_e(x, T) = \sigma(x, T)$(若$\tilde{x}(\cdot)$ 以 ∞ 为正则点)，$\sigma_e(x, T) = \sigma(x, T) \cup \{\infty\}$(若$\tilde{x}(\cdot)$ 以 ∞ 为奇点)。X 的闭子空间Y，如有 $T(Y \cap D_T) \subset Y$，则称Y为T 的不变子空间，记为$Y \in \mathrm{Inv}(T)$。如果对任意的 $Z \in \mathrm{Inv}(T)$，恒可从$\sigma_e(T \mid Z) \subset \sigma_e(T \mid Y)$ 推得 $Z \subset Y$，则称Y为谱极大子空间，记为 $Y \in \mathrm{SM}_e(T)$。若 $\Delta \subset C_\infty$，记 $X_T(\Delta) = \{x \in X: \sigma_e(x, T) \subset \Delta\}$，$X(T, \Delta) = \bigcup \{Y \in \mathrm{Inv}(T): \sigma_e(T \mid Y) \subset \Delta\}$。其余的记号与文献[6]一致。

设 $\in C(X)$，S 是含于$\sigma_e(T)$ 的闭集，$n \geqslant 1$ 为自然数，如果对 $\sigma_e(T)$ 的任一开覆盖 $\{G_i\}_{i=0}^n$，其中 $G_0 \supset S$，存在$\{Y_i\}_{i=0}^n \in SM_e(T)$ 使得(i) $X = \sum\limits_{i=0}^n Y_i$ (ii) $\sigma_e(T \mid Y_i) \subset G_i$，$i = 0, 1, \cdots, n$。则称 T 是(S, n)可分解算子，若对任意 n 都成立，则称 T 为 S 可分解算子。B. Nagy已证明$(S, 1)$可分解等价于 S 可分解。我们已证明 T 是 S 可分解与下列事实等价：对 $\sigma_e(T)$的任意开覆盖$\{G_0, G_1\}$，如果 $G_0 > S$，则存在$Y_0, Y_1 \in SM_e(T)$，使得 $X = Y_0 + Y_1$，且 $S \subset \sigma_e(T \mid Y_0) \subset \overline{G}_0$，$\sigma_e(T \mid Y_1) \subset \overline{G}_1$([7] 定理7)。此外，若 T 是 S 可分解算子，S 与 F 是含在$\sigma_e(T)$ 中的两个闭集且 $S \subset F$，则 $X_T(F) = X(T, F) \in SM_e(T)$，且 $\sigma_e(T \mid X(T, F)) \subset F$，如果 $F \cap S = \varnothing$，那么 $X(T, F) \in SM_e(T)$，$\sigma_e(T \mid X(T, F)) \subset F$。([7] 定理 2)。我们还有以下结果：若 T 是 S 可分解算子，$Y \in SM_e(T)$ 且$\sigma_e(T \mid Y) \supset S$，则$Y \in AI(T)$ ($AI(T)$表示 T 的解析不变子空间)([7]定理 9)。

定理 1　设 $T \in C(X)$ 是稠定的 S-可分解算子，其中 $S \subset \sigma_e(T)$ 是闭集。设 $F \subset C_\infty$ 也是闭集且满足如下的条件(i) $F \cap S = \varnothing$ 或 $F \supset S$ (ii) F 有界或 F^c 有界，那么

---

① 署名：张奠宙(华东师范大学)　王漱石(湖州师范专科学校)。
发表：《数学研究与评论》，1987 年第 4 期，577—582。

$$\sigma_e(T^* \mid X(T, F^c)^{\perp}) \subset F \text{ 且 } X(T, F^c)^{\perp} = X^*(T^*, F)。$$

证 我们分为若干部分来证。对第一个结论，将证明以下各点：

1° $X(T, F^c)^{\perp} \in \mathrm{Inv}(T^*)$。

因 F^c 是开集，易知 $X(T, F^c)$ 是线性流形，且当 $x \in X(T, F^c) \cap D_T$ 时，$Tx \in X(T, F^c)$。若 F^c 有界显然 $X(T, F^c) \subset D_T$。若 F^c 无界则由假设知 F 有界，这时可知 $X(T, F^c) \cap D_T$ 在 $X(T, F^c)$ 中稠。若 $x^* \in X(T, F^c) \subset D_T$，则对任意的 $x \in X(T, F^c) \cap D_T$，有 $\langle x, T^* x^* \rangle = \langle Tx, x^* \rangle = 0$，因而在整个 $X(T, F^c)$ 上有 $\langle x, T^* x^* \rangle = 0$，$T^* x^* \in X(T, F^c)^{\perp}$。这就证明了 1°。

2° $\infty \notin \sigma_e(T^* \mid X(T, F^c)^{\perp}) \backslash F$。

若 $\infty \in F$，这是显然的。若 $\infty \notin F$，则由假设知 F 有界。现在只须证明 $X(T, F^c) \subset D_{T^*}$ 即可。令开集 $G_1 \supset F$，$G_2 = F^c$，则 $\{G_1, G_2\}$ 是 C_∞ 的开覆盖。这时 $G_1 \supset S$ 和 $G_2 \supset S$ 中至少有一成立。因 T 是 S 可分解，必存在 Y_i，使 $X = \sum_{i=1}^{i} Y_i$，$\sigma_e(T \mid Y_i) \subset G_i$，而且 $Y_1 \subset D_T$（F 有界），$Y_2 \subset X(T, F^c)$。由逆算子定理可知存在常数 $M > 0$，使得对任意的 $x \in X$，存在 $y_1 \in Y_1$，$y_2 \in Y_2$，满足 $x = y_1 + y_2$，$\| y_1 \| + \| y_2 \| \leqslant M \| x \|$。设 $y^* \in X(T, F^c)^{\perp}$。对上述的 x，y_1，y_2，如果 $x \in D_T$，则由 $Y_1 \subset D_T$，可知 $y_2 \in X(T, F^c) \cap D_T$。于是 $|\langle Tx, y^* \rangle| = |\langle Ty_1, y^* \rangle| \leqslant \| y^* \| \cdot \| Ty \| \leqslant \| y^* \| \| T \mid Y_1 \| \| y_1 \| \leqslant M^* \| y^* \| \| T \mid Y_1 \| \| x \|$。故 $y^* \in D_T$，因而 $X(T, F^c)^{\perp} \subset D_{T^*}$，2° 证完。

3° 设 $\lambda \neq \infty$，$\lambda \in F^c$。则 $\lambda - T^* \mid X(T, F^c)^{\perp}$ 是单射的。

任取 $x^* \in X(T, F^c)^{\perp} \cap D_{T^*}$，且 $(\lambda - T^*) x^* = 0$，现证 $x^* = 0$。再分两种情况。a) 若 $F \cap S = \varnothing$。则令 $G_0 = F^c$，开集 $G_1 \supset F$，$\overline{G}_1 \cap S = \varnothing$，$\lambda \notin \overline{G}_1$。于是有 $Y_i \in SM_e(T)$，$X = \sum Y_i$，$\sigma_e(T \mid Y_i) \subset G_2$，对任意的 $x \in X$，有 $x = y_0 + y_1$，$y_i \in Y_i$，$i = 0, 1$。因 $y_0 \in Y_0 \subset X(T, F^c)$。故 $\langle y_0, x^* \rangle = 0$。对 y_1，由于 $\lambda \notin G_1$ 而 $\sigma_e(T \mid Y_1) \subset G$，故存在 $y_1' \in Y_1 \cap D_T$，使得 $y_1 = (\lambda - T) y_1'$。于是 $\langle y_1, x^* \rangle = \langle (\lambda - T) y_1', x^* \rangle = \langle y_1', (\lambda - T^*)^* x^* \rangle = \langle y_1', 0 \rangle = 0$ 故 $x^* = 0$。b) 若 $F \supset S$。命 G_0 为 G_∞ 的开子集，$G_0 \supset F$，$\lambda \notin \overline{G}_0$，$G_1 = F^c$，则如 a) 同样可证得 $x^* = 0$.3° 证完。

4° 若 $F \cap S = \varnothing$，$\lambda \neq \infty$，$\lambda \in F^c$ 则 $\lambda - T^* \mid X(T, F^c)$ 是满射的。

这只需证对任意的 $x \in X$，$y^* \in X(T, F^c)^{\perp}$，总存在 x^*，使得 $\langle x, y^* \rangle = \langle x, (\lambda - T^*) x^* \rangle$ 对 $\forall x \in D_T$ 成立。为此，仍令 $G_0 = F^c$，G_1 为包含 F 的开集，$\overline{G}_1 \cap S = \varnothing$，$\lambda \notin G_1$，$F$ 有界时 G_1 也有界。于是据前所引的作者的结果（[7] 定理 7），必存在 $Y_i \in SM_e(T)$，使得 $X = \sum_{i=0}^{1} Y_i$，$\sigma_e(T) \sigma_e(T \mid Y_i) \subset G_i$，$i = 0, 1$，而且还有 $S \subset \sigma_e(T \mid Y_0)$。这时 $x = y_0 + y_1$，$y_1 \in Y_i$，$i = 0, 1$。这时我们应该设法证明存在这样的 x^*，使得 $(\lambda - T^*) x^* = y^*$，于是应有

$$\langle x, y^* \rangle = \langle y_0 + y_1, y^* \rangle = \langle y_1, y^* \rangle = \langle y_1, (\lambda - T^*)x^* \rangle$$
$$= \langle (\lambda - T)y_1, x^* \rangle = \langle (\lambda - T)x, x^* \rangle。$$

很自然地，我们就定义 x^* 如下：对任意的 $x \in X$，$x = y_0 + y_1$，$y^* \in X(T, F^c)$，令 $\langle x, x^* \rangle = \langle R(\lambda, T \mid Y_1)y_1, y^* \rangle$。首先证明这样定义的 x^* 与 y_1 的取法无关。今设 $x = y_0' + y_1'$，$y_i' \in Y$，$i = 0, 1$。于是 $y_0' - y_0 = y_1 - y_1' \in Y_0 \cap Y_1$。由前引结果（[7] 定理 9），$Y_0 \in AI(T)$。由于 $\lambda \notin G_1$，故 $\lambda \in \rho(T \mid Y_1)$。因此从 $(\lambda - T)R(\lambda, T \mid Y_1)(y_1' - y_1) = y_1' - y_1 \in Y_0 \cap Y_1 \subset Y_0$ 可知，$R(\lambda, T \mid Y_1)(y_1' - y_1) \in Y_0$。但 $Y_0 \subset X(T, F^c)$，$y^* \in X(T, F^c)^{\perp}$，故 $\langle R(\lambda, T \mid Y_1)(y_1' - y_1), y^* \rangle = 0$。这就证明了 x^* 定义是无歧义的。现在证明 $x^* \in X^*$，这可由逆算子定理推得：$|\langle R(\lambda, T \mid Y_1)y_1, y^* \rangle| \leqslant \| R(\lambda_1, T \mid Y_1) \| \| y_1 \| \| y^* \| \leqslant M \| * \| \| R(\lambda, T \mid Y_1) \| \| x \| (M > 0, \| y_1 \| \leqslant M \| x \|)$。再证 $x^* \in D_{T*}$。由于 Y_0 和 Y_1 至少有一个含于 D_T 内。所以若 $x \in D_T$，则 $y_0, y_1 \in D_T$。因而 $|\langle T_x, x^* \rangle| = |\langle R(\lambda, T \mid Y_1)Ty_1, y^* \rangle| \leqslant |\langle y_1, y^* \rangle| + |\langle \lambda R(\lambda, T \mid Y_1)y_1, y^* \rangle| \leqslant \| y_1 \| \cdot \| y^* \| + \| \lambda R(\lambda, T \mid Y_1) \| \| y_1 \| \| y^* \| \leqslant K \| x \|$（仍据逆算子定理）。

以下证 $x^* \in X(T, F^c)^{\perp}$。对 $x \in X(T, F^c)$，仍可如上分解为 $x = y_0 + y_1$。因 $Y_0 \subset X(T, F^c)$，且 $X(T, F^c)$ 是线性流形，故 y_1 也在 $X(T, F^c)$ 中。又因 $F^c \supset S$，故由前引结果（[7] 定理 2）知 $X(T, F^c) = X_T(F^c)$。故存在开集 Δ，$F \subset \Delta \subset S^c$ 及解析函数 $T: \Delta \to D_T$，使得 $\mu \in \Delta / \{\infty\}$ 时 $(\mu - T)f(\mu) = y_1 \in Y_1$。当 $\mu \in \Delta \subset \sigma(T \mid Y_1)$ 时，由 Y_1 的 T 吸收性立即有 $f(\lambda) \in Y_1$。当 $\mu \in \Delta \cap \rho(T \mid Y_1) / \{\infty\}$ 时，令 $g(\mu) = R(\mu, T \mid Y_1)y_1$，则 $(\mu - T)g(\mu) = y_1 = (\mu - T)f(\mu)$。但 T 在 Δ 上有 $SVEP$，故 $f(\mu) = g(\mu) \in Y_1$。这样一来，$(\mu - T)R(\lambda, T \mid Y_1)f(\mu) = R(\lambda, T \mid Y_1)y_1$，即 $\sigma_e(R(\lambda, T \mid Y_1)y_1, T) \subset \Delta^c \subset F^c$，$R(\lambda, T \mid Y_1)y_1 \in X_T(F^c) = X(T, F^c)$。因此 $\langle x, x^* \rangle = \langle R(\lambda, T \mid Y_1)y_1, y^* \rangle = 0$。到此为止，我们已经完成了 4°的证明。

5° 若 $F \supset S$，$\lambda \neq \infty$，$\lambda \in F^c$，则 $\lambda - T^* \mid X(T, F^c)$ 也是满射的。

取开集 $G_0 \subset C_\infty$，使得 $G_0 \supset F$，且 $\lambda \notin \overline{G}_0$。再命 $G_1 = F^c$，仍如 4°一样可考察 $\langle R(\lambda, T \mid Y_0)y_0, y^* \rangle$（只将 Y_1，y_1 分别换为 Y_0，y_0）。先证这一泛函的定义无歧义。设 $x = y_0 + y_1 = y_0' + y_1'$，则 $y_0' - y_0 = y_1 - y_1' \in Y_0 \cap Y_1$。因 $\lambda \notin \overline{G}_0$，取 λ 的邻域 D 使 $D \cap \overline{G}_0 = \varnothing$，$D \subset \overline{G}_0^c \subset \rho(T \mid Y_0)$，故 $\mu \in D$ 时，$R(\mu, T \mid Y_0)(y_0' - y_0) \in Y_0$，且 $(\mu - T)R(\mu, T \mid Y_0)(y_0' - y_0)$，$y_0' - y_0 \in Y_0 \cap Y_1$。这时若 $\mu \in \sigma(T \mid Y_1)$，则由 Y_1 的 T 吸收性知 $R(\mu, T \mid Y_0)(y_0' - y_0) \in Y_1$。若 $\mu \in D \cap \rho(T \mid Y_0)$，命 $h(\mu) = R(\mu, T \mid Y_1)(y_0' - y_0)$，则 $(\mu - T)h(\mu) = y_0' - y_0 = (\mu - T)R(\mu, T \mid Y_0)(y_0' - y_0)$。由于 T 在 $D(\subset S^c)$ 上有 $SVEP$，故 $R(\mu, T \mid Y_0)(y_0' - y_0) = h(\mu) \in Y_1$。于是当 $\mu \in D$ 时，总有 $R(\mu, T \mid Y_0)(y_0' - y_0) \in Y_0 \cap Y_1 \subset Y_1 \subset X(T, F^c)$，故 $\langle R(\lambda, T \mid Y_1)(y_0\ y_0), y^* \rangle = 0$（对 $y^* \in X(T, F^c)$）。

与 4°一样可定义 x^*：$\langle x, x^* \rangle = \langle R(\lambda, T \mid Y_0)y_0, y^* \rangle$，且同样可证 $x^* \in D_{T^*}$，现证 $x^* \in X(T, F^c)^{\perp}$，设 $x \in X(T, F^c)$，必有 $Y_x \in \mathrm{Inv}(T)$ 使得 $x \in Y_x$ 且 $\sigma_e(T \mid Y_x) \subset F^c \subset S^c$。命 $Y = X(T, \sigma_e(T \mid Y_x) \cup \sigma_e(T \mid Y_1))$，但 $\sigma_e(T \mid Y_x) \cup \sigma_e(T \mid Y_1) \subset F^c \subset S^c$，故 $Y \in SM_e(T)$，$\sigma_e(T \mid Y) \subset F^c$ 且 $x \in Y_x \subset Y$，$y_1 \in Y_1 \subset Y$。显然也有 $y_0 \in Y \subset X(T, F^c)$。但 $y_0 = (\lambda - T)R(\lambda, T \mid Y_0)y_0 \in Y$。若 $\lambda \in \sigma(T \mid Y)$，由于极大谱子空间 Y 是 T 吸收的。立知 $R(\lambda, T \mid Y_0)y_0 \in Y \subset X(T, F^c)$。若 $\lambda \in \rho(T \mid Y)$，那么 $\lambda \in \rho(T \mid Y) \cap \rho(T \mid Y_0)$。当 $\mu \in \rho(T \mid Y) \cap \rho(T \mid Y_0)$ 时，$(\mu - T)R(\mu, T \mid Y)y_0 = (\mu - T)R(\mu, T \mid Y_0)y_0 = y_0$。但 $\rho(T \mid Y_0) \cap S = \varnothing$，故 T 在 $\rho(T \mid Y_0) \cap \rho(T \mid Y)$ 上有 $SVEP$。所以 $R(\mu, T \mid Y_0)y_0 = R(\mu, T \mid Y)y_0 \in Y \subset X(T, F^c)$，又得 $R(\lambda, T \mid Y_0)y_0 \in X(T, F^c)$。这就证明了 $x^* \in X(T, F^c)^{\perp}$。这样一来，5°亦证完。综合 1°—5°，定理的第一个结论证毕。

现证定理的第二个结论，即证 $X(T \mid F^c)^{\perp} = X^*(T^*, F)$。由(i)，已知 $\sigma_e(T^* \mid X(T, F^c)^{\perp}) \subset F$，故 $X(T, F^c)^{\perp} \subset X^*(T, F)$。现证反面，任取 $x^* \in X^*(T^*, F)$，$x \in X(T, F^c)$，我们来证明 $\langle x, x^* \rangle = 0$。因 $x^* \in X^*(T, F)$，故存在 $Y^* \in \mathrm{Inv}(T^*)$，使得 $x^* \in Y^*$ 且 $\sigma_e(T^* \mid Y^*) \subset F$。同理存在 Y 使得 $x \in Y$ 且 $\sigma_e(T \mid Y) \subset F^c$。易知 $\mu(T^* \mid Y^*)$ 与 $\rho(T \mid Y)$ 的交集非空，其并集覆盖 C。命

$$f(\lambda) = \begin{cases} \langle R(\lambda, T \mid Y)x, x^* \rangle & \text{当 } \lambda \in \rho(T \mid Y) \text{ 时}, \\ \langle x, R(\lambda, T^* \mid Y^*)x^* \rangle & \text{当 } \lambda \in \rho(T^* \mid Y^*) \text{ 时。} \end{cases}$$

当 $\lambda \in \rho(T^* \mid Y^*) = \rho(T \mid Y)$ 时，$\langle R(\lambda, T \mid Y)x, x^* \rangle = \langle R(\lambda, T \mid Y)x, (\lambda - T^*)R(\lambda, T^* \mid Y^*)x^* \rangle = \langle (\lambda - T)R(\lambda, T \mid Y)x, R(\lambda, T^* \mid Y^*)x^* \rangle = \langle x, R(\lambda, T^* \mid Y^*)x^* \rangle$。故定义合理。$f(\lambda)$ 在 C 上单值解析。λ 是 f 的零点，故 $f(\lambda) = 0$。任取 $\lambda_0 \in \rho(T \mid Y) \cap \rho(T^* \mid Y^*)$，将有 $(\lambda_0 - T^*)x^* \in Y^*$，故 $\lambda \in \rho(T^* \mid Y^*)$ 时，有 $\langle x, R, (\lambda, T^* \mid Y^*)(\lambda_0 - T^*)x^* \rangle = 0$，特别地当 $\lambda = \lambda_0$ 时即得 $\langle x, x^* \rangle = 0$。第二个结论证毕。这就完成了定理 1 的证明。

现在我们来讨论 S-可分解算子的对偶定理。若 T 是 S-可分解，则 T^* 必 S-可分解[3]，但反过来尚未见研究。王声望在[1]中给出了一个比较深刻的方法，得出了 T^* 可分解导致 T 可分解的条件。这里，我们用定理 1 的结果，采取[1]的方法，得到 T^* 为 S 分解与 T 为 S-可分解之间的联系。我们引用一些记号[1]。设 X 为复 Banach 空间，它的 n 次共轭空间记为 X^{n*}，记 τ 为 X 到 X^{2*} 中的自然嵌入，τ_1 为 X^* 到 X^{3*} 中的自然嵌入。由[1]可知 $X^{3*} = \tau_1 X^* \oplus (\tau X)^{\perp}$。记 P 为自 X^{3*} 沿 $(\tau X)^{\perp}$ 方向到 $\tau_1 X^*$ 上的投影。

定理 2 设 $T \in C(X)$，T^*，T^{2*}，T^{3*} 都存在。设 T^* 是 S-可分解的，其中 $S \subset \sigma_e(T^*) = \sigma_e(T)$ 是闭集。设 F 也是闭集且满足如下条件：(i) $F \supset S$ 或 $F \cap S = \varnothing$。(ii) F 有界或 F^c 有界，那么 $X^*(T^*, F)$ 按 $\omega(X^*, X)$ 拓扑是闭的。

证 由[3], T^{2*}, T^{3*} 也是 S -可分解。由定理 1 知: $X^{3*}(T^{3*}, F)=X_{T^*}^{2*}(F^c)^{\perp}$, 故按 $\omega(X^{3*}, X^{2*})$ 闭。由前引结果([7] 定理 2), $X^{3*}(T^{3*}, F)\in SM_e(T^{3*})$。$P$ 和 T^{3*} 可交换[1]。故 $X^{3*}(T^{3*}, F)\in \mathrm{Inv}(P)$。今若 $F\supset S$, 则 $X^{3*}(T^{3*}, F)=X_{T^*}^{3*}(F)$[7]。于是 $x^*\in X^*(T^*, F)\Leftrightarrow\sigma_e(x^*, T^*)\subset F\Leftrightarrow\sigma_e(\tau_1 x^*, T^{3*})\subset F\Leftrightarrow\tau_1 x^*\in X_{T3*}^{3*}(F)\cap PX^{3*}=PX_{T^{3*}}^{3*}(F)=PX^{3*}(T^{3*}, F)$。故 $\tau_1 X^*(T^*, F)=PX^{3*}(T^{3*}, F)$。又若 $F\cap S=\varnothing$, 记 $Y_1=X^*(T^*, F\cup S)$, $Z_1=X^*(T^*, F)$, $W_1=X^*(T^*, S)$, $Y_3=X^{3*}(T^{3*}, F\cup S)$, $Z_3=X^{3*}(T^{3*}, F)$, $W_3=X^{3*}(T^{3*}, S)$。那么 $Y_1=Z_1\oplus W_1$, $Y_3=Z_3\oplus W_3$, 且 $\tau_1 Y_1=PY_3$, $\tau_1 W_1=PW_3$, 显然 $\tau_1 Y_1=\tau_1 Z_1\oplus\tau_1 W_1$, 因而有 $PY_3=\tau_1 Z_1\oplus PW_3$。另一方面 Y_3, Z_3, W_3 均属于 $\mathrm{Inv}(P)$, 故 $PY_3=PZ_3\oplus PW_3$。又 $\tau_1 T^*|_{z_1}=T^{3*}\tau_1|_{z_1}$, 故 $\sigma_e(T^{3*}\mid\tau_1 Z_1)=\sigma_e(T^*\mid Z_1)\subset F$, 因而 $\tau_1 Z_1\subset X^{3*}(T^{3*}, F)=Z_3$, 故 $\tau_1 Z_1\subset PZ_3$。由上面诸结果, 可知 $\tau_1 Z_1=PZ_3$, 即 $\tau_1 X^*(T^*, F)=PX^{3*}(T^{3*}, F)$。这样由[1]引理 1, 不论 $F\supset S$ 或 $F\cap S=\varnothing$, 均得 $X^*(T^*, F)$, 按 $\omega(x^*, x)$ 拓扑闭, 证完。

定理 3 设 $T\in C(X)$, T, T^*, T^{2*} 均稠定, S 是含于 $\sigma_e(T)$ 中的闭集。如果 T^* 是 S -可分解算子, 那么 T 也是 S -可分解算子。

证 令开集 $G_0\supset S$, $\bar{G}_1$ 与 S 不相交, 且 $\{G_0, G_1\}$ 是 $\sigma_e(T)$ 的开覆盖。不妨设 G_0, G_1 中有一个有界, 另一个为 ∞ 的开邻域, 命 $K_i=G_i^c$, 于是 K_1 的内部 $K_1^1\supset S$, $K_0\cap S=\varnothing$, $K_0\cap K_1\sigma_e(T)=\varnothing$。还不妨设 $K_0^1\neq\varnothing$, $K_1^1\neq\varnothing$。由于 T^* 是 S 可分解的, 故 $X^*(T^*, K_0\cup K_1)$, $X^*(T^*, K_0)$, $X^*(T^*, K_1)$ 都属于 $SM_e(T^*)$[7], 并且 $X^*(T^*, K_0\cup K_1)=X^*(T^*, K_0)\oplus X^*(T^*, K_1)$。令 $Y_i={}^{\perp}X^*(T^*, K_i)$。虽然 $Y_i\in\mathrm{Inv}(T)$, 由定理 2, $X^*(T^*, K_i)$ 按 $\omega(X^*, X)$ 闭, 故有 $Y_i^1=X^*(T^*, K_i)$, $i=0$, 1。我们来验证 Y_0+Y_1 在 X 中稠, 事实上, 这可从 $Y_0^{\perp}\cap Y_1^{\perp}=X^*(T^*, K_0)\cap X^*(T^*, K_1)=X^*(T^*, K_0\cap K_1\cap\sigma_e(T^*))=\{0\}$ 得出。另一方面, 已证 $X^*(T^*, K_0\cup K_1)=X^*(T^*, K_0)\oplus X^*(T^*, K_1)=Y_0^{\perp}+Y_1^{\perp}$, 故 $Y_0^{\perp}+Y_1^{\perp}$ 是闭的。由 Kato 定理[8] 知 Y_0+Y_1 闭, 因而 $X=Y_0+Y_1$。

今设 G_1 有界, 则 $K_1=G_1^c$ 为 ∞ 的邻域, $K^I\supset S$, 由[1]的引理 6, $Y_1\subset D_T$。现证 $T\mid Y_0$ 稠定, 设 $x\in Y_0$, 则有 $x_n\in D_T$, $x_n\to x$。不妨设 $\|x_{n+1}-x_n\|\leqslant\frac{1}{2^n}$, 因 $X=Y_0+Y_1$, 故存在 $M>0$, 以及 $y_n^{(0)}\in Y_0$, $y_n^{(1)}\in Y_1$, $x_1^{(0)}\in Y_0$, $x_1^{(1)}\in Y_1$, 使得 $x_1=x_1^{(0)}+x_1^{(1)}$, $x_{n+1}-x_n=y_n^{(0)}+y_n^{(1)}$ 且 $\|y_n^0\|+\|y_n^1\|\leqslant M\|x_{n+1}-x_n\|\leqslant M/2^2$。记 $x^{(0)}=x_1^{(0)}+\sum y_n^{(0)}\in Y_0$, $x^{(1)}=x_1^{(1)}+\sum y_n^{(1)}\in Y_1\subset D_T$, $x=x^{(0)}+x^{(1)}$, 故 $x^{(1)}=x-x^{(0)}\in Y_0\cap D_T$。命 $x_n'=x_1^{(0)}+x^{(1)}+\sum_{i=1}^{n}y_i^{(0)}$, 则 $x_n'\in Y_0\cap D_T$, $x_n'\to x$。因而 $T\mid Y_0$ 稠定。以下证 $(T^*)^{X^*(T^*, K_0)}$、$(T^*)^{X^*(T^*, K_0)}$ 是闭算子。已设 $K_0^I\neq\varnothing$, $K_1^I\neq\varnothing$, 取 H_0 使得

$H_0 \cup K_0^I \supset \sigma_e(T^*) = \sigma_e(T)$。若 K_0 为∞邻域,取 H_0 为有界开集。若 K_0 有界,则取 H_0 为∞邻域。由于 T^* 是 S-可分解,故

$$X^* = X(T^*, \bar{H}_0) + X^*(T^*, K_0)。$$

若 K_0 有界,则 $X^*(T^*, K_0) \subset D_T$。然而我们有

$$\sigma_e(T^* \mid X^*(T^*, \bar{H}_0)) \cup \sigma_e(T^* \mid X^*(T^*, K_0) \cap X^*(T^*, \bar{H}_0)) \subset$$

$$\sigma_e(T^* \mid X^*(T^*, \bar{H}_0)) \cup \sigma_e(T^* \mid X^*(T^*, K_0 \cap \bar{H}_0)) \subset \bar{H}_0 \cup (K_0 \cap \bar{H}_0) \subset \bar{H}_0。$$

故由[1]引理 4 知$(T^*)^{X^*(T^*, K_0)}$是闭算子。当 H_0 有界时 $X^*(T^*, \bar{H}_0) \subset D_{T^*}$,仍由[1]引理 4 知$(T^*)^{X^*(T^*, K)}$闭且有界。

容易证明它们分别在 $X^*/Y_0^\perp$ 和 $X^*/Y_1^\perp$ 上稠定,这只要注意 $Y_i^\perp = X^*(T^*, K_i)$,$i=0, 1$,当 T 是闭算子,$Y \in \mathrm{Inv}(T)$ 且 T^y 也是 X/Y 上闭算子时,由 T 稠定可知 T^y 也稠定。现在如果能证明$(T \mid Y_i)^*$ 与$(T^*)^{Y_i^\perp}$ $(i=0, 1)$ 相似。则由[7] 的定理 11,可知 $\sigma_e(T \mid Y_i) = \sigma_e((T \mid Y_i)^*) = \sigma_e((T^*)^{Y_i^\perp} = \overline{\sigma_e(T^*) \backslash \sigma_e(T^* \mid Y_i)} \subset \sigma_e(T)/(\bar{G}_i)^c \subset G_i$,$i=0, 1$,也就证明了定理 3。

我们来证$(T \mid Y_i^*)$与$(T^*)^{Y_i^\perp}$ 相似。因 $Y_i^* \cong X^*/Y_i^\perp$,对任何 $x^* \in X^*$,$J_i[x^*]_{Y_i^\perp} = x^* \mid Y_i$ 是等距同构,$i=0, 1$,若$[x^*]_{Y_i^\perp}$ 在$(T^*)^{Y_i^\perp}$ 的定义域中,不妨设 $x^* \in D_{T^*}$,那么对任何 $y \in Y_i \cap D_T$,有 $|\langle (T \mid Y_i)y, J_i[x^*]_{Y_i^\perp} \rangle| = |\langle (T \mid Y_i)y, x^* \mid Y_i \rangle| = |\langle Ty, x^* \rangle| = |\langle y, T^*x^* \rangle| \leqslant A \| y \|$。因此 $J_i[x^*]_{Y_i^\perp}$ 在$(T \mid Y_i)^*$ 的定义域内。这样一来,对任意的 $y \in Y_i \cap D_T$,我们有

$$\langle y, (T \mid Y_i)^* J_i[x^*]_{Y_i^\perp} \rangle = \langle Ty, J_i[x^*]_{Y_i^\perp} \rangle = \langle Ty, x^* \rangle,$$

$$\langle y, J_i(T^*)^{Y_i^\perp}[x^*]_{Y_i^\perp} \rangle = \langle y, J_i[T^*x^*]_{Y_i^\perp} \rangle = \langle Ty, x^* \rangle。$$

因此 $(T \mid Y_i)^* J_i = J_i(T^*)^{Y_i^\perp}$,对一切$[x^*]_{Y_i^\perp} \in D_{(T^*)^{Y_i^\perp}}$ 都成立。反之,可证对一切 $x^* \in X^*$ 且有 $x^* \mid Y_0 \in D_{T(Y_0)}$,必有 $x^* \in D_{T^*}$,即$[x^*]_{Y_i^\perp} \in D_{(T^*)^{Y_i^\perp}}$。事实上,对任意的 $y_0 \in Y_0 \cap D_T$,有 $|\langle Ty_0, x^* \rangle| \leqslant M \| y_0 \|$ (M 为正常数)。再由逆算子定理,知有 $y_i \in Y_i$ 使 $x = y_0 + y_1$,$\| y_0 \| + \| y_1 \| \leqslant M' \| x \|$ (M' 是正常数)。若 $x \in D_T$,因 $Y_1 \subset D_T$ 故 $y_0 \in Y_0 \cap D_T$。于是 $|\langle Tx, x^* \rangle| \leqslant |\langle Ty_0, x^* \rangle| + |\langle Ty_1, x^* \rangle| \leqslant M \| y_0 \| + \| T \mid Y_1 \| \| y_1 \| \| x^* \| \leqslant (M + \| T \mid Y_1 \| \| x^* \|) M' \| x \|$ 这说明 $x \in D_{T^*}$。因而证明了$(T \mid Y_0)^*$ 与$(T^*)^{Y_0^\perp}$ 相似。再证$(T \mid Y_1)^*$ 与$(T^*)^{Y_1^\perp}$ 相似。由于 $Y_1 \subset D_T$,故 $T \mid Y_1$ 和$(T \mid Y_1)^*$ 均有界。对任意$[x^*]_{Y_1^\perp} \in D_{(T^*)^{Y_1^\perp}}$,有 $\| (T^*)^{Y_1^\perp} [x^*]_{Y_1^\perp} = \| (T \mid Y_1)^* J_1[x^*]^\perp \| \leqslant \| T \mid Y_1 \| \| [x^*]_{Y_1^\perp} \|$。但$(T_1^*)^{Y_1^\perp}$ 闭且在 $X^*/Y_1^\perp$ 上稠定,故$(T^*)^{Y_1^\perp}$ 有界,即 $D_{(T^*)^{Y_1^\perp}} = X^*/Y_1^\perp$,于是证明了$(T \mid Y_1)^*$ 与

$(T^*)^{Y_1^{\perp}}$ 相似。定理3证毕。这样我们在一些假定下，得到了$(T \mid Y_1)^*$ 的可解性能蕴涵 T 的 s 可解。至于反过来，T 为 S-可分解 Y 的问题，F.H.Vasilescu 在1971年已解决[3]。不过[3]中定义的 T 的不变子空间必须包含在定义域 D_T 内，而我们只要求 $T(Y \cap D_T) \subset Y$，Y 不一定包含在 D_T 内。虽然作了这一变动，但上述的结论仍正确，证明也不难，因而就省略了。总之，我们已经完整地建立了 S 可分解算子的对偶理论。

参考文献

[1] 王声望.I. Erdelyi.闭算子的谱对偶定理(Ⅲ)[J].中国科学.A辑，1985(6)：525—529.

[2] F-H. Vasilescu, Residuslly decomposable operator in Banach Spaces. Tokoku. Math. J. 21 (1969), 509—552.

[3] F-H. Vasilescu, On the residuum decomposibility in dual space. Rev. Roum. Math. pures et Appl., 16(1971), 1573—1587.

[4] B. Nagy, A Spectral residuum for each closed operator. Topics in mordern operator theorey, 1981.

[5] I. Bacarn, On the restrictions and quotions of s decomposable operators, Bull. Math. Soc. Ser. th. Roam. 20(1976).

[6] I. Erdelyi and R, Lange, Spectral Decompositions on the Banach Spaces, Springer-Verlay. 1977.

[7] 王漱石，张奠宙.S-可分解算子的一些性质[J].华东师范大学学报(自然科学版)，1984(4).

[8] T. Kato Perturbation Theorey for Linear Operators, Springer-Verlay.

Some Results on the Joint Spectrum for n-Tuple of Linear Operators①

张奠宙

If A_1, A_2, ..., A_n are mutually commuting linear operators on Hilbert space H, then the joint spectrum $\mathrm{Sp}(A)$ for n-tuple $A=(A_1, A_2, \dots, A_n)$ can be defined in terms of the Kaszul complex by Taylor, J.L.[1]. Since 1982, we have tried to generalize the results on the spectrum properties of a single operator to the case of joint spectrum for n-tuple of linear operators [2]. This article is a ten years survey for this subject.

1 An n-tuple of hypo-normal operators

If $A \in B(H)$ and $A^*A - AA^* \geqslant 0$, we say A is hyponormal. An n-tuple of operators will be said to be double commuting, if $A_iA_j = A_jA_i$ and $A_iA_j^* = A_j^*A_i$, $i \neq j$, $i, j = 1, 2, \dots, n$. We shall say that a point $z=(z_1, z_2, \dots, z_n)$ of C^n belongs to the joint approxiamate spectrum $\sigma_\pi(A)$, if there exists a sequence $x_k \in H$, $\|x_k\|=1$, such that

$$\|(A_i - z_i)x_k\| \to 0,\ k \to \infty.$$

Theorem 1.1 If $A=(A_1, A_2, \dots, A_n)$ is a double commuting n-tuple of hyponormal operators, then its joint spectrum has a Cartesian decomposition, i.e.

$$\mathrm{Re}(\mathrm{Sp}(A)) = \mathrm{Sp}(\mathrm{Re}\,A),\ \mathrm{Im}(\mathrm{Sp}(A)) = \mathrm{Sp}(\mathrm{Im}\,A),$$

and

$$\mathrm{Re}(\sigma_\pi(A)) = \sigma_\pi(\mathrm{Re}\,A),\ \mathrm{Im}(\sigma_\pi(A)) = \sigma_\pi(\mathrm{Im}\,A).$$

We denote the product spectral measure of $\mathrm{Re}\,A=(\mathrm{Re}\,A_1, \mathrm{Re}\,A_2, \dots, \mathrm{Re}\,A_n)$ by $E=\prod_{i=1}^{n} E_i$. Let $\Delta = \prod_{i=1}^{\infty} \Delta_i$, where Δ_i is an interval in $\mathbb{R}$, $D_\Delta = \{(x_1+iy_1, x_2+iy_2, \dots x_n+iy_n) \in \mathbb{C}^n, (x_1, x_2, \dots, x_n) \in \Delta\}$; $H_\Delta = E(\Delta)H$; $A_\Delta = (A_{1\Delta}, A_{2\Delta}, \dots, A_{n\Delta})$;

---

① 署名：Dianzhou Zhang, Department of Mathematics, East China Normal University, Shanghai.
发表：Functional Analysis in China, Kluwer Academic Pubtication, 1996, 250—257.

$A_{k\Delta} = E(\Delta)A_k|_{H(\Delta)}$, $k = 1, 2, \ldots, n$.

Theorem 1.2. If $A = (A_1, A_2, \ldots, A_n)$ is a double commuting n-tuple of hyponormal operators, then

1. $\sigma_p(A_\Delta) = \sigma_p(A) \cap D_\Delta$;
2. $\mathrm{Sp}(A_\Delta) \subset \overline{D}_\Delta$;
3. $\sigma_\pi(A_\Delta) \cap D_\Delta = \sigma_\pi(A) \cap D_\Delta$;
4. $\sigma_r(A_\Delta) \cap D_\Delta = \sigma_r(A) \cap D_\Delta$, $(\sigma_r(A) = \sigma_\pi(A^*))$;
5. $\mathrm{Sp}(A_\Delta) \cap D_\Delta = \mathrm{Sp}(A) \cap D_\Delta$.

The proof of the above theorems can be found in [3].

According to Xia's work [4], any hyponormal operator has a symbol operator A:

$$A_\pm = s - \lim_{t \to \pm\infty} e^{itX} A e^{-itX}, \text{ where } A = X + iY.$$

If $A = (A_1, A_2, \ldots, A_n)$ is a double commuting n-tuple of hyponormal operators, we will call $A^K = (A_1^K, A_2^K, \ldots, A_n^K)$, where $K = (k_1, k_2, \ldots, k_n)$, $0 \leqslant k_i \leqslant 1$, $A_i^K = k_i A_i^+ + (1 - k_i)A_i^-$ the generalized symbol operator of n-tuple A. Then we have

$$\mathrm{Sp}(A) = \bigcup_K \mathrm{Sp}(A^K).$$

We also consider the joint spectrum for an n-tuple of subnormal operators. If $S = (S_1, S_2, \ldots, S_n)$ is an n-tuple of subnormal operators, and there is a minimum commuting normal extension $N = (N_1, N_2, \ldots, N_n)$ which acts on $K \supset H$, then

$$\mathrm{Sp}(N, K) \subset \mathrm{Sp}(S, H).$$

2 Functional model [5]

Let $T = (T_1, T_2, \ldots, T_n) = (X_1 + iY_1, X_2 + iY_2, \ldots, X_n + iY_n)$ be an n-tuple of linear operators, $\Delta_j = \sigma(X_j)$, $\Delta = \Delta_1 \times \Delta_2 \times \ldots \times \Delta_n$, $\Omega = (\Delta, \boldsymbol{B}_\Delta, \mu)$, and D be a Hilbert space. If R is a map from Δ to $L^2(D)$, then we can define an operator $\hat{R}$ on $L^2(\Omega) \otimes D$:

$$\hat{R}f(x) = R(x) \cdot f(x),\ x \in \Delta.$$

We consider $\widetilde{H} = \hat{R}(L^2(\Omega) \otimes D)$. If the j-th component of measure μ is the Lebesgue measure, then we can define an operator P_j on H, $x = (x_1, x_2, \ldots, x_n) \in \Delta$:

$$(P_j f)(x) = \lim_{\varepsilon \to 0} \frac{1}{2\pi i} \int_{-\infty}^{\infty} \frac{f(x_1, \ldots, s_j, \ldots x_n)}{x_j - (s_j + i\varepsilon)} ds_j,$$

$\hat{x}_j$ being also an operator on $\hat{H}$: $(\hat{x}_j f)(x) = x_j \cdot f(x)$, $j = 1, 2, \ldots, n$.

Theorem 2.1 T is a double commuting n-tuple of hyponormal operators if and only if

1. There exist a decomposition $H = \oplus H_\sigma$ and a Hilbert space $\widetilde{H} = \oplus \widetilde{H}_\sigma$, $\widetilde{H}_\sigma = (\hat{R}_\sigma(L^2(\Omega_\sigma) \otimes D_\sigma)$, $\Omega_\sigma = ((\Delta, \boldsymbol{B}_\Delta), \mu_\sigma)$. The j-th component of μ_σ is the Lebesgue measure if $\sigma \in N_K^+ = \{(\varepsilon_1, \varepsilon_2, \ldots, \varepsilon_n) \mid \varepsilon_j = 1\}$. In addition, there is a unitary operator $W = \oplus W_\sigma$ from H onto $\widetilde{H}$.

2. There exists a measurable function $\alpha_j^\sigma(\cdot)$ with unitary bounded operator-value. $\alpha_j^\sigma(\cdot) = 0$ if $\sigma \in N_j^- = \{(\varepsilon_1, \varepsilon, \ldots, \varepsilon_n) \mid \varepsilon_j = -1\}$; $\alpha_j^\sigma(\cdot)$ is independent of x_k if $\sigma \in N_j^+ (k \neq j)$.

Let $\alpha_j(\cdot) = \oplus \alpha_j^\sigma(\cdot)$, $\beta_j(\cdot) = \oplus \beta_j^\sigma(\cdot)$, $R(\cdot) = \oplus R_\sigma(\cdot)$, $D = \oplus D_\sigma$. We have

$$
\begin{aligned}
&R(\cdot)\alpha_j(\cdot) = \alpha_j(\cdot)R(\cdot) = \alpha_j(\cdot),\\
&R(\cdot)\beta_j(\cdot) = \beta_j(\cdot)R(\cdot) = \beta_j(\cdot),\\
&\alpha_j(\cdot)\alpha_k(\cdot) = \alpha_k(\cdot)\alpha_j(\cdot),\\
&\beta_j(\cdot)\beta_k(\cdot) = \beta_k(\cdot)\beta_j(\cdot),\\
&\alpha_j(\cdot)\beta_k(\cdot) = \beta_k(\cdot)\alpha_j(\cdot),\ (j \neq k),\\
&\alpha_j(\cdot) \geqslant 0,\ \beta_j(\cdot) \geqslant 0,
\end{aligned}
$$

such that

$$WT_jW^{-1} = \hat{x}_j + i(\hat{\alpha}_j P \hat{\alpha}_j + \hat{\beta}_j),\ j = 1, 2, \ldots, n.$$

3 Mosiac functions and principal functions [5]

Theorem 3.1 If $T = (T_1, T_2, \ldots, T_n)$ is a double commuting n-tuple of hyponormal operators, then there is a bounded operator-valued measurable function $B(x, y)$ (Mosiac function of T), $x = (x_1, x_2, \ldots, x_n)$, $y = (y_1, y_2, \ldots, y_n)$, which has a compact support, and $0 \leqslant B(x, y) \leqslant I$. For any $z_i \notin \sigma(\hat{\beta}_j)$, $j = 1, 2, \ldots, n$, we have

$$\ln(1 + \alpha_j(x)(\beta_j(x) - z_j)^{-1}\alpha_j(x)) = \int \frac{B(x, y)}{\prod_{j=1}^{n}(y_j - z_j)} dy.$$

In addition, for any bounded continuous function $\psi(y)$ on Sp(Y), we have

$$\int \psi(y)B(x, y)dy = \alpha(x)\int \psi(\beta_1(x) + k_1\alpha_1^2(x), \ldots, \beta_n(x) + k_n\alpha_n^2(x))dk \cdot \alpha(x),$$

where $I^n = [0.1] \times \ldots \times [0, 1]$, $dk = dk_1 \ldots dk_n$, $\alpha(x) = \alpha_1(x) \ldots \alpha_n(x)$.

Theorem 3.2 If $T=(T_1, T_2, \ldots, T_n)$ is a double commuting n-tuple of hyponormal operators, the essential support of the Mosiac function is $D(T)$, then we have $D(T) \subset \mathrm{Sp}(T)$; moreover, if T is also a complete non-normal n-tuple of operators, then

$$D(T)=\mathrm{Sp}(T).$$

Theorem 3.3 If T is a double commuting n-tuple of hyponormal operators, then

$$\left\| \prod_{j=1}^{n} [T_j^*, T_j] \right\| \leqslant \left(\frac{1}{\pi}\right)^n m(\mathrm{Sp}(T)),$$

where $[T_j^*, T_j]=T_j^* T_j - T_j T_j^*$, $j=1, 2, \ldots, n$, and m is the Lebesgue measure.

This is a generalized Putnam inequality in the case of n-tuple of operators.

Now we can define the principal function of a double commuting n-tuple of hyponormal operators:

$$g(x, y)=trB(x, y),$$

where $B(x, y)$ is the Mosiac function.

Theorem 3.4 If $T=(T_1, T_2, \ldots, T_n)$ is a double commuting n-tuple of hyponormal operators and T is joint approximate normal (i.e. $[T_j^*, T_j]$ is an operator of trace class), then we get

$$\mathrm{tr} \prod_{j=1}^{n} [P_j, Q_j]=\left(\frac{1}{2\pi i}\right)^n \int J(P_1, Q_1, \ldots, P_n, Q_n) g(x, y) dxdy$$

for any polynomials in two elements $P_1, Q_1, \ldots, P_n, Q_n$.

Finally, we can get similar results in the case of n-tuple of double commuting semihyponormal operators [5].

4 Joint essential spectrum and index [11]

Let $A=(A_1, A_2, \ldots, A_n)$ be a commuting n-tuple of linear operators on a Banach space X, $E(X, A)$ be the Koszul complex introduced by A, its boundary operators being d_k, $k=1, 2, \ldots, n$. If for every k, $\mathrm{Im}\, d_k$ is closed, and $\dim(\mathrm{Ker}\, d_{2k}/\mathrm{Im}\, d_{2k-1}) < \infty$ or $\dim(\mathrm{Ker}\, d_{2k+1}/\mathrm{Im}\, d_{2k}) < \infty$, $k=1, 2, \ldots, n$, then we call A an n-tuple of semi-Fredholm operators, and $\sum(-1)^{k+1} \dim(\mathrm{Ker}\, d_k/\mathrm{Im}\, d_{k-1})$ the index of A. In particular, if $\dim(\mathrm{Ker}\, d_k/\mathrm{Im}\, d_{k-1}) < \infty$, $k=1, 2, \ldots, n$, we say that A is an n-tuple of Fredholm operators.

We denote all Fredholm operators by $\mathcal{F}$, and the joint essential spectrum of an n-

tuple of linear operators by $\mathrm{Sp}_e(A)$:

$$\mathrm{Sp}_e(A)=\{(z_1, z_2, \ldots, z_n)\in \mathbb{C}^n: (z_1-A_1, \ldots, z_n-A_n)\notin \mathcal{F}\}.$$

In this paragraph, we will discuss the joint essential spectrum for tensor product of several n-tuples of operators.

Theorem 4.1 Let X, Y be Banach spaces, $A=(A_1, A_2, \ldots, A_n)$ be a commuting n-tuple of linear operators, and

$$\hat{A}_i=A_i\otimes I\in L(X\hat{\otimes}Y),\ \hat{A}=(\hat{A}_1, \ldots, \hat{A}_n).$$

The we have

$$\mathrm{Sp}(\hat{A}, X\hat{\otimes}Y)=\mathrm{Sp}(A).$$

In general, if X_i are Banach spaces, $T_i\in L(X_i)$, $i=1, 2, \ldots, n$, $X=X_1\otimes X_2\otimes\ldots\otimes X_n$, $\hat{T}_i=I\otimes\ldots\otimes I\otimes T_i\otimes\ldots\otimes I$, $\hat{T}=(\hat{T}_1, \ldots, \hat{T}_n)$, then

$$\mathrm{Sp}(\hat{T}, X)=\mathrm{Sp}(T_1, X_1)\times\ldots\times \mathrm{Sp}(T_n, X_n).$$

Furthermore, we have

$$\mathrm{Sp}_e(\hat{T}, X)=\bigcup_{j=1}^{\infty}(\mathrm{Sp}(T_1, X_1)\times\ldots\times \mathrm{Sp}_e(T_j, X_j)\times\ldots\times \mathrm{Sp}(T_n, X_n)).$$

In the case of Hilbert space, we get

Theorem 4.2 If $A=(A_1, A_2, \ldots, A_n)$ and $B=(B_1, B_2, \ldots, B_n)$ are the commuting n-tulpes of linear operators acting on Hilbert spaces H and K respectively, then

$$\mathrm{Sp}(A\otimes I, I\otimes B)=\mathrm{Sp}(A)\times \mathrm{Sp}(B),$$
$$\mathrm{Sp}_e(A\otimes I, I\otimes B)=(\mathrm{Sp}_e(A)\times \mathrm{Sp}(B))\cup(\mathrm{Sp}(A)\times \mathrm{Sp}_e(B)),$$

and if A and B are Fredholm n-tuples, we will have

$$\mathrm{Ind}(A\otimes I, I\otimes B)=-\mathrm{Ind}\,A\cdot \mathrm{Ind}\,B.$$

We can prove this theorem by using Curto's matrix [16].

This result can be generalized to the case of a resolvable algebra [2] [5].

5 Unbounded operators

The joint spectrum for an n-tuple of unbounded operators has been defined by Eschmier [6] in the case of $\rho(A)=\varnothing$, i.e. every operator A has a non-empty resolvent set. We will give another definition of joint spectrum for an n-tuple of unbounded operators without the condition $\rho(T)\neq\varnothing$ [7].

Let $A = (A_1, A_2, \dots, A_n)$ be an n-tuple of dense defined closed operators on Hilbert Space H. We set $D_0 = H$, and $D_{j_1 \dots j_p} = \{x \in \bigcap_{i=1}^{p} D(A_{j_i}), A_{j_i}(x) \in D_{j_1 \dots \hat{j_i} \dots j_p}\}$, $j_1 < j_2 < \dots < j_p$. Similarly, we can define $D^*_{j_1 \dots j_p}$ for $A^* = (A_1^*, \dots, A_n^*)$.

Now, we will say A is commuting, if

(1) $A_i A_j x = A_j A_i x$, for $x \in D(A_i A_j) \cap D(A_j A_i)$,

(2) $\overline{D_{1,2,\dots,n} \cap D^*_{1,2,\dots,n}} = H$.

Let $E_p^n(A, H) = \oplus_{j_1, \dots, j_p} D j_1, \dots, j_p \otimes (S_{j_1} \wedge S_{j_2} \wedge \dots \wedge S_{j_p})$, $E_p^n(A, H)$ be dense in $E_p^n(H)$,

$$d_p(A)(xS_{j_1} \wedge S_{j_2} \wedge \dots \wedge S_{j_p}) = \sum_{i=1}^{n} (-1)^{i-1} A_{j_1} x S_{j_1} \wedge \dots \wedge S_{j_i} \wedge \dots \wedge S_{j_p}.$$

Then we will call $\{E_p^n(A, H), d_p(A)\}$ a Koszul chain complex introduced by the n-tuple A.

Definition If $\{D(\bar{d}_p), \bar{d}_p\}$ is an exact chain complex, then we will say $A = (A_1, \dots, A_n)$ is regular. For any $z = (z_1, \dots, z_n)$, if $z - A = (z_1 - A_1, \dots, z_n - A_n)$ is not regular, we say z is a point of the joint spectrum of A: $z \in \mathrm{Sp}(A)$.

Theorem 5.1 We have

(1) A is regular if and only if A^* is regular.

(2) A is regular if and only if for any p, the operator $d_p^* \bar{d}_p + \bar{d}_{p+1} d_{p+1}^*$ has a bounded inverse in $E_p^n(H)$.

(3) $\mathrm{Sp}(A)$ is a closed set in $\mathbb{C}^n$.

(4) If $A = (A_1, \dots, A_n)$ is an n-tuple of unbounded normal operators, the spectral measures $\{E_i\}$ are commutative, i.e. $E_i E_j = E_j E_i$, $i \neq j$. Then

$$\mathrm{Sp}(A) = \mathrm{Supp}\ E, \text{ where } E = \prod_{i=1}^{n} E_i.$$

As is well known, the Banach algebra and C^* algebra play a great role in the spectral theory of linear bounded operators. However, for an unbounded operator, we have to be aided by the GB^* algebra and EC# algebra [9] [10].

Let $A = (A_1, \dots, A_n)$ be a commuting n-tuple of unbounded operators with spectral measure $E = \prod_{i=1}^{n} E_i$, and the family $\mathcal{F} = \{f(z): f$ is a continuous function on Supp $E\}$, the operator $E(f) = \int_{\mathrm{Supp} f} f(z) \cdot dE(z)$ have its domain $D(E(f))$, $D = \bigcap_{f \in \mathcal{F}} D(E(f))$.

Theorem 5.2 We have [8]

(1) D is dense in H;

(2) D is an invariant subspace of every $E(f)$, $f \in \mathcal{F}$;

(3) $\mathcal{U}=\{E(f) \mid D: f \in \mathcal{F}\}$ is a closed commuting EC# algebra;

(4) $\mathcal{A}=\{E(f), f \in \mathcal{F}\}$ is a separable (with unit element) and commuting GB^* algebra, if we introduce a matric ρ by

$$\rho(T_1, T_2)=\sum_{n=1}^{\infty} \frac{1}{2^n} \frac{\| E(\Delta_n)(T_1-T_2) \|}{1+\| E(\Delta_n)(T_1-T_2) \|},$$

where T_1, $T_2 \in \mathcal{A}$, $\{\Delta_n\}$ is a compact subset sequence which is monotonically increasing and covergent to $\mathbb{C}^n$.

If $\mathcal{A}$ is a GB^* algebra introduced by an n-tuple A, $\mathcal{A}_0$ is a subset consisting of bounded elements of $\mathcal{A}$, M_0 is the total of non-zero multiplicative linear functionals on $\mathcal{A}_0$, then we can get a theorem about the extension of multiplicative functions.

Theorem 5.3 If $\mathcal{A}$ is a commuting GB^* algebra and with a unit element, then for any multiplicative functional $\varphi \in M_0$, there is an extension φ' on $\mathcal{A}$ such that

(1) φ' is an extension of φ,

(2) φ' is a partial homomorphism, i.e.

(a) $\varphi'(\lambda x)=\lambda\varphi'(x)$ $(\lambda \in \mathbb{C}, x \in \mathcal{A})$, $0 \cdot \infty=0$;

(b) $\varphi'(x_1+x_2)=\varphi'(x_1)+\varphi'(x_2)$ (x_1, $x_2 \in \mathcal{A}$, and $\varphi'(x_1)$, $\varphi'(x_2)$ do not assume ∞ simultaneously);

(c) $\varphi'(x_1 \cdot x_2)=\varphi'(x_1) \cdot \varphi'(x_2)$ (x_1, $x_2 \in \mathcal{A}$, and do not appear in the case $0 \cdot \infty$ or $\infty \cdot 0$);

(d) $\varphi'(x^*)=\overline{\varphi'(x)}$ (letting $\overline{\infty}=\infty$).

Theorem 5.4 If $\mathcal{A}$ is a commuting GB^* algebra introduced by an n-tuple $T=(T_1, \ldots, T_n)$, φ' is the extension of a multiplicative functional φ from M_0 to $\mathcal{A}$, then we have

$$\mathrm{Sp}_E(T)=\{(\varphi'(T_1), \ldots, \varphi'(T_k), \ldots, \varphi'(T_n)): \varphi \in M_0\}.$$

Using the EC # algebra introduced by A, we can get an estimate of the joint resolvent of a normal n-tuple:

$$\mathrm{dist}(z, \mathrm{Sp}_E(A))=\| (\hat{A}-z)^{-1} \|^{-1},$$

where $(\hat{A}-z)$ is the closure of operator $(\hat{A}-z)_D$ on $H \otimes \mathbb{C}^{2n-1}$, and $(\hat{A}-z)_D$ is the Curto matrix of $(A-z)$, whose elements are restricted on D [10].

Other results we obtained are related to the elementary operators and operator equations [12], an n-tuple of contractive operators and A_{s/s_0} algebra [5], compact perturbation of joint spectrum and the joint Weyl theorem [13].

References

[1] Taylor, J.L., A joint spectrum for several commuting operators, J. Funct. Anal., 19(1975), 390—421.

[2] Zhang Dianzhou et al., Joint spectrum for n-tuple of linear operators (in Chinese), East China Normal University Press, Shanghai, (1992), 1—262.

[3] Zhang Dianzhou and Huang Danren, On the joint spectrum for n-tuple of hyponomal operators, Chinese Annals of Mathematics, 7b, 1(1986), 14—23.

[4] Xia, D., Spectral Theory of Linear Operator (I), (in Chinese), Academy Press, Beijing, 1983.

[5] Hu Shanwen, Theory of Joint Spectrum, Dissertatin, Fudan University, Shanghai, (1988).

[6] Eschmeier, J., Spektralzerlegungen und Functionakakule für vertauschende tupel stetiger und abgeschlossener Operator in Banachraumen, Schriftenreine des Mathematika, Instituts der Universität Münster, 2. serie, helf 20, Juli, (1981), 1045.

[7] Zhang Dianzhou and Wang Zongyao, Talor joint spectrum for n-tuple of closed operators on Hilbert space, Scientia Scinica, Series A, 6(1985).

[8] Huang Danren and Zhang Dianzhou, Joint spectrum and unbounded operator algebras, Acta Matimatica, 3, 2(1986).

[9] Inoue, A., On a class of unbounded operator algebras, Pacific J. Math., 65(1976), 77—95.

[10] Allan G.R., On a class of locally convex algebras, Proc. London Math. Soc., 3, 17(1967), 91—114.

[11] Hu Shanwen, Joint essential spectrum and index of tensor product of linear operators in Banach spaces, Kexue Tongbao, 11, 34(1989), 885—888.

[12] Huang Danren, On the joint spectrum for n-tuple of linear operators and its applications, Dissertation (Master degree), East China Normal University, (1984).

[13] Cai Jun, A classification of joint spctrum and perbutations, Dissertation (Master degree), East China Normal University, (1984).

[14] Huang Danren, Joint numerical ranges for unbounded normal operators, Proc. Edinburgh Math. Soc., 28(1985), 225—232.

[15] Hu Shanwen, Commuting n-tuple of closed operators which posses spectral capacity, Chinese Annals of Mathematics, 2, 8B, (1987), 156—159.

[16] Curto, R.E., Fredholm and invertible n-tuples of operators, Tran. Math. Soc., 226(1981), 129—159.

第二部分

线性算子组的联合谱

编辑说明

本部分为专著《线性算子组的联合谱》，作者为张奠宙、胡善文、王宗尧、黄旦润，由华东师范大学出版社于1992年出版。

该著作讨论算子组的联合谱主要指1970年J.L.Taylor定义的交换算子组的联合谱。与单个算子的谱理论相比，Taylor联合谱是多复变函数论在算子理论的突破，因而更加深刻和艰难。张先生在专著中介绍了Taylor联合谱的基本概念和各国数学家已有的成果，给出了算子组的简易的谱的判断方法，首次对联合谱作出了分类，定义了混合联合谱和Taylor联合本质谱。专著中特别系统地介绍了他和他的学生推广了当时国内外时髦的亚正常算子理论，得到了亚正常算子组的联合谱及相关的广义记号算子组，算子组的Mosiac函数，Principle函数及积公式当时的最新成果；介绍了紧算子组和Fredholm算子组的谱理论，推广了Fredholm算子组的计算公式。在无界算子组的研究中，运用GB*代数和EC*-代数理论得到了无界正常算子组的联合预解式的估计以及交换闭算子组的算子演算和谱容量。

前　言

算子组联合谱的概念早就出现过，但是真正引起人们重视是在 1970 年 J.L.Taylor 的工作之后。他用代数拓扑中的复形和同调概念定义了联合谱，而且采用多复变函数的技巧发展了算子组的解析演算(参见[112]、[113])。Taylor 发表了几篇文章后就离开了这块阵地。罗马尼亚学者继续了这项工作，特别是将可分解算子的概念推广到联合谱，别开生面。其中 Frunza 和 Vasilescu，F.H. 的工作颇有建树。联邦德国的 Albrecht，Eschmier 的研究内容和罗马尼亚学者基本相同，但具有自己的特色。

美国方面对联合谱研究持乐观态度的有著名算子论学者 R.G.Douglas。他的学生 R.E.Curto 做了一系列出色的工作。1980～1981 年间，Vasilescu 和 Curto 分别将 Taylor 联合谱的理论用泛函分析的语言进行表述，使得研究工作更为便利。Curto 对 Hilbert 空间上算子组的联合谱理论做了深刻研究，在亚正常算子组和半亚正常算子组方面成果累累。日本学者长宗雄(Cho Muneo)和高口真(Takaguchi Makoto)在联合数值域和联合达范性的问题，有许多论文。

我国在算子组联合谱方面的先行者是复旦大学的夏道行教授。早在 1979 年全国第二次泛函分析会议结束后返沪的旅途中，他就鼓励我们研究多个算子的谱理论，并说他自己也将关心这方面的工作。近几年来，夏道行连续发表论文，首创非交换自共轭算子组的联合谱概念，并成功地用于亚正常算子组的研究。现在，复旦大学的陈晓漫、黄超成等继续开拓，获得了包括 Putnam 不等式(算子组)在内的许多好结果。复旦大学的博士李绍宽(现在中国纺织大学任教)及他的学生季跃、姜健飞等做了在初等算子与联合谱方面许多深入的研究。

国内学者中沿罗马尼亚学派道路前进的有吉林大学邹承祖、李良青。南京大学的王声望教授也密切注视这项工作，他的学生刘光裕是国内最早从事联合谱的学者之一。近几年来，更年轻的研究生也开始涉及此领域。

华东师范大学算子理论小组从 1982 年起开始研究算子组的联合谱理论，参加者有张奠宙、魏国强、王宗尧、黄旦润、柴俊、胡善文等人。1985 年起，胡善文去复旦大学从师严绍宗教授，并以联合谱研究获博士学位。他的成果得益于复旦大学算子理论学者的巨大帮助。

联合谱研究的实际背景是中外学者十分关心的问题。多参数微分方程(Sleeman [105])是其中之一。联合谱与求解算子方程的关系，与 Π_k 空间、$A_{\aleph_0}$ 代数联系也值得注意。据王声望先生说，Nagy 认为联合谱将与粒子物理研究有关，这是一种乐观的估计。

本书是我们研究成果的总结。初稿写于1985年，以后几经修改，最后又补充了胡善文在复旦大学攻读博士学位时的研究成果。为了读者方便，写了一些预备知识和联合谱的基本理论。我们确想尽量反映国内外的研究成果，但限于能力和篇幅，却未能做得很好，请读者鉴谅。

最后，我们要感谢吉林大学的江泽坚教授、复旦大学的严绍宗教授、本校的程其襄教授，以及马吉溥、李炳仁、孙顺华诸位教授，由于他们的鼓励和支持，指点与帮助，我们的研究工作才得以顺利进行，也才有本书出版。

对华东师大出版社的支持，我们也表示衷心的感谢。

本课题得到国家自然科学基金资助。

编　者

1989年11月

目　录

第一章　一些准备知识

联合谱的理论需要涉及经典泛函分析以外的一些预备知识，例如同调代数、多复变函数论等，我们不准备多作介绍，而且在以后的章节中也尽量少用泛函分析以外的工具。但是有一些基本概念是不可少的，我们在此简单地叙述，以备读者参考。

§1　Grassmann 代数，外积

设 V 是 n 维实线性空间，$e_1, \cdots, e_n$ 是它的基，我们可以由 V 出发，导出一个具有数乘、加法和乘法的某种代数，称之为 Grassmann 代数 $G(V)$，它满足如下条件：

(a) I 和 V 生成 $G(V)$；

(b) I 是 $G(V)$ 的乘法单位元；

(c) 在 $G(V)$ 中，加法、数乘以及实数之间的加法和乘法运算，就是 V 和实数集原来的运算；

(d) 若 $G(V)$ 中的乘法用 $x \wedge y$ 表示，则 $x \wedge y = -x \wedge y$；

(e) 在 V 中存在基 $e_1, \cdots, e_n$，使 $e_1 \wedge e_2 \wedge \cdots \wedge e_n \neq 0$。

这样的 $G(V)$ 可用 V 的基构造出来。这就是在 V 的基之间引入外积 $\wedge$：

1°　结合律　$(e_{i_1} \wedge e_{i_2}) \wedge e_{i_3} = e_{i_1} \wedge (e_{i_2} \wedge e_{i_3})$；

2°　分配律　$e_{i_2} \wedge (e_{i_2} + e_{i_3}) = e_{i_1} \wedge e_{i_2} + e_{i_1} \wedge e_{i_3}$；

3°　反对称律　$e_{i_1} \wedge e_{i_2} = -e_{i_2} \wedge e_{i_1}$；

4°　关于数乘是齐次的　$\xi e_i \wedge e_j = \xi(e_i \wedge e_j) = e_i \wedge \xi e_j$。

考虑 $G(V)$ 中以下形式元素所成之集 $B^0, B^1, \cdots, B^n$：

B^0：1；

B^1：e_i，$i = 1, 2, \cdots, n$；

B^2：$e_{i_1} \wedge e_{i_2}$，$i_1 < i_2$，$1 \leqslant i_1, i_2 \leqslant n$；

B^p：$e_{i_1} \wedge e_{i_2} \wedge \cdots \wedge e_{i_p}$，$i_1 < i_2 < \cdots < i_p$，$1 \leqslant i_1, \cdots, i_p \leqslant n$；

B^n：$e_1 \wedge \cdots \wedge e_n$。

以 B^p 中的元素作为基，用有限线性组合的方法生成线性空间 V^p。容易验证 B^p 中的 $\binom{n}{p}$ 个元素是线性无关的，故 V^p 是 $\binom{n}{p}$ 维的。我们称 V^p 为 V 的 p 级外代数。V^n 即 R，V^1 即 V。

于是 Grassmann 代数 $G(V)$ 正好是 $V^0 \oplus V^1 \oplus \cdots \oplus V^n$，它的维数为 $\binom{n}{0}+\binom{n}{1}+\cdots+\binom{n}{n}=2^n$。

本书通常把 V^p 记为 E_p^n，称为由不定元 $e_1, e_2, \cdots, e_n$ 产生的 p 级外代数。

§2 张量积

一、代数张量积（参见文献[89]）

设 $\boldsymbol{M}$ 是一个可交换的加法群，$\boldsymbol{R}$ 是有单位元 1 的环，若对 $a \in \boldsymbol{R}$，$x \in \boldsymbol{M}$，可定义乘法 ax，满足

(1) $a(x+y)=ax+ay$，$\forall x, y \in \boldsymbol{M}$；

(2) $(ab)x=a(bx)$，$\forall a, b \in \boldsymbol{R}$；

(3) $1 \cdot x=x$，

则称 $\boldsymbol{M}$ 是环 R 的左模，记为 ${}_R\boldsymbol{M}$。若乘法改为 xa，且相应地有

(1^1) $(x+y)a=xa+ya$；

(2^1) $x(ab)=(xa)b$；

(3^1) $x \cdot 1=x$，

则称 $\boldsymbol{M}$ 是环 R 上的右模，记为 $\boldsymbol{M}_R$。

设给了环 R 上的右模 $\boldsymbol{M}_R$ 和左模 ${}_R\boldsymbol{N}$，让我们来定义 $\boldsymbol{M}_R$ 和 ${}_R\boldsymbol{N}$ 的张量积。为此我们先构作一个以 $\boldsymbol{M}\times\boldsymbol{N}$ 中元素 (x, y) 为基构成的群 F，其元素为

$$n_1(x_1, y_1)+n_2(x_2, y_2)+\cdots+n_r(x_r, y_r),$$

这里 $x_i \in \boldsymbol{M}$，$y_i \in \boldsymbol{N}$，n_i 为整数。

上式中若 $(x_i, y_i) \neq (x_j, y_j)$，$i \neq j$，则它为 0 的充要条件是所有 $n_i=0$。令 G 是 F 的子群，其元素由形如

$$(x+x', y)-(x, y)-(x', y),\ (x, y+y')-(x, y)-(x, y'),$$

$(xa, y)-(x, ay)$ 的元素所生成，现在定义

$$\boldsymbol{M} \otimes_R \boldsymbol{N}=F/G,\ x \otimes y=(x, y)+G \in \boldsymbol{M} \otimes_R \boldsymbol{N}。$$

我们验证：$\otimes$ 是一个双线性映射，事实上

$$\begin{aligned}
&(x+x') \otimes y-x \otimes y-x' \otimes y \\
=&((x+x', y)+G)-((x, y)+G)-((x, y')+G) \\
=&((x+x', y)-(x, y)-(x', y))+G=G=0,
\end{aligned}$$

其中 0 为 F/G 中零元。同样可知

$$x \otimes (y+y') = x \otimes y + x \otimes y',\ xa \otimes y = x \otimes ay。$$

$\boldsymbol{M} \otimes {}_R \boldsymbol{N}$ 称为 $\boldsymbol{M}_R$ 和 ${}_R\boldsymbol{N}$ 的代数张量积。

二、Banach 空间的张量积

设 X 和 Y 是两个 Banach 空间，它们是线性空间，当然可看作既是数域的左模又是数域的右模。按照 2.1 段可以定义 $x \otimes y$。$\boldsymbol{X} \otimes \boldsymbol{Y}$ 作为代数张量积，由形如 $x \otimes y$ 的有限线性组合所构成。$\boldsymbol{X} \otimes \boldsymbol{Y}$ 上可定义多种范数，常见有：

$$\| w \| = \inf\left\{ \sum_{i=1}^{n} \| x_i \| \| y_i \| : \sum_{i=1}^{n} x_i \otimes y_i = w \right\}, \tag{1.1}$$

$$\begin{aligned} \| w \| = \sup\Bigg\{ \left| \sum_{i=1}^{n} \varphi(x_i)\psi(y_i) \right| &: x_1, \cdots, x_n \in \boldsymbol{X},\ y_1, \cdots, y_n \in \boldsymbol{Y}, \\ \varphi \in \boldsymbol{X}^*, \psi \in \boldsymbol{Y}^*,\ \| \varphi \| &\leqslant 1,\ \| \psi \| \leqslant 1;\ w = \sum_{i=1}^{n} x_i \otimes y_i \Bigg\}。 \end{aligned} \tag{1.2}$$

容易验证，这确实是一个范数。

将 $\boldsymbol{X} \otimes \boldsymbol{Y}$ 依此范数完备化，得到一个 Banach 空间，称为 Banach 空间 $\boldsymbol{X}$ 和 $\boldsymbol{Y}$ 的张量积，记为 $\boldsymbol{X} \widehat{\otimes} \boldsymbol{Y}$。

如果 $\boldsymbol{H}$ 和 $\boldsymbol{K}$ 是两个 Hilbert 空间，$\boldsymbol{H} \otimes \boldsymbol{K}$ 表示代数张量积，其中的元素如 $\sum_{i=1}^{m} h_i \otimes k_1,\ h_i \in \boldsymbol{H},\ k_i \in \boldsymbol{K}$，在 $\boldsymbol{H} \otimes \boldsymbol{K}$ 上定义内积：

$$\left\langle \sum_{i=1}^{m} h_i \otimes k_i,\ \sum_{i=1}^{n} h'_i \otimes k'_i \right\rangle = \sum_{i=1}^{m} \sum_{i=1}^{n} \langle h_i, h'_j \rangle \langle k_i, k'_j \rangle,$$

这确实是一个内积，而且是上述 Banach 空间张量积定义中所给范数的特殊情形，将它完备化，即得 $\boldsymbol{H}$ 和 $\boldsymbol{K}$ 的张量积空间，记为 $\boldsymbol{H} \widehat{\otimes} \boldsymbol{K}$。显然，如果 $\{e_\alpha\}$，$\{f_\beta\}$ 分别是 $\boldsymbol{H}$ 和 $\boldsymbol{K}$ 的正交基，则 $\{e_\alpha \otimes f_\beta\}$ 为 $\boldsymbol{H} \widehat{\otimes} \boldsymbol{K}$ 的正交基。

§3 同调代数

本节内容参见文献[89]

设 A 是具有单位元 1 的复数域 C 上的代数，有一个序列 $\{K_p, \delta_p\}_{p \in \boldsymbol{Z}}$，其中 K_p 是左 A 模，δ_p 是 A 模同态。$K_p \to K_{p-1}$，$\boldsymbol{Z}$ 表示整数环，即存在如下的序列：

$$\cdots \to K_{p+1} \xrightarrow{\delta_{p+1}} K_p \xrightarrow{\delta_p} K_{p-1} \xrightarrow{\delta_{p-1}} \cdots,$$

如果上述序列满足 $\delta_p \circ \delta_{p-1} = 0$，$p = 0, \pm 1, \pm 2, \cdots$，则称 $\{K_p, \delta_p\}$（简记 K 或 (K, δ)）是一个复形，δ_p 称为边界算子。

每个复形都有其同调序列，它是一列商 A 模：

$$H_p(K) = H_p(K, \delta) = N(\delta_{p-1}) / R(\delta_p),$$

这里 $N(\delta_{p-1})$ 是 δ_{p-1} 的零空间，有时也记为 $\operatorname{Ker}\delta_p$，$R(\delta_p)$ 是 δ_p 的值域，有时也记为 $\operatorname{Im}\delta_p$。一个复形称为正合，是指对任意 $p\in\mathbf{Z}$，$N(\delta_{p-1})=R(\delta_p)$，即 $H_p(K)=0$。

在以上的定义中，我们假定 δ_p 是从 K_p 到 K_{p-1}。也可以用另一种形式来定义复形 $K=\{K^p,\delta^p\}$，其中，δ^p 从 K^p 到 K^{p+1}，$\delta^{p+1}\circ\delta^p=0$，相应地 $H^p(K)=N(\delta^p)/R(\delta^{p-1})$。这种复形，有时也特称为上链复形，在不致引起误会的情形下，我们都统称之为“复形”。

若 $\{K^p,\delta^p\}$ 和 $\{L^q,\alpha^q\}$ 是两个复形，如果存在一列 A 模同态 $f^p: K^p\to L^p$，使得 $\alpha^p\circ f^p=f^{p+1}\circ\delta^p$ 成立，$p\in\mathbf{Z}$，则称 $\{f^p\}$ 是一个链同态。

$$\begin{array}{ccccccc}\cdots\to & K^p & \xrightarrow{\delta^p} & K^{p+1} & \to\cdots \\ & \downarrow{\scriptstyle f^p} & & \downarrow{\scriptstyle f^{p+1}} & \\ \cdots\to & L^p & \xrightarrow{\alpha^p} & L^{p+1} & \to\cdots\end{array}$$

设 f 是上述的一个链同态，则可诱导出一个 A 模同态 f^p_*：将 $H^p(K)$ 映到 $H^p(L)$，规律是对所有的 $k\in\mathbf{N}(\delta^p)$ 有：

$$f^p_*(k+R(\delta^{p-1}))=f^p(k)+R(\alpha^{p-1})。$$

下面还要定义复形之间的正合关系。

设 $\{K_p,\delta^p\}$，$\{L^q,\alpha^q\}$，$\{M^r,\beta^r\}$ 是三个复形，$\{f^p\}$ 和 $\{g^q\}$ 分别是 $K^p\to L^p$ 和 $L^p\to M^p$ $(p\in\mathbf{Z})$ 的链同态。如果对每个 $p\in\mathbf{Z}$，

$$0\to K^p\xrightarrow{f^p}L^p\xrightarrow{g^p}M^p\to 0$$

是正合的，即 $N(f^p)=0$，$R(f^p)=N(g^p)$，$R(g^p)=M^p$，则称

$$0\to K\xrightarrow{f}L\xrightarrow{g}M\to 0 \qquad (*)$$

是正合的。

我们有如下重要定理：

定理 3.1 若式（$*$）是正合的，则存在一列同态 $\{\theta^p\}$，使得

$$\begin{aligned}\cdots\longrightarrow H^{p-1}(M)\xrightarrow{\theta^{p-1}}H^p(K)\xrightarrow{f^p_*}H^p(L)\\ \xrightarrow{g^p_*}H^p(M)\xrightarrow{\theta^p}H^{p+1}(K)\to\cdots\end{aligned} \qquad (**)$$

也是正合的。

这个定理是说由短正合列（$*$）可导出长正合列（$**$）。证明可见 Jacobson [89]定理6.3，p.334。这时的 θ 可以定义为

$$\theta^p(m+R(\beta^{p-1}))=k+R(\delta^p),$$

这里 $m\in\mathbf{N}(\beta^p)$，$k\in\mathbf{N}(\delta^{p+1})$，$f^{p+1}(k)=\alpha^p(l)$，$g^p(l)=m$，$l$ 是 L^p 中某元素。

§4 泛函分析方面的若干预备知识

本书涉及的泛函分析知识是多方面的,我们不可能在此一一列举。我们假定读者已具备夏道行等编著的《实变函数论与泛函分析》(下册)的知识。单个算子理论的知识可以参考哈尔莫斯的名著《希耳伯特空间问题集》(林辰译,1984 年,上海科技出版社),有关的定义和定理大都可在该书内找到。有些章节还需阅读其他专著,如第四章的非正常算子组就需要夏道行的《线性算子谱理论》(Ⅰ)的若干基本事实作为基础。

这里我们补充一些在上述夏道行和哈尔莫斯两本著作中没有列入但较常用到的若干基本事实。

一、无界算子理论(参见文献[9])

设 T 是定义在 Banach 空间 X 的子空间 D 上并映到 X 内的线性算子,D 称为 T 的定义域,记为 $D(T)$。若 $D(T)$ 在 X 中稠密,称 T 是稠定算子。我们称 T 是闭算子,是指如果 $x_n \in D(T)$, $x_n \to x$, $Tx_n \to y$,则有 $x \in D(T)$,且 $Tx = y$。

定理 4.1 (逆算子定理) 若 T 是 Banach 空间 X 到 X 的线性算子,定义域为 $D(T)$,如果 T 是一对一的,而且 T 的值域充满整个空间 X,则 T^{-1} 存在而且是有界算子。

如果 T 是稠定算子,那么可以定义 T 的共轭算子 T^*,使得对任何 $f \in X^*$,有 $f(Tx) = f^*(x) = (T^* f)(x)$。

无界算子 T 的图像是指 $X \oplus X$ 中的子集 $G(T) = \{(x, Tx), x \in D(T)\}$。设 T 和 S 是两个无界算子,如果 $x \in D(S)$ 时,$Sx = Tx$ 且 $G(T) \supset G(S)$,则称 T 是 S 的延拓,记为 $T \supset S$。

下面我们在 Hilbert 空间上进行讨论。

定理 4.2 设 T 是稠定算子,则 T 必有闭延拓,且 T^{**} 正是 T 的闭延拓。

线性算子 T 叫作对称的,是指对任意 $x, y \in \mathscr{D}(T)$,均有 $(x, Ty) = (Tx, y)$。如果 T 还是稠定的,对称性等价于条件 $T^* \supset T$。特别地如 $T = T^*$,则称 T 是自共轭的。

设 T 是闭的对称算子,$D(T)^{\perp}$ 和 $R(T)^{\perp}$ 称为 T 的亏子空间(记为 (H_T^+, H_T^-)),其维数分别为 m 和 n(可能是有限数也可以是无限基数)。(m, n) 称为 T 的亏指数。

定理 4.3 T 是闭对称算子,则

$$D(T^*) = D(T) \oplus H_T^+ \oplus H_T^-。$$

特别地,T 是自共轭的充要条件是亏指数为 $(0, 0)$。

定理 4.4 为了对称算子 T 具有自共轭的延拓,必须而且只须它的亏指数相等。

设 T 是稠定闭算子,而且有关系 $T^* T = TT^*$,则称 T 是正常算子。它有谱分解

$$T = \int_{\sigma(T)} z dE(z)$$

$E(z)$是复平面上取值为投影算子的可列可加测度。

二、算子代数(参见文献[66])

设 $\mathscr{A}$ 是线性空间,其中定义有乘法并成为有单位元 e 的代数。如果在其中引入范数使之成为 Banach 空间,而且对此乘法有关系式:$\| f \cdot g \| \leqslant \| f \| \| g \|$, $(f, g \in \mathscr{A})$, $\| e \| = 1$, 则称 $\mathscr{A}$ 是 Banach 代数。

在 Banach 代数 $\mathscr{A}$ 中可以引入一元素的预解集和谱的概念。设 $x \in \mathscr{A}$,令 $\rho(x) = \{\lambda \in \boldsymbol{C};\ (x - \lambda e)^{-1} \in \mathscr{A}\}$, $\boldsymbol{C}/\rho(x) = \sigma(x)$。$\rho(x)$与$\sigma(x)$分别为 x 在 $\mathscr{A}$ 中的预解集和谱。

$\mathscr{A}$ 中的子空间 M 称为右(左)理想,是指对任意 $x \in \mathscr{A}$, $y \in M$;总有 $xy \in M(yx \in M)$。若 $\mathscr{A}$ 中元素可换,则不区分左、右理想,简称理想。如果没有别的理想 N 能包含 $M(N = \mathscr{A}$除外),则称 M 是极大理想。

$\mathscr{A}$ 是 Banach 空间,其上有线性连续泛函。对于 Banach 代数来说,更重要的是可乘线性泛函,即线性泛函 f 还具有性质

$$f(x \cdot y) = f(x) \cdot f(y),\ f(e) = 1。$$

对于交换的 Banach 代数 $\mathscr{A}$,极大理想和可乘线性泛函是一一对应的:可乘线性泛函的零空间是极大理想,反之亦然。

定理 4.5(Gelfand) 若 $\mathscr{A}$ 是交换 Banach 代数,Δ 是它的一切极大理想所成的集合,对 $M \in \Delta$,相应地有可乘线性泛函 h 与之相应,对 $x \in \mathscr{A}$,令 $h(x) = x(M)$。我们将 $x \to x(M)$ 称为 x 的 Gelfand 表示,于是成立以下结论:

(1) Δ 是非空的紧空间,$x(M)$是 Δ 上连续函数;

(2) 将 x 映为 $x(M)$的映射 Γ 是代数同态;

(3) $\| \Gamma(x) \| = \| x(M) \|_{\infty} = \sup\limits_{M \in \Delta} | x(M) | \leqslant \| x \|$;

(4) x 可逆当且仅当 $\Gamma(x)$在 $C(\Delta)$中可逆;

(5) $\sigma(x) = \{x(M),\ M \in \Delta\}$。

Banach 空间上一切线性有界算子构成 Banach 代数。由 $\{A^n\}_{n=1}^{\infty}$ 和 I 生成的子空间是一个交换的 Banach 代数。下面再介绍一些定义。

定义 4.6 设 $\mathscr{A}$ 是 Banach 代数,我们说 $\mathscr{A}$ 上可定义对合运算,是指存在一个 $\mathscr{A}$ 上映照 $T \to T^*(T \in \mathscr{A})$, 使得

(1) $T^{**} = T$, $T \in \mathscr{A}$;

(2) $(\alpha S + \beta T)^* = \bar{\alpha} S^* + \bar{\beta} T^*$,其中 S, $T \in \mathscr{A}$, α, $\beta \in C$;

(3) $(ST)^* = T^* S^*$。

如果还成立 $\| T^* T \| = \| T \|^2 (T \in \mathscr{A})$, 则 $\mathscr{A}$ 称为 C^*-代数。

Hilbert 空间上一切线性有界算子的全体记为 $L(H)$构成 C^*-代数。若 $\mathscr{A}$ 是 $L(H)$ 的一个子代数,而且是弱闭的,则称 $\mathscr{A}$ 为 W^* 代数。

定义 4.7 若 $\mathscr{A}$ 是 C^*-代数,$\mathscr{A}$ 上的复线性泛函 φ 如果满足 $\varphi(A_A^*) \geqslant 0$, $\varphi(e) = 1$,

则称 φ 是态(State)。

若 φ 是 $\mathscr{A}$ 上的态,则 $N=\{x\in\mathscr{A},\ \varphi(x^*x)=0\}$ 构成 $\mathscr{A}$ 的闭左理想,φ 在商空间 $\mathscr{A}/N$ 上可导出一个内积:

$(\hat{x},\ \hat{y})=\varphi(x^*y)$, $\hat{x},\ \hat{y}\in\mathscr{A}/N$, $x,\ y\in\mathscr{A}$ 是 $\hat{x},\ \hat{y}$ 的代表元素。

若 A 是 C^*-代数 $\mathscr{A}$ 中的元素,则存在态 φ,使

$$\varphi(A^*A)=\|A\|。$$

C^*-代数 $\mathscr{A}$ 的所有态构成对偶空间 $\mathscr{A}^*$ 的一个弱 $*$ 紧凸子集。这个子集中的端点称为纯态。

三、线性拓扑空间与凸集(参见文献[67])

设 X 是线性空间,$K\subset X$。K 称为 X 中的凸集,是指:对任意的 $\alpha\in[0,1]$,任意的 $x,\ y\in K$,总有

$$\alpha x+(1-\alpha)y\in K。$$

凸集 K 称为是吸收的,是指:对任意的 $x\in X$,总存在 $\varepsilon>0$,使得当 $|\delta|\leqslant\varepsilon$ 时,$\delta x\in K$。此时必有 $0\in K$。我们把 $\rho_K(x)=\inf\{a>0,\ a^{-1}x\in K\}$ 称为集 K 的 Minkowski 泛函。

定理 4.8(凸子集的分离定理) 设 M 和 N 是线性空间 X 中的不相交凸集,并且 M 是吸收的,则存在非零的线性泛函 f,以及常数 c,使得 $\mathrm{Re}f(M)\geqslant c$, $\mathrm{Re}f(N)\leqslant c$,即超平面 $\mathrm{Re}f=c$ 分离 M 和 N。

定义 4.9(线性拓扑空间) 设 X 是线性空间,又是一个 Hausdorff 拓扑空间。如果 X 中的加法和数乘运算关于拓扑都是连续的,则称 X 是一个线性拓扑空间。

线性拓扑空间中子集 A 的闭凸包 $\overline{\mathrm{Conv}A}$,是指所有包含 A 的闭凸子集的交。

如果一个线性拓扑空间 X 具有凸集组成的邻域基,则称 X 为局部凸空间。

定理 4.10 设 K_1, K_2 是局部凸线性拓扑空间 X 中的两个不相交的闭凸子集,且 K_1 是紧集,则存在 X 上的连续线性泛函,常数 c,以及 $\varepsilon>0$,使得

$$\mathrm{Re}f(K_2)\leqslant c-\varepsilon<c\leqslant\mathrm{Re}f(K_1),$$

即超平面 $\mathrm{Re}f=c$ 严格分离 K_1 和 K_2。

定义 4.11(Γ 拓扑与弱拓扑) 设 X 是线性空间,其上的线性泛函全体记为 X^+,$\Gamma\subset X^+$。如果对任何 $f\in\Gamma$,$f(x)=0$ 可推知 $x=0$,则称 Γ 是全的。由全子集 Γ 在 X 中形成以下集合族

$$N=\{P;\ A,\ \varepsilon\}=\{q\in X:\ |f(p)-f(q)|<\varepsilon,\ f\in A\},$$

其中 $p\in X$,ε 是正数,A 为 Γ 中的任意有限子集,这时以 N 构成邻域基的拓扑称为 X 中的 Γ 拓扑。如果 X 是线性拓扑空间,X 上的全体连续线性泛函记为 X^*,则 $X^*\subset\Gamma$,由 X^* 在 X 上导出的 X^* 拓扑,称为弱拓扑。

定理 4.12(Alology)　设有 Banach 空间 X，有共轭空间为 X^*，按照 $X \subset X^{**}$ (X 嵌入 X^{**})在 X^* 中引入的 X 拓扑，X^* 中的闭单位球是紧的。

定理 4.13　Banach 空间中弱紧子集的闭凸包仍然是弱紧的。

下面我们来介绍端点的概念。

定义 4.14　设 X 是线性空间，$K \subset X$，非空子集 A 称为 K 的端子集，是指：如果集合 K 中有两点 k_1，k_2，其凸组合：$ak_1 + (1-a)k_2$，$0 < a < 1$，位于 A 中，则 $k_1 \in A$，$k_2 \in A$。端子集只有一点时，称该点为端点。

局部凸线性拓扑空间的非空紧子集一定有端点。

定理 4.15(Klein-Milman)　若 K 是局部凸空间中的紧子集，E 是 K 的端点所成之集，则 E 的闭凸包 $\overline{\mathrm{conv}E} \supseteq K$。因此 $\overline{\mathrm{conv}(E)} = \overline{\mathrm{conv}(K)}$。若 K 是凸的，则 $\overline{\mathrm{conv}(E)} = K$。

四、可分解算子的一些结果(参见文献[69])

设 X 是 Banach 空间，$L(X)$ 为 X 上有界线性算子全体。$T \in L(X)$。T 的不变子空间 Y 称为 T 的谱极大空间，是指对 T 的任意不变子空间，当 $\sigma(T \mid Z) \subset \sigma(T \mid Y)$ 时，总有 $Z \subset Y$。

$T \in L(X)$ 称为具有单值扩张性，如果对任意的 X 值解析函数 f：$D \to X$ ($D \subset C$ 是开集)由 $(\lambda - T)f(\lambda) = 0$，$\lambda \in D$，可推知 $f(\lambda) = 0$，$\lambda \in D$。

定义 4.16　(可分解算子和 SDP 算子)　设 $T \in B(x)$，如果对 $\sigma(T)$ 的任何有限开覆盖 $\{G_i\}_{i=1}^n$，存在 T 的谱极大空间 $\{Y_i\}_{i=1}^n$，使得

$$X = \sum_{i=1}^{n} Y_i,\ \sigma(T \mid Y_i) \subset G_i,\ i = 1,\ 2,\ \cdots,\ n,$$

则称 T 是可分解算子。如果仅要求 Y_i 是不变子空间，其余不变，则称 T 是 SDP 算子。

定理 4.17(Albrecht)　SDP 算子和可分解算子是等价的。

相仿地可以定义闭算子的可分解性质。

对可分解算子来说，局部谱的概念是重要的。

定义 4.18　设 A 是 Banach 空间 X 上的线性有界算子，$f(\lambda)$ 是 A 的预解式 $R(\lambda, A)$ 的解析扩张，它是复平面 $\mathbf{C}$ 的开子集到 $L(x)$ 上的抽象解析函数，对给定的 $x \in X$，我们称

$$\rho(A,\ x) = \{\lambda \in \mathbf{C}:\ (\lambda - A)f(\lambda) = x,\ f(\lambda)\ \text{是}\ R(\lambda,\ A)x\ \text{的解析扩张}\}$$

为算子 A 在 x 的局部预解式，$\mathbf{C}/p(A,\ x) = \sigma(A,\ x)$ 称为 A 在 X 的局部谱。

任给平面上闭集 F，令

$$X_A(F) = \{x:\ \sigma(A,\ x) \subset F\}。$$

可以证明 $X_A(F)$ 是线性流形，若 A 是可分解算子，则可证 $X_A(F)$ 是 A 的谱极大子空间。

定义 4.19(谱容度)　设 $\mathscr{F}$ 表示 $\mathbf{C}$ 上所有闭集所成之族 X 中闭子空间所成之族记为 μ。若 E 是 $\mathscr{F}$ 到 μ 中的映射，且满足

(1) $E(\phi)=\{0\}$, $E(\boldsymbol{C})=X$；

(2) $E(\bigcap_{n=1}^{\infty} F_n)=\bigcap_{n=1}^{\infty} E(F_n)$, $F_n \in \mathscr{F}$, $n=1, 2, \cdots$；

(3) 对$\boldsymbol{C}$的任意有限开覆盖$\{G_i\}$, $i=1, 2, \cdots, n$,有$X=\sum_{i=1}^{n} E(\overline{G}_i)$,则称$E$为谱容度;如果还有

(4) $E(F) \in \mathrm{Lat}(A)$ ($\mathrm{Lat}\,A$表示A的不变子空间全体)；

(5) $\sigma(A \mid E(F)) \subset F$,

则称A具有谱容度E。

定理 4.20 A是可分解算子的充要条件为A具有谱容度。

五、两个重要的结果

本书中我们会用到以下两个常见的定理。

定理 4.21(Putnam-Fuglede) 设A_1和A_2都是Hilbert空间H上的正常算子,若H上的线性有界算子B,能有$A_1B=BA_2$,则必有$A_1^*B=BA_2^*$。特别地,若A是正常算子,B与A可交换,则B必和A^*可交换。

定理 4.22(Berberian) 若A是Banach空间X上的线性有界算子,则存在空间X的扩张X^0,以及X^0上的线性有界算子A^0,使得A的近似点谱$\sigma_\pi(A)=\sigma_\pi(A^0)=\sigma(A^0)$。

这一扩张的方法,常被人们称为Berberian技巧(参见文献[37])。

第二章　联合谱的定义及基本性质

一族算子的联合谱概念，最初由 R.Arens 和 A.P.Calderon 引进[35]。后来有许多人进行讨论，但最成功的一种联合谱是 J.L.Taylor 于 1970 年引进的[112]。此外，Dash[62]的联合谱也是重要的。夏道行[30]对非交换的自共轭算子组也引入一种联合谱。本章主要讨论 Taylor 的联合谱及其性质，并且给出一种分类。

§1　引言

设 H 是复 Hilbert 空间，对 H 上的线性有界算子 T，我们用 T^{-1}，是否存在且是线性有界算子来确定 0 是否属于 T 的正则点。也就是说，对 $T \in L(H)$，若从 $L(H)$ 中可找到算子 S，使得 $TS = ST = I$，则认为 0 是正则点，否则为谱点。现在设有一个算子组 $A = (A_1, A_2, \cdots, A_n)$，其中 $A_i \in L(H)$，$i = 1, 2, \cdots, n$。我们很自然想到如果存在 $B_1, \cdots, B_n \in L(H)$，使得

$$A_1 B_1 + \cdots + A_n B_n = I,$$

则认为 $(0, 0, \cdots, 0) \in \boldsymbol{C}^n$ 是 A 的正则点，否则称为 A 的谱点。但这一定义是过于宽泛了。首先，从交换 Banach 代数的观点来看，应该假设 $A_1, \cdots, A_n$ 是两两可交换的。另外，为了使谱点不致太少，应对 $B_1, \cdots, B_n$ 的范围加以限制，例如 $L(H)$ 中指定一个子代数 $(A)'$、$(A)''$ 或其他。但是，这样一来，联合谱的定义就会和子代数的选取有关。Albrecht 已经构造出例子[32]，说明在 $L(H)$ 中存在两个不同的极大交换子代数 $\mathscr{A}_1$ 和 $\mathscr{A}_2$，以它们为基准定义的联合谱将是不同的。

比较成功的 Dash 谱是用 $(A)''$ 来定义的。

定义 1.1(Dash)　设 $A = (A_1, \cdots, A_n)$ 是几个两两交换的算子组，$A_i \in L(X)$，$i = 1, 2, \cdots, n$。此外 $L(X)$ 指复 Banach 空间 X 上线性有界算子全体。设 (A) 表示用 $A_1, \cdots, A_n$ 生成的 $L(X)$ 中的闭子代数，$(A)''$ 为 (A) 的二次交换子。我们把复数组 $(z_1, \cdots, z_n) \in \boldsymbol{C}^n$ 称为算子组 A 的 Dash 谱点，当且仅当对一切 $(B_1, \cdots, B_n)$，$B_i \in (A)''$，$i = 1, 2, \cdots, n$，

$$\sum_{i=1}^{n} B_i (z_i I - A_i) \neq I,$$

其中 I 为恒等算子。A 的所有 Dash 谱点构成之集称为 A 的 Dash 谱，记为 $\sigma(A)$。

那么，能否由交换算子组直接定义联合谱，而根本不涉及任何子代数呢？Taylor 联合谱成功地做到了这一点。本书将主要讨论这种联合谱。

Taylor 联合谱和 Dash 谱对正常算子来说，二者是相同的，而 Sleeman [105]在研究多参数微分方程时的所使用的多参数谱，正是自共轭算子组的 Taylor 联合谱。这也可以说是研究联合谱的一个实际背景。

本章的最后一节，将介绍夏道行给出的一种不是两两可交换的自共轭算子组的联合谱。

§2 Taylor 联合谱的定义

设 $s=(s_1, s_2, \cdots, s_n)$ 是 n 个不定元构成的集合，E_p^n 表示由 s 产生的 p 级外代数，外积用符号 $\wedge$ 表示，记 $E^n=\bigoplus\limits_{p=0}^{n}E_p^n$。设 X 是复 Banach 空间，用 $E_p^n(X)$ 表示张量积 $X\otimes E_p^n$，其中的元素记为 $x\otimes s_{j_1}\wedge s_{j_2}\wedge\cdots\wedge s_{j_p}$，$x\in X$，也简记为 $xs_{j_1}\wedge s_{j_2}\wedge\cdots\wedge s_{j_p}$。有时 $E_p^n(X)$ 也写成 $\wedge^p[s_1, \cdots, s_n; X]$。设 $A=(A_1, \cdots, A_n)$ 是 X 上的一组两两交换的算子组。我们定义一个映照 $d_p(A)$：$E_p^n(X)\to E_{p-1}^n(X)$ 如下($d_p(A)$亦简记为 d_p)：

$$d_p(x\otimes s_{j_1}\wedge\cdots\wedge_{j_p})=\sum_{i=1}^{p}(-1)^{i-1}A_{j_i}x\otimes s_{j_1}\wedge\cdots\wedge\hat{s}_{j_i}\wedge\cdots\wedge s_{j_p},$$

这里 $\hat{s}_{ji}$ 表示去掉这一项。我们还规定 $d_0=d_{n+1}=0$。这时我们得到的 d_p 是线性连续算子，而且容易算出 $d_p\circ d_{p+1}=0$。这样得到一个链复形：

$$0\xrightarrow{d_{n+1}}E_n^n(X)\xrightarrow{d_n}E_{n-1}^n(X)\xrightarrow{d_{n-1}}\cdots\xrightarrow{d_2}E_1^n(X)\xrightarrow{d_1}E_0^n(X)\xrightarrow{d_0}0 \tag{2.1}$$

这一复形称为 Koszul 复形，记为 $E(X, A)$。

定义 2.1(Taylor 联合谱)　若链复形 $E(A, X)$是正合的，即 $\operatorname{Im}d_p=\operatorname{Ker}d_{p-1}$，$p=1, 2, \cdots, n+1$，则称 A 是正则的，否则称为奇异的。集合 $\{(z_1, \cdots, z_n)\in\boldsymbol{C}^n$：$(z_1-A_1, \cdots, z_n-A_n)$ 是奇异的$\}$ 称为 A 的联合谱，记为 $S_p(A)$。

例 2.2(算子对的情形)　设 $A=(A_1, A_2)$，$A_1A_2=A_2A_1$。我们得到 $E(X, A)$：

$$0\xrightarrow{d_3}X\xrightarrow{d_2}X\oplus X\xrightarrow{d_1}X\xrightarrow{d_0}0,$$

其中 $d_2x=(-A_2x, A_1x)$，$d_1(x_1, x_2)=A_1x_1+A_2x_2$。这里我们把 $X\otimes E_2^2$ 等同于 X，$X\otimes E_1^2$ 等同于 $X\oplus X$。显然 A_1 与 A_2 可换意味着 $d_1\circ d_2=0$，而上述复形正合，意味着：(1) $\operatorname{Im}d_3=\operatorname{Ker}d_2=\{0\}$，即 $\operatorname{Ker}A_1\cap\operatorname{Ker}A_2=\{0\}$，(2) $\operatorname{Im}d_2=\operatorname{Ker}d_1$，即 $X\oplus X$ 中的元素(x_1, x_2)，若能使 $A_1x_1+A_2x_2=0$，则必有 $x\in X$，满足 $x_1=-A_2x$，$x_2=A_1x$，(3) $\operatorname{Im}d_1=\operatorname{Ker}d_0=X$，即 $\operatorname{Im}A_1+\operatorname{Im}A_2=X$。这表明$(A_1, A_2)$正则，不必要求 $\operatorname{Ker}A_1$ 与 $\operatorname{Ker}A_2$ 分别为 0，只需它们的交为 0，也不要求 $\operatorname{Im}A_1$ 与 $\operatorname{Im}A_2$ 分别等于 X，只

要求它们的线性和为 X。

Taylor 谱还有另一种定义方式。

仍以 $s=(s_1, \cdots, s_n)$ 表示不定元,E_p^n 表示由 s 决定的 p 级外代数,$E_p^n(X)=X\otimes E_p^n$。现在对交换算子组 $A=(A_1, \cdots, A_n)$,以及 $z=(z_1, \cdots, z_n)\in \boldsymbol{C}^n$,定义 $\alpha(z)$为

$$(z_1-A_1)s_1+\cdots+(z_n-A_n)s_n,$$

我们在 $E^n(X)=\bigoplus_{p=0}^{n} E_p^n(X)$ 上定义左乘 $\alpha(z)$的算子:

$$\alpha(z)\wedge x\otimes s_{j_1}\wedge\cdots\wedge s_{j_p},$$

如果将 $\alpha(z)$限制在 $E_p^n(X)$上记为 $\alpha_p(z)$,则有

$$\alpha_p(z)\wedge(x\otimes s_{j_1}\wedge\cdots\wedge s_{j_p})=\sum_{k=1}^{n}(z_k-A_k)xs_k\wedge s_{j_1}\wedge\cdots\wedge s_{j_p}。$$

同样容易验证 $\alpha_{p+1}(z)\circ\alpha_p(z)=0$,于是我们得到了一个链复形(规定 $\alpha_{-1}=\alpha_n=0$)

$$0\xrightarrow{\alpha_{-1}}E_0^n(X)\xrightarrow{\alpha_0}E_1^n(X)\xrightarrow{\alpha_1}\cdots\xrightarrow{\alpha_{n-2}}E_{n-1}^n\xrightarrow{\alpha_{n-1}}E_n^1(X)\xrightarrow{\alpha_n}0。\tag{2.2}$$

定义 2.3 若链复形(2.2)是正合的,则称 $z=(z_1, \cdots, z_n)$为$A=(A_1, \cdots, A_n)$的正则点,否则称为谱点。

定义 2.1 和定义 2.3 是等价的。事实上,我们可以令 $xs_{j_1}\wedge\cdots\wedge s_{j_p}\to(-1)^{\varepsilon}xs_{i_1}\wedge s_{i_2}\wedge\cdots\wedge s_{i_{n-p}}$,其中$\{i_1, \cdots, i_{n-p}\}=\{1, 2, \cdots, n\}/\{j_1, \cdots, j_p\}$, $\varepsilon=\left(\sum_{k=1}^{p}j_k\right)+p-n$,则容易看出这是$E_p^n$ 和E_{n-p}^n 之间的一个同构。此外 d_p 则将$E_p^n(X)$中 p 个不定元划去一个使之成为$E_{p-1}^n(X)$元素,而α_p 则将$E_{n-p}^n(X)$中元素的$n-p$ 个不定元添加一个使之成为 $E_{n-p+1}^n(X)$中的元素。容易验证有关系式$\alpha_p\circ i_p=i_{p-1}\circ d_p$,亦即以下两复形是链同构的:

$$\begin{array}{ccccc}
0\to\cdots\to & E_p^n(X) & \xrightarrow{d_p} & E_{p-1}^n(X) & \to\cdots \\
 & \downarrow{\scriptstyle i_p} & & \downarrow{\scriptstyle i_{p-1}} & \\
0\to\cdots\to & E_{n-p}^n(X) & \xrightarrow{\alpha_{n-p}} & E_{n-p+1}^n(X) & \to\cdots
\end{array}$$

显然,我们可以用同调模来刻画 Taylor 谱。令

$$H_p(E(X, A))=\operatorname{Ker}d_p/\operatorname{Im}d_{p+1},$$

则 $A=(A_1, \cdots, A_n)$正则,意味着 $H_p(E(X, A))=0$, $p=1, 2, \cdots, n$。而 A 为奇异,必至少有一个 p,使 $H_p(E(X, A))$非零,所有非零的 $H_p(E(X, A))$的各种组合表示 A 为奇异的各种类型。

下面我们来讨论共轭算子组 $A^*=(A_1^*, \cdots, A_n^*)$的联合谱。先来看由 A 和A^*分

别导出的链复形：

$$E(X, A): 0 \xrightarrow{d_{n+1}} E_n^n(X) \xrightarrow{d_n} E_{n-1}^n(X) \rightarrow \cdots \xrightarrow{d_2} E_1^n(X) \xrightarrow{d_1} E_0^n(X) \xrightarrow{d_0} 0。$$

$$E(X^*, A^*): 0 \xrightarrow{\delta_{n+1}} E_n^n(X^*) \xrightarrow{\delta_n} E_{n-1}^n(X) \rightarrow \cdots \xrightarrow{\delta_2} E_1^n(X^*) \xrightarrow{\delta_1} E_0^n(X) \xrightarrow{\delta_0} 0。$$

我们再从 $E(X, A)$导出新的复形

$$[E(X, A)]^*: 0 \xleftarrow{d_{n+1}^*} E_n^n(X^*) \xleftarrow{d_n^*} E_{n-1}^n(X^*) \leftarrow \cdots \xleftarrow{d_2^*} E_1^n(X^*)$$

$$\xleftarrow{d_1^*} E_0^n(X^*) \xleftarrow{d_0^*} 0,$$

其中 d_p^* 是 d_p 的共轭算子，$[E(X, A)]^*$ 构成复形是容易验证的。

通过直接验算可知

$$\begin{array}{ccccccc} \cdots \rightarrow & E_p^n(X^*) & \xrightarrow{\delta_p(A^*)} & E_{p-1}^n(X^*) & \rightarrow \cdots \\ & \downarrow i_p & & \downarrow i_{p-1} & \\ \cdots \rightarrow & E_{n-p}^n(X^*) & \xrightarrow{d_p^*(A)} & E_{n-p+1}^n(X^*) & \rightarrow \cdots \end{array}$$

是交换图，于是我们证明了

命题 2.4 $E(X^*, A)$和$[E(X, A)]^*$是链同构的。

定理 2.5 $S_p(A^*) = S_p(A)$, $H_p(E(X, A)) \cong H_p(E(X^*, A^*))$。

§3 近似联合点谱、混合谱

对 Taylor 联合谱的分类是一个困难的问题，这一节我们将介绍近似联合点谱的概念，并讨论一种混合谱，这是柴俊在他的硕士论文中首次引入的[23]。

定义 3.1 设 $A = (A_1, \cdots, A_n)$ 是交换算子组，$z = (z_1, \cdots, z_n) \in \boldsymbol{C}^n$ 称为 A 的联合近似点谱，是指：存在一列单位向量 x_k，$\| x_k \| = 1$，$k = 1, 2, \cdots$ 使得 $\| ((z_i - A_i)x_k) \| \rightarrow 0 \quad (k \rightarrow \infty)$，$i = 1, 2, \cdots, n$。联合近似点谱记为$\sigma_\pi(A)$。$A^*$ 的联合近似点谱标为 A 的联合近似压缩谱，记为$\sigma_\delta(A)$。$z = (z_1, \cdots, z_n)$ 称为 A 的联合点谱是指：存在非零向量 x，使$(z_i - A_i)x = 0$，$i = 1, \cdots, n$，记为$\sigma_p(A)$。A^* 的联合点谱称为 A 的联合剩余谱，记为$\sigma_r(A)$。

定理 3.2 设 $A = (A_1, \cdots, A_n)$ 是交换算子组，$z = (z_1, \cdots, z_n) \in \boldsymbol{C}^n$，算子组 $z - A = (z_1 A_1, \cdots, z_n - A_n)$ 导出下列复形：

$$0 \xrightarrow{\alpha_{-1}} E_0^n(X) \xrightarrow{\alpha_0} E_1^n(X) \rightarrow \cdots \rightarrow E_{n-1}^n(X) \xrightarrow{\alpha_{n-1}} E_n^n(X) \xrightarrow{\alpha_n} 0,$$

则

(1) $z \in \sigma_\pi(A)$ 的充要条件是 $\operatorname{Ker}\alpha_0 \neq \{0\}$；或者 $\operatorname{Im}\alpha_0$ 在 $E_1^n(X)$ 中不闭；

(2) $z \in \sigma_\delta(A)$ 的充要条件是 $\operatorname{Im}\alpha_{n-1} \neq E_n^n(X) = X$。

证 (1) 直接从下列事实得出：α_0 下方无界的充要条件是 $\operatorname{Ker}\alpha_0 \neq \{0\}$ 或者 $\operatorname{Ker}\alpha_0 \neq \{0\}$，但 $\operatorname{Im}\alpha_0$ 不闭以及 $\alpha_0 x = \sum_{i=1}^{n}(z_i - A_i)xs_i$，$\|\alpha_0 x\| = \sum_{i=1}^{n}\|(z_i - A_i)x\|$。

(2) $\operatorname{Im}\alpha_{n-1}$ 闭但不稠的充要条件是 $\operatorname{Ker}\alpha_{n-1}^* \neq \{0\}$，$\operatorname{Im}\alpha_{n-1}$ 稠但不闭的充要条件是 α_{n-1}^* 一对一但不下有界，这样就可得到 $\operatorname{Im}\alpha_{n-1} \neq E_n^n(X)$ 的充要条件是 α_{n-1}^* 不下有界。

推论 3.3 $\sigma_\pi(A) \subset S_p(A)$，$\sigma_\delta(A) \subset S_p(A)$。

下面给出混合谱的概念。

定义 3.4 设 $S_p(A)$ 是交换算子组 $A=(A_1, \cdots, A_n)$ 的 Taylor 联合谱，凡是 $S_p(A)$ 中不属于 $\sigma_\pi(A)$ 和 $\sigma_\delta(A)$ 的谱点，称为 A 的混合谱点，记为 $\sigma_m(A)$。因此

$$\sigma_m(A) = S_p(A)/(\sigma_\pi(A) \cup \sigma_\delta(A))。$$

命题 3.5 (1) $\lambda \in \sigma_m(A)$ 的充要条件是 $\lambda \in \sigma_m(A^*)$；(2) 如果 $A=(A_1, \cdots, A_n)$ 和 $B=(B_1, \cdots, B_n)$ 是两个交换算子组，并且存在可逆算子 $D \in L(X)$，使得 $A_i = DB_iD^{-1}$，$i=1, 2, \cdots, n$，则 $S_p(A, X) = S_p(A, X)$，并且，它们的同调模 $\{H_p(E(X, A))\}$ 和 $\{H_p(E(X_1B))\}$ 同构，特别 $\sigma_m(A) = \sigma_m(B)$。

证 (1) 由定理 2.5 可知，复形 $E(X, A^*)$ 和 $E(X, A)$ 是同构的，因此它们的同调模也是同构的，特别地，$\sigma_m(A) = \sigma_m(A^*)$。

(2) 设复形 $E(X, A)$ 与 $E(X, B)$ 是分别由 A 和 B 导出的复形，边界算子 $d_p(A)$ 和 $d_p(B)$ 满足关系 $Dd_p(B)D^{-1} = d_p(A)$。因此这两个复形彼此同构，特别地有 $\sigma_m(A) = \sigma_m(B)$。

例 3.6(算子对的混合谱) 设 H 是可分的 Hilbert 空间，$\{e_i\}_{i=1}^{\infty}$ 是 H 的标准正交基，U 是 H 上的单向移位算子，$Ue_i = e_{i+1}$，$U_i^* e_i = e_{i-1}$，$(e_0 = 0)$，$i=1, 2, \cdots$。令 $K = H \otimes H$，$A_1 = U \otimes 1$，$A_2 = 1 \otimes U^*$，从而 $A=(A_1, A_2)$ 是 K 上交换算子对，它所导出的复形

$$0 \xrightarrow{d_3} K \xrightarrow{d_2} K \oplus K \xrightarrow{d_1} K \xrightarrow{d_0} 0。$$

由于 A_1 是等距，$\operatorname{Ker}A_1 \cap \operatorname{Ker}A_2 = \{0\}$。又 $\operatorname{Im}A_1$ 和 $\operatorname{Im}A_2$ 都闭，因此 $\operatorname{Im}d_2$ 是闭的，这样 0 不是联合近似谱点。又 $\operatorname{Im}A_2 = K$，从而 $\operatorname{Im}d_1 = K$，这样 0 不是联合近似压缩谱。但

$$d(0, e_1 \otimes e_1) = A_2(e_1 \otimes e_1) = e_1 \otimes U^* e_1 = 0,$$

又 $e_1 \otimes e_1 \perp \operatorname{Im}A_1$，故 $(0, e_1 \otimes e_1) \overline{\in} \operatorname{Im}d_2$，即 $0 \in \sigma_m(A)$。

§4 联合谱的若干基本性质(Banach 空间情形)

这一节将在 Banach 空间的情形下，讨论联合谱的一些基本性质。首先，我们证明：

Taylor 联合谱 $S_p(A)$包含在 Dash 联合谱之中,即有

定理 4.1 设 $A=(A_1, \cdots, A_n)$ 是 Banach 空间 X 上的交换算子组,若存在 $B=(B_1, \cdots, B_n)$是和 A 可交换的算子组,则 $A_iB_j=B_jA_i$, i, $j=1, 2, \cdots, n$,且有 $A_1B_1+A_2B_2+\cdots+A_nB_n=I$,则 A 在 Taylor 意义下正则。

证 我们用 S_j 和 S_j^* 分别表示添加不定元 e_j 和划去不定元 e_j 的运算。记

$$S_A=A_1s_1+\cdots+A_ns_n,\ S_B^*=B_1s_1^*+\cdots+B_ns_n^*,$$

设 $\xi=xe_{j_1}\wedge\cdots\wedge e_{j_p}\in E_p^n(X, A)$,则

$$S_A\xi=(A_1s_1+\cdots+A_ns_n)\wedge\xi=\sum_{i=1}^n(A_ix)e_i\wedge e_{j_1}\wedge\cdots\wedge e_{j_p},$$

$$S_B^*\xi=(B_1s_1^*+\cdots+B_ns_n^*)\wedge\xi=\sum_{i=1}^n(-1)^{i-1}(B_ix)e_{j_1}\wedge\cdots\wedge\hat{e_{j_i}}\wedge\cdots\wedge e_{j_p}。$$

经简单计算可知

$$(S_AS_B^*+S_B^*S_A)\xi=\sum_{j=1}^n\sum_{k=1}^nA_jB_k(s_js_k^*+s_k^*s_j)\xi=\xi。$$

最后一步的理由是当 $j\neq k$ 时,$s_js_k^*+s_k^*s_j=0$, $j=k$ 时,则为 I,而 $\sum_{i=1}^nA_iB_i=I$。这样一来,如果 $\xi\in\mathrm{Ker}(S_A)$,记 $\eta=S_B^*\xi$,则有 $S_A\eta=\xi$。即 $\mathrm{Im}\,d_{p-1}^*=\mathrm{Im}(S_A|_{E_{p-1}^n})$ 和 $\mathrm{Ker}\,d_p^*=\mathrm{Ker}(S_A|_{E_p^n})$ 相同。因此由 A 导出的复形正合。证毕。

由定理 4.1 可知,Dash 意义下正则必按 Taylor 意义下正则,于是 $S_p(A)\subset\sigma(A)$。

现在来证明 $S_p(A)$是 $\boldsymbol{C}^n$ 中的闭集,先给出参数化复形的定义。

定义 4.2 设 Λ 是拓扑空间。$\{Y_p\}$是一列 Banach 空间,$p=0, \pm1, \pm2, \cdots$。$d_p(\lambda)$ 是 Λ 到 $L(Y_p, Y_{p-1})$ 的连续映射,如果对任意的 $\lambda\in\Lambda$, $Y(\lambda)=\{Y_p, d_p(\lambda)\}$ 都是链复形,即对任意 p,$d_p\circ d_{p+1}=0$,则称 $\lambda\to Y(\lambda)$是含参量入的 Banach 空间链复形。

如果对 $\lambda_0\in\Lambda$,$Y(\lambda_0)$ 是正合的,即 $\mathrm{Im}\,d_{p+1}(\lambda_0)=\mathrm{Ker}\,d_p(\lambda_0)$,则由逆算子定理可知

$$d_{p+1}^{-1}(\lambda_0):\mathrm{Ker}\,d_p(\lambda_0)\to Y_{p+1}/\mathrm{Ker}\,d_{p+1}(\lambda_0)$$

仍是有界线性算子,以 $k_p(\lambda_0)$记它的范数,即

$$k_p(\lambda_0)=\sup\{\inf\{\|x\|: d_{p+1}(\lambda_0)x=y\}: \|y\|\leqslant1, d_p(\lambda_0)y=0\}。$$

定理 4.3 设 $Y(\lambda)$, $\lambda\in\Lambda$ 是参数化的 Banach 空间复形。若 $Y(\lambda_0)$ 是正合的,则对每个 p,存在 λ_0 的邻域 $U_p(\lambda_0)$,对于 $\lambda\in U_p(\lambda_0)$,复形 $Y(\lambda)$在 p 级正合,且 $k_p(\lambda)$在 $U_p(\lambda_0)$ 中有界。

证 取正数 γ 和 δ,使得 $k_p(\lambda_0)<\gamma$, $k_{p-1}(\lambda_0)<\gamma$,而 $\gamma\delta<\dfrac{1}{6}$。取 $U_p(\lambda_0)$,使当 $\lambda\in U_p(\lambda_0)$ 时有

$$\| d_p(\lambda) - d_p(\lambda_0) \| < \delta,$$
$$\| d_{p+1}(\lambda) - d_{p+1}(\lambda_0) \| < \delta。$$

我们将证明：若 $\lambda \in U_p$，$y \in \operatorname{Ker} d_p(\lambda)$，则存在 $x_1 \in Y_{p+1}$，$y_1 \in \operatorname{Ker} d_p(\lambda)$，使得 $y = y_1 + d_{p+1}(\lambda) x_1$，而 $\| y_1 \| \leqslant \frac{1}{2} \| y \|$，$\| x_1 \| \leqslant 2\gamma \| y \|$。如能做到这一点，则由数学归纳可构造序列$\{x_n\}$和$\{y_n\}$，使得 $y = y_n + \sum_{k=1}^{n} d_{p+1}(\lambda) x_k$，$\| y_n \| \leqslant 2^{-n} \| y \|$，$\| x_n \| \leqslant 2^{-(n-2)} \gamma$。由此可知 $y = d_{p+1}(x)$，这里 $x = \sum_{k=1}^{\infty} x_k$，$\| x \| \leqslant 4\gamma \| y \|$。这就说明，$\operatorname{Ker} d_p(\lambda) = \operatorname{Im} d_{p+1}(\lambda)$，而且 $k_p(\lambda) \leqslant 4\gamma$。

为了构造上述的 x_1 和 y_1，我们进行如下步骤。首先，

$$\| d_p(\lambda_0) y \| = \| d_p(\lambda_0) y - d_p(\lambda) y \| \leqslant \delta \| y \|,$$

由于 $d_p(\lambda_0) y \in \operatorname{Ker} d_{p-1}(\lambda_0)$，则有 $y' \in Y_p$，使得 $d_p(\lambda_0) y' = d_p(\lambda_0) y$，于是 $\| y' \| \leqslant \| d_p(\lambda_0)^{-1} \| \| d_p(\lambda_0) y \| \leqslant \gamma\delta \| y \|$。这样一来，$y - y' \in \operatorname{Ker} d_p(\lambda_0)$，$\| y - y' \| \leqslant (1 + \gamma\delta) \| y \| < 2 \| y \|$。现在再选 $x_1 \in Y_{p+1}$ 使得 $d_{p+1}(\lambda_0) x_1 = y - y'$，$\| x \| \leqslant 2\gamma \| y \|$。令 $y_1 = y - d_{p+1}(\lambda) x_1$，则

$$\begin{aligned}
\| y_1 \| &= \| y - d_{p+1}(\lambda_0) x_1 + d_{p+1}(\lambda_0) x_1 - d_{p+1}(\lambda) x_1 \| \\
&= \| y' + d_{p+1}(\lambda_0) x_1 - d_{p+1}(\lambda) x_1 \| \\
&\leqslant \| y' \| + \| d_{p+1}(\lambda_0) - d_{p+1}(\lambda) \| \| x_1 \| \\
&\leqslant \gamma\delta \| y \| + 2\gamma\delta \| y \| \leqslant 1/2 \| y \|。
\end{aligned}$$

这样 x_1，y_1 已构造出来了，定理也就证明了。

现在我们可得

定理 4.4 若 $A = (A_1, \cdots, A_n)$ 是 Banach 空间 X 上的交换线性有界算子组，则 $S_p(A)$ 是含在$\prod(A)$中的紧子集，这里

$$\prod(A) = D(A_1) \times \cdots \times D(A_n),\ D(A_i) = \{\lambda \in \boldsymbol{C}: |\lambda| \leqslant r(A_i)\}$$

$r(A_i)$是 A_i 的谱半径。

证 若 $(z_1, \cdots, z_n) \overline{\in} \prod(A)$，则存在某个 i，$z_i - A_i$ 有逆$(z_i - A_i)^{-1}$。今取 $B_1 = B_2 = \cdots = B_{i-1} = B_{i+1} = \cdots B_n = 0$，$B_i = (z_i - A_i)^{-1}$，则$\sum_{i=1}^{n} (z_i - A_i) B_i = I$。

这表明$(z_1, \cdots, z_n)$是 A 在 Dash 意义下的正则点，由定理 4.1，它在 Taylor 意义下也正则，这表明 $S_p(A) \subset \prod(A)$。由于定理4.3，$(z - A)$导出的复形是有限级的有参量子的复形 $E(X, z - A)$，$z \in \boldsymbol{C}^n$。若 z_0 是 A 的正则点，则对每一 p，$p = 0, 1, \cdots, n$，都有 $U_p(z_0)$，使当 $z \in U_p(z_0)$ 时仍为复形的正则点，取这些邻域的交集 $U(z_0) =$

$\bigcup_{p=1}^{n} U_p(z_0)$，则对任何 $z \in U(z_0)$，由 $z-A$ 导出的含参量复形，均正则，这就说明 A 的正则点全体是开集，即 $S_p(A)$是闭集。但 $\prod(A)$ 是 $\boldsymbol{C}^n$ 中有界集，故 $S_p(A)$是紧子集，证毕。

定理 4.5 设 $A=(A_1, \cdots, A_n)$ 和 $A'=(A_1, \cdots, A_n, A_{n+1})$ 都是 Banach 空间 X 上的可换的线性有界算子组，令 $\prod$ 是 $\boldsymbol{C}^{n+1}$ 向前 n 个坐标方向的投影，则 $\prod(S_p(A'))=S_p(A)$。

证明略去，请读者参看 Taylor [112]。

由定理 4.5 不难得出 $S_p(A)$是非空的结论。

我们还要不加证明地引用下述定理。

定理 4.6(Taylor) 设 $A=(A_1, \cdots, A_n)$ 是 Banach 空间 X 上的可换的线性有界算子组，G 是含有 $S_p(A)$ 的 $\boldsymbol{C}^n$ 中的区域，$f_1, f_2 \cdots, f_m$ 在 G 内全纯，记 $f: G \to \boldsymbol{C}^m$ 为 $f(z)=(f_1(z), \cdots, f_m(z))$，$f(A)=(f_1(A), \cdots, f_m(A))$。则 $S_p(f(A), X)=f(S_p(A, X))$。

这是全纯函数的谱映照定理，证明详见 Taylor [113]。

§5 正则性的一个充要条件(Hilbert 空间情形)

这一节，我们考察 Hilbert 空间 H 上的线性有界算子组，如同 Banach 空间一样，可定义 $A=(A_1, \cdots, A_n)$ 导出的 Koszul 复形$\{E_p^n(H, A), d_p^n(A)\}$。由于 H 的自共轭性，$[E_p^n(H, A)]^*=E_p^n(H^*, A)=E_p^n(H, A)$。若 $d_p^n(A): E_p^n(H, A) \to E_{p-1}^n(H, A)$，则$(d_p^n)^*: E_{p-1}^n(H, A) \to E_p^n(H, A)$。

为了简单起见，下面我们在不致混淆的情况下，$E_p^n(H, A)$简写为 E_p^n，$d_p^n(A)$简写为 d_p^n 或 d_p。

引理 5.1 我们有如下的表示式：

(1) $E_k^n=E_n^{n-1} \oplus E_{k-1}^{n-1}$；

(2) d_k^n 可写成如下的矩阵形式：

$$d_k^n=\begin{pmatrix} d_k^{n-1} & (-1)^{k+1}\operatorname{diag}(A_n) \\ 0 & d_{k-1}^{n-1} \end{pmatrix},$$

其中 $\operatorname{diag}(A_n)$表示对角线上均为 A_n，其余为 0 的矩阵。

证 (1) E_k^n 可分解为两部分：

$$B_1=\{xe_{j_1} \wedge \cdots \wedge e_{j_k};\ 1 \leqslant j_1<\cdots<j_k \leqslant n-1\},$$

$$B_2=\{xe_{j_1} \wedge \cdots \wedge e_{j_{k-1}} \wedge e_n;\ 1 \leqslant j_1<\cdots<j_{k-1} \leqslant n-1\},$$

E_k^n 的子空间 E_k^{n-1} 恰由 B_1 生成，E_{k-1}^{n-1} 则可自然同构于由 B_2 生成的子空间，这就证明了(1)。

(2) d_k^n 是定义在 E_k^n 上的，将 E_k^n 直和分解为 $E_{k-1}^{n-1} \oplus E_k^{n-1}$，则 d_k^n 限制在不含 e_n 的 E_k^{n-1} 上时与E_k^{n-1} 相同，限制在 E_{k-1}^{n-1} 上时，对不划去 e_n 的运算和d_{k-1}^{n-1} 相同，对划去 e_n 的运

算相当于作用$(-1)^{k+1}A_n$，这就证明了(2)。

定义 5.2　设$A=(A_1, \cdots, A_n)$是 Hilbert 空间H上的交换的线性有界算子组，$\{E_p^n, d_p\}$是由A导出的 Koszul 复形，则称以下的算子A为A导出的 Curto 算子

$$A=\begin{pmatrix} d_1 & & 0 \\ d_2^* & d_3 & \\ & d_4^* & \\ 0 & & \ddots \end{pmatrix} \in L(H \otimes \boldsymbol{C}^{2n-1})。$$

这一矩阵也称 Curto 矩阵(Curto [55])。

例 5.3　设$A=(A_1, A_2)$，此时由A导出的 Koszul 复形为

$$0 \to H \xrightarrow{d_2} H \oplus H \xrightarrow{d_1} H \to 0,$$

$d_2x=(-A_2x, A_1x)$，$d_1(x_1, x_2)=A_1x_1+A_2x_2$。$d_1$和$d_2^*$定义在$H \otimes \boldsymbol{C}^2=H \otimes H$上，我们依定义有

$$\hat{A}=\begin{pmatrix} A_1 & A_2 \\ A_2^* & A_1^* \end{pmatrix}。$$

此外，对算子组$I=(I, 0, \cdots, 0)$，显然有

$$\hat{I}=\begin{pmatrix} I & & & 0 \\ & I & & \\ & & \ddots & \\ 0 & & & I \end{pmatrix},$$

今后简记为I。

定理 5.4(Curto [55])　设$A=(A_1, \cdots, A_n)$是 Hilbert 空间H上的交换的有界线性算子组，$\hat{A}$是由A导出的 Curto 算子，则A正则的充要条件是$\hat{A}$可逆，亦即A正则的条件是$l_k=d_k^*d_k+d_{k+1}d_{k+1}^*$是可逆的，$k=0, 1, \cdots, n$。

证　$\hat{A}$可逆等价于$\hat{A}\hat{A}^*$可逆又等价$l_k(k=0, 1, \cdots, n)$，可逆是显然的。我们只需证明后者。先证必要性。因为$E_{-1}^n=0$，故$d_0=0$。由于复形是正合的，d_1是满射，因此$d_1d_1^*$是可逆的，亦即$l_0=d_0^*d_0+d_1d_1^*=d_1d_1^*$是可逆的。现用数学归纳法来证，若$j \leqslant k$，$l_j$是可逆的，欲证$l_{k+1}$也可逆。

首先，可证$E_{k+1}^n(H, A)=\operatorname{Ker} d_{k+1} \oplus \operatorname{Im} d_{k+1}^k$。显然，$\operatorname{Ker} d_{k+1} \cap \operatorname{Im} d_{k+1}^*=\{0\}$。若$b \in E_{k+1}^n$，则$d_{k+1}b \in E_k^n$，因$l_k$是可逆的，$l_k$必满射，即$\operatorname{Im} l_k=E_k^n$。因此，存在$c \in E_k^n$，使得$d_{k+1}b=l_kc=(d_k^*d_k+d_{k+1}d_{k+1}^*)c$，两边作用$d_{k+1}^*$，则由$d_{k+1}^*d_k^*=0$，将有$d_{k+1}^*d_{k+1}b=d_{k+1}^*d_{k+1}d_{k+1}^*c$。因此$b-d_{k+1}^*c \in \operatorname{Ker} d_{k+1}^*d_{k+1}=\operatorname{Ker} d_{k+1}$。这得到$b \in \operatorname{Ker} d_{k+1}+\operatorname{Im} d_{k+1}^*$。

其次,只需再证明 l_{k+1} 是满射就行了。这是因为 l_{k+1} 是一对一的。事实上,若 $l_{k+1}x=0$,则可知 $d_{k+1}x=0$ 和 $d_{k+2}^{*}x=0$。但 $\mathrm{Ker}\,d_{k+2}^{*}=\mathrm{Im}\,d_{k+1}^{*}$,故 $x\in\mathrm{Ker}\,d_{k+1}$ 和 $x\in\mathrm{Im}\,d_{k+1}^{*}$ 同时成立,这只能有 $x=0$,由逆算子定理即知 l_{k+1} 是可逆的,定理就证完。

下面来证 l_{k+1} 是满射,设 $b\in E_{k+1}^{n}$,由前面已证的分解,可知存在 $c\in\mathrm{Ker}\,d_{k+1}$, $d\in\mathrm{Im}\,d_{k+1}$,使 $b=c+d_{k+1}^{*}d$。这里要说明的是,本来只能知道 $d\in E_{k}^{n}$,但由于 l_{k-1} 已知可逆,$E_{k}^{n}=\mathrm{Ker}\,d_{k}\oplus\mathrm{Im}\,d_{k}^{*}$, $d_{k+1}^{*}d_{k}^{*}=0$,对 d_{k+1}^{*} 来说,$\mathrm{Im}\,d_{k}^{*}$ 是它的核,故 d 不妨取在 $\mathrm{Ker}\,d_{k}$ 之中,即 $\mathrm{Im}\,d_{k+1}$ 之中。因为 $c\in\mathrm{Ker}\,d_{k+1}$,正合性意味着 $c=d_{k+1}e$,于是 $b=d_{k+2}e+d_{k+1}^{*}d$。

由于 $d\in\mathrm{Im}\,d_{k+1}$,故 $d=d_{k+1}f$。用极分解知识,可得 $\mathrm{Im}\,d_{k}\subset\mathrm{Im}(d_{k+2}d_{k+2}^{*})^{\frac{1}{2}}$,所以

$$d_{k+2}e=(d_{k+2}d_{k+2}^{*})^{\frac{1}{2}}g,\ g\in E_{k+1}^{n}。$$

据 E_{k+1}^{n} 的直和分解,可知存在 $g_{1}\in\mathrm{Ker}\,d_{k+1}$, $g_{2}\in E_{k}^{n}$,使得 $g=g_{1}+d_{k+1}^{*}g_{2}$。这时,由 $\mathrm{Ker}\,d_{k+1}=\mathrm{Im}\,d_{k+2}$,又知存在 $h\in E_{k+2}^{n}$,使得 $g_{1}=d_{k+2}h\in\mathrm{Im}\,d_{k+2}\subset\mathrm{Im}(d_{k+2}d_{k+2}^{*})^{\frac{1}{2}}$,即存在 $m\in E_{k+1}^{n}$,有 $g_{1}=(d_{k+2}d_{k+2}^{*})^{\frac{1}{2}}m$。总之

$$g=(d_{k+2}d_{k+2}^{*})^{\frac{1}{2}}m+d_{k+1}^{*}g_{2}。$$

由上可知

$$\begin{aligned}b&=d_{k+2}e+d_{k+1}^{*}d\\&=(d_{k+2}d_{k+2}^{*})^{\frac{1}{2}}g+d_{k+1}^{*}d_{k+1}f\\&=d_{k+2}d_{k+2}^{*}m+(d_{k+2}d_{k+2}^{*})^{\frac{1}{2}}d_{k+1}^{*}g_{2}+d_{k+1}^{*}d_{k+1}f\\&=d_{k+2}d_{k+2}^{*}m+d_{k+1}^{*}d_{k+1}^{*}f。\end{aligned}$$

现在我们再看,$m\in E_{k+1}^{n}$ 可以改进为 $m\in\mathrm{Ker}\,d_{k+1}$,理由与 d 的选取相同,$f\in E_{k+1}^{n}$ 也可以改进为 $f\in\mathrm{Im}\,d_{k+1}^{*}$,理由是类似的。这样一来,

$$d_{k+1}(m+f)=d_{k+1}^{*}d_{k+1}f+d_{k+2}d_{k+2}^{*}m=b,$$

这就证明了 l_{k+1} 是满射,必要性证毕。

现在来证充分性,若 $d_{k}b=0$,则 $l_{k}b=d_{k+1}d_{k+1}^{*}b$。由于 l_{k} 可逆,$b=l_{k}^{-1}d_{k+1}d_{k+1}^{*}b$。但 l_{k} 和 d_{k+1}^{*} 是可交换的(注意 $d_{k}^{*}d_{k}d_{k+1}d_{k+1}^{*}=d_{k+1}d_{k+1}^{*}d_{k}^{*}d_{k}$,这由该算子的自共轭性立刻推得)。这样一来 $b=d_{k+1}d_{k+1}^{*}l_{k}^{-1}b$,即 $b\in\mathrm{Im}\,d_{k+1}$,这表明 $\mathrm{Ker}\,d_{k}\subset\mathrm{Im}\,d_{k+1}$。由复形定义知 $\mathrm{Im}\,d_{k+1}\subset\mathrm{Ker}\,d_{k}$,于是 $\mathrm{Ker}\,d_{k}=\mathrm{Im}\,d_{k+1}$。充分性证毕。

Curto 算子及定理 5.4 是有力的工具,以后会经常用到,这里,还要给出今后经常使用的一个推论,我们也用定理的形式写出来。

定理 5.5 设 $A=(A_{1},\cdots,A_{n})$ 是重可交换的 Hibert 空间上的线性有界算子组。

记 $f=\{1, 2, \cdots, n\} \to \{1, *\}$。则 A 为正则的充要条件是对一切 f，$\sum_{i=1}^{n} A_i^{f(i)}(A_i^*)^{f(i)}$ 是可逆的。

证 通过直接计算可知 $l_k=d_k^* d_k+d_{k+1}d_{k+1}^*$ 是 $\begin{pmatrix} n \\ k \end{pmatrix}$ 阶的对角线矩阵块，对角线上诸元素恰是 $\begin{pmatrix} n \\ k \end{pmatrix}$ 个不同的元素 $\sum_{i=1}^{n} A_i^{f(i)}(A_i^*)^{f(i)}$，其中 f 在 $\{1, 2, \cdots, n\}$ 的 k 个元素上取值为 $*$。这样一来，由 l_k 的可逆性等价于 $\sum_{i=1}^{n} A_i^{f(i)}(A_i^*)^{f(i)}$ 的可逆性及定理 5.4 立即得出结果。

§6 Taylor 联合本质谱和指标

这一节将定义 Taylor 联合本质谱和指标的定义，并给出一些基本性质。

定义 6.1 设 $A=(A_1, \cdots, A_n)$ 是 Banach 空间 X 上的交换算子组，$E(X, A)$ 是 A 导出的 Koszul 复形，$\{d_k\}$ 是其边界算子。若对每个 k，$\mathrm{Im}\, d_k$ 是闭的，而且 $\dim(\mathrm{Ker}\, d_{2k}/\mathrm{Im}\, d_{2k-1})<\infty$ 或者 $\dim(\mathrm{Ker}\, d_{2k+1}/\mathrm{Im}\, d_{2k})<\infty$，$K=0, 1, \cdots$，则称 A 是半 Fredholm 算子组，$\sum(-1)^{k+1}\dim(\mathrm{Ker}\, d_k/\mathrm{Im}\, d_{k-1})$ 称为 A 的指标，记为 $\mathrm{Ind}\, A$。特别地，若对每个 k，均有 $\dim(\mathrm{Ker}\, d_k/\mathrm{Im}\, d_{k-1})<\infty$，则称 A 为 Fredholm 算子组。记 Fredholm 算子组的全体为 $\mathscr{F}$，则集合 $\{(z_1, \cdots, z_n)\in \boldsymbol{C}^n: (z_1-A_1, \cdots, z_n-A_n)\overline{\in}\mathscr{F}\}$ 称为 A 的联合本质谱，记为 $S_{p_e}(A)$

注：由定义 2.3，若以链复形(2.2)定义 Taylor 联合本质谱和指标，则 $\mathrm{Ind}\, A=\sum_{k=0}^{n}(-1)^{k+1}\dim(\mathrm{Ker}\, \alpha_{n-k}/\mathrm{Im}\, \alpha_{n-k+1})=(-1)^{n-1}\sum(-1)^k\dim(\mathrm{Ker}\, \alpha_k/\mathrm{Im}\, \alpha_{k+1})$。

若 $A=(A_1, \cdots, A_n)$ 是 Hilbert 空间 H 上的算子组，A 是交换的条件可改为本质交换的，即对任意 $i\neq j$，$[A_i, A_j]$ 是紧算子。

定义 6.2 设 $A=(A_1, \cdots, A_n)$ 是 Hilbert 空间 H 上本质交换的算子组，利用 Taylor 边界算子可形式上导出下列系统：

$$0\to E_n(H)\xrightarrow{d_n}E_{n-1}(H)\to\cdots E_1(H)\xrightarrow{d_1}E_0(H)\to 0,$$

此时对任意 p，必有 $d_p\circ d_{p+1}$ 是紧算子，因此可自然诱出 Cakin 代数 $L(H)/K(H)$（记为 D）上的一个链复形

$$0\to E_n(D)\xrightarrow{\hat{d}_n}E_{n-1}(D)\to\cdots E_1(D)\xrightarrow{\hat{d}_1}{}_1E_0(D)\to 0, \qquad (*)$$

若 $*$ 正合，就称 A 为 Fredholm 算子组，而 $S_{p_e}(A)=\{(z_1, \cdots, z_n)\in\boldsymbol{C}^n: (z_1-A_1, \cdots, z_n-A_n)$ 非 Fredholm 算子组$\}$，而当 $z\overline{\in}S_{p_e}(A)$ 时，$\mathrm{ind}(\widehat{A-z})=\dim\mathrm{Ker}(\widehat{A-z})-$

$\dim \operatorname{Ker}(\widehat{A-z})^*$ 称为 A 的指标,其中$\widehat{A-z}$ 是 $A-z$ 的 Curto 矩阵。

对于 Hilbert 空间上的交换算子组,定义 6.1 与 6.2 形式上有出入,但是我们以下将证明二者实质上是一致的。

引理 6.3 [55]　$A=(A_1, \cdots, A_n)$ 是 Hilbert 空间 H 上交换算子组,A 是按定义 6.2 中的 Fredholm 算子组的充要条件是对任意 k,$l_k=\hat{d}_k^* \hat{d}_k+\hat{d}_{k+1} \hat{d}_{k+1}^*$ 是可逆时,即 $d_k^* d_k+d_{k+1} d_{k+1}^*$ 是(单个)Fredholm 算子。

证　与定理 5.4 的证明相同,只需作部分符号的变动,故略。

定理 6.4　设 $A=(A_1, \cdots, A_n)$ 是 Hilbert 空间 H 上交换算子组,则 A 按定义 6.1 是 Fredholm 算子组的充要条件是 A 按定义 6.2 是 Fredholm 算子组,并且

$$\operatorname{Ind} \hat{A}=\sum(-1)^{k+1} \dim(\operatorname{Ker} \hat{d}_k \ominus \operatorname{Im} \hat{d}_{k+1})。$$

证　设 A 按定义 6.2 是 Fredholm 算子组,则 $l_k=d_k^* d_k+d_{k+1} d_{k+1}^*$ 是 Fredholm 算子。又 $\operatorname{Im} d_{k+1} \subset \operatorname{Ker} d_k$,因此 $\operatorname{Im} l_k=\operatorname{Im} d_k^* d_k \oplus \operatorname{Im} d_{k+1} d_{k+1}^*$。但 $\operatorname{Im} d_k$ 是闭的,于是 $\operatorname{Im} d_k^* d_k$ 是闭的,从而知 $\operatorname{Im} d_k$ 是闭的。因此$\{d_k\}$ 都具有闭值域。又 $\operatorname{Ker} l_k=\operatorname{Ker} d_k \cap \operatorname{Ker} d_{k+1}^*=(\operatorname{Ker} d_k) \ominus (\operatorname{Im} d_{k+1})$,得到 $\dim(\operatorname{Ker} D_k \ominus \operatorname{Im} d_{k+1})<\infty$,于是 A 按定义 6.1 是 Fredholm 算子组。

又若 A 按定义 6.1 是 Fredholm 算子组,则由 $\operatorname{Im} l_k=\operatorname{Im} d_k^* d_k \oplus \operatorname{Im} d_{k+1} d_{k+1}^*$ 得到 l_k 具有闭值域。又 $\operatorname{Ker} l_k=\operatorname{Ker} d_k \ominus \operatorname{Im} d_{k+1}$ 知 $\dim \operatorname{Ker} l_k<\infty$,于是 l_k 是 Fredholm 算子。用引理 6.3 知 A 按定义 6.2 是 Fredholm 算子组。

由于　$\operatorname{Ker} \hat{A}=\operatorname{Ker} \hat{A}^* \hat{A}=\oplus \operatorname{Ker}(d_{2k-1}^* d_{2k-1}+d_{2k} d_{2k}^*)$,

$\operatorname{Ker} \hat{A}^*=\operatorname{Ker} \hat{A} \hat{A}^*=\oplus \operatorname{Ker}(d_{2k}^* d_{2k}+d_{2k+1} d_{2k+1}^*)$,

于是

$$\begin{aligned}
\operatorname{Ind} \hat{A} &=\dim \operatorname{Ker} \hat{A}-\dim \operatorname{Ker} \hat{A}^* \\
&=\sum \dim \operatorname{Ker}(d_{2k-1}^* d_{2k-1}+d_{2k} d_{2k}^*) \\
&\quad -\sum \dim \operatorname{Ker}(d_{2k}^* d_{2k}+d_{2k+1} d_{2k+1}^*) \\
&=\sum(-1)^{k+1} \dim(\operatorname{Ker} d_k \ominus \operatorname{Im} d_{k+1})。
\end{aligned}$$

证毕。

推论 6.5　设 $A=(A_1, \cdots, A_n)$ 是 Hilber 空间 H 上重交换的算子组,则 A 是 Fredholm 算子组的充要条件是对一切 $f\{1, 2, \cdots, n\} \rightarrow\{1, *\}$,$\sum_{i=1}^n A_f^{f(i)}(A_i^*)^{f(i)}$ 是 Fredholm 算子组,且此时 $\operatorname{Ind} A=\sum(-1)^{k+1} \sum_{i \in I_k} \dim(\bigcap_{i=1}^n \operatorname{Ker} A_i^{f(i)})$,其中 $I_k=\{f$: 有 k 个 i 使 $f(i)=0\}$。

证　充要条件可由定理 5.5 得到。此时 $l_k=d_k^* d_k+d_{k+1} d_{k+1}^*$ 是对角线矩阵块,对角线上诸元素恰好是 $\begin{pmatrix}n \\ k\end{pmatrix}$ 个彼此不同的元素 $\sum_{i=1}^n(A_i^*)^{f(i)} A_i^{f(i)}$,其中 $f \in I_k$,于是

$$\text{Ind}\, A = \sum(-1)^{k+1}\dim \text{Ker}(d_k^* d_k + d_{k+1} d_{k+1}^*)$$
$$= \sum(-1)^{k+1}\sum_{I_k}\dim(\bigcap_{i=1}^{n} \text{Ker}\, A_i^{f(i)})\text{，证毕。}$$

§7 夏道行联合谱

迄今为止，我们都是讨论两两可交换的算子组的联合谱。1983 年，夏道行在文献[30]中提出了一种非交换算子组的联合谱概念。

定义 7.1 设 $K=(K_1, \cdots, K_n)$ 是 Hilbert 空间 H 上的交换自共轭算子组，L 是 H 上任意的自共轭算子，记

$$D_j(L)=i(K_jL-LK_j)\text{。}$$

如果对任意的一组整数 $j_1, j_2, \cdots, j_m$，满足 $1\leqslant j_1\leqslant j_2\leqslant\cdots\leqslant j_m\leqslant n$，均有 $D_{j_1}(L)\cdot D_{j_2}(L)\cdot\cdots\cdot D_{j_m}(L)\geqslant 0$，则称 $(n+1)$ 个算子组 $(K_1, \cdots, K_n, L)$ 是亚正常算子组，记为 $L\in HN(H)$。

定义 7.2 设 K 是交换自共轭算子组，$L\in HN(H)$，$(K_1, \cdots, K_n, L)$ 的夏道行联合谱 $\sigma_x(H, L)$ 是指：

$$\sigma_x(K, L)=\{(x_1, \cdots, x_n, y):(x_1, \cdots, x_n)\in S_p(K),$$
$$y\in\bigcap_{\Delta\in p(x)}\sigma(E(\Delta)L)\mid_{E(\Delta)H})\},$$

其中 $\Delta=\Delta_1\times\cdots\times\Delta_n$，$P(x)=\{\Delta\subset R^n: x_j\in\Delta_j, \Delta_j$ 是区间，$j=1, 2, \cdots, n\}$，$E(\Delta)=E^1(\Delta_1)E^2(\Delta_2)\cdots E^n(\Delta_n)$，$E^j$ 是 K_j 的谱测度，$j=1, 2, \cdots, n$。

当 L 与每个 K_j 都可交换，即 $D_j(L)=0(j=1, 2, \cdots, n)$ 时，$\sigma_x(H, L)$ 和 $S_P((H_1, \cdots, H_n, L))$ 是相同的。实际上，由第三章定理 1.2 对自共轭算子组 $A=(A_1, \cdots, A_n)$ 来说，$S_P(A)=\text{Supp}\, E$，这里 E 是 A_j 的谱测度 $E_j(j=1, 2, \cdots, n)$ 所形成的乘积谱测度，Supp 表示测度的支集。因此，自共轭算子组的联合谱都是联合近似点谱。再由联合谱的投影性质即知此时的夏道行谱和 Taylor 联合谱是一致的。

夏道行联合谱对于研究亚正常算子组是一个有力的工具。设 $T=(T_1, \cdots, T_n)$ 由 n 个重交换的亚正常算子所构成，记 $T_j=K_j+iJ_j$，其中 K_j 和 T_j 均为自共轭算子，由重交换条件知 $K_iK_j=K_jK_i$，且 $K_iJ_j=J_jK_i(i\neq j)$。但是 K_j 和 J_j 不必是可交换的，仅有 $i(K_jJ_j-J_jK_j)\geqslant 0$。这说明 $(K_1, \cdots, K_n, J_j)$ 是一个非交换的自共轭算子组且 $J_j\in HN(K)$。因而 $\sigma_x(K, J_j)$ 就可以定义了。

对于亚正常算子组联合谱的研究已有许多结果，夏道行及其学生们的工作是系统的(详见文献[10]，[18]，[30])。

第三章　正常算子组

正常算子包括自共轭算子，是一类理论上和应用上比较广泛而且容易处理的算子。本章讨论有界的正常算子组，为后面的非正常算子组的讨论作准备。π_k 空间上的自共轭算子组虽然实质上是非正常算子组，由于某些方面具有正常算子组的性质，因此也列在本章内。

§1　正常算子组的 Taylor 谱

定理 1.1　设 $A=(A_1, \cdots, A_n)$ 是 Hilbert 空间 H 上变换的正常算子组，则 $S_p(A)=\sigma(A)=\sigma_\pi(A)$，这里从左到右分别为 A 的 Taylor 谱、Dash 谱和联合近似点谱。

证　由第二章我们已知有 $\sigma(A)\supset S_p(A)\supset\sigma_\pi(A)$，因此只需证 $\sigma_\pi(A)\subset\sigma(A)$。事实上若 $0=(0, \cdots, 0)\overline{\in}\sigma_\pi(A)$，则必存在 $a>0$，使得对任意 $x\in H$，有

$$\left\langle\sum_{i=1}^{n}A_i^*A_ix, x\right\rangle=\sum_{i=1}^{n}\|A_ix\|^2\geqslant\alpha\|x\|^2,$$

但 $\sum_{i=1}^{n}A_i^*A_i$ 是正算子，所以由自共轭算子的知识可得出 $\sum_{i=1}^{n}A_i^*A_i$ 可逆。现设 $\mathscr{A}''$ 是由 $A=(A_1, \cdots, A_n)$ 生成的二次交换子代数，由 A 是交换的正常算子组和 Putnam-Fuglede 定理(见第一章)，不难知道 $\left(\sum_{i=1}^{n}A_i^*A_i\right)^{-1}\in\mathscr{A}''$。令 $B_i=(\sum A_i^*A_i)^{-1}A_i^*$，$i=1, \cdots, n$。则 $B_i\in\mathscr{A}''$，且 $\sum_{i=1}^{n}B_iA_i=I$。这样就证得 $A=(A_1, \cdots, A_n)$ 是在 Dash 意义下正则的，由平移性得到 $\sigma_\pi(A)\supset\sigma(A)$。证毕。

对于交换的正常算子组 $A=(A_1, \cdots, A_n)$，记 $E_i(z_i)$ 为由 A_i 导出的谱测度，$i=1, 2, \cdots, n$，则存在唯一的 $\boldsymbol{C}^n$ 上的乘积谱测度 $E(z)=\prod_{i=1}^{n}E_i(z_i)$，这时我们有下列定理：

定理 1.2　设 $A=(A_1, \cdots, A_n)$ 是 Hilbert 空间 H 上的交换的正常算子组，$E(z)$ 是由 A 导出的乘积谱测度，则有 $S_p(A)=\mathrm{Supp}\,E(z)$，$\mathrm{Supp}\,E(z)$ 表示 $E(z)$ 的支集。$\lambda=(\lambda_1, \cdots, \lambda_n)\in\sigma_p(A)$ 当且仅当 $E(\{\lambda\})\neq 0$。

证　设 $\Omega=S_p(A_1)\times\cdots\times S_p(A_n)\subset\boldsymbol{C}^n$，则由谱积分可知 $I=\int_\Omega dE(z)$，$A_i=\int_\Omega z_i dE(z)$，$i=1, 2, \cdots, n$。

(1) $\operatorname{Supp} E(z) \subset S_p(A)$

设 $\lambda=(\lambda_1, \cdots, \lambda_n) \in \operatorname{Supp} E(z)$,则对任意 λ 的邻域 U_λ,必有 $E(U_\lambda) \neq 0$。现取一列邻域 $\{U_\lambda^m\}_{m=1}^{\infty}$ 满足 $\operatorname{diam}(U_\lambda^m) \leqslant \frac{1}{m}$,这时可以取到一列单位向量 $\{x_m\}_{m=1}^{\infty}$, $x_m \in E(U_\lambda^m)$, $m=1, 2, \cdots$。从而有

$$\begin{aligned}\sum_{i=1}^{n} \|(A_i-\lambda_i)x_m\|^2 &= \sum_{i=1}^{n}\int_{\Omega} |z_i-\lambda_i|^2 \mathrm{d}\|E(z)x_m\|^2 \\ &= \sum_{i=1}^{n}\int_{U_\lambda^m} |z_i-\lambda_i|^2 \mathrm{d}\|E(z)x_m\|^2 \\ &\leqslant \frac{1}{m^2} \to 0(m\to\infty)。\end{aligned}$$

因此 $\lambda=(\lambda_1, \cdots, \lambda_n) \in \sigma_\pi(A)=S_p(A)$。

(2) $S_p(A) \subset \operatorname{Supp} E(z)$

若 $\lambda=(\lambda_1, \cdots, \lambda_n) \overline{\in} \operatorname{Supp} E(z)$,则存在以 λ 为中心,ε_0 为半径的球邻域 U_λ 使得 $E(U_\lambda)=0$。这时

$$\begin{aligned}\sum_{i=1}^{n} \|(A_i-\lambda_i)x\|^2 &= \int_{\Omega}\sum_{i=1}^{n} |z_i-\lambda_i|^2 \mathrm{d}\|E(z)x\|^2 \\ &= \int_{\Omega/U_\lambda}\sum_{i=1}^{n} |z_i-\lambda_i|^2 \mathrm{d}\|E(z)x\|^2 \geqslant \varepsilon_0^2\|x\|^2,\end{aligned}$$

所以 $\lambda=(\lambda_1, \cdots, \lambda_n) \overline{\in} \sigma_\pi(A)=S_P(A)$。

(3) $\lambda=(\lambda_1, \cdots, \lambda_n) \in \sigma_p(A)$,则有 $x \neq 0$,使 $A_i x=\lambda_i x$, $i=1, 2, \cdots, n$。因此 $x \in \bigcap_{i=1}^{n} E_i(\{\lambda_i\})H=E(\{\lambda\})H \neq 0$。反之亦然。

对于一般的交换算子组,Taylor 已给出了解析算子组演算与解析谱映照定理,但对于交换的正常算子组,我们有下面更好的结果。

定理 1.3 设 $A=(A_1, \cdots, A_n)$ 是 H 上的交换的正常算子组,$\mathscr{F}$ 是 $\mathbf{C}^n$ 到 $\mathbf{C}$ 的关于 A 的乘积谱测度本性有界的可测函数全体,则存在 $\mathscr{F}$ 到 $L(H)$ 的算子演算 $h\to h(A)$,满足

(1) $1\to I$; $z_i\to A_i$, $i=1, 2, \cdots, n$,

(2) $h_1 h_2 \in \mathscr{F}$, α, β, $\in \mathbf{C}$, 则

$$\begin{aligned}&\alpha h_1+\beta h_2 \to \alpha h_1(A)+\beta h_2(A)\\ &h_1 h_2 \to h_1(A) h_2(A);\end{aligned}$$

(3) $h \in \mathscr{F}$, $\bar{h} \to h(A)^*$,

特别当 $f=(f_1, \cdots, f_m)$,其中 f_i 都是连续函数时,还成立着连续谱映照定理 $S_p(f(A))=f(S_p(A))$。

证 对于 $h \in \mathscr{F}$，可定义 $h(A) = \int h dE(z)$，注意到 $h(A)$ 还是正常算子。特别 $f(A) = (f_1(A), \cdots, f_m(A))$ 还是交换的，可参考单个算子不难给出全部证明，详细证明略。

例 1.4 设 $A = (A_1, \cdots, A_n)$ 是 Hilbert 空间 H 上的对角算子组，即存在 H 的一组标准正交基 $\{e_\lambda\}_{\lambda \in \wedge}$，使得 $A_i e_\lambda = a_\lambda^i e_\lambda$，其中 $a_\lambda^i \in \boldsymbol{C}$，$i = 1, 2, \cdots, n$。显然 A 是交换的正常算子组，容易计算出 $\sigma_p(A) = \{(a_\lambda^1, \cdots, a_\lambda^n); \lambda \in \wedge\}$，$S_p(A) = \overline{\sigma_p(A)}$（$\sigma_p(A)$ 在 $\boldsymbol{C}^n$ 中的闭包）。

推论 1.5 $\boldsymbol{C}^n$ 中任意紧集都可是某个交换正常算子组的 Taylor 谱。

§2 正常算子组的谱子空间

设 X 是 Banach 空间，U 为 $\boldsymbol{C}^n$ 中开集，$\boldsymbol{C}^\infty(U, X)$ 表示定义在 U 上的关于 $z_1, \ldots, z_n$ 无限次可导的 X 值函数全体，$s = (s_1, \cdots, s_n)$ 为几个不定元组，$dz = (dz_1, \ldots, dz_n)$，$\wedge^P[s \cup dz, \boldsymbol{C}^\infty(U, X)]$ 表示以 $s \cup dz$ 为不定元，$\boldsymbol{C}^\infty(U, X)$ 为系数的 p 级外代数，定义 $\wedge^{n-1}[s \cup dz, \boldsymbol{C}_\infty(U, X)]$ 到 $\wedge^n[s \cup dz, \boldsymbol{C}^\infty(U, X)]$ 的算子 $\alpha \oplus \partial$ 如下：

设 $A = (A_1, \cdots, A_n)$ 是一组交换算子组，$\psi(z) \in \wedge^{n-1}(s \cup dz, \boldsymbol{C}^\infty(U, X))$，则

$$((\alpha \oplus \partial)\psi)(z) = [(A_1 - z_1)s_1 + \cdots + (A_n - z_n)s_n + \partial/\partial z_1 + \cdots + \partial/\partial z_n] \wedge \psi(z)。$$

下面定义是单个算子情形的推广。

定义 2.1 设 $A = (A_1, \cdots, A_n)$ 为 Banach 空间 X 上的交换算子组，δ 为 $\boldsymbol{C}^n$ 中的闭集，则

$$X_A(\delta) = \{x \in X，\text{存在 } \psi \in \wedge^{n-1}(s \cup dz, \boldsymbol{C}^\infty(\boldsymbol{C}^n \backslash \delta))，\text{使得}$$
$$s_1 \wedge \cdots \wedge s_n x = (\alpha \oplus \partial)\psi(\lambda), \lambda \in \boldsymbol{C}^n \backslash \delta\},$$

称为 A 的关于 δ 的谱子空间。

定理 2.2 设 $A = (A_1, \cdots, A_n)$ 为 Hilbert 空间 H 上的交换的正常算子组，$E(\cdot)$ 为由 A 导出的乘积谱测度，则对 $\boldsymbol{C}^n$ 中任意闭集 δ，有

$$X_A(\delta) = \bigcap_{\lambda = (\lambda_1, \cdots, \lambda_n) \in \boldsymbol{C}^n \backslash \delta} \left(\sum_{i=1}^n R(A_i - \lambda_i)\right) = E(\delta)H,$$

这里 $R(A_i - \lambda_i)$ 表示算子 $A_i - \lambda_i$ 的值域。

证 (1) $X_A(\delta) = \bigcap\limits_{\lambda \in \boldsymbol{C}^n \backslash \delta} \left(\sum\limits_{i=1}^n R(A_i - \lambda_i)\right)$。

设 $x \in X_A(\delta)$，由定义存在 $\psi \in \wedge^{n-1}(s \cup dz, \boldsymbol{C}^\infty(\boldsymbol{C}^n \backslash \delta, X))$ 使得 $x s_1 \wedge \cdots \wedge s_n = (\alpha + \partial)\psi(\lambda)$，$\lambda \in \boldsymbol{C}^n \backslash \delta$。

设 ψ 在 $s_1 \wedge \cdots \wedge \hat{s}_i \wedge \cdots \wedge s_n$ 项的系数为 ψ_i，$i=1, 2, \cdots, n$。这样 $x=\sum_{i=1}^{n}(-1)^{i-1}(A_i-\lambda_i)\psi_i(\lambda) \in \sum_{i=1}^{n} R(A_i-\lambda_i)$，$\lambda \in \boldsymbol{C}^n \backslash \delta$。

(2) $\bigcap_{\lambda \in \boldsymbol{C}^n / \delta}\left(\sum_{i=1}^{n} R(A_i-\lambda_i)\right) \subset E(\delta) H$。

若 $x \in \sum_{i=1}^{n} R(A_i-\lambda_i)$，则存 $y_1 \cdots, y_n \in H$，使得 $x=\sum_{i=1}^{n}(A_i-\lambda_i) y_i$，对固定的 $\lambda \in \boldsymbol{C}^n \backslash \delta$ 成立。令 D_{ξ} 为 $\boldsymbol{C}^n$ 中以 λ 为中心，ξ 为半径的球，注意到这时

$$
\begin{aligned}
\| E(D_{\xi}) x \|^2 &= \left\| \sum_{i=1}^{n} E(D_{\xi})(A_i-\lambda_i) y_i \right\|^2 \\
&\leqslant n \sum_{i=1}^{n} \| E(D_{\xi})(A_i-\lambda_i) y_i \|^2 \\
&= n \int_{D_{\xi}} \sum_{i=1}^{n} | z_i-\lambda_i |^2 d \| E(z) y_i \|^2 \\
&\leqslant \xi^2 n \sum_{i=1}^{n} \| E(D_{\xi}) y_i \|^2,
\end{aligned}
$$

所以 $\xi^{-2}\| E(D_{\xi}) x \|^2 \rightarrow 0(\xi \rightarrow \infty)$，进而 $\xi^{-2n}\| E(D_{\xi}) x \|^{2n} \rightarrow 0$，即集函数 $\| E(\cdot) x \|^{2n}$ 在 $\boldsymbol{C}^n \backslash \delta$ 上每一点 λ 的对称导数为 0，由集函数的性质知必有 $\| E(\boldsymbol{C}^n / \delta) x \|^{2n}=0$。这就证明了 $x \in E(\delta) H$。

(3) $E(\delta) H \subset X_A(\delta)$。

现在要找 $\psi \in \wedge^{n-1}(s \cup dz, \boldsymbol{C}^{\infty}(\boldsymbol{C}^n \backslash \delta)_0 H)$ 使得

$$
(\alpha \oplus \partial) \psi(\lambda)=x s_1 \wedge \cdots \wedge s_n 。
$$

记 $\widetilde{A}_i=A_i |_{E(\delta) H}$，则对任意 $\lambda \overline{\in} \delta$，$\widetilde{A}-\lambda=(\widetilde{A}_1-\lambda_1, \cdots, \widetilde{A}_n-\lambda_n)$ 正则，即 $\sum_{i=1}^{n}(\widetilde{A}_i-\lambda_i)^*(\widetilde{A}_i-\lambda_i)$ 可逆，记其逆为 $A(\lambda)^{-1}$，$B_i(\lambda)=(\widetilde{A}_i-\lambda_i) A^{-1}(\lambda)$。$\beta$ 是 $\wedge^P[(s, \boldsymbol{C}^{\infty}(\boldsymbol{C}^n \backslash \delta, E(\delta) H))]$ 到 $\wedge^{P-1}(s, \boldsymbol{C}^{\infty}(\boldsymbol{C}^n \backslash \delta, E(\delta) H))$ 的映射：若 $\varphi s_{j_1} \wedge \cdots \wedge s_{j_P} \in \wedge^P[s, \boldsymbol{C}^{\infty}(\boldsymbol{C}^n \backslash \delta, E(\delta) H)]$，$(\beta \varphi)(\lambda)=\sum_{s=1}^{P}(-1)^{s-1} B_j^1(\lambda) \varphi(\lambda) s_{j_1} \wedge \cdots \wedge \hat{s}_{j_s} \wedge \cdots \wedge s_{j_P}$。由于 $\sum_{i=1}^{n}(\widetilde{A}_i-\lambda_i) B_i(\lambda)=I$（$E(\delta) H$ 中恒等元），则若 $\alpha \varphi=0$，令 $\varphi'=\beta \varphi_0$，则必有 $\alpha \varphi'=\varphi$（见定理 4.1）。

任意 $\psi \in \wedge^{n-1}[s \cup dz, \boldsymbol{C}^{\infty}(\boldsymbol{C}^n \backslash \delta)_1 H]$，可以有 $\psi=\psi_{0, n-1}+\cdots+\psi_{n-1, 0}$，其中 ψ_{ij} 中有 i 个 $(dz_1, \cdots, dz_n)$ 中元，j 个 $(s_1, \cdots, s_n)$ 中元。解方程 $(\alpha \oplus \partial) \psi=x s_1 \wedge \cdots \wedge s_n$ 等价于解

$$
\begin{aligned}
& \alpha \psi_{0, n-1}=x s_1 \wedge \cdots \wedge s_n, \\
& \alpha \psi_{1, n-2}+\partial \psi_{0, n-1}=0,
\end{aligned}
$$

$$\cdots$$

$$\alpha\psi_{n-1,0}+\partial\psi_{n-2,1}=0,$$

$$\partial\psi_{n-1,0}=0,$$

由于 $\alpha(xs_1\wedge\cdots\wedge s_n)=0$，故令 $\psi_{0,n-1}=\beta(xs_1\wedge\cdots\wedge s_n)$，由以上分析知 $\alpha\psi_{0,n-1}=xs_1\wedge\cdots\wedge s_n$。

设 $\partial\psi_{0,n-1}=\sum_{i=1}^{n}\varphi_i dz_i$，其中 $\varphi_i\in\wedge^{n-1}[s,\boldsymbol{C}^\infty(\boldsymbol{C}^n\backslash\delta,E(\delta)H)]$。由于 $\alpha_0\partial=-\partial_0\alpha$，于是 $\alpha(\partial\psi_{0,n-1})=-\partial(\alpha\psi_{0,n-1})=-\partial(xs_1\wedge\cdots\wedge s_n)=0$，即 $\alpha\psi_i=0$，$i=1,2,\cdots,n$。令 $\psi_i=\beta\psi_i$，$i=1,2,\cdots,n$，必有 $\alpha(\sum\psi_i dz_i)=\sum\alpha\psi_i dz_i=\sum\psi_i dz_i=\partial\psi_{0,n-1}$。令 $\psi_{1,n-2}=-\sum\psi_i dz_i$，于是第二个方程亦有解。

逐步解出 $\psi_{i,j}$，最后得到 $\psi_{n-1,0}\in\wedge^{n-1}(s,\boldsymbol{C}^\infty(\boldsymbol{C}^n\backslash\delta),E(\delta)H)$，使 $\alpha\psi_{n-1,0}+\partial\psi_{n-1,2}=0$，只要证明 $\partial\psi_{n-1,0}=0$ 就可以了。在等式 $\alpha\psi_{n-1,0}+\partial\psi_{n-1,2}=0$ 二边作用 ∂，注意到 $\partial\cdot\partial=0$，得到 $\alpha\cdot\partial\psi_{n-1,0}=0$。但 $\partial\psi_{n-1,0}$ 的系数都取值于 $E(\delta)H$，而 α 在 $E(\delta)H$ 中正则，必有 $\partial\psi_{n-1,0}=0$。证毕。

§3 正常算子组的联合数值域和联合范数

设 $A=(A_1,\cdots,A_n)$ 是 Hilbert 空间 H 上的线性算子组，定义

$$\|A\|=\sup\{(\|A_1x\|^2+\cdots+\|A_nx\|^2)^{\frac{1}{2}}:x\in H,\ \|x\|=1\},$$

$$W(A)=\{(\langle A,x_1x\rangle,\langle A_2x,x\rangle,\cdots,\langle A_nx,x\rangle):x\in H,\ \|x\|=1\},$$

$$w(A)=\sup\{(|\langle A_1x,x\rangle|^2+\cdots+|\langle A_nx,x\rangle|^2)^{\frac{1}{2}}:x\in H,\ \|x\|=1\},$$

这些记号分别称为 A 的联合范数，联合数值域和联合数值域半径。若 A 还是交换算子组，则还可类似地定义 A 的 Taylor 联合谱半径 $r_{sp}(A)$。当 $\|A\|=w(A)$ 时，算子组 A 称为联合达范的(joint normaloid)。

多个算子组的联合数值域不必是凸集，据作者所知，目前只证明了交换的正常算子组、次正常算子组、重交换的亚正常算子组和 Toeplitz 算子组的联合数值域是凸集。下面先给出引理，读者不妨自行证明。

引理 3.1 设 $A=(A_1,\cdots,A_n)$ 是交换的正常算子组，则存在某个测度空间 (X,u) 和一组有界可测函数 $\phi_1,\cdots$。ϕ_n 属于 $L^\infty(X,u)$，使得 A_i 酉等价于 $L^2(X,u)$ 上的由 ϕ_i 导出的乘法算子，$i=1,2,\cdots,n$。

定理 3.2 设 $A=(A_1,\cdots,A_n)$ 是交换的正常算子组，则 $W(A)$ 是 $\boldsymbol{C}^n$ 中的凸子集。

证 由引理 3.1，我们可不妨考虑 A 的函数模型。

设 $f,g\in L^2(X,u)$，$\|f\|=\|g\|=1$，则对任意 $t\in[0,1]$，容易验证 $h_t=$

$(t|f|^2+(1-t)|g|^2)^{1/2}\in L^2(X, u)$，而且 $\|h_t\|=1$。因此

$$\begin{aligned}&t(\langle A_1f, f\rangle, \cdots, \langle A_nf, f\rangle)+(1-t)(\langle A_1g, g\rangle, \cdots, \langle A_ng, g\rangle)\\=&\left(t\int\phi_1|f|^2du, \cdots, t\int\phi_n|f|^2du\right)+\\&\left((1-t)\int\phi_1|g|^2du, \cdots, (1-t)\times\int\phi_n|g|^2du\right)\\=&(\langle A_1h_t, h_t\rangle, \cdots, \langle A_nh_t, h_t\rangle)\in W(A)。\end{aligned}$$

定理 3.3 设 $A=(A_1, \cdots, A_n)$ 是交换的正常算子组，则有 $\|A\|=\omega(A)=r_{sp}(A)$，因此 A 是联合达范的。

证 由于 $S_p(A)=\sigma_\pi(A)$，易知 $\|A\|\geqslant\omega(A)\geqslant r_{sp}(A)$。由定理 1.1 和引理 3.1 还可以知道

$$S_p(A)=\{z=(z_1, \cdots, z_n)\in \boldsymbol{C}^n：对任意\ \varepsilon>0,\\ u(\{t\in X: \sum^n|\phi_i(t)-z_i|<\varepsilon)\})>0\},$$

于是 $u(\{t\in X: \sum|\phi_i(t)|^2>r_{sp}(A)^2\})=0$。这样

$$\sum_{i=1}^n\|A_if\|^2=\int\sum^n|\phi_i(t)|^2|f(t)|^2du\leqslant r_{sp}(A)^2\|f\|^2。$$

因此 $\|A\|=\sup\left\{\left(\sum\limits_{i=1}^n\|A_if\|^2\right)^{\frac{1}{2}}: \|f\|=1\right\}\leqslant r_{sp}(A)$。

设 $A=(A_1, \cdots, A_n)$ 是 H 上的算子组，$C^*(A)$是由 A 生成的$L(H)$中有单位元的 C^* 子代数。现在我们考虑 A 是交换正常算子组的情形。

引理 3.4 设 $A=(A_1, \cdots, A_n)$ 是交换的正常算子组，$C^*(A)$是由 A 生成的有单位元的 C^* 子代数，则有

$$S_p(A)=\{(\phi(A_1), \cdots, \phi(A_n)): \phi\ 是\ C^*(A)\ 上的可乘线性泛函\}。$$

证 由定理 1.1 易知，$\lambda=(\lambda_1, \cdots, \lambda_n)\in S_p(A)$ 的充要条件是 $I\overline{\in}C^*(A)(A_1-\lambda_1)+\cdots+C^*(A)(A_n-\lambda_n)$。注意到此时右边必含在 $C^*(A)$的某极大理想中，从而得证。

我们知道，对于 C^*-代数，它的态全体Σ是一个 W^* 紧凸集，而这个集合的端点就称为纯态，对算子组 $A=(A_1, \cdots, A_n)$，Σ是 $C^*(A)$的态空间，可引入下面代数型的联合数值域：

$$V(A)=\{(\psi(A_1), \cdots, \psi(A_n)): \psi\in\sum\}。$$

显然 $V(A)$是 $\boldsymbol{C}^n$ 中的紧凸集。

定理 3.5 设 $A=(A_1, \cdots, A_n)$ 是交换的正常算子组，则有

$$\mathrm{Conv}\, S_p(A)=\overline{W(A)}=V(A)。$$

证 由于 $S_p(A)=\sigma_\pi(A)$ 和 $W(A)$ 凸，我们有 $\mathrm{Conv}\,S_p(A)\subset\overline{W(A)}$ 又对每个 $x\in H$，可确定一个向量态：$T\in C^*(A)$, $T\to\langle Tx, x\rangle$，所以 $W(A)\subset V(A)$。设 $\lambda=(\lambda_1, \cdots, \lambda_n)$ 为 $V(A)$ 的任何一个端点，从定义知必存在 $C^*(A)$ 上的一个纯态 ϕ，使得 $\phi(A_i)=\lambda_i$, $i=1, 2, \cdots, n$。由于 A 是交换正常的，因此 $C^*(A)$ 是交换的，据 C^*-代数理论，此 ϕ 必是 $C^*(A)$ 上的可乘线性泛函，因此由引理 3.4 可知 $\lambda=(\lambda_1, \cdots, \lambda_n)\in S_p(A)$。再由 Klein-Milman 的端点定理得到 $V(A)\subset\mathrm{Conv}\,S_p(A)$。证毕。

§4 π_k空间上自共轭算子组的联合谱

由于严绍宗系统的工作，π_k 空间上的算子尤其是自共轭算子的谱的研究，取得了完整的结果。这一节我们把这些结果推广到几个交换的自共轭算子组的情况。本节中涉及 π_k 空间上的算子的基础知识，请参阅夏道行、严绍宗的专著[24]。

引理 4.1 设 $T=(T_1, \cdots, T_n)$ 是 Banach 空间 X 上的交换有界线性算子组，并且在直和分解 $X=X_1+X_2$ 之下，

$$T_j=\begin{pmatrix}A_j & B_j\\ 0 & C_j\end{pmatrix},\ j=1, \cdots, n, \text{则 } A=(A_1, \cdots, A_n) \text{ 和}$$

$$C=(C_1, \cdots, C_n)$$

都是交换算子组，并且 $S_p(T)\subset S_p(A)\cup S_p(C)$。

证 只要证明 $D\overline{\in}S_p(A)\cap S_p(C)$ 时，必有 $0\overline{\in}S_p(T)$。设 $\varphi\in\mathrm{Ker}d^p$, $\varphi=\varphi_1+\varphi_2$，其中 $\varphi_j\in\wedge^p[s_1, \cdots, s_n; X_j]$, $j=1, 2$。由于$(\sum T_js_j)\varphi=0$ 可得$(\sum C_js_j)\varphi_2=0$, $(\sum A_js_j)\varphi_1+(\sum B_js_j)\varphi_2=0$。但 $0\overline{\in}S_p(C)$，故有 $\psi_2\in\wedge^{p-1}[s_1, \cdots, s_n; X_2]$ 使$(\sum C_js_j)\psi_2=\varphi_2$。这样 $(\sum B_js_j)\varphi_2=(\sum B_js_j)(\sum C_js_j)\psi_2=-(\sum A_js_j)(\sum B_js_j)\psi_2$，其中最后一等号是由于 T_i 与 T_j 交换性得到的 $A_iB_j-B_jA_i=B_jC_i-C_iB_j$。于是$(\sum A_is_j)\varphi_1+(\sum B_js_j)\varphi_2=(\sum A_js_j)(\varphi_1-(\sum B_js_j)\psi_2)$。

但 $0\overline{\in}S_p(A)$，于是又有 $\psi_1\in\wedge^{p-1}[s_1, \cdots, s_n; X_1]$，使$(\sum A_js_j)\psi_1=\varphi_1-(\sum B_js_j)\psi_2$。这样$(\sum T_js_j)(\psi_1+\psi_2)=(\sum A_js_j)\psi_1+(\sum B_js_j)\psi_2+(\sum C_js_i)\psi_2=\varphi_1+\varphi_2=\varphi$。由联合谱的定义得 $0\overline{\in}Sp(T)$。证毕。

命题 4.2 设 $A=(A_1, \cdots, A_n)$ 是 π_k 空间 H 上交换的自共轭算子组，并且在共同的标准分解 $H=N\oplus(Z+Z^*)\oplus P$ 之下，

$$A_j=\begin{pmatrix}S_j & F_j & G_j & Q_j\\ & A_{N_j} & & -F_j^*\\ & & A_{p_j} & G_j^*\\ & & & S_j^*\end{pmatrix},\ j=1, \cdots, n。$$

则 $S_p(A)=S_{p\pi}(A)=S_p(S)\cup S_p(A_N)\cup S_p(A_p)\cup S_p(S^*)$。

证 由引理 4.1，$S_p(A)\subset S_p(S)\cup S_p(A_N)\cup S_p(A_p)\cup S_p(S^*)$。要证反向的包含关系。

(1) Z 是 A 的公共不变子空间，且是有限维的，因此 $S_p(S)=\sigma_\pi(S)\subset\sigma_\pi(A)\subset S_p(A)$。

(2) 若 $\lambda=(\lambda_1,\cdots,\lambda_n)\in S_p(A_N)/S_p(S)$。由于 N 也是有限维的，必有 $n\in N$，使 $(A_{Nj}-\lambda_j)n=0$, $j=1,\cdots,n$。但 A_i 与 A_j 可以交换，经计算知 $(s_i-\lambda_i)F_j+F_i(A_{Nj}-\lambda_j)=(s_j-\lambda_j)F_i+F_j(A_{N_i}-\lambda_i)$，这样若 $i\neq j$，$(s_i-\lambda_i)F_jn=(s_j-\lambda_j)=F_in$。由于 $\lambda\in S_p(A_N)$，必有 $z\in\mathbf{Z}$，使 $F_jn=(s_j-\lambda_j)z$, $j=1,\cdots,n$。这样 $z-n\neq0$，使 $(A_j-\lambda_j)(z-n)=0$，即 λ 是 A 的联合特征值。

(3) 同样可利用 $Z\oplus P$ 是 A 的不变子空间得到 $S_p(A_p)\subset\sigma_\pi(A)\subset S_p(A)$。

事实上，若 $\lambda\in S_p(A_p)/S_p(S)$，必有 $f_k\in P$, $\|f_k\|=1$, $k=1,2,\cdots$，使 $(A_{pj}-\lambda_j)f_k\to0$, $j=1,\cdots,n$。但 G_j 是有限秩算子，可不妨设 $G_jf_k\to f_j^*$。由 $(s_j-\lambda_j)G_j+G_i(A_{pj}-\lambda_j)=(s_j-\lambda_j)G_i+G_j(A_{pj}-\lambda_j)$，两边同时作用 f_k，令 $k\to\infty$ 得 $(s_i-\lambda_i)f_j^*=(s_j-\lambda_j)f_j^*$。但 $\lambda\overline{\in}S_p(S)$，必有 $z\in\mathbf{Z}$，使 $(s_j-\lambda_j)z=f_j^*$。这样 $(A_j-\lambda_j)(z-f_k)=(s_j-\lambda_j)z-G_jf_k-(A_{pj}-\lambda_j)f_k\to(s_j-\lambda_j)z-f_j^*=0$。但 $\|z+f_k\|\geqslant\|f_k\|=1$，故 $\lambda\in\sigma_\pi(A)$。

(4) 若 $\lambda\in S_p(S^*)\subset(S_p(S)\cup S_p(A_p)\cup S_p(A_N))$，则有 $z^*\in\mathbf{Z}^*$，使 $(S_j^*-\lambda_j)z^*=0$。由 $A_iA_jz^*=A_jA_iz^*$ 得

$$\begin{pmatrix}s_i-\lambda_i & F_i & G_i\\ 0 & A_{N_i}-\lambda_i & 0\\ 0 & 0 & A_{p_i}-\lambda_i\end{pmatrix}\begin{pmatrix}Q_jz^*\\ -F_j^*z^*\\ G_j^*z^*\end{pmatrix}=\begin{pmatrix}s_j-\lambda_j & F_j & G_j\\ 0 & A_{N_i}-\lambda_j & 0\\ 0 & 0 & A_{p_i}-\lambda_j\end{pmatrix}\begin{pmatrix}Q_iz^*\\ -F_i^*z^*\\ G_i^*z^*\end{pmatrix},$$

因 $S_p\begin{pmatrix}S & F & G\\ 0 & A_N & 0\\ 0 & 0 & A_p\end{pmatrix}\subset S_p(S)\cup S_p(A_N)\cup S_p(A_N)$ 得 $\lambda\overline{\in}S_p\begin{pmatrix}S & F & G\\ 0 & A_N & 0\\ 0 & 0 & A_p\end{pmatrix}$，这样必有 $z\oplus n\oplus p\in Z\oplus N\oplus P$，使

$$\begin{pmatrix}s_j-\lambda_j & F_j & G_j\\ 0 & A_{N_j}-\lambda_j & 0\\ 0 & 0 & A_{p_j}-\lambda_j\end{pmatrix}\begin{pmatrix}z\\ n\\ p\end{pmatrix}=\begin{pmatrix}Q_jz^*\\ -F_j^*z^*\\ G_j^*z^*\end{pmatrix},\ j=1,\cdots,n。$$

于是 $(A_j-\lambda_j)(z\oplus n\oplus p\oplus z^*)=0,\ j=1,\cdots,n$，即 $\lambda\in\sigma_\pi(A)\subset S_p(A)$。证毕。

如同单个算子一样，$\Phi_\lambda(A)=\{x:$ 存在 $k=(k_1,\cdots,k_n)$，使 $(A_i-\lambda_i)^{k_i}x=0,\ i=1,\cdots,n\}$。若 Φ_λ 是非正的子空间，则称 λ 为 A 的临界点。临界点的全体记为 $C(A)$。

命题 4.3 设 $A=(A_1,\cdots,A_n)$ 是 π_k 空间 H 上的交换的自共轭算子组，$S_p(A)\subset R^n$，则 λ 是 A 的临界点的充要条件是 $\lambda\in S_p(A_N)\cup S_p(S)$。

证 与 $n=1$ 的证明类似，略。

命题 4.4 设 $A=(A_1,\cdots,A_n)$ 是 π_k 空间 H 上的交换的自共轭算子组，E_j 为 A_j 的谱系，则 E_i 与 E_j 是可以交换的。若有某 i_0，使 $[a_{i_0},b_{i_0}]\cap C(A_{i_0})=\varnothing$，而其他 i，$(a_i,b_i)\cap C(A_i)=\{\lambda_i\}$ 或为空集，则 $E(a_1,b_1]\cdots E(a_n,b_n]H$ 为 H 上的真子空间，且

$$\sup\{\|E_{1(\alpha_1,\beta_1)}\cdots E_{n(\alpha_n,\beta_n)}\|:\lambda_i\in(\alpha_j,\beta_j),\ (\alpha_j,\beta_j)\subset(a_j,b_j),j=1,\cdots,n\}<\infty。$$

证 $E_{i_0}(\alpha_0,\beta_0)H$ 为正子空间。由 E_i，E_j 的定义知 E_i 与 E_j 是交换的，于是 $E_1(\alpha_1,\beta_1]\cdots E_n(\alpha_n,\beta_n]H$ 亦为正子空间。而 $\|E_1(\alpha_1,\beta_1]\cdots E_n(\alpha_n,\beta_n]\|\leqslant\|E_{i_0}(\alpha_0,\beta_0]\|$ 知 $\sup\{\|E_1(\alpha_1,\beta_1]\cdots E_n(\alpha_n,\beta_n]\|\}<\infty$。证毕。

定理 4.5 设 $A=(A_1,\cdots,A_n)$ 是 π_k 空间上交换的自共轭算子组，则存在多参数的谱系 $E(t_1,\cdots,t_n)$，至多在有限个点 $C(E)\subset C(A_1)\times\cdots\times C(A_n)$ 上无定义，满足

(1) $t>t'$ 时，$E_t\gtrsim E_{t'}$，

(2) $E_{(t_1,\cdots,t_n)}\to 0$，某 $t_j\to-\infty$；$E_{(t_1,\cdots,t_n)}\to I$，$t_j\to+\infty$，$j=1,\cdots,n$。

(3) $t\,\overline{\in}\,C(E)$ 时，$t_n\to t$ 且 $t_n\to t$ 时 $E_{t_n}\to E_t$，$n\to\infty$。

其中收敛都是指强收敛。

证 当 $t_j\,\overline{\in}\,C(A_j)$，$j=1,\cdots,n$ 时定义 $E_t=E_1(-\infty,t_1]\cdots E_n(-\infty,t_n]$，当其中有某 i，$t_i\in C(A_i)$ 时，则考虑 $\sup\{\|E_{t'}\|,\ t'<t\}$。若上确界有限时，则由[24]知 $\lim\limits_{t'\to t}E_{t'}$ 存在，定义 $E_t=\lim\limits_{t'\to t}E_{t'}$。由定义及命题 4.4 直接验证(1)、(2)、(3)满足，且 $C(E)\subset C(A_1)\times\cdots\times C(A_n)$。证毕。

引理 4.6 A 如定理 4.5。若开集 $G\subset R^n$，且 $\mathrm{Bd}(G)\cap C(E)=\varnothing$，则必有投影算子 $E(G)$，使 $E(G)H$ 为 A 的不变子空间，并且 $S_p(A\mid E(G)H)\subset G$。

证 G 分解为 $\bigcup\limits_{k=1}^{\infty}(a_1^k,b_1^k]\times\cdots\times(a_n^k,b_n^k]$，且每个 $(a_i^k,b_i^k]$ 中至多有一点在 $C(A_j)$ 中。定义 $E(G)=\sum\limits_{k=1}^{\infty}E_1(a_1^k,b_1^k]\cdots E_n(a_n^k,b_n^k]$。易证这样的和式是强收敛的，且不依赖于 G 的分解。

$E_k=E_1(a_1^kb_1^k]\cdots E_n(a_n^k,b_n^k]H$ 是 A 的不变子空间。对任意 N，$S_p\Big(A\Big|\sum\limits_{k=1}^{N}E_k\Big)\subset\bigcup\limits_{k=1}^{N}S_p(A\mid E_k)\subset\bigcup\limits_{k=1}^{N}(a_1^k,b_1^k]\times\cdots\times(a_n^k,b_n^k]$。取 N 充分大，使得任意 $k>N$，E_k 是正子空间，A 在 E_k 上是 Hilbert 空间上的自共轭算子，于是

$$S_p(A \mid \sum_{k=1}^{\infty} E_k) \subset S_p(A \mid \sum_{k=1}^{N} E_k) \cup S_p(A \mid \sum_{k=N+1}^{\infty} E_k)$$

$$\subset \bigcup_{k=1}^{\infty} (a_1^k, b_1^k] \times \cdots \times (a_n^k, b_n^k] = \overline{G}。$$

定理 4.7 设 $A=(A_1, \cdots, A_n)$ 是 π_k 空间 H 上的交换自共轭算子组，则对任意 $\{G_m\}_{m=1}^k$ 是 $\boldsymbol{C}^n$ 的开覆盖，有 $H_i, i=1, \cdots, k$ 是A 的不变子空间，使得 $S_p(A \mid H_i) \subset G_i$，$i=1, \cdots, k$。

证 设 $\bigcup_{m=1}^{k} G_m = \boldsymbol{C}^n$，找开集 D_m，使 $D_m \subset \overline{D}_m \subset G_m$，且 $\mathrm{Bd}(D_m) \cap C(A) = \varnothing$，且 $\bigcup_{m=1}^{k} D_m = \boldsymbol{C}^n$，找分割 $R^n = \bigcup_{k=1}^{\infty} (a_1^k, b_1^k] \times \cdots \times (a_n^k, b_n^k]$ 使对每个 k，$(a_1^k, b_1^k] \times \cdots \times (a_n^k, b_n^k]$ 完全落到某 D_m 中，且 $a_i^k, b_i^k \overline{\in} C(A_i)$，$i=1, \cdots, n$；$k=1, 2, \cdots$。

由 $H = E(R^n)H = \sum_{k=1}^{\infty} E_1(a_1^k, b_1^k) \times \cdots \times E_n(a_n^k, b_n^k)H \subset \sum_{m=1}^{k} E(D_m)H = H$。令 $H_m = E(D_m)H$，则 $S_p(A \mid H_m) \subset \overline{D}_m \subset G_m$，$m=1, \cdots, k$。证毕。

§5 联合谱与多参数系统

本节将简要地介绍来自微分方程领域的多参数系统理论的某些内容，从而看到运用多个算子谱论研究的一个实例。在 Sleeman [105]中，读者可以看到更详细的材料。

经典的 Sturm-Liouville 问题如下

$$-\frac{d^2 y}{dx^2} + q(x)y = \lambda p(x)y, \ 0 \leqslant x \leqslant 1。 \tag{5.1}$$

这里 $p(x)$，$q(x)$是 $0 \leqslant x \leqslant 1$ 上的连续的实值函数，要求解 $y(x)$满足齐次条件：

$$\cos\alpha y(0) - \sin\beta \frac{dy}{dx}(0) = 0, \ 0 \leqslant \alpha \leqslant \pi,$$

$$\cos\beta y(1) - \sin\beta \frac{dy}{dx}(1) = 0, \ 0 \leqslant \beta \leqslant \pi,$$

如果 $p(x) > 0$，则称这问题是"右定"的。

如果 $p(x) \not\equiv 0$，$q(x) > 0$，则称这问题是"左定"的。

对于上述两种情况，都可用 Hilbert 空间上的单个算子谱论进行有效的讨论，特别是证明了存在完备的特征函数系(关于某个 Hilbert 空间)。

Sleeman 在文献[105]中将单参数方程(5.1)推广到 n 个参数 $\lambda=(\lambda_1, \cdots, \lambda_n)$ 耦合在一起的微分方程组

$$-\frac{d^2 y_i(x_i)}{dx_i^2} + q_i(x_i) y_i(x_i) + \sum_{j=1}^{n} \lambda_j a_{ij}(x_i) y_i(x_i) = 0,$$

$$i=1, 2, \cdots, n, \tag{5.2}$$

这里 $-\infty < a_i \leqslant x_i \leqslant b_i < \infty$, $a_{ij}(x_i) \in C[a_i, b_i]$, $q_i(x_i) \in C[a_i, b_i]$, $i, j=1, 2, \cdots, n$。现在问题是要确定这样的参数 λ，使方程组(4.2)有非平凡的一组解 $\{y_i(x_i, \lambda)\}_{i=1}^n$ 满足下列齐次边界条件：

$$\begin{aligned} & y_i(a_i)\cos\alpha_i - y_i'(a_i)\sin\alpha_i = 0,\ 0 \leqslant \alpha_i \leqslant \pi, \\ & y_i(b_i)\cos\beta_i - y_i'(b_i)\sin\beta_i = 0,\ 0 < \beta_i \leqslant \pi。\end{aligned} \tag{5.3}$$

如果这种解存在，则称 λ 为系统(5.2)、(5.3)的特征值，而 $\prod_{i=1}^n y_i(x_i, \lambda)$ 称为这个系统对应 λ 的特征函数。这种多参数系统有很实际的背景。例如考虑椭圆形薄膜在固定边界下的振动，其中每个都含有两个相同的谱参数，这就是典型的双参数系统。

系统(5.2)、(5.3)中 a_{ij}, q_i 均是实值，在 $I_n=[a_1, b_1]\times\cdots\times[a_n, b_n]$ 上，如果 $\det\{a_{ij}(x_i)\}_{i,j=1}^n > 0$，则称系统是右定的。如果 $\det\{a_{ij}(x_i)\}_{i,j=1}^n \neq 0$，且存在这样一组实数 $u_1, \cdots, u_n$，使得

$$\begin{vmatrix} u_1, & \cdots, & u_n \\ a_{21}, & \cdots, & a_{2n} \\ \vdots & & \\ a_{n1}, & \cdots, & a_{nn} \end{vmatrix} > 0, \cdots,$$

$$\begin{vmatrix} a_{11} & \cdots & a_{1n} \\ \vdots & & \vdots \\ a_{r-1,1} & \cdots & a_{r-1,n} \\ u_1 & \cdots & u_n \\ a_{r+1,1} & \cdots & a_{r+1,n} \\ \vdots & & \\ a_{n,1} & \cdots & a_{nn} \end{vmatrix} > 0, \cdots,$$

$$\begin{vmatrix} a_{1,1} & \cdots & a_{1n} \\ \vdots & & \\ a_{n-1,1} & \cdots & a_{n-1,n} \\ u_1 & \cdots & u_n \end{vmatrix} > 0,$$

则称系统是左定的。

现在用泛函分析方法来描述这个系统。令 $H_i = L^2[a_i, b_i]$，定义对称算子 $S_{ij}: H_i \to H_i$ 为 $S_{ij}f_i(x_i) = a_{ij}(x_i)f_i(x_i)$。定义自共轭的 Sturm - Liouville 算子 $A_i = \dfrac{d^2}{dx_i^2} - q_i(x_i)$。

定理 5.1 系统(5.2)、(5.3)在右定情况下、它的特征函数关于张量积空间 $H = \bigotimes_{i=1}^{n} L^2[a_i, b_i]$ 上的权函数 $\det\{a_{ij}\}_{i,j=1}^{n}$ 形成一个完备正交集。

由于篇幅关系,我们下面只扼要地介绍在有界右定情况下关于多参数系统的一些泛函分析处理方法。

设 $A_i, S_{ij}: H_i \to H_i$ 是可分 Hilbert 空间 H_i 上的自共轭算子 $i, j=1, 2, \cdots, n$。$H = \bigotimes_{i=1}^{n} H_i$。考虑多参数系统 $\{A_i, S_{ij}, \lambda\}$ 的所谓的齐次特征问题:寻找系统的特征值 $\lambda = (\lambda_0, \lambda_1, \cdots, \lambda_n)$,使得存在对应的非零分解向量 $u = u_1 \otimes \cdots \otimes u_n \in H$ 满足:

($\alpha_0, \alpha_1, \cdots, \alpha_n$ 是给定的一组实数)

$$\sum_{n=0}^{n} \alpha_i \lambda_i = 1$$

和 $$-\lambda_0 A_i u_i + \sum_{j=1}^{n} \lambda_j S_{ij} u_i = 0,\ i=1, 2, \cdots, n。$$

由 A_i、S_{ij} 可导出 H 上的有界算子 A_i^+、S_{ij}^+ 如下:

设分解向量 $u = u_1 \otimes \cdots \otimes u_n \in H$,定义 $A_i^+ u = u_1 \otimes \cdots \otimes A_i u_i \otimes \cdots \otimes u_n$,然后再延拓到整个 H,S_{ij}^+ 也类似定义,$i, j=1, 2, \cdots, n$。注意到这时 $i \neq j$ 时,S_{ik}^+、A_{ik}^+ 与 S_{jk}^+、A_j 都可交换,定义行列式算子

$$A = \det \begin{vmatrix} \alpha_0 & \alpha_1 & \cdots & \alpha_n \\ -A_1^+ & S_{11}^+ & \cdots & S_{1n}^+ \\ \vdots & & & \\ -A_n^+ & S_{n1}^+ & \cdots & S_{nn}^+ \end{vmatrix} = \sum_{i=0}^{n} \alpha_i \Delta_i, \tag{5.4}$$

其中 $\Delta_0, \Delta_1, \cdots, \Delta_n$ 是按第一行展开的代数余子式。我们还假定系统满足右定条件,即存在常数 $c > 0$,使对任意 $f \in \boldsymbol{H}$,使成立 $\langle Af, f\rangle \geqslant c \| f \|^2$。

现在我们不加证明给出两个引理。

引理 5.2 设 $\{T_{ij}\}_{i,j=1}^{n}$ 是 Hilbert 空间 $\boldsymbol{H}$ 上的一族有界自共轭算子,满足 $i \neq j$ 时,T_{ik} 与 T_{jh} 是交换的。设 $T = \det(T_{ij})$ 满足正定条件:即有常数 C,$T \geqslant C$。则对任意 $f_1, \cdots, f_n \in \boldsymbol{H}$,下列线性系统

$$\sum_{j=1}^{n} T_{ij} u_j = f_i,\ i=1, 2, \cdots, n$$

存在唯一的解可由 Gramer 法则给出解

$$u_j = T^{-1}\left(\sum_{i=1}^{n} \hat{T}_{ij} f_i\right),\ j=1, 2, \cdots, n。$$

其中 $\hat{T}_{ij}$ 是 $\det(T_{ij})$ 中关于 T_{ij} 的代数余子式。

引理 5.3 设 $A_i: \boldsymbol{H}_i \to \boldsymbol{H}_i$, $i=1, 2, \cdots, n$ 是有界线性算子,则

$$\bigcap_{i=1}^{n} \operatorname{Ker}(A_i^{+}) = \bigotimes_{i=1}^{n} \operatorname{Ker}(A_i)。$$

为了用 $\boldsymbol{H}=\boldsymbol{H}_1 \otimes \cdots \otimes \boldsymbol{H}_n$ 上的一族算子刻画系统(5.4),我们考虑下面的诱导系统:

$$\sum_{i=1}^{n} \alpha_i f_i = f \quad (f, f_1, \cdots, f_n \in \boldsymbol{H}),$$

$$-A_i^{+} f_0 + \sum_{j=1}^{n} S_{ij}^{+} f_j = 0, \ i=1, 2, \cdots, n。$$

注意到由引理 5.2,这个系统有唯一的解

$$f_1 = A^{-1} \Delta_i f, \ i=0, 1, 2, \cdots, n。$$

定义算子 $\Gamma_i = A^{-1} \Delta_i$, $i=0, 1, \cdots, n$。

定理 5.4 $\lambda=(\lambda_0, \cdots, \lambda_n)$ 为原系统(5.4)特征值的充要条件是 λ 为 $\Gamma=(\Gamma_0, \cdots, \Gamma_n)$ 的联合特征值。

证 从定义易知 $\sum\limits_{i=0}^{n} \alpha_i \Gamma_i = I$ 和 $-A_i^{+} \Gamma_0 + \sum\limits_{j=1}^{n} S_{ij} \Gamma_j = 0$, $i=1, 2, \cdots, n$。现设 λ 是 Γ 的联合特征值,则存在非零向量 $g \in \boldsymbol{H}$,使得 $\Gamma_{ig} = \lambda_{ig}$, $i=0, 1, \cdots, n$。 这时

$$\sum_{i=0}^{n} \alpha_i \lambda_i g = \sum_{j=0}^{n} \alpha_i \Gamma_i g = g,$$

$$-A_i^{+} \lambda_0 g + \sum_{j=1}^{n} \lambda_i S_{ij}^{+} g = \left(-A_i^{+} \Gamma_0 + \sum_{j=1}^{n} S_{ij}^{+} \Gamma_j\right) g = 0,$$

因此有 $\sum\limits_{i=1}^{n} \alpha_i \lambda_i = 1$ 和

$$0 \neq g \in \bigcap_{i=1}^{n} \operatorname{Ker}\left(-A_i \lambda_0 + \sum_{j=1}^{n} \lambda_j S_{ij}\right)^{+} = \bigotimes_{i=1}^{n} \operatorname{Ker}\left(-A_i \lambda_0 + \sum_{j=1}^{n} \lambda_j S_{ij}\right) \text{(引理 5.3)。}$$

则必存在非零的分解向量 $u=u_1 \otimes \cdots \otimes u_n \in \boldsymbol{H}$, 使得

$$-\lambda_0 A_i u_i + \sum_{j=1}^{n} \lambda_j S_{ij} u_i = 0, \ i=1, \cdots, n,$$

即 λ 是系统(5.4)特征值。

反之,若存在 $\lambda=(\lambda_0, \lambda_1, \cdots, \lambda_n)$ 与非零向量 $u=u_1 \otimes \cdots \otimes u_n$ 分别为系统(5.4)的特征值和特征向量,则

$$\sum_{i=1}^{n} \alpha_i \lambda_i = 1 \text{ 且显然有}$$

$$-\lambda_0 A_i^{+} u + \sum_{j=1}^{n} \lambda_j S_{ij}^{+} u = 0, \ i=1, \cdots, n。$$

由 Γ_i 的定义及引理 4.2 中的唯一性知：$\Gamma_i u=\lambda_i u$，$i=0, 1, \cdots, n$。证毕。

下面我们证明 $\Gamma=(\Gamma_0, \Gamma_1, \cdots, \Gamma_n)$ 关于权 A 是一组交换的自共轭算子。

由于 A 是 $\boldsymbol{H}$ 上的正定算子，所以 A 可以导出 $\boldsymbol{H}$ 上另外一个等价内积 $[\cdot, \cdot]=\langle A\cdot, \cdot\rangle$。关于这个新内积算子 L 的共轭算子为 $L^{\#}$。

定理 5.5 $\Gamma_i^{\#}=\Gamma_i$，$i=0, 1, \cdots, n$。

证 显然 Δ_i 是原内积下的自共轭算子，因此对任意 $f, g\in\boldsymbol{H}$ 和 $i=0, 1, \cdots, n$，我们有

$$\begin{aligned}[\Gamma_i f, g]&=[AA^{-1}\Gamma_i f, g]=\langle f, \Delta_i g\rangle\\&=\langle f, AA^{-1}\Delta_i g\rangle=\langle Af, \Gamma_i g\rangle=[f, \Gamma_i g]。\end{aligned}$$

证毕。

定理 5.6 算子 Γ_i，$i=0, 1, \cdots, n$ 是两两交换的。

证 设 $i\neq j$，观察下列矩阵

$$\begin{pmatrix}-A_1^+ & S_{11}^+ & \cdots & S_{1n}^+\\ \vdots & & & \\ -A_n^+ & S_{n1}^+ & \cdots & S_{nn}^+\end{pmatrix}。\tag{5.7}$$

记 Δ_{irj}，$r=1, 2, \cdots, n$ 是Δ_i 中按(4.7)的第 j 列元素展开的一列代数余方式，用 Δ_{irj} 作用于 $\left(-A_r^+f_0+\sum_{j=1}^{n}S_{rj}^+f_j=0\right)$。$r=1, \cdots, n$，然后关于 r 相加，不难知道 $\Delta_i f_j-\Delta_j f_i=0$，$i, j=0, 1, \cdots, n$。因为 $f_i=A^{-1}\Delta_i f$，$i=0, 1, \cdots, n$，所以有 $\Delta_i A^{-1}\Delta_j f=\Delta_j A^{-1}\Delta_i f$，这里的 $f\in\boldsymbol{H}$ 是任意给定的。上面等式两边同时作用 A^{-1}，就得到 $\Gamma_i\Gamma_j f=\Gamma_j\Gamma_i f$。证毕。

设 $E_i(\cdot)$为 Γ_i 的谱测度，Sleeman [105]定义了乘积谱测度 $E(\cdot)=\prod_{i=0}^{n}E_i(\cdot)$ 的支集为系统$\{A_i, S_{ij}\}$的谱。根据定理 1.2 可知，这即算子组 $\Gamma=(\Gamma_0, \cdots, \Gamma_n)$ 的 Taylor 联合谱。

推论 5.7 系统$\{A_i, S_{ij}\}$的特征值的每个分量都是实数。

证 这由定理 4.4 和 $\sigma_p(\Gamma)\subset S_p(\Gamma)$ 以及定理 5.5、定理 5.6 立即可得。

在结束本节之前，我们再介绍一个定理。

定理 5.8 对于上述系统$\{A_i, S_{ij}\}$和参数 $\lambda=(\lambda_0, \cdots, \lambda_n)\in\boldsymbol{C}^{n+1}$，可以定义算子 $S_i(\lambda)$：$\boldsymbol{H}_i\to\boldsymbol{H}_i$ 为

$$S_i(\lambda)=-\lambda_0 A_i+\sum_{j=1}^{n}\lambda_j S_{ij}, \ i=1, 2, \cdots, n \quad 则有$$

(1) λ 为系统的特征值，当且仅当 0 是每个 $S_i(\lambda)$的特征值。

(2) λ 属于系统的谱，当且仅当 0 属于每个 $S_i(\lambda)$ 的谱，而且 $\sum_{i=1}^{n}\alpha_i\lambda_i=1$。

证 (1)是显然的，现证(2)。

设 λ 属于系统的谱，则由定理 1.1 知，存在 $\boldsymbol{H}$ 上的一列单位向量 $\{f_m\}$ 使得 $\|(\Gamma_i-\lambda_i)f_m\|\to 0(m\to\infty)$，$i=0, 1, \cdots, n$。既然 $-A_i^+\Gamma_0+\sum_{j=1}^{n}S_{ij}^+\Gamma_j=0$ 和 $\sum_{i=1}^{n}\alpha_i\Gamma_i=I$，因此易知 $\sum_{j=1}^{n}\alpha_i\lambda_i=1$ 和 $-\lambda_0A_j^+f_m+\sum_{j=1}^{n}\lambda_jS_{ij}^+f_m\to 0$，$i=1, \cdots, n$。因为 $S_p(S_i(\lambda))=S_p(S_j^+(\lambda))$，所以 0 属于每个 $S_i(\lambda)$ 的谱。

反之设 0 属于每个 $S_i(\lambda)$ 的谱而且 $\sum_{i=1}^{n}\alpha_i\lambda_i=1$，由于 $S_i(\lambda)$ 都是自共轭的，因而可找到一列单位向量 $\{f_m^i\}\in\boldsymbol{H}_i$ 使得 $S_i(\lambda)f_m^i\to 0(m\to\infty)$，$i=1, \cdots, n$。令 $f_m=f_m'\otimes\cdots\otimes f_m^n$，观察

$$\lambda_1Af_m=\otimes\begin{vmatrix}\alpha_0 & \lambda_1\alpha_1 & \cdots & \alpha_n\\ -A_1f_m' & \lambda_1S_nf_m' & \cdots & S_{1n}f_m'\\ \vdots & & & \\ -A_nf_m^n & \lambda_1S_{n1}f_m^1 & \cdots & S_{nn}f_m^n\end{vmatrix},$$

$$=\otimes\begin{vmatrix}\alpha_0 & \sum_{i=0}^{n}\lambda_i\alpha_i & \cdots & \alpha_n\\ -A_1f_m^1 & S_1(\lambda)f_m^1 & \cdots & S_{1n}f_m^1\\ \vdots & \vdots & & \\ -A_nf_m^n & S_n(\lambda)f_m^n & \cdots & S_{nn}f_m^n\end{vmatrix},$$

由此我们可以看出 $\lambda_1Af_m-\Delta_1f_m\to 0$，从而 $(\Gamma_1-\lambda_1)f_m\to 0$。类似可证 $(\Gamma_i-\lambda_i)f_m\to 0$，$i=0, 1, \cdots, n$。注意到 $\|f_m\|=1$，因此 $\lambda=(\lambda_0, \lambda_1, \cdots, \lambda_n)$ 为系统的谱。

从上面我们已看到，对于高维耦合参数的线性系统，多个算子谱论是一种适用的分析工具。

第四章　非正常算子组

本章主要是将单个亚正常算子的一些性质推广到重交换的亚正常算子组，最后还介绍重交换次正常算子组的一些谱性质。

§1　单个亚正常算子的一些性质

在这一节中，我们将介绍亚正常算子的部分性质和有关定义。由于篇幅关系，有些定理不作证明了。读者可参阅文献[19]、[7]等。

定理 1.1　设 $T=X+iY$ 是亚正常算子，记 $\sigma_\pi(X, Y)$ 和 $\sigma_p(X, Y)$ 分别为 T 的实、虚部的联合近似点谱和联合点谱，则有

$$\sigma_\pi(T)=\{x+iy,\ (x, y)\in\sigma_\pi(X, Y)\},$$

$$\sigma_p(T)=\{x+iy,\ (x, y)\in\sigma_p(X, Y)\}。$$

证明　设 $z=x+iy\in\sigma_\pi(T)$，则 $\exists\ \|f_n\|=1$，使 $\|(T-z)f_n\|\to 0(n\to\infty)$。但 $\|(T-z)^*f_n\|\leqslant\|(T-z)f_n\|$，从而有 $\|(T-z)^*f_n\|\to 0$。因此立即推得 $\|(X-x)f_n\|\to 0$ 和 $\|(Y-y)f_n\|\to 0$。反过来是显然的，这样就证得了第一个等式，第二个等式证明是类似的。证毕。

定理 1.2　设 $T=X+iy$ 是亚正常算子，则 $\sigma_\pi(T)$ 和 $S_p(T)$ 都具有直角投影性质：

$$\mathrm{Re}(\sigma_\pi(T))=\sigma_\pi(\mathrm{Re}\,T),\ \mathrm{Im}(\sigma_\pi(T))=\sigma_\pi(\mathrm{Im}\,T),$$

$$\mathrm{Re}(S_p(T))=S_p(\mathrm{Re}\,T),\ \mathrm{Im}(S_p(T))=S_p(\mathrm{Im}\,T)。$$

证　由定理 1.1 知，$\mathrm{Re}(\sigma_\pi(T))\subset\sigma_\pi(\mathrm{Re}\,T)$，$\mathrm{Im}(\sigma_\pi(T))\subset\sigma_n(\mathrm{Im}\,T)$。反之，设 $x_0\in\sigma_\pi(X)$，由 Berberian 技巧，可不妨设 $\mathrm{Ker}(X-x_0)\neq\{0\}$。现对任 $f\in\mathrm{Ker}(X-x_0)$，$\langle i[(X-x_0)Y-Y(X-x_0)]f, f\rangle=0$。但由于 $T-x_0$ 是亚正常，因此

$$i[(X-x_0)Y-Y(X-x_0)]\geqslant 0,$$

所以 $(X-x_0)Yf=Y(X-x_0)f$，即 $\mathrm{Ker}(X-x_0)$ 约化 Y 从而约化 T。显然 $T|_{\mathrm{Ker}(X-x_0)}$ 是正常算子，由正常算子性质易知，存在 $y_0\in R$，使 $z_0=x_0+iy_0\in\sigma_\pi(T|_{\mathrm{Ker}(X-x_0)})$，从而有 $z_0\in\sigma_\pi(T)$。这就证得了 $\sigma_\pi(\mathrm{Re}\,T)\subset\mathrm{Re}(\sigma_\pi(T))$。同样，有 $\sigma_\pi(\mathrm{Im}\,T)\subset\mathrm{Im}(\sigma_\pi(T))$。

由于单个算子的谱的边界均是近似点谱，因此有 $\mathrm{Re}\,S_p(T)=\mathrm{Re}\,\sigma_\pi(T)=\sigma_\pi(\mathrm{Re}\,T)=S_p(\mathrm{Re}\,T)$。对于虚部同样有等式 $\mathrm{Im}\,S_p(T)=S_p(\mathrm{Im}\,T)$。

定理 1.3 设 T 是亚正常算子，设 $r \in S_p(T^*T) \cup S_p(TT^*)$，则存在点子 $z \in S_p(T)$，使 $|z| = \sqrt{r}$。

对于亚正常算子 $T = X + iY$，可以引入 T 的记号算子

$$T_{\pm} = S - \lim_{t \to \pm\infty} e^{itX} T e^{-itX}。$$

定理 1.4 若 T 是亚正常算子，则 $T_{\pm}$ 存在。这里 $T_{\pm}$ 皆正常算子，且有 $\operatorname{Im} T_{-} \leqslant \operatorname{Im} T \leqslant \operatorname{Im} T_{+}$。

证 由于 $\frac{d}{dt} e^{itX} Y e^{-itX} = e^{itX} i(XY - YX) e^{-itX} \geqslant 0$，从而，$e^{itX} Y e^{-itX}$ 为自轭的关于 t 的单调算子值函数，且显然有界，从而 $S - \lim\limits_{t \to \pm\infty} e^{itX} Y e^{-itX}$ 存在，记为 $Y_{\pm}$。从单调性立即知，$Y_{-} \leqslant Y \leqslant Y_{+}$。

对于任意 $a > 0$，有 $e^{iaX} \cdot e^{itX} Y e^{-itX} = e^{i(a+t)X} Y e^{-i(a+t)} \cdot e^{iaX}$，令 $t \to \pm\infty$，得 $e^{iaX} Y_{\pm} = Y_{\pm} e^{iaX}$。两边对 a 求导并令 $a = 0$，就可推出 $XY_{\pm} = Y_{\pm} X$，因此 $T_{\pm} = X + iY_{\pm}$ 是正常算子。证毕。

定理 1.5 对于亚正常算子 $T = X + iY$，有 $S_p(T_{\pm}) \subset \sigma_{\pi}(T)$。

证 设 $\lambda \overline{\in} \sigma_{\pi}(T)$，则存在 $\varepsilon > 0$，使

$$(T - \lambda)^* (T - \lambda) \geqslant \varepsilon I。$$

可以验证，这时必有 $(T_{\pm} - \lambda)^* (T_{\pm} - \lambda) \geqslant \varepsilon I$。由于 $T_{\pm}$ 皆正常，因此 $\lambda \overline{\in} S_p(T_{\pm})$。证毕。

下面这个定理可查阅夏道行[19]。

定理 1.6 设 $T = X + iY$ 为亚正常算子。$T_{\pm} = X + iY_{\pm}$ 为 T 的记号算子。记 $T(k) = kT_{+} + (i - k)T_{-}$ $(0 \leqslant k \leqslant 1)$，则

$$\bigcup_{0 \leqslant k \leqslant 1} S_p(T(k)) = S_p(T)。$$

设 $T = X + iY$ 为亚正常算子，X 有谱分解 $X = \int x dE(x)$。任取 x 轴上区间 Δ，令

$$H_{\Delta} = E(\Delta)H,\ T_{\Delta} = E(\Delta)T|_{H(\Delta)},\ D_{\Delta} = \{(x + iy) \mid x \in \Delta\}。$$

这时不难验证 T_{Δ} 也是亚正常的，称它为 T 的由区间 Δ 割出的部分。

下面是亚正常算子谱的直角分割定理。

定理 1.7 设 $T = X + iY$ 是亚正常算子，Δ 是非空区间，那么有

(1) $\sigma_p(T_{\Delta}) = \sigma_p(T) \cap D_{\Delta}$；

(2) $S_p(T_{\Delta}) \subset \overline{D}_{\Delta}$；

而且当 Δ 为开区间时，还有

(3) $\sigma_{\pi}(T_{\Delta}) \cap D_{\Delta} = \sigma_{\pi}(T) \cap D_{\Delta}$；

(4) $\sigma_r(T_{\Delta}) \cap D_{\Delta} = \sigma_r(T) \cap D_{\Delta}$；

(5) $S_p(T_\Delta) \subset D_\Delta = S_p(T) \cap D_\Delta$;

(6) $Sp(T_\Delta) \subset S_p(T)$。

证明参见[19]。

§2 重交换亚正常算子组联合谱的直角分解

算子组 $A = (A_1, \cdots, A_n)$ 称为重交换的，若对任意 $i \neq j$，有 $A_iA_j = A_jA_i$ 和 $A_iA_j^* = A_j^*A_i$。

引理 2.1 设 $A=(A_1, \cdots, A_n)$ 是重交换的亚正常算子组，则有 $S_p(A)=\sigma_\delta(A)$ (A 的联合压缩谱)。

证 由第二章定理 5.5 知，A 正则的充要条件是对任意 $f:\{1, 2, \cdots, n\} \to \{1, *\}$，$\sum_{i=1}^{n} A_i^{f(i)}(A_i^*)^{f(i)}$ 可逆。但 A 是亚正常算子组，故对任意 f，$\sum_{i=1}^{n} A_i^{f(i)}(A_i^*)^{f(i)} \geqslant \sum_{i=1}^{n} A_iA_i^*$，因此 A 正则的充要条件是 $\sum_{i=0}^{n} A_iA_i^*$，正则。

引理 2.2 设 $A=(A_1, \cdots, A_n)$ 是交换的正常算子组，则

$$\mathrm{Re}(S_p(A)) = S_p(\mathrm{Re}\, A),\ \mathrm{Im}(S_p(A)) = S_p(\mathrm{Im}\, A)。$$

证 这可以从交换正常算子组的连续谱映照(第三章定理 1.3)立即推出。

定理 2.3 设 $A=(A_1, \cdots, A_n)$ 为重交换的亚正常算子组，则有

$$\mathrm{Re}(\sigma_\pi(A)) = \sigma_\pi(\mathrm{Re}\, A);\ \mathrm{Im}(\sigma_\pi(A)) = \sigma_\pi(\mathrm{Im}\, A)。$$

证 从定理 1.1 的证明易知 $\mathrm{Re}(\sigma_\pi(A)) = \sigma_\pi(\mathrm{Re}\, A)$，和 $\mathrm{Im}(\sigma_\pi(A)) \subset \sigma_\pi(\mathrm{Im}\, A)$。

反之，设 $\mathrm{Re}\, A=(X_1, \cdots, X_n)$，$\mathrm{Im}\, A=(Y_1, \cdots, Y_n)$ 和 A 的记号算子组 $X+iY_\pm = (X_1+iY_1^\pm, \cdots, X_n+iY_n^\pm)$。显然这些都是交换的正常算子组。若 $x=(x_1, \cdots, x_n) \in \sigma_\pi(\mathrm{Re}\, A)$，由引理 2.2 和第三章定理 1.1 知，必有 $y=(y_1, \cdots, y_n) \in \sigma_\pi(\mathrm{Im}\, A)$ 和单位向量列 $\{g_m\}_{m=1}^{\infty}$ 使

$$(X_k - x_k)g_m \to 0,\ (Y_K^+ - y_k)g_m \to 0。\tag{2.1}$$

由记号算子定义，对每个 g_m，有 t_m，使

$$\|(e^{it_mX_K}Y_Ke^{-it_mX_K} - Y_K^+)g_m\| < \frac{1}{m},\ k=1, 2, \cdots, n。\tag{2.2}$$

由于 X_K 与 Y_k^+ 可交换，所以有

$$\|(Y_ke^{-it_mX_K} - Y_K^+e^{-it_mX_K})g_m\| < \frac{1}{m}。$$

令 $f_m = e^{-it_mX}$，其中 $X = \sum_{i=1}^{n} X_i$，注意到 X_k，$Y_k^\pm$ 与 X 的交换性，由(2.1)和(2.2)不难

推出。

$$\|(X_k-x_k)f_m\|=\|(X_k-x_k)g_m\|\to 0,$$
$$\|(Y_k-y_k)f_m\|\leqslant\|(Y_k-Y_k^+)f_m\|+\|(Y_k^+-y_k)g_m\|\to 0,\ (m\to\infty)。$$

因此有 $x=(x_1,\cdots,y_n)\in \mathrm{Re}(\sigma_\pi(A))$。同样可得 $\sigma_\pi(\mathrm{Im}\,A)\subset \mathrm{Im}(\sigma_\pi(A))$。证毕。

多个算子谱论不少地方与单个情形有很大差异，如联合谱的边界点不必是联合近似谱点。这只需看例子：单向平移算子 U，$S_p(U,U)=\{(z,z),\ |z|\leqslant 1\}$ 的每一点都是边界点，但 $\sigma_\pi(U,U)=\{(z,z),\ |z|=1\}$。因此下面定理用定理 1.2 方法是行不通的。

定理 2.4 设 $A=(A_1,\cdots,A_n)$ 是重交换的亚正常算子组，则其联合谱可直角分解：

$$\mathrm{Re}(S_p(A))=S_p(\mathrm{Re}\,A);\ \mathrm{Im}(S_p(A))=S_p(\mathrm{Im}\,A)。$$

证 只证第一式，第二式类似可得。由定理 2.3 知，只需证：$S_p(\mathrm{Re}\,A)\supset \mathrm{Re}(S_p(A))$。下面对算子组的个数归纳。

$k=1$ 时，由定理 1.2 知结论成立。

假设 $k\leqslant n-1$ 时结论都对。

当 $k=n$ 时，设 $\lambda=(\lambda_1,\cdots,\lambda_n)\in S_p(A)$，由引理 2.1 知这时必有 $\sum_{i=1}^{n}(A_i-\lambda_i)(A_i-\lambda_i)^*$ 奇异。令 $A^0=(A_1^0,\cdots,A_n^0)$ 为 A 的 Berberian 扩张，则 A^0 也是重交换亚正常，且有

$$\mathrm{Ker}\Big(\sum_{i=1}^{n}(A_i^0-\lambda_i)(A_i^0-\lambda_i)^*\Big)=\bigcap_{i=1}^{n}\mathrm{Ker}(A_i^0-\lambda_i)(A_0^i-\lambda_i)^*\neq\{0\}。\qquad(2.3)$$

令 $m=\mathrm{Ker}(A_n^0-\lambda_n)(A_n^0-\lambda_n)^*$，则 $m\neq\{0\}$ 且约化 $A^0-\lambda$ 和 $\mathrm{Re}(A^0-\lambda)$。因此

$$Ker\Big(\sum_{i=1}^{n-1}(A_i^0-\lambda_i)|_m((A_i^0-\lambda_i)|_m)^*\Big)=m\cap\Big(\bigcap_{i=1}^{n-1}\mathrm{Ker}(A_i^0-\lambda_i)(A_i^0-\lambda_i)^*\Big)\neq\{0\}。$$

由于 $(A_1^0|_m,\cdots,A_{n-1}^0|_m)$ 是 m 上重交换亚正常算子组，由归纳假设 $(\mathrm{Re}(A_1^0-\lambda_1)|_m,\cdots,\mathrm{Re}(A_{n-1}^0-\lambda_{n-1})|_m)$ 是奇异的，因而 $(\mathrm{Re}\,A_1^0-\mathrm{Re}\,\lambda_1,\cdots,\mathrm{Re}\,A_{n-1}^0-\mathrm{Re}\,\lambda_{n-1},(A_n^0-\lambda_n)(A_n^0-\lambda_n)^*)$ 也是奇异的，这是因为在公共约化空间 m 上限制是奇异的，但它们是交换的正常算子组，故

$$\Big(\bigcap_{i=1}^{n-1}\mathrm{Ker}(\mathrm{Re}\,A_i^0-\mathrm{Re}\,\lambda_i)\Big)\cap\mathrm{Ker}(A_n^0-\lambda_n)(A_n^0-\lambda_n)^*\neq\{0\}。\qquad(2.4)$$

令 $n=\bigcap_{i=1}^{n-1}\mathrm{Ker}(\mathrm{Re}\,A_i^0-\mathrm{Re}\,\lambda_i)$，易知 n 约化 $A_n^0-\lambda_n$ 和 $\mathrm{Re}(A_n^0-\lambda_n)$。因为 $(A_n^0-\lambda_n)|_n$ 仍亚正常，因此据(2.4)知是奇异的。再据归纳假设，$\mathrm{Re}\,A_n^0|_n-\mathrm{Re}\,\lambda_n=\mathrm{Re}[(A_n-\lambda_0)|n]$ 奇异。这时同前面一样可知 $(\mathrm{Re}\,A_1^0-\mathrm{Re}\,\lambda_1,\cdots,\mathrm{Re}\,A_{n-1}^0-\mathrm{Re}\,\lambda_{n-1},\mathrm{Re}\,A_n^0-\mathrm{Re}\,\lambda_n)$ 是奇异的算子组。因此有 $\mathrm{Re}\,\lambda\in\sigma_\pi(\mathrm{Re}\,A^0)=\sigma_\pi(\mathrm{Re}\,A)$。证毕。

§ 3　重交换亚正常算子组联合谱的直角分割

本节要将定理 1.7 推广到重交换亚正常算子组情形。

引理 3.1(Rudin[96])　设 Δ 是 $\boldsymbol{R}^n$（或 $\boldsymbol{C}^n$）中的一个凸集，$\boldsymbol{u}$ 是定义在 Δ 上的一个 Borel 概率测度，则有

$$\int_{\Delta} \lambda d\mu(\lambda) \in \Delta，其中\ \lambda \in \boldsymbol{R}^n（或\ \boldsymbol{C}^n）。$$

证明略。

定理 3.2　设 $A=(A_1, \cdots, A_n)$ 为重交换的亚正常算子组，$\operatorname{Re} A=(X_1, \cdots, X_n)$，$\operatorname{Im} A=(Y_1, \cdots, Y_n)$。记 $E(\cdot)$ 为 $\operatorname{Re} A$ 的乘积谱测度；设 Δ_i 为 $\boldsymbol{R}$ 中区间，$\Delta=\prod_{i=1}^{n} \Delta_i$；$D_\Delta=\{(x_1+iy_1, \cdots, x_n+iy_n) \in \boldsymbol{C}^n, (x_1, \cdots, x_n) \in \Delta\}$；令 $H_\Delta=E(\Delta)H$，$A_\Delta=(A_{1\Delta}, \cdots, A_{n\Delta})$，其中 $A_{k\Delta}=E(\Delta)A_{k|H(\Delta)}$，$k=1, \cdots, n$。则

(1) $\sigma_p(A_\Delta)=\sigma_p(A) \cap D_\Delta$；

(2) $S_p(A_\Delta) \subset \overline{D}_\Delta$；

而且当 Δ 为 R^n 中乘积开区间时，还有

(3) $\sigma_\pi(A_\Delta) \cap D_\Delta=\sigma_\pi(A) \cap D_\Delta$；

(4) $\sigma_r(A_\Delta) \cap D_\Delta=\sigma_r(A) \cap D_\Delta$；

(5) $S_p(A_\Delta) \cap D_\Delta=S_p(A) \cap D_\Delta$；

(6) $S_p(A_\Delta) \subset S_p(A)$。

证　(1) 设 $\lambda=(\lambda_1, \cdots, \lambda_n) \in \sigma_p(A_\Delta)$，$\lambda_k=x_k+iy_k$，$k=1, \cdots, n$。由于 A_Δ 仍是重交换亚正常，据定理 1.1 必存在单位向量 f，使得 $X_k f=x_k f$，$Y_{k\Delta} f=y_k f(Y_{k\Delta}=E(\Delta)Y_{k|H(\Delta)})$。据引理 3.1，有 $x=(x_1, \cdots, x_n)=(\langle X_1 f, f\rangle, \cdots, \langle X_n f, f\rangle)=\int_{\Delta} zd\|E(z)f\|^2 \in \Delta$。因此 $\lambda \in D_\Delta$，又可验证 $E(\{x\})H$ 约化 $\operatorname{Im} A=(Y_1, \cdots, Y_n)$ 且 $f \in E(\{x\})H \subset H_\Delta$，所以 $Y_k f=y_k f$。从而 $A_k f=\lambda_k f$，$k=1, 2, \cdots, n$。

反之设 $\lambda=(\lambda_1, \cdots, \lambda_n) \in \sigma_p(A) \cap D_\Delta$，$\lambda_k=x_k+iy_k$。因为 $x=(x_1, \cdots, x_n) \in \Delta$，所以 $A_k f=\lambda_k f$ 可推出 $f \in E(\{x\})\boldsymbol{H} \subset \boldsymbol{H}_\Delta$，从而 $A_{k\Delta} f=\lambda_k f$，$k=1, \cdots, n$。

(2) 令 $D_{i\Delta}=\{(z_1, \cdots, z_n) | \in \boldsymbol{C}^n, \operatorname{Re} z_i \in \Delta_i\}$，$i=1, \cdots, n$。注意到对于单个算子($b$)已成立(定理 1.7)，因此不难验证

$$S_p(A_\Delta) \subset \prod_{i=1}^{n} S_p(A_i\Delta) \subset \bigcap_{i=1}^{n} \overline{D_i\Delta}=\overline{D}。$$

(3) 设 $\lambda=(\lambda_1, \cdots, \lambda_n) \in \sigma_\pi(A) \cap D_\Delta$，$\lambda_k=x_k+iy_k$，这时必存在单位向量

$\{f_m\} \subset \boldsymbol{H}$，使得

$$(X_k - x_k)f_m \to 0,\ (Y_k - y_k)f_m \to 0(m \to \infty),\ k = 1,\ \cdots,\ n。$$

设 $x = (x_1,\ \cdots,\ x_n)$ 到 Δ 的边界的距离为 δ，则对任意 $f \in E(\Delta^c)H$，

$$\sum_{i=1}^{n} \| (X_k - x_k)f \|^2 = \int_{\Delta^c} \sum_{i=1}^{n} | \mu_k - x_k |^2 d \| E(\mu)f \|^2 \geqslant \delta^2 \| f \|^2。$$

所以可不妨 $\{f_m\} \subset \boldsymbol{H}_\Delta$，这时有

$$\begin{aligned}(A_{k\Delta} - \lambda_k)f_m &= (A_k - \lambda_k)f_m + (A_{k\Delta} - A_k)f_m \\ &= (A_k - \lambda_k)f_m + i(E(\Delta) - I)Y_k f_m。\end{aligned} \tag{3.1}$$

第一次趋于 0，第二项有

$$\begin{aligned}\| E(\Delta^c)Y_k f_m \| &\leqslant \| E(\Delta^c)(Y_k - y_k)f_m \| + \| E(\Delta^c)y_k f_m \| \\ &\leqslant \| (Y_k - y_k)f_m \| + | y_k | \ \| E(\Delta^c)f_m \| \to 0,\end{aligned}$$

所以 $\lambda = (\lambda_1,\ \cdots,\ \lambda_n) \in \sigma_\pi(A_\Delta) \cap D_\Delta$。

反之设 $\lambda = (\lambda_1,\ \cdots,\ \lambda_n) \in \sigma_\pi(A_\Delta) \cap D_\Delta$，$\lambda_k = x_k + iy_k$，$k = 1,\ \cdots,\ n$，则存在一列单位向量 $\{f_m\} \subset \boldsymbol{H}_\Delta$，使得

$$(X_k - x_k)f_m \to 0,\ (E(\Delta)Y_k - y_k)f_m \to 0,\ k = 1,\ \cdots,\ n。$$

类似上面，$(A_k - \lambda_k)f_m = (A_{k\Delta} - \lambda_k)f_m + i(Y_k - E)f_m$，只需证 $E(\Delta^c)Y_K f_m \to 0$。由 (3.1) 知，只需证 $\sum_{i=1}^{n} \| (X_i - x_i)Y_k f_m \| \to 0$，对 $i \neq k$，$\| (X_i - x_i)Y_k f_m \| \to 0$ 是显然的，当 $i = k$ 时，

$$\begin{aligned}&\langle (X_k Y_k - Y_k X_k)f_m,\ f_m \rangle = \langle (X_{k\Delta} Y_{k\Delta} - Y_{k\Delta} X_{k\Delta})f_m,\ f_m \rangle \\ &= \langle Y_{k\Delta} f_m,\ X_{k\Delta} f_m \rangle - \langle X_{k\Delta} f_m,\ Y_{k\Delta} f_m \rangle \to 0。\end{aligned}$$

但 $X_k Y_k - Y_k X_k \geqslant 0$，所以有

$$(X_k - x_k)Y_k f_m = (X_k Y_k - Y_k X_k)f_m + Y_k(X_k - x_k)f_m \to 0,\ (m \to \infty),$$

这就证明了 $\lambda = (\lambda_1,\ \cdots,\ \lambda_n) \in \sigma_\pi(A) \cap D_\Delta$。

(5) 由定义可知一个算子 Berberian 扩张后的实部等于其实部的 Berberian 扩张，因此 $(A_\Delta)^0 = (A^0)_\Delta$，因此下面我们不妨假设 $A = (A_1,\ \cdots,\ A_n)$ 已经作了 Berberian 扩张。

$n = 1$ 时 (e) 已知成立。设小于 n 时都成立，要证 n 时也对。

设 $\lambda = (\lambda_1,\ \cdots,\ \lambda_n) \in S_p(A_\Delta) \cap D_\Delta$，则在 $\boldsymbol{H}_\Delta$ 上有

$$\bigcap_{i=1}^{n} \mathrm{Ker}(A_{i_\Delta} - \lambda_i)(A_{i_\Delta} - \lambda_i)^* \neq \{0\}, \tag{3.2}$$

记 $\tilde{\Delta} = \Delta_1 \times \cdots \times \Delta_{n-1}$，则 $\Delta = \tilde{\Delta} \times \Delta_n$，因此有 $H_{\Delta n} \supset H_\Delta$ 和 $H_{\tilde{\Delta}} \supset H_\Delta$。从而易知 $n =$

$\mathrm{Ker}(A_{n\Delta_n}-\lambda_n)^* \supset \mathrm{Ker}(A_{n\Delta}-\lambda_n)^*$ 和 $\bigcap_{i=1}^{n-1}\mathrm{Ker}(A_{i\tilde{\Delta}}-\lambda_i)(A_{i\tilde{\Delta}}-\lambda_i)^* \supset \bigcap_{i=1}^{n-1}\mathrm{Ker}(A_{i\tilde{\Delta}}-\lambda_i)(A_{i\Delta}-\lambda_i)^*$，所以有

$$(\mathscr{n}\cap H_{\tilde{\Delta}})\cap(\bigcap_{i=1}^{n-1}\mathrm{Ker}(A_{i\tilde{\Delta}}-\lambda_i)^*)\neq\{0\}。$$

可看出 $\mathscr{n}$ 和 $H_{\tilde{\Delta}}$ 皆约化 $A_{i\tilde{\Delta}}$，A_i，$i=1$，…，$n-1$，因此$((A_{1\tilde{\Delta}}-\lambda_1)^*\mid_{\mathscr{n}\cap H_{\tilde{\Delta}}}$，…，$(A_{n-1\tilde{\Delta}}-\lambda_{n-1})^*\parallel\mathscr{n}\cap H_{\tilde{\Delta}})$是奇导的，可以验证$(A_{i\tilde{\Delta}}-\lambda_i)^*\mid\mathscr{n}\cap H_{\tilde{\Delta}}=((A_i-\lambda_i)\mid_{\mathscr{n}})_{\tilde{\Delta}}$，$i=1$，…，$n-1$。由归纳假设知$((A_1-\lambda_1)(A_1-\lambda_1)^*\mid_{\mathscr{n}}$，…，$(A_{n-1}-\lambda_{n-1})(A_{n-1}-\lambda_{n-1})^*\mid\mathscr{n})$是奇异的。令 $\mathscr{m}=\bigcap_{i=1}^{n-1}\mathrm{Ker}(A_i-\lambda_i)^*$，则 $\mathscr{m}\cap\mathscr{n}\neq\{0\}$。注意到 $\mathscr{m}$ 和 $\mathscr{n}$ 都约化 A_n 和 $A_{n\Delta_n}$，并且$(A_{n\Delta_n}-\lambda_n)\mid_{\mathscr{m}\cap\mathscr{n}}$ 奇异，但这即$(A_{n\mid\mathscr{m}}-\lambda_n)_{\Delta_n}$ 奇异，再由假设知$(A_n-\lambda_n)\mid_{\mathscr{m}}$ 奇异，所以 $\bigcap_{i=1}^{n}\mathrm{Ker}(A_i-\lambda_i)(A_i-\lambda_i)^*\neq\{0\}$，这就证明了 $\lambda=(\lambda_1,\cdots,\lambda_n)\in S_p(A)\cap D_\Delta$。反之，设 $\lambda=(\lambda_1,\cdots,\lambda_n)\in S_p(A)\cap D_\Delta$。这时有

$$\bigcap_{i=1}^{n}\mathrm{Ker}(A_i-\lambda_i)(A_i-\lambda_i)^*\neq\{0\}。\tag{3.3}$$

令 $\mathscr{n}=\mathrm{Ker}(A_n-\lambda_n)^*$，则 $\mathscr{n}$ 约化 A_i，$A_{i\tilde{\Delta}}$，$i=1$，…，$n-1$。由于$([(A_1-\lambda_1)\mid_{\mathscr{n}}]_{\tilde{\Delta}}$，…，$[(A_{n-1}-\lambda_{n-1})\mid_{\mathscr{n}}]_{\tilde{\Delta}})$奇异，但这即$((A_{1\tilde{\Delta}}-\lambda_1)\mid\mathscr{n}\cap H\tilde{\Delta}$，…，$(A_{n-1\tilde{\Delta}}-\lambda_{n-1})\mid\mathscr{n}\cap H\tilde{\Delta})$是奇异的。令 $\mathscr{m}=\bigcap_{i=1}^{n-1}\mathrm{Ker}((A_{i\tilde{\Delta}}-\lambda_i)^*\mid\mathscr{n}\cap H\tilde{\Delta})$，则 $\mathscr{m}\neq\{0\}$，且 $\mathscr{m}$ 约化 A_n 和 $A_{n\Delta_n}$。显然这时$(A_n-\lambda_n)\mid_{\mathscr{m}}$ 是奇异的，据假设有$(A_{n\Delta_n}-\lambda_n)\mid\mathscr{n}\cap H_\Delta=((A_n-\lambda_n)_{\mathscr{m}})\Delta_n$ 是奇异的，因涉及的都是重交换亚正常算子，因此 $\mathscr{n}\cap m\cap H_{\Delta n}\neq\{0\}$，所以存在 $f\neq0$，使$(A_{n\Delta_n}-\lambda_n)^*f=0$ 和$(A_{i\tilde{\Delta}}-\lambda_i)^*f=0$，$i=1$，…，$n-1$。设$\tilde{E}$ 和 E_n 分别为$(\mathrm{Re}\,A_1$，…，$\mathrm{Re}\,A_{n-1})$和 $\mathrm{Re}\,A_n$ 的谱测度，则由于$\tilde{E}(\tilde{\Delta})$与 A_n 可交换，$E_n(\Delta_n)$和 A_i，$i=1$，…，$n-1$，可交换，就可得出$\sum_{i=1}^{n}\|(A_{i\Delta}-\lambda_i)^*f\|=0$。这就证得了 $\lambda=(\lambda_1,\cdots,\lambda_n)\in S_p(A_\Delta)\cap D_\Delta$。

(4) 由于 A 的联合谱是联合压缩谱(引理 2.1)，因此从(3)和(5)可立得(4)。

(6) 类似于(5)，可用归纳法证明，这里不再赘述了。

§4 极分解及联合预解式

这一节中，我们首先推广定理 1.3(Putnam)，然后给出一个联合预解式的增长的精确估计。

定理 4.1 设 $T=(T_1,\cdots,T_n)$为重交换的亚正常算子组，则对任何 $r=(r_1,\cdots,r_n)\in S_p(T^*T)\cap S_p(TT^*)$，必有 $z=(z_1,\cdots,z_n)\in S_p(T)$，使得 $|z|_k=\sqrt{r_k}$，$k=1$，…，n。

证 实际上只需对 $r=(r_1,\cdots,r_n)\in S_p(T^*T)$进行证明。因为 T^*T 是交换的正

常算子组，由定理1.3可知 $\sqrt{r}=(\sqrt{r_1}, \cdots, \sqrt{r_n}) \in S_p(|T|)$，这里 $|T|=(|T_1|, \cdots, |T_n|)$。

先假定每个 T_K 均可逆，而且对于极分解 $T_k=U_k|T_k|$，有 $1 \overline{\in} S_p(U_k)$, $k=1, \cdots, n$。作Cayley变换 $A_k=i(U_k+z)(U_k-1)^{-1}$，从而有 $U_k=(A_k+i)(A_k-i)^{-1}$, $k=1, \cdots, n$。令 $Q=(Q_1, \cdots, Q_n)$。其中 $Q_k=A_k+i|T_k|$, $k=1, \cdots, n$。由于 $i(A_k|T_k|-|T_k|A_k)=(U_k-1)^{-1}(T_k^*T_k)^{\frac{1}{2}}-(T_kT_k^*)^{\frac{1}{2}})(U_k^*-1)^{-1}$，因此 Q 仍是重交换的亚正常算子组。由定理2.3不难知道，必存在 $u=(u_1, \cdots, u_n) \in \boldsymbol{R}^n$，使 $\lambda=u+i\sqrt{r} \in \sigma_\pi(Q)$。不妨现在已作了Berberian变换，则存在 $f \neq 0$，使 $A_kf=u_kf$, $|T_k|f=\sqrt{r_k}f$, $k=1, \cdots, n$。

设 $\theta_k=(u_k+i)(u_k-i)^{-1}$，则有 $U_kf=\theta_kf$, $k=1, \cdots, n$。令 $z_k=\theta_k\sqrt{r_k}$，则显然 $z=(z_1, \cdots, z_n) \in \sigma_\pi(T) \subset S_p(T)$，且 $|z|=\sqrt{r}$。

对于一般的重交换亚正常算子组 $T=(T_1, \cdots, T_n)$，记 $E(\cdot)$ 为 $\mathrm{Re}(T)$ 的乘积谱测度，令 $\Delta=R\backslash\left(-\frac{1}{m}, \frac{1}{m}\right)$，

$$\Delta_m=\underbrace{\Delta \times \cdots \times \Delta}_{n}$$

记 $T^m=(T_1^m, \cdots, T_n^m)$，其中 $T_i^m=E(\Delta_m)T_{iE}(\Delta_m)$。记 $H_1=E(\{0\})H$ 由 T 的亚正常性，不难知道 H_1 约化 $T=(T_1, \cdots, T_n)$，而且限制在 H_1 上时，T 成为变换的正常算子组，这时定理显然是成立的，故从 $S_p(T^*T)=S_p(T^*T|H1) \cup S_p(T^*T|H_1^\perp)$ 知只需考虑 $r=(r_1, \cdots, r_n) \in S_p(T^*T \mid H_1^\perp)$。据定理3.2，当 T^m 限制在约化空间 $H_{\Delta_m}=E(\Delta_m)H$ 上时，有

$$S_p(T_{\Delta_m}^m) \subset \overline{D}_{\Delta_m}=\overline{\{x+iy, x+iy \in \boldsymbol{C}^n; x \in \Delta_m\}},$$

这时由第三章定理5.2知 $S_p(T_{\Delta_m}^m) \subset \overline{D}_{\Delta_m}$，因此显然 $T_{\Delta_m}^m$ 是满足上段证明的假设要求的。

设 $r=(r_1, \cdots, r_n) \in S_p(T^*T \mid H_1^\perp)$，若 $r=(0, \cdots, 0)$，则定理显然成立。因此假定 r 不恒为0，由于在 $H_1^\perp$ 上，$T^m \xrightarrow{S} T$, $(T^m)^* \xrightarrow{S} T^*$ $(m \to \infty)$，和任给单位向量 f，$\left\| \sum^n(|T_i^m|-\sqrt{r_i})^2f \right\| \geqslant \mathrm{dist}\left(0, S_p\left[\sum_{i=1}^n(|T_i^m|-\sqrt{r_i})^2\right]\right)=\mathrm{dist}^2(r, S_p(|T^m|))$（最后一步是由于交换正常算子组 $|T^m|$ 的连续），因此不难知道，存在一列 $t^m \in S_p(|T^m|)$，t^m 不恒为0，使得 $t^m \to r \in S_p(|T|)$。因 $t^m \neq (0, \cdots, 0)$，所以 $t^m \in S_p(|T_{\Delta_m}^m|)$，由上节讨论和开头的证明知，存在 $z^m \in S_p(T_{\Delta_m}^m)$ 使 $|z^m|=t^m$。由定理3.2和第三章定理可知，$z^m \in S_p(T)$。$S_p(|T|)$ 是 $\boldsymbol{C}^n$ 中紧集，故可不妨 $z^m \to z \in S_p(T)$，显然 $|z|=\sqrt{r}$。证毕。

推论4.2 设 $A=(A_1, \cdots, A_n)$ 是重交换的亚正常算子组，则对任意 $z=(z_1, \cdots,$

$z_n) \in \boldsymbol{C}^n$，有

$$\inf\left\{\left(\sum_{k=1}^{n}\|(A_k - z_k)^* f\|^2\right)^{\frac{1}{2}};\ \|f\| = 1\right\} = \operatorname{dist}(z, S_p(A))。$$

证 $(A-z)(A-z)^*$ 是交换的正常算子组，据第三章定理 3.5，有 $\operatorname{conv}S_p((A-z)(A-z)^*) = \overline{W((A-z)(A-z)^*)}$。因为

$$\inf\left\{\sum_{k=1}^{n}\|(A_k - z_k)^* f\|^2;\ \|f\|^2 = 1\right\}$$

$$= \inf\left\{\sum_{k=1}^{n}\langle (A_k - z_k)(A_k - z_k)^* f, f\rangle;\ \|f\| = 1\right\},$$

所以存在 $r = (r_1, \cdots, r_n) \in S_p((A-z)(A-z)^*)$，$r = \inf\left\{\sum_{k=1}^{n}\|(A_K - z_K)^* f\|^2;\ \|f\| = 1\right\}$。据定理 4.1，存在 $\lambda = (\lambda_1, \cdots, \lambda_n) \in S_p(A-z)$，使得 $\lambda = \sqrt{r}$。既然有 $S_p(A-z) = S_p(A) - z$，则可推出

$$\inf\left\{\sum_{k=1}^{n}\|(A_k - z_k)^* f\|^2,\ \|f\| = 1\right\} \geqslant \operatorname{dist}(z, S_p(A))^2。$$

反之，设 $u = (u_1, \cdots, u_n) \in S_p(A)$，使得 $\operatorname{dist}(z, S_p(A)) = |z - u|$，则

$$\left(\sum_{k=1}^{n}\|(A_k - z_k)^* f\|^2\right)^{\frac{1}{2}} \leqslant \left(\sum_{k=1}^{n}\|(A_k - u_k)^* f\|^2\right)^{\frac{1}{2}} + \operatorname{dist}(z, S_p(A)),$$

对每一个单位向量 f 成立。因此得到相反的不等式。证毕。

定义 4.3 设 $A = (A_1, \cdots, A_n)$ 为 Hilbert 空间 H 上的交换算子组，$\hat{A}$ 为对应 A 的 $\boldsymbol{H} \otimes \boldsymbol{C}^{2^{n-1}}$ 上的算子矩阵（见第二章）。我们称 $(\widehat{A-\lambda})^{-1}$，$\lambda \overline{\in} S_p(A)$ 为 A 的联合预解式。

定理 4.4 设 $A = (A_1, \cdots, A_n)$ 为重交换的亚正常算子组，则对任何 $z = (z_1, \cdots, z_n) \overline{\in} S_p(A)$，有

$$\|(\widehat{A-z})^{-1}\| = 1/\operatorname{dist}(z, S_p(A))。$$

证 因为 $z \overline{\in} S_p(A)$，据定理 5.1 知 $\widehat{A-z}$ 可逆。由于 A 是重交换的，容易计算出此时

$(\widehat{A-z})(\widehat{A-z})^* = \bigotimes_f (A_i - z)^{f(i)}(A_i^* - \bar{z}_i)^{f(i)}$，其中 f 是 $\{1, \cdots, n\}$ 到 $\{1, *\}$ 的映射。因为 A 是亚正常的，所以对任意 f 有

$$\sum_{i=1}^{n}(A_i - z_i)^{f(i)}(A_i^* - \bar{z}_i)^{f(i)} \geqslant \sum_{i=1}^{n}(A_i - z_i)(A_i - z_i)^*,$$

因此当右边可逆时，有

$$\left(\sum_{i=1}^{n}(A_i-\lambda_i)^{f(i)}(A_i^*-\overline{z_i})^{f(i)}\right)^{-1}$$
$$\leqslant\left(\sum_{i=1}^{n}(A_i-\lambda_i)(A_i^*-\overline{z_i})\right)^{-1},$$

所以

$$\begin{aligned}&\|\widehat{(A-z)}^{-1}\|^2\\&=\sup_f\left\|\left(\sum_{i=1}^{n}(A_i-\lambda_i)^{f(i)}(A_i^*-\overline{\lambda_i})^{f(i)}\right)^{-1}\right\|\\&=\left\|\left(\sum_{i=1}^{n}(A_i-\lambda_i)(A_i^*-\lambda_i)\right)^{-1}\right\|\\&=1/\inf\left\{\left[\left\langle\sum_{i=1}^{n}(A_i-z_i)(A_i^*-\overline{z_i})g,\ g\right\rangle\right],\ \|g\|=1\right\}\\&=1/\inf\left\{\sum_{i=1}^{n}\|(A_i-z_i)^*g\|^2,\ \|g\|=1\right\}\\&=1/(\mathrm{dist}(z,\ S_p(A)))^2\end{aligned}$$
（推论 4.2）。证毕。

§5 重交换亚正常算子组的广义记号算子组

对于重交换的亚正常算子组 $A=(A_1,\ \cdots,\ A_n)$，可以引进 A 的广义记号算子组 $A^K=(A_1^K,\ \cdots,\ A_n^K)$，这里，$K=(k_1,\ \cdots,\ k_n)$，$0\leqslant k_i\leqslant 1$，$i=1,\ 2,\ \cdots,\ n$，其中 $A_i^K=k_iA_i^++(1-k_i)A_i^-$，其中 $A_i^{\pm}$ 是 A_i 的记号算子，$i=1,\ \cdots,\ n$。

下面将推广定理 1.6。

引理 5.1 设 $\varphi=(\varphi_1,\ \cdots,\ \varphi_n)$ 为一组标函数，(即$[0,+\infty)$到$[0,+\infty)$的严格单调增的连续函数)，$A=(A_1,\ \cdots,\ A_n)$ 为重交换的亚正常算子组，$A_l=X_l+iY_l$ 为直角分解，$l=1,\ \cdots,\ n$。记

$$\begin{aligned}\tau_\varphi(z)&=(\tau_{\varphi_1}(z_1),\ \cdots,\ \tau_{\varphi_n}(z_n))\\&=(x_1+i\varphi_1(y_1),\ \cdots,\ x_n+i\varphi_n(y_n)),\ (z_l=x_l+iy_l);\end{aligned}$$

$$\begin{aligned}\tau_\varphi(A)&=(\tau_{\varphi_1}(A_1),\ \cdots,\ \tau_{\varphi_n}(A_n))\\&=(X_1+i\varphi_1(Y_1),\ \cdots,\ X_n+i\varphi_n(Y_n))。\end{aligned}$$

如果 A_l 皆 φ_l 一亚正常(即 $\varphi_l(A_l)$是亚正常的)。$l=1,\ \cdots,\ n$，则有

$$S_p(\tau_\varphi(A))=\tau_\varphi(S_p(A))。$$

证 用归纳法，当 $n=1$ 时，是已知结果[19][7]。设对于 $n-1$ 时引理成立，下面证 n

时也成立。

设 $z=(z_1, \cdots, z_n) \in S_p(A)$,因此 $\sum\limits_{k=1}^{n}(A_k-z_k)(A_k-z_k)^*$ 奇异,用 Berberian 技巧,可不妨设

$$\bigcap_{k=1}^{n} \operatorname{Ker}(A_k-z_k)^*=\{0\}, \tag{5.1}$$

记 $m=\operatorname{Ker}(A_n-z_n)^*$,则 m 约化 $A_1, \cdots, A_{n-1}$ 为重交换的亚正常算子组 $\widetilde{A}=(A_1|_m, \cdots, A_{n-1}|_m)$。由(5.1)式可知 $\widetilde{z}=(z_1, \cdots, z_{n-1}) \in S_p(\widetilde{A})$。再据归纳假设 $(\tau_{\varphi_1}(z_1), \cdots, \tau_{\varphi_{n-1}}(z_{n-1})) \in S_p(\tau_{\varphi_1}(\widetilde{A}_1), \cdots, \tau_{\varphi}(\widetilde{A}_{n-1}))$,从而有

$$\sum_{k=1}^{n-1} \tau_{\varphi_k}(A_k-z_k)\tau_{\varphi_k}(A_k-z_k)^*+(A_n-z_n)(A_n-z_n)^* \text{ 奇异。}$$

再由 Berberian 技巧可知,$\bigcap\limits_{k=1}^{n-1} \operatorname{Ker} \tau_{\varphi_k}(A_k-z_k)^* \cap \operatorname{Ker}(A_n-z_n)^* \neq \{0\}$。设 $n=\bigcap\limits_{k=1}^{n-1} \operatorname{Ker}\tau_{\varphi_k}(A_k-z_k)^*$,它约化 A_n,重复上面讨论可知 $\sum\limits_{k=1}^{n} \tau_{\varphi_k}(A_k-z_k)\tau_{\varphi_k}(A_k-z_k)^*$ 不可逆,即 $\tau_{\varphi}(z)=S_p(\tau_{\varphi}(A))$。

反之,若 $(\tau_{\varphi_1}(z_1), \cdots, \tau_{\varphi_n}(z_n)) \in S_p(\tau_{\varphi_1}(A_1), \cdots, \tau_{\varphi_n}(A_n))$,同样两次利用 Berberian 技巧可知 $(z_1, \cdots, z_n) \in S_p(A_1, \cdots, A_n)$。证毕。

定理 5.2 设 $A=(A_1, \cdots, A_n)$ 为重交换的亚正常算子组,$A^K=(A_1^K, \cdots, A_n^K)$ 为其广义记号算子组,则有下面公式成立:

$$S_p(A)=\bigcup_{k \in K} S_p(A^K),\ K=\{k=(k_1, \cdots, k_n),$$
$$0 \leqslant k_i \leqslant 1,\ i=1, \cdots, n\}。$$

证 记 $\sigma=\bigcup\limits_{k \in K} S_p(A^K)$,首先证明 σ 为闭集。

设 $z^{(m)}=(z_1^{(m)}, \cdots, z_1^{(m)}) \in \sigma$, $z^{(m)} \to z(m \to \infty)$。则有 $k^{(m)} \in K$,使 $z^{(m)} \in S_p(A^{k^{(m)}})$,由 K 的紧性可不妨设 $k^{(m)} \to k$, $(m \to \infty)$。由于 $A^{k^{(m)}}$ 是交换的正常算子组,从而存在一列单位向量 $\{f_m\}$,使

$$\sum_{i=1}^{n} \|(A_i^{k^{(m)}}-z_i^{(m)})f_m\| \leqslant \frac{1}{m}。$$

从而
$$\begin{aligned}&\|(A_i^K-z_i)f_m\| \\ \leqslant &\|(A_i^K-A_i^{k^{(m)}})f_m\|+\|(A_i^{k^{(m)}}-z_i)f_m\|+|z_i+z_i^m|\,\|f_m\| \to 0 \\ &(m \to \infty)。\end{aligned}$$

因此 $z \in S_p(A^K)$,即知 σ 为闭集。

现设 $(0, \cdots, 0) \overline{\in} S_p(A)$,则我们作

$$A_l^K(t)=X_l+ik_l e^{iX_l t}Y_l e^{-iX_e t},\ l=1,\ \cdots,\ n。$$
$$A^K(t)=(A_1^K(t),\ \cdots,\ A_n^K(t)),$$

则易知它也是重交换的亚正常算子组。由引理 5.1 知,对任意固定的 k 和 t,都成立 $S_p(A^K(t))=S_p(A)$。则$(0,\ \cdots,\ 0)\overline{\in} S_p(A^K(t))$,由推论 4.2 知,这时对任意向量 $f\in \boldsymbol{H}$,有

$$\sum_{i=1}^{n}\|(A_i^{(K)}(t))^*f\|^2\geqslant \mathrm{dist}(0,\ S_p(A))^2\|f\|^2。$$

令 $t\to\infty$,则$\sum\limits_{i=1}^{n}\|(A_i^K)^*f\|^2\geqslant \mathrm{dist}(0,\ S_p(A))^2\|f\|^2$,即$(0,\ \cdots,\ 0)\overline{\in} S_p(A^K)$,从而$\sigma\subset S_p(A)$。

反之,用归纳法证明 $S_p(A)\subset\sigma$。

$n=1$ 时成立(定理 1.6)。若对 $n-1$ 也成立,下面证 n 时也对。若$(0,\ \cdots,\ 0)\overline{\in}\sigma$,由于 σ 是闭集,故存在 $y>0$,使对一切 $k=(k_1,\ \cdots,\ k_n)$,都有

$$\sum_{i=1}^{n}\|A_i^K(t)f\|^2\geqslant y\|f\|^2,\ f\in \boldsymbol{H}。$$

由于 $A^K=(A_1^K,\ \cdots,\ A_n^K)$ 交换正常,所以对上述 $y>0$,存在 $A_n^{K_n}(A_n^{K_n})^*$ 的谱子空间 $H_\delta\neq\{0\}$,约化 $A_1,\ \cdots,\ A_{n-1},\ A_1^{K_1},\ \cdots,\ A_{n-1}^{K_{n-1}}$,使得

$$\sum_{i=1}^{n-1}\|A_i^K f\|^2\geqslant\frac{y}{2}\|f\|^2,\ f\in \boldsymbol{H}_y;$$

$$\|A_n^{Kn}f\|^2\leqslant\frac{y}{2}\|f\|^2,\ f\in \boldsymbol{H}_y;$$

$$\|A_n^{Kn\,f}\|^2\geqslant\frac{y}{2}\|f\|^2,\ f\in \boldsymbol{H}_y^{\perp},$$

从而可知 $0\overline{\in} S_p(A_1^{K_1}|_{H_y},\ \cdots,\ A_{n-1}^{K_{n-1}}|_{H_y})$。由归纳假设可知,$0\overline{\in} S_p(A_1\|_{H_y},\ \cdots,\ A_{n-1}|_{H_y})$,从而$0\overline{\in} S_p(A_1,\ \cdots,\ A_{n-1},\ A_n^{K_n})$,$0\leqslant K_n\leqslant 1$。同样可证 $\bigcup\limits_{0\leqslant K_n\leqslant 1}S_p(A_1,\ \cdots,\ A_{n-1},\ A_n^{K_n})$ 为闭集,从而存在 $y_1>0$,使$\sum\limits_{K=1}^{n-1}\|A_K^x f\|^2+\|A_n^{K_n*}f\|^2\geqslant y_1\|f\|^2$。

同样,存在$(A_1A_1^*,\ \cdots,\ A_{n-1}A_{n-1}^*)$的乘积谱测度子空间 $\boldsymbol{H}_{y_1}$ 约化 $A_n,\ A_n^{K_n}$,使得

$$\sum_{k=1}^{n-1}\|A_k^*f\|^2\leqslant\frac{y_1}{2}\|f\|^2,\ f\in \boldsymbol{H}_{y_1};$$

$$\sum_{k=1}^{n-1}\|A_k^*f\|^2\geqslant\frac{y_1}{2}\|f\|^2,\ f\in \boldsymbol{H}_{y_1}^{\perp};$$

$$\|A_n^{K_n*}f\|^2\geqslant\frac{y_1}{2}\|f\|^2,\ f\in \boldsymbol{H}_{y_1},$$

从而导出 $0 \in S_p(A_n|_{H_{y1}})$。这样就可知 $0=(0, \cdots, 0) \in S_p(A)$。 证毕。

§6 关于次正常算子组

关于单个次正常算子，Halmos 有一个著名定理，就是这个算子的谱包含了其极小正常扩张算子的谱[122]。下面我们要推广这个结果。

定义 6.1 Hilbert 空间 H 上的算子组 $S=(S_1, \cdots, S_n)$ 称为是次正常的，如果存在交换的正常算子组 $N=(N_1, \cdots, N_n)$ 作用在 $K \supset H$ 上是 S 的公共扩张。

显然，次正常算了组一定是交换的算子组，反过来交换算子组，每个算子都是次正常，不一定是次正常算子组。

例 6.2 设 H 是具有基 $\{e_n, n=0, \pm 1, \pm 2\cdots\}$ 的可分 Hilbert 空间，定义 H 上算子 U_1, U_2 如下：

$$U_1 e_n = e_n + 1，当 n \geqslant 0, U_1 e_n = 0, n < 0。$$

$$U_2 e_n = 0，当 n > 0, U_2 e_n = e_{n-1}, n \leqslant 0。$$

则有 $U_1U_2=U_2U_1=0$，而且显然都是次正常的(实际上还是拟正常的)。如果(U_1, U_2)存在交换的公共正常扩张，则 U_1+U_2 也将是次正常，更是亚正常的。令 $Q=U_1+U_2$，$f=e_1+e_{-1}$，经计算可知。

$\langle (Q^*Q-QQ^*)f, f\rangle = -1 < 0$，这是矛盾的。因此$(U_1, U_2)$不存在交换的公共正常扩张。

设 $S=(S_1, \cdots, S_n)$ 是次正常算子组，则类似于单个算子可知 S 存在唯一确定(在等距同构意义下)的极小变换正常扩张。下面是 Halmos 结果的推广。

定理 6.3 设 $S=(S_1, \cdots, S_n)$ 是 H 上的次正常算子组，$N=(N_1, \cdots, N_n)$ 是其在 $K \supset H$ 上的极小的交换正常扩张，则有 $S_p(N, K) \subset S_p(S, H)$。

证 这只需证 $0 \overline{\in} S_p(S, H)$ 时有 $0 \overline{\in} S_p(N, K)$，或等价的，$0 \overline{\in} S_p(|N|, K)$，这里 $|N|=(|N_1|, \cdots, |N_n|)$。

若 $0 \overline{\in} S_p(S, H)$，则 $\sum_{i=1}^{n} S_i H = H$。这时对任意 $h \in H$，存在 $h_1, \cdots, h_n \in H$，使得 $\sum_{i=1}^{n} S_i h_i = h$。由于差个常数，还可设 $\sum_{i=1}^{n} \| h_i \|^2 \leqslant \| h \|^2$。

设 E 为 N 的乘积谱测度，$H_1 = E(z, |z| \leqslant 1/2n)H$，则 H_1 是 N 的公共约化子空间。若证得 $H_1 \perp H$，则由于 N 的极小扩张性可知，必有 $H_1=\{0\}$，因而$|N|$就是可逆的。

事实上，设 $l \in H_1$，$h \in H$，反复套用 $\sum_{i=1}^{n} S_i h_i = h$，我们有

$$|\langle l, h\rangle| = |\langle l, \sum_{1 \leqslant i_1, \cdots, i_p \leqslant n} S_{i_1} \cdots S_{i_p} h_{i_1 \cdots i_p}\rangle|$$

$$
\begin{aligned}
&=|\langle l, \sum N_{i_1}\cdots N_{i_p}h_{i_1\cdots i_p}\rangle| \\
&\leqslant \sum \| N_{i_1}^*\cdots N_{i_p}^* l\| \cdot \| h_{i_1\cdots i_p}\| \\
&\leqslant \sum \| \,|N|^p l\| \cdot \| h_{i_1\cdots i_p}\| \\
&\leqslant \| l\| /(2n)^p \sum \| h_{i_1\cdots i_p}\| \\
&\leqslant (\| l\| /(2n)^p)\sqrt{n^p}(\sum \| h_{i_1\cdots i_p}\|^2)^{\frac{1}{2}} \\
&\leqslant \| l\| \cdot \| h\| (1/2\sqrt{n})^p
\end{aligned}
$$

令 $p\to\infty$,就得到$\langle l, h\rangle=0$。证毕。

推论 6.4 设 $S=(S_1, \cdots, S_n)$ 是次正常算子组,则有

$$\bigcap_{\lambda\in S_p(S)}\Big(\sum_{i=1}^n R(S_i-\lambda_i)^m\Big)=\{0\}。$$

这里 $R(S_i-\lambda_i)^m$ 表示$(S_i-\lambda_i)^m$ 的值域。

证 可由定理 6.3 与第三章定理 2.2 立即推出。

推论 6.5 设 $S=(S_1, \cdots, S_n)$ 为次正常的算子组,则对任何 $S_p(S)$的某邻域上解析的函数 $u=(u_1, \cdots, u_n)$,有

$$\inf\Big\{\sum_{k=1}^n \| u_k(S)f\|^2, \| f\| =1\Big\}\geqslant \inf\Big\{\sum_{k=1}^n |u_k(z)|^2, z\in S_p(S)\Big\},$$

$$\sup\Big\{\sum_{k=1}^n \| u_k(S)f\|^2, \| f\| =1\Big\}\leqslant \sup\Big\{\sum_{k=1}^n |u_k(z)|^2, z\in S_p(S)\Big\}。$$

证明思路:利用交换正常算子组的谱积分表示(参看第三章),可证推论 6.5 对交换正常算子组是成立的。然后利用定理 6.3 可知这对于次正常的算子组也是成立的。

第五章　非正常算子组的函数模型

本章将定义重交换亚正常算子组的函数模型,并用函数模型证明迹公式、Putnam 不等式和指标公式。

§1　重交换亚正常算子组的函数模型

本节中 $\Omega=(M, \mathscr{B}, \mu)$ 为测度空间,D 为 Hilbert 空间。$L^2(\Omega)\otimes D$ 是 $L^2(\Omega)$ 与 D 的张量积,也可以看作定义于 M 上取值于 D 的向量值函数。当 $\Omega=(T^n, \mathscr{B}, \mu)$,其中 $T^n=T\times\cdots\times T$,$T$ 为单复平面上的单位圆周,$\mathscr{B}$ 为 Borel 集的全体,$\mu=m+v$, $m=\left(\frac{1}{2\pi}\right)^n d\theta_1\cdots d\theta_n$ 为 T^n 上规范的 Lebesgue 测度,ν 是奇异测度。当 $\mu=m$ 时,$f\in L^2(\Omega)\otimes D$ 可以表示为 $f=\sum f_{k_1\cdots k_n}\otimes e^{ik_1\theta'}\cdots e^{ik_n\beta_n}$,其中 $f_{k_1\cdots k_n}\in D$, $f_{k_1\cdots k_n}=\int_{T_n} f(e^{i\theta})e^{-ik_1\theta_1}\cdots e^{-ik_n\theta_n}dm$。记 $H_j^2(\Omega)=L^2(T)\otimes\cdots\otimes H_{(j)}^2(T)\otimes\cdots\otimes L^2(T)$,$B_j$ 是 z 空间 $H_j^2(\Omega)\otimes D$ 在 $L^2(\Omega)\otimes D$ 中的投影,则由夏道行[19]知

$$(B_jf)(e^{i\theta})=\lim\frac{1}{2\pi i}\int\frac{f(e^{i\theta_1}, \cdots, \zeta_j, \cdots, e^{i\theta_n})}{\zeta_j-re^{i\theta_i}}ds_j。\tag{*}$$

若 $\mu=m_1\times\mu'$,其中 m_1 是 T 上的 Lebesgue 测度,并且对应的变量为 $e^{i\theta_j}$,此时 $f\in L^2(\Omega)\otimes D$ 也可以表示为 $\sum_{-\infty}^{\infty} f_k(e^{i\theta'})e^{ik\theta_j}$,其中 $f_k(\rho^{i\theta'})=\int_T f(e^{i\theta})e^{-ikj\theta_j}dm_1$。我们也用 $(*)$ 定义 B_j,此时,$(B_jf)(e^{i\theta})=\sum_{k=0}^{\infty} f_k(e^{i\theta'})e^{ik\theta_j}$。因此 B_j 也是投影算子。另外我们用 $\hat{U}_j$ 表示 $L^2(T^n)\otimes D$ 上的乘法算子:$(\hat{U}_jf)(e^{i\theta})=e^{i\theta_j}f(e^{i\theta})$, $j=1, \cdots, n$。当 Q 为定义在 T^n 上而取 $L(D)$ 值的可测函数时,$(\widehat{Qf})(e^{i\theta})=Q(e^{i\theta})\cdot f(e^{i\theta})$ 定义了 $L^2(T^n)\otimes D$ 上的算子 $\hat{Q}$。

在建立函数模型之前我们需要以下引理,有的易从单个算子的情况平推到 n 个算子的情况,证明略去。

引理 1.1　设 $R_j(\cdot)$ 是定义在 T^n 上取值于 $L(D)$ 的可测函数,并且,对于任意 $e^{i\theta}\in T^n$, $R_j(e^{i\theta})$ 是投影算子。$j=1, 2$。Q 是 $\overline{\hat{R}_1(L^2(T^n)\otimes D_1)}$ 到 $\overline{\hat{R}_2(L^2(T^n)\otimes D_2)}$ 的有界算子,并且 $\hat{U}_jQ=Q\hat{U}_j$, $j=1, \cdots, n$。则必有定义在 T^n 上取值于 D_1 到 D_2 的一致有界

的算子值的可测函数 $Q(\cdot)$，且满足对任意 $e^{i\theta}\in T^n$，

$$Q(e^{i\theta})R_1(e^{i\theta})D_1\subset R_2(e^{i\theta})D_2,\ \|Q(e^{i\theta})\|\leqslant\|Q\|,$$

使得 $Q=\hat{Q}$。特别当 $D_1=D_2$, $R_1=R_2$, Q 是正算子时，可使几乎处处的 $e^{i\theta}$, $Q(e^{i\theta})$ 是 D 上的正算子，而 Q 为投影算子时，$Q(e^{i\theta})$ 为投影算子。

引理 1.2 设 $\tilde{H}_j=\hat{R}_j(L^2(\Omega_j)\otimes D_j)$。$j=1,\cdots,m$。$Q$ 是 $\tilde{H}=\bigoplus_{j=1}^{m}\tilde{H}_j$ 上有界线性算子，并且 Q 与 $\oplus\tilde{U}_j$, $j=1,\cdots,n$ 可以交换，则存在定义于 T^n 上取值于 D_i 到 D_j 的一致有界算子值可测函数 $Q_{ij}(\cdot)$，使得 $(Qf)(e^{i\theta})=(Q_{ij}(e^{i\theta}))_{m\times m}f(e^{i\theta})$ 对任意 $f\in\tilde{\boldsymbol{H}}$ 成立。并且当 Q 为正算子时，可使 $Q(e^{i\theta})=(Q_{ij}(e^{i\theta_1}))$ 亦为正算子值的可测函数。

证 设 $Q=(Q_{ij})_{m\times m}$，则由条件可知 $Q_{ij}\hat{U}_k=\hat{U}_kQ_{ij}$ 对一切 k 成立，于是由引理 1.1 得到可测函数 $Q_{ij}(\cdot)$。当 $Q\geqslant 0$ 时，用[19]Ⅲ 引理 4.4, $Q_{kk}\geqslant 0$, $k=1,\cdots,m$，而 $Q_{ij}=Q_{ii}^{\frac{1}{2}}B_{ij}Q_{jj}^{\frac{1}{2}}$，其中 B_{ij} 是 $\overline{\hat{R}_j(L^2(\Omega_j)\otimes D_j)}$ 到 $\overline{\hat{R}_i(L^2(\Omega_i)\otimes D_i)}$ 的压缩算子。由作法可知 B_{ij} 满足条件 $\hat{U}_kB_{ij}=B_{ij}\hat{U}_k$, $k=1,\cdots,n$，于是得到可测正算子值函数 $Q_{ii}(\cdot)$ 和压缩算子值函数 $B_{ij}(\cdot)$，使得 $Q_{ii}=\hat{Q}_{ii}$, $B_{ij}=\hat{B}_{ij}$，于是 $Q=\hat{Q}=(Q_{ij})$，其中 $Q_{ij}(e^{i\theta})=Q_{ii}(e^{i\theta})B_{ij}(e^{i\theta})Q_{jj}(e^{i\theta})$。

引理 1.3 $U=(U_1,\cdots,U_n)$ 是 Hilbert 空间 H 上交换的酉算子。则必有 Hilbert 空间 D，测度空间 $\Omega=(T^n,\mathscr{B},\mu)$，投影算子值可测函数 $R(\cdot)$，H 到 $\overline{\hat{R}(L^2(\Omega)\otimes D)}$ 上的酉算子 w，使得

$$WU_jW^{-1}=\hat{U}_j,\ j=1,\cdots,n。$$

引理 1.4 $Q(\cdot)$ 是 $\hat{R}_1(L^2(\Omega_1)\otimes D_1)$ 到 $\hat{R}_2(L^2(\Omega_1)\otimes D_2)$ 的一致有界的算子值的可测函数，其中 $\Omega_k=(T^n,\mathscr{B},\mu_k)$, $k=1,2$，而 μ_1, μ_2 的第 j 分量是 Lebesgue 测度。若 $\hat{Q}B_j=B_j\hat{Q}$，则 $Q(\cdot)$ 与 $e^{i\theta_j}$ 无关。

证 不妨设 $j=1$, $\mu_k=m_1\times u_k'$, $k=1,2$。只要证明对任意 $a\in D$, $Q(\cdot)a$ 是与 $e^{i\theta_1}$ 无关的。设 $Qa=\sum_{-\infty}^{\infty}f_k(e^{i\theta'})e^{i\theta'}$，其中 $e^{i\theta'}=(e^{i\theta_2},\cdots,e^{i\theta_n})$。由 $B_1Qa=QB_1a=Qa$，可知 $k<0$ 时，$f_k=0$。又因 $Q(ae^{-i\theta_1})=\sum_{k=1}^{\infty}f_k(e^{i\theta'})e^{i(k-1)\theta_1}$，而 $B_1Q(ae^{-i\theta_1})=QB_1(ae^{-i\theta_1})=0$，于是对所有 $k>0$, $f_k=0$。这样 $Qa=f_0(e^{i\theta_1})$ 与 $e^{i\theta_1}$ 无关。证毕。

设 $T_j=U_j|T_j|$ 是半亚正常算子组，其中 U_j 是酉算子，$|T_j|$ 是正算子，$j=1,\cdots,n$。并且当 $i\neq j$ 时，$U_iU_j=U_jU_i$, $|T_i||T_j|=|T_j||T_i|$, $|T_i|U_j=U_j|T_i|$，则称 $T=(T_1,\cdots,T_n)$ 是强重可交换的半亚正常算子组。

为证明方便起见，我们引进一些术语。设 $H_1,\cdots,H_n$ 是 H 的子空间，并且它们的投影算子 $P_1,\cdots,P_n$ 是两两可以交换的。$N=\{(\varepsilon_1,\cdots,\varepsilon_n)\mid\varepsilon_j=\pm1,j=1,\cdots,n\}$。若 $\sigma=(\varepsilon_1,\cdots,\varepsilon_n)\in N$，记 $H_\sigma=\bigcap_{j=1}^{n}H_j^{\varepsilon_j}$，其中 $\varepsilon_j=1$ 时，$H_j^{\varepsilon_j}=H_j$, $\varepsilon_j=-1$ 时，$H_j^{\varepsilon_j}=$

$H_j^{\perp}$。另外，记 $N_j^+=\{(\varepsilon_1, \cdots, \varepsilon_n) \mid \varepsilon_j=1\}$，$N_j^-=\{(\varepsilon_1, \cdots, \varepsilon_n) \mid \varepsilon_j=-1\}$。若 $\sigma=(\varepsilon_1, \cdots, \varepsilon_n)$，$\sigma'=(\varepsilon_1^1, \cdots, \varepsilon_\pi')$，$k \neq j$ 时，$\varepsilon_k=\varepsilon_k'$，而 $\varepsilon_j=-\varepsilon_j'$，则称 σ 与 σ^1 关于 j 对称。

定理 1.5 设 $T=(T_1, \cdots, T_n)=(U_1 \mid T_1 \mid, \cdots, U_n \mid T_n \mid)$ 是 Hilbert 空间 H 上的算子组，则 T 是重交换的半亚正常算子组的充分且必要条件是

(1) 存在 H 的分解 $H=\bigoplus\limits_{\sigma \in N} H_\sigma$ 和 Hilbert 空间 $\widetilde{H}=\bigoplus \widetilde{H}_\sigma$ 以及 H 到 $\widetilde{H}$ 上的酉算子 $W=\bigoplus W_\sigma$，其中 $H_\sigma=\hat{R}_\sigma(L^2(\Omega_\sigma) \otimes D_\sigma)$，$\Omega_\sigma=(T^n, \mathscr{B}, \mu_\sigma)$，且 $\sigma \in N_j^+$ 时，μ_σ 的第 j 分量是 Lebesgue 测度。

(2) 存在 D_σ 的上的一致有界的算子值的可测函数 $\alpha_j^\sigma(\cdot)$，且当 $\sigma \in N_j^-$ 时 $\alpha_j^\sigma(\cdot)=0$，$\sigma \in N_k^+(k \neq j)$ 时，$\alpha_j^\sigma(\cdot)$ 与 $e^{i\theta_k}$ 无关，存在 $D_\sigma \oplus D_{\sigma'}$ 与(σ 与 σ' 关于 j 对称)上一致有界的算子值的可测函数 $\beta_j^\sigma(\cdot)$，且当 $\sigma \in N_k^+(k \neq j)$ 时，$\beta_j^\sigma(\cdot)$ 与 $e^{i\theta_k}$ 无关。现记 $\alpha_j(\cdot)=\bigoplus \alpha_j^\sigma(\cdot)$，$\beta_j(\cdot)=\bigoplus \beta_j^\sigma(\cdot)$，$R(\cdot)=\bigoplus R_\sigma(\cdot)$，则下列各式成立：

$$R(\cdot)\alpha_j(\cdot)=\alpha_j(\cdot)R(\cdot), \tag{5.1}$$

$$R(\cdot)\beta_j(\cdot)=\beta_j(\cdot)R(\cdot), \tag{5.2}$$

$$\alpha_j(\cdot)\alpha_k(\cdot)=\alpha_k(\cdot)\alpha_j(\cdot), \tag{5.3}$$

$$\beta_j(\cdot)\beta_k(\cdot)=\beta_k(\cdot)\beta_j(\cdot), \tag{5.4}$$

$$\alpha_j(\cdot)\beta_k(\cdot)=\beta_k(\cdot)\alpha_j(\cdot), \ (k \neq j) \tag{5.5}$$

$$\alpha_j(\cdot) \geqslant 0, \ \beta_j(\cdot) \geqslant 0, \tag{5.6}$$

使得 $WT_jW^{-1}=\hat{T}_j=\hat{U}_j(\hat{\alpha}_j B_j \hat{\alpha}_j+\hat{\beta}_j)$，$j=1, \cdots, n$。 (5.7)

证 必要性。设 T 是重交换的半亚正常算子组。令 $H_j=\overline{(\mid T_j \mid_+ - \mid T_j \mid_-)H}$，其中 $\mid T_j \mid_+=\lim\limits_{n \to \infty} U_j^{*n} \mid T_j \mid U_j^n$，$\mid T_j \mid_-=\lim\limits_{n \to \infty} U_j^n \mid T_j \mid U_j^{*n}$，$j=1, \cdots, n$。如夏道行[19]一样得到 B_j，使当 $f, g \in (\mid T_j \mid_+ - \mid T_j \mid)H$ 时，

$$\langle(\mid T_j \mid - \mid T_j \mid_-)(\mid T_j \mid_+ - \mid T_j \mid_-)^{\frac{1}{2}} f, (\mid T_j \mid_+ - \mid T_j \mid_-^{\frac{1}{2}} g)\rangle=\langle B_j f, g\rangle。$$

在 $H_j^{\perp}$ 上再补充定义 $B_j=0$。设 P_j 为 H_j 的投影，$\mid \mathring{T}_j \mid=B_jP_j$，$j=1, \cdots, n$。易证 $P_jB_j=B_jP_j$。令 $\mathring{T}_j=U_j \mid \mathring{T}_j \mid$，由于 $\mid T_j \mid_\pm$，$\mid T_j \mid$ 分别与 $\mid T_k \mid_\pm$，$\mid T_k \mid (k \neq j)$ 交换，这样 B_j 与 B_k 也交换，而 $\mid T_j \mid_+ - \mid T_j \mid_-$ 与 $\mid T_k \mid_+ - \mid T_k \mid_-$ 交换，P_j 与 P_k 是它们值域的投影，因此 P_j 与 P_k 也交换。这样 $\mid \mathring{T}_j \mid$ 与 $\mid \mathring{T}_k \mid$ 交换，$\mathring{T}=(\mathring{T}_1, \cdots, \mathring{T}_n)$ 是重可交换的半亚正常算子组。

易知 $\mid \mathring{T}_j \mid_\pm$ 分别为 P_j 和 0，而 $\mathring{T}_j$ 的极差算子 $Q_j=\mid \mathring{T}_j \mid - U_j \mid \mathring{T}_j \mid U_j^*$ 满足 $\sum\limits_{-\infty}^{\infty} U_j^{*k} Q_j U_j^k=P_j$，$\sum\limits_{k=1}^{\infty} U_j^{*k} Q_j U_j^k=\mid \mathring{T}_j \mid$。由于 $\{P_j\}$ 两两可交换，则有分解 $H=\bigoplus\limits_{\sigma \in N} H_\sigma$。

任取 $\sigma=(\varepsilon_1, \cdots, \varepsilon_n)\in N$,设其中 m 个 ε_j 为 $+1$,而其他为 -1。不妨 $\varepsilon_1=\varepsilon_2=\cdots=\varepsilon_m=1$, $\varepsilon_{m+1}=\cdots=\varepsilon_n=-1$。

由于 $U_{m+1}, \cdots, U_n$ 在 H_σ 上两两交换,由引理1.3存在 $H'=\hat{R}'(L^2(\Omega')\otimes D')$,其中 $\Omega'=(T^{n-m}, \mathscr{B}, \mu')$,变量 $e^{i\theta_1}=(e^{i\theta_{m+1}}, \cdots, e^{i\theta_n})$ 表示,以及 H_σ 到 H' 的酉算子 S,使 $SU_{k+1}S^{-1}=\hat{U}_{k+1}, \cdots, SU_nS^{-1}=\hat{U}_n$。因 $Q_1, \cdots, Q_m, U_1, \cdots, U_m$ 在 H_σ 上都与 $U_{m+1}, \cdots, U_n$ 交换,于是由引理1.1,存在 $Q_j(\cdot), V_j(\cdot)$,使 $SQ_jS^{-1}=\hat{Q}_j$, $SU_jS^{-1}=\hat{V}_j$, $j=1, \cdots, m$。

令 $\Omega_\sigma=(T^n, \mathscr{B}, \mu_\sigma)$, $\mu_\sigma=m_n\times\mu'$, $D_\sigma=D'$, W_σ 是 H_σ 到 $L^2(\Omega_\sigma)\otimes D_\sigma$ 内的映射,当 $x\in H_\sigma$ 时记 $Vx=x(\cdot)$,

$$W_\sigma x=\sum \hat{U}_1^{k_1}\cdots\hat{U}_m^{k_m}\hat{Q}_1^{\frac{1}{2}}\cdots\hat{Q}_m^{\frac{1}{2}}\hat{V}_1^{k_1}\cdots\hat{V}_m^{k_m}x(\cdot),$$

由于

$$\begin{aligned}
\| W_\sigma x\|^2 &=\sum\|\hat{U}_1^{k_1}\cdots\hat{U}_m^{k_m}\hat{Q}_1^{\frac{1}{2}}\cdots\hat{Q}_m^{\frac{1}{2}}\hat{V}_1^{k_1}\cdots\hat{V}_m^{k_m}x(\cdot)\|^2\\
&=\sum\|\hat{Q}_1^{\frac{1}{2}}\cdots\hat{Q}_m^{\frac{1}{2}}\hat{V}_1^{k_1}\cdots\hat{V}_m^{k_m}x(\cdot)\|^2\\
&=\sum\| Q_1^{\frac{1}{2}}\cdots Q_m^{\frac{1}{2}}U_1^{k_1}\cdots U_m^{k_m}\|^2\\
&=\langle\sum U_1^{*k_1}\cdots U_m^{*k_m}Q_1\cdots Q_mU_1^{k_1}\cdots U_m^{k_m}x, x\rangle\\
&=\langle(\sum_{-\infty}^{\infty}U_1^{*k}Q_1U_1^{k_1})\cdots(\sum_{-\infty}^{\infty}U_m^{*k_m}Q_mU_m^{k_m})x, x\rangle\\
&=\langle P_1\cdots P_mx, x\rangle\\
&=\| x\|^2。
\end{aligned}$$

因此 $W_\sigma x\in L^2(\Omega_\sigma)\otimes D_\sigma$,且 W_σ 为等距映射。其中第五个等号是由于:$\sum_{-N}^{N}U_j^{*k_j}Q_jU_j^{k_j}$ 分别强收敛于 $\sum_{-\infty}^{\infty}U_j^{*k_j}Q_jU_j^{k_j}$,于是 $(\sum_{-N}^{N}U_1^{*k_1}Q_1U_1^{k_1})\cdots(\sum_{-N}^{N}U_m^{*k_m}Q_mU_1^{k_m})$ 强收敛于 $(\sum_{-\infty}^{\infty}U_1^{*k_1}Q_1U_1^{k_1})\cdots(\sum_{-\infty}^{\infty}U_m^{*k_m}Q_mU_m^{k_m})$,而 $\sum U_j^{*k_1}\cdots U_m^{*k_m}Q_1\cdots Q_mU_1^{k_1}\cdots U_m^{k_m}$ 中每一项是正算子,因而也必强收敛于 $(\sum_{-\infty}^{\infty}U_1^{*k_1}Q_1U_1^{k_1})\cdots(\sum_{-\infty}^{\infty}U_m^{*k_m}Q_mU_m^{k_m})$。

若 $x, y\in H_\sigma$, $j\leqslant m$,则有

$$\begin{aligned}
&\langle B_jW_\sigma x, W_\sigma y\rangle\\
=&\langle\sum_{k_j\geqslant 0}\hat{U}_1^{k_1}\cdots\hat{U}_m^{k_m}\hat{Q}_1^{\frac{1}{2}}\cdots\hat{Q}_m^{\frac{1}{2}}\hat{V}_1^{k_1}\cdots\hat{V}_m^{k_m}x(\cdot),\\
&\sum\hat{U}_1^{k_1}\cdots\hat{U}_m^{k_m}\hat{Q}_1^{\frac{1}{2}}\cdots\hat{Q}_m^{\frac{1}{2}}\hat{V}_1^{k_1}\cdots\hat{V}_m^{k_m}y(\cdot)\rangle
\end{aligned}$$

$$=\langle \sum_{k_j\geq 0} U_1^{*k_1}\cdots U_m^{*k_m} Q_1\cdots Q_m U_1^{k_1}\cdots U_m^{k_m} x, y\rangle$$

$$=\left\langle \left(\sum_{-\infty}^{\infty} U_1^{*k_1} Q_1 U_1^{k_1}\right)\cdots\left(\sum_{k_j=0}^{\infty} U_j^{*k_j} Q_j U_j^{k_j}\right)\cdots\left(\sum_{-\infty}^{\infty} U_m^{*k_m} Q_m U_m^{k_m}\right)x, y\right\rangle$$

$$=\langle P_1\cdots |\mathring{T}_j|\cdots P_m x, y\rangle$$

$$=\langle |\mathring{T}_j| x, y\rangle。$$

于是 $W_\sigma |\mathring{T}_j| W_\sigma^{-1}=B_j$。分别验证 $j\leqslant m$，$j>m$ 不同情况都可得到 $W_\sigma U_j x=\hat{U}_j W_\sigma x$。这样 $W_\sigma H_\sigma$ 是$\hat{U}_j, j=1, \cdots, m$ 的约化子空间。由引理1.1,存在投影算子值的可测函数 $R_\sigma(\cdot)$,使得 $W_\sigma H_\sigma=\hat{R}_\sigma(L^2(\Omega_\sigma)\otimes D_\sigma)$。记$\widetilde{H}_\sigma=\hat{R}_\sigma(L^2(\Omega_\sigma)\otimes D_\sigma)$。

分别作出 2^n 个$\widetilde{H}_\sigma$ 后(可能有某些 σ, $\widetilde{H}_\sigma=\{0\}$),令$\widetilde{H}=\oplus \widetilde{H}_\sigma$,$W=\oplus W_\sigma$, $R(\cdot)=\oplus R_\sigma(\cdot)$,$D=\oplus D_\sigma$，则 W 是 H 到$\widetilde{H}$上的酉算子,且易知条件(1)是满足的。

由于 $WU_jW^{-1}=\oplus \hat{U}_j$,而 $|T_j|_+-|T_j|_-$ 与U_k,$k=1, \cdots, n$,都可交换。且 H_σ 是 $|T_j|_+-|T_j|_-$ 的约化子空间。由引理1.1知必有 $\alpha_j^\sigma(\cdot)$ 是 D_σ 上正算子值的可测函数,使 $W(|T_j|_+-|T_j|_-)_{H_\sigma}W^{-1}=\hat{\alpha}_j^\sigma$ 且 $R_\sigma(\cdot)\alpha_j^\sigma(\cdot)=\alpha_j^\sigma(\cdot)R_\sigma(\cdot)=\alpha_j^\sigma(\cdot)$。又 $H_\sigma\oplus H_{\sigma'}$($\sigma$ 与σ' 关于j 对称)为 $|T_j|_-$ 的约化子空间,于是同样也有正算子值的可测函数 $\beta_j^\sigma(\cdot)$,使$W(|T_j|_-|_{H_\sigma\oplus H_{\sigma'}})W^{-1}=\hat{\beta}_j^\sigma$,而且$(R_\sigma(\cdot)\oplus R_{\sigma'}(\cdot))\beta_j^\sigma(\cdot)=\beta_j^\sigma(\cdot)(R_\sigma(\cdot)\oplus R_{\sigma'}(\cdot))=\beta_j^\sigma(\cdot)$。又当$k\neq j$ 时,$|T_j|_-$, $|T_j|_+-|T_j|_-$ 分别与$|T_k|_-$, $|T_k|_+-|T_k|_-$ 交换,这样对几乎处处的$e^{i\theta}$,式(5.1)—(5.6)成立。而当$\sigma\in N_j^-$ 时,$|T_j|_+-|T_j|_-$ 在 H_σ 上为0,故 $\alpha_j^\sigma(\cdot)=0$。当 $\sigma\in N_k^+(k\neq j)$ 时,由于 $|T|_+-|T_j|_-$ 与 $|\mathring{T}_k|$ 交换,而$W|\mathring{T}_k|W^{-1}$ 在$\widetilde{H}_\sigma$ 上为B_k,于是由引理1.4,$\alpha_j^\sigma(\cdot)$ 与 $e^{i\theta_k}$ 无关。同样$\sigma\in N_k^+$ 时, $\beta_j^\sigma(\cdot)$亦与 $e^{i\theta_k}$ 无关,于是条件(2)也满足。

由于 $|T_j|=(|T_j|_+-|T_j|_-)^{\frac{1}{2}}|T_j^\sigma|(|T_j|_++|T_j|_-)^{\frac{1}{2}}+|T_j|_-$，式(5.7)也成立。

充分性　由于 $\hat{\alpha}_j\widetilde{H}=\overset{\sigma\in N_j^+}{\oplus}\widetilde{H}_\sigma$,而当$\sigma\in N_j^+$ 时,μ_σ 的第j 分量是Lebesgue测度,于是$\hat{\alpha}_j f=\sum_{k=1}a_k(e^{i\theta'})e^{ik\theta_j}$，其中 $a_k(e^{t\theta'})$ 与 $\cdot\ e^{i\theta_j}$ 无关，而$(\hat{B}_j\alpha f)=\sum_{k=0}^{\infty}a_k(e^{i\theta'})e^{ik\theta_j}$，$\hat{B}_j(\hat{U}_j^*\alpha_j f)=\sum_{k=1}^{\infty}{}_k(e^{i\theta'})e^{i(k-1)\theta_j}$，经计算可得

$$(\hat{Q}_j f)(e^{i\theta})=\alpha_j(e^{i\theta})\alpha_0(e^{i\theta'})=\alpha_j(e^{i\theta})\int\alpha_j(e^{i\theta})f(e^{i})^{\theta}dm(e^{i\theta_j})。$$

若记$\hat{P}_j$是$\widetilde{H}$ 中算子:$(\hat{P}_j f)(e^{i\theta})=\int f(e^{i\theta})dm(e^{i\theta_j})$，则$\hat{P}_j$ 是投影算子。这样$\hat{Q}_j=\hat{\alpha}_j\hat{P}_j\hat{\alpha}_j\geqslant 0$,所以 T_j 是半亚正常算子。又由于条件(2)可得 $|T_j|=\hat{\alpha}_j B_j\hat{\alpha}_j+\hat{\beta}_j$ 与 $|T_k|=\hat{\alpha}_k B_k\hat{\alpha}_k+\hat{\beta}_k$ 是交换的,于是 $T=(T_1, \cdots, T_n)$ 是重交换的半亚正常算子组。证毕。

为作出重交换的亚正常算子组的函数模型,我们考虑 $\widetilde{H}=\hat{R}(L^2(\Omega)\otimes D)$,其中 $\Omega=(\Delta, \mathscr{B}_\Delta, \mu)$, $\Delta=\Delta_1\times\cdots\times\Delta_n$,其中 $\Delta_j=\sigma(\mathrm{Re}T_j)$, $j=1, \cdots, n$。当 μ 的第 j 分量是 Lebesgue 测度时,定义 $\widetilde{H}$ 上的算子 $\boldsymbol{P}_j$, $x=(x_1, \cdots, x_n)\in\Delta$,

$$(\boldsymbol{P}_j f)(x)=\lim_{\varepsilon\to 0}\frac{1}{2\pi i}\int_{-\infty}^{\infty}\frac{f(x_1, \cdots, s_j, \cdots x_n)}{x_j-(s_j+i\varepsilon)}ds_j,$$

$\hat{x}_j$ 也是 $\widetilde{H}$ 上算子, $(\hat{x}_j f)(x)=x_j f(x)$, $j=1, \cdots, n$。

定理 1.6 设 $T=(T_1, \cdots, T_n)=(X_1+iY_1, \cdots, X_n+iY_n)$ 是 Hilbert 空间 H 上的算子组,则 T 是重交换的亚正常算子组的充分且必要条件是

(1) 存在 H 的分解 $H=\oplus H_\sigma$ 和 Hilbert 空间 $\widetilde{H}=\oplus\widetilde{H}_\sigma$,以及 H 到 $\widetilde{H}$ 上的酉算子 $W=\oplus W_\sigma$,其中 $\widetilde{H}_\sigma=\hat{R}_\sigma(L^2(\Omega_\sigma)\otimes D_\sigma)$, $\Omega_\sigma=(\Delta, \mathscr{B}_\Delta, \mu_\sigma)$,且 $\sigma\in N_j^+$ 时, μ_σ 的第 j 分量是 Lebesgue 测度。

(2) 存在 D_σ 上的一致有界的算子值的可测函数 $\alpha_j^\sigma(\cdot)$,且当 $\sigma\in N_j^-$ 时 $\alpha_j^\sigma(\cdot)=0$, $\sigma\in N_k^+(k\neq j)$ 时, $\alpha_j^\sigma(\cdot)$ 与 x_k 无关,存在 $D_\sigma\oplus D_{\sigma'}$ 与(σ 与 σ' 关于 j 对称)上一致有界的算子值的可测函数 $\beta_j^\sigma(\cdot)$,且当 $\sigma\in N_k^+(k\neq j)$ 时, $\beta_j^\sigma(\cdot)$ 与 x_k 无关。记 $\alpha_j(\cdot)=\oplus\alpha_j^\sigma(\cdot)$, $\beta_j(\cdot)=\oplus\beta_j^\sigma(\cdot)$, $R(\cdot)=\oplus R_\sigma(\cdot)$, $D=\oplus D_\sigma$,则下列各式成立:

$$R(\cdot)\alpha_j(\cdot)=\alpha_j(\cdot)R(\cdot)=\alpha_j(\cdot), \tag{6.1}$$

$$R(\cdot)\beta_j(\cdot)=\beta_j(\cdot)R(\cdot)=\beta_j(\cdot), \tag{6.2}$$

$$\alpha_j(\cdot)\alpha_k(\cdot)=\alpha_k(\cdot)\alpha_j(\cdot), \tag{6.3}$$

$$\beta_j(\cdot)\beta_k(\cdot)=\beta_k(\cdot)\beta_j(\cdot), \tag{6.4}$$

$$\alpha_j(\cdot)\beta_k(\cdot)=\beta_k(\cdot)\alpha_j(\cdot),\ (j\neq k) \tag{6.5}$$

$$\alpha_j(\cdot)\geqslant 0,\ \beta_j(\cdot)\geqslant 0, \tag{6.6}$$

使得 $WT_jW^{-1}=\hat{x}_j+i(\hat{\alpha}_j\boldsymbol{P}_j\hat{\alpha}_j+\hat{\beta}_j)$, $j=1, \cdots, n$。 (6.7)

证 充分性 作变换 $U_j=(X_j+i)(X_j-i)^{-1}$, $j=1, \cdots, n$。且不妨 $Y_j\geqslant m_jI$, $m_j>0$。于是 $A=(U_1Y_1, \cdots, U_nY_n)$ 是重交换的半亚正常算子组。设 $\sigma(X_j)=\Delta_j$, $\Delta=\Delta_1\times\cdots\times\Delta_n$。令 φ 是 Δ 到 T^n 内的映射: $\varphi(x_1, \cdots, x_n)=\left(\frac{x_1+i}{x_i-i}, \cdots, \frac{x_n+i}{x_n-i}\right)$。由定理 1.5 得, $H'=\oplus H'_\sigma$, H 到 H' 的酉算子 W' 和满足式(5.1)—(5.6)的 $\alpha'_j(\cdot)$, $\beta'_j(\cdot)$, $j=1, \cdots, n$。设 $H'_\sigma=R'_\sigma(L^2(\Omega_\sigma)\otimes D)$,作 $(\Delta, \mathscr{B}_\Delta)$ 上的测度 $\mu_\theta(E)=\pi^n\int\frac{d\mu_\sigma}{\prod_{i=1}^n\sin\theta_i^2/2}$。令 $\Omega_\sigma=(\Delta, \mathscr{B}, \mu_\sigma)$,其中, $R_\sigma(\cdot)=R'_\sigma(\varphi(\cdot))$, $\widetilde{H}_\sigma=\hat{R}_\sigma(L^2(\Omega_\sigma)\otimes D)$, $\hat{H}=\oplus\widetilde{H}_\sigma$。则映射 W_1:

$(W_1 f)(x)=\frac{1}{\pi^{\frac{n}{2}}}f(\varphi(x_1))\prod_{j=1}^{n}(x_j-i)^{-1}$ 是 H' 到 $\widetilde{H}$ 的酉算子。令 $\alpha_j(\cdot)=\alpha'_j(\varphi(\cdot))$，$\beta_j(\cdot)=\beta'_j(\varphi(\cdot))$，易知$\{\alpha_j\}$，$\{\beta_j\}$ 满足式(6.1)—(6.6)。作 $W=W_1 W'$，则 $WU_j W^{-1}=(\hat{x}_j+i)(\hat{x}_j-i)^{-1}$，于是 $Wx_j W^{-1}=\hat{x}_j$，$j=1,\cdots,n$。验证 $g=e^{ik\theta_1}\cdots e^{ik\theta_n}a$ 形式的向量可知 $B_j g=WP_j W^{-1}g$，于是得到 $WY_j W^{-1}=\hat{\alpha}_j P_j\hat{\alpha}_j+\hat{\beta}_j$，$j=1,\cdots,n$。式(6.7)随之亦成立。

必要性　记 $\widetilde{H}$ 上算子 $(\hat{P}_j f)=\frac{1}{\pi}\int_{\Delta_j}f(x)\mathrm{d}m(x_j)$，则可验证 $T_j^* T_j-T_j T_j^*=\frac{1}{\pi}\hat{\alpha}_j\hat{p}_j\hat{\alpha}_j\geqslant 0$。又由式(6.1)—(6.6)可知 $T=(T_1,\cdots,T_n)$ 是重交换的。

§2　Mosiac 函数

有了亚正常算子组的模型，我们就可以定义亚正常算子组的 Mosiac 函数了。

定理 2.1　设 $T=(T_1,\cdots,T_n)=(X_1+iY_1,\cdots,X_n+iY_n)$ 是 Hilbert 空间 H 上重交换的亚正常算子组，且取定理 1.6 的函数模型的形式，则

(1) 必有 $2n$ 元的有界算子值的可测函数 $B(x,y)$，$(x=(x_1,\cdots,x_n)$，$y=(y_1,\cdots,y_n))$。它的支集是紧的，而且 $0\leqslant B(x,y)\leqslant I$。对任意 $z_i\overline{\in}\sigma(\hat{\beta}_j)$，$j=1,\cdots,n$。

$$\prod_{j=1}^{n}\ln(1+\alpha_j(x)(\beta_j(x)-z_j)^{-1}\alpha_j(x))=\int\frac{B(x_1 y)}{\prod_{j=1}^{n}(y_j-z_j)}\mathrm{d}y。\tag{1.1}$$

(2) 若记 $Y=(Y_1,\cdots,Y_n)$，则对 $S_p(Y)$上的任一有界的连续函数 ψ，

$$\int\psi(y)B(x,y)dy=\alpha(x)\int\psi(\beta_1(x)+k_1\alpha_1^2(x),\cdots,\beta_n(x)+k_n\alpha_n^2(x))\mathrm{d}k\cdot\alpha(x),\tag{1.2}$$

其中 $I^n=[0,1]\times\cdots\times[0,1]$，$\mathrm{d}k=\mathrm{d}k_1\cdots\mathrm{d}k_n$，$\alpha(x)=\alpha_1(x)\cdots\alpha_n(x)$。

证　由夏道行[19]的方法知，存在 $B_j(x_1 y)$，$0\leqslant B_j(x,y)\leqslant 1$，使得

$$\ln(1+\alpha_j(x)(\beta_j(x)-z_j)^{-1}\alpha_j(x))=\int\frac{B_j(x,y_j)}{y_j-z_j}\mathrm{d}y_j,$$

由于 $\alpha_j(\cdot)$，$\beta_j(\cdot)$与 $\alpha_k(\cdot)$，$\beta_k(\cdot)$可交换，于是 $\int\frac{B_j(x,y_j)}{y_j-z_j}\mathrm{d}y_j$ 与 $\int\frac{B_k(x,y_k)}{y_k-z_k}\mathrm{d}y_k$ 可交换。这样对几乎处处的 y_j，y_k，$B_j(x,y_j)$ 与 $B_k(x,y_k)$ 可交换。令 $B(x,y)=B_1(x,y_1)\cdots B_n(x,y_n)$。则 $0\leqslant B(x,y)\leqslant I$ 几乎处处成立，并且满足式(1.1)，

$$\int \frac{B(x, y)}{\prod_{j=1}(y_j - z_j)} dy = \prod_{j=1}^{n} \int \frac{B_j(x, y_j)}{y_j - z_j} dy_j$$

$$= \prod_{j=1}^{n} (\alpha_j(x) \int_0^1 (\beta_j(x) + k_j \alpha_j^2(x) - z_j)^{-1} dk_j \alpha_j(x))$$

$$= \alpha(x) \int \prod_{j=1}^{n} (\beta_j(x) + k_j \alpha_j^2(x) - z_j)^{-1} \cdot dk\alpha(x)。$$

当 ψ 是多项式时,可取围道 Γ_j,使 $\sigma(Y_j)$ 在 Γ_j 内,由 Taylor [113]的公式得

$$\int \psi(y) B(x, y) dy$$

$$= \left(\frac{1}{2\pi i}\right)^n \int_{\Gamma_n} \cdots \int_{\Gamma_1} \psi(z) \int \frac{B(x, y)}{\pi(y_j - z_j)} dy dz$$

$$= \alpha(x) \left(\frac{1}{2\pi i}\right)^n \int_{\Gamma_n} \cdots \int_{\Gamma_1} \psi(z) \int \prod_{j=1}^{n} (\beta_j(x) + k_j \alpha_j^2(x) - z_j)^{-1} dz dk \cdot \alpha(x)$$

$$= \alpha(x) \int \psi(\beta_1(x) + k_1 \alpha_1^2(x), \cdots, \beta_n(x) + k_n \alpha_n^2(x)) dk \cdot \alpha(x)。$$

当 ψ 为有界连续函数时,则有多项式 ψ_k,使 ψ_k 一致收敛于 ψ。在等式

$$\int \psi_k(y) B(x, y) dy = \alpha(x) \int \psi_k(\beta_1(x) + k_1 \alpha_1^2(x), \cdots, \beta_n(x) + k_n \alpha_n^2(x)) dk\alpha(x),$$

两边取极限即可得到式(1.2)。证毕。

$B(x, y)$也可看作 $\boldsymbol{C}^n$ 中的函数,当 $z = (z_1, \cdots, z_n) \in \boldsymbol{C}^n$, $z_j = x_j + iy_j$,则规定 $B(z) = B(x, y)$。记

$D(T) = \text{ess. supp} B(\cdot, \cdot) = \{z$, 不存在 $z = x + iy$ 的邻域G_z,使 $B(z)$ 在 G_z 中几乎处处为 $0\}$。

我们将证明 $D(T) \subset S_p(T)$。为此需要以下引理,证明与单个算子类同,我们略去。

引理 2.2 设 $\{M_j(\cdot)\}_{j=1}^n$ 是 Ω 上一致有界的正常算子值的可测函数,且对每个 $x \in \Delta$, $M_j(x) M_k(x) = M_k(x) M_j(x)$。则正常算子组 $M = (\hat{M}_1, \cdots, \hat{M}_n)$ 满足等式

$$\text{dist}(z, S_p(M)) = \text{ess.inf}(z, \sigma(M_1))。$$

为证 $D(T) \subset S_p(T)$,我们还可以假定 T_j, $j = 1, \cdots, n$,都是完全非正常的,即无非$\{0\}$约化子空间,使其限制在这一子空间上是正常算子。因为若有某 T_j 不是完全非正常的,我们易构造出非$\{0\}$的 T 的公共约化子空间,T 在此子空间上必有 $B(x, y) \equiv 0$,此不影响 $D(T) \subset S_p(T)$ 的成立。我们称这样的算子组为完全非正常的。

以下的定理是在完全非正常的条件下,简化定理 1.6 中的函数模型。

定理 2.3 设 $T = (T_1, \cdots, T_n)$ 是重交换的完全非正常的半亚正常算子组,则必有

$\widetilde{H}=\hat{R}(L^2(\Omega)\otimes D)$，其中 $\Omega=(T^n,\ \mathscr{B},\ m)$，$H$ 到 $\widetilde{H}$ 上的酉算子 W，可测算子值函数 $\alpha_j(\cdot)$，$\beta(\cdot)$，满足 §1 定理 1.5 中的(5.1)—(5.6) 各式，且 $\alpha_k(\cdot)$，$\beta_k(\cdot)$ 限制在 $\hat{\alpha}_j\widetilde{H}$ 上与 $e^{i\theta_j}$ 无关，使得 $WT_jW^{-1}=\hat{U}_j(\hat{\alpha}_jB_j\hat{\alpha}_j+\hat{\beta}_j)$，$j=1,\ \cdots,\ n$。(3.1)

证 在完全非正常的条件下，定理 1.5 中出现的 μ_σ 都是 Lebesgue 测度。这可用归纳法证明。

若 $\sigma=(1,\ \cdots,\ 1)$，则由定理 1.5 中的 μ_σ 的定义可知，μ_σ 为 Lebesgue 测度。若 $\sigma=(\varepsilon_1,\ \cdots,\ \varepsilon_n)$ 中有 k 个 ε_j 为 -1，已证 μ_σ 为 Lebesgue 测度。设 $\sigma=(\varepsilon_1,\ \cdots,\ \varepsilon_n)$ 中有 $k+1$ 个 ε_j 为 -1。设 $\mu_\sigma=m+\nu_\sigma$，ν_σ 集中在 Lebesgue 零集 F_σ 上。令

$$H_1=\{f,\ f\in H_\sigma \text{ 且当 } e^{i\theta}\ \overline{\in}\ F_\sigma \text{ 时}, f(e^{i\theta})=0\}。$$

则必有 $H_1\neq\{0\}$。不妨设 $\varepsilon_1=-1$，则 H_1 必是 T_1 的约化子空间，且 T_1 在 H_1 上是正常的。事实上，若 $\sigma'=(-\varepsilon_1,\ \cdots,\ \varepsilon_n)$，则 $T_1H_\sigma\subset H_\sigma\oplus H_{\sigma'}$。但 σ' 中只有 k 个 ε_j 为 -1，故 $\mu_{\sigma'}$ 是 Lebesgue 测度，于是 $T_1H_1\subset H_1$。但此时必有 $T_1|_{H_1}=\hat{U}_1\hat{\beta}_1$ 是正常，此与 T_1 的完全非正常性是矛盾的。

由于 μ_σ 都是 Lebesgue 测度，令 $\Omega=(T^n,\ \mathscr{B},\ m)$，$R(\cdot)=\oplus R_\sigma(\cdot)$，$D=\oplus D_\sigma$，$B_j$ 在 $\hat{R}(L^2(\Omega)\otimes D)$ 上有意义，且(3.1)式成立。

类似于重交换的半亚正常算子组，亦有

定理 2.4 若 $T=(T_1,\ \cdots,\ T_n)$ 是重交换的亚正常算子组，而且是完全非正常的，则必有 $\widetilde{H}=\hat{R}(L^2(\Omega)\otimes D)$，其中 $\Omega=(\Delta,\ \mathscr{B},\ m)$，$\Delta=\Delta_1\times\cdots\times\Delta_n$，$\Delta_j=\sigma(\mathrm{Re}\,T_j)$，$H$ 到 $\widetilde{H}$ 上的酉算子 W，可测算子值函数 $\alpha_j(\cdot)$，$\beta_j(\cdot)$ 满足 §1 定理 1.6 中(6.1)—(6.6) 各式，并且 $\alpha_k(\cdot)$，$\beta_k(\cdot)$，$(k\neq j)$，限制在 $\hat{\alpha}_j\overline{H}$ 上是与 x_j 无关的，使 $WT_jW^{-1}=\hat{x}_j+i(\hat{\alpha}_j\boldsymbol{P}_j\hat{\alpha}_j+\hat{\beta}_j)$，$j=1,\ \cdots,\ n$。

现在我们可以证明以下定理。

定理 2.5 设 $T=(T_1,\ \cdots,\ T_n)$ 是重交换的亚正常算子组，$D(T)$ 是 T 的 Mosiac 函数的本性支集，则 $D(T)\subset S_p(T)$，且当 T 是完全非正常时，$D(T)=S_p(T)$。

证 只需证明 T 是完全非正常的情况。由第四章定理 5.2，只要证明 $D(T)=\bigcup\limits_{k\in In}S_p(T^k)$，其中 $T^k=(T_1^k,\ \cdots,\ T_n^k)$，设 $x^0+iy^0=(x_1^0+iy_1^0,\ \cdots,\ x_n^0+iy_n^0)\ \overline{\in}\bigcup S_p(T^k)$。则有 $\varepsilon>0$，使 $\inf\limits_{|y-y^0|<\varepsilon}\mathrm{dist}(x^0+iy^0,\ \bigcup S_p(T^k))=\delta>0$。这样对任意 $k=(k_1,\ \cdots,\ k_n)\in I^n$，$\mathrm{dist}(x^0+iy^0,\ S_p(T^k))\geqslant\delta$。易知 T 取定理 2.4 函数模型的形式时候，$T^k=(\hat{x}_1+k_1(\hat{\alpha}_1^2+\hat{\beta}_1),\ \cdots,\ \hat{x}_n+ik_n(\hat{\alpha}_n^2+\hat{\beta}_n))$。由引理 2.2，对任意 $f\in D$ 和几乎处处 x，

$$\sum\|((x_j^0+iy_j-T_j^k(x))f)\|^2\geqslant\delta^2\|f\|^2,$$

因此当 $|x-x^0|<\dfrac{\delta}{4}$ 时，

$$\sum_{j=1}^{n} \| (y_j - \beta_j(x) - k_j\alpha_j^2(x))f \|^2$$

$$\geqslant \sum_{j=1}^{n} \| (x_j^0 + iy_j - T_j^k(x))f \|^2 - | x - x^0 | \; \| f \|^2$$

$$\geqslant \frac{\delta^2}{4} \| f \|^2 。$$

设 $G = \left\{ x + iy, \; | y - y^0 | < \frac{\delta}{2}, \; | x - x^0 | < \varepsilon \right\}$，则当 $x + iy \in G$ 时，$\sum_{j=1}^{n}(y_j - \beta_j(x) - k_j\alpha_j^2(x))$ 是可逆的，且 $\| (\sum (y_j - \beta_j(x) - k_j\alpha_j^2(x)))^{-1} \| \leqslant \frac{2}{\delta}$。这样当 $y \overline{\in} S_p(Y)$ 时，$x \mapsto \sum_{j=1}^{n} | x_j - y_j |^2$ 是 $S_p(Y)$ 上的有界连续函数，由(2.2)式

$$\int \frac{B(x, y)}{\sum | x_j - y_j |^2} dy = \alpha(x) \int \sum (y_j - \beta_j(x) - k_j\alpha_j^2(x))^{-1} dk\alpha(x),$$

这样当 $x + iy \in G$ 时，

$$\left\| \int \frac{B(x, y)}{\sum | x_j - y_j |^2} dy \right\| = \left| \alpha(x) \int \sum (y_j - \beta_j(x) - k_j\alpha_j^2(x))^{-1} dk\alpha(x) \right|$$

$$\leqslant M \cdot \frac{2}{\delta},$$

其中 $M = \sup_{x \in \Delta} \| \alpha(x) \|^2$。

设 $G_1 = \left\{ y, \; | y - y^0 | < \frac{\delta}{2} \right\}$，则对任意 $f \in D$，

$$\int_{g_1} \int \frac{\langle B(x, y)f, f \rangle}{\sum | t_j - y_j |^2} dt dy = \iint_{g_1} \frac{\langle B(x, y)f, f \rangle}{\sum | t_j - y_j |^2} \mathrm{d}y \mathrm{d}t,$$

于是对几乎处处的 t，$B(x, y)f = 0$。

由于 D 是可分的，于是 G 中除去一个 Lebesgue 零集外，$B(x, y) = 0$，从而 $x^0 + iy^0 \overline{\in} D(T)$，即 $D(T) \subset S_p(T)$。

我们再来证明 $S_p(T) \subset D(T)$。

设 $x^0 + iy^0 \overline{\in} D(T)$，则存在 $\varepsilon > 0$，使 $| x - x^0 | < \varepsilon$，$| y - y_1^0 | < \varepsilon$ 时，$B(x, y) = 0$。记 $D_1 = \left\{ x, \; | x - x^0 | < \frac{\varepsilon}{2} \right\}$ 和 $D_2 = \left\{ z, \; z \in \boldsymbol{C}^n, \; z_j \neq \bar{z}_j, \text{且} \; | \mathrm{Re}\, z - y^0 | < \frac{\varepsilon}{2} \right\}$。则存在 $M_1 < \infty$，使

$$\sup_{(x, z) \in D_1 \times D_2} \left\| \int \frac{B(x, y)}{\sum | y_j - z_j |^2} \mathrm{d}y \right\| < M_1,$$

即

$$\left\|\alpha(x)\int\left(\sum|k_j\alpha_j^2(x)+\beta_j(x)-z_j|^2\right)^{-1}\mathrm{d}k\alpha(x)\right\|<M_1。$$

设 $k_j\alpha_j^2(x)+\beta_j(x)$ 的谱测度为 $F_j(x_j, k_j, w_j)$，乘积谱测度为 $F(x, k, w)$。设 $G=\left\{z, z\in \boldsymbol{C}^n, |\operatorname{Re}z-y^0|<\frac{\varepsilon}{2}\right\}$。把 G 看作 $2n$ 维实空间的子集，$\mathrm{d}z$ 是 $2n$ 维空间上的 Lebesgue 测度，则对每个 $f\in D$，

$$\int_G\int_{I^n}\int_{R^n}\frac{\mathrm{d}\langle F(w)\alpha(x)f, \alpha(x)f\rangle}{\sum|w_j-z_j|^2}\mathrm{d}k\,\mathrm{d}z<MN,$$

其中 N 为 G 的 Lebesgue 测度。

设 $\{f_P\}_{P=1}^{\infty}$ 在单位球上稠密，则有 $E_P\subset I^n$，使 $m(I^n/E_P)=0$，而当 $k\in E_p$ 时，

$$\int_G\int_{R^*}\frac{\mathrm{d}\langle F(w)\alpha(x)f_p, \alpha(x)f_p\rangle}{\sum|w_j-z_j|^2}\mathrm{d}z<\infty。$$

记 $D_3=\left\{w, |w-y_0|<\frac{\varepsilon}{4}\right\}$。则当 $w\in D_3$ 时，

$$\int_G\frac{\mathrm{d}z}{\sum|w_j-z_j|^2}=\infty。$$

因此，对测度 μ: $E\to\langle F(E)\alpha(x)f, \alpha(x)f\rangle$ 的一个零集外，$F(D_3)\alpha(x)=0$。这样 $F(x, k, w)$ 在 D_3 中与 w 无关。设 $\xi(x)=F(x, k)$，则 $\xi(x)$ 是具有投影算子值的可测函数，且 $\alpha(x)\xi(x)=\xi(x)\alpha(x)=0$。我们来证明 $\xi(x)=0$。设 $A_2(x)=\alpha_2(x)\cdots\alpha_n(x)\xi(x)$。若 $A_2(x)\neq 0$，则 $\alpha_1(x)$ 与 $A_2(x)$ 交换，因此 $\hat{A}_2\overline{H}$ 是 T_1 的约化子空间，并且 T_1 在 $\hat{A}_2H$ 上是正常的，此与 T 的完全非正常性是相矛盾的。因此 $A_2(x)=0$。用归纳法可逐步得到 $\xi(x)=0$。这样，当 $(x, k)\in D_1\times E$ 时，

$$D_3\cap S_p(k_1\alpha_1^2(x)+\beta_1(x), \cdots, k_n\alpha_n^2(x)+\beta_n(x))=\varnothing,$$

特别地有 $x^0+iy^0\,\overline{\in}\bigcup_{k\in E}S_p(T^k)$。于是 $D(T)\supset\bigcup S_p(T^k)$。但谱具有上半连续性，而 E 在 I^n 中稠密，则必有 $D(T)\supset\bigcup_{k\in E}S_p(T^k)=\bigcup_{k\in I^n}\sigma(T^k)$。事实上由于 $D(T)$ 是闭的，故 $D(T)=\bigcup_{n=1}^{\infty}G_n$，其中 G_n 是开集，于是对每个 $k\in I^n$，$S_p(T^k)\subset G_n$，于是 $S_p(T^k)\subset\bigcap_{n=1}^{\infty}G_n=D(T)$。

推论 2.6 若 T 是完全非正常的亚正常算子组，$z\in S_p(T)$，则对任意 $\delta>0$，$S_p(T)\cap\{w, |w-z|<\delta\}$ 的 Lebesgue 测度大于 0。

证明 若 $S_p(T)\cap\{w, |w-z|<\delta\}$ 测度为 0，则由 $D(T)$ 的定义知 $B(x, y)$ 在 z

的邻域中几乎处处为零，与 $z \in S_p(T)=D(T)$ 相矛盾。

推论 2.7 若 T 是完全非正常的亚正常算子组，则 $S_p(T)$ 不可能含有实维数低于 $2n$ 的暴露面，即不存在 $z \in \boldsymbol{C}^n$ 的邻域 $O_z(z)$，使 $O_z(z) \cap S_p(T)$ 的几何维数低于 2^n。

推论 2.8 若 T 是重交换的亚正常算子组，且 $m(S_p(T))=0$，则 $H=\bigoplus_{j=1}^{n} H_j$，$H_j$ 是 T 的约化子空间，而 T_j 限制在 H_j 是正常的。

定理 2.9 设 T 是重交换的亚正常算子组，则

$$\left\| \prod_{j=1}^{n} [T_j^*, T_j] \right\| \leqslant \left(\frac{1}{\pi}\right)^n m(S_p(T)),$$

其中 $[T_j^*, T_j]=T_j^* T_j - T_j T_j^*$，$j=1, \cdots, n$。

证 不妨设 T 是完全非正常的，且取函数模型的形式。$\hat{P}_j$ 是 H 上的算子，$(\hat{P}_j f)(x)=\frac{1}{\pi}\int f(x)dx_j$，则 $[T_j^*, T_j]=\frac{1}{\pi}\hat{\alpha}_j \hat{P}_j \hat{\alpha}_j$，$j=1, \cdots, n$。由于 $\alpha_j(\cdot)$ 在 $\overline{\prod_{k\neq j}\hat{\alpha}_k H}$ 上仅与 x_j 有关，因此 $\prod_{j\neq 1}^{n}[T_j^*, T_j]=\left(\frac{1}{\pi}\right)^n \prod_{j=1}^{n}\hat{\alpha}_j \hat{P}_j \hat{\alpha}_j=\left(\frac{1}{\pi}\right)\hat{\alpha}\hat{P}_0\hat{\alpha}_j$，其中 $\hat{P}_0=\prod_{j=1}^{n}\hat{P}_j$。由于 $f_a(\cdot)=a(\cdot)a$ 形式的向量在 $\overline{\hat{\alpha}H}$ 中稠密，故只要算出

$$\sup \frac{\langle \prod_{j=1}^{n}[T_j^*, T_j]f_a, f_a\rangle}{\langle f_a, f_a\rangle}$$

即可。以下证明与夏道行[19]相同，略去。

同样可以定义半亚正常算子组的 Mosiac 函数 $B(r, e^{i\theta})$，从而导出相应的 Putnam 不等式等定理。由于篇幅所限，结论和证明都略去。

§3 Principal 函数和迹公式

本节我们将定义亚正常算子组的 Principal 函数，并导出迹公式。

定义 3.1 设 $B(x, y)$，$B(r, e^{i\theta})$ 分别是亚正常算子组和半亚正常算子组的 Mosiac 函数，定义 $g(x, y)=\mathrm{tr}_D B(x, y)$，$g^P(r, e^{i\theta})=\mathrm{tr}_D B(r, e^{i\theta})$ 分别为亚正常算子组的和半亚正常算子组的 Principal 函数。

易证以下命题。

命题 3.2 若重交换的亚正常算子组 T 与 S 酉等价，即有酉算子 U，使 $U^* T_j U=S_j$，$j=1, \cdots, n$。则 $g_T(x, y)=g_S(x, y)$。

若 $\prod_{j=1}^{n}[T_j^*, T_j]$ 是迹类算子，我们称 T 是联合近似正常的。

命题 3.3 若 T 是重交换的亚正常算子组，且是联合近似正常的，则对任意 $\lambda=(\lambda_1, \cdots, \lambda_n)$，$\mu=(\mu_1, \cdots, \mu_n)$，只要 $\overline{\lambda}_j \neq \lambda_j$，$\overline{\mu}_j \neq \mu_j$，$j=1, \cdots, n$，则有

$$\operatorname{tr}\prod_{j=1}^{n}[(X_j-\lambda_j)^{-1},(Y_j-\mu_j)^{-1}]$$

$$=\left(\frac{1}{2\pi i}\right)^n\int\frac{1}{\prod_{j=1}^{n}(x_j-\lambda_j)^2}\cdot\frac{1}{\prod_{j=1}^{n}(y_j-\mu_j)^2}g(x,y)\mathrm{d}x\mathrm{d}y。$$

证 由于 $B(x,y)\geqslant 0$，得

$$\int\frac{g(x,y)}{\prod_{j=1}^{n}(y_j-\mu_j)^2}\mathrm{d}y=\int\frac{\sum_k\langle B(x,y)e_k,e_k\rangle}{\prod_{j=1}^{n}(y_j-\mu_j)^2}\mathrm{d}y$$

$$=\sum\int\frac{\langle B(x,y)e_{k_1}e_k\rangle}{\prod_{j=1}^{n}(y_j-\mu_j)^2}=\operatorname{tr}_D\int\frac{B(x,y)}{\prod_{j=1}^{n}(y_j-\mu_j)^2}\mathrm{d}y,$$

其中 $\{e_k\}_{k=1}^{\infty}$ 是 D 上的完备就范直交系。

由于夏道行[19]，

$$\operatorname{tr}_D\int\frac{B(x,y)}{\prod_{j=1}^{n}(y_j-\mu_j)^2}\mathrm{d}y$$

$$=\operatorname{tr}_D\int\alpha(x)\prod_{j=1}^{n}(\beta_j(x)+k_j\alpha_j^2(x)-\mu_j)^{-2}\alpha(x)\mathrm{d}k$$

$$=\int\operatorname{tr}_D\alpha(x)\prod_{j=1}^{n}(\beta_j(x)+k_j\alpha_j^2(x)-\mu_j)^{-2}\alpha(x)\mathrm{d}k$$

$$=\int\operatorname{tr}_D\prod_{j=1}^{n}(\beta_j(x)+k_j\alpha_j^2(x)-\mu_j)^{-1}\alpha^2(x)$$

$$\cdot\prod_{i=1}^{n}(\beta_j(x)+k_j\alpha_j^2(x)-\mu_j)^{-1}\mathrm{d}k$$

$$=\operatorname{tr}_D\int\prod_{j=1}^{n}[(\beta_j(x)+k_j\alpha_j^2(x)-\mu_j)^{-1}\alpha_j^2(x)(\beta_j(x)+k_j\alpha_j^2(x)-\mu_j)^{-1}]\mathrm{d}k$$

$$=\operatorname{tr}_D\prod_{j=1}^{n}((\mu_j-\beta_j(x)-\alpha_j^2(x))^{-1}-(\mu_j-\beta_j(x))^{-1})。$$

记 $\overline{Y}_j=(\mu_j-Y_j)^{-1}$，$\overline{T}_j=X_j+i\overline{Y}_j$，$j=1,\cdots,n$。则 $\overline{T}=(\overline{T}_1,\cdots,\overline{T}_n)$ 仍是重交换的亚正常算子组，并且 $\overline{T}_j=\hat{x}_j+i\hat{\bar{\alpha}}_j\boldsymbol{P}_j\hat{\bar{\alpha}}_j+\hat{\beta}_j$，其中 $\bar{\alpha}_j^2=(\mu_j-\beta_j-\alpha_j)^2-(\mu_j-\beta_j)^{-1}$。

于是

$$\left(\frac{1}{2\pi i}\right)^n\int\frac{1}{\pi(x_j-\lambda_j)^2}\frac{1}{\pi(y_j-\mu_j)^2}g(x,y)\mathrm{d}x\mathrm{d}y$$

$$=\left(\frac{1}{2\pi i}\right)^n\int\operatorname{tr}_D\bar{\alpha}^2(x)\frac{1}{\pi(x_j-\lambda_j)^2}\mathrm{d}x。$$

另一方面，直接计算得

$$\left\langle \prod_{j=1}^{n}[(X_j-\lambda_j)^{-1},\ (Y_j-\mu_j)^{-1}f,\ f]\right\rangle$$

$$=\int \frac{1}{\prod_{j=1}^{n}(\lambda_j-x_j)(\lambda_j-y_j)}\langle \bar{\alpha}(x)f(x),\ \bar{\alpha}(y)f(y)\rangle \mathrm{d}x\,\mathrm{d}y$$

$$=\left\|\int \frac{\bar{\alpha}(x)f(x)}{\prod_{j=1}^{n}(\lambda_j-x_j)}\mathrm{d}x\right\|^2。$$

若记 Q 是满足 $\langle Qf,\ f\rangle=\left\|\int \frac{\bar{\alpha}(x)f(x)}{\prod(\lambda_j-x_j)}\mathrm{d}x\right\|^2$ 的正算子，经计算可得 $\mathrm{tr}Q=\int \mathrm{tr}_D\,\bar{\alpha}^2(x)\,\frac{1}{\pi(\lambda_j-x_j)^2}\mathrm{d}x$。

这样

$$\mathrm{tr}\prod_{j=1}^{n}[(\lambda_j-x_j)^{-1},\ (\mu_j-Y_j)^{-1}]$$

$$=\left(\frac{1}{2\pi i}\right)^n \mathrm{tr}\,Q$$

$$=\left(\frac{1}{2\pi i}\right)^n\int \mathrm{tr}_D\,\bar{\alpha}^2(x)\,\frac{1}{\prod_{j=1}^{n}(\lambda_j-x_j)^2}\mathrm{d}x$$

$$=\left(\frac{1}{2\pi i}\right)^n\int \frac{1}{\prod_{j=1}^{n}(x_j-\lambda_j)^2(y_j-\mu_j)^2}g(x,\ y)\mathrm{d}y\,\mathrm{d}x。$$ 证毕。

引理 3.4 若 T 是联合近似正常的，则对任意二元多项式 $P_1,\ Q_1,\ \cdots,\ P_n,\ Q_n$，$\prod_{j=1}^{n}[P_j(X_j,\ Y_j),\ Q_j(X_j,\ Y_j)]$ 是迹类算子，并且 $\mathrm{tr}\prod_{j=1}^{n}[P_j,\ Q_j]$ 仅与 Jacobi 行列式 $J(P_1,\ Q_1,\ \cdots,\ P_n,\ Q_n)$ 有关而与 $X_j,\ Y_j$ 的乘法顺序无关。

证 为简便起见，只证 $n=2$ 的情况。第一个结论是容易验证的。事实上 $[X_1^mY_1^n,\ X_1^sY_1^t]=X_1^m[Y_1^n,\ X_1^s]Y_1^t+X_1^s[X_1^m,\ Y_1^n]Y_1^m$，而 $[X_1^n,\ Y_1^m]=\sum_{j=0}^{n}X_1^j[X_1,\ Y_1^m]X_1^{n-j-1}$，$[X_1,\ Y_1^m]=\sum_{j=0}^{m}Y_1^j[X_1,\ Y_1]Y_1^{m-s-1}$，于是 $[X_1^m,\ Y_1^{n_1},\ X_1^{s_1}Y_1^{t_1}][X_2^{m_2},\ Y_2^{n_2},\ X_2^{s_2}Y_2^{t_2}]$ 总是 $M_1[X_1,\ Y_1][X_2,\ Y_2]M_2$ 形式之和。由条件可知 $[X_1^{m_1},\ Y_1^{n_1},\ X_1^{s_1}Y_1^{t_1}][X_2^{m_2}Y_2^{n_2},\ X_2^{s_2}Y_2^{t_2}]$ 是迹类算子。

要证明迹与乘法的顺序无关，只需证明当 $P_1=X_1^mY_1^n$，$P'_1=X_1^{m-1}Y_1X_1Y_1^{n-1}$ 时，$\mathrm{tr}[P_1,\ Q_1][P_2,\ Q_2]=\mathrm{tr}[P'_1,\ Q_1][P_2,\ Q_2]$。

$$
\begin{aligned}
&\operatorname{tr}[X_1^m Y_1^n, Q_1(X_1, Y_1)][P_2(X_2, Y_2), Q_2(x_2, Y_2)]\\
=&\operatorname{tr}[X_1^{m-1} Y_1 X_1 Y_1^{n-1}, Q_1][P_2, Q_2]+\operatorname{tr}[X_1^{m-1}[X_1, Y_1] Y_1^{n-1}, Q_1]\cdot\\
&[P_2, Q_2]\\
=&\operatorname{tr}[P_1, Q_1][P_2, Q_2]。
\end{aligned}
$$

当固定 P_2、Q_2 时，$(P_1, Q_1)\rightarrow \operatorname{tr}[P_1, Q_1][P_2, Q_2]$满足折叠性，于是由夏道行[19]知，$\operatorname{tr}[P_1, Q_1][P_2, Q_2]$仅与 $J(P_1, Q_1)$有关。同样在固定 P_1、Q_1 时，迹仅与 $J(P_2, Q_2)$有关。于是迹仅与 $J(P_1, Q_1, P_2, Q_2)$有关。证毕。

定理 3.5 $T=(T_1, \cdots, T_n)$是重交换的亚正常算子组，且还是联合近似正常的，则对任何二元多项式 $P_1, Q_1, \cdots, P_n, Q_n$，

$$
\operatorname{tr}\prod_{j=1}^{n}[P_j, Q_j]=\left(\frac{1}{2\pi i}\right)^n\int J(P_1, Q_1, \cdots, P_n, Q_n) g(x, y)\mathrm{d}x\,\mathrm{d}y。
$$

证 由命题 3.3，取 $\lambda=(\lambda_1, \cdots, \lambda_n)$，$\mu=(\mu_1, \cdots, \mu_n)$ 充分大，则

$$
\begin{aligned}
&\left(\frac{1}{2\pi i}\right)^n\int\frac{g(x, y)}{\prod_{j=1}^{n}(x_j-\lambda_j)^2(y_j-\lambda_j)^2}\mathrm{d}x\,\mathrm{d}y\\
=&\operatorname{tr}\prod_{j=1}^{n}[(\lambda_j-x_j)^{-1}, (\mu_j-Y_j)^{-1}]\\
=&\operatorname{tr}\prod_{j=1}^{n}(\mu_j-Y_j)^{-1}(\lambda_j-Y_j)^{-2}(\mu_j-Y_j)^{-1}[X_j, Y_j]。
\end{aligned}
$$

比较展开后的幂级数的系数得

$$
\operatorname{tr}[X_1^{m_1}, Y_1^{n_1}]\cdots[X_n^{m_n}, Y^{n_n}]=\left(\frac{1}{2\pi i}\right)^n\int J(P_1, Q_1, \cdots, P_n, Q_n) g(x, y) dxdy。
$$

证毕。

还可以把定理 3.5 推广到更广泛的一类函数：$C_0^{\infty}(R^{2n})$。

设 $f\in C_0^{\infty}(R^{2n})$，$x=(x_1, \cdots, x_n)$，$y=(y_1, \cdots, y_n)$，$s=(s_1, \cdots, s_n)$，$t=(t_1, \cdots, t_n)$，$\hat{f}(x, y)=\int e^{it\cdot x+is\cdot y}f(t, s)dtds$ 是 f 的富氏变换。$T=(X_1+iY_1, \cdots, X_n+iY_n)$是重交换的亚正常算子组，$E_x$ 是 $X=(X_1, \cdots, X_n)$的谱测度，E_y 是 $Y=(Y_1, \cdots, Y_n)$的谱测度，定义

$$
f(X, Y)=\int e^{it\cdot x}e^{is\cdot y}\,\hat{f}(x, y)\mathrm{d}x\,\mathrm{d}y,
$$

其中 $t\cdot X=t_1X_1+t_2X_2+\cdots+t_nX_2$，$s\cdot Y=s_1Y_1+\cdots+s_nY_n$。

证 把 $e^{it\cdot X}$，$e^{is\cdot Y}$按幂级数展开，把 $\prod_{j=1}^{n}[e^{it_jX_j}, e\, is_jY_j]$ 也展开。注意级数不仅按

范数收敛,而且也按迹范数收敛,于是用定理 3.5 得

$$
\begin{aligned}
&\operatorname{tr}\prod_{j=1}^{n}[e^{it_jX_j}e_j^{is}Y_j, e^{iu_jX_j}e^{iv_jY_j}] \\
&=\left(\frac{1}{2\pi i}\right)^n\int J(e^{it_1x_1}, e^{is_1y_1}, \cdots, e^{iu_jx_j}, e^{iv_jy_j})g(x, y)\mathrm{d}x\mathrm{d}y,
\end{aligned}
$$

这样

$$
\begin{aligned}
&\operatorname{tr}\prod_{j=1}^{n}[f_j(X_j, Y_j), g_j(X_j, Y_j)] \\
&=\operatorname{tr}\int\prod_{j=1}^{n}[e^{it_jx_j}e^{is_jY_j}, e^{iu_jX_j}e^{is_jY_j}]\prod_{j=1}^{n}\hat{f}_j\hat{g}_j\mathrm{d}x\mathrm{d}y \\
&=\left(\frac{1}{2\pi i}\right)^n\iint J(e^{it_1x_1}e^{is_1y_1}, \cdots, e^{iu_nx_n}e^{iv_ny_n})g(x, y)\mathrm{d}t\mathrm{d}s \\
&\quad\cdot\prod_{j=1}^{n}\hat{f}_j\hat{g}_j\mathrm{d}x\mathrm{d}y \\
&=\left(\frac{1}{2\pi i}\right)^n\int\prod_{j=1}^{n}(it_j\cdot iv_j-is_j\cdot iu_j)e^{it^ix}e^{is^iy}\hat{f}_j\hat{g}_j\mathrm{d}t\mathrm{d}sg(x, y)\mathrm{d}x\mathrm{d}y \\
&=\left(\frac{1}{2\pi i}\right)^n\int J(f_1, g_1, \cdots, f_n, g_n)g(x, y)\mathrm{d}x\mathrm{d}y\text{。}
\end{aligned}
$$
证毕。

定理 3.6 $T=(U_1|T_1|, \cdots, U_n|T_n|)$ 是重交换的半亚正常算子组,则当 $f_j, g_j \in C_0^{\infty}(R^2)$ 时,

$$
\begin{aligned}
&\operatorname{tr}\prod_{j=1}^{n}[f_j(|T_j|, U_j), g_j(|T_j|, U_j)] \\
&=\left(\frac{1}{2\pi i}\right)^n\int J_p(f_1, g_1, \cdots, f_n, g_n)g(r, e^{i\theta})\mathrm{d}r\mathrm{d}\theta\text{。}
\end{aligned}
$$

此题的证明与亚正常算子组证明相仿,故略去。

§4 指标

本节我们将证明重交换的亚正常算子组可以扩张为重交换的半亚正常算子组,并且证明二者的 Principal 函数是一致的。从而证明了在 Fredholm 点上的 Principal 函数值正是算子组的指标。为此还需要以下的扩张定理。

引理 4.1 $U=(U_1, \cdots, U_n)$ 是 H 上重交换的部分等距算子组,则必 Hilbert 空间 $K\supset H$,和 K 上交换的酉算子 $\hat{U}=(\hat{U}_1, \cdots, \hat{U}_n)$ 使得对任意整数 $k_j, j=1, \cdots, n$, $P_H\hat{U}_1^{k_1}\cdots\hat{U}_n^{k_m}|_H=U_1^{[k_1]}\cdots U_n^{[k_n]}$,其中 $k_j<0$ 时,$U_j^{[k_j]}=U_j^{-k_j\,*}$, $k_j\geqslant 0$ 时 $U_j^{[k_j]}=U_j^{k_j}$。

引理 4.2 $T=(T_1, \cdots, T_n)$ 是重交换的亚正常算子组,$T_j=U_j|T_j|$ 是极分解。

$\hat{U}$ 是 U 的酉扩张，则 $|T_j|$ 可延拓为 k 上的正算子 $|\hat{T}_j|$，使 $\hat{T}=(\hat{U}_1|\hat{T}_1|,\cdots,\hat{U}_n|\hat{T}_n|)$ 是 k 上重交换的半亚正常算子组，且 $P_H(\hat{T}_j^*\hat{T}_j-\hat{T}_j\hat{T}_j^*)|_H=T_j^*T_j-T_jT_j^*$，$j=1,\cdots,n$。

以上引理证明与单个算子类似，只要令 $\hat{T}_j=T_j\oplus 0$ 就可。

定理 4.3 $T=(T_1,\cdots,T_n)$ 是重交换的亚正常算子组，$\hat{T}=(\hat{T}_1,\cdots,\hat{T}_n)$ 是由引理 4.2 得到的重交换的半亚正常算子组，若 $x+iy=(x_1+iy_1,\cdots,x_n+iy_n)=(r_1e^{i\theta_1},\cdots,r_ne^{i\theta_n})=(re^{i\theta})$，则 $g_T(x,y)=g_{\hat{T}}(re^{i\theta})$ 几乎处处成立。

证 为简便起见，只证 $n=2$ 的情况。

设 P_jQ_j 是二元多项式，由定理 3.5，

$$
\begin{aligned}
&\operatorname{tr}[P_1(X_1+iY_1,X_1^2+Y_1^2),Q_1(X_1-iY_1,X_1^2+Y_1^2)][P_2(X_2+iY_2,\\
&X_2^2+Y_2^2),Q_2(X_2-iY_2,X_2^2+Y_2^2)]\\
&=\left(\frac{1}{2\pi i}\right)^2\int J(P_1,Q_1,P_2,Q_2)g(x,y)dxdy\\
&=\left(\frac{1}{2\pi i}\right)^2\int\frac{\partial(P_1,Q_1,P_2,Q_2)}{\partial(\theta_1,r_1,\theta_2,r_2)}\cdot\frac{\partial(\theta_1,r_1,\theta_2,r_2)}{\partial(x_1,y_1,x_2,y_2)}\cdot g(re^{i\theta})r_1r_2drd\theta。
\end{aligned}
$$

取 $P_1=X_1^{n_1}Y_1^{m_1}$，$Q_1=X_1^{s_1}Y_1^{t_1}$，$P_2=X_2^{n_2}Y_2^{m_2}$，$Q_2=X_2^{s_2}Y_2^{t_2}$ 代入上式，

$$
\begin{aligned}
&=\left(\frac{1}{\pi}\right)^2\int(n_1s_1+n_1t_1+s_1m_1)(n_2s_2+n_2t_2+s_2m_2)r_1^{n_1+s_1+2m_1+2t_1-1}\cdot\\
&\quad r_2^{n_2+s_2+2m_2+2t_2-1}e^{i(n_1-s_1)\theta_1}e^{i(n_2-s_2)}g(re^{i\theta})\mathrm{d}r\mathrm{d}\theta,
\end{aligned}
$$

由于 $(T_1^*T_1-(X_1^2+Y_1^2))(T_2^*T_2-(X_2^2+Y_2^2))$ 是迹类算子，与引理 3.4 一样可以证明用 $T_1^*T_1$，$T_2^*T_2$ 代替 $X_1^2+Y_1^2$，$X_2^2+Y_2^2$ 迹不变。

$$
\begin{aligned}
&\operatorname{tr}[P_1(X_1+iY_1,X_1^2+Y_1^2),Q_1(X_1-iY_1,X_1^2+Y_1^2)][P_2(X_2+\\
&\quad iY_2,X_2^2+Y_2^2),Q_2(X_2-iY_2,X_2^2+Y_2^2)]\\
&=\operatorname{tr}[P_1(T_1,T_1^*T_1),Q_1(T_1^*,T_1^*T_1)][P_2(T_2,T_2^*T_2),\\
&\quad Q_2(T_2^*,T_2^*T_2)]\\
&=\operatorname{tr}[P_1(\hat{U}_1|\hat{T}_1|,|\hat{T}_1|^2),Q_1(|\hat{T}_1|\hat{U}_1^*,|\hat{T}_1|^2)][P_2(\hat{U}_2|\hat{T}_2|,\\
&\quad |\hat{T}_2|^2),Q_2(|\hat{T}_2|\hat{U}_1^*,|\hat{T}_2|^2)]。
\end{aligned}
$$

用重交换的半亚正常算子组的迹公式(定理 3.6)，上式

$$
\begin{aligned}
&=\left(\frac{1}{2\pi}\right)^2\int\frac{\partial(P_1,Q_1,P_2,Q_2)}{\partial(\theta_1,r_1,\theta_2,r_2)}g^P(re^{i\theta})\mathrm{d}r\mathrm{d}\theta\\
&=\left(\frac{1}{\pi}\right)^2\int(n_1s_1+n_1t_1+s_1m_1)(n_2s_2+n_2t_2+s_2m_2)\cdot r_1^{n_1+s_1+2m_1+2t_1-1}\\
&\quad r_2^{n_2+s_2+2m_2+2t_2-1}e^{i(n_1-s_1)\theta_1}e^{i(n_2-s_2)\theta_2}g^Pdrd\theta,
\end{aligned}
$$

于是对任意的非负整数 $m_j, s_j, n_j, t_j, j=1, 2$,

$$\int (n_1 s_1 + n_1 t_1 + s_1 m_1)(n_2 s_2 + n_2 t_2 + s_2 m_2) \cdot r_1^{n_1+s_1+2m_1+2s_1-1} r_2^{n_2+s_2+2m_2+2s_2-1} e^{i(n_1-s_1)\theta_1} e^{i(n_2-s_2)\theta_2} (g - g^P) \mathrm{d}r \mathrm{d}\theta = 0。$$

取 $t_1 = t_2 = 0$ 得

$$\int r_1^{s_1+n_1+2m_1} r_2^{s_2+n_2+2m_2} \int e^{i(n_1-s_1)\theta_1} e^{i(n_2-s_2)\theta_2} (g - g^P) \mathrm{d}\theta \mathrm{d}r = 0,$$

由 n_1, s_1, n_2, s_2 的任意性知

$g(x, y) = g^P(re^{i\theta})$ 几乎处处成立,证毕。

命题 4.4 若 $T=(T_1, \cdots, T_n)$ 是重交换的亚正常算子组,而且是联合近似正常的,$f_j \in C_0^\infty([0, \infty))$, $j=1, \cdots, n$, g^P 是$\hat{T}$的 Principle 函数,则

$$\operatorname{tr}\Big(\prod_{j=1}^{n}(f_j(T_j^* T_j) - f_j(T_j T_j^*))\Big) = \Big(\frac{1}{2\pi}\Big)^n \int \prod_{j=1}^{n} \frac{df_j}{dx_j} g^P(re^{i\theta}) \mathrm{d}\theta \mathrm{d}r。$$

证 显然 $\operatorname{tr}\prod_{j=1}^{n}(f_j(\hat{T}_j^* \hat{T}_j) - f_j(\hat{T}_j \hat{T}_j^*)) = \operatorname{tr}\prod_{j=1}^{n}(f_j(T_j^* T_j) - f_j(T_j T_j^*))$ 但 $\hat{U}_j \hat{T}_j^* \hat{T}_j \hat{U}_j^*$,故对任意多项式 P,$\hat{U}_j P(\hat{T}_j^* \hat{T}_j) \hat{U}_j^* = P(\hat{T}_j \hat{T}_j^*)$,于是对 $f \in C_0^\infty([0, \infty))$,亦有$\hat{U}_j f(\hat{T}_j^* \hat{T}_j) \hat{U}_j^* = f(\hat{T}_j \hat{T}_j^*)$,

这样

$$\begin{aligned}
&\operatorname{tr}\prod_{j=1}^{n}(f_j(T_j^* T_j) - f_j(T_j T_j^*)) \\
&= \operatorname{tr}\prod_{j=1}^{n}(f_j(\hat{T}_j^* \hat{T}_j) - \hat{U}_j f_j(\hat{T}_j \hat{T}_j^*) \hat{U}_j^*) \\
&= \operatorname{tr}\prod_{j=1}^{n}[f_j^{\frac{1}{2}}(\hat{T}_j^* \hat{T}_j) \hat{U}_j^*, \hat{U}_j f_j^{\frac{1}{2}}(\hat{T}_j^* \hat{T}_j)] \\
&= \Big(\frac{1}{2\pi}\Big)^2 \int \prod_{j=1}^{n} \frac{df_j}{dx_j} g^P(re^{i\theta}) \mathrm{d}r \mathrm{d}\theta。
\end{aligned}$$ 证毕。

引理 4.5 若 T 如定理 3.5,$0 \overline{\in} S_{p_\varepsilon}(T)$,则存在 $\varepsilon > 0$,使得任意 $f: \{1, \cdots, n\} \to \{1, *\}$, $E_1^{f(1)}(0, \varepsilon] \cdots E_n^{f(n)}(0, \varepsilon] = 0$,其中 E_j^1 为 $T_j^* T_j$ 的谱测度,E_j^* 为 $T_j T_j^*$ 的谱测度。

证 因 T 是 Fredholm 算子组,对任意 f,$\sum T_j^{f(i)}(T_j^*)^{f(i)}$ 是 Fredholm 算子(第一章§6 推论 6.5)。但$\sum A_j^* A_j$ 形式的算子是 Fredholm 算子的充要条件是存在某 $\varepsilon > 0$,使 $\prod_{j=1}^{n} F_j(0, \varepsilon] = 0$,其中 F_j 是 $A_j^* A_j$ 的谱测度。证毕。

引理 4.6 T 如定理 3.5,则

$$\operatorname{Ind} T=\operatorname{tr}\Big[\sum_{k}(-1)^{k+1}\prod_{j=1}^{n}E_{j}^{f(i)}(0,\ \varepsilon)\Big]。$$

证 由第一章§6 推论6.5

$$\operatorname{Ind} T=\sum(-1)^{k+1}\sum_{f\in I_k}\dim(\bigcap\ker T_j^{f(j)})$$

$$=\operatorname{tr}\Big[\sum(-1)^{k+1}\prod_{j=1}^{n}E_{j}^{f(j)}(0,\ \varepsilon)\Big]。$$

定理 4.7 T 如定理3.5，$z=(z_1,\ \cdots,\ z_n)\overline{\in}\sigma_e(T)$，则 $g(x,\ y)=\operatorname{Ind}(T-Z)$ 几乎处处成立，其中 $z=(z_1,\ \cdots,\ z_n)=(x_1+iy_1,\ \cdots,\ x_n+iy_n)=x+iy$。

证 不妨设 $z=(0,\ \cdots,\ 0)$，

由引理4.5，存在 $\varepsilon>0$，使 $\prod_{j=1}^{n}E_j^{f(j)}(0,\ \varepsilon]=0$。

设 $\lambda=(\lambda_1,\ \cdots,\ \lambda_n)\in(0,\ \varepsilon]\times\cdots\times(0,\ \varepsilon]$，$\delta_j>0$，$\delta'_j>0$，$j=1,\ \cdots,\ n$。

设 f_j 是 $\boldsymbol{R}^1$ 上的函数：$f_j(x)=1$，$x<\lambda_j-\delta_j$ 时，$f_j(x)=\dfrac{\lambda_j+\delta_j-x}{\delta_j+\delta'_j}$，$\lambda_j-\delta_j\leqslant x\leqslant\lambda_j+\delta'_j$；$f_j(x)=0$，$x>\lambda_j+\delta'_j$，$j=1,\ \cdots,\ n$。

由于 $\prod_{j=1}^{n}E_j^{f(j)}(0,\ \varepsilon]=0$，故有 $f_j^{(k)}\in C_0^{\infty}$，$f_j^{(k)}\to f_j$，$(f_j^{(k)})'\to f'_j$，且$\{(f_j^{(k)})'\}$还是一致有界的，这样 $\prod_{j=1}^{n}f_j(T_j^{f(j)}(T_j^*)^{f(j)})=\prod_{j=1}^{n}f_j^{(k)}(T_j^{f(j)}(T_j^*)^{f(j)})$，于是

$$\operatorname{tr}\prod_{j=1}^{n}(f_j(T_j^*T_j)-f_j(T_jT_j^*))$$

$$=\operatorname{tr}\prod_{j=1}^{n}(f_j^{(k)}(T_j^*T_j)-f_j^{(k)}(T_jT_j^*))$$

$$=\Big(\frac{1}{2\pi}\Big)^n\int\prod_{j=1}^{n}(f_j^{(k)})'dr\int g^P(re^{i\theta})d\theta$$

$$=\Big(\frac{1}{2\pi}\Big)\int_{\lambda_1-\delta'_1}^{\lambda_1+\delta'_1}\cdots\int_{\lambda_n-\delta'_n}^{\lambda_n+\delta'_n}\prod_{j=1}^{n}\frac{1}{\delta_j+\delta'_j}g^P(re^{i\theta})\mathrm{d}\theta。$$

令 δ_j，$\delta'_j\to0$，则极限几乎处处等于 $\Big(\dfrac{1}{2\pi}\Big)^n\int g^P(re^{i\theta})\mathrm{d}\theta$。

但另一方面 $\operatorname{tr}\prod_{j=1}^{n}(f_j(T_j^*T_j)-f_j(T_jT_j^*))=\operatorname{tr}\prod_{j=1}^{n}(E_j[0,\ \varepsilon]-E_j^*[0,\ \varepsilon])=\operatorname{Ind}(T)$，这样对几乎处处的 $\lambda=(\lambda_1,\ \cdots,\ \lambda_n)$，$|\lambda_j|<\varepsilon$，有 $g^P(\lambda)=\operatorname{Ind} T$。定理证毕。

推论4.8 T 如定理3.5，$z\in\boldsymbol{C}^n$，若 z 的任意邻域中 $g(z)$ 不几乎处处为常数，必有 $z\in S_{p_e}(T)$。特别地有 $\operatorname{Bd}S_p(T)\subset S_{pe}(T)$。

§5 联合谱与公共约化子空间

根据算子谱来寻找算子的不变子空间或约化子空间是算子谱论中的一种方法。对于算子组来说，我们证明了以下的定理。

定理 5.1 设 $T=(T_1, \cdots, T_n)$ 是重交换的亚正常算子组，若 $S_p(T)\neq S_p(T_1)\times\cdots\times S_p(T_n)$，则 T 必有公共的约化子空间，或者说若 T 不可约，则必有 $S_p(T)=S_p(T_1)\times\cdots\times S_p(T_n)$。

证 显然可以不妨设 T 是完全非正常的，于是 T 可以取定理 2.3 之形式。

假设 $S_p(T)\neq S_p(T_1)\times\cdots\times S_p(T_n)$。于是有 $x_j^0+iy_j^0\in\sigma(T_j)$, $j=1, \cdots, n$ 但 $x^0+iy^0=(x_1^0+iy_1^0, \cdots, x_n^0+iy_n^0)\overline{\in} S_p(T)=D(T)$。这样存在 $\varepsilon>0$，使 $|x-x^0|<\varepsilon$, $|y-y^0|<\varepsilon$ 时，$B(x, y)=0$。如同定理 2.5 的后一部分证明一样得到 $\alpha(x)\xi(x)=\xi(x)\alpha(x)=0$。但 $\xi(x)=\xi_1(x_1)\cdots\xi_n(x_n)$, $\xi_j(x_j)=F(x_j, k_j)$。我们来证明必有某 j，使 $\hat{\eta}_j\hat{\alpha}_j=0$，其中 $\eta_j(x)=x_{g_1}\xi_j(x)$，而 x_{g_1} 是 G_1 的特征函数，G_1 如定理 2.5。

若 $\hat{\eta}_1\hat{\alpha}_1\neq 0$，则含 $\hat{\eta}_1 H$ 的 T_1 的最小约化子空间 H_1 也必为 $T_2, \cdots, T_n$ 的约化子空间。则由 T 的不可约性得到 $H_1=H$，且 $\hat{\eta}_2\hat{\alpha}_2\cdots\hat{\eta}_n\hat{\alpha}_n=0$。类似又可得到要么 $\hat{\eta}_2\hat{\alpha}_2=0$，要么 $\hat{\eta}_3\hat{\alpha}_3\cdots\hat{\eta}_n\hat{\alpha}_n=0$，一直推得 $\hat{\eta}_n\hat{\alpha}_n=0$。

这样我们可假定 $\hat{\eta}_1\hat{\alpha}_1=0$。但此时必有 $\hat{\eta}_1=0$，否则在 $\hat{\eta}_1 H$ 上，$T_j=\hat{x}_j+i\hat{\beta}_j$ 是正常的，与 T 的完全非正常性相矛盾。但 $\hat{\eta}_j=0$ 又可得到对几乎处处的 $y_j\in\left(y_j^0-\frac{\varepsilon}{4}, y_j^0+\frac{\varepsilon}{4}\right)$，必有 $y_j\overline{\in}\sigma(k_j\alpha_j^2(x)+\beta_j(x))$，特别地 y_j^0 与 $\sigma(k_j\alpha_j^2(x)+\beta_j(x))$ 的距离大于 $\varepsilon/4$。

这样对固定的 $k=(k_1, \cdots, k_n)$，有 j，使若 $y_j\in\left(y_j^0-\frac{\varepsilon}{4}, y_j^0+\frac{\varepsilon}{4}\right)$ 就有 y_j 与 $\sigma(k_j\alpha_j^2(x)+\beta_j(x))$ 的距离大于 $\varepsilon/4$。我们来证明对某固定 j_0 和稠子集 $E\subset I$，使得任意 $k_j\in E$，y_{j_0} 与 $\sigma(k_{j_0}\alpha_{j_0}^2(x)+\beta_j(x))$ 的距离大于 $\varepsilon/4$，由 E 的稠密性可知 $x_{j_0}^0+iy_{j_0}^0$ 与 $\sigma(\hat{x}_j+i(k_j\hat{\alpha}_j+\hat{\beta}_j))$ 的距离大于 $\varepsilon/4$，从而 $x_{j_0}+iy_0\overline{\in}\sigma(T_{j_0})$。事实上，若对每个 j，都有某开集 $V_j\subset I$，使每个 $k_j\in V_j$，y_j^0 与 $\sigma(k_j\hat{\alpha}_j^2+\hat{\beta}_j)$ 距离小于 $\varepsilon/4$，这样在 $V=V_1\times\cdots\times V_n$ 上就不存在 j，使 y_j^0 与 $\sigma(k_j\hat{\alpha}_j^2+\hat{\beta}_j)$ 距离大于 $\varepsilon/4$，这与已证明的结论相矛盾。定理证毕。

推论 5.2 设 $T=(T_1, \cdots, T_n)$ 是重交换的亚正常算子组，并且 $\prod_{j=1}^{n}[T_j^*, T_j]$ 是紧算子，则存在分解

$$H=K_n\oplus K_{n-1}\oplus\cdots\oplus K_1\oplus H_1\oplus H_2\oplus\cdots \quad \text{使得}$$

(1) 每个 j, H_j, K_j 约化 T;

(2) $T_j|K_j$ 是正常的，$j=1, \cdots, n$;

(3) $T|H_j$ 是不可约的；

(4) $S_p(T)=\bigcup_{j=1}^{n} S_p(T \mid H_j) \cup \overline{(\bigcup_{j=1}^{\infty}\sigma(T_1 \mid H_j)\times\cdots\times\sigma(T_n \mid H_j))}$。

证明 设 $T_1, \cdots, T_n, I$ 生成的 C^*-代数为 $C^*(T)$，$J=C^*(T)\cap K(H)$。其中 $K(H)$ 是 H 上的紧算子理想。由条件 $\prod_{j=1}^{n}[T_j^*, T_j]\in J$，这样 $\overline{\text{Span}[JH]}$ 是 $C^*(T)$ 约化子空间。记 $[JH]^{\perp}=H_0$，则 H_0 约化 T。$\text{Im}\prod_{j=1}^{n}[T_j^*|_{H_0}, T_j \mid H_0]\subset \text{Im}\prod_{j=1}^{n}[T_j^*, T_j]$ $\subset JH=H_0^{\perp}$。这样 $\prod_{j=1}^{n}[T_j^* \mid H_0, T_j \mid H_0]=0$，这样 H_0 可以分解为 $H_0=K_1\oplus K_2$ $\oplus\cdots\oplus K_n$，使 K_j 是 T 的约化子空间，而且 $T_j \mid K_j$ 是正常的，$j=1, \cdots, n$。

由 C^*-代数理论(如[84])，$H_0^{\perp}=H_1\oplus H_2\oplus\cdots$，使每个 H_k 都约化 J，且 $J|_{H_k}=$ $K(H_k)$。又由 $H_k=\overline{\text{Span}(K(H_k)H_k)}=\overline{\text{Span}JH_k}$ 而 J 是 $C^*(T)$ 的理想，因此 H_k 约化 T。易知，$C^*(T)|_{H_k}$ 是由 $(T_1|_{H_k}, \cdots, T_n|_{H_k})$ 生成的 C^*-代数，这样由 $K(H_k)=$ $J|_{H_k}$ 又得到 $C^*(T|_{H_k})\supset J|_{H_k}=K(H_k)$，即包含 $T|_{H_k}$ 的最小弱闭 C^*-代数就是 $L(H_k)$，从而 $T|H_k$ 是不可约的。

由定理 5.1 和重交换的性质得到 $S_p(T \mid H_0^{\perp})=\overline{(\bigcup_{k=1}^{\infty}S_p(T \mid H_k))}=$ $\overline{\bigcup_{k=1}^{\infty}\sigma(T_1 \mid H_k)\times\cdots\times\sigma(T_n \mid H_k)}$。证毕。

第六章　算子张量积的联合谱、联合本质谱和指标

算子张量积的联合谱是联合谱中的重要内容。我们将在本章中导出在各种条件下算子张量积的联合谱、联合本质谱和指标公式。

§1　Banach 空间上算子的张量积

我们在第一章中已对 Banach 空间的张量积有了定义(见第一章 §1)。若 $A \in L(X)$, $B \in L(Y)$,定义 A 与 B 的张量积 $A \otimes B$ 为:$(A \otimes B)(x \otimes y) = Ax \otimes By$,其中 $x \in X$, $y \in Y$。由于 $x \otimes y$ 形式的向量的线性和在 $X \otimes Y$ 中稠密,$A \otimes B$ 可以延拓到 $X \otimes Y$ 上。我们有以下引理。

引理 1.1　设 $A \in L(X)$, $B \in L(Y)$,则 $A \otimes B \in L(X \hat{\otimes} Y)$,且 $\| A \otimes B \| = \| A \| \| B \|$,其中 $X \otimes Y$ 中范数由第一章(1.1)定义。

证　设 $u \in X \otimes Y$,则

$$
\begin{aligned}
& \| (A \otimes B)u \| \\
&= \inf\{ \sum \| x_i \| \| y_i \| : (A \otimes B)u = \sum x_i \otimes y_i \} \\
&\leqslant \inf\{ \sum \| Aw_i \| \| Bv_i \| ; u = \sum w_i \otimes v_i \} \\
&\leqslant \| A \| \| B \| \| u \|,
\end{aligned}
$$

因此 $\| A \otimes B \| \leqslant \| A \| \| B \|$。

反之,对任意 $\varepsilon > 0$,取 $x \in X$, $y \in Y$, $\| x \| = \| y \| = 1$,使 $\| Ax \| \geqslant \| A \| - \varepsilon$, $\| By \| \geqslant \| B \| - \varepsilon$,于是

$$
\begin{aligned}
\| (A \otimes B)(x \otimes y) \| &= \| Ax \otimes By \| = \| Ax \| \| By \| \\
&\geqslant (\| A \| - \varepsilon)(\| B \| - \varepsilon)。
\end{aligned}
$$

从而 $\| A \otimes B \| \geqslant \| A \| \| B \|$,得 $\| A \otimes B \| = \| A \| \| B \|$。证毕。

为证明张量积的联合谱,我们还需要以下引理。

引理 1.2　设 $\tilde{X}$ 是 X 中的稠密子空间,$\tilde{Y}$ 是 $\tilde{X}$ 中的闭子空间,Y 是 $\tilde{Y}$ 在 X 中的闭包,$Y \subset X$,则有,$\overline{\tilde{X}/\tilde{Y}} = X/Y$,其中 $\overline{\tilde{X}/\tilde{Y}}$ 是 $\tilde{X}/\tilde{Y}$ 的完备化空间。

证　先证 $\tilde{X}/\tilde{Y}$ 与 $\tilde{X} + X/Y$ 是等距同构。

令 $\tilde{\pi}$: $\tilde{X} \to \tilde{X} + Y/Y$, $x \to x + Y$,则 $\ker \tilde{\pi} = \tilde{Y}$,于是 $\tilde{\pi}$ 可导出一同构 π: $\tilde{X}/\tilde{Y} \to \tilde{X} + Y/Y$, $x + \tilde{Y} \to x + Y$。

由于$\widetilde{Y}$在 Y 中稠密，因此

$$\| x+\widetilde{Y} \| =\inf\{ \| x+y \| ;\ y\in \widetilde{Y}\} =\inf\{ \| x+y \| ;\ y\in Y\} = \| x+Y \| ,$$

即$\widetilde{X}/\widetilde{Y}$与 $\widetilde{X}+Y/Y$ 是等距同构的。

由于 $\widetilde{X}+Y/Y$ 在 X/Y 中稠密，得$\overline{\widetilde{X}/\widetilde{Y}}=X/Y$。

引理 1.3 设 X，X'，Y 都是 Banach 空间，$A\in L(X, X')$，如果存在 $m>0$，使对每个 $u\in(A\otimes I)(X\otimes Y)$，存在 $v\in X\otimes Y$，使得$(A\otimes I)v=u$，且 $\| u \| \geqslant m \| v \|$，则

$$\operatorname{Ker}(A\otimes I)=\overline{\operatorname{Ker} A\otimes Y}=\operatorname{Ker} A\otimes Y。$$

证 作商映射 $\widetilde{A}\otimes\widetilde{I}$：$X\otimes Y/\operatorname{Ker} A\otimes Y\to X'\otimes Y$，若$[u]\in X\otimes Y/\operatorname{Ker} A\otimes Y$，$(\widetilde{A}\otimes\widetilde{I})[u]=(A\otimes I)u$。由于 $\operatorname{Ker}(A\otimes I)\cap X\otimes Y=\operatorname{Ker} A\otimes Y$，因此$\widetilde{A}\otimes\widetilde{I}$ 在 $X\otimes Y/\operatorname{Ker} A\otimes Y$ 上是单射。对 $u\in(A\otimes I)(X\otimes Y)$，存在 $v\in X\otimes Y$，使$(\widetilde{A}\otimes\widetilde{I})[v]=(A\otimes I)v=u$，$\| u \| \geqslant m \| v \| \geqslant m \| v \|$，从而$\widetilde{A}\otimes\widetilde{I}$ 在 $X\otimes Y/\operatorname{Ker} A\otimes Y$ 上下有界，由此可得$\widetilde{A}\otimes\widetilde{I}$ 在$\overline{X\otimes \widetilde{Y}/\operatorname{Ker} A\otimes Y}$ 上下有界。由引理 1.2，$\widetilde{A}\otimes\widetilde{I}$ 在 $X\otimes Y/\operatorname{Ker} A\otimes Y$ 上下有界，因而有 $\operatorname{Ker}(A\otimes I)\subset\operatorname{Ker} A\widehat{\otimes}Y$。$\operatorname{Ker} A\otimes Y\subset\operatorname{Ker}(A\otimes I)$ 是显然的，因此 $\operatorname{Ker}(A\otimes I)=\operatorname{Ker} A\widehat{\otimes}Y$。

定理 1.4 设 X、Y 是 Banach 空间，$A=(A_1, \cdots, A_n)$ 是 X 上的交换算子组，$\hat{A}_i=A_i\otimes I\in L(X\widehat{\otimes}Y)$，$\hat{A}=(\hat{A}_1, \cdots, \hat{A}_n)$，

$$S_p(\hat{A}, X\widehat{\otimes}Y)=S_p(A, X)。$$

证 设$\{E_p^n(X), d_p(A)\}$是 A 导出的 Koszul 复形。设 A 是正则的，则

$$0\to E_0^n(X)\xrightarrow{d_0(A)}E_1^n(X)\xrightarrow{d_1(A)}\cdots\to E_{n-1}^n(X)\xrightarrow{d_{n-1}(A)}E_n^n(X)\to 0 \quad (3.1)$$

正合。

由于 Y 是线性空间，由张量积定义

$$0\to E_0^n(X)\otimes Y\xrightarrow{d_0(A)\otimes I}E_1^n(X)\otimes Y\to\cdots\to E_{n-1}^n(X)\otimes Y \xrightarrow{d_{n-1}(A)\otimes I}E_n^n(X)\otimes Y\to 0 \quad (3.2)$$

正合。

要证

$$0\to E_0^n(X)\widehat{\otimes}Y\xrightarrow{d_0(A)\otimes I}E_1^n(X)\widehat{\otimes}Y\to\cdots E_{n-1}^n(X)\widehat{\otimes}Y \xrightarrow{d_{n-1}(A)\otimes I}E_n^n(X)\widehat{\otimes}Y\to 0 \quad (3.3)$$

正合。

由于 $d_p(A)\otimes I(E_p^n(X)\otimes Y)=d_p(A)E_p^n(X)\otimes Y=\operatorname{Ker} d_{p+1}(A)\otimes Y$。由命题 1.3，若证得存在 $m>0$，使任给 $u\in\operatorname{Im} d_p(A)\otimes Y$，有 $u'\in E_p^n(X)\otimes Y$，使$(d_p(A)\otimes$

$I)u'=u$，$\|u\|\geqslant m\|u'\|$，就可得到 $\mathrm{Ker}(d_{p+1}(A)\otimes I)=\mathrm{Ker}\,d_{p+1}(A)\hat{\otimes}Y$。又因为 $\mathrm{Im}(d_p(A)\otimes I)\subset\mathrm{Im}\,d_p(A)\hat{\otimes}Y$。根据命题,1.3,$\mathrm{Im}(d_p(A)\otimes I)$ 闭。而 $\mathrm{Im}(d_p(A))\otimes Y$ 在 $\mathrm{Im}\,d_p(A)\otimes Y$ 中稠,从而有 $\mathrm{Im}(d_p(A)\otimes I)=\mathrm{Im}\,d_p(A)\hat{\otimes}Y=\mathrm{Ker}\,d_{p+1}(A)\hat{\otimes}Y=\mathrm{Ker}(d_{p+1}(A)\otimes I)$。故只要证得上述事实,即可得(3.3)正合。

现证：任给 p，$0\leqslant p\leqslant n$，存在 $m_p>0$，使对任意 $u\in\mathrm{Im}\,d_p\otimes Y$，有 $u'\in E_p^n(X)\otimes Y$，使 $(d_p(A)\otimes I)u'=u$，$\|u\|\geqslant m_p\|u'\|$。

当 $p=0$ 时,由于 $d_0(A)$ 是下有界的,存在 $m_0>0$,使 $u\in E_0^n(X)$，$\|d_0(A)x\|\geqslant m_0\|u\|$。由(3.2)的正合性知 $d_0(A)\otimes I$ 在 $E_0^n(X)\otimes Y$ 上为单射。任取 $u\in E_0^n(X)\otimes Y$

$$\begin{aligned}\|(d_0(A)\otimes|)(u)\| &= \inf\{\sum\|w_i\|\|v_i\|;(d_0(A)\otimes I)u=\sum w_i\otimes v_i\}\\ &=\inf\{\sum\|d_0(A)x_i\|\|y_i\|;u=\sum x_i\otimes y_i\}\\ &\geqslant m_0\inf\{\sum\|x_i\|\|y_i\|;u=\sum x_i\otimes y_i\}\\ &=m_0\|u\|,\end{aligned}$$

因此 $\|(d_0(A)\otimes I)u\|\geqslant m_0\|u\|$。

由(3.1)式的正合性得

$$0\to E_0^n(X)/\mathrm{Im}\,d_0(A)\xrightarrow{\overline{d_1(A)}}E_2^n(X)\to\cdots\cdots\to E_n^n(X)\to 0 \tag{3.4}$$

正合。这里 $\overline{d_1(A)}$ 定义为 $\overline{d_1(A)}(u+\mathrm{Im}\,d_0(A))=d_1(A)u$。

根据以上对 $d_0(A)$ 的证明,知任给 $u\in\mathrm{Im}\,d_1(A)\otimes Y=\mathrm{Im}\,\overline{d_1(A)}\otimes Y$,存在唯一的 $[u']\in(E_1^n(X)/\mathrm{Im}\,d_0(A))\otimes Y$，使

$$(d_0(A)\otimes 1)[u']=u,\ \|u\|\geqslant m\|[u']\|。$$

$$\begin{aligned}\|u\|&\geqslant m\|[u']\|\\ &=m\inf\{\sum\|x_i\|\|y_i\|;\|[u']\|=\sum[x_i]\otimes y_i\}\\ &\geqslant m\sum\|[x_i]\|\|y_i\|-\delta\\ &=m\sum\inf\{\|x_i+z_i\|;z_i\in\mathrm{Im}\,d_0(A)\}\cdot\|y_i\|-\delta\\ &\geqslant m\sum(\|x_i+z_i\|-\varepsilon)\|y_i\|-\delta\\ &=m\sum\|x_i+z_i\|\|y_i\|-(\varepsilon m\sum\|y_i\|+\delta)。\end{aligned}$$

先取 $\delta<\frac{m}{4}\|[u']\|$，固定 y_i，再取 $\varepsilon<\|[u']\|/4(\sum\|y_i\|+1)$，令 $u_1=\sum(x_i+z_i)\otimes y_i\in E_1^n(X)\otimes Y$。易知 $[u_1]=\sum[x_i]\otimes y_i=[u']$，$\|u_1\|\geqslant\|[u_1]\|=\|[u']\|$。从而有

$$\|u\|\geqslant m\|u_1\|-(\varepsilon m\sum\|y_i\|+\delta)\geqslant m\|u_1\|-\frac{m}{2}\|[u']\|\geqslant\frac{m}{2}\|u_1\|。$$

而 $(d_1(A)\otimes I)u_1=\overline{(d_1(A)}\otimes I)[u']=u$，故 $d_1(A)\otimes I$ 也具有我们需要的性质。

反复使用这个方法，可得对所有 p，$d_p(A)\otimes I$ 都具有我们所需要的性质。从而式(3.3)正合。

反之，设 $\hat{A}$ 正则，由张量积性质，知 $d_p(\hat{A})=d_p(A)\otimes I$。于是式(3.3)正合。现证(3.1)式正合。

由于 $\mathrm{Ker}(d_p(A)\otimes I)=\mathrm{Im}(d_{p-1}\otimes I)=\overline{\mathrm{Im}\, d_{p-1}(A)}\,\hat{\otimes}\, Y\subset \mathrm{Ker}\, d_p(A)\,\hat{\otimes}\, Y\subset \mathrm{Ker}(d_p(A)\otimes I)$，因此 $\mathrm{Ker}(d_p(A)\otimes I)=\mathrm{Ker}\, d_p(A)\,\hat{\otimes}\, Y$，$0\leqslant p\leqslant n-1$。容易看出，$\mathrm{Im}\, d_p(A)$ 在 $\mathrm{Ker}\, d_{p+1}(A)$ 中稠，只需证明 $\mathrm{Im}\, d_p(A)$ 闭。

当 $p=0$ 时，$d_0(A)\otimes I$ 下有界，对 $x\otimes y\in X\otimes Y$，$\| d_0(A)\otimes I(x\otimes y)\| = \| d_0(A)x\|\,\| y\|\geqslant m\| x\|\,\| y\|$，故 $\| d_0(A)x\|\geqslant m\| x\|$，因此 $d_0(A)$ 下有界，$\mathrm{Im}\, d_0(A)=\mathrm{Ker}\, d_0(A)$。作商空间及商映射：

$$\overline{d_1(A)}: E_1^n(X)/\mathrm{Im}\, d_0(A)\mapsto E_2^n(x),\ [u]\mapsto d_1(A)u,$$

$\overline{d_1(A)}$ 为单射，$\mathrm{Im}\,\overline{d_1(A)}=\mathrm{Im}\, d_1(A)$。要证 $\mathrm{Im}\,\overline{d_1(A)}$ 闭。

若 $\overline{d_1(A)}$ 下方无界，则存在 $\{[u_n]\}\subset E_1^n(X)/\mathrm{Im}\ d_0(A)$，$\|[u_n]\|=1$，$\overline{d'(A)}[u_n]=d_1(A)u_n\to 0$。取 $\tilde{f}_n\in(E_1^n(X)/\mathrm{Im}\, d_0(A))^*$，使 $\tilde{f}_n([u_n])=f_n(u_n)=1$，其中 $f_n\in(\mathrm{Im}\, d_0(A))^{\perp}$，$\|\tilde{f}_n\|=\| f_n\|=1$。

任取 $g\in Y^*$，定义 $f_n\,\tilde{\otimes}\, g\in(E_1^n(X)\,\hat{\otimes}\, Y/\mathrm{Im}\, d_0(A)\otimes Y)^*$，$(f_n\,\tilde{\otimes}\, g)([u])=(f_n\otimes g(u))$，$[u]\in(E_1^n(X)\,\hat{\otimes}\, Y/\mathrm{Im}\, d_0(A)\otimes Y)$。

对 $y\in Y$，$\| y\|=1$，取 $g\in Y^*$，$g(y)=1$。$[u_n\otimes y]\in E_1^n(x)\,\hat{\otimes}\, y/(\mathrm{Im}\, d_0(A)\otimes 1)$，$f_n\,\tilde{\otimes}\, g([u_n\otimes y])=f_n(u_n)=1$。由于 $\| f_n\,\tilde{\otimes}\, g\|=\| f_n\otimes g\|=\| f_n\|\,\| g\|=\| g\|$，所以存在 $\eta>0$，使 $\|[u_n\otimes y]\|\geqslant\eta$。由式(3.3)正合知 $\overline{d_1(A)\otimes 1}$ 下有界。这里 $\overline{d_1(A)\otimes 1}$: $E_1^n(X)\,\hat{\otimes}\, Y/\mathrm{Im}\, d_0(A)\,\hat{\otimes}\, Y\to E_2^n(X)\,\hat{\otimes}\, Y$ 是由 $d_1(A)\otimes I$ 导出的商映射。但 $\overline{d_1(A)\otimes I}([u_n\otimes y])=d_1(A)u_n\otimes y\to 0$，矛盾。

因此 $d_1(A)$ 的值域是闭的。

利用同样的方法可证，对 $p\geqslant 2$，$d_p(A)$ 的值域闭，故式(3.1)正合，A 正则。

到此为止，我们证明了 $S_p(\hat{A},X\otimes Y)=S_p(A,X)$，

以下我们假定 X_i，$i=1,2,\cdots,n$，都是 Banach 空间，$X=X_1\otimes\cdots\otimes X_n$，$T_i\in L(X_i)$，$i=1,\cdots,n$，令 $\hat{T}_i=I\otimes\cdots\otimes T_i\otimes\cdots\otimes I$，$i=1,\cdots,n$，$\hat{T}=(\hat{T}_1,\cdots,\hat{T}_n)$。

定理 1.5 T，$\hat{T}$ 如上，则

$$S_p(\hat{T},X)=S_p(T_1,X_1)\times\cdots\times S_p(T_n,X_n)。$$

证 设 $\lambda=(\lambda_1,\cdots,\lambda_n)\,\overline{\in}\, S_p(T_1)\times\cdots\times S_p(T_n)$，则必有某 $\lambda_k\,\overline{\in}\, S_p(T_k)$。但由定理1.3，$\lambda_k\,\overline{\in}\, S_p(\hat{T}_k)$。又由联合谱投影定理(第二章定理 4.5)，从而入 $\lambda\,\overline{\in}\, S_p(\hat{T})$。

反之，设 $\lambda=(\lambda_1, \cdots, \lambda_n)\overline{\in} S_p(\hat{T})$，我们来证必有某 k，使得 $\lambda_k \overline{\in} S_p(T_k)$。我们用数学归纳法进行证明。$n=1$ 没什么可证的。因此我们假定定理在 $n-1$ 时是成立的，并且 $\lambda=(0, \cdots, 0)$。

先证有某 k，使 T_k 满射。

若对每个 k，T_k 不满射，则必有 $\varphi_k^{(m)} \in X_k^*$，$\|\varphi_k^{(m)}\|=1$，使得 $T_k^*\varphi_k^{(m)} \to 0$ $(m \to \infty, k=1, 2, \cdots, n)$。这样 $\varphi_1^{(m)} \otimes \cdots \otimes \varphi_n^{(m)} \in X^*$，且 $\|\varphi^{(m)}\|=1$，$\hat{T}_k^*\varphi^{(m)} \to 0$，与 $(0, \cdots, 0) \overline{\in} S_p(\hat{T})=S_p(\hat{T}^*)$ 矛盾。

不妨 T_1 是满射，若 T_1 不是单射，设 $x \in \operatorname{Ker} T_1$，$x \neq 0$。由归纳假定 $\widetilde{T}=(T_2 \otimes \cdots \otimes I, \cdots, I \otimes \cdots \otimes T_n)=(\widetilde{T}_2, \cdots, \widetilde{T}_n)$ 是奇异的，于是必有某 p，使得 $\operatorname{Ker}\tilde{d}_p/\operatorname{Im}\tilde{d}_{p-1} \neq \{0\}$，其中 $\{\tilde{d}_p\}$ 是 $\widetilde{T}$ 导出的边界算子。设 $\xi=\sum \xi_{j_1\cdots j_p} S_{j_1} \wedge \cdots \wedge S_{j_p} \in \operatorname{Ker}\tilde{d}_p$，令 $x \otimes \xi=\sum x \otimes \xi_{j_1\cdots j_p} S_{j_1} \Lambda \cdots \Lambda S_{j_p}$，则 $d_p(x \otimes \xi)=(\hat{T}_1 x S_1) \otimes \xi+x \otimes \tilde{d}_p \xi=0$，由于 $\hat{T}$ 是正则的，因此必有 $\eta \in E_{p-1}^n(X)$，使 $d_p \eta=x \otimes \xi$。

但 $x \otimes \xi$ 中不定元无 S_1，于是 $x \otimes \xi=(\hat{T}_2 S_2+\cdots+\hat{T}_n S_n)\eta$。取 $\varphi \in X_1^*$，$\varphi(x)=1$，于是

$$
\begin{aligned}
\xi &=(\varphi \otimes I \otimes \cdots \otimes I)(x \otimes \xi) \\
&=(\varphi \otimes I \otimes \cdots \otimes I)(\hat{T}_2 S_2+\cdots+\hat{T}_n S_n)\eta \\
&=(\varphi \otimes I \otimes \cdots \otimes I)(I \otimes \widetilde{T}_2 S_2+\cdots+I \otimes \widetilde{T}_n)\eta \\
&=(\widetilde{T}_2 S_2+\cdots+\widetilde{T}_n S_n)(\varphi \otimes I \otimes \cdots \otimes I)\eta \\
&=\tilde{d}_{p-1}(\varphi \otimes I \otimes \cdots \otimes I)\eta,
\end{aligned}
$$

此与 $\xi \overline{\in} \operatorname{Im}\tilde{d}_{p-1}$ 矛盾。这样 T_1 既满射又单射，即 $0 \overline{\in} S_p(T_1)$。 证毕。

以下我们将导出 Banach 空间上算子张量积的联合本质谱公式。我们还需要以下引理。

引理 1.6 设 $T \in L(X, Y)$，则 $\dim \operatorname{Ker} T=\infty$ 或 $\operatorname{Im} T$ 不闭的充要条件是存在有界但非全有界的序列 $\{x_n\}$，使 $Tx_n \to 0$。

证 若 $\dim \operatorname{Ker} T=\infty$，可取 $\operatorname{Ker} T$ 中任一有界但非全有界的序列 $\{x_n\}$，使 $Tx_n \equiv 0$。若 $\dim \operatorname{Ker} T<\infty$，而 $\operatorname{Im} T$ 不闭。设 M 是 X 的闭子空间，使 $M+\operatorname{Ker} T=X$。于是 $TM=TX$ 不闭。这样 T 在 M 上必不下有界。设 $\{x_n\} \subset M$，$\|x_n\|=1$，$Tx_n \to 0$。则 $\{x_n\}$ 必然不是全有界的，因为否则必有 $x_{n_k} \to x_0$，于是 $Tx_0=\lim Tx_{n_k}=0$，$x_0 \in \operatorname{Ker} T \cap M=\{0\}$，与 $\|x_0\|=\lim\|x_{n_k}\|=1$ 矛盾。

若有不是全有界的序列 $\{x_n\}$，使 $Tx_n \to 0$，而 $\dim \operatorname{Ker} T<\infty$，$M$ 如前，P 是 M 的平行投影。则 $\{Px_n\}$ 必不是全有界的。事实上由于 $(1-P)x_n \in \operatorname{Ker} T$，从而 $\{(1-P)x_n\}$ 是全有界的。若 $\{Px_n\}$ 也全有界，必然使 $\{x_n\}$ 也全有界。又 $TPx_n=Tx_n \to 0$，T 在 M 上单射又不下有界得 $TX=TM$ 不是闭的。证毕。

引理 1.7 $T \in L(X)$，T 是 Fredholm 算子，则 $\operatorname{Ker}(T \otimes I)=\operatorname{Ker} T \widehat{\otimes} Y$，$\operatorname{Im}(T \otimes I)=\operatorname{Im} T \widehat{\otimes} Y$。

证 由假定 $\dim \operatorname{Ker} T < \infty$。设 M 如引理 1.6，$M + \operatorname{Ker} T = X$，由引理 1.1 只需证明 $T \otimes I$ 在 $M \otimes Y$ 上是下有界的，必有 $\operatorname{Ker}(T \otimes I) = \operatorname{Ker} T \hat{\otimes} Y$。设 T 在 M 上的下界为 δ。

若 $f = \sum_{j=1}^{n} x_i \otimes y_i$，则

$$
\begin{aligned}
\|(T \otimes I)f\| &= \inf\{\sum \|u_i\| \|v_i\| : \sum u_i \otimes v_i = \sum Tx_i \otimes y_i\} \\
&= \inf\{\sum \|Ta_i\| \|b_i\| : \sum a_i \otimes b_i = \sum x_i \otimes y_i\} \\
&\geqslant \delta \inf\{\sum \|a_i\| \|b_i\| : \sum a_i \otimes b_i = \sum x_i \otimes y_i\} \\
&= \delta \|f\|。
\end{aligned}
$$

另一方面，$\operatorname{Im} T \otimes Y \subset \operatorname{Im}(T \otimes I) \subset \operatorname{Im} T \hat{\otimes} Y$ 是显然的，而 $T \otimes I$ 在 $M \otimes Y$ 上是下有界的，故等号成立。证毕。

定理 1.8 T，$\hat{T}$ 如定理 1.4，则

$$
S_{pe}(\hat{T}, X) = \bigcup_{j=1}^{n} (S_p(T_1) \times \cdots \times S_{pe}(T_j) \times \cdots \times S_p(T_n))。
$$

若 T_j 都是 Fredholm 算子时，$\operatorname{Ind} \hat{T} = (-1)^{n-1} \prod_{j=1}^{n} \operatorname{Ind} T_j$

证 (1) 先证若 $\lambda = (\lambda_1, \cdots, \lambda_n) \overline{\in} S_{pe}(\hat{T})$，则必有某 i，使 $T_i - \lambda_i$ 可逆，或对每个 i，$T_i - \lambda_i$ 都是 Fredholm 算子。不妨设 $\lambda = (0, \cdots, 0)$。

若每个 T_i 都不可逆，我们假定 $T_1, \cdots, T_k$ 不是单射，而 $T_{k+1}, \cdots, T_n$ 单射但不满射。$(0 \leqslant k \leqslant n)$。

(a) 对每个 $i > k$，$\operatorname{Im} T_i$ 必然是闭的。否则不妨假定 T_{k+i} 单射且 $\operatorname{Im} T_{k+i}$ 是闭的，$i = 1, \cdots, s$，而 T_{k+s+i} 单射但 $\operatorname{Im} T_{k+i+s}$ 不闭。由引理 1.6，在 X_{k+s+i} 中有有界但非全有界的序列 $\{z_i^{(m)}\}_{m=1}^{\infty}$，$i = 1, 2, \cdots, t$，使得 $T_{k+s+i} z_i^{(m)} \to 0$，$(m \to \infty)$。取 $x_i \in \operatorname{Ker} T_i$，$\|x_i\| = 1$，$i = 1, \cdots, k$，$x_{k+i} \overline{\in} \operatorname{Im} T_{k+i}$，$\|x_{k+i}\| = 1$，$i = 1, \cdots, s$。记 $w_m = x_1 \otimes \cdots \otimes x_{k+s} \otimes z_1^m \otimes \cdots \otimes z_t^m$ 则 $\{w_m\}_{m=1}^{\infty}$ 中必有子序列 $\{w_{m_j}\}$，使得 $\{w_{m_j} S_{k+1} \wedge \cdots \wedge S_{k+s} + \operatorname{Im} d_{s-1}\}$ 在 $E_s^n(X) / \operatorname{Im} d_{s-1}$ 中是有界的但非全有界的。

事实上，必有 $\delta > 0$ 和子列 $\{z_i^m\}$，使得 $\operatorname{dist}(z_i^m, \operatorname{span}\{z_1^m, \cdots, z_{i-1}^m\}) \geqslant \delta$。否则对每个 $\varepsilon > 0$，有 $z_i', \cdots, z_i^p$，使得任意 $z \in \{z_i^m\}_{m=1}^{\infty} \operatorname{dist}(z, \operatorname{span}(z_i', \cdots, z_i^p)) < \varepsilon/2$。由于 $\{z_i^m\}_{m=1}^{\infty}$ 有界，$\operatorname{span}(z_i', \cdots, z_i^p)$ 是有限维的，不难得出 $\{z_i^m\}_{m=1}^{\infty}$ 存在有限 ε 一网，与 $\{z_i^m\}$ 不是全有界的相矛盾。因此我们可以不妨设 $\{z_i^m\}$ 就是满足上述条件的子列。

任取 $m' < m$，设 $x_i^* \in X^*$，$\|x_i^*\| = 1$，$x_i^*(x_i) = 1$，$i = 1, \cdots, k$，而 $x_{k+1}^* \in X_{+i}^*$，$x_{+i}^*(x_{+i}) = d_i = \operatorname{dist}(x_{+i}, \operatorname{Im} T_{+i})$，而 x_{+i}^* 在 $\operatorname{Im} T_{+i}$ 上为零，$i = 1, \cdots, s$。取 $z_i^* \in X_{+s+i}^*$，$\|z_i^*\| = 1$，$z_i^*(z_i^m) = \operatorname{dist}(z_i^m, \operatorname{span}(z_i', \cdots, z_{m-1}')) \geqslant \delta$，而 z_i^* 在 $\operatorname{span}(z_i', \cdots, z_i^{m-1}) = 0$。令 $x^* = x_1^* \otimes \cdots \otimes x_{+s}^* \otimes z_1^* \otimes \cdots \otimes z_i^*$，则 $x^* \in X^*$，且 $\|x^*\| = 1$。由于

$$\mathrm{Im}\, d_{s-1} \subset \{ \sum f_{j_1 \cdots j_2} s_{j_1} \wedge \cdots \wedge s_{j_s};\ f_{j_1 \cdots j_s} \in \hat{T}_{j_1} \hat{X} + \cdots + \hat{T}_{j_s} \hat{X} \},$$

于是

$$\| (w_m - w_{m'}) s_{+1} \wedge \cdots \wedge s_{+s} + \mathrm{Im}\, d_{s-1} \|$$
$$\geqslant \inf\{ \| w_m - w_{m'} + \hat{T}_{+1} u_1 + \cdots + \hat{T}_{k+s} u_s \|;\ u_i \in X_{k+i},\ i=1, \cdots, s\},$$

但是 $\| w_m - w_{m'} + \hat{T}_{k+1} u_1 + \cdots + \hat{T}_{k+s} u_s \|$

$$\geqslant x^* (w_m - w_{m'} + \hat{T}_{k+1} u_1 + \cdots + \hat{T}_{k+1} u_s)$$
$$\geqslant d_1 \cdots d_s \delta^s,$$

于是 $\{w_m s_{k+1} \wedge \cdots \wedge s_{k+s} + \mathrm{Im}\, d_{s-1}\}$ 的确不全有界。

记 $E_s^n(X)/\mathrm{Im}\, d_{s-1}$ 到 $\mathrm{Im}\, d_s$ 的映射：$f + \mathrm{Im}\, d_{s-1} \to d_s f$ 为 $\bar{d}$。则 $\dim \mathrm{Ker}\, \bar{d} = \dim \mathrm{Ker}\, d_s/\mathrm{Im}\, d_{s-1} < \infty$，$\mathrm{Im}\, \bar{d} = \mathrm{Im}\, d_s$ 是闭的，但是，$\hat{d}(w_m s_{k+1} \wedge \cdots \wedge s_{k+s} + \mathrm{Im}\, d_{s-1}) \to 0$，$(m \to \infty)$，此与引理 1.6 矛盾。

(b) 对每个 $i \geqslant k$，必有 $\dim \mathrm{Ker}\, T_i < \infty$ 且 $\mathrm{Im}\, T_i$ 闭。否则不妨设 $\dim \mathrm{Ker}\, T_1 = \infty$ 或 $\mathrm{Im}\, T_1$ 不闭。则必有非全有界的序列 $\{z_m\}$，使 $T_1 z_m \to 0$。取 $x_{k+i} \overline{\in} \mathrm{Im}\, T_{k+1}$，$i = 1, \cdots, n-s$，$x_i \in \mathrm{Ker}\, T_i$，$\| x_i \| = 1$，$2 \leqslant i \leqslant k$，令 $w_m = z_m \otimes x_2 \otimes \cdots \otimes x_n$，则用(a)的方法也可使 $\{w_m s_{k+1} \wedge \cdots \wedge s_n + \mathrm{Im}\, d_{s-1}\}$ 非全有界，而 $\hat{d}\{w_m s_{k+1} \wedge \cdots \wedge s_n + \mathrm{Im}\, d_{s-1}\} \to 0$，从而得到矛盾。

(c) 对每个 $i \leqslant k$，$\dim X_i/\mathrm{Im}\, T_i < \infty$。否则不妨设 $\dim X_1/\mathrm{Im}\, T_1 = \infty$。取 $\{x^m\} \subset X_1$，使 $\{x^m + \mathrm{Im}\, T_1\}$ 线性无关，$x_i \in X_i$，$\| x_i \| = 1$，$2 \leqslant i \leqslant k$，使 $\{w_m s_1 \wedge s_{k+1} \wedge \cdots \wedge s_n + \mathrm{Im}\, d_s\}$ 在 $\mathrm{Ker}\, d_{s+1}/\mathrm{Im}\, d_s$ 中线性无关，此与 $\dim(\mathrm{Ker}\, d_{s+1}/\mathrm{Im}\, d_s) < \infty$ 矛盾。

(d) 若 i 满足 $k < i \leqslant m$，则也有 $\dim X_i/\mathrm{Ker}\, T_i < \infty$。否则不妨设 $\dim X_{k+1}/\mathrm{Im}\, T_{k+1} = \infty$。取 $\{x^m\} \subset X_{k+1}$，使 $\{x^m + \mathrm{Im}\, T_{k+1}\}$ 线性无关，取 $x_i \in \mathrm{Ker}\, T_i$，$i=1, \cdots, k$，$x_{k+1} \overline{\in} \mathrm{Im}\, T_{k+i}$，$2 \leqslant i \leqslant n-k$，$w_m = x_1 \otimes \cdots \otimes x_k \otimes x^m \otimes x_{k+1} \otimes \cdots \otimes x_n$，则 $\{w_m s_{k+1} \wedge \cdots \wedge s_n + \mathrm{Im}\, d_{s-1}\}$ 在 $\mathrm{Ker}\, d_s/\mathrm{Im}\, d_{s-1}$ 中线性无关，此与假设矛盾。

这样 T_i 都是 Fredholm 算子。

(2) 再证当 $T_i - \lambda_i$ 都是 Fredholm 算子时，必有 $\lambda \overline{\in} S_{pe}(\hat{T})$。仍可不妨设 $\lambda = (0, \cdots, 0)$。

设 M_i 是 X_i 中的闭子空间，$M_i + \mathrm{Ker}\, T_i = X_i$，$N_i$ 也是 X_i 中闭子空间，$\mathrm{Im}\, T_i + N_i = X_i$。记 $\mathrm{Ker}\, T_i$ 和 N_i 对上述分解的平行投影为 P_i 和 Q_i，$i=1, \cdots, n$。记

$H^P = \{ \sum f_{j_1 \cdots j_p s_{j_1}} \wedge \cdots \wedge s_{j_p};\ f_{j_2 \cdots j_p} \in \hat{Q}_{j_1} \cdots \hat{Q}_{j_p} \hat{P}_{j_1} \cdots \hat{P}_{j_q} X\}$，其中 $\{i_1, \cdots, i_q\} = \{1, \cdots, n\}/\{j_1, \cdots, j_p\}$；

$$K^P = \{ \sum f_{j_1 \cdots j_p s_{j_1}} \wedge \cdots \wedge s_{j_p};\ f_{j_1 \cdots j_p} \in (I - \hat{Q}_{j_1} \cdots \hat{Q}_{j_p} \hat{P}_{j_1} \cdots \hat{P}_{j_q})X\}。$$

显然 $H^p + K^p = E_p^n(X)$。

如果我们已经证明 $\mathrm{Ker}\, d_p \cap K^p \subset \mathrm{Im}\, d_{p-1}$，则由于 $H^p \subset \mathrm{Ker}\, d^p$，且 $H^p \cap \mathrm{Im}\, d_{p-1} = \{0\}$，则必有 $\mathrm{Ker}\, d_p \cap K^p = \mathrm{Im}\, d_{p-1}$，从而 $\mathrm{Im}\, d_{p-1}$ 是闭的，而且 $\mathrm{Ker}\, d_p/$

$\operatorname{Im} d_p \cong H^p$ 是有限维的，即 $0 \overline{\in} S_{pe}(\hat{T})$。

用归纳法证明 $\operatorname{Ker} d_p \cap K^p \subset \operatorname{Im} d_{p-1}$。

$n=1$ 显然成立。假定 $n-1$ 时是对的，我们来证 n 也对。记 $E_1=\{\sum f_{j_1\cdots j_p} s_{j_1} \wedge \cdots \wedge s_{j_p}; 1 \leqslant j_1<\cdots<j_p \leqslant n-1\}$，$E_2=\{\sum f_{j_1\cdots j_{p-1}} p_{j_1} \wedge \cdots \wedge s_{j_{p-1}}) \wedge s_n; 1 \leqslant j_1<j_2<\cdots<j_{p-1} \leqslant n-1\}$。则在分解 $E_p^n(X)=E_1 \oplus E_2$ 之下，

$$d_p=\begin{pmatrix}\hat{d}_p & 0 \\ \hat{T}_n S_n & \hat{d}_{p-1}\end{pmatrix},$$

其中 $\{\hat{d}_p\}_{p=0}^{n-1}$ 是 $(\hat{T}_1, \cdots, \hat{T}_{n-1})$ 导出的边界算子。

设 $A \in L(X)$，$f=\sum f_{j_1\cdots j_p} s_{j_1} \wedge \cdots \wedge s_{j_p} \in E_p^n(X)$，记 $Af=\sum Af_{j_1\cdots j_p} s_{j_1} \wedge \cdots \wedge s_{j_p}$。

若 $x \oplus(y \wedge s_n) \in \operatorname{Ker} d_p \cap K^p$，其中 $x \in E_1$，则 $d_p(x \oplus(y \wedge s_n))=0$。设 $Y=X_{n-1} \hat{\otimes} \operatorname{Ker} T_n$，$\widetilde{T}_{n-1}=T_{n-1} \otimes I_{\operatorname{Ker} T_n}$，$\widetilde{X}=X_1 \widehat{\otimes \cdots \otimes} X_{n-2} \otimes Y$，则 $\widetilde{T}=(T_1 \otimes I \otimes \cdots \otimes I, \cdots, I \otimes \cdots \otimes I \otimes \widetilde{T}_{n-1})$ 是 $\widetilde{X}$ 上的交换算子组。记 $\widetilde{d}_p$ 是 $\widetilde{T}$ 导出的边界算子，$\widetilde{K}^p$ 是相应的 K^p 空间。由于 $\operatorname{Ker} T_n$ 是有限维的，$\widetilde{T}_{n-1}$ 是 Y 上的 Fredholm 算子，并直接验证知 $\widetilde{P}_n x \in \widetilde{K}^P \cap \operatorname{Ker} \widetilde{d}_p$。由归纳假设，存在 $f \in E_{p-1}^{n-1}(\widetilde{X})$，使得 $\widetilde{d}_p f=\hat{P}_n x$。类似定义 $Z=X_{n-1} \hat{\otimes} N_n$，$\widetilde{T}_{n-1}=T_{n-1} \otimes I_{N_n}$，$\widetilde{X}=X_1 \widehat{\otimes \cdots \otimes} X_{n-2} \otimes Z$，可找到 $g \in E_{p-2}^{n-1}[\widetilde{X}]$，使 $\widetilde{d}_{p-1} g=\hat{Q}_n y$。但 f，g 也可以看作 $E(X)$ 中的向量，且 $\hat{d}^P f=\widetilde{d}^p f$，$\hat{d}_{p-1} g=\widetilde{d}^{p-1} g$，于是 $a_p(f \oplus(g \wedge s_n))=\hat{P}_n x \oplus(\hat{Q}_n y \wedge S_n)$。

由引理 1.6，存在 $h \in E_{p-1}^{n-1}(X)$，使得 $\hat{T}_n h=\hat{Q}_n y$ 且 $\hat{P}_n h=h$。因 $d_p((1-\hat{P}_n) x \oplus(1-\hat{Q}_n)(y \wedge S_n))=0$ 可推得 $((-1)^p \hat{T}_n \hat{P}_n x+\hat{d}_{p-1} \hat{T}_n h) \wedge s_n=0$，但 $\hat{T}_n \hat{d}_{p-1}=\hat{d}_{p-1} \hat{T}_n$，$\hat{T}_n$ 在 $(1-\hat{P}_n) X$ 上单射，因此 $(-1)^p \hat{P}_n x+\hat{d}^{p-1} h=0$，即 $d_p((-1)^{p+1} h \oplus 0)=((-1)^{p+1} \hat{d}_{p-1} h) \oplus(\hat{T}_n s_n \wedge(-1)^{p+1} h)=(1-\hat{P}_n) x \oplus(1-\hat{Q}_n) y \wedge s_n$。这样 $d_p(f \oplus g \wedge s_n+(-1)^{p+1} h \oplus 0)=\hat{P}_n x \oplus(\hat{Q}_n y \wedge s_n)+(1-\hat{P}_n) x \oplus(1-\hat{Q}_n y) \wedge s_n=x \oplus y \wedge s_n$。于是 $\operatorname{Ker} d_p \cap K^P \subset \operatorname{Im} d_{p-1}$ 获证。

(3) 易知要证(3.1)式成立就是要证 $\lambda \overline{\in} S_{pe}(\hat{T})$ 的充分且必要条件是：存在某 i，$T_i-\lambda_i$ 可逆或对每个 i，$T_i-\lambda_i$ 是 Fredholm 算子。由于 T_i 是可逆时，$\hat{T}_i$ 可逆，则 $\hat{T}$ 正则，更有 $0 \overline{\in} S_{pe}(\hat{T})$，因此由(1)、(2)知，式(3.1)成立。

当 T_i 都是 Fredholm 算子时，由(2)，$\operatorname{Ker} d_p / \operatorname{Im} d_{p-1} \cong H^p$，因此

$$\begin{aligned}
\operatorname{Ind} \hat{T} &=\sum_{p=0}^n(-1)^{n-p+1} \operatorname{dim} \operatorname{Ker} d_p / \operatorname{Im} d_{p-1}=\sum_{p=0}^n(-1)^{n-p+1} \operatorname{dim} H^p \\
&=(-1)^{n-1} \sum_{p=0}^n \sum_{j_1 \cdots j_p} \operatorname{dim} N_{j_1} \cdots \operatorname{dim} N_{j_p} \operatorname{dim} \operatorname{Ker} T_{i_1} \cdots \operatorname{dim} \operatorname{Ker} T_{i_q} \\
&=(-1)^{n-1} \prod_{j=1}^n(\operatorname{dim} \operatorname{Ker} T_j-\operatorname{dim} N_j) \\
&=(-1)^{n-1} \prod_{j=1}^n \operatorname{Ind} T_j 。\text{ 证毕。}
\end{aligned}$$

§2 Hilbert空间上算子的张量积

在 Hilbert 空间上，算子张量积的联合谱，联合本质谱和指标较 Banach 空间上的情况，有比较好的结果。

设 $A=(A_1, \cdots, A_n)$ 和 $B=(B_1, \cdots, B_m)$ 分别是 Hilbert 空间 H 和 K 上的变换算子组。记 $A\otimes I=(A_1\otimes I, \cdots, A_n\otimes I)$，$I\otimes B=(I\otimes B_1, \cdots, I\otimes B_m)$。记 $B'=(B_1, \cdots, B_{m-1})$。$A$，$B$，$B'$，$(A\otimes I, I\otimes B)$，$(A\otimes I, I\otimes B')$ 的边界算子分别为 $\{D_i\}_{i=0}^{n}$，$\{G_j\}_{j=0}^{m}$，$\{G'_j\}_{j=0}^{m-1}$，$\{H_k\}_{k=0}^{n+m}$，$\{H'_k\}_{k=0}^{m+n-1}$。同时为方便起见，把边界算子看成 Hilbert 空间直和上的算子。由于 $\binom{m+n}{k}=\binom{n}{k}\binom{m}{0}+\binom{n}{k-1}\binom{m}{1}+\cdots+\binom{n}{k-m}\binom{m}{0}$。以所 $H\otimes K\otimes \boldsymbol{C}^{\binom{m+n}{k}}=\bigoplus_{i=0}^{m}\left(H\otimes \boldsymbol{C}^{\binom{n}{k-i}}\right)\otimes\left(K\otimes \boldsymbol{C}^{\binom{m}{i}}\right)$ （*）

其中 $k<0$ 或 $k>n$ 时，$\binom{n}{k}=0$。

引理 2.1 A，B，$\{D_i\}$，$\{G_j\}$，$\{H_k\}$如上，则在 * 分解之下

(1) $$H_k=\begin{bmatrix} D_k\otimes I & (-1)^{k+1}I\otimes G_1 & & & \\ & D_{k-1}\otimes I & (-1)^{k}I\otimes G_2 & & \\ & & \ddots & & \\ & & & (-1)^{k-m+2}I\otimes G_m & \\ & & & D_{k-m}\otimes I & \end{bmatrix};\tag{1.1}$$

(2) $$H_k^*H_k+H_{k+1}H_{k+1}^*=\bigoplus_{i+j=k}((D_i^*D_i+D_{i+1}D_{i+1}^*)\otimes I+I\otimes(G_j^*G_j+G_{j+1}G_{j+1}^*))。\tag{1.2}$$

证 (1) 对 m 归纳证明

$m=1$ 时，

$$H_k=\begin{bmatrix} D_k\otimes I & (-1)^{k+1}\operatorname{diag}(I\otimes B_1) \\ 0 & D_{k-1}\otimes I\end{bmatrix},$$

由于 $G_1=B_1$，$\operatorname{diag}(I\otimes B_1)=I\otimes G_1$，其中等式左边 I 为 H 上恒等算子，等式右边 I 为 $H\otimes \boldsymbol{C}^{\binom{n}{k}}$ 上恒等算子。这样(2.1)成立。

设 $m-1$ 时(2.1)成立。则

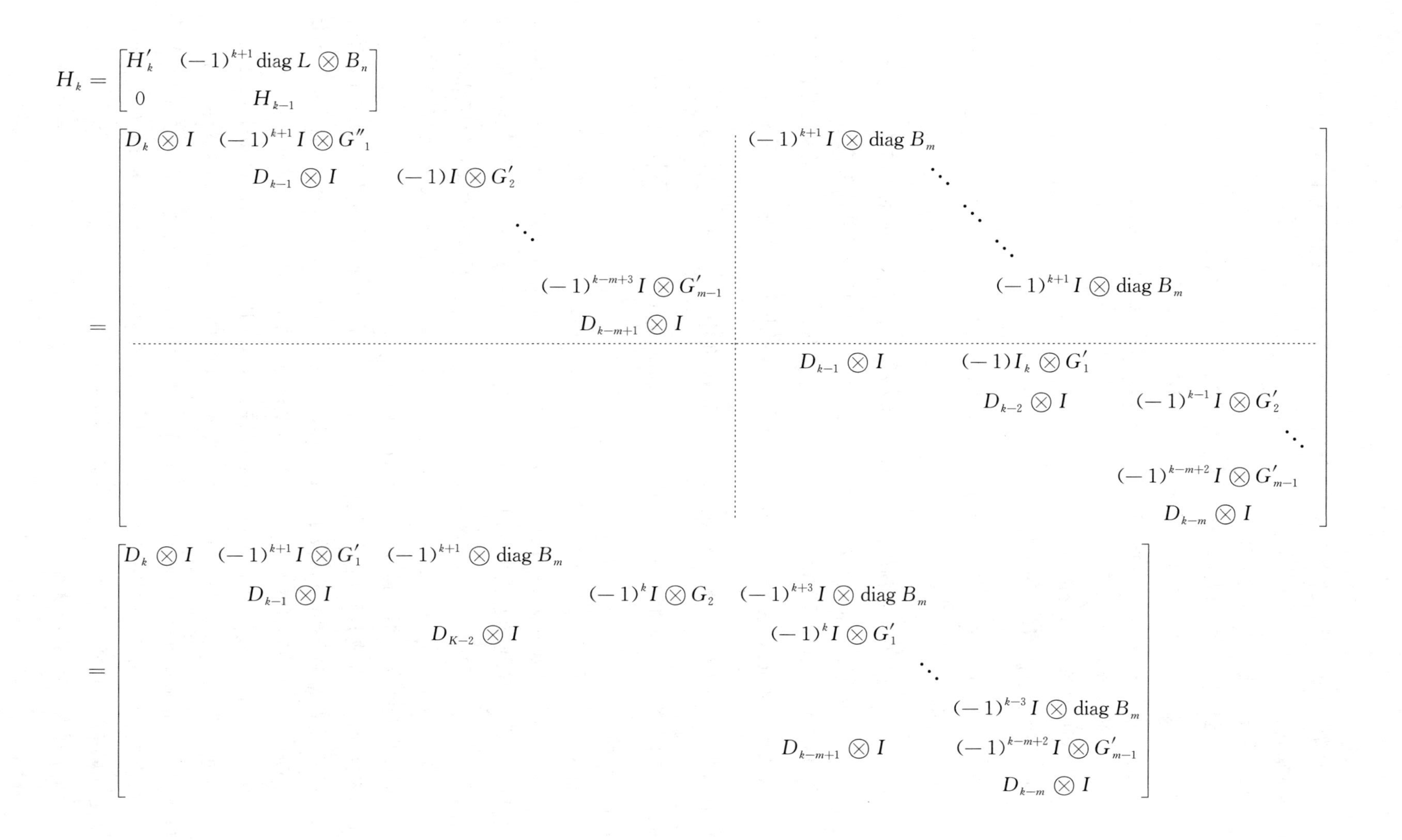

$$
H_k=\begin{bmatrix} H'_k & (-1)^{k+1}\operatorname{diag} L\otimes B_n \\ 0 & H_{k-1} \end{bmatrix}
$$

$$
=\left[\begin{array}{ccccc:ccccc}
D_k\otimes I & (-1)^{k+1}I\otimes G''_1 & & & & (-1)^{k+1}I\otimes\operatorname{diag} B_m & & & & \\
 & D_{k-1}\otimes I & (-1)I\otimes G'_2 & & & & \ddots & & & \\
 & & & \ddots & & & & \ddots & & \\
 & & & & & & & & \ddots & \\
 & & & & (-1)^{k-m+3}I\otimes G'_{m-1} & & & & (-1)^{k+1}I\otimes\operatorname{diag} B_m & \\
 & & & & D_{k-m+1}\otimes I & & & & & \\
\hdashline
 & & & & & D_{k-1}\otimes I & (-1)I_k\otimes G'_1 & & & \\
 & & & & & & D_{k-2}\otimes I & (-1)^{k-1}I\otimes G'_2 & & \\
 & & & & & & & & \ddots & \\
 & & & & & & & & & (-1)^{k-m+2}I\otimes G'_{m-1} \\
 & & & & & & & & & D_{k-m}\otimes I
\end{array}\right]
$$

$$
=\begin{bmatrix}
D_k\otimes I & (-1)^{k+1}I\otimes G'_1 & (-1)^{k+1}\otimes\operatorname{diag} B_m & & & & \\
 & D_{k-1}\otimes I & & (-1)^{k}I\otimes G_2 & (-1)^{k+3}I\otimes\operatorname{diag} B_m & & \\
 & & D_{K-2}\otimes I & & (-1)^{k}I\otimes G'_1 & & \\
 & & & & & \ddots & \\
 & & & & & & (-1)^{k-3}I\otimes\operatorname{diag} B_m \\
 & & & & D_{k-m+1}\otimes I & & (-1)^{k-m+2}I\otimes G'_{m-1} \\
 & & & & & & D_{k-m}\otimes I
\end{bmatrix}
$$

以上等号是进行横列的变换以及空间的合并而得到的，其中 I 可以代表不同空间上的恒等算子。

(2) 直接用式(1.1)计算可得。

引理 2.2 设 $A \in L(H)$，$B \in L(K)$，$A \geqslant 0$，$B \geqslant 0$，则

(1) $\mathrm{Ker}(A \otimes I + I \otimes B) = \mathrm{Ker}\, A \,\widehat{\otimes}\, \mathrm{Ker}\, B$，

(2) $A \otimes I + I \otimes B$ 为 Fredholm 算子的充分且必要条件是满足下列条件之一：

(a) A 或 B 是可逆的，

(b) A 和 B 都是 Fredholm 算子。

证 (1) 若 $f \in H \otimes K$，则

$$\| (A \otimes I + I \otimes B) f \|^2 = \| (A \otimes I) f \|^2 + \| (I \otimes B) f \|^2 + 2 \| (A^{\frac{1}{2}} \otimes B^{\frac{1}{2}}) f \|^2。\tag{2.1}$$

设 $\{x_i\}_{i=1}^{\infty}$ 是 H 的完备就范直交基，其中 $\{x_{n_i}\}_{i=1}^{\infty}$ 是 $\mathrm{Ker}\, A$ 的完备就范直交基。$\{y_j\}_{j=1}^{\infty}$ 是 K 的完备就范直交基，其中 $\{y_{n_j}\}_{j=1}^{\infty}$ 是 $\mathrm{Ker}\, B$ 的完备就范直交基。则 $\{x_i \otimes y_j\}$ 是 $H \otimes K$ 的完备就范直交基，而 $\{x_{n_j} \otimes y_{n_j}\}$ 是 $\mathrm{Ker}\, A \otimes \mathrm{Ker}\, B$ 的完备就范直交基。

设 $f = \sum \lambda_{ij} x_i \otimes y_j \in \mathrm{Ker}(A \otimes I + I \otimes B)$，则由式(2.1)得，$f \in \mathrm{Ker}(A \otimes I) \cap \mathrm{Ker}(I \otimes B)$。由 $(A \otimes I) f = \sum \lambda_{ij} A x_i \otimes y_j$ 知，对每个 j $\sum_{j=1}^{\infty} \lambda_{ij} A x_i = 0$，因此 $\sum_{j=1}^{\infty} \lambda_{ij} x_i \in \mathrm{Ker}\, A$。于是当 $i \overline{\in} \{n_i\}$ 时 $\lambda_{ij} = 0$。同样 $i \overline{\in} \{n_j\}$ 时，$\lambda_{ij} = 0$。这样 $f = \sum \lambda_{n_i n_j} x_{n_i} \otimes y_{n_j} \in \mathrm{Ker}\, A \otimes \mathrm{Ker}\, B$。

而 $\mathrm{Ker}\, A \otimes \mathrm{Ker}\, B \subset \mathrm{Ker}(A \otimes I + I \otimes B)$ 是显然的。

(2) 必要性。若 $A \otimes I + I \otimes B$ 是 Fredholm 算子，但若 A 不是 Fredholm 算子，B 不是可逆的，则有 H 中的直交单位向量 $\{x_p\}_{p=1}^{\infty}$ 使 $A x_p \to 0 (p \to \infty)$。$k$ 中的单位向量 $\{y_p\}_{p=1}^{\infty}$，$B y_p \to 0\ (p \to \infty)$。这样 $\{x_p \otimes y_p\}_{p=1}^{\infty}$ 是 $H \otimes K$ 中的直交单位向量，$(A \otimes I + I \otimes B)(x_p \otimes y_p) \to 0 (p \to \infty)$，因此 $A \otimes I + I \otimes B$ 不是 Fredholm 算子，矛盾。

同样也不可能 A 不可逆，B 不是 Fredholm 算子。

充分性。若 A 或 B 可逆，则易见 $A \otimes I \otimes I \otimes B$ 也可逆，则更是 Fredholm 算子。

若 $A \otimes B$ 都是 Fredholm 算子，则 $\dim \mathrm{Ker}\, A < \infty$，$\dim \mathrm{Ker}\, B < \infty$，且有 $\delta > 0$，使 $x \in (\mathrm{Ker}\, A)^{\perp}$，$y \in (\mathrm{Ker}\, B)^{\perp}$ 时，$\| Ax \| \geqslant \delta \| x \|$，$\| By \| \geqslant \delta \| y \|$。

由(i) $\dim \mathrm{Ker}(A \otimes I + I \otimes B) = \dim(Ker\, \mathrm{A} \otimes Ker\, \mathrm{B}) = dim\ Ker\, \mathrm{A} \cdot dim\ Ker\, \mathrm{B} < \infty$

易知 $(\mathrm{Ker}\, A \otimes \mathrm{Ker}\, B)^{\perp} = (\mathrm{Ker}\, A)^{\perp} \otimes \mathrm{Ker}\, B \oplus \mathrm{Ker}\, A \otimes (\mathrm{Ker}\, B)^{\perp} \oplus (\mathrm{Ker}\, A)^{\perp} \otimes (\mathrm{Ker}\, B)^{\perp}$，且右边的每个直和因子都是 $A \otimes I + I \otimes B$ 的约化子空间。由于 A 在 $(\mathrm{Ker}\, A)^{\perp}$ 上下有界，B 在 $(\mathrm{Ker}\, B)^{\perp}$ 上下有界，于是 $A \otimes I + I \otimes B$ 在 $(\mathrm{Ker}\, A \otimes \mathrm{Ker}\, B)^{\perp}$ 上是下有界的。这样 $A \otimes I \otimes I \otimes B$ 是 Fredholm 算子。

有了以上引理，我们就有

定理 2.3 设 $A=(A_1, \cdots, A_n)$ 和 $B=(B_1, \cdots, B_m)$ 分别是 Hilbert 空间 H 和 K 上的交换算子组,则

$$S_p(A\otimes I, I\otimes B)=S_p(A)\times S_p(B)。$$

证 只要证明 $(A\otimes I, I\otimes B)$ 正则的充要条件是 A 正则或 B 正则就可。

由 Curto [55]知,$(A\otimes I, I\otimes B)$ 可逆的充要条件是对每个 k,$H_k^*H_k+H_{k+1}H_{k+1}^*$ 可逆。但由引理 2.1 知此等价于:对任意 k,任意 $i+j=k$,$(D_i^*D_i+D_{i+1}D_{i+1}^*)\otimes I+I\otimes(G_j^*G_j+G_{j+1}G_{j+1}^*)$ 可逆。用引理 2.2 知,此等价于 $D_i^*D_i+D_{i+1}D_{i+1}^*$ 可逆或 $G_j^*G_j+G_{j+1}G_{j+1}^*$ 可逆。即等价于对每个 i,$D_i^*D_i+D_{i+1}D_{i+1}^*$ 可逆或者等价于每个 j,$G_j^*G_j+G_{j+1}G_{j+1}^*$ 可逆。这又等价于 A 可逆或者 B 可逆。证毕。

定理 2.4 A、B 如定理 2.3,则

$$S_{pe}(A\otimes I, I\otimes B)=(S_{pe}(A)\times S_p(B))\cup(S_p(A)\times S_{pe}(B))。$$

并且当 A 和 B 都是 Fredholm 算子组时,$\mathrm{Ind}(A\otimes I, I\otimes B)=-\mathrm{Ind}\,A\cdot\mathrm{Ind}\,B$。

证 同样只需证明 $(A\otimes I, I\otimes B)$ 是 Fredholm 算子组的充要条件是 A 或 B 中之一是正则的,或者 A 和 B 都是 Fredholm 算子组。

若 $(A\otimes I, I\otimes B)$ 是 Fredholm 算子组,则对每个 k,$H_k^*H_k+H_{k+1}H_{k+1}^*$ 是 Fredholm 算子。若 A 非 Fredholm,B 又非正则,则存在 i,使 $D_i^*D_i+D_{i+1}D_{i+1}^*$ 非 Fredholm 算子,$G_j^*G_j+G_{j+1}G_{j+1}^*$ 不可逆,于是由引理 2.2,$(D_j^*D_i+D_{i+1}D_{i+1}^*)\otimes I+I\otimes(G_j^*G_j^*+G_{j+1}G_{j+1}^*)$ 非 Fredholm,从而,$H_k^*H_k+H_{k+1}H_{k+1}^*$ 非 Fredholm 算子,其中 $k=i+j$。这样得到矛盾。同样也可不能 A 不正则而 B 非 Fredholm 算子组。

若 A,B 中之一是正则的,则 $(A\otimes I, I\otimes B)$ 是正则的,更是 Fredholm 的。

若 A,B 都是 Fredholm 算子组,则对每个 i,j,$D_i^*D_i+D_{i+1}D_{i+1}^*$ 和 $G_j^*G_j+G_{j+1}G_{j+1}^*$ 都是 Fredholm 算子,从而 $H_k^*H_k+H_{k+1}H_{k+1}^*$ 是 Fredholm 算子,从而由 Curto [55],$(A\otimes I, I\otimes B)$ 是 Fredholm 算子组。

若 A,B 都是 Fredholm 算子组,则

$$\begin{aligned}
&\mathrm{Ind}(A\otimes I, I\otimes B)\\
&=\sum(-1)^{k+1}\dim(\mathrm{Ker}(H_k^*H_k+H_{k+1}H_{k+1}^*))\\
&=\sum(-1)^{k+1}\sum_{i+j=k}\dim\,\mathrm{Ker}(D_i^*D_i+D_{i+1}D_{i+1}^*)\cdot\\
&\quad\dim\,\mathrm{Ker}(G_j^*G_j+G_{j+1}G_{j+1}^*)\\
&=-\sum(-1)^{i+1}\dim\,\mathrm{Ker}(D_i^*D_i+D_{i+1}D_{i+1}^*)\\
&\quad\sum(-1)^{j+1}\dim\,\mathrm{Ker}(G_j^*G_j+G_{j+1}G_{j+1}^*)\\
&=-\mathrm{Ind}\,A\cdot\mathrm{Ind}\,B。
\end{aligned}$$

证毕。

§3 可解 C^*-代数的张量积

我们在这一节中在新的条件下把§2中的结论再作进一步的推广。

定义 3.1[83] C^* 代数 $\mathscr{A}$ 称为可解的，是指存在

$\{0\}=\mathscr{A}_0\subset\mathscr{A}_1\subset\cdots\subset\mathscr{A}_{n+1}=\mathscr{A}$，满足：

(1) $\mathscr{A}_j$ 是 $\mathscr{A}_{j+1}$ 中的闭理想；

(2) $\mathscr{A}_{j+1}/\mathscr{A}_j\cong C_0[X_j, K(H_j)]$，其中 X_j 是局部紧的拓扑空间，$K(H_j)$ 是 Hilbert 空间 H_j 上的紧算子理想，$C_0[X_j, K(H_j)]$ 是定义在 X_j 上的且在无穷远点为 0 的算子值的连续函数。$j=0, 1, 2, \cdots, n$；

(3) 记 $d_j=\dim H_j$，则 $d_{j+1}\geqslant d_j$；

(4) 存在 * 代数同态 $S_j: \mathscr{A}\to C[X, L(H_j)]$，使得 $\operatorname{Ker} S_j=\mathscr{A}_j$，$j=1, 2, \cdots, n+1$。$S_j$ 称为 $\mathscr{A}$ 的 j 符号。

n 称为可解 C^* 代数的长度。

由于 C^* 代数中的交换元在任何忠实表示下的联合谱不变，因此可以定义 C^* 代数交换元的联合谱。

定义 3.2 设 $T=(T_1, \cdots, T_n)$ 是可解 C^* 代数 $\mathscr{A}$ 中关于 $\mathscr{A}_p$ 交换的，即对任意 i, j, $[T_i, T_j]\in\mathscr{A}_k$，若 $T/A_k=(T_1/A_k, \cdots, T_i/A_k)$ 是可逆的，则称 T 是 K-Fredholm 算子组。K-Fredholm 算子组的全体记为 $\mathscr{F}_k$。而 $S_{p_k}(T)=\{z: (T_1-z_1, \cdots, T_n-z_n)\overline{\in}\mathscr{F}_k\}$

命题 3.3 设 $T=(T_1, \cdots, T_n)$ 是可解 C^* 代数 $\mathscr{A}$ 中的 K-Fredholm 算子组的充要条件是：对任意 $x\in X_k$，$(\rho_k(T_1)(x), \cdots, \rho_k(T_n)(x))$ 是 H_k 上的可逆算子组，或对 $\forall x\in X_{k-1}$，$(\rho_{k-1}(T_1)(x), \cdots, \rho_{k-1}(T_n)(x))$ 是 H_{k-1} 上的 Fredholm 算子组。

证 以下"⇔"表示充要条件。

$T\in\mathscr{F}_k$

⇔$\rho_k(T)=(\rho_k(T_1), \cdots, \rho_k(T_n))$ 正则($\operatorname{Ker}\rho_k=\mathscr{A}_k$)

⇔ 任意 $x\in X_k$，$(\rho_k(T_1)(x), \cdots, \rho_k(T_n)(x))$ 可逆

⇔ 存在 $B_{ij}(\cdot)\in C[X_k, L(H_k))$，使得 $x\in X_k$ 时

$(B_{ij}(x))\alpha(\rho_k(T)(x))=\alpha(\rho_k(T)(x))(B_{ij}(x))=I$，其中 $\alpha(\rho_k(T)(x_1))$ 是 $\rho_k(T)(x)$ 的 Curto 算子矩阵

⇔ 存在 $B_{ij}\in\mathscr{A}$，使得当 $x\in X_k$ 时，

$$(\rho_k B_{ij}(x))^{\alpha}(\rho_k(T)(x))=\alpha(\rho_k(T)(x))(\rho_k B_{ij}(x))=I$$

⇔ 存在 $B_{ij}\in\mathscr{A}$，使

$$(B_{ij})\alpha(T)=I-(C_{ij}),\ \alpha(T)(B_{ij})=I-(D_{ij}),$$

其中 $C_{ij} \in \mathscr{A}_k$，$D_{ij} \in \mathscr{A}_k$，i，$j = 1$，…，2^{n-1}。

$\Leftrightarrow$ 对任意 $x \in X_{k-1}$，

$$(\rho_{k-1}(B_{ij})(x))\alpha(\rho_{k-1}(T)(x)) = I - (\rho_{k-1}(C_{ij})(x)),$$
$$\alpha(\rho_{k-1}(T))(\rho_{k-1}(B_{ij})(x)) = I - (\rho_{k-1}(D_{ij})(x))$$

$\Leftrightarrow$ 对任意 $x \in X_{k-1}$，$(\rho_{k-1}(T_1)(x)$，…，$\rho_{k-1}(T_n)(x))$ 是 Fredholm 算子组。

证毕。

命题 3.4 设 $\mathscr{A}$ 是长度为 n 的可解 C^* 代数，$\mathscr{B}$ 是长度为 m 的可解 C^* 代数，则 $\mathscr{A}$ 与 $\mathscr{B}$ 的 C^* 张量积 $\mathscr{A} \otimes \mathscr{B}$ 是长度为 $m+n$ 的可解 C^* 代数，而且 $\rho_k = \bigoplus_{i+j=k} \rho'_i \otimes \rho''_j$，其中 ρ_k，ρ'_i，ρ''_j 分别为 $\mathscr{A}$，$\mathscr{B}$ 和 $\mathscr{A} \otimes \mathscr{B}$ 中的 i 符号、j 符号和 k 符号。

证 设 $0 = \mathscr{A}_0 \subset \mathscr{A}_1 \subset \cdots \subset \mathscr{A}_{n+1} = \mathscr{A}$，

$0 = \mathscr{B}_0 \subset \mathscr{B}_1 \subset \cdots \subset \mathscr{B}_{m+1} = \mathscr{B}$，

而 $\mathscr{A}_{i+1}/\mathscr{A}_i \cong C[X_i, K(H_i)]$，$\mathscr{B}_{j+1}/\mathscr{B}_j \cong C[Y_j, K(\tilde{H}_j)]$。

令 $\mathscr{C}_k = \sum_{i+j=k+1} \mathscr{A}_i \otimes \mathscr{B}_j$，则

$$\begin{aligned}\mathscr{C}_{k+1}/\mathscr{C}_k &\cong \bigoplus_{i+j=k} (\mathscr{A}_{i+1}/\mathscr{A}_j (\otimes) \mathscr{B}_{j+1}/\mathscr{B}_j) \\ &\cong \bigoplus_{i+j=k} (C[X_i, K(H_i)] \otimes C[Y_j, K(\tilde{H}_j)]) \\ &\cong \bigoplus_{i+j=k} C[X_i \times Y_j, K(H_i \otimes \tilde{H}_j)] \\ &\cong C[\bigcup_{i+j=k} (X_i \times Y_j), K(\bar{H}_k)],\end{aligned}$$

其中 $E \cup F$ 表示集合 E 与 F 的不交并，而 $\bar{H}_p$，$(p < n+m)$ 为无限维可分的 Hilbert 空间，$\bar{H}_{n+m} = H_n \otimes \tilde{H}_m$。

这样由上述证明过程还可得到 $\rho_k = \bigoplus_{i+j=k} (\rho'_i \otimes \rho''_j)$。证毕。

定理 3.5 设 $T = (T_1, \cdots, T_n)$，$W = (W_1, \cdots, W_m)$ 分别为可解 C^* 代数 $\mathscr{A}$ 和 $\mathscr{B}$ 中的交换算子组，则对任意 k

$$S_{p_k}(T \otimes I, I \otimes W) = \bigcup_{i+j=k} (S_{p_i}(T) \times S_{p_j}(W)),$$

证 记 $Z_k = \bigcup_{i+j=k} (X_i \times Y_j)$。若 $x \in X_i$，$(\rho'_i(T_1)(x), \cdots, \rho'_i(T_n)(x))$ 的边界算子为 $\{D_i(x)\}$；$y \in Y_j$，$(\rho''_j(W_1)(y), \cdots, \rho''_j(W_m)(y))$ 的边界算子为 $\{G_j(y)\}$；$z \in Z_k$，$(\rho_k(T \otimes I)(z), \rho_k(I \otimes W)(z))$ 的边界算子为 $\{H_k(z)\}$。只需证明 $(T \otimes I, I \otimes W) \in \mathscr{F}_k$ 的充分且必要条件是对每个 i，j，若 $i+j=k$，必有 $T \in \mathscr{F}_i$ 或 $W \in \mathscr{F}_j$。

$(T \otimes I, I \otimes W) \in \mathscr{F}_k$

$\Leftrightarrow$ 每个 $z = (x, y) \in \bigcup (X_i \times Y_j)$，$(\rho_k(T \otimes I)(z), \rho_k(I \otimes W)(z))$ 正则

$\Leftrightarrow$ 每个 k，每个 $z \in Z_k$，$H_k^*(z)H_k(z) + H_{k+1}(z)H_{k+1}^*(z)$ 可逆(Curto [55])

$\Leftrightarrow$ 每个 $s + t = k$，$(x, y) = z \in Z_k$

$(D_s^*(x)D_s(x)+D_{s+1}(x)D_{s+1}^*(x))\otimes I+I\otimes(G_t^*(y)G_t(y)+G_{t+1}(y)G_{t+1}^*(y))$ 可逆

（引理 2.2）

$\Leftrightarrow$每个 s，$x\in X_i$，$D_s^*(x)D_s(x)+D_{s+1}(x)D_{s+1}^*(x)$ 可逆

或每个 t，$y\in Y_j$，$G_t^*(y)G_t(y)+G_{t+1}(y)G_{t+1}^*(y)$ 可逆

$\Leftrightarrow$任意 $x\in X_i$，$\rho_i(T)(x)=(\rho_i(T_1)(x),\cdots,\rho_i(T_n)(x))$ 正则

或任意 $y\in Y_j$，$\rho_j(W)(y)=(\rho_3(W_1)(y),\cdots,\rho_j(W_m)(y))$ 正则

$\Leftrightarrow T\in\mathscr{F}_i$ 或 $W\in\mathscr{F}_j$（命题 3.3）。证毕。

注：当 $k=0$ 时，$S_{p_0}(T\otimes I,\ I\otimes W)=S_{p_0}(T)\times S_{p_0}(W)$。但易知 $S_{p_0}(T)=S_p(T)$，于是 $S_p(T\otimes I,\ I\otimes W)=S_p(T)\times S_p(W)$。当 $\mathscr{A}_1=\mathscr{B}_1=K$（紧算子理想），$S_{p_1}(T\otimes I,\ I\otimes W)=S_{p_1}(T)\times S_{p_0}(W)\cup S_{p_0}(T)\times S_{p_1}(W)$。此时 $S_{p_1}(T)=S_{pe}(T)$，于是 $S_{pe}(T\otimes I,\ I\otimes W)=S_{pe}(T)\times S_p(W)\cup S_p(T)\times S_{pe}(W)$。这样 §2 中关于联合谱与联合本质谱的结论都是本节的特殊情况。

为了导出 Ind_k 的定义，需要 B. Boss 和 D. D. Bleecker [39]的引理。

引理 3.6 设 $A(\cdot)$是定义在拓扑空间 E，取值于 Hilbert 空间 H 上 Fredholm 算子的连续函数，且 $\dim\operatorname{Ker}A(x)$是与 x 无关的常数，则 $\bigcup\limits_{x\in E}\operatorname{Ker}A(x)$和 $\bigcup\limits_{x\in E}\operatorname{Ker}A^*(x)$都是 E 上的向量丛。

记$\bigcup\operatorname{Ker}A(x)$在 E 上的向量丛中的等价类为$[\operatorname{Ker}A]$。

引理 3.7 设 $A(\cdot)$如引理 3.5，则存在投影算子 P，使得 $I-P$ 为有限秩，而 $\dim\operatorname{Ker}PA(x)$ 与 x 无关，而对任意 x，$\operatorname{Ker}[PA(x)]^*=(1-P)H$。

定义 3.8 设 $A(\cdot)$如引理 3.5，定义

$$\operatorname{Ind}A=[\operatorname{Ker}PA]-[\operatorname{Ker}(PA)^*]。$$

引理 3.9 设 $A(\cdot)$如引理 3.5，且 $\dim\operatorname{Ker}A(x)$是与 x 无关的常数，则 $\operatorname{Ind}A=[\operatorname{Ker}A]-[\operatorname{Ker}A^*]$。

对于算子组，我们定义

定义 3.10 设 $A(x)=(A_1(x),\cdots,A_n(x))$ 是定义在拓扑空间 E 上取值于 Hilbert 空间 H 上的 Fredholm 算子组的连续函数，则定义

$$\operatorname{Ind}A=\operatorname{Ind}\alpha(A)。$$

命题 3.11 设 $A(x)$如定义 3.9，$\{D_i(x)\}_{i=0}^n$ 是 $A(x)$ 导出的边界算子，则必有 H 中余维为有限的闭子空间的投影算子 p，使得对任意 j，$\dim(\operatorname{Im}\widetilde{D}_j)^\perp\cap(\operatorname{Ker}\widetilde{D}_{j+1})$ 与 x 无关，且

$$\begin{aligned}\operatorname{Ind}A&=\sum(-1)^{j+1}[\operatorname{Ker}(\widetilde{D}_j\widetilde{D}_j^*+\widetilde{D}_{j+1}^*\widetilde{D}_{j+1})]\\&=\sum(-1)^{j+1}[(\operatorname{Im}\widetilde{D}_j)^\perp\cap(\operatorname{Ker}\widetilde{D}_{j+1})],\end{aligned}$$

其中 $\widetilde{D}_j = P_{\mathrm{Ker}\overline{D}_j}\ \overline{D}_j$。而 $j = 2k$ 时，$\overline{D}_j = P_{j+1}D_j$，$j = 2k+1$ 时，$\overline{D}_j = D_jP_j$，其中 $P_j = \underbrace{P \oplus \cdots \oplus P}_{\binom{n}{j}}$。

证 由定义 $\alpha(A) = \begin{bmatrix} D_0 & D_1^* & & \\ & D_2 & D_3^* & \\ & & & \ddots \end{bmatrix}$，

由引理 3.5 的证明([3.9])可知，当 $H \otimes \boldsymbol{C}^{2^{n-1}}$ 中的投影 P_0，只要其余维数充分大时，都可使 $\dim \mathrm{Ker}\, P_0\alpha(A(x))$ 与 x 无关。特别取 H 中投影算子 P，使 $(PH)^\perp$ 的维数充分大时，也必有 $P^\perp\ H \otimes \boldsymbol{C}^{2^{n-1}}$ 的维数充分大，使得 $\dim \mathrm{Ker}\, \widetilde{P}\alpha(A)$ 与 x 无关。这里 $\widetilde{P} = P \otimes I \in L(H \otimes \boldsymbol{C}^{2^{n-1}})$。经计算知

$$\widetilde{P}\alpha(A) = \begin{bmatrix} P_0D_0 & P_0D_1^* & \\ & P_1D_2 & \\ & & \ddots \end{bmatrix} = \begin{bmatrix} \overline{D}_0 & \overline{D}_1^* & \\ & \overline{D}_2 & \\ & & \ddots \end{bmatrix}。$$

由于 $\widetilde{D}_{j+1}\ \widetilde{D}_j$ 是紧的，由 Curto[55] 证明可知任意 $x \in X$，

$$\mathrm{Ker}\, \widetilde{P}\alpha(A(x)) = \bigoplus \mathrm{Ker}(\widetilde{D}_{2j}^*\ \widetilde{D}_{2j} + \widetilde{D}_{2j+1}\ \widetilde{D}_{2j+1}^*)。$$

又由于 $x \to \dim \mathrm{Ker}\, T(x)$ 具有上半连续性(T 是定义在 E 上取值于 $L(H)$ 的连续函数)及 $\dim \mathrm{Ker}\, \widetilde{P}\alpha(A(x))$ 是常数，于是对每个 j，$\dim \mathrm{Ker}(\widetilde{D}_{2j}^*\ \widetilde{D}_{2j} + \widetilde{D}_{2j-1}\ \widetilde{D}_{2j-1}^*)$ 也是常数，这样 $\bigcup\limits_{x\in E} \mathrm{Ker}(\widetilde{D}_{2j}^*\ \widetilde{D}_{2j} + \widetilde{D}_{2j-1}\ \widetilde{D}_{2j-1}^*)$ 是向量丛。同样 $\bigcup\limits_{x\in E} \mathrm{Ker}(\widetilde{D}_{2j+1}\ \widetilde{D}_{2j+1}^* + \widetilde{D}_{2j}^*\ \widetilde{D}_{2j})$ 也是向量丛。这样由引理 3.5，

$$\begin{aligned} \mathrm{Ind}\, \alpha(A) &= [\mathrm{Ker}\, \widetilde{P}\alpha(A)] - [\mathrm{Ker}(\widetilde{P}\alpha(A))^*] \\ &= \sum (-1)^{j+1}[\mathrm{Ker}(\widetilde{D}_j^*\ \widetilde{D}_j + \widetilde{D}_{j+1}\ \widetilde{D}_{j+1}^*)] \\ &= \sum (-1)^{j+1}[\mathrm{Ker}\, \widetilde{D}_{j+1} \cap (\mathrm{Im}\, \widetilde{D}_j)]。 \end{aligned}$$ 证毕。

由[39]还有以下引理。

引理 3.12 设 $A(\cdot)$，$B(\cdot)$ 都是定义在 E 上取值于 H 上的 Fredholm 算子的连续函数，而且有定义在 $[0, 1] \times E$ 上取值于 H 上的 Fredholm 算子的连续函数 $F(\cdot, \cdot)$，使得 $F(\cdot, 0) = A(\cdot)$，$F(\cdot, 1) = B(\cdot)$，则 $\mathrm{Ind}\, A = \mathrm{Ind}\, B$。

我们来证明以下的张量积的指标的乘法定理。

定理 3.13 设 $T = (T_1, \cdots, T_n)$ 是可解 C^* 代数 $\mathscr{A}$ 的 i Fredholm 算子组，$W = (W_1, \cdots, W_m)$ 是可解 C^* 代数 $\mathscr{B}$ 的 j Fredholm 算子组，则 $(T \otimes I, I \otimes W)$ 是 $\mathscr{A} \otimes \mathscr{B}$ 的 $i + j - 1 = p$ Fredholm 算子组，且 $\mathrm{Ind}_p(T \otimes I, I \otimes W) = \mathrm{Ind}_i T \boxtimes \mathrm{Ind}_j W$，
其中 $\boxtimes$ 为 $K(X)$ 与 $K(Y)$ 中的外积，详见 Karubi[120]，注意为避免与本文中符号相混，$\boxtimes$ 意义与 Karubi 的有所不同。

证　存在 H 上投影算子 p，使

$$\operatorname{Ind}_i T=[\operatorname{Ker}\widetilde{P}\alpha(T)]-[\operatorname{Ker}(\widetilde{P}\alpha(T))^*],$$

存在投影算子 Q，使得

$$\operatorname{Ind}_i W=[\operatorname{Ker}\widetilde{Q}\alpha(W)]-[\operatorname{Ker}(\widetilde{Q}\alpha(W)^*],$$

设$\{D_j\}$，$\{G_j\}$，$\{H_k\}$分别为命题 3.19 中的边界算子，

则

$$H_k=\begin{bmatrix} D_k\otimes I & (-1)^k\otimes G_1 & \\ & D_{k-1}\otimes I & \\ & & \ddots \end{bmatrix},$$

对任意 $z=(x,y)\in Z_k$，$t\in[0,1]$，定义

$$H_k(z,t)=\begin{bmatrix} (tD_k(x)+(1-t)\widetilde{D}k(x))\otimes I & (-1)^k I\otimes(tG_1(y)+(1-t)\widetilde{G}_1(y)) & \\ & (tD_{k-1}(x)+(1-t)\widetilde{D}_{k-1}(x))\otimes I & \\ & & \ddots \end{bmatrix},$$

$$\alpha(z,t)=\begin{bmatrix} \widetilde{H}_0(z,t) & \widetilde{H}_1^*(z,t) & \\ & \widetilde{H}_2(z,t) & \\ & & \ddots \end{bmatrix},$$

则

$$\alpha(z,0)=\begin{bmatrix} \widetilde{H}_0(z) & \widetilde{H}_1^*(z) & \\ & \widetilde{H}_2(z) & \\ & & \ddots \end{bmatrix},$$

$$\alpha(z,1)=\begin{bmatrix} H_0(z) & H_1^*(z) & \\ & H_2(z) & \\ & & \ddots \end{bmatrix}。$$

对任意固定的 $z=(x,y)$ 和 $t\in[0,1]$，$\alpha(z,t)-\alpha(T\otimes I,I\otimes W)(z)$ 是有限秩算子，因此 $\alpha(z,t)$ 是 Fredholm算子，于是由引理 3.11 $\operatorname{Ind}\alpha(T\otimes I,I\otimes W)=\operatorname{Ind}\alpha(z,0)$。

对任意 $(i',j')\neq\{i,j\}$，其中 $i+j=k+1$，必有 $i'\leqslant i-1$ 或者 $j'\leqslant j-1$，这样 $\rho_{j'-1}(T)$ 可逆或者 $\rho_{j'-1}(W)$ 可逆，这样对任意 $s+t=k$，$\operatorname{Ker}((\widetilde{D}_i^*\widetilde{D}_i+\widetilde{D}_{i+1}\widetilde{D}_{i+1}^*)\otimes I+I\otimes(\widetilde{G}_j^*\widetilde{G}_j+\widetilde{G}_{j+1}\widetilde{G}_{j+1}^*))=\{0\}$。因此我们只需考虑在 $X_{i-1}\times Y_{j-1}$ 上的向量丛。

由于 $\widetilde{D}_{i+1}\widetilde{D}_i=0$，$\widetilde{G}_{j+1}\widetilde{G}_j=0$，

$$\operatorname{Ker}\alpha(z,0)=\bigoplus_k\bigoplus_{i+j=2k}(\widetilde{D}_i^*\widetilde{D}_i+\widetilde{D}_{i+1}\widetilde{D}_{i+1}^*)(x)\otimes I+ \\ I\otimes(\widetilde{G}_j^*\widetilde{G}_j+\widetilde{G}_{j+1}\widetilde{G}_{j+1}^*)(y),$$

$$\operatorname{Ker}\alpha(z,0)^* = \bigoplus_k \bigoplus_{i+j=2k+1} (\widetilde{D}_i^* \widetilde{D}_i + \widetilde{D}_{i+1}\widetilde{D}_{i+1}^*)(x) \otimes I + I \otimes (\widetilde{G}_j^* \widetilde{G}_j + \widetilde{G}_{j+1} \widetilde{G}_{j+1}^*)(y),$$

由于 $\dim \operatorname{Ker}(\widetilde{D}_i^* \widetilde{D}_i + \widetilde{D}_{i+1} \widetilde{D}_{i+1}^*)$ 和 $\dim \operatorname{Ker}(\widetilde{G}_j^* \widetilde{G}_j + \widetilde{G}_{j+1} \widetilde{G}_{j+1}^*)$ 都是常数,因此 $\dim \operatorname{Ker}\alpha(z, 0)$也是常数。

因此

$$\begin{aligned}
&\operatorname{Ind}_p(T \otimes I, I \otimes W) \\
&= \operatorname{Ind}\alpha(T \otimes I, I \otimes W) \\
&= \operatorname{Ind}\alpha(\cdot, 0) \\
&= [\operatorname{Ker}\alpha(\cdot, 0)] - [\operatorname{Ker}(\alpha(\cdot, 0))^*] \\
&= \sum (-1)^{k+1} [\operatorname{Ker}(\widetilde{H}_k^* \widetilde{H}_k + \widetilde{H}_{k+1} \widetilde{H}_{k+1}^*)] \\
&= \sum (-1)^{k+1} \sum_{i+j=k} [\operatorname{Ker}(\widetilde{D}_i^* \widetilde{D}_i + \widetilde{D}_{i+1} \widetilde{D}_{i+1}^*) \otimes I \\
&\quad + I \otimes (\widetilde{G}_j^* \widetilde{G}_j + \widetilde{G}_{j+1} \widetilde{G}_{j+1}^*)] \\
&= \sum (-1)^{k+1} \sum [\operatorname{Ker}(\widetilde{D}_i^* \widetilde{D}_i + \widetilde{D}_{i+1} \widetilde{D}_{i+1}^*)] \\
&\quad \otimes [\operatorname{Ker}(\widetilde{G}_j^* \widetilde{G}_j + \widetilde{G}_{j+1} \widetilde{G}_{j+1}^*)] \\
&= -\sum (-1)^{i+1} [\operatorname{Ker}(\widetilde{D}_i^* \widetilde{D}_i + \widetilde{D}_{i+1} \widetilde{D}_{i+1}^*)] \\
&\quad \otimes \sum (-1)^{j+1} [\operatorname{Ker}(\widetilde{G}_j^* \widetilde{G}_j + \widetilde{G}_{j+1} \widetilde{G}_{j+1}^*)] \\
&= -[\operatorname{Ind}_i T] \otimes [\operatorname{Ind}_j W]。
\end{aligned}$$

可解 C^*代数张量积上的一些结果可应用于 Polydisc 上的 Toeplitz 算子理论的研究。

我们知道,Hardy 空间上的平移算子 T_z 生成的C^*代数 $C^*(T_z)$是长度为 1 的可解 C^*代数,其中 $\mathscr{A}_1 = K$, $\mathscr{A}_2 = C^*(T_z)$,而$C^*(T_z)/K = C(T)$,其中 T 为单位圆周。在 T^n 上也有 $T = (T_{z_1}, \cdots, T_{z_n})$ 生成的 C^* 代数 $C^*(T_{z_1}, \cdots, T_{z_n})$,并且容易知道 $C^*(T_{z_1}, \cdots, T_{z_n}) = C^*(T_z) \otimes \cdots \otimes C^*(T_z)$。因此由命题 3.4 有

命题 3.14 $C^*(T_{z_1}, \cdots, T_{z_n})$是长度为 n 的可解C^*代数,且对任意 k, $\rho_k = \bigoplus(\rho_{j_1} \otimes \cdots \otimes \rho_{j_k})$。特别对 Toeplitz 算子 T_φ, $\rho_k(T_\varphi)(z_{j_1}, \cdots, z_{j_k}) = T_\varphi \in C^*(T_{z_{i_1}}, \cdots, T_{z_{i_q}})$,其中 φ' 是固定$(z_{j_1}, \cdots, z_{j_k})$得到的 T^{n-k} 上的函数,$\{i_1, \cdots, i_q\} = \{1, \cdots, n\}/\{j_1, \cdots, j_k\}$。特别对 $k = n$,有 $\rho_n(T_\varphi) = \varphi \in C(T^n)$。

推论 3.15 $T_\varphi = (T_{\varphi_1}, \cdots, T_{\varphi_k})$是$C^*(T_{z_1}, \cdots, T_{z_n})$中交换的 Toeplitz 算子组,则 $\lambda = (\lambda_1, \cdots, \lambda_k) \overline{\in} S_{p_m}(T_\varphi)$的充分且必要条件是,对任意$(z_{j_1}, \cdots, z_{j_m})$, $(T_{\varphi_1'}, \cdots, T_{\varphi_k'})$是 $C^*(T_{z_{i_1}}, \cdots, T_{z_{i_q}})$上的可逆的算子组,其中 φ_j', $j = 1, 2, \cdots, k$,是固定变量$(z_{j_1}, \cdots, z_{j_m})$而得到的函数。

命题 3.16 设 $\varphi_j \in H^\infty(T)$, $j = 1, \cdots, k$,则 $S_p(T_{\varphi_1}, \cdots, T_{\varphi_k}) = \hat{\varphi}(\overline{D})$,其中$\hat{\varphi}$是

φ 在单位圆内的解析延拓。

证 若 $\varphi \in H^{\infty}(T)$，则有 $\varphi_r(z)=\varphi(rz)$，$r<1$，是 $\bar{D}$ 上的解析函数，且 $\lim\limits_{r\to 1}\|\varphi-\varphi_r\|=0$。由解析函数演算的谱映照定理([113])，$S_p(T_{\varphi_r})=\hat{\varphi}_r(\bar{D})$。但谱具有上半连续性，而 $\|T_\varphi - T_{\varphi r}\|=\|\varphi-\varphi_r\|_\infty \to 0$，于是 $S_p(T_\varphi)\supset \lim S_p(T_{\varphi r})=\lim \hat{\varphi}_r(\bar{D})=\hat{\varphi}(\bar{D})$。反之，若 $\lambda \overline{\in} \hat{\varphi}(\bar{D})$，则存在 $\delta>0$，使得任意 $z\in\bar{D}$，$\sum\limits_{j=1}^{k}|\hat{\varphi}_j(z)-\lambda_j|\geqslant\delta$，由 Corona 定理(参见[66])有 $\psi_j\in H^\infty(T)$，$j=1, 2, \cdots, k$，使得 $\sum\psi_j(z)(\varphi_j(z)-\lambda_j)=1$。这样 $\sum T_{\psi_j}(T_{\varphi_j}-\lambda_j)=I$。由于 T_{ψ_j} 与 T_{φ_j} 的交换性及第二章定理 4.1 知 $\lambda \overline{\in} S_p(T_\varphi)$。证毕。

推论 3.17 当 $\varphi_j\in H^\infty(T^n)$，$j=1, \cdots, k$，$\varphi=(\varphi_1, \cdots, \varphi_k)$ 有 $S_{p_{n-1}}(T_\varphi)=\hat{\varphi}(\partial_{n-1}D^n)$，其中 $\partial_{n-1}D^n=\{z=(z_1, \cdots, z_n)$；至少有 $n-1$ 个 z_j 使得 $|z_j|=1\}$。

证 由定理 3.5，$\lambda=(\lambda_1, \cdots, \lambda_k)\overline{\in} S_{p_{n-1}}(T_p)$ 的充分且必要条件是 $T_{\varphi'}-\lambda=(T_{\varphi'1}-\lambda_1, \cdots, T_{\varphi'k}-\lambda_k)$ 是可逆的，其中 φ' 是固定任意 $n-1$ 个变量得到的 $C(T)$ 中的函数。但由命题 3.15，$T_{\varphi'}-\lambda=(T_{\varphi'1}-\lambda_1, \cdots, T_{\varphi'k}-\lambda_k)$ 可逆的充分且必要条件是 $\lambda \overline{\in} \hat{\varphi'}(D)$，即对任意 $(z_{j_1}, \cdots, z_{j_{n-1}})$，$|z_{j_1}|=\cdots=z_{j_{n-1}}|=1$ 和 z_i，$|z_i|\leqslant 1$，$\lambda\neq\hat{\varphi}(z_{j_1}, \cdots, z_{j_{n-1}}, z_i)$，其中 $\{i\}=\{1, \cdots, n\}/\{j_1, \cdots, j_{n-1}\}$。此即为 $\lambda \overline{\in} \partial_{n-1}(D^n)$。证毕。

我们知道，$C^*(T_z)$ 中的算子可唯一地表示为 $T_\varphi+K$ 形式，其中 K 为紧算子，而 T_φ 是由连续函数 φ 引出的 Toeplitz 算子。在 $C^*(T_{z_1}, \cdots, T_{z_n})$ 中也有类似现象，为此我们先证

引理 3.18 设 $\varphi_j\in C(T^n)$，$j=1, \cdots, k$，则 $S_{p_n}(T_{\varphi_1}, \cdots, T_{\varphi_k})\subset\sigma_n(T_\varphi)$。

证 $n=1$ 时，由于 $C^*(T_z)/K=C(T)$，因此有 $S_{pe}(T_\varphi)=\varphi(T)$。又由于 $[T_{\varphi_i}, T_{\varphi_j}]$ 和 $[T_{\varphi_i}, T^*_{\varphi_j}]$ 都是紧算子，因此当 $\varphi(z)\in S_{pe}(T)$ 时，必有正交的单位向量 $\{f_p\}$，使 $(T_{\varphi_j}-\varphi_j(z))f_p\to 0$，$(p\to\infty)$，$j=1, \cdots, n$。

一般地，对任意 $\lambda\in\partial D^n$，存在变量分离的函数 ψ_j，$\psi_j=\sum\limits_{i=1}^{S_j}\psi^j_{i_1}\otimes\cdots\otimes\psi^j_{i_n}$，使得 $\|\psi_j-\varphi_j\|_\infty<\varepsilon$，其中 ε 是任意给定的正数。由 $n=1$ 的结论，存在 $\{f_p\}$ 是单位正交向量，是 $T^j_{\psi_{i_k}}$ 的公共的近似特征向量。令 $\tilde{f}_p=f_p\otimes\cdots\otimes f_p$，则必有充分大的 p，使 $\|(T_{\psi_j}-\psi_j(\lambda))f_p\|<\varepsilon$，于是

$$\begin{aligned}&\|(T_{\varphi_i}-\varphi(\lambda))f_p\|\\ \leqslant&\|(T_{\varphi_i}-T_{\psi_i})f_p\|+\|(T_{\psi_i}-\psi_i(\lambda))f_p\|+\|(\psi_i(\lambda)-\varphi_i(\lambda))f_p\|\\ <&3\varepsilon,\end{aligned}$$

此即证明了任意 $\lambda\in\partial D^n$，$\varphi(\lambda)=(\varphi_1(\lambda), \cdots, \varphi_n(\lambda))\in\sigma_\pi(T_\varphi)$。但又由于 $\varphi(\partial D^n)=S_{p_n}(T_\varphi)$，于是 $S_{p_n}(T_\varphi)\subset\sigma_n(T_p)$ 成立。证毕。

命题 3.19 $T \in C^*(T_{z_1}, \cdots, T_{z_n})$，则必有唯一的 $\varphi \in C(T^n)$ 和 $K \in \mathscr{A}_n$，使得 $T = T_\varphi + K$，且 $\| T \| = \| \varphi \|_\infty$。

证 记 $W = \{T;\ T = T_\varphi + K,\ K \in \mathscr{A}_n,\ \varphi \in C(T^n)\}$，

(1) $\mathscr{A}_n$ 就是 $C^*(T_{z_1}, \cdots, T_{z_n})$ 的交换子理想 I。事实上，由于 $\mathscr{A}_n = \sum_{j=1}^{m} C^*(T_z) \otimes \cdots \otimes \underset{(j)}{K} \otimes \cdots \otimes C^*(T_z)$ 以及 K 为 $C^*(T_z)$ 的交换子理想，得到 $\mathscr{A}_n \subset I$。又由于恒等式 $[AB, C] = A[B, C] + [A, C]B$ 以及 $C^*(T_{z_1}, \cdots, T_{z_n}) = C^*(T_z) \otimes \cdots \otimes C^*(T_z)$ 得 $I \subset \mathscr{A}_n$。

(2) 若 $T = T_\varphi + K$，则易知 $\| T/\mathscr{A}_n \| \leqslant \| T_\varphi \| \leqslant \| M_\varphi \| = \| \varphi \|_\infty$，其中 M_φ 是 $L^2(T^n)$ 中乘 φ 的乘法算子。对任意非交换的多项式 $P(T_{\varphi_1}, \cdots, T_{\varphi_k})$，我们来证明 $\| P(T_{\varphi_1}, \cdots, T_{\varphi_k}) \| \geqslant \| P(\varphi_1, \cdots, \varphi_k) \|_\infty$ 设 $\lambda = (\varphi_1(z), \cdots, \varphi_k(z))$，由引理 3.17 知有 $\{f_p\}$，使

$$\| (T\varphi_j - \varphi_j(z)) f_p \| \to 0 (p \to \infty)。$$

于是

$$\| P(T_{\varphi_1}, \cdots, T_{\varphi_k}) \| \geqslant \sup_{z \in T_n} | P(\varphi_1(z), \cdots, \varphi_k(z)) | = \| P(\varphi_1, \cdots, \varphi_k) \| \infty。$$

$C^*(T_{z_1}, \cdots, T_{z_n})$ 的稠密子集可以表为 $P(T_{\psi_1}, \cdots, T_{\psi_p})$ 形式，而这些算子生成的交换子的符号为 0，因此 $\| T_\varphi/\mathscr{A}_n \| = \inf \| T_\varphi + P(T_{\psi_1}, \cdots, T_{\psi_k}) \| \geqslant \| P(\psi_1, \cdots, \psi_k) + \varphi \|_\infty = \| \varphi \|_\infty$，因此 $\| T/\mathscr{A}_n \| = \| \varphi \|_\infty$。

(3) W 是闭的。设 $\{T_{\varphi_p} + K_p\}$ 是 W 中的柯西列，则由于(2)$\{\varphi_p\}$ 也是柯西列，则有 φ_0，使得 $\varphi_p \to \varphi_0$，$K_0 \in \mathscr{A}_n$，使 $K_p \to K_0 (p \to \infty)$，此即有 $T_{\varphi_p} + K_p \to T_{\varphi_0} + K_0$。这就证明了 W 是闭的。

(4) 由于 $T_{z_1}, \cdots, T_{z_n} \in W$，而 W 对 $*$ 运算是封闭的，对加法也是封闭的，又由(3) W 对极限运算也是封闭的，因此只要证明 W 对乘法运算也是封闭的，就可以证明 $C^*(T_{z_1}, \cdots, T_{z_n}) = W$ 了。但是乘法运算可以由“变量分离”的算子的线性和来逼近，于是由于(3)可知对乘数也是封闭的。证毕。

命题 3.20 设$(T_1, \cdots, T_k)$是 $C^*(T_{z_1}, \cdots, T_{z_n})$ 的代数生成元，且 $T_j = T_{\varphi_j} + K_j$，$\varphi_j \in C(T^n)$，$K_j \in \mathscr{A}_n$，$j = 1, \cdots, k$，则$(\varphi_1, \cdots, \varphi_k)$ 在 T^n 上是 $1-1$ 的，特别有 $k \geqslant n$。

证 设 W 是 $C^*(T_{z_1}, \cdots, T_{z_n})$ 中含 $\mathscr{A}_n$ 的闭 $*$ 代数，令 $\Phi(W) = \{\varphi;\ \varphi \in C(T^n)$，存在 $K \in \mathscr{A}_n$，使 $T_\varphi + K \in W\}$。则用命题 3.18 知 $W \to \Phi(W)$ 是 $C^*(T_{z_1}, \cdots, T_{z_n})$ 中闭 $*$ 代数与 $C(T^n)$ 中闭子代数的一一对应。这样当$(T_1, \cdots, T_k)$生成 $C^*(T_{z_1}, \cdots, T_{z_n})$ 时，必有$(\varphi_1, \cdots, \varphi_k)$生成 $C(T^n)$。由 Stone 定理必有$(\varphi_1, \cdots, \varphi_k)$在 T^n 上是 $1-1$ 的，从而只可能 $k \geqslant n$。证毕。

第七章　算子方程与联合谱

算子方程的研究已有不少文章和较长历史了，一些经典的结果（参见[6]、[64]、[92]等）已为大家熟知并且还在推广中，我们将看到，联合谱理论将为传统的算子方程研究带来不少新信息。我们在这一章中主要讨论如何用算子张量积的联合谱、联合本质谱来讨论初等算子的谱性质。

§1　Hilbert空间上算子理想的一些基本结果

为了后面的需要，本节将扼要地介绍一下 Hilbert 空间上的几类重要的算子理想以及与 Hilbert 空间的 Cross 张量积的一些联系。

定义 1.1　设 $B_1 \otimes B_2$ 为Banach空间 B_1 和 B_2 的代数张量积。$B_1 \otimes B_2$ 上的范数 α 称为Cross范数，如果对任意 $f \in B_1$，$g \in B_2$，有 $\alpha(f \otimes g) = \| f \| \cdot \| g \|$；$\alpha$ 称为一致的，若对任意 $T \in L(B_1)$，$S \in L(B_2)$，有 $\alpha\left(\sum_{i=1}^{n} Tf_i \otimes Sg_i\right) \leqslant \| S \| \| T \| \alpha\left(\sum_{i=1}^{n} f_i \otimes g_i\right)$，这里 $f_i \in B_1$，$g_i \in B_2$ 是任意的。

由于篇幅所限，下面的一些命题都不加证明了，有兴趣的读者可以参阅 Schatten [106]，有些还不妨自行证明。

命题 1.2　设 α 是 $B_1 \otimes B_2$ 上的 Cross 范数，则 α 是 $B_1 \times B_2$ 上的二元连续函数。当 B_1 与 B_2 皆可分时，$B_1 \otimes B_2$ 也是可分的。

命题 1.3　设 $T \in L(B_1)$，$S \in L(B_2)$，则可以定义 $B_1 \otimes B_2$ 上的线性算子 $S \otimes T$。

对任意 $\sum_{i=1}^{n} f_i \otimes g_i \in B_1 \otimes S_2$，可以唯一确定映射：

$$(S \otimes T)\left(\sum_{i=1}^{n} f_i \otimes g_i\right) = \sum_{i=1}^{n} Sf_i \otimes Tg_i,$$

如果 α 是 $B_1 \otimes B_2$ 上的 Cross 范数，则 α 是一致的充要条件是 $\| S \otimes T \|_{\alpha} = \| S \| \cdot \| T \|$。

我们记 $B_1 \otimes B_2$ 为 $B_1 \otimes B_2$ 的完备化，则命题 2.3 告诉我们，当 S 和 T 均为有界算子时，$B_1 \otimes B_2$ 上的算子 $S \otimes T$ 可以唯一保范延拓成 $B_1 \otimes_{\alpha} B_2$ 上的有界线性算子，只要 α 是一致的 Cross 范数。

下面引进 $B_1 \otimes B_2$ 上两个常用的 Cross 范数。

定理 1.4 定义 $B_1 \otimes B_2$ 上的两个函数 λ，γ 分别为

$$\lambda\left(\sum_{i=1}^{n} f_i \otimes g_i\right)=\operatorname{Sup}\left\{\left[\sum_{i=1}^{n} F(f_i)G(g_i)\right]:\right.$$
$$\left. F \in B_1^*,\ G \in B_2^*,\ \| F \| = \| G \| = 1\right\},$$
$$\gamma\left(\sum_{i=1}^{n} f_i \otimes g_i\right)=\inf\left\{\sum_{j=1}^{m} \| f'_j \| \| g'_j \| : \sum_{i=1}^{n} f_i \otimes g_i = \sum_{j=1}^{m} f'_j \otimes g'_j\right\},$$

则 λ 与 γ 都是 $B_1 \otimes B_2$ 上的一致的 Cross 范数，而且 γ 是 $B \otimes B_2$ 最大的 Cross 范数，λ 是 Cross 范数中能保持它的共轭范数在 $B_1^* \otimes B_2^*$ 上也是 Cross 中最小的。此外 λ 的共轭范数就是 γ。

根据需要，我们下面只讨论 $H \otimes \overline{H}$，这里 $\overline{H}$ 是 Hilbert 空间 H 的共轭空间，在 $f \to \bar{f}$ 下，H 与 $\overline{H}$ 是等距共轭线性同构的。设 $\bar{f} \in \overline{H}$，$g \in H$，则 $\bar{f}$ 对 g 的作用可用 H 中的内积表示：$\bar{f}(g)=\langle g, f\rangle$。

命题 1.5 $H \otimes \overline{H}$ 线性同构于 H 上的有限秩算子全体，且这可以由下列对应实现。设 $\varphi \otimes \bar{\psi} \in H \otimes \overline{H}$，则对任 $f \in H$，定义

$$(\varphi \otimes \bar{\psi})f=\langle f, \psi\rangle\varphi。$$

然后再线性扩张到整个 $H \otimes \overline{H}$。

对于线性空间 $H \otimes \overline{H}$，它的代数对偶是 $\overline{H} \otimes H$，作用可用内积表示，设 $\varphi \otimes \bar{\psi} \in H \otimes \overline{H}$，$(\bar{f} \otimes g) \in \overline{H} \otimes H$，则

$$(\bar{f} \otimes g)(\varphi \otimes \bar{\psi})=\bar{f}(\varphi)\bar{\psi}(g)=\langle\varphi, f\rangle\langle g, \psi\rangle。$$

$H \otimes \overline{H}$ 上范数 α 称为是酉不变的，若对任意酉算子 $U, V \in L(H)$，有

$$\alpha\left(\sum_{i=1}^{n} Uf_i \otimes Vg_i\right)=\alpha\left(\sum_{i=1}^{n} f_i \otimes g_i\right),\ \sum_{i=1}^{n} f_i \otimes \bar{g}_i \in H \otimes \overline{H}。$$

命题 1.6 $H \otimes \overline{H}$ 上酉不变 Cross 范数和一致 Cross 范数是等价的，而且这时 λ 作为有限秩算子的范数正是 $L(H)$ 中的范数，λ 是 $H \otimes \overline{H}$ 上最小的酉不变 Cross 范数。

显然，作为有限秩算子全体，$H \otimes \overline{H}$ 是 $L(H)$ 的一个代数理想。$H \otimes \overline{H}$ 在不同的一致 Cross 范数下完备化会得到 $L(H)$ 中一些新的理想。除了前面介绍的 λ、γ 范数，$H \widehat{\otimes} \overline{H}$ 还自然为第一章中定义的张量积。

以下我们记

$c_0(H)$ = 紧算子理想，

$C_p(H)=\{A;\ A \in L(H),\ \operatorname{tr}(|A|^p)<\infty\}\quad 1 \leqslant p<\infty$，

由 Pederson[96] 知以 $c_p(H)$ 中定义范数：$\| A \|_p=\operatorname{tr}(|A|^p)^{\frac{1}{p}}$，$c_p(H)$ 成为 Banach 空间，而且 $c_0(H)$ 的共轭空间为 $c_1(H)$，$c_1(H)$ 的共轭空间为 $L(H)$。基于以上原因，$L(H)$ 有时也记为 $c_\infty(H)$。而特别 $c_2(H)$ 成为 Hilbert 空间，它的内积由 $\langle A,$

$B\rangle = \mathrm{tr}(B^* A)$ 给出。$c_2(H)$中算子又称为 Hilbert - Schmidt 算子。

定理 1.7 设 H 是复的 Hilbert 空间，则有

$$c_0(H) = H \otimes_\lambda \overline{H},\ c_1(H) = H \otimes_\gamma \overline{H} \text{ 和 } c_2(H) = H \hat{\otimes} \overline{H}。$$

§2 初等算子与 Taylor 联合谱

设 H 是一个 Hilbert 空间，任意 $A, B \in L(H)$，可以定义 $L(H)$ 上的两个算子 L_A 和 R_B：设 $X \in L(H)$，则 $L_A X = AX$，$R_B X = XB$。L_A 称为左乘算子，R_B 称为右乘算子。由左、右乘算子的各种结合，可导出 $L(H)$上的所谓初等算子。研究初等算子的谱是算子方程理论中的一个基本课题，已有几十年历史了。

初等算子中，有两个著名但又是基础的算子 $\mathscr{T}_{A,B}$ 和 $\mu_{A,B}$。这里 $A, B \in L(H)$，$\mathscr{T}_{A,B}(X) = AX - XB$，$\mu_{A,B}(X) = AXB$。下面的结果是大家熟知的：

$$S_p(\mathscr{T}_{A,B}) = S_p(A) - S_p(B),$$
$$S_p(\mu_{A,B}) = S_p(A) \cdot S_p(B)。$$

传统的证明方法可见[6]、[92]等。我们试用联合谱理论给予新的证明，推广到一般的初等算子。

引理 2.1 设 $J = (L_A, R_B)$ 为 $L(H)$ 上左、右乘算子对，它们在 $c_0(H)$，$c_1(H)$ 和 $c_2(H)$ 上的限制分别记为 $J^0 = (L_A^0, R_B^0)$，$J' = (L'_A, R'_B)$ 和 $J^2 = (L_A^2, R_B^2)$，则我们有

(1) $J^0 = (L_A^0, R_B^0)$ 等同于 $H \otimes_\lambda \overline{H}$ 上的算子对$(A \otimes I, I \otimes B')$；

(2) $(J^0)'((L_A^0)', (R_B^0)')$ 等同于 $H \otimes_\gamma \overline{H}$ 上的算子对$(I \otimes A', B \otimes I) = (R'_A, L'_B)$；

(3) $(J^0)'' = ((L_A^0)'', (R_B^0)'')$ 等同于 $L(H)$ 上的算子对$(J = (L_A, R_B))$。

(这里 T'表示 T 的 Banach 空间共轭算子)。

证 (1) 由于 λ 是一致的 Cross 范数，我们只须在 $c_0(H)$的稠子空间 $H \otimes \overline{H}$ 上证明，因此又只需对任意一秩算子 $\varphi \otimes \bar{\psi}$ 进行证明。事实上对任意向量 $f \in H$，有

$$L_A^0(\varphi \otimes \bar{\psi}) f = L_A^0(\langle f, \psi\rangle \varphi) = \langle f, \psi\rangle A\varphi = (A\varphi \otimes \bar{\psi}) f,$$

$$R_B^0(\varphi \otimes \bar{\psi}) f = (\varphi \otimes \bar{\psi}) Bf = \langle Bf, \psi\rangle \varphi = (\varphi \otimes \overline{B^* \psi}) f = (\varphi \otimes B' \bar{\psi}) f,$$

由此推出 $L_A^0(\varphi \otimes \bar{\psi}) = (A \otimes I)(\varphi \otimes \bar{\psi})$，$R_B^0(\varphi \otimes \bar{\psi}) = (I \otimes B')(\varphi \otimes \bar{\psi})$。

(2) 据§1，任意 $T \in c_1(H) = (c_0(H))'$ 和 $X \in c_0(H)$，有

$$((L_A^0)'T)(X) = T(L_A^0 X) = \mathrm{tr}(AXT) = \mathrm{tr}(XTA) = (TA)(X),$$

$$((R_B^0)'T)(X) = T(R_B^0 X) = \mathrm{tr}(XBT) = (BT)(X)。$$

注意到 $c_1(H) = H \otimes_\gamma \overline{H}$ 以及 r 也是一个一致的 Cross 范数，类似(1)我们可得到 $(L_A^0)' = R'_A = I \otimes A'$，和$(R_B^0)' = L_{B'} = B \otimes I$。

(3) 由定理，我们可以等同 $c_0''(H)$ 与 $L(H)$，这样对任何 $Y \in L(H)$ 和 $T \in c_1(H) = c_0'(H)$，我们有

$$(L_A^0)''Y(T) = Y((L_A^0)'T) = Y(TA) = \mathrm{tr}(TAX) = AY(T),$$

$$(R_B^0)''Y(T) = Y((R_B^0)'T) = Y(BT) = \mathrm{tr}(BTY) = \mathrm{tr}(TYB) = YB(T),$$

因而有 $(L_A^0)'' = L_A$，$(R_B^0)'' = R_B$。

定理 2.2 设 A，B 是 Hilbert 空间 H 上的任意两个算子，(L_A, R_B)是 A，B 导出的$L(H)$上左、右乘算子对，(L_A^i, R_B^i)记为(L_A, R_B)在 $c_i(H)$上的限制，$i = 0, 1, 2$，则有

$$S_p(L_A, R_B) = S_p(A) \times S_p(B),$$

$$S_p(L_A^i, R_B^i) = S_p(A) \times S_p(B),\ i = 0,\ 1,\ 2。$$

证 先证 $S_p(L_A^0, R_B^0) = S_p(A) \times S_p(B)$。

据引理 2.1，我们有 $L_A^0 = A \otimes I$，$R_B^0 = L \otimes B'$ 作用在$c_0(H) = H \otimes_\lambda \bar{H}$ 上。但由第六章定理 1.4，$S_p(A \otimes I) = S_p(A)$ 和 $S_p(I \otimes B') = S_p(B') = S_p(B)$。因此我们有

$$S_p(L_A^0, R_B^0) \subset S_p(L_A^0) \times S_p(R_B^0) = S_p(A) \times S_p(B)。$$

反之设 $(0, 0) \in S_p(A) \times S_p(B)$，欲证 $J^0 = (L_A^0, R_B^0)$ 是 Taylor 意$\bar{X}$下奇异的，这只需考虑下面四种情况。

(1) 如果 $0 \in \sigma_\pi(A) \cap \sigma_\pi(B')$，则存在两列单位向量$\{x_n\} \subset H$，和$\{y_n\} \subset H$，使得 $\| Ax_n \| \to 0$ 和 $\| B'y_n \| \to 0 (n \to \infty)$。令 $z_n = x_n \otimes \bar{y}_n$，既然$\lambda$ 是 $H \otimes_\lambda \bar{H}$ 上的 Cross 范数，我们有$\lambda(z_n) = \| x_n \| \| \bar{y}_n \| = 1$ 和$\lambda(L_A^0 z_n) = \lambda(Ax_n \otimes \bar{y}_n) = \| Ax_n \| \| \bar{y}_n \| \to 0$，

$$\lambda(R_B^0 z_n) = \lambda(x_n \otimes B' \bar{y}_n) = \| x_n \| \| B' \bar{y}_n \| \to 0,$$

这就证明了 $(0, 0) \in \sigma_\pi(J^0) \subset S_p(J^0)$。

(2) 如果 $0 \in \sigma_\delta(A) \cap \sigma_\delta(B')$，则有 $0 \in \sigma_\pi(A') \cap \sigma_\pi(B)$。因为 γ 也是$H \otimes_\gamma \bar{H}$ 上的 Cross 范数，类似于(1) 可证$(B \otimes I, I \otimes A')$ 在 $c_1(H) = H \otimes_\gamma \bar{H}$ 上是 Taylor 奇异的。据引理 2.1，亦即$(J^0)'$ 在 $c_0'(H)$ 上 Taylor 奇异。再据第二章的定理，有 $J^0 = (L_A^0, R_B^0)$ 在 $c_0(H)$上 Taylor 奇异。

(3) 如果 $0 \in \sigma_\pi(A) \cap \sigma_\delta(B')$，则或者 $0 \in \sigma_\pi(B')$，这时据(1) 可知 J^0 奇异；或者我们可假定 B' 在$\bar{H}$ 中非值域稠。同样若 $0 \in \sigma_\delta(A)$，由(2)也可得 J^0 是奇异的，因此还可假定 A 非单射。

考察 $c_1(H) = H \otimes_\lambda \bar{H}$ 上由交换算子对 $J^0 = (L_A^0, R_B^0)$ 导出的复形

$$0 \to c_0 \xrightarrow{d_1} c_0 \oplus c_0 \xrightarrow{d_2} c_0 \to 0,$$

这里

$$d_1: z \to \begin{pmatrix} -(I\otimes B')z \\ (A\otimes I)z \end{pmatrix},\ d_2: \begin{pmatrix} z_1 \\ z_2 \end{pmatrix} \to (A\otimes I)z_1 + (I\otimes B')z_2。$$

由于 $B'(\overline{H})$ 在 $\overline{H}$ 中非稠,因此存在一非零向量 $y\in H$,使得 $\langle y, B'(\overline{H})\rangle = 0$。这时对任意的 $x\in H$, $x\neq 0$ 和 $\varphi\otimes\bar{\psi}\in H\otimes_\lambda \overline{H}$,有 $y\otimes_\gamma \bar{x}\in H\otimes_\gamma \overline{H} = (H\otimes_\lambda \overline{H})'$,因而

$$\begin{aligned}(y\otimes_\gamma \bar{x})((I\otimes B')(\varphi\otimes\bar{\psi})) &= (y\otimes_\gamma \bar{x})(\varphi\otimes B'\bar{\psi}) \\ &= \bar{x}(\varphi)y(B'\bar{\psi}) = 0。\end{aligned}$$

因为 $H\odot \overline{H}$ 在 $H\otimes\lambda\overline{H}$ 中稠和 λ 是一致的,由 $y\otimes_\gamma \bar{x}$ 的连续性,不难验证 $(y\otimes_\gamma \bar{x})(x\otimes_\lambda \bar{y})(\mathrm{Im}(I\otimes B')) = 0$。但另一方面,我们有

$$(y\otimes_\gamma \bar{x})(x\otimes_\lambda \bar{y}) = \bar{x}(x)y(\bar{y}) = \|x\|^2\|y\|^2 \neq 0,$$

这说明了 $x\otimes_\lambda \bar{y}\,\overline{\in}\,\mathrm{Im}(I\otimes B')$。

由于 A 非单射,可取一个非零向量 $x\in\mathrm{Ker}\,A$,y 如上。既然这时 $x\otimes\bar{y}\,\overline{\in}\,\mathrm{Im}(I\otimes B')$,我们有

$$\begin{pmatrix} x\otimes\bar{y} \\ 0 \end{pmatrix} \in \mathrm{Im}\,d_1 \text{ 和 } d_2\begin{pmatrix} x\otimes_\lambda\bar{y} \\ 0 \end{pmatrix} = (A\otimes I)(x\otimes_\lambda \bar{y}) = 0,$$

因此 $\mathrm{Im}\,d_1 \neq \mathrm{Ker}\,d_2$,可得 $J^0 = (L_A^0, R_B^0)$ 是 Taylor 奇异的。

(4) 如果 $0\in\sigma_\delta(A)\cap\sigma_\pi(B')$,类似于(3),我们可不妨假定 $\mathrm{Im}\,A$ 在 H 中非稠且 $\mathrm{Ker}\,B'\neq\{0\}$,然后再证明此时 $J^0 = (L_A^0, R_B^0) = (A\otimes I, I\otimes B')$ 仍然是奇异的,详细的证明省略了。这样我们就证明了 $S_p(L_A^0, R_B^0) = S_p(A)\times S_p(B)$。

据引理 2.1 和第二章定理,我们立即得到

$$S_p(A_A', R_B') = S_p(A)\times S_p(B) \text{ 和 } S_p(L_A, R_B) = S_p(A)\times S_p(B)。$$

由于 $c_2(H) = H\otimes\overline{H}$ 是 Hilbert 空间,则由引理可证 $(L_A^2, R_B^2) = (A\otimes I, I\otimes B')$,因此据第六章定理 2.3,可直接推出 $S_p(L_A^2, R_B^2) = S_p(A)\times S_p(B)$。证毕。

推论 2.3 设 $f(z_1, z_2)$ 是在 $S_p(A)\times S_p(B)$ 某邻域上的二元解析函数,则可定义 $L(H)$ 上的算子 $f(L_A, R_B)$ 并有等式 $S_p(f(L_A, R_B)) = f(S_p(A), S_p(B))$。特别地,当 $f(z_1, z_2) = \sum a_{ij}z_1^i z_2^i$ 为二元复多项式时,有 $f(L_A, R_B)X = \sum a_{ij}A^iXB^j$, $X\in L(H)$ 以及 $S_p(f(L_A, R_B)) = \sum a_{ij}S_p(A)^iS_p(B)^j$。

推论 2.4 设 $f(L_A, R_B)$ 如上面所定义,记 $\mathscr{D} = c_0(H)$, $c_1(H)$ 或 $c_2(H)$,则 $f(L_A, R_B)$ 正则的充要条件是它限制在 $\mathscr{D}$ 上正则。若 $f(L_A, R_B)$ 正则时,则它在 $\mathscr{D}$ 上作用时的逆正好是 $f(L_A, R_B)$ 逆在 $\mathscr{D}$ 上的限制。

证 由于$S_p(L_A, R_B)=S_p(A)\times S_p(B)$，则存在分别围绕$S_p(A)$和$S_p(B)$的围道$\Gamma_A$和$\Gamma_B$，使得$f(z_1, z_2)$在$\Gamma_A\times\Gamma_B$围成的内域上解析。所以这时$f(L_A, R_B)$的Cauch-Weil积分[112]可以简化成

$$f(L_A, R_B)X=\frac{1}{(2\pi i)^2}\int_{\Gamma_A}\int_{\Gamma_B}f(z_1, z_2)(z_1-L_A)^{-1}(z_2-R_B)^{-1}X\,dz_1dz_2, \quad (3.2)$$

其中$X\in L(H)$。

设$(z_1, z_2)\in\Gamma_A\times\Gamma_B$，易知$(z_1-L_A)^{-1}|_{\mathscr{D}}=(z_1-L_A)^{-1}$，$(z_2-R_B)^{-1}|\mathscr{D}=(z_2-R_B)^{-1}$，因此由(3.2)可知，$f(L_A, R_B)|\mathscr{D}=f(L^A|_D, R_B|_{\mathscr{D}})$。另外由定理3.2和谱映照定理知，$S_p(f(L_A, R_B))=S_p(f(L_A|_{\mathscr{D}}, R_B|_{\mathscr{D}}))$，从而推得$f(L_A, R_B)$正则充分必要条件是$f(L_A, R_B)|\mathscr{D}$正则。

如果$f(L_A, R_B)$在$L(H)$上有逆G，由于此时$f(L_A, R_B)|\mathscr{D}$也可逆，且$Gf(L_A, R_B)=I_{L(H)}$，易知这时$\mathscr{D}$是G不变的。所以由逆的唯一性及$(G|\mathscr{D})f(L_A, R_B)=I_{\mathscr{D}}$可知，$(f(L_A, R_B)|\mathscr{D})^{-1}=f(L_A, R_B)^{-1}|\mathscr{D}$。证毕。

Lumer等在文献[92]中证明了如果$f(z)$是$S_p(A)-S_p(B)$某邻域上的解析函数，则存在$S_p(B)$的一个围道Γ_B，使得

$$f(\mathscr{T}_{A,B})X=\frac{1}{2\pi i}\int_{\Gamma}f(A-\lambda)X(\lambda-B)^{-1}d\lambda, \quad X\in L(H)。$$

下面的推论推广了这个结果，只要注意到可取

$$g(z_1, z_2)=f(z_1-z_2)。$$

推论2.5 设$g(z_1, z_2)$是$S_p(A)\times S_p(B)$某邻域上的二元解析函数，则存在$S_p(B)$的一个围道Γ_B，使得

$$g(L_A, R_B)=\frac{1}{2\pi i}\int_{\Gamma}g(A, \lambda)X(\lambda-B)^{-1}d\lambda, \quad X\in L(H)。$$

证
$$\begin{aligned}&g(L_A, R_B)X\\&=\left(\frac{1}{2\pi i}\right)\int_{\Gamma_A}\int_{\Gamma_B}g(z_1, z_2)(z_1-L_A)^{-1}(z_2-R_B)^{-1}X\\&=\frac{1}{2\pi i}\int_{\Gamma_B}g(L_A, z_2)(z_2-R_B)^{-1}Xdz_2\\&=\frac{1}{2\pi i}\int_{\Gamma_B}g(A, \lambda)X(\lambda-B)^{-1}d\lambda。\end{aligned}$$
证毕。

§3 初等算子与联合分类谱

设$A=(A_1, \cdots, A_n)$和$B=(B_1, \cdots, B_m)$为$L(H)$中的两组算子，则可导出$L(H)$

上的左乘算子组 $L_A=(L_{A_1}, \cdots, L_{A_n})$ 和右乘算子组 $R_B=(R_{B_1}, \cdots, R_{B_m})$。这里我们将考虑 A 与 B 分别都是交换的情形，虽然下面个别结论对于非交换时也是成立的。

定理 3.1 设 $T=(T_1, \cdots, T_n)$ 为 Banach 空间 X 上的交换算子组，$f=(f_1(z_1, \cdots, z_n), \cdots, f_m(z_1, \cdots, z_n))$ 是 $\boldsymbol{C}^n \to \boldsymbol{C}^m$ 的多项式组，则有下面的谱映照：

$$\sigma_\pi(f(T))=f(\sigma_\pi(T));\ \sigma_\delta(f(T))=f(\sigma_\delta(T))。$$

证 由第二章定理知我们只需证明第一式。

设 $(\lambda_1, \cdots, \lambda_n) \in \sigma_\pi(T)$，则对任意 $i=1, \cdots, m$，易知有

$$f_i(T_1, \cdots, T_n)-f(\lambda_1, \cdots, \lambda_n)=\sum_{j=1}^{n}(T_j-\lambda_j)Q_{ij}(T_1, \cdots, T_n)。$$

由于 T 是交换的，所以 $f(\sigma_\pi(T)) \subset \sigma_\pi(f(T_1))$。

反之，设 $\mu=(\mu_1, \cdots, \mu_m) \in \sigma_\pi(f(T))$，则 $\mu \in \sigma_p(f(T)^0)$，这里，$f(T)^0$ 表示 $f(T)$ 的 Berberian 变换，而且有 $f(T)^0=f(T^0)$。因此，$M=\bigcap\limits^{m}\mathrm{Ker}(f_i(T)-\mu_i) \neq \{0\}$。显然 M 为 T^0 不变子空间。因为 $\sigma_p(T_1^0 \mid M)=\sigma_\pi(T_1^0 |_M) \neq \varnothing$，所以可取 $\lambda_1 \in \sigma_p(T_1^0 |_M)$。因此 $(\mu_1, \cdots, \mu_m, \lambda_1) \in \sigma_\pi(f(T)^0, T_1^0)$。用 $(f(T), T_1)$ 代表 $f(T)$，继续上面的过程，最后可得 $(\lambda_1, \cdots, \lambda_n)$ 使得 $(\mu_1, \cdots, \mu_m, \lambda_1, \cdots, \lambda_n) \in \sigma_\pi(f(T)^0, T^0)=\sigma_\pi(f(T), T)$，所以 $\lambda=(\lambda_1, \cdots, \lambda_n) \in \sigma_\pi(T)$。又因为存在 $g \in X^0$，$g \neq 0$，使得 $f_i(T^0)g=\mu_i f$，$i=1, \cdots, m$；$T_j^0 g=\lambda_j g$，$j=1, \cdots, n$，所以有 $\mu=f(\lambda)$。证毕。

引理 3.2 设 $A=(A_1, \cdots, A_n)$ 和 $B=(B_1, \cdots, B_m)$ 都是 Hilbert 空间 H 上的交换算子组。$L_A=(L_{A_1}, \cdots, L_{A_n})$ 和 $R_B=(R_{B_1}, \cdots, R_{B_m})$ 分别为由 A、B 导出的 $L(H)$ 上的左、右乘算子组，则

(1) $\sigma_\pi(L_A, R_B)=\sigma_\pi(L_A^i, R_B^i)=\sigma_\pi(A) \times \sigma_\delta(B)$；

(2) $\sigma_\delta(L_A, R_B)=\sigma_\delta(L_A^i, R_B^i)=\sigma_\delta(A) \times \sigma_\pi(B)$，

这里 (L_A^i, R_B^i) 为 (L_A, R_B) 在 $c_i(H)$ 上的限制，$i=0, 1, 2$。

证 (1) 由引理 2.1 和第二章定理 4.22 知，$\sigma_\pi(L_A, R_B)=\sigma_\pi(L_A^0, R_B^0)$。因此下面只证 $i=0$ 的情况，而 $i=1, 2$ 是类似的。

因为 $c_1(H)=H \otimes_\lambda \overline{H}$ 且 λ 是 Cross 范数，又由于 $\sigma_\delta(B)=\sigma_\pi(B')$，这里 B' 表示 B 的 Banach 共轭算子组，从定理 2.2 证明可以看出有

$$\begin{aligned}\sigma_\pi(A) \times \sigma_\delta(B)&=\sigma_\pi(A) \times \sigma_\pi(B') \subset \sigma_\pi(A \otimes I, I \otimes B')\\&=\sigma_\pi(L_A^0, R_B^0)。\end{aligned}$$

反之，设 $(0, 0) \in \sigma_\pi(L_A^0, R_B^0)$，则存在一列范数为 1 的紧算子 $\{X_n\}$，使得 $A_i X_n \to 0$ 和 $X_n B_i \to 0 (n \to \infty)$。我们可以选取这样一列向量 $\{y_n\} \subset H$，$1/2 \leqslant \| y_n \| \leqslant 2$，使得 $z_n=x_n y_n$ 的范数为 1，$n=1, 2, \cdots$。这样得到 $A_i z_n \to 0 (n \to \infty)$，$i=1, \cdots, n$。类似可证，存在单位向量序列 $\{z_n'\}$，使 $B_j^* z_n' \to 0 (n \to \infty)$，$j=1, \cdots, m$。因此得到 $0 \in \sigma_\pi(A)$ 和

$0 \in \sigma_\pi(B^*)$，从而 $0 \in \sigma_\pi(B') = \sigma_\delta(B)$。这就证明了 $\sigma_\pi(L_A^0, R_B^0) \subset \sigma_\pi(A) \times \sigma_\delta(B)$。

(2) 只证 $i=0$。由引理 2.1，Banach 空间上共轭算子的谱定理以及刚才证得的(1)，易知有下面等式成立：

$$\sigma_\delta(L_A^0, R_B^0) = \sigma_\pi((L_A^0)', (R_B^0)') = \sigma_\pi(R'_A, L'_B)$$
$$= \sigma_\delta(A) \times \sigma_\pi(B)。$$ 证毕。

C. Davis 和 R. Rosenthal[64]证明了对于 H 中两个算子 A 和 B 有下列等式成立：

$$\sigma_n(\mathscr{T}_{A,B}) = \sigma_\pi(A) - \sigma_\delta(B);\ \sigma_\delta(\mathscr{T}_{A,B}) = \sigma_\delta(A) - \sigma_\pi(B),$$

$$\sigma_\pi(\mu_{A,B}) = \sigma_\pi(A)\sigma_\delta(B);\ \sigma_\delta(\mu_{AB}) = \sigma_\delta(A)\sigma_\pi(B)。$$

而这些结果现在可以推广为

推论 3.3 设 $A=(A_1, \cdots, A_n)$ 和 $B=(B_1, \cdots, B_n)$ 为 Hilbert 空间 H 上的两个交换算子组，$P\{z_1, \cdots, z_{n+m}\}$ 为 $\boldsymbol{C}^{n+m} \to \boldsymbol{C}$ 的复多项式，$R=P(L_A, R_B)$，则有

$$\sigma_\pi(R) = P(\sigma_\pi(A), \sigma_\delta(B)),\ \sigma_\delta(R) = P(\sigma_\delta(A), \sigma_\pi(B))。$$

证 由定理 3.1 与引理 3.2 立即可得。

最后我们再介绍 Curto[59]的一个结果。

定理 3.4 设 $A=(A_1, \cdots, A_n)$ 和 $B=(B_1, \cdots, B_n)$ 为 Hilbert 空间 H 上的交换算子组，定义 $L(H)$ 上的初等算子 $R: X \to \sum_{i=1}^{n} A_i X B_i$，则有

$$S_p(R) = \left\{ \sum_{i=1}^{n} \alpha_i \beta_i : \alpha(\alpha_1, \cdots, \alpha_n) \in S_p(A),\ \beta = (\beta_1, \cdots, \beta_n) \in S_p(B) \right\}。$$

证
$$S_p(R)$$
$$= \sigma_\pi(R) \cup \sigma_\delta(R)$$
$$= \sigma_\pi(R, c_2(H)) \cup \sigma_\delta(R, c_2(H)) \quad (\text{引理 } 3.2)$$
$$= S_p(R, c_2(H))$$
$$= \left\{ \sum_{i=1}^{n} \alpha_i \beta_i : (\alpha, \beta) \in S_p(L_A, R_B, c_2(H)) \right\} (\text{谱映照定理})$$
$$= \left\{ \sum \alpha_i \beta_i : (\alpha, \beta) \in S_p(A \otimes I, I \otimes B', H \otimes \overline{H}) \right\} \quad (\text{定理 } 1.10 \text{ 和引理 } 2.1)$$
$$= \left\{ \sum \alpha_i \beta_i : \alpha \in S_p(A), \beta \in S_p(B') \right\} (\text{第六章定理 } 2.3)$$
$$= \left\{ \sum \alpha_i \beta_i : \alpha \in S_p(A), \beta \in S_p(B) \right\}。$$ 证毕。

以下我们将用定理 3.4 证明一些有益的结论，为此我们把定理 3.4 作形式上的修改。

推论 3.5 设 $A=(A_1, \cdots, A_n)$ 和 $B=(B_1, \cdots, B_n)$ 分别为可分 Hilbert 空间 H 和 K 上的交换算子组，R 是 $L(K, H)$ 上的算子：$R(X) = \sum^{n} A_i X B_i$，$X \in L(K, H)$，则

$$S_p(R) = \left\{ \sum \alpha_i \beta_i : \alpha = (\alpha_1, \cdots, \alpha_n) \in S_p(A),\ \beta \in (\beta_1, \cdots, \beta_n) \in S_p(B) \right\}。$$

证 如果 $\dim H=\dim K=\infty$,则存在从 K 到 H 上酉算子 U。令 $\hat{A}_j=U^*A_jU$, $j=1,\cdots,n$,则 $\hat{A}=(\hat{A}_1,\cdots,\hat{A}_n)$ 是 K 上交换算子组。S: $X\to U^*X$ 是 $L(K,H)$ 到 $L(K)$ 的同构。由于由 $\hat{A}$, B 导出的初等算子 $\hat{R}$ 满足 $\hat{R}=SRS^{-1}$,因此,我们有 $S_p(R)=S_p(\hat{R})=\{\sum\alpha_i\beta_i: \alpha=(\alpha_1,\cdots,\alpha_n)\in\hat{S}_p(A), \beta=(\beta_1,\cdots,\beta_n)\in S_p(B)\}=\{\sum\alpha_i\beta_i: \alpha=(\alpha_1,\cdots,\alpha_n)\in S_p(A), \beta=(\beta_1,\cdots,\beta_n)\in S_p(B)\}$。

若 H 和 K 中至少有一个为有限维,则设 H_0 为任一无限维可分的 Hilbert 空间,令 $\hat{H}=H\otimes H_0$, $\hat{K}=K\otimes H_0$, $\hat{A}_j=A_j\otimes I$, $\hat{B}_j=B_j\otimes I$。由于 $L(K\otimes H_0, H\otimes H_0)=L(K,H)\otimes L(H_0)$,因此由 $\hat{A}$, $\hat{B}$ 引出的初等算子 $\hat{R}$ 满足等式 $\hat{R}=R\otimes I$。从而 $S_p(R)=S_p(\hat{R})=\{\sum\alpha_i\beta_i: \alpha=(\alpha_1,\cdots,\alpha_n)\in S_p(\hat{A}), \beta=(\beta_1,\cdots,\beta_n)\in S_p(\hat{B})\}=\{\sum\alpha_i\beta_i: \alpha=(\alpha_1,\cdots,\alpha_n)\in S_p(A), \beta=(\beta_1,\cdots,\beta_n)\in S_p(B)\}$。证毕。

定理 3.6 设 $A=(A_1,\cdots,A_n)$ 和 $B=(B_1,\cdots,B_n)$ 是可分 Hilbert 空间 H 上的交换正常算子组,并且满足 $\sum_{i=1}^{n}A_i^*A_i\leqslant I$, $\sum_{i=1}^{n}B_i^*B_i\leqslant 1$。若有算子 X,满足等式 $\sum_{i=1}^{n}A_iXB_i=X$,则必有 $A_iX=XB_i^*$, $A_i^*X=XB_i$, $i=1,\cdots,n$。

证 设 E, F 分别是 A, B 的联合谱测度。显然 E 和 F 都集中在 $\boldsymbol{C}^n$ 中的闭单位球 $B_n=\left(z: z=(z_1,\cdots,z_n), \sum_{i=1}^{n}|z_i|^2\leqslant 1\right)$。若 $\Delta\subset\boldsymbol{C}^n$,记 $\Delta^*=\{z:(\bar{z}_1,\cdots,\bar{z}_n)\in\Delta\}$。设 Δ_1, Δ_2 是 B_n 中闭子集,而且 $\Delta_1\cap\Delta_2^*=\varnothing$。由 $\sum A_iXB_i=X$ 得 $\sum E(\Delta_1)A_iXB_iF(\Delta_2)=E(\Delta_1)XF(\Delta_2)$。设 $H_1=E(\Delta_1)H$, $H_2=F(\Delta_2)H$,则上式变为 $\sum_{i=1}^{n}(E(\Delta_1)A_i\mid_{H_1})(E(\Delta_1)X\mid_{H_2})(F(\Delta_2)B_i\mid_{H_2})=E(\Delta_1)X\mid_{H_2}$。由于 $\Delta_1\cap\Delta_2^*=\varnothing$,必有 $1\overline{\in}\{\sum\alpha_i\beta_i; \alpha=(\alpha_1,\cdots,\alpha_n)\in\Delta_1, \beta=(\beta_1,\cdots,\beta_n)\in\Delta_2\}$。对 $A\mid_{H_1}=(A_1\mid_{H_1},\cdots,A_n\mid_{H_1})$ 和 $B\mid_{H_2}=(B_1\mid_{H_2},\cdots,B_n\mid_{H_2})$,用推论 3.5 知 $S_p(R)\subset\{\sum\alpha_i\beta_i; \alpha=(\alpha_1,\cdots,\alpha_n)\in A\mid_{H_1}, \beta=(\beta_1,\cdots,\beta_n)\in B\mid_{H_2})\subset\{\sum\alpha_i\beta_i; \alpha\in\Delta_1, \beta\in\Delta_2\}$,因此 $1\in S_p(R)$。但 $R(E(\Delta_1)X\mid_{H_2})=E(\Delta_1)X\mid_{H_2}$,从而 $E(\Delta_1)X\mid_{H_2}=0$,即 $E(\Delta_1)\times F(\Delta_2)=0$。由 Δ_1 和 Δ_2 的任意性,得知对任意 Borel 集 Δ, $XF(\Delta^*)\subset E(\Delta)H$,或者 $E(\Delta)XF(\Delta^*)=XF(\Delta^*)$。又由 $\sum_{i=1}^{n}B_i^*X^*A_i^*=X^*$,同样也有 $F(\Delta^*)X^*E(\Delta)=X^*E(\Delta)$,从而 $E(\Delta)XF(\Delta^*)=E(\Delta)X$,因此 $XF^*(\Delta)=E(\Delta)X$ 对任意 Borel 集 Δ 是成立的。设 F^* 是 $B^*=(B_1^*,\cdots,B_n^*)$ 的联合谱测度,显然有 $F^*(\Delta)=F(\Delta^*)$。这样 $XF^*(\Delta)=E(\Delta)X$。设 f, $g\in H$,则 $\langle A_iXf, g\rangle=\int\lambda_i d\langle EXf, g\rangle=\int\lambda_i d\langle XF^*f, g\rangle=\langle B_i^*f, X^*g\rangle=\langle XB_i^*f, g\rangle$,从而 $A_iX=XB_i^*$, $i=1,\cdots,n$。由 Putnam-Fuglede 定理得 $A_i^*X=XB_i$, $i=1,\cdots,n$。证毕。

推论 3.7 设 $A=(A_1, \cdots, A_n)$ 是 H 上交换的正常算子组，且 $\sum A_i^* A_i \leqslant I$。若有 $X \in L(H)$，使得 $\sum A_j^* X A_j = X$，则 $A_i X = X A_i$，$i=1, \cdots, n$。

设 $A=(A_1, \cdots, A_n)$ 是 H 上交换算子组。若有 $K \supset H$ 和 $\hat{A}=(\hat{A}_1, \cdots, \hat{A}_n)$，使得 H 是 $\hat{A}$ 的不变子空间，并且 $\hat{A}_j|_H = A_j$，$j=1, \cdots, n$，$\sum \hat{A}_j^* \hat{A}_j \leqslant I$，则称 A 有联合压缩的正常延拓。

推论 3.8 设 $A=(A_1, \cdots, A_n)$ 和 $B=(B_1, \cdots, B_n)$ 是 H 上交换算子组，且 A 和 B^* 有联合压缩的正常延拓。如果 $X \in L(H)$，$\sum A_i X B_i = X$，则 $A_i X = X B_i^*$，$A_i^* X = X B_i$，$i=1, \cdots, n$。

证 设 $\hat{A}_j = \begin{pmatrix} A_j & A'_j \\ 0 & A''_j \end{pmatrix}$ 和 $\hat{B}_j = \begin{pmatrix} B_j & 0 \\ B'_j & B''_j \end{pmatrix}$ 是 A_j 和 B_j 的正常延拓。其中 A_j^2 定义在 H_1 上，B_j^2 定义在 H_2 上。

$$令\ \widetilde{A}_j = \begin{pmatrix} A_j & A_j^1 & 0 \\ 0 & A''_j & 0 \\ 0 & 0 & 0 \end{pmatrix},\ \widetilde{B}_j = \begin{pmatrix} B_j & 0 & 0 \\ 0 & 0 & 0 \\ B'_j & 0 & B''_j \end{pmatrix},\ \widetilde{X} = \begin{pmatrix} X & 0 & 0 \\ 0 & 0 & 0 \\ 0 & 0 & 0 \end{pmatrix},$$

则 $\widetilde{A}_j$ 和 $\widetilde{B}_j$ 定义在 $H \oplus H_1 \oplus H_2$ 上，$j=1, \cdots, n$，并且 $\widetilde{X}$ 满足 $\sum_{j=1}^{n} \widetilde{A}_j X \widetilde{B}_j$。这样由定理 3.6 得，$\widetilde{A}_i \widetilde{X} = \widetilde{X} \widetilde{D}_i^*$，$\widetilde{A}_i^*$，$\widetilde{X} = \widetilde{X} \widetilde{B}_i$，$i=1, \cdots, n$。从而有 $A_i X = X B_i^*$，$A_i^* X = X B_i$，$i=1, \cdots, n$。证毕。

§4 初等算子的本质谱

初等算子的本质谱将由姜健飞首先在数学年刊中发表。这里我们将介绍李绍宽的另一学生季跃的工作[25]。他找到了交换算子组$(A_1, \cdots, A_n)$，$(B_1, \cdots, B_n)$导出的左右乘算子组(L_A, R_B)的本质谱的表示，然后再用算子解析映算的谱映照定理得到了初等算子的本质谱的表达式。

引理 4.1 设 $A=(A_1, \cdots, A_n)$，$B=(B_1, \cdots, B_n)$ 是 Hilbert 空间 H 上的交换算子组，$\{d_A^p\}_{p=0}^n$，$\{d_B^q\}_{q=0}^n$ 分别为它们导出的边界算子组，则 $0 \in S_{pe}(A) \times S_p(B)$ 的充分必要条件为；存在 p，q，使得下列两条件至少有一者成立：

(1) 存在非紧序列 $\{f_m\} \subset (\operatorname{Im} d_A^{p+1})^\perp$，$\|f_m\|=1$ 以及 $g \in (\operatorname{Im} d_B^{q+1})^\perp$，$\|g\|=1$，使 $d_A^p f_m \to 0 (m \to \infty)$，$d_B^q g = 0$；

(2) 存在$\{f_m\}$同(1)以及非紧序列$\{g_m\}$，$\|g_m\|=1$，使得 $d_A^p f_m \to 0 (m \to \infty)$，$d_B^q g_m \to 0 (m \to \infty)$。

证 由 $0 \in S_{pe}(A)$ 知，一定存在 P 满足，或 $\operatorname{Im} d_A^P$ 不闭或 $\operatorname{Im} d_A^{P+1}$ 闭，而 $\operatorname{Ker} d_A^P \ominus$

$\operatorname{Im} d_A^{P+1}$ 为无限维，由第二章引理知，不论哪种情况，总存在非紧序列$\{f_m\}$，$\|f_m\|=1$，使得 $d_A^P f_m \to 0$。

而对于 $0 \in S_{pe}(B)$ 知存在 q，使 $\operatorname{Im} d_B^q$ 不闭或者 $\operatorname{Im} d_B^q$ 闭，但 $\operatorname{Im} d_B^{q+1} \neq \operatorname{Ker} d_B^q$，而第一种情况使得(2)中条件得到满足，第二种情况使(1)得到满足。由此知条件(1)、(2)之一成立，反之是显然的。证毕。

命题 4.2 $A=(A_1, \cdots, A_n)$，$B=(B_1, \cdots, B_n)$ 是交换的算子组，则$(S_p(A) \times S_{pe}(B)) \cup (S_{pe}(A) \times S_p(B)) \subset S_{pe}(L_A, R_B)$。

证明 我们只需证 $S_{pe}(A) \times S_p(B) \subset S_{pe}(L_A, R_B)$。记 B^* 是 B 的 Banach 共轭算子组，由第二章知 $S_p(B)=S_p(B^*)$，故我们只需对 $S_{pe}(A) \times S_p(B^*)$ 加以证明即可。

设 $0 \in S_{pe}(A) \times S_p(B^*)$，我们要证 $0 \in S_{pe}(L_A, R_B)$。由引理 3.1 我们只需讨论(1)、(2)两种情况即可。

(1) 存在非紧序列 $\{f_m\}$，$\|f_m\|=1$，$f_m \in (\operatorname{Im} d^{p+1})^{\perp}$，$g \in (\operatorname{Im} d_{B^*}^{q+1})^{\perp}$，$\|g\|=1$，使得 $d_A^p f_m \to 0$，$d_{B^*}^p g=0$。令 $X_m=f_m \otimes g$，则 $\|X_m\|=1$。设$\{d^r\}_{r=0}^{2n}$ 为(L_A, R_B) 的边界算子，则直接验证可知 $d^{p+q} X_m=d_{L_A}^p X_m+(-1)^p d_{R_B}^q X_m=(d_A^p f_m) \otimes g+(-1)^p f_m \otimes d_{B^*}^q g \to 0$，$(m \to \infty)$。我们来证明$\{X_m\}$ 在 $E_{p+q}/\operatorname{Im} d^{p+q+1}$ 中是非紧的。$\{f_m\}$ 是非紧的，故我们可不妨设 $\operatorname{dist}(f_m, \operatorname{span}(f_1, \cdots, f_{m-1})) \geqslant a>0$。这样任意 $m \neq m'$，$|\langle f_m, f_m'\rangle| \geqslant \sqrt{1-a^2}$。以下我们证明 $\|X_m-X_m'+\operatorname{Im} d^{p+q+1}\| \geqslant 1-\sqrt{1-a^2}$。事实上设 $d_{L_A}^{p+1} Y_1+(-1)^p d_{R_B}^{q+1} Y_2 \in \operatorname{Im} d^{p+q+1}$，则 $\|X_m-X_{m'}+d_{L_A}^P Y_1+(-1)^q d_{R_B} Y_2\|$。

$$
\begin{aligned}
& \|X_m-X_{m'}+d_{L_A}^P Y_1+(-1)^q d_{R_B} Y_2\| \\
\geqslant & |\langle (X_m-X_{m'}+d_{L_A}^P Y_1+(-1)^q d_{R_B} Y_2) g, f_m\rangle| \\
= & |\langle f_m-f_{m'}+d_{L_A}^P Y_1 g+(-1)^q d_{R_B} Y_2 g, f_m\rangle| \\
= & |\langle f_m-f_{m'}, f_m\rangle+\langle d_A^{p+1}(Y, g) f_m\rangle+\langle g, d_{B^*}^{q+1} Y_2^* f_m\rangle| \\
\geqslant & 1-|\langle f_{m'}, f_m\rangle| \\
\geqslant & 1-\sqrt{1-a^2}。
\end{aligned}
$$

注意上面运算用到等式 $(d_{L_A}^{p+1} T) g=d_A^{p+1}(T g)$，$(d_{R_B}^{q+1} T)^*=d_{L_{B^*}}^{q+1} T^*$ 以及 $f_m \in (\operatorname{Im} d_A^{p+1})^{\perp}$ 和 $g \in (\operatorname{Im} d_{B^*}^{q+1})^{\perp}$。这样$\{X_m\}$ 必是非紧的，从而 $\operatorname{Im} d^{p+q+1}$ 非闭或者 $\operatorname{Ker} d^{p+q}/\operatorname{Im} d^{p+q+1}$ 是无限维的，于是必有 $0 \in S_{pe}(L_A, R_B)$。

(2) 存在非紧序列 $\{f_m\}$，$\|f_m\|=1$，$f_m \in (\operatorname{Im} d_A^{p+1})^{\perp}$，非紧序列$\{g_m\}$，$\|g_m\|=1$，使 $d_A^P f_m \to 0$，$d_{B^*}^q g_m \to 0$，$(m \to \infty)$。令 $X_m=g_m \otimes g_m$，则亦易知 $d^{p+q} X_m \to 0$。用(1) 一样的方法可以证明$\{X_m+\operatorname{Im} d^{p+q+1}\}$ 在 $E_{p+q}/\operatorname{Im} d^{p+q+1}$ 中是非紧的，从而得到 $0 \in S_{pe}(L_A, R_B)$。证毕。

为证明以下的主要定理，我们还需引理 3.3，其证明可按文献[6]一样的方法证明。

引理 4.3 设 X, Y, Z 为三个 Banach 空间,并且 Y 可补,又 $A \in L(X, Z)$, $B \in L(Y, Z)$,且 $\operatorname{Im} A \subset \operatorname{Im} B$,则存在 $C \in L(X, Y)$,使得 $A = BC$。

定理 4.4 设 $A=(A_1, \cdots, A_n)$ 和 $B=(B_1, \cdots, B_n)$ 为 Hilbert 空间 H 上的交换算子组,则我们有

$$S_{pe}(L_A, R_B) = (S_p(A) \times S_{pe}(B)) \cup (S_{pe}(A) \times S_p(B))。$$

证 包含关系"$\supset$"已由命题 3.8 所证,下面我们证明反包含关系"$\subset$"。即证当 A、B 均为 Fredholm 时,(L_A, R_B)亦为 Fredholm。

设 A, B^* 为 Fredholm,对于任意 $X \in \Lambda^r[(s \cup t), L(H)]$, $X = \sum\limits_{p+q=r} X_{p,q}$, $X_{p,q} = f_{p,q} s_{j_1} \wedge \cdots \wedge s_{j_p} \wedge t_{i_1} \wedge \cdots \wedge t_{i_q}$,则

$$d^r X = \sum (d_{L_A}^P X_{p,q} + (-1)^{p-1} d_{R_B}^{q+1} X_{p-1, q+1}),$$

若 $X \in \operatorname{Ker} d^r$,则对一切 $p, q, p+q=r$,均有

$$d_{L_A}^p X_{p,q} + (-1)^{p-1} d_{R_B}^{q+1} X_{p-1, q+1} = 0。$$

我们对 r 分三种不同情况进行讨论:

(1) $0 \leqslant r \leqslant n$。设 $X \in \operatorname{Ker} d^r$,则 $X_r = X_{r,0} \oplus \cdots \oplus X_{r,0}$。
我们用归纳法证明:存在 w_{r+1} 使得

$$X = d^{r+1} w_{r+1} + \sum P_{N_p} X_{p,q} P_{M_q}, \tag{$*$}$$

其中 P_{N_p} 为 $N_p = \operatorname{Ker} d_A^p \ominus \operatorname{Im} d_A^{p+1}$ 的投影,P_{M_q} 为 $\operatorname{Ker} d_{B^*}^q \ominus \operatorname{Im} d_{B^*}^{q+1}$ 的投影。
因为 $H = \operatorname{Im} d'_{B^*} \oplus M_0$,由引理 3.3,存在 $Z_{r,1}$使得

$$X_{r,0} = (-1)^r d_B^1 Z_{r,1} + X_{r,0} P_{M_0}, \tag{4.1}$$

由($*$)式知:$d_{L_A}^r X_{r,0} + (-1)^{r-1} d_{R_B}^1 X_{r-1,1} = 0$,于是有

$$d_{R_B}^1((-1)^r d_{L_A}^r Z_{r,1} + (-1)^{r-1} X_{r-1,1}) + d_{L_A}^r X_{r,0} P_{M_0} = 0。$$

由于上式左边为直和,故 $d_{L_A}^r X_{r,0} P_{M_0} = 0$。同样用引理 3.3 得 $Z_{r+1,0}$,使得

$$X_{r,0} P_{M_0} = d_{L_A}^{r+1} Z_{r+1,0} + P_{N_r} X_{r,0} P_{M_0}。 \tag{4.2}$$

又由 $d_{R_B}^1((-1)^r d_{L_A}^r Z_{r,1} + (-1)^{r-1} X_{r-1,1}) = 0$ 知,存在 $Z_{r-1,2}$,使得

$$X_{r-1,1} = d_{L_A}^r Z_{r,1}(I - P_{M_1}) + (-1)^{r-1} d_{R_B}^2 Z_{r-1,2} + X_{r-1,1} P_{M_1}。 \tag{4.3}$$

把上式代入 $d_{L_A}^r X_{r-1,1} + (-1)^{r-2} d_{R_B}^2 X_{r-2,2} = 0$ 得

$$d_{R_B}^2((-1)^{r-1} d_{L_A}^{r-1} Z_{r-1,2} + (-1)^{r-2} X_{r-2,2}) + d_{L_A}^{r-1} X_{r-1,1} P_{M_1} = 0,$$

这样得到 $d_{L_A}^{r-1} X_{r-1,1} P_{M_1} = 0$。

由此推得存在 $Z'_{r,1}$，使得

$$X_{r-1,1}P_{M_1}=d^r_{L_A}Z'_{r,1}+P_{N_{r-1}}X_{r-1}P_{M_1}$$
$$=d^r_{L_A}Z'_{r,1}P_{M_1}+P_{N_{r-1}}X_{r-1}P_{M_1}。\tag{4.4}$$

又因为 $d^2_{R_B}((-1)^{r-1}d^{s-1}_{L_A}Z_{r-1,2}+(-1)^{r-2}X_{r-2,2})=0$，
所以有 $Z_{r-2,3}$，使得

$$X_{r-2,2}=d^{r-1}_{L_A}Z_{r-1,2}(I-P_{M_2})+(-1)^{r-2}d^3_{R_B}Z_{r-2,3}+X_{r-2,2}P_{M_2}。\tag{4.5}$$

令 $w_{r+1,0}=Z_{r+1,0}$，$w_{r,1}=Z_{r,1}(I-P_{M_1})+Z'_{r,1}P_{M_1}$，联立式(4.1)—(4.5)，

$$X_{r,0}=d^{r+1}_{L_A}w_{r+1,0}+(-1)^r d'_{R_B}w_{r,1}+P_{N_r}X_{r,0}P_{M_0},$$
$$X_{r-1,1}=d^r_{L_A}w_{r,1}+(-1)^{r-1}d^2_{R_B}Z_{r-1,2}+P_{N_{r-1}}X_{r-1,1}P_{M_1},$$
$$X_{r-2,2}=d^{r-1}_{L_A}Z_{r-1,2}(I-P_{M_2})+(-1)^{r-2}d^3_{R_B}Z_{r-2,3}+X_{r-2,2}P_{M_2}。$$

假设已有

$$X_{p+1,q-1}=d^{p+2}_{L_A}w_{p+2,q-1}+(-1)^{p+1}d^q_{R_B}Z_{p+1,q}+P_{N_{p+1}}X_{p+1,q-1}P_{M_{q-1}},\tag{4.6}$$

$$X_{p,q}=d^{p+1}_{L_A}Z_{p+1,q}(I-P_{M_q})+(-1)^p d^{q+1}_{R_B}Z_{p,q+1}+P_{N_p}X_{p,q}P_{M_q}。\tag{4.7}$$

将(4.7)代入 * 式可得

$$d^{q+1}_{R_B}((-1)^p d^p_{L_A}Z_{p,q+1}+(-1)^{p-1}X_{p-1,q+1})+d^p_{L_A}X_{p,q}P_{M_q}=0,$$

得 $d^p_{L_A}X_{p,q}P_{M_q}=0$。
由引理 4.3，存在 $Z'_{p+1;q}$ 使得

$$X_{p,q}P_{M_q}=d^{p+1}_{L_A}Z'_{p+1;q}+P_{N_p}X_{p,q}P_{M_q}=d^{p+1}_{L_A}Z'_{p+1;q}P_{M_q}+P_{N_p}X_{p,q}P_{M_q},\tag{4.8}$$

又由 $d^{q+1}_{R_B}((-1)^p d^p_{L_A}Z_{p,q+1}+(-1)^{p-1}X_{p-1,q+1})=0$ 得 $Z_{p-1,q+2}$ 使

$$X_{p-1,q+1}=d^p_{L_A}Z_{p,q+1}(I-P_{M_{q+1}})+(-1)^{p-1}d^{q+2}_{R_B}Z_{p-1,q+2}+$$
$$X_{p-1,q+1}P_{M_{q+1}}。\tag{4.9}$$

令 $w_{p+1,q}=Z_{p+1,q}(I-P_{M_q})+Z'_{p+1;q}P_{M_q}$，联立式(4.6)—(4.9)即得

$$\begin{cases}X_{p+1,q-1}=d^{p+2}_{L_A}w_{p+2,q-1}+(-1)^{p+1}d^q_{R_B}w_{p+1,q}+P_{N_{p+1}}X_{p+1,q-1}P_{M_{q-1}}\\ X_{p,q}=d^{p+1}_{L_A}w_{p+1,q}+(-1)^p d^{q+1}_{R_B}Z_{p,q+1}+P_{N_p}X_{p,q}P_{M_q}\\ X_{p-1,q+1}=d^p_{L_A}Z_{p,q+1}(I-P_{M_{q+1}})+(-1)^{p-1}d^{q+2}_{R_B}Z_{p-1,q+2}+X_{p-1,q+1}P_{M_{q+1}}\end{cases}$$

于是证明了当 $0\leqslant r<n$ 时，存在 $w_r=\sum\limits_{s+t=p+q+1}w_{s,t}$，使得一切 $p+q=r$，我们有

$$X_{p,q}=d^{p+1}_{L_A}w_{p+1,q}+(-)^p d^{q+1}_{R_B}w_{p,q+1}+P_{N_p}X_{p,q}P_{M_q},$$

即

$$X=\sum X_{p,q}=d^r w+\sum_{p+q=r}P_{N_p}X_{p,q}P_{M_q},$$

或 $H^r(L(H), (L_A, R_B)) = \{\sum P_{N_p} X_{p,q} P_{M_q}; X_{p,q} \in \Lambda^{p,q}[(s \cup t), L(H)]\}$。

(2) $r=0$。$X = X_{n,0} \oplus X_{n-1,1} \oplus \cdots \oplus X_{0,n} \in \operatorname{Ker} d^n$，则用与(1)同样的方法可以证明存在 $w = w_{n,1} \oplus \cdots \oplus w_{1,n}$，使得

$$X_{n,0} = (-1)^n d'_{R_B} w_{n,1} + P_{N_n} X_{n,0} P_{M_0},$$
$$X_{p,q} = d^{p+1}_{L_A} w_{p+1,q} + (-1)^p d^{q+1}_{R_B} w_{p,q+1} + P_{N_p} X_{p,q} P_{M_q},$$
$$\cdots\cdots$$
$$X_{0,n} = d'_{L_A} w_{1,n} + P_{N_0} X_{0,n} P_{M_n},$$

这样 $X = d^{n+1} w + \sum_{p+q=n} P_{N_p} X_{p,q} P_{M_q}$，同样可得到

$$H^n(L(H), (L_A, R_B)) = \{\sum P_{N_p} X_{p,q} P_{M_q}: X_{p,q} \in \Lambda^{p,q}[(s \cup t), L(H)]\}。$$

(3) $n < r \leqslant 2n$，$X = X_{n,r-n} \oplus \cdots \oplus X_{r-n,n} \in \operatorname{Ker} d^r$，则由(*)得

$$\begin{cases} d^{r-n}_{L_A} X_{r-n,n} = 0, \\ d^p_{L_A} X_{p,q} + (-1)^{p-1} d^{q+1}_{R_B} X_{p-1,q+1} = 0, \ p+q=r, \\ d^{r-n}_{R_B} X_{n,r-n} = 0, \end{cases}$$

由第三式知，存在 $Z_{n,r-n+1}$，使

$$X_{n,r-n} = (-1)^n d^{r-n+1}_{R_B} Z_{n,r-n+1} + P_{N_n} X_{n,r-n} P_{M_{r-n}},$$

再依(1)法递推可得：$w = w_{n,r-n+1} \oplus \cdots \oplus w_{r-n+1,n}$，使得

$$X_r = d^r w + \sum P_{N_p} X_{p,q} P_{M_q}。$$

于是，也有 $H^r(L(H), (L_A, R_B)) = \{\sum P_{N_p} X_{p,q} P_{M_q}: X_{p,q} \in \Lambda^{p,q}[(s \cup t), L(H)]\}$。综合(1)、(2)、(3)可知，对一切 r，$\operatorname{Im} d^r$ 具有闭值域且 $\dim H^r = \sum_{p+q=r} \dim N_p \cdot \dim M_q < \infty$，于是$(L_A, R_B)$为 Fredholm 算子组。证毕。

有了定理 4.4，我们用解析演算的谱映照定理就有了初等算子的本质谱表达式。

定理 4.5 设 $A=(A_1, \cdots, A_n)$ 和 $B=(B_1, \cdots, B_n)$ 是 Hilbert 空间 H 上的交换算子组，R 是由 A，B 导出的初等算子，则

$$Sp_e(R) = \Big\{ \sum_{i=1}^n \alpha_i \beta_j : \alpha = (\alpha_1, \cdots, \alpha_n), \beta = (\beta_1, \cdots, \beta_n),$$
$$(\alpha, \beta) \in Sp_e(A) \times Sp(B) \text{ 或 } (\alpha, \beta) \in Sp(A) \times Sp_e(B) \Big\}。$$

第八章　闭算子组的联合谱

§1　引言

在本章中我们将讨论闭算子组的联合谱。首先引起兴趣的是应该怎样定义无界算子组的联合谱,使它成为 J. L. Taylor 所定义的有界算子组的联合谱的自然而合理的推广。

回忆单个算子的情况,设 A 为 Banach 空间 X 到自身的线性算子(不一定有界)。

定义　若 $z-A$ 为一对一的,且 $(z-A)^{-1}\in L(X)$,则称 z 为 A 的预解值($z\in\rho(A)$);否则称 z 属于 A 的谱($z\in\sigma(A)$)。

当 $(z-A)^{-1}\in L(X)$ 时,$(z-A)^{-1}$ 为闭算子,因而 A 为闭算子。因此当 A 不是闭算子时 $\rho(A)$ 为空集,整个复平面都是 A 的谱。这时,我们很难用 $\sigma(A)$ 来反映 A 的特性。因此我们感兴趣的主要是研究闭算子的谱。上述定义可以换成本质上相同的另一种形式:

定义　若 $z-A$ 为一对一的,它的值域在 X 中稠密,而且 $(z-A)^{-1}$ 在此值域上连续,则称 z 为 A 的预解值($z\in\rho(A)$);否则称 z 为 A 的谱($z\in\sigma(A)$)。

对于闭算子 A_1,若 $D\subset D(A_1)$ 为 A_1 的任何一个核心(即每个 $f\in D(A_1)$,存在 $f_n\in D$,使 $f_n\to f$, $A_1f_n\to Af$),记 $A=A_1|_D$,那么容易证明:按照前一定义,z 为 A_1 的预解值的充要条件是按照后一定义,z 为 A 的预解值。这样,对于可闭算子 A 来说,如果 $(z-\bar{A})^{-1}\in L(X)$,我们就可以称 z 为 A 的一个预解值。

对于可闭算子,由单个算子 $z-A$ 所组成的算子组的 Koszul 复形为

$$0\longrightarrow X\xrightarrow{d}X\longrightarrow 0,$$

在此边界算子 d 就是算子 $z-A$。从以上分析可以知道,$z\in\rho(A)$ 当且仅当 $(z-\bar{A})^{-1}\in L(X)$,因而当且仅当复形

$$0\longrightarrow X\xrightarrow{\bar{d}}X\longrightarrow 0$$

为正合的。

仿此,对算子组 $A=(A_1, \cdots, A_n)$ 而言,若 Koszul 复形

$$0\longrightarrow E_n^n(X)\xrightarrow{\bar{d}_n}E_{n-1}^n(X)\longrightarrow\cdots\longrightarrow E_1^n(X)\xrightarrow{\bar{d}_1}0$$

为正合的,那么我们就可以认为 $z=(z_1, \cdots, z_n)$ 为 A 的预解值。也就是对可闭算子组

来说，用边界算子的闭包$\bar{d}_p(z-A)$来定义正则性，也许是合理的。但是，我们不知道，分别用$d_p(z-A)$和$\bar{d}_p(z-A)$两种方法定义正则性是否会有本质差别，特别是对闭算子组来说二者是否一致也得不到证明。Eschmiev 在[73] 中对$\rho(T)\neq\phi$中的情况是用$\delta_p(z-A)$定义正则的，我们也不知这两种正则性是否一致。

§2 闭算子联合谱的定义

为方便，以下仅考虑 Hilbert 空间。设H是复 Hilbert 空间，$A=(A_1, \cdots, A_n)$为H上稠定闭算子组。令$D_0=H$，对于不大于n的p个自然数$j_1<j_2<\cdots<j_p$，令$D_{j_1\cdots j_p}=\{x\in\bigcap\limits_{i=1}^{p}D(A_{j_i}), A_{ij}x\in D_{j_1\cdots\hat{j_j}\cdots j_p}\}$。类似地对于$A^*=(A_1^*, \cdots, A_n^*)$，定义$D_0^*$，$D_{j_1\cdots j_p}^*$，显然，当$\{j_1, \cdots, j_p\}\supset\{i_1, i_2, \cdots, i_q\}$时，有$D_{j_1\cdots j_p}\subset D_{i_1\cdots i_q}$，和$D_{j_1\cdots j_p}^*\subset D_{i_1\cdots i_q}^*$。

在本章我们总假设$A=(A_1, \cdots, A_n)$满足条件(*)。

(1) 当$x\in D(A_iA_j)\cap D(A_jA_i)$时，有

$$A_iA_jx=A_jA_ix;$$

(2) $\overline{D_{1,2,\cdots,n}\cap D_{1,2,\cdots,n}^*}=H$。

我们记$E_p^n(A, H)=\bigoplus\limits_{j_1\cdots j_p}D_{j_1\cdots j_p}\otimes(s_{j_1}\wedge s_{j_2}\wedge\cdots\wedge s_{j_p})$。显然，$E_p^n(A, H)$在$E_p^n(H)$中稠密。

对于$x\in D_{j_1\cdots j_p}$，我们令

$$d_p(A)(xs_{j_1}\wedge\cdots\wedge s_{j_p})=\sum_{i=1}^{p}(-1)^{i-1}A_{j_i}xs_{j_1}\wedge\cdots\wedge\hat{s}_{j_i}\wedge\cdots\wedge s_{j_p}。$$

这样，对于每个p，定义了一个$E_p^n(A, H)$到$E_{p-1}^n(A, H)$的线性映照$d_p(A)$。使用简单的计算可以证明：$d_p\cdot d_{p+1}=0$。因此$\{E_p^n(A, H), d_p(A)\}$是一个链复形，$d_p(A)$是边界算子。

命题 2.1 对于每个p，$d_{p+1}(A)$是可闭的。

证明 因为$E_{p+1}^n(A, H)$在$E_{p+1}^n(H)$中稠密，所以$d_{p+1}^*(A)$存在。对于任一固定的$xs_{j_1}\wedge\cdots\wedge s_{j_p}\in D_{i_1\cdots i_q}^*\otimes(s_{i_1}\wedge\cdots\wedge s_{i_p})$，这里$\{i_1, \cdots, i_q\}=\{1, 2, \cdots, n\}/\{j_1, \cdots, j_p\}$，$\sum\limits_{k_1\cdots k_{p+1}}y_{k_1\cdots k_{p+1}}s_{k_1}\wedge\cdots\wedge s_{k_{p+1}}\in E_{p+1}^n(A, H)$，有

$$\begin{aligned}&\left\langle d_{p+1}\sum_{k_1\cdots k_{p+1}}y_{k_1\cdots k_{p+1}}s_{k_1}\wedge\cdots\wedge s_{k_{p+1}}, xs_{j_1}\wedge\cdots\wedge s_{j_p}\right\rangle\\&=\left\langle\sum_{k_1\cdots k_{p+1}}y_{k_1\cdots k_{p+1}}s_{k_1}\wedge\cdots\wedge s_{k_{p+1}}, \sum_{l=1}^{n-p}A_{i_l}^*xs_{i_l}\wedge s_{i_1}\wedge\cdots\wedge s_{j_p}\right\rangle。\end{aligned}\tag{*}$$

因此 $xs_{j_1} \wedge \cdots \wedge s_{j_p} \in D(d^*_{p+1}(A))$ 且

$$d^*_{p+1}(A)xs_{j_1} \wedge \cdots \wedge s_{j_p} = \sum_{l=1}^{n-p} A^*_{i_l} s_{i_l} \wedge s_{j_1} \wedge \cdots \wedge s_{j_p},$$

由此可知 $D(d^*_{p+1}(A)) \supset \bigoplus_{i_1 \cdots i_p} (D^*_{j_1 \cdots j_{n-p}}) \otimes s_{i_1} \wedge \cdots \wedge s_{i_p})$，这里 $\{j_1, \cdots, j_{n-p}\} = \{1, 2, \cdots, n\} \backslash \{i_1, \cdots, i_p\}$。因而 $d^*_{p+1}(A)$ 为 $E^n_p(H) \to E^n_{p+1}(H)$ 的稠定闭算子，这样 $d^{**}_{p+1}(A)$ 存在，且 $d^{**}_{p+1}(A) = \bar{d}_{p+1}(A)$，即 $d_{p+1}(A)$ 是可闭的。

命题 2.2 $\{D(\bar{d}_p), \bar{d}_p\}$是一个链复形。

证 因为 $(\operatorname{Im} d_{p+1})^{\perp} = \operatorname{Ker} d^*_{p+1}$ 和 $\operatorname{Im} d_{p+1} \subset \operatorname{Ker} d_p$，我们有 $\operatorname{Ker} d^*_{p+1} = (\operatorname{Im} d_{p+1})^{\perp} \supset (\operatorname{Ker} d_p)^{\perp} \supset (\operatorname{Ker} \bar{d}_p)^{\perp} = \operatorname{Im} d^*_p$。于是，$\{D(d^*_{p+1}), d^*_{p+1}\}$ 是一个上链复形。由 $\operatorname{Ker} d^*_{p+1} \supset \operatorname{Im} d^*_p$ 可知 $\operatorname{Im} \bar{d}_{p+1} \subset \operatorname{Ker} \bar{d}_p$。即$\{D(\bar{d}_p), \bar{d}_p\}$是链复形。

定义 2.3 如果链复形$\{D(\bar{d}_p), \bar{d}_p\}$正合，我们称 $A = (A_1, \cdots, A_n)$ 是正则的；对于 $z = (z_1, \cdots, z_n) \in \boldsymbol{C}^n$，如果算子组 $z - A = (z_1 - A_1, \cdots, z_n - A_n)$ 是正则的，那么我们称 z 在 A 的预解集中，否则称 z 为 A 的一个谱点($z \in S_p(A)$)。

§3 基本性质

命题 3.1 如果 A 正则，则对每一个 p，有

$$\operatorname{Im} \bar{d}_{p+1} = \overline{\operatorname{Im} d_{p+1}} = \overline{\operatorname{Ker} d_p} = \operatorname{Ker} \bar{d}_p。$$

证明 对任一 $\eta_0 \in \operatorname{Im} \bar{d}_{p+1}$，存在 $\xi_0 \in D(\bar{d}_{p+1})$ 满足 $\bar{d}_{p+1}\xi_0 = \eta_0$，即存在一列 $\{\xi_m\} \subset D(d_{p+1})$，满足 $\xi_m - \xi_0$, $d_{p+1}\xi_m \to \eta_0 (m \to \infty)$。因此 $\eta_0 \in \overline{\operatorname{Im} d_{p+1}}$ 和 $\operatorname{Im} \bar{d}_{p+1} \subset \overline{\operatorname{Im} d_{p+1}}$。因为 $\operatorname{Ker} d_p \subset \operatorname{Ker} \bar{d}_p$ 和 $\operatorname{Ker} \bar{d}_p$ 是闭集，所以 $\overline{\operatorname{Ker} d_p} \subset \operatorname{Ker} \bar{d}_p$。

另一方面 $\overline{\operatorname{Im} d_{p+1}} \subset \overline{\operatorname{Ker} d_p}$ 显然成立，因此我们有

$$\operatorname{Im} \bar{d}_{p+1} \subset \overline{\operatorname{Im} d_{p+1}} \subset \overline{\operatorname{Ker} d_p} \subset \operatorname{Ker} \bar{d}_p。$$

当 A 正则时，$\operatorname{Im} \bar{d}_{p+1} = \operatorname{Ker} \bar{d}_p$，于是四者相等。证毕。

在空间 $\widetilde{H} = \bigoplus E^n_p(H)$ 上我们定义算子 $\alpha(A)$：

$$D(\alpha(A)) = \bigoplus_p [D(\bar{d}_p) \cap D(d^*_{p+1})],$$

$$\alpha(A) = \begin{bmatrix} 0 & d^*_n & 0 & 0 & \cdots & 0 & 0 \\ \bar{d}_n & 0 & d^*_{n-1} & 0 & \cdots & 0 & 0 \\ 0 & \overline{d_{n-1}} & 0 & d^*_{n-2} & \cdots & 0 & 0 \\ & & \cdots & \cdots & & & \\ 0 & 0 & 0 & 0 & \cdots & 0 & d^*_1 \\ 0 & 0 & 0 & 0 & \cdots & \bar{d}_1 & 0 \end{bmatrix}。$$

命题 3.2 $\alpha(A)$是$\widetilde{H}$上自共轭算子。

证 对任何$\xi, \eta \in D(\alpha(A))$，由计算可以知道

$\langle\alpha(A)\eta, \xi\rangle=\langle\eta, \alpha(A)\xi\rangle$，因此$\alpha(A)$是对称算子。对每个$p$，$D(\bar{d}_p)\cap D(d^*_{p+1})=F_p\oplus G_p=M_p\oplus N_p$，在此

$$F_p=\mathrm{Ker}\,\bar{d}_p\cap D(d^*_{p+1}),\ G_p=\overline{\mathrm{Im}\,d^*_p}\cap D(\bar{d}_p),$$

$$M_p=\mathrm{Ker}\,\bar{d}^*_{p+1}\cap D(\bar{d}_p),\ N_p=\overline{\mathrm{Im}\,\bar{d}_{p+1}}\cap D(d^*_{p+1}),$$

而且F_p，G_p，M_p，N_p满足性质

(1) $\bar{d}_p(F_p)=d^*_{p+1}(G_p)=\bar{d}_p(N_p)=d^*_{p+1}(M_p)=\{0\}$；

(2) $\bar{d}_p(G_p)=\bar{d}_p(M_p)=\mathrm{Im}\,\bar{d}_p$。

接下来要证明$D(\alpha(A)^*)\subset D(\alpha(A))$。对于任何一个$\xi\in D(\alpha(A)^*)$，存在$h\in\widetilde{H}$，使得对于所有的$\eta\in D(\alpha(A))$，有

$$\langle\alpha(A)\eta, \xi\rangle=\langle\eta, h\rangle。$$

设$\xi=\xi_n\oplus\cdots\oplus\xi_0$，$h=h_n\oplus\cdots\oplus h_0$，其中$\xi_p$，$h_p\in E^n_p(H)$。对于任何固定的$p$和任何$\eta_p\in\bar{D}(d_p)\cap D(d^*_{p+1})$，我们令$\eta=0\oplus\cdots\oplus0\oplus\eta_p\oplus0\oplus\cdots\oplus0$，由等式(*)得

$$\langle d^*_{p+1}\eta_p, \xi_{p+1}\rangle+\langle d_p\eta_p, \xi_{p-1}\rangle=\langle\eta_p, h_p\rangle。\qquad(**)$$

设$\xi_{p+1}=\xi^{(1)}_{p+1}\oplus\xi^{(2)}_{p+1}$，$\xi_{p-1}=\xi^{(1)}_{p-1}\oplus\xi^{(2)}_{p-1}$，$\eta_p=\eta^M_p\oplus\eta^N_p$和$h_p=h^{(1)}_p\oplus h^{(2)}_p$，其中$\xi^{(1)}_{p+1}\in\mathrm{Ker}\,\bar{d}_{p+1}$，$\xi^{(2)}_{p+1}\in\overline{\mathrm{Im}\,d^*_{p+1}}$，$\xi^{(1)}_{p-1}\in\mathrm{Ker}\,\bar{d}_{p-1}$，$h^{(2)}_{p-1}\in\overline{\mathrm{Im}\,d^*_{p-1}}$，$\eta^M_p\in M_p$，$\eta^N_p\in N_p$，$h^{(1)}_p\in\mathrm{Ker}\,d^*_{p+1}$，$h^{(2)}_p\in\overline{\mathrm{Im}\,\bar{d}_{p+1}}$。则对所有的$\eta_p\in D(\bar{d}_p)\cap D(d^*_{p+1})$，从(**)式可得：

$$\langle d^*_{p+1}\eta_p, \xi^{(2)}_{p+1}\rangle=\langle d^*_{p+1}\eta^N_p, \xi^{(2)}_{p+1}\rangle=\langle d^*_{p+1}\eta^N_p, \xi_{p+1}\rangle$$
$$=\langle\eta^N_p, h_p\rangle=\langle\eta^N_p, h^{(2)}_p\rangle。$$

因此对任何$\bar{\eta}_p=\eta'_p\oplus\eta_p\in D(d^*_{p+1})$，这里$\eta'_p\in\mathrm{Ker}\,d^*_{p+1}$，$\eta_p\in\overline{\mathrm{Im}\,\bar{d}_{p+1}}\cap D(d^*_{p+1})$，我们有$\langle d^*_{p+1}\overline{\eta_p}, \xi^{(2)}_{p+1}\rangle=\langle d^*_{p+1}\eta_p, \xi^{(2)}_{p+1}\rangle=\langle\eta_p, h^{(2)}_p\rangle=\langle\overline{\eta_p}, h^{(2)}_p\rangle$。这样$\xi^{(2)}_{p+1}\in D(\bar{d}_{p+1})\cap\overline{\mathrm{Im}\,d^*_{p+1}}=G_{p+1}$。

类似可证$\xi^{(1)}_{p-1}\in D(d^*_p)\cap\mathrm{Ker}\,\bar{d}_{p-1}=F_{p-1}$。因为$p$是任意的，所以对每个$p$，$\xi_p\in F_p\oplus G_p=D(\overline{d_p})\cap D(d^*_{p+1})$，$\xi\in D(\alpha(A))$。证毕。

定理 3.3 $A=(A_1, \cdots, A_n)$是正则的充要条件是$(\alpha(A))^{-1}\in L(\widetilde{H})$。

证 必要性 因为对每个p，$\mathrm{Ker}\,\bar{d}_p=\mathrm{Im}\,\bar{d}_{p+1}$，所以$\mathrm{Im}\,d^*_p=\mathrm{Ker}\,d^*_{p+1}$且$E^n_p(H)=\mathrm{Im}\,\bar{d}_{p+1}\oplus\mathrm{Im}\,d^*_p$，由此可知，$\alpha(A)$是满的，因而$(\alpha(A))^{-1}\in L(\widetilde{H})$。

充分性 对任何$\xi_p\in\mathrm{Ker}\,\bar{d}_p$，令$\xi=0\oplus\cdots\oplus0\oplus\xi_p\oplus\cdots\oplus0$，则存在$\eta=\eta_n\oplus\cdots$

$\oplus \eta_0 \in D(\alpha(A))$，使 $\alpha(A)\eta=\xi$，这样，$\bar{d}_{p+1}\eta_{p+1}+d_p^*\eta_{p-1}=\xi_p$。由 $d_p^*\eta_{p-1}\in \operatorname{Im} d_p^*$ 和 $\bar{d}_p\eta_{p+1}$，$\xi_p \in \operatorname{Ker} \bar{d}_p$，得 $d_p^*\eta_{p-1}=0$，因此 $\bar{d}_{p+1}\eta_{p+1}=\xi_p$，$\{D(\bar{d}_p), \bar{d}_p\}$ 正合。证毕。

设 i_p 是由 $xs_{j_1}\wedge\cdots\wedge s_{j_p}\to(-1)^{\varepsilon}xs_{i_1}\wedge\cdots\wedge s_{i_q}$ 所定义的 $E_p^n(H)$ 到 $E_{n-p}^n(H)$ 的同态，其中 $\{i_1, \cdots, i_q\}=\{1, 2, \cdots, n\}/\{j_1, \cdots, j_p\}$，$\varepsilon=\sum_{i=1}^{p}j_i-p-n$，$F$ 是 $\widetilde{H}$ 上的同态

$$F=\begin{pmatrix} & & i_n \\ 0 & i_{n-1} & \\ & \iddots & \\ i_1 & 0 & \end{pmatrix},$$

显然 F 是 $\widetilde{H}$ 上的酉算子且 $F^{-1}=(-1)^{\frac{n(n-1)}{2}}F$。

对任何 p，$\{j_1, \cdots, j_p\}$，$\{i_1, \cdots, i_q\}=\{1, \cdots, n\}\backslash\{j_1, \cdots, j_p\}$ 和任何 $x\in D_{j_1\cdots j_p}^*\cap D_{i_1\cdots i_q}$，经计算可知

$$i_{p-1}\circ d_p(A^*)xs_{j_1}\wedge\cdots\wedge s_{j_p}=d_{n-p+1}^*(A)\circ i_p xs_{j_1}\wedge\cdots\wedge s_{j_p}。$$

这样下图是交换的：

$$\begin{array}{ccc} \cdots\to E_p^n(D_{1;2,\cdots,n}\cap D_{1,2,\cdots,n}^*) & \xrightarrow{d_p(A^*)} & E_{p-1}^n(D_{1,2,\cdots,n}\cap D_{1,2,\cdots,n}^*)\to\cdots \\ i_p\downarrow & & \downarrow i_{p-1} \\ \cdots\to E_{n-p}^n(D_{1,2,\cdots,n}\cap D_{1,2,\cdots,n}^*) & \xrightarrow{d_{n-p+1}^*(A)} & E_{n-p+1}^n(D_{1,2,\cdots,n}\cup D_{1,\cdots,2}^*)\to\cdots \end{array}$$

类似地，对任何 p，$\{j_1, \cdots, j_p\}$，$\{i_1, \cdots, i_{n-p}\}=\{1, \cdots, n\}\backslash\{j_1, \cdots, j_p\}$ 和 $x\in D_{j_1\cdots j_p}\cap D_{i_1\cdots i_{n-p}}^*$，我们有

$$i_{n-p+1}\circ d_{n-p+1}^*(A^*)xs_{i_1}\wedge\cdots\wedge s_{i_{n-p}}=d_p(A)\circ i_{n-p}xs_{i_1}\wedge\cdots\wedge s_{i_{n-p}},$$

且下图交换

$$\begin{array}{ccc} \cdots\to E_{n-p}^n(D_{1,2,\cdots,n}\cap D_{1,2,\cdots,n}^*) & \xrightarrow{d_{n+1-p}^*(A)^*} & E_{n-p+1}^n\to\cdots \\ i_{n-p}\downarrow & & i_{n-p+1}\downarrow \\ \cdots\to E_p^n(D_{1,2,\cdots,n}\cap D_{1,2,\cdots,n}^*) & \xrightarrow{d_p(A)} & E_{p-1}^n(D_{1,2,\cdots,n}\cap D_{1,2,\cdots,n}^*)\to\cdots \end{array}$$

我们用 $\alpha'(A)$ 表示 $\alpha(A)$ 在 $\bigoplus_p E_p^n(D_{1,2,\cdots,n}\cap D_{1,2,\cdots,n}^*)$ 上的限制，即 $\alpha'(A)=\alpha(A)\mid\bigoplus_p E_p^n(D_{1,2,\cdots,n}\cap D_{1,2,\cdots,n}^*)$，以 $\overline{\alpha'(A)}$ 和 $\overline{\alpha'(A^*)}$ 分别表示 $\alpha'(A)$ 和 $\alpha'(A^*)$ 的闭包，则有

$$\alpha'(A)\subset\overline{\alpha'(A)}\subset\alpha(A)=\alpha^*(A)=\alpha'(A)^*$$

和 $\alpha'(A^*) \subset \overline{\alpha'(A^*)} \subset \alpha(A^*) = \alpha^*(A^*) \subset \alpha'(A^*)^*$。

命题 3.4

(1) 如果 $\xi \in \bigoplus_p E_p^n(D_{1,2,\cdots,n} \cap D_{1,2,\cdots,n}^*)$，则

$$F\alpha'(A^*)\xi = \alpha'(A)F\xi;$$

(2) $F(D\,\overline{\alpha'}(A^*)) = D(\overline{\alpha'}(A))$。

证 (1) 当 $x \in D_{1,2,\cdots,n} \cap D_{1,2,\cdots,n}^*$ 时，由

$$i_{p-1} \circ d_p(A^*)xs_{j_1} \wedge \cdots \wedge s_{j_p} = d_{n-p+1}^*(A) \circ i_p x s_{j_1} \wedge \cdots \wedge s_{j_p}$$

和 $i_{n-p+1} \circ d_{n-p+1}^*(A^*)xs_{i_1} \wedge \cdots \wedge s_{i_{n-p}} = d_p(A) \circ i_{n-p}xs_{j_1} \wedge \cdots \wedge s_{j_p}$，经计算可知对任何 $\xi \in \bigoplus_p E_p^n(D_{1,2,\cdots,n} \cap D_{1,2,\cdots,n}^*)$，

$$F\alpha'(A^*)\xi = \alpha'(A)F\xi。$$

(2) 设 $\xi = \xi_n \oplus \cdots \oplus \xi_0 \in D(\overline{\alpha'}(A))$，即存在一列 $\{\xi^m\}_{m=1}^{\infty} \subset \bigoplus_p E_p^n(D_{1,2,\cdots,n} \cap D_{1,2,\cdots,n}^*)$，使得当 $m \to \infty$ 时，$\xi^m \to \xi$，且 $\lim \alpha'(A)\xi^m$ 存在。那么当 $m \to \infty$ 时，$F\xi^m \to F\xi$，且 $\alpha'(A)F\xi^m = F\alpha'(A^*)\xi^m$ 趋向一极限。因此当 $F\xi \in D(\overline{\alpha'}(A))$，$F[D(\overline{\alpha'}(A^*))] \subset D[\overline{\alpha'}(A)]$。

类似地，$F^{-1}[D[\overline{\alpha'}(A)]] \subset D(\overline{\alpha'}(A^*))$。证毕。

我们分别以 $V(A)$ 和 $V(A^*)$ 表示 $\alpha(A)$ 和 $\alpha(A^*)$ 的 Cayley 变换，即

$$V(A) = (i - \alpha(A))(-i - \alpha(A))^{-1},$$
$$V(A^*) = (i - \alpha(A^*))(-i - \alpha(A^*))^{-1}。$$

因为 $\alpha(A)$ 和 $\alpha(A^*)$ 是自共轭的，所以 $V(A)$ 和 $V(A^*)$ 是 $\widetilde{H}$ 上的酉算子。

命题 3.5 $FV(A^*) = V(A)F$。

证 设 $H_0 = (-i - \alpha(A^*))\sum \bigoplus_p E_p^n(D_{1,2,\cdots,n} \cap D_{1,2,\cdots,n}^*)$。因为 $\bigoplus E_p^n(D_{1,2,\cdots,n} \cap D_{1,2,\cdots,n}^*)$ 在 $\widetilde{H}$ 中稠密和 $(-i - \alpha(A^*))^{-1}$ 是有界的，所以 H_0 也在 $\widetilde{H}$ 中稠密。如果 $\xi \in H_0$，$\zeta = (-i - \alpha(A^*))\xi$，则由命题 3.4，

$$\begin{aligned} FV(A^*)\xi &= F(i - \alpha(A^*))\zeta = F(i - \alpha'(A^*))\zeta \\ &= (i - \alpha'(A))F\zeta = (i - \alpha(A))F\zeta。\end{aligned}$$

因为 $F\xi = F(-i - \alpha(A^*))\zeta = (-i - \alpha(A))F\zeta$，

$F\zeta = (-i - \alpha(A))^{-1}F\xi$，

所以对 $\xi \in H_0$，$FV(A^*)\xi = V(A)F\xi$。因为 H_0 是 $\widetilde{H}$ 的稠密子集，这一等式对所有 $\xi \in \widetilde{H}$ 都成立，且下图成交换：

$$\begin{array}{ccc} \widetilde{H} & \xrightarrow{V(A^*)} & \widetilde{H} \\ F\downarrow & & \downarrow F \\ \widetilde{H} & \xrightarrow{V(A)} & \widetilde{H} \end{array}$$

证毕。

命题 3.6 (1) $F(D(\alpha(A^*)))=D(\alpha(A))$;

(2) 对$\xi \in D(\alpha(A^*))$,有 $F\alpha(A^*)\xi=\alpha(A)F\xi$。

证 (1) 令$N_+(A^*)=[\mathrm{Im}(-i-\overline{\alpha'}(A^*))]^{\perp}$,

$N_+(A)=[\mathrm{Im}(-i-\overline{\alpha'}(A^*))]^{\perp}$,

对任何 $\xi \in D(\overline{\alpha'}(A^*))$,存在一列$\{\xi^m\}_{m=1}^{\infty} \subset \bigoplus E_p^n(D_{1,2,\cdots,n} \cap D_{1,2,\cdots,n}^*)$,满足 $\xi^m \to \xi$ 和 $\alpha'(A^*)\xi^m \to \overline{\alpha'}(A^*)\xi(m \to \infty)$。这样,$\overline{F\alpha}(A^*)\xi=\lim F\alpha'(A^*)\xi^m=\lim \alpha'(A)F\xi^m=\bar{\alpha}(A)F\xi$。

另一方面,$\widetilde{H}=\overline{\mathrm{Im}(-i-\overline{\alpha'}(A^*))} \oplus [\mathrm{Im}(-i-\overline{\alpha'}(A^*))]^{\perp}$

$=\overline{\mathrm{Im}(-i-\alpha'(A))} \oplus [\mathrm{Im}(-i-\overline{\alpha'}(A))]^{\perp}$。

对 $\xi \in \mathrm{Im}(-i-\overline{\alpha'}(A^*))^{\perp}$ 和所有的 $\eta \in D(-i-\overline{\alpha'}(A))$,我们有

$$\begin{aligned}\langle F\xi,(-i-\overline{\alpha'}(A))\eta\rangle &=\langle \xi, F^{-1}(-i-\overline{\alpha'}(A))\eta\rangle \\ &=\langle \xi,(-i-\overline{\alpha'}(A^*)F^{-1}\eta\rangle=0。\end{aligned}$$

于是 $$F[\mathrm{Im}(-i-\overline{\alpha'}(A^*))]^{\perp} \subset [\mathrm{Im}(-i-\overline{\alpha'}(A))]^{\perp},$$

类似地,$F^{-1}[\mathrm{Im}(-i-\overline{\alpha'}(A))]^{\perp} \subset [\mathrm{Im}(-i-\overline{\alpha'}(A^*))]^{\perp}$,

因此我们有 $$FN_+(A^*)=N_+(A)。$$

根据自共轭延拓的 Von-Neumann 第二公式(参见文献[120]定理 8.12)和命题 3.5,

$$\begin{aligned}FD(\alpha(A^*)) &= FD(\overline{\alpha'}(A^*))+\{F\xi-FV(A^*)\xi;\ \xi \in N_+(A^*)\} \\ &=D(\overline{\alpha'}(A))+\{F\xi-V(A)F\xi;\ \xi \in N_+(A^*)\} \\ &=D(\overline{\alpha'}(A))+\{\eta-V(A)\eta;\ \eta \in N_+(A)\} \\ &=D(\alpha(A))。\end{aligned}$$

(2) 设 $\xi=\xi_0+\xi-V(A^*)\xi \in D(\alpha(A^*))$,其中 $\xi_0 \in D(\overline{\alpha'}(A^*))$,$\xi \in N_+(A^*)$,则

$$\begin{aligned}F\alpha(A^*)\xi &=F\alpha(A^*)\xi_0+F(i(I+V(A^*)(I-V(a^*))^{-1} \\ &\quad \cdot (I-V(A^*)))F\xi \\ &=F\,\overline{\alpha'}(A^*)\xi_0+F(i(I+V(A^*))\xi \\ &=\overline{\alpha'}(A)F\xi_0+i(I+V(A))F\xi \\ &=\alpha(A)F\xi_0+i((i+V(A))(I-V(A))^{-1} \\ &\quad \cdot (F\xi-V(A)F\xi))\end{aligned}$$

$$=\alpha(A)F\xi_0+\alpha(A)(F\xi-V(A)F\xi)$$
$$=\alpha(A)(F\xi_0+F\xi-V(A)F\xi)$$
$$=\alpha(A)F(\xi_0+\xi-V(A^*)\xi)$$
$$=\alpha(A)F\,\xi。$$

这样，下图成为交换图：

$$\begin{array}{ccc} D(\alpha(T^*)) & \xrightarrow{F} & D(\alpha(A))\alpha \\ {\scriptstyle\alpha(A^*)}\downarrow & & {\scriptstyle\alpha(A)}\downarrow \\ \widetilde{H} & \xrightarrow{F} & \widetilde{H} \end{array}$$

证毕。

定理 3.7 $A=(A_1,\cdots,A_n)$是正则的充分且必要条件是$A^*=(A^*,\cdots,A_n^*)$是正则。

证 直接从命题 3.6 和定理 3.3 得出。

定理 3.8 $A=(A_1,\cdots,A_n)$是正则的充分且必要条件是对每个p，$d_p^*\ \bar{d}_p+\bar{d}_{p+1}d_{p+1}^*$在$E_p^n(H)$有有界逆算子。

证 注意$\alpha^2(A)=\bigoplus\limits_p(d_p^*\ \bar{d}_p+\bar{d}_{p+1}d_{p+1}^*)$是自共轭的，因此$A$正则$\Leftrightarrow\alpha(A)^{-1}\in L(\widetilde{H})\Leftrightarrow\mathrm{Im}\ \alpha(A)=\widetilde{H}\Leftrightarrow\mathrm{Im}\ \alpha^2(A)=\widetilde{H}\Leftrightarrow\alpha^2(A)^{-1}\in L(\widetilde{H})\Leftrightarrow$每个$p$，$(d_p^*\ \bar{d}_p+\bar{d}_{p+1}d_{p+1}^*)^{-1}\in L(E_p^n(H))$。证毕。

定理 3.9 $S_p(A)$是$\boldsymbol{C}^n$中的闭集。

证 设$z_0\in\rho(A)$，由$d_p(A-z)=d_p(A)-d_p(z)$和$d_{p+1}^*(A-z)=d_{p+1}^*(A)-d_{p+1}^*(z)$可知$D(\bar{d}_p(A-z))=D(\bar{d}_p(A))$和$D(d_{p+1}^*(A-z))=D(d_{p+1}^*(A))$。因此$D(\alpha(A-z))=D(\alpha(A))$，且$\alpha(A-z)=\alpha(A-z_0)+\alpha(z_0-z)$。由于$[\alpha(A-z_0)]^{-1}$有界且$\|\alpha(z_0-z)\|=|z_0-z|$，必有$r>0$，使得当$|z-z_0|<r$时，$\|\alpha(z_0-z)\alpha(A-z_0)^{-1}\|<1$。这时$\alpha(A-z)$有有界逆，由定理 3.3 $A-z$正则。因此$\rho(A)$为开集，即$S_p(A)$为闭集。

§4 无界正常算子组的联合谱

在本节中，我们将研究正常算子组$A=(A_1,\cdots,A_n)$。利用正常算子的谱定理，可以证明

引理 4.1 假设A_1，A_2为正常算子，$A_1=\int\lambda dE_1(\lambda)$，$A_2=\int\lambda dE_2(\lambda)$，则$A_1$，$A_2$在一稠密子空间$D$上可交换(即存在稠密子空间$D\subset D(A_1A_2)\cap D(A_2A_1)$，使得$x\in D$时有$A_1A_2x=A_2A_1x$)的充分必要条件是对任何$\lambda_1$，$\lambda_2$，$E_1(\lambda_1)$和$E_2(\lambda_2)$可交换。

由此引理直接可得

命题 4.2 正常算子组 $A=(A_1, \cdots, A_n)$ 满足条件 $*$（§2)的充分必要条件是它们的谱测度两两可交换。

证 从引理 4.1 直接可得,只需注意到 $D_{1,2,\cdots,n} \cap D^*_{1,2,\cdots,n} \supset M$ 即可。这里 $M=\{E_1(I_1)\cdots E_n(I_n)x ; x \in H, I_i$ 为有界矩形$\}$。证毕。

定义 4.3 如果算子 A 的闭包$\bar{A}$为自共轭的,称 A 为本性自共轭的。

定义 4.4 若 S 为 Hilbert 空间 H 上的对称算子,记 $C^{\infty}(S)=\bigcap_{n=0}^{\infty} D(S^n)$。对 $C^{\infty}(S)$ 中向量 f,若存在数 $t(f)>0$,使 $\sum_{n=0}^{\infty} \frac{|t|^n}{n!}\|S^n f\|<\infty$ 对 $|t|<t(f)$ 成立,则称 f 为 S 的解析向量。

引理 4.5(Nelson) 设 T 为 Hilbert 空间 H 上的对称算子,如果 T 的解析向量集合是稠密的,则 T 是本性自共轭的。

证参见文献[120]。

引理 4.6 $A_1, \cdots, A_n$ 是 n 个谱测度可交换的正常算子,则 $S=A_1A_1^*+\cdots+A_nA_n^*$ 是本性自共轭的。

证 令 $M=\{E_1(I_1)\cdots E_n(I_n)x ; E_i$ 为 A_i 的谱测度,I_i 为有界矩形,$x \in H\}$。因为 $M \subset \bigcap_{i=1}^{n} D(AA_i^*)=D(S)$,所以 S 稠定。$S^* \supset (A_1A_1^*)^*+\cdots+(A_nA_n^*)^* \supset A_1A_1^*+\cdots+A_nA_n^*=S$,因此 S 为对称的。设 $f=E_1(I_1)\cdots E_n(I_n)x \in M$,因为 $Sf=E_1(I_1)\cdots E_n(I_n)Sf$,所以 $f \in C^{\infty}(S)$。若记 $N=\max\limits_i \|A_i^*A_iE_i(I_i)\|$,则 $\|S^m f\| \leqslant (nN)^m\|f\|$,级数 $\sum_{m=0}^{\infty} \frac{|t|^m\|S^m f\|}{m!}<\infty$ 对一切 t 成立。M 中元都是 S 的解析向量。由引理 4.5,S 为本性自共轭的。证毕。

定理 4.7 设 $A=(A_1, \cdots, A_n)$ 为谱测度可交换的正常算子组,A 奇异的充分必要条件是存在一列 $x_m \in E$ 满足:$\|x_m\|=1$ 且 $A_ix_m \to 0(m \to \infty, i=1, \cdots, n)$。

证 设集合 M 和引理 4.6 中相同,$L=L(M)$ 为 M 的线性张。因为当 $x \in L$ 时有 $A_iA_j^*x=A_j^*A_ix$,所以,由计算知:$(d_p^* \bar{d}_p+\bar{d}_{p+1}d_{p+1}^*) \mid E_p^n(L)=\oplus S|_L$。$L$ 中元为对称算子 $S|_L$ 的解析向量,由引理 4.5,$S \oplus S|_L$ 因而$(d_p^* \bar{d}_p+\bar{d}_{p+1}d_{p+1}^*) \mid E_p^n(L)$ 为本性自共轭的。但$(d_p^* \bar{d}_p+\bar{d}_{p+1}d_{p+1}^*)$ 是自共轭的,且

$$(d_p^* \bar{d}_p+\bar{d}_{p+1}d_{p+1}^*) \supset (\bar{d}_p^* d_p+\bar{d}_{p+1}d_{p+1}^*) \mid E_p^n(L),$$

因此 $(\bar{d}_p^* d_p+\bar{d}_{p+1}d_{p+1}^*)=\overline{(\bar{d}_p^* \bar{d}_p+d_{p+1}d_{p+1}^*) \mid E_p^n(L)}=\overline{\oplus S|_L}$。

但 $\oplus S|_L \subset \oplus S$,而由引理 4.6,$\overline{\oplus S}$ 又为自共轭的,因此

$$\bar{d}_p^* d_p+\bar{d}_{p+1}d_{p+1}^*=\overline{\oplus S}=\overline{\oplus(A_1A_1^*+\cdots+A_nA_n^*)}。$$

当 A 奇异时,由定理 3.3 存在一列 $x_m \in H$:$\|x_m\|=1$, $(A_1A_1^*+\cdots+A_nA_n^*)x_m \to$

$0(m\to\infty)$。这时，$\|A_1x_m\|^2+\cdots+\|A_nx_m\|^2=\langle(A_1A_1^*+\cdots+A_nA_n^*)x_m, x_m\rangle\leqslant\|(A_1A_1^*+\cdots+A_nA_n^*)x_m\|\to 0$，因而对一切 k，$A_kx_m\to 0$。

反过来，若存在一列 $x_M\in\bigcap_{i=1}^{n}D(A_i)$，$\|x_m\|=1$，$A_kx_m\to 0$，$(m\to\infty, k=1,\cdots,n)$，则令 $\xi_1^m=\sum_{j=1}^{n}x_ms_j$，显然 $\xi_1^m\in D(\bar{d}_1)\cap D(d_2^*)$。记 $\xi_m=0\oplus\cdots\oplus\xi_1^m\in D(\alpha(A))$，我们有 $\|\xi_m\|=\sqrt{n}$，$\alpha(A)\xi_m\to 0$，所以 $\alpha(A)$不可逆。由定理 3.3，A 奇异。证毕。

定理 4.7 表明：对无界正常算子组 $A=(A_1,\cdots,A_n)$ 来说，它的联合谱就是联合近似点谱 $\sigma_\pi(A)$。

定理 4.8 设 $A=(A_1,\cdots,A_n)$ 为谱测度可交换的正常算子组，E_i 为 A_i 的谱测度，$E=\prod_{i=1}^{n}E_i$，则

$$S_p(A)=\operatorname{supp}E。$$

证 由定理 4.7 知，$S_p(A)=\sigma_\pi(A)$，由谱测度的知识立即可知 $\sigma_\pi(A)=\operatorname{Supp}E$。证毕。

关于无界算子组的联合谱，Eschmeier 在[73]中曾在 $\rho(T_i)\neq\phi$ 的情形下给出过一个定义。

定义 4.9 设 $T=(T_1,\cdots,T_n)$ 是无界闭算子组。设 $\xi_i\in\rho(T_i)$。记 $A=((\xi_1-T_1)^{-1},\cdots,(\xi_n-T_n)^{-1})$。则 T 的预解集为 $\rho_e(T)=\left\{\xi-\frac{1}{\lambda};\lambda\in\rho(A)\right\}=\left\{\lambda\in\hat{\boldsymbol{C}}^n;\frac{1}{\xi-\lambda}\in\rho(A)\right\}$，其余集 $Sp_e(T)=\hat{\boldsymbol{C}}^n\backslash\rho_e(T)$ 即为 T 的联合谱。

Eschmier 的这一定义也可用 Koszul 复形来定义，但未用边界算子的闭包，和本章的定义不同。二者间的关系是没有解决的问题。

第九章　无界算子代数与联合谱

Banach 代数与 C^* 代数理论是研究有界线性算子的有力工具，也是联合谱理论中不可缺少的基础。这在研究正常算子组和一类非正常算子组的过程中，曾有不少体现。本章将讨论交换的无界正常算子组，这在多参数系统理论中可看到它确实具有实际背景，然而这时的 C^* 代数理论不能直接应用了。幸好我们找到了处理无界算子的适用工具——GB^* 代数和 $EC^\#$ 代数，这是两类无界算子代数([36],[88])。

§1　GB^* 代数与 $EC^\#$ 代数

设 $\mathscr{A}$ 是具有单位元 e 的 Hausdorff 局部凸代数(复数域 $\boldsymbol{C}$ 上)。元素 $x\in\mathscr{A}$ 称为是有界的如果存在一个非零复数 λ，使得 $\{(\lambda x)^n: n=1, 2, \cdots\}$ 是 $\mathscr{A}$ 中有界集。我们记 $\mathscr{A}$ 中所有有界元素全体为 $\mathscr{A}_0$。对每个 $x\in\mathscr{A}$，λ 称属于 x 的预解集 $\rho(x)$，如果 $\lambda e-x$ 存在逆元素属于 $\mathscr{A}_0$，x 的谱 $\sigma(x)$ 就定义为，$\boldsymbol{C}\backslash\rho(x)$，当 $x\,\overline{\in}\,\mathscr{A}_0$ 时，还规定 $\infty\in\sigma(x)$。

$\mathscr{A}$ 可进一步称为局部凸 * 代数，如果 $\mathscr{A}$ 还定义了一个对合 $x\to x^*$，满足 $(x^*)^*=x$；$(xy)^*=y^*x^*$；$(\alpha x+\beta y)^*=\bar{\alpha}x^*+\bar{\beta}y^*$，易知此时 $x\in\mathscr{A}_0$，当且仅当 $x^*\in\mathscr{A}_0$，因此可得

$$\sigma(x^*)=\{\bar{\lambda};\ \lambda\in\sigma(x)\}(\text{规定}\,\overline{\infty}=\infty)。$$

还定义 $x\in\mathscr{A}$ 为正常元素，若 $x^*x=xx^*$。$x\in\mathscr{A}$ 称为哈密尔顿元素，若 $x=x^*$。

设 $\mathscr{A}$ 是一个局部凸 * 代数，记 $\mathscr{B}^*$ 为满足下面要求的 $\mathscr{A}$ 的子集 B 全体：

(1) B 是绝对凸的，$B^2\subset B$，$e\in B$；

(2) B 在 $\mathscr{A}$ 中是有界闭的；

(3) $B=B^*$，

定义 1.1　一个准完备[36]的局部凸 * 代数 $\mathscr{A}$，带有单位元，称为一个 GB^* 代数，若它满足

(1) $\mathscr{A}$ 是对称的(即任意 $x\in\mathscr{A}$, $e+x^*x$ 有有界逆)；

(2) B^* 中有最大元(记这最大元为 B_0)。

下面给出 GB^* 代数的一些基本的或后面要用的性质，它们的证明读者可参阅 Allan[36]。

定理 1.2　设 $\mathscr{A}$ 是一个 GB^* 代数，记 $\mathscr{A}(B_0)=\{\lambda x;\ \lambda\in\boldsymbol{C},\ x\in B_0\}$，则 B_0 导出的 Minkowski 泛函使得 $\mathscr{A}(B_0)$ 成为一个具有单位元的 B^* 代数，(指具有对合的 Banach 代

数）并且对任意 $x \in \mathscr{A}$，有 $(e+x^*x)^{-1} \in \mathscr{A}(B_0)$。

推论 1.3 若 $\mathscr{A}$ 同时是 GB^* 代数和 Banach 代数，则 $\mathscr{A}$ 必是一个 B^* 代数。反之，任何 B^* 代数是一个 GB^* 代数。

当 $\mathscr{A}$ 是一个交换的 GB^* 代数时，可以验证，此时有 $\mathscr{A}_0=\mathscr{A}(B_0)$。我们记 M_0 是 $\mathscr{A}_0$ 上的非零可乘线性泛函全体，在弱 $*$ 拓扑下 $\sigma(M_0, \mathscr{A}_0)$ 它成为所谓的承载空间。

定理 1.4 设 $\mathscr{A}$ 是一个交换的 GB^* 代数，并且带有单位元，则对任意 $\varphi \in M_0$，存在唯一的一个 $\mathscr{A}$ 上的复值函数 φ'，使得

(1) φ' 是 φ 的一个扩张。

(2) φ' 是下面意义下的"部分同态"：

(a) $\varphi'(\lambda x)=\lambda\varphi'(x)$ $(\lambda \in \mathbf{C}, x \in \mathscr{A})$ （规定 $0\cdot\infty=0$）；

(b) $\varphi'(x_1+x_2)=\varphi'(x_1)+\varphi'(x_2)$ （$x_1, x_2 \in \mathscr{A}$，$\varphi'(x_1)$，$\varphi'(x_2)$ 不同时取为 ∞）；

(c) $\varphi'(x_1x_2)=\varphi'(x_1)\varphi'(x_2)$ （$x_1, x_2 \in \mathscr{A}$，$\varphi'(x_1)$，$\varphi'(x_2)$ 不出现 $0\cdot\infty$ 或 $\infty\cdot 0$ 情形）；

(d) $\varphi'(x^*)=\overline{\varphi'(x)}$ （规定 $\overline{\infty}=\infty$）。

我们注意到这种 φ' 实际上是将 $\mathscr{A}_0$ 上通常的可乘线性泛函 φ 扩张到了整个 $\mathscr{A}$ 上，这个定理的证明思想与第八章中介绍的 Eshmeier 作法有类似之处，首先对哈密尔顿元 h 利用预解集非空和 φ 的可乘性将 φ 延拓到 h 上，然后再根据 $\mathscr{A}$ 中每个元有笛卡尔表示 $x=h+ik$，再将 φ 延拓到整个 $\mathscr{A}$ 上，从而也可看到，上面一些规定也完全出于自然。

当 $\mathscr{A}$ 是交换的 GB^* 代数时，熟知 $\mathscr{A}_0=\mathscr{A}(B_0)$ 上有 Gelfand 表示 $x \rightarrow \hat{x}=\varphi(x)$，$\varphi \in M_0$。现在我们可以把这个表示延拓到 $\mathscr{A}$ 上去：$x \rightarrow \hat{x}=\varphi'(x)$，$x \in \mathscr{A}$，$\varphi \in M_0$。

注意到 $x \in \mathscr{A}_0$ 时，$\hat{x}$ 是 M_0 上的连续函数，而 $x \in \mathscr{A}$ 时，只能说 $\hat{x}$ 是 M_0 上的 $\hat{\mathbf{C}}$ 值函数，但我们有

定理 1.5 设 $\mathscr{A}$ 是一个交换的 GB^* 代数并带有单位元，则泛函表示 $x \rightarrow \hat{x}$ 是 $\mathscr{A}$ 到 M_0 上 $\hat{\mathbf{C}}$ 值连续函数的一个子 $*$ 代数 $\hat{\mathscr{A}}$ 上的 $*$ 同构，而且 $\hat{\mathscr{A}}$ 包含了所有 M_0 上的 $\mathbf{C}$ 值连续函数全体。

推论 1.6 设 $\mathscr{A}$ 如上，则对任意 $x \in \mathscr{A}$，有

$$\sigma(x)=\{\hat{x}(\varphi'); \varphi \in M_0\}。$$

现在我们再简单介绍一下 $EC^\#$ 代数的定义。

定义 1.7 设 H 是 Hilbert 空间，$\mathscr{D}$ 是 H 的一个稠子空间，$L(\mathscr{D})$ 记为 $\mathscr{D}$ 上所有线性算子，(不必有界)全体，设 $\mathscr{U}$ 是带恒等算子 I 的 $L(\mathscr{D})$ 的一个子代数。$\mathscr{U}$ 称为 $\mathscr{D}$ 上一个 $EC^\#$ 代数，如果满足下列条件：

(1) 存在 $\mathscr{U}$ 上的一个对合 $T \rightarrow T^\#$，使得对任何 $\xi, \eta \in \mathscr{D}$ 和 $T \in \mathscr{U}$，有 $\langle T\xi, \eta\rangle=\langle \xi, T^\#\eta\rangle$；

(2) 记 $\mathscr{U}_b$ 是 $\mathscr{U}$ 中的有界线性算子全体，则对任何 $T \in \mathscr{U}$，有 $(1+T^\# T)^{-1} \in \mathscr{U}_b$；

(3) 记$\overline{T}$为 T 的算子闭包(由(1)不难看到每个 $T \in \mathscr{U}$ 都是可闭算子),则 $\bar{\mathscr{U}}_b = \{\overline{T}, T \in \mathscr{U}_b\}$ 是一个 C^* 代数。

§2 无界正常算子组

无界正常算子包含了有界正常算子,下面若不特别声明,正常算子组可以是无界的。

定义 2.1 正常算子组 $A=(A_1, \cdots, A_n)$ 称为交换的,若 A_i 的谱测度 E_i 是可以交换的,即 $P_iP_j = P_jP_i$, $P_i \in E_i$, $P_j \in E_j$, $1 \leqslant i, j \leqslant n$。

如同在第六章§4中指出的,我们不妨定义

定义 2.2 设 $A=(A_1, \cdots, A_n)$ 是交换的正常算子组,则 A 的联合谱定义为

$S_P(A) = \operatorname{Supp} E$, E 为 A 的乘积谱测度

A 的扩充联合谱定义为

$$S_{PE}(A) = \operatorname{Supp} \hat{E}$$

其中$\hat{E}$是$\hat{\boldsymbol{C}}^n$ 上的谱测度,对任意$\hat{\boldsymbol{C}}^n$ 上的 Borel 集 Δ,

$$\hat{E}(\Delta) = E(\Delta \cap \boldsymbol{C}^n)。$$

显然 $S_p(A) = \boldsymbol{C}^n \cap S_{PE}(A)$, $S_{PE}(A) = \overline{S_p(A)}$($\hat{\boldsymbol{C}}^n$ 中的闭包)。我们这里提出的 $S_p(A)$和 $S_{PE}(A)$,各有特别之处。在多参数理论中∞并没有实际意义,所以 $S_p(A)$用起来比较实际,特别在下一章中我们将看到,$S_p(A)$有较好的几何性质;而 $S_{PE}(A)$却又在算子理论和算子代数中显得自然。

下面我们讨论由上述 A 生成的 $EC^\#$ 代数和 GB^* 代数。

定理 2.3 设 $A=(A_1, \cdots, A_n)$ 是交换的正常算子组,E 是 A 的乘积谱测度,$\mathscr{F}$是所有在 Supp E 上连续的复值函数。记 $D = \bigcap_{f \in \mathscr{F}} D(E(f))$,这里 $D(E(f))$ 表示算子 $E(f) = \int_{\operatorname{Supp} E} f(z) dE(z)$ 的定义域,则 D 在 H 中稠密并且关于每个 $E(f)$,$(f \in \mathscr{F})$ D 是不变子空间。并且 D 是 $A=\{E(f);\ f \in \mathscr{F}\}$ 的公共核。

$\mathscr{U} = \{E(f)_D;\ f \in \mathscr{F}\}$ 是 D 上的一个闭的交换 $EC^\#$ 代数,这里 $E(f)_D$ 表示 $E(f)$在 D 上的限制。

证 取一列$\boldsymbol{C}^n$ 中的紧子集$\{\Delta m\}$单调增趋向于$\boldsymbol{C}^n$,易知这时

$$D(E(f)) = \{x \in H;\ \int_{\operatorname{Supp} E} |f(z)|^2 d\|E(z)x\|^2 < \infty\}$$

和
$$E(f)x = \lim_{m \to \infty} \int_{\Delta m \cap \operatorname{Supp} E} f(z) dE(z)x,\ x \in D(E(f))。$$

此外显然有对任何 $f \in E$,$E(f)$是 H 上的一个正常算子,并且 $E(f)$有界当且仅当 f 在 Supp E 上有界。

现对任意 $x \in H$,有 $E(\Delta_n)x \in D$ 和 $x = \lim E(\Delta_n)x$,亦即 D 在 H 中稠密。现取任

意 f, $g \in \mathscr{F}$和 $x \in D$,我们有 $x \in D \subset D(E(fg)) \cap D(E(g)) \subset D(E(f) \cdot E(g))$,从而$E(g)x \in D(E(f))$,因此 D 是关于每个$E(g)$,$g \in \mathscr{F}$不变的。记 $T = E(g)_D$,则对任何 $x_0 \in D(E(g))$,我们有

$$
\begin{aligned}
x_m &= E(\Delta_m)x_0 \in D,\ m = 1,\ 2,\ \cdots \\
&\| x_m - x_0 \| + \| Tx_m - E(g)x_0 \| \\
&= \| E(\Delta_m^c)x_0 \| + \| E(\Delta_m^c)E(g)x_0 \| \to 0 \quad (m \to \infty)。
\end{aligned}
$$

这就证得了对任意 $g \in \mathscr{F}$, $E(g) = \overline{E(g)_D}$, 即 D 是$E(g)$的核。

现令 $\mathscr{U} = \{E(f)_D;\ f \in \mathscr{F}\}$, 显然 $\mathscr{U}$是具有单位元 I_D 的$L(D)$中的一个交换子代数。定义 $\mathscr{U}$ 中的一个对合为

$$E(f)_D \to (E(f)_D)^{\#} = E(\bar{f})_D,$$

注意到 $f \in \mathscr{F}$时有$\bar{f} \in \mathscr{F}$且 $E(\bar{f}) = E(f)^*$,显然 $\mathscr{U}$满足定义 1.7 中的条件(1)。另外对 $f \in \mathscr{F}$,$(I_D + E(f)_D^* E(f)_D)^{-1} = E\left(\dfrac{1}{1+|f|^2}\right)_D \in \mathscr{U}_b$。因为当 f 有界时,$\| E(f) \| = \sup\{|f(z)|;\ z \in \operatorname{supp} E\}$,因此不难证明$\bar{\mathscr{U}}_b = \{E(f);\ f \in \mathscr{F},\ f$ 在 $\operatorname{supp} E$ 上有界$\}$成为一个 C^* 代数。这就证明了 $\mathscr{U}$ 是 D 上的一个 $EC^{\#}$ 代数。$\mathscr{U}$ 的闭性是由 D 的定义可得到的(参见[88])。证毕。

定理 2.4 $\mathscr{A} = \{E(f);\ f \in \mathscr{F}\}$ 可以引进下面的度量 ρ 而成为一个可分的有单位元的交换 GB^* 代数,这里

$$\rho(T_1,\ T_2) = \sum_{n=1}^{\infty} \frac{1}{2^n} \frac{\| E(\Delta_n)(T_1 - T_2) \|}{1 + \| E(\Delta_n)(T_1 - T_2) \|}。$$

其中,T_1, $T_2 \in \mathscr{A}$, $\{\Delta_n\}$是一列单调增趋于 $\boldsymbol{C}^n$ 的$\boldsymbol{C}^n$ 中的紧子集。

证 $\mathscr{A}$是可由列半范数 $P_n(T) = \| E(\Delta_n)T \|$, $T \in \mathscr{A}$, 所生成的局部凸*代数。从$\mathscr{A}$的函数模型易证 $\mathscr{A}$ 的完备性。显然,对任意 $f \in \mathscr{F}$, $I + E(f)^* E(f)$ 有有界逆 $E\left(\dfrac{1}{1+|f|^2}\right)$,因此 $\mathscr{A}$是对称的。设 $B_0 = \{T \in \mathscr{A};\ P_n(T) \leqslant 1,\ n = 1,\ 2,\ \cdots\}$,则 $B_0 \in \mathscr{B}^*$。现证 B_0 是 $\mathscr{B}^*$ 中的最大元。

任取 $B \in \mathscr{B}^*$,若 $T \in B$,则 $T^* \in B$,所以 $Q = T^* T \in B$,从而 $Q^n \in B$, $n = 1$, 2, $\cdots$。如果 $T \overline{\in} B$,则存在 n_0,使 $P_{n_0}(T) > 1$,因此 $P_{n_0}(Q) = P_{n_0}(T^2) > 1$,这样就有 $P_{n_0}(T^{2^n}) = P_{n_0}(Q)^{2^n} \to \infty$,这与 B 的有界性相矛盾,因此必有 $T \in B_0$,即 $B \subseteq B_0$。这样一来,据定义 1.1 我们有 $\mathscr{A}$ 是一个 GB^* 代数,它有单位元,可分和交换都是显然的,证毕。

注:$\mathscr{A}$ 上还可以引进其他拓扑成为 GB^* 代数,如 Inoue[88]中曾对 $EC^{\#}$ 代数 $\mathscr{U}$ 上定义了弱拓扑,并指出 $\bar{\mathscr{U}}$在弱拓扑下成为一个 GB^* 代数。但 Allan[36]证明了,在某种意义

下，$\mathscr{A}$上的GB^*拓扑是等价的（不是指拓扑等价）。以后我们将采用定理2.4中的度量拓扑。这至少有两个好处，一是当$\mathscr{A}$是有界情形时，这正是范数拓扑；二是这个拓扑是可数生成的。

下面我们就分别称$\mathscr{U}$和$\mathscr{A}=\bar{\mathscr{U}}$是由$A=(A_1, \cdots, A_n)$生成的$EC^\#$代数和$GB^*$代数。

还要注意的是$\mathscr{A}$中运算是所谓“强”意义下的。对于$T_1, T_2 \in \mathscr{A}, \lambda \in \mathfrak{C}, T \in \mathscr{A}$，

$$T_1 + T_2 = \overline{T_1 + T_2},\ T_1 T_2 = \overline{T_1 T_2},$$

$$\lambda \cdot T = \begin{cases} \lambda T, & \lambda \neq 0 \\ 0, & \lambda = 0 \end{cases}。$$

不难验证这种运算下正好有

$$E(f_1 + f_2) = E(f_1) + E(f_2);\ E(f_1 f_2) = E(f_1) E(f_2)。$$

§3 特征与联合谱

设$A=(A_1, \cdots, A_n)$是交换的无界正常算子组，$\mathscr{A}$是由A生成的交换的GB^*代数，$\mathscr{A}_0$是$\mathscr{A}$的有界元全体，M_0是$\mathscr{A}_0$的特征（即非零可乘线性泛函）全体。定理1.4告诉我们，每个特征$\varphi \in M_0$可以延拓成$\mathscr{A}$上的“广义特征”φ'，下面我们就用这种“广义特征”来表示$\mathscr{A}$的扩充联合谱$S_{PE}(A)$。

引理 3.1 设Λ是$\{1, 2, \cdots, n\}$的一个子集（可以是空集），则$z=(z_1, \cdots, z_n) \in S_{PE}(A)$，其中只有$z_i=\infty$，$i \in \Lambda$，当且仅当

$$\sum_{i \overline{\in} \Lambda} (A_i - z_i)^* (A_i - z_i) + \sum_{i \in \Lambda} (I + A_i^* A_i)^{-1}$$

是奇异的。

证 (1) 首先我们假定$z \in S_{p_E}(A) \cap \boldsymbol{C}^n = \mathrm{Supp}\, E$，这里$E$是$A$的乘积谱测度。取一列收缩到$z$的子球邻域$\{O_K\}$，则可取到一列单位向量$x_k \in E(O_k)H$，$k=1, 2, \cdots$。显然有$\{x_k\} \subset D = \bigcap\limits_{f \in \mathscr{G}} E(f)$，并且

$$\begin{aligned}
&\left\| \sum_{i=1}^{n} (A_i - z_i)^* (A_i - z_i) x_k \right\|^2 \\
\leqslant &\left(\sum_{i=1}^{n} \| (A_i - z_i)^* (A_i - z_i) x_k \| \right)^2 \\
\leqslant &\, n \sum_{i=1}^{n} \| (A_i - z_i)^* (A_i - z_i) x_k \|^2 \\
= &\, n \sum_{i=1}^{n} \int_{O_k} | \lambda_i - z_i |^4 d \| E(\lambda) x_k \|^2 \\
\to &\, 0 \quad (k \to \infty)
\end{aligned}$$

因此 $\sum_{i=1}^{n}(A_i - z_i)^*(A_i - z_i)$ 是奇异的。

反之,如果 $z \in \boldsymbol{C}^n \setminus \operatorname{Supp} E$,则存在一个常数 $c > 0$ 使得对任意 $x \in D$, $\| x \| = 1$, 有

$$\begin{aligned} &\left\| \sum_{i=1}^{n}(A_i - z_i)^*(A_i - z_i)x \right\| \\ \geqslant &\sum_{i=1}^{n} \| (A_i - z_i)x \|^2 \\ = &\int \sum_{i=1}^{n} | \lambda_i - z_i |^2 d \| E(\lambda)x \|^2 \\ \geqslant &c \| x \| 。\end{aligned}$$

令 $f(\lambda) = \sum_{i=1}^{n} | \lambda_i - z_i |^2 = | \lambda - z |^2$,则对任意 $x \in D(f(A))$,我们有 $x_n = E(\Delta_n)x \in D$, $n = 1, 2, \cdots$, 这里 $\{\Delta_n\}$ 还是一列单调增趋于 $\boldsymbol{C}^n$ 的紧子集,因此

$$\begin{aligned} \| f(A)x \| &= \| \lim \int_{\Delta n} f(\lambda) dE(\lambda)x \| \\ &= \lim \| E(f)x_n \| \\ &\geqslant \lim c \| x_n \| = c \| x \| 。\end{aligned}$$

由于 $f(A)$ 是正常的,这就证明了 $f(A) = \sum_{i=1}^{n}(A_i - z_i)^*(A_i - z_i)$ 是可逆的,

(2) 现在设 $z \in \boldsymbol{C}^n$, E_i 是 A_i 的谱测度。则 $(I + A_i^* A_i)^{-1}$ 的谱测度 F_i 可以从 E_i 中导出:

$$F_i(\delta) = E_i[z_i; (1 + | z_i |^2)^{-1} \in \delta], \ i = 1, 2, \cdots, n。$$

其中 δ 是 $\boldsymbol{C}$ 中的任何 Borel 子集。

从 $S_{p_E}(A)$ 的定义不难看出, $z = (z_1, \cdots, z_n) \in S_{p_E}(A)$, 其中 $i \in \Lambda$ 时, $z_i = \infty$,当且仅当 $\tilde{z} = (\tilde{z}_1, \cdots, \tilde{z}_n) \in S_{p_E}(\tilde{A}) \cap \boldsymbol{C}^n$, 其中

$$\tilde{A} = (\tilde{A}_1, \cdots, \tilde{A}_n), \ \tilde{A}_i = \begin{cases} A_i, & i \overline{\in} \Lambda \\ (I + A_i^* A_i)^{-1}, & i \in \Lambda; \end{cases}$$

$$\tilde{z} = (\tilde{z}_1, \cdots, \tilde{z}_n), \ \tilde{z}_i = \begin{cases} z_i, & i \overline{\in} \Lambda \\ 0, & i \in \Lambda。\end{cases}$$

这样全部结果可由(1)立即推出。证毕。

定理 3.2 设 $A = (A_1, \cdots, A_n)$ 是交换的正常算子组, $\mathscr{A}$ 是由 A 生成的 GB^* 代数, $\mathscr{A}_0$ 是由 $\mathscr{A}$ 中有界元全体组成的交换 C^* 代数。M_0 是 $\mathscr{A}_0$ 的特征空间,则对任何 $T = (T_1, \cdots, T_n) \subset \mathscr{A}$,有 $S_{p_E}(T) = \{(\varphi'(T_1), \cdots, \varphi'(T_n)); \varphi \in M_0, \varphi'$ 是 φ 的扩张特征$\}$。特别当 T 取为 A 时,我们得到了 $S_{p_E}(A)$ 的特征表示。

证 显然 T 也是交换的正常算子组。现设 $z=(z_1, \cdots, z_n)\in S_{p_E}(T)$，其中 $i\in\Lambda$ 时，$z_i=\infty$。则据引理 3.2 知，$B=\sum_{i\overline{\in}\Lambda}(T_i-z_i)^*(T_i-z_i)+\sum_{i\in\Lambda}(I+T_i^*T_i)^{-2}$ 是奇异的。如果不存在 $\varphi\in M_0$，使得 $z=(z_1, \cdots, z_n)=(\varphi'(T_1), \cdots, \varphi'(T_n))$，则对任何 $\varphi\in M_0$，有

$$\hat{B}(\varphi')=\varphi'(B)=\sum_{i\overline{\in}\Lambda}|\hat{T}_i(\varphi')-z_i|^2+\sum_{i\in\Lambda}(I+|\hat{T}_i(\varphi')|^2)^{-2}>0,$$

所以 $\psi(\varphi)=(B(\varphi'))^{-1}$ 是 M_0 上的一个复值连续函数。根据定理 1.5，$\psi(\varphi)$ 是 $\mathscr{A}_0$ 中唯一的算子 J 的 Gelfand 表示的象，因此不难从算子演算知道，J 就是 B 的有界逆，这与 B 的奇异性相矛盾，因此必存在 $\varphi\in M_0$，使得 $z=(z_1, \cdots, z_n)=(\varphi'(T_1), \cdots, \varphi'(T_n))$。

反之，如果 $z=(z_1, \cdots, z_n)\overline{\in}S_{p_E}(T)$，则由引理 3.2 知上述的算子 B 是可逆的。显然这个唯一的逆算子就是

$$J=\int(\sum_{i\overline{\in}\Lambda}|f_i-z_i|^2+\sum_{i\in\Lambda}(1+|f_i|^2)^{-2})^{-1}dE(\lambda)\in\mathscr{A}_0。$$

既然 $JB=I$（强意义运算），并且对任何 $\varphi\in M_0$，φ' 是 $\mathscr{A}$ 上的一个扩张的 $*$ 同态（定理 1.5），因此不可能存在 $\varphi\in M_0$，使得$(z_1, \cdots, z_n)=(\varphi'(T_1), \cdots, \varphi'(T_n))$。证毕。

推论 3.3 设 A 如上，$f=(f_1, \cdots, f_m)$ 是从 $S_{p_E}(A)$ 到 $\boldsymbol{C}^m$ 的函数，使得 $f_i(\lambda)/(1+|\lambda|^2)^{L_i}$ 对某非负整数 L_i 在 $S_{p_E}(A)$上是连续的，$i=1, \cdots, m$。则有

$$f(S_{p_E}(A))=S_{p_E}(f(A)),$$

其中 $f(A)=(f_1(A), \cdots, f_m(A))$，$f_i(A)=E(f_i)$，$i=1, \cdots, m$。

证 我们先考虑 f 是在 $S_{p_E}(A)$上连续的，这时对每个 j，$f_j((\hat{A})\varphi')$是 M_0 上连续的$\hat{\boldsymbol{C}}$值函数，其中 $\hat{A}(\varphi')=(\hat{A}_1(\varphi'), \cdots, \hat{A}_n(\varphi'))$，$M_0$ 是 $\mathscr{A}_0$ 的特征空间。所以据定理 1.5，$f_j(\hat{A})\varphi'$ 是 $\mathscr{A}_0$ 中唯一的元素 $E(f_j)$ 的 Gelfand 象，$j=1, \cdots, m$。再据上面定理，

$$\begin{aligned}S_{p_E}(f(A))&=\{(f_1(\hat{A})(\varphi'), \cdots, \hat{f}_m(A)(\varphi');\ \varphi\in M_0\}\\&=\{(f_1(\hat{A})(\varphi')), \cdots, f_m(\hat{A}(\varphi'));\ \varphi\in M_0\}\\&=f(S_{p_E}(A))。\end{aligned}$$

现在，设 $g_j=f_j/(1+|\lambda|^2)^{l_j}$ 关于某个非负整数 l_j 在 $S_{p_E}(A)$连续，则有

$$f_j(A)=g_j(A)\left(I+\sum_{i=1}^{n}A_i^*A_i\right)^{-l_j},\ j=1, \cdots, m,$$

注意到 φ'是一个扩张的 $*$ 同态并利用上面已证结果，我们有

$$\begin{aligned}S_{p_E}(f(A))&=\{(f_1(\hat{A})(\varphi'), \cdots, f_m(\hat{A})(\varphi');\ \varphi\in M_0\}\\&=\{(g_1(\hat{A}(\varphi'))h(\varphi')^{l_1}, \cdots, g_m(\hat{A}(\varphi'))h(\varphi')^{h-l_m});\ \varphi\in M_0\}\\&=\{(f_1(\hat{A}(\varphi')), \cdots, f_m(\hat{A}(\varphi'))\ ;\ \varphi\in M_0\}\\&=f(S_{p_E}(A)),\end{aligned}$$

其中 $h(\varphi') = 1 + \sum_{i=1}^{n} |\hat{A}_i(\varphi')|^2$。证毕。

M. Chō[50]中证明了有界的交换正常算子组，它的 Dash 谱与 Taylor 谱是相同的，这个结果现可以推广到无界情形。

定义 3.4 设 $A = (A_1, \cdots, A_n)$ 是交换的正常算子组，$\mathscr{A}$ 是由 A 生成的 GB^* 代数，$\mathscr{A}''$ 是 $\mathscr{A}$ 在 $l(H)$ 中的二次交换子（设 T 是无界算子，B 是有界算子，T 称为 B 交换，若 $TB \supset BT$）扩充的 A 的 Dash 谱 $\sigma_E(A)$ 是这样的一些 $\lambda = (\lambda_1, \cdots, \lambda_n) \in \boldsymbol{C}^n$，其中 $i \in \Lambda$ 时，$\lambda_i = \infty$，使得不存在 $B = (B_1, \cdots, B_n) \subset \mathscr{A}''$，满足

$$\sum_{i \overline{\in} \Lambda} B_i(A_i - \lambda_i) + \sum_{i \in \Lambda} B_i(I + A_i^* A_i)^{-1} = T,$$

其中运算都是强意义下的。

定理 3.5 设 $A = (A_1, \cdots, A_n)$ 是交换的正常算子组，则有 $S_{p_E}(A) = \sigma_E(A)$。

证 若 $z = (z_1, \cdots, z_n) \overline{\in} S_{p_E}(A)$，其中 $i \in \Lambda$ 时，$z_i = \infty$。则据引理 3.2，$B = \sum_{i \overline{\in} \Lambda} (A_i - z_i)^* (A_i - z_i) + \sum_{i \in \Lambda} (I + A_i^* A_i)^{-2}$ 是可逆的。令 $B_i = B^{-1}(A_i - z_i)^*$，当 $i \overline{\in} \Lambda$；$B_i = B^{-1}(I + A_i^* A_i)^{-1}$，$i \in \Lambda$，则显然有 $B_i \in \mathscr{A}_0 \subset \mathscr{A}''$，$i = 1, \cdots, n$ 并且强运算下有

$$\sum B_i(A_i - z_i) + \sum B_i(I + A_i^* A_i)^{-1} \in I。$$

反之，如果存在 $B_i \in \mathscr{A}''$，$i = 1, 2, \cdots, n$，使得上式成立，则 $(A_i - z_i, (I + A_j^* A_j)^{-1}, i \overline{\in} \Lambda, j \in \Lambda)$ 必须在 $D = \bigcap_{j \in \mathscr{G}} D(E(f))$ 上联合下方有界，从而推得 B 在 D 上下方有界。因此不难推出正算子 B 是可逆的，据引理 3.1，这即 $z = (z_1, \cdots, z_n) \overline{\in} S_{p_E}(A)$，其中 $i \in \Lambda$ 时，$z_i = \infty$。

§4 无界正常算子组的联合预解式估计

对于有界的交换正常算子组 A，若 $z \in \boldsymbol{C}^n / S_P(A)$，则我们知道这时成立（第四章定理 4.4）

$$\operatorname{dist}(z, S_P(A)) = \| (\widehat{A - z})^{-1} \|^{-1},$$

这里 $\widehat{A - z}$ 是 $A - z$ 导出的 Curto 矩阵。下面我们将利用无界算子代数的一些技巧，证明对无界的交换正常算子组 A 也有类似的结果。

先介绍 Inoue 证明的一个引理。

引理 4.1 设 $\mathscr{U}$ 是一个 $EC^\#$ 代数，则我们有 $\overline{T_1} + \overline{T_2} = \overline{T_1 + T_2}$，$\overline{T_1} \cdot \overline{T_2} = \overline{\overline{T_1}\, \overline{T_2}}$，$\lambda \cdot \overline{T} = \overline{\lambda T}$，以及 $(\overline{T})^* = (\overline{T^\#})$ 对所有 $T, T_1, T_2 \in \mathscr{U}$ 和 $\lambda \in \boldsymbol{C}$。这里 $\overline{T}$ 表示 T 的算子闭包，上述等式左边涉及的运算均是强意义下的。

证 先对 $T = T^\#$ 情况下证明 $\overline{T^*} = \overline{T^\#}$。

若 $T=T^{\#}$，则 $(1+T^2)^{-1}\in\mathscr{U}$。从而 $T^2(I+T^2)^{-2}=((I+T^2)-I)(I+T^2)^{-2}=(I+T^2)^{-1}-(I+T^2)^{-2}$，因此 $T^2(I+T^2)^{-2}\in\mathscr{U}_b$。

这样对每个 $\xi\in D$，有 $\|T(I+T^2)^{-1}\xi\|^2\leqslant\|T^2(I+T^2)^{-2}\|\,\|\xi\|^2$，因此得到 $T(I+T^2)^{-1}\in\mathscr{U}_b$。另外还有

$$(iI-T)(-iI-T)(I+T^2)^{-1}=(iI-T)(-i(I+T^2)^{-1}-T(I+T^2)^{-1})=I \text{ 和}$$

$$(-i(I+T^2)^{-1}-T(I+T^2)^{-1})=I,$$

所以 $(iI+T)^{-1}$ 存在而且属于 $\mathscr{U}_b$。现对每个 $\lambda=\alpha+i\beta\in\boldsymbol{C}/\boldsymbol{R}$，我们有 $(\lambda I-T)=\beta\left(iI-\dfrac{1}{\beta}(T-\alpha\tau)\right)$，因此对所有 $\lambda\in\boldsymbol{C}/\boldsymbol{R}$，我们有 $\overline{(\lambda I-T)^{-1}}=(\lambda I-\overline{T})^{-1}$ 是有界的，即 $\overline{T}$ 的谱是实的。既然 $T^*\supset T^{\#}=T$，从而 $\overline{T}$ 是哈密尔顿算子，因此 $\overline{T}$ 是自共轭的，这样就证明了 $\overline{T^*}=\overline{T}=\overline{T^{\#}}$。

现证对每个 $T\in\mathscr{U}$，都有 $\overline{T^*}=\overline{T^{\#}}$。设 $H_1=\overline{T^*}\,\overline{T}$ 和 $H_2=((T^{\#})^*)^*(T^{\#})^*$，显然 $H_1\supset\overline{T^{\#}T}$ 和 $H_2\supset\overline{T^{\#}T}$，既然 $(T^{\#}T)^{\#}=T^{\#}T$，我们知 $\overline{T^{\#}T}$ 是自共轭的，则是极大算子，从而 $H_1=H_2=\overline{T^{\#}T}$。因此 $D(\overline{T})=D(H_1^{1/2})=D(H_1^{1/2})=D((T^{\#})^*)$，所以 $\overline{T}=(T^{\#})^*$，从而 $\overline{T^*}=\overline{T^{\#}}$。

设 $T_1,T_2\in\mathscr{U}$，由强运算定义 $\overline{T_1}+\overline{T_2}=\overline{\overline{T_1}+\overline{T_2}}$，因此显然有 $\overline{T_1+T_2}\subset\overline{T_1}+\overline{T_2}$。既然 $T_i=(T_i^*)^*$，我们有

$$\overline{\overline{T_1}+\overline{T_2}}=\overline{(T_1^*)^*+(T_2^*)^*}\subset(T_1^*+T_2^*)^*=((T_1+T_2)^{\#})^*=\overline{T_1+T_2}。$$

类似地我们可以证明 $\overline{T_1}\cdot\overline{T_2}=\overline{T_1T_2}$ 和 $\lambda\cdot\overline{T}=\overline{\lambda T}$。证毕。

下面这个引理在一些代数书中可找到[89]。

引理 4.2 设 $\mathscr{U}$ 是一个有单位元交换环，$M_n(\mathscr{U})$ 是从 $\mathscr{U}$ 为元素的 n 阶矩阵环，$A\in M_n(\mathscr{U})$，则 A 在 $M_n(\mathscr{U})$ 中可逆的充要条件是 $\det A$ 在 $\mathscr{U}$ 中可逆。

引理 4.3 设 $A=(A_1,\cdots,A_n)$ 是交换的正常算子组，$\mathscr{A}$ 是由 A 生成的 GB^* 代数，$D=\bigcap\limits_{T\in\mathscr{A}}D(T)$，则对任何 $z\in\boldsymbol{C}$，

$$\operatorname{dist}(z,P_{p_E}(A))=\inf\left\{\left(\sum_{i=1}^n\|(A_i-z_i)x\|^2\right)^{\frac{1}{2}}:x\in D,\ \|x\|=1\right\}。$$

证 设 $B=\sum\limits_{i=1}^n(A_i-z_i)^*(A_i-z_i)$，据推论 3.4 有

$$S_{p_E}(B)=\left\{\sum_{i=1}^n|\lambda_i-z_i|^2:\lambda=(\lambda_1,\cdots,\lambda_n)\in S_{p_E}(A)\right\},\tag{4.1}$$

既然 B 是正算子，所以有

$$\begin{aligned}&\operatorname{dist}(0,\ S_{p_E}(B))\\&=\inf\{\langle Bx,\ x\rangle:\ x\in D(B),\ \|x\|=1\}\\&=\inf\{\sum\|(A_i-z_i)x\|^2:\ x\in D,\ \|x\|=1\}。\end{aligned}\tag{4.2}$$

这是因为对任何 $x\in D(B)$ 和单调增趋于 $\boldsymbol{C}^n$ 的紧子集 $\{\Delta_n\}$，易证有 $E(\Delta_n)x\in D$ 和 $BE(\Delta_n)x\to Bx$。因此我们有

$$\begin{aligned}\operatorname{dist}(z,\ S_{p_E}(A))&=\inf\{|\lambda-z|:\lambda\in S_{p_E}(A)\}\\&=[\operatorname{dist}(0,\ S_{p_E}(B))]^{1/2}\\&=\inf\Big\{\Big(\sum_{i=1}^{n}\|(A_i-z_i)x\|^2\Big)^{\frac{1}{2}}:\ x\in D,\ \|x\|=1\Big\}\ (\text{由}(4.2))。\end{aligned}$$

证毕。

我们现在可以证明本节的重要定理。

定理 4.4 设 $A=(A_1,\ \cdots,\ A_n)$ 是交换的正常算子组，$\mathscr{A}$ 是由 A 生成的 GB^* 代数，$D=\bigcap\limits_{T\in A}D(T)$，$z\in\boldsymbol{C}^n\cap S_{p_E}(A)$，则

$$\operatorname{dist}(z,\ S_{p_E}(A))=\|(\tilde{A}-\hat{z})^{-1}\|^{-1},$$

这里 $(\tilde{A}-\hat{z})$ 是 $H\otimes\boldsymbol{C}^{2^{n-1}}$ 上的算子 $(\widehat{A-z})_D$ 的闭包，而 $(\widehat{A-z})_D$ 是 $A-z$ 形式导出的 Curto 矩阵，其中每个元素都限制在 D 上。

证 据定理 2.3，D 对每个 $T\in\mathscr{A}$ 都是核，所以可以像有界情形那样导出 $A-z$ 的 Curto 矩阵 $(A-\hat{z})_D$。例如 $n=2$ 时，我们有

$$(A-\hat{z})_D=\begin{pmatrix}(A_1-z_1)_D & (A_2-z_2)_D\\-(A_2-z_2)_D & (A_2-z_1)_D^*\end{pmatrix}。$$

显然 $\mathscr{U}=\mathscr{A}|_D$ 是由 A 生成的 $EC^\#$ 代数，而 $\mathscr{A}=\bar{\mathscr{U}}$。下面我们要证矩阵环 $M_K(A|_D)=M_K(\mathscr{U})$ 也是一个 $EC^\#$ 代数，它是作用在 $H\otimes\boldsymbol{C}^K$ 的稠子空间 $D\otimes\boldsymbol{C}^K$ 上的，其中 $K=2^{n-1}$。

让我们观察定义 1.7。在矩阵的通常的运算和对合意义下，欲证 $M_K(\mathscr{U})$ 是一个 $EC^\#$ 代数，我们只需验证(2)与(3)(其他较显然)。

现在要证(2)，即任何 $T\in M_K(\mathscr{U})$，有 $(I+T^\# T)^{-1}$ 存在且有界，并要 $(I+T^\# T)^{-1}\in M_K(\mathscr{U})$。

我们还是令 $\{\Delta_n\}$ 为 $\boldsymbol{C}^n$ 中一列单调增趋向于 $\boldsymbol{C}^n$ 的紧子集，并且 $F(\Delta_n)$ 为 $H\otimes\boldsymbol{C}^K$ 中对角算子矩阵 $\operatorname{diag}(E(\Delta_n))$。因此若记 $T_{\Delta_n}=F(\Delta_n)TF(\Delta_n)$，则 $T_{\Delta n}$ 是有界算子，因此对任意 $y\in H\otimes\boldsymbol{C}^K$，有 $\|(I+T^\# T)F(\Delta_n)y\|=\|F(\Delta_n)y+T_{\Delta n}^*T_{\Delta n}y\|$

$$\geqslant\langle F(\Delta_n)y,\ y\rangle+\langle T_{\Delta n}^*T_{\Delta n}y,\ y\rangle\geqslant\|F(\Delta_n)y\|^2。$$

特别取 $y\in D(I+T^\# T)$，注意到当 $n\to\infty$ 时，$F(\Delta_n)y\to y$，$(I+T^\# T)F(\Delta_n)y\to(I+T^\# T)y$，因此有 $\|(I+T^\# T)y\|\geqslant\|y\|^2$。从而，当 $y\in D(I+T^\# T)$，$\|y\|=$

1 时，有 $\|(I+T^{\#}T)y\| \geqslant 1$，因此 $(I+T^{\#}T)^{-1}$ 存在而且有界。

$\bar{\mathscr{U}}=\mathscr{A}$ 可看作 $S_p(A)$ 上的连续函数全体，因此行列式 $\det(I+T^{\#}T)$ 还是个连续函数，若它在 $S_p(A)$ 上处处不等于 0，则就有逆在 $\mathscr{U}$ 中，因此据引理 4.2，$(I+T^{\#}T)^{-1}\in M_k(\mathscr{U})$。这样(2) 就证好了。事实上若它有零点，则必包含在某 Δ_n 中，但在 $F(\Delta_n)(H\otimes \boldsymbol{C}^k)$ 上限制时，$I+T^{\#}T$ 是有界算子矩阵，而结论对有界情形熟知是对的，它的行列式在 $\Delta_n\cap S_P(A)$ 上没有零点。但这个行列式正是原行列式乘特征函数 $\chi_{\Delta n}$，这样我们就证明了(2)。

至于(3)，我们只需证当 $M=(M_{ij})\in M_k(\mathscr{U})$ 有界时，必有 $M_{ij}\in \mathscr{U}^b$，但这可以选取特殊的 $H\otimes \boldsymbol{C}^k$ 中向量，推出任意 $x\in D$，有 $|\langle M_{ij}x, x\rangle| \leqslant \|M\|\|x\|^2$。由于 M_{ij} 是正常算子，因此 $\|M_{ij}\|=\omega(M_{ij})\leqslant\|M\|$，$i, j=1, \cdots, k$。因为 $\bar{\mathscr{U}}_b$ 是一个 C^* 代数，因此可知 $\overline{M_k(\mathscr{U}^b)}=M_k(\bar{\mathscr{U}}^b)$ 也是 C^* 代数。这样我们就证好了 $M_k(\mathscr{U}^b)$ 确实是一个 $EC^{\#}$ 代数。

现在可回到定理的证明。由引理 4.1 知，$(\widehat{A-z})_D$ 是可闭的，并且 $((\widehat{A-z})_D)^*=\overline{(\widehat{A-z})_D^*}$。记 $(\widehat{A-z})_D$ 的闭包算子为 $\widetilde{A}-z$，这样，

$$
\begin{aligned}
(\widehat{A-z})_D^*(\widehat{A-z})_D &= (\widehat{A-z})_D(\widehat{A-z})_D^* \\
&= \operatorname{diag}\left\{\sum_{i=1}^{n}(A_i-z_i)_D^{\#}(A_i-z_i)_D\right\},
\end{aligned}
$$

从而有

$$
\begin{aligned}
(\widehat{A-z})^*(\widehat{A-z}) &= \overline{[(\widehat{A-z})_D]^*}\ \overline{(A-\hat{z})_D} \\
&= \overline{(\widehat{A-z})_D^*}\ \overline{(\widehat{A-z})_D} \\
&= \operatorname{diag}\{\overline{\sum(A_i-z_i)_D^*(A_i-z_i)_D}\} \\
&= \operatorname{diag}\{\sum \overline{(A_i-z_i)_D^*}\ \overline{(A_i-z_i)_D}\} \\
&= \operatorname{diag}\left\{\sum_{i=1}^{n}(A_i-z_i)^*(A_i-z_i)\right\}。
\end{aligned}
$$

根据引理 3.2，易知 $z\overline{\in} S_{p_E}(A)$ 时，$\widehat{A-z}$ 在 $H\otimes\boldsymbol{C}^k$ 上可逆，而且还有

$$
\begin{aligned}
\|(\widehat{A-z})^{-1}\|^2 &= \|(\widehat{A-z})^{-1}[(\widehat{A-z})^{-1}]^*\| \\
&= \|[(\widehat{A-z})^*(\widehat{A-z})]^{-1}\| \\
&= \left\|\left(\sum_{i=1}^{n}(A_i-z_i)^*(A_i-z_i)\right)^{-1}\right\| \\
&= \left(\inf_{\|x\|=1,\, x\in D}\langle\sum(A_i-z_i)^*(A_i-z_i)x, x\rangle\right)^{-1} \\
&= \operatorname{dist}(z, S_{p_E}(A))^{-2} \quad \text{(引理 4.3)证毕。}
\end{aligned}
$$

推论 4.5 设 $A=(A_1, \cdots, A_n)$ 是交换的正常算子组，$\widetilde{A}$ 如定理 4.4，则 $\widetilde{A}$ 是 $H\otimes \boldsymbol{C}^{2^{n-1}}$ 上的正常算子，而且 A 奇异的充要条件是 $\widetilde{A}$ 奇异。

这从上述定理证明中不难得到。

第十章　联合数值域、联合范数及联合谱半径

第三章中，我们已初步介绍了联合数值域、联合范数以及联合谱半径的概念，并讨论了有界的交换的正常算子组的联合数值域的一些性质。本章要继续讨论几类算子组的联合数值域等性质，最后对无界交换正常算子组的联合数值域进行比较系统的研究。

联合数值域理论与联合谱研究有密切的关系，随着 Taylor 谱理论的发展，联合数值域理论也有许多新的进展，但是仍有不少问题甚至是基本问题有待解决。

§1　重交换算子组的联合数值域

对于单个算子 A，熟知有 $S_p(A)\subset\overline{W(A)}$[49]，但是对于交换的算子组 $A=(A_1,\cdots,A_n)$ 是否还有 $S_p(A)\subset\overline{W(A)}$，仍是一个没有解决的问题。然后我们可以证明

定理 1.1　若 $A=(A_1,\cdots,A_n)$ 是 Hilbert 空间 H 上重交换的算子组，则 $S_p(A)\subset\overline{W(A)}$，而且当 $z=(z_1,\cdots,z_n)\overline{\in}\overline{W(A)}$ 时，还有 $\|(\hat{A}-z)^{-1}\|\leqslant\mathrm{dist}(z,\overline{W(A)})^{-1}$，这里 $\hat{A}-z$ 是由 $A-z$ 导出的 $H\otimes\boldsymbol{C}^{2^{n-1}}$ 上的 Curto 算子矩阵。

证　设 $z=(z_1,\cdots,z_n)\overline{\in}\overline{W(A)}$，由 A 的重交换性可知这时 $(A-\hat{z})^*(A-\hat{z})$ 与 $(A-\hat{z})(A-\hat{z}^*)$ 都是 $H\otimes\boldsymbol{C}^{2^{n-1}}$ 上对角算子矩阵，它们的对角元都是形如 $\sum(A_i-z_i)^{f(i)}(A_i^*-\overline{z_i})^{f(i)}$ 的元素，其中 $f:\{1,\cdots,n_j\}\rightarrow\{1,*\}$ 映射。

注意到 $\delta=\mathrm{dist}(z,\overline{W(A)})>0$，这时对任意 $x\in H$，$\|x\|=1$，有

$$
\begin{aligned}
\delta^2&\leqslant\sum_{i=1}^{n}|z_i-\langle A_ix,x\rangle|^2=\sum_{i=1}^{n}|\langle(z_i-A_i)x,x\rangle|^2\\
&=\sum_{f(i)=*}^{n}|\langle(z_i-A_i)x,x\rangle|^2+\sum_{f(i)=1}|\langle(z_i-A_i)^*x,x\rangle|^2\\
&\leqslant\sum_{f(i)=0}\|(z_i-A_i)x\|^2+\sum_{f(i)=1}\|(z_i-A_i)^*x\|^2。
\end{aligned}
$$

对任何单位向量 $x=\oplus x_f$，$x_f\in H\otimes\boldsymbol{C}^m$，$(m=2^{n-1})$

$$
\begin{aligned}
\|(A-\hat{z})x\|^2&=\langle(A-\hat{z})^*(A-\hat{z})x,x\rangle\\
&=\sum_f\langle\sum_{i=1}^{n}(A_i-z_i)^{f(i)}(A_i^*-\overline{z_i})^{f(i)}x_f,x_f\rangle
\end{aligned}
$$

$$
\begin{aligned}
&=\sum_{f}\Big(\sum_{f(i)=*}\|(A_i-z_i)x_f\|^2+\sum_{f(i)=1}\|(A_i-z_i)^*x_f\|^2\Big)\\
&\geqslant \delta^2\sum_{f}\|x_f\|^2\\
&=\delta^2\|x\|^2。\qquad (1.1)
\end{aligned}
$$

这样,我们就证得 $H\otimes \boldsymbol{C}^{2^{n-1}}$ 上 $A-\hat{z}$ 是下方有界的。同样方法可证 $(A-\hat{z})^*$ 也是下方有界的,从而 $A-\hat{z}$ 是可逆的。据第二章定理,我们知道 $A-\hat{z}$ 是Taylor意义下正则的,即 $z\overline{\in} S_p(A)$。

此外由(1.2)式知,

$$\|(A-\hat{z})^{-1}\|\leqslant \delta^{-1}=\operatorname{dist}(z,\overline{W(A)})^{-1}。\text{证毕。}$$

对于重交换的亚正常算子组,我们还有更好的结果。

定理 1.2 设 $T=(T_1,\cdots,T_n)$ 为重交换的亚正常算子组,则有 $\|T\|=\omega(T)=r_{S_p}(T)$,即 T 是联合达范的。

证 易知 $r_{S_p}(T)\leqslant\omega(T)\leqslant\|T\|$,故只需证 $\|T\|\leqslant r_{S_p}(T)$。

$$
\begin{aligned}
\text{因为 }\|T\|^2&=\sup\Big\{\sum_{i=1}^{n}\|T_ix\|^2;\ \|x\|=1\Big\}\\
&=\sup\Big\{\sum_{i=1}^{n}\langle T_i^*T_ix,x\rangle,\ \|x\|=1\Big\}。
\end{aligned}
$$

而 $T^*T=(T_1^*T_1,\cdots,T_n^*T_n)$ 是交换的正常算子组,据第三章定理3.5,有 $\operatorname{conv}S_P(T^*T)=\overline{W(T^*T)}$,因此存在,$r=(r_1,\cdots,r_n)\in S_p(T^*T)$,使得 $|r|=\|T\|^2$。又因 T 是重交换的,据第四章定理,我们有 $z=(z_1,\cdots,z_n)\in S_P(T)$,使得 $|z_k|=r_k$,$k=1,\cdots,n$。因此有 $|z|=(\sum_{k=1}^{n}|z_k|^2)^{\frac{1}{2}}=(\sum_{k=1}^{n}r_k)^{\frac{1}{2}}\geqslant(\sum_{k=1}^{n}r_k^2)^{\frac{1}{4}}=|r|^{\frac{1}{2}}=\|T\|$,这就是说 $r_{S_p}(T)\geqslant\|T\|$,从而必有 $r_{S_p}(T)=\omega(T)=\|T\|$。

§2 一类半亚正常算子组的联合达范性

对于单个半亚正常算子 T,夏道行[19]中已证明 T 是达范的。上一节中我们也已证明了重交换的亚正常算子组,也有联合达范性。这一节中,我们要证明重交换的半亚正常算子组,联合达范性还是成立的。

定理 2.1 设 $A=(A_1,\cdots,A_n)$ 是重交换的半亚正常算子组,则有 $\|A\|=r_{S_p}(A)$,即 A 是联合达范的。

证 设 $A_i=U_i|A_i|$ 是 A_i 的极分解,U_i 是酉算子,$i=1,\cdots,n$。$|A_i|_+$ 为 $|A_i|$ 的符号算子,$|A|_+=(|A_1|_+,\cdots,|A_n|_+)$ 是交换的正常算子组。由于 $|A_i|\leqslant|A_i|_+$,$i=1,\cdots,n$,因此不难知道 $\omega(|A|)\leqslant\omega(|A|_+)$。下面我们先证明 $\omega(|A|_+)=\|A\|$。

首先，

$$\| A \|^2 = \sup_{\| x \| =1} \left(\sum_{i=1}^{n} \| A_i x \|^2 \right) = \sup_{\| x \| =1} \left(\sum_{i=1}^{n} \| \, | A_i | \, x \|^2 \right)$$
$$= \| \, |A| \, \|^2,$$

据第三章定理 3.3 有

$$\| A \| = \| \, | A | \, \|^2 = \omega(| A |) \leqslant \omega(| A |_+)。$$

反之我们有

$$\begin{aligned} \omega(| A |_+) &= \sup_{\| x \| =1} \left(\sum_{i=1}^{n} \langle | A_i |_+ x, x \rangle^2 \right)^{\frac{1}{2}} \\ &\leqslant \sup_{\| x \| =1} \left(\sum_{i=1}^{n} \| \, | A_i |_+ x \|^2 \right)^{\frac{1}{2}} \\ &= \sup_{\| x \| =1} \left(\sum_{i=1}^{n} \langle | A_i |_+^2 x, x \rangle^2 \right)^{\frac{1}{2}} \\ &= \left\| \sum_{i=1}^{n} | A_i |^2 \right\|^{\frac{1}{2}} \\ &= \left\| \sum_{i=1}^{n} A_i^* A_i \right\|^{\frac{1}{2}} \\ &= \omega\left(\sum_{i=1}^{n} A_i^* A_i \right)^{\frac{1}{2}} \\ &= \| A \|。 \end{aligned}$$

这就证明了 $\omega(| A |_+) = \| A \|$。

由于$|A|_+$是交换的正常算子组，$\omega(| A |_+) = r_{S_p}(| A |_+)$。因此必有 $r = (r_1, \cdots, r_n) \in S_P(| A |_+)$，使得 $| r | = \| A \|$。注意到$A_+ = (U_1 | A_1 |_+, \cdots, U_n | A_n |_+)$是交换的正常算子组，由连续谱映照定理(第三章定理 1.3)，知存在 $z = (z_1, \cdots, z_n) \in S_P(A_+)$ 使得 $| z_i | = \gamma_i$，$i = 1, \cdots, n$。这样我们有

$$z \in S_P(A_+) = \sigma_\pi(A_+) \subset \sigma_\pi(A) \subset S_P(A)。$$

这就得到了 $v_{S_p}(A) = \| A \|$。证毕。

推论 2.2 设 $A = (A_1, \cdots, A_n)$ 为重交换的半亚正常算子组，并且每个 A_i 都是可逆的，记 $A^{-1} = (A_1^{-1}, \cdots, A_n^{-1})$，则

$$\| A^{-1} \| = r_{S_P}(A^{-1}) = \sup\left\{ \left(\sum_{i=1}^{n} 1 / | \lambda_2 |^2 \right)^{\frac{1}{2}}; \lambda = (\lambda_1 \cdots, \lambda_n) \in S_p(A) \right\}。$$

证 据夏道行[19]知 A_i^{-1} 也是半亚正常算子，$i = 1, \cdots, n$。由于 $0 \overline{\in} S_p(A_i)$，则 A_i 有唯一极分解$A_i = U_i | A_i |$，其中U_i为酉算子，$| A_i |$可逆，$i = 1, \cdots, n$。由 A 的重交

换性可知 A^{-1} 是重交换的，据上述定理知 $\|A^{-1}\| = r_{Sp}(A^{-1})$。最后一个等式是根据 A 与 A^{-1} 的联合谱的谱映照定理得到的。

§3 联合数值域的边界及 Arveson 的一个命题

本节先讨论 Hilbert 空间上非交换算子组的联合数值域，边界点与约化联合点谱、约化联合近似点谱的联系，然后利用这个结果，推广 Arveson 关于范数与特征的一个命题。

定义 3.1 Hilbert 空间 H 上的算子组 $A=(A_1, \cdots, A_n)$（不必交换），$z=(z_1, \cdots, z_n) \in \boldsymbol{C}^n$ 称为 A 的联合约化特征值，若存在 $x \in H$，$x \neq 0$，使得 $A_i x = z_i x$，$A_i^* x = \overline{z_i} x$，$i=1, \cdots, n$。$z$ 称为 A 的联合约化近似谱点，若存在 H 上的一列单位向量 $\{x_n\}$，使得 $\|(A_i - z_i)x_m\| \to 0$，$\|(A_i^* - \overline{z_i})x_m\| \to 0$，$(m \to \infty)$，$i=1, \cdots, n$。

引理 3.2 设 $A=(A_1, \cdots, A_n)$ 为 H 上的算子组，$A^0=(A_1^0, \cdots, A_n^0)$ 是 A 在扩张空间 $K \supset H$ 上的 Berberian 扩张，则 $W(A^0)=\overline{W(A)}$。

证 设 $z=(z_1, \cdots, z_n) \in \overline{W(A)}$，则存在一列单位向量 $\{x_m\}$ 使得 $\langle A_i x_m, x_m\rangle \to z_i$，$i=1, \cdots, n$，因此 (x_m) 是 K 中的一个单位向量 $\langle A_i^0(x_m), (x_m)\rangle = z_i$，$i=1, \cdots, n$。

反之设 $(\langle A_1^0 u, u\rangle, \cdots, \langle A_n^0 u, u\rangle) \in W(A^0)$，$u$ 是 K 中的单位向量，则对任意 $\varepsilon>0$，存在单位向量 $(x_m) \in K$，其中 $x_m \in H$，$m=1, 2, \cdots$，使得

$$\left(\sum_{i=1}^{n} |\langle A_i^0(x_m), (x_m)\rangle - \langle A_i^0 u, u\rangle|^2\right)^{\frac{1}{2}} < \varepsilon。$$

由于 Banach 极限 $\lim\limits_{m} \|x_m\| = 1$，因此据 Berberian 扩张定义用取子列的方法，可以找到一列单位向量 $\{y_i\} \subset H$，使得 $\langle A_i^0(x_m), (x_m)\rangle = \lim\limits_{j}\langle A_k y_i, y_i\rangle$，$i=1, \cdots, n$。这就意味着 $(\langle A_1^0(x_m), (x_m)\rangle, \cdots, \langle A_n^0(x_m), (x_m)\rangle) \in \overline{W(A)}$，从而有

$$(\langle A_1^0 u, u\rangle, \cdots, \langle A_n^0 u, u\rangle) \in \overline{W(A)}。\text{证毕。}$$

定理 3.3 设 $A=(A_1, \cdots, A_n)$ 是 H 上的算子组，则有

(1) 若 $z \in B_d[\operatorname{conv} W(A)]$，而且 $z \in \sigma_p(A)$，则 z 必是 A 的联合约化特征值。

(2) 若 $z \in B_d[\operatorname{conv} \overline{W(A)}]$，而且 $z \in \sigma_\pi(A)$，则 z 必是 A 的联合约化近似谱点。

（这里 $B_d(E)$ 表示集合 E 的边界）。

证 (1) 不失一般性，可假定 $z=(0, \cdots, 0)$。这时可选取 $\boldsymbol{C}^n$ 中 n 个线性无关的向量 $a_1, \cdots, a_n$，使得

$$\operatorname{conv} W(A) \subset \left\{\lambda_1 a_1 + \cdots + \lambda_n a_n : \lambda_i \in \boldsymbol{C}, -\frac{\pi}{2} \leqslant \arg \lambda_i \leqslant \frac{\pi}{2}, i=1, \cdots, n\right\}。$$

设 $\{e_1, \cdots, e_n\}$ 是 $\boldsymbol{C}^n$ 的一个正交基，$e_i = \gamma_{i_1} a_1 + \cdots \gamma_{i_n} a_n$，$i=1, \cdots, n$。我们令 $B_i = \gamma_{i_1} A_1 + \cdots + \gamma_{i_n} A_n$，$i=1, \cdots, n$，则有

$\operatorname{conv} W(B_1, \cdots, B_n) \subset \left\{(\beta_1, \cdots, \beta_n): -\frac{\pi}{2} \leqslant \arg \beta_i \leqslant \frac{\pi}{2}, i=1, \cdots, n\right\}$，这时对每个 B_i，有 $W(B_i) \subset \{z \in \boldsymbol{C}: \operatorname{Re} z \geqslant 0\}$。设 x 是 A 的一个非零联合特征向量，则有 $B_i x = (\sum_{K=1}^{n} \gamma_{i_k} A_k) x = 0$。令 $c_i = (B_i + B_i^*)^{\frac{1}{2}}, i=1, \cdots, n$，则对任意 $y \in H$ 有

$$|\langle (B_i + B_i^*)x, y\rangle| \leqslant \langle (B_i + B_i^*)x, x\rangle \| c_i y \| = 0,$$

因此 $(B_i + B_i^*)x = 0$，从而 $B_i^* x = 0, i=1, \cdots, n$。

由于数量矩阵 $M = (\gamma_{ik})_{n\times n}$ 是非奇异的，易知有

$$\begin{bmatrix} A_1^* \\ \vdots \\ A_n^* \end{bmatrix} = (M^{-1})^* \begin{bmatrix} B_1^* \\ \vdots \\ B_n^* \end{bmatrix},$$

所以有 $A_i^* x = 0, i=1, \cdots, n$。即 0 是 A 的联合约化特征值。

(2) 设 $A^0 = (A_1^0, \cdots, A_n^0)$ 为 A 的 Berberian 扩张，从定义可以验证 $\sigma_\pi(A) = \sigma_p(A^0)$。因此由(1)与引理 3.2 可以立即推出(2)。证毕。

Arveson, W. 曾证明了对于 $L(H)$ 中的单个算子 A，如果 $z \in S_p(A)$ 满足 $|z| = \|A\|$，则必存在 $C^*(A)$ 上的一个特征 ϕ，使得 $\phi(A)=z$，其中 $C^*(A)$ 表示由 A 与 I 生成的 C^* 代数。

引理 3.4 设 $A=(A_1, \cdots, A_n)$ 是 Hilbert 空间 H 上交换算子组，则有 $S_p(A) \subset \operatorname{conv} \overline{W(A)}$。

证 用反证法。若存在 $z=(z_1, \cdots, z_n) \in S_P(A) \backslash \operatorname{conv} \overline{W(A)}$，由于 $\operatorname{conv} \overline{W(A)}$ 是 $\boldsymbol{C}^n$ 中紧凸集，因此存在超平面严格分离 z 与 $\operatorname{conv} \overline{W(A)}$，即存在 $\boldsymbol{C}^n$ 上的一个线性泛函 ψ 和实数 α，使 $\operatorname{Re} \psi(z) < \alpha < \operatorname{Re} \psi(\operatorname{conv} \overline{W(A)})$。设若 $t=(t_1, \cdots, t_n) \in \boldsymbol{C}^n$，$\psi(t) = \alpha_1 t_1 + \cdots + \alpha_n t_n$。找一可逆矩阵

$$M = \begin{pmatrix} d_1 & \alpha_2 \cdots & \alpha_n \\ & * & \\ & & \end{pmatrix}_{n\times n}。$$

若记
$$\begin{bmatrix} B_1 \\ \vdots \\ B_n \end{bmatrix} = \begin{bmatrix} \alpha_1 & \alpha_2 \cdots \alpha_n \\ & * \end{bmatrix} \begin{bmatrix} A_1 \\ \vdots \\ A_n \end{bmatrix},$$

则有 $W(B_1)=\psi(W(A))$ 和 $\psi(z) \in \psi(S_p(A)) = S_p(\psi(A)) = S_p(B_1)$。但又 $\operatorname{Re} \psi(z) < \alpha < \operatorname{Re} \overline{W(B_1)}$，这与 $S_p(B_1) \subset \overline{W(B_1)}$ 是矛盾的。这就指出了必有 $S_p(A) \subset \operatorname{conv} \overline{W(A)}$。证毕。

现在我们可以推广前面谈到的 Arveson 命题。

定理 3.5 设 $A=(A_1, \cdots, A_n)$ 为 Hibert 空间 H 上的交换算子组，$C^*(A)$ 是由 A 与 I 生成的 C^* 代数，若 $z=(z_1, \cdots, z_n)\in S_p(A)$，且 $|z|$ 等于 A 的联合范数 $\|A\|$，则必存在 $C^*(A)$ 上的一个特征 ϕ，使得 $\phi(A_i)=z_i$，$i=1, \cdots, n$。

证 由引理 3.4 知 $z\in S_p(A)\subset \operatorname{conv}\overline{W(A)}$，但又因为 $|z|=\|A\|$ 和 $\omega(A)\leqslant \|A\|$，所以 $z\in \operatorname{Ext}[\operatorname{conv}\overline{W(A)}]=\operatorname{Ext}\overline{W(A)}\subset\overline{W(A)}$，所以这时存在 H 中的一列单位向量 $\{x_k\}$ 使得

$$\langle A_i x_k, x_k\rangle \to z_i,$$

$$i=1, \cdots, n。\tag{3.1}$$

我们注意到 $\sum_{i=1}^{n}|z_i|^2=\sup\left\{\sum_{i=1}^{n}\|A_i x\|^2;\ \|x\|=1\right\}$，利用(3.1)式，我们容易看出有

$$\sum_{i=1}^{n}\|(A_i-z_i)x_k\|^2=\sum_{i=1}^{n}\|A_i x_k\|^2-2\mathrm{Re}\sum_{i=1}^{n}\overline{z_i}\langle A_i x_k, x_k\rangle+\sum_{i=1}^{n}|z_i|^2$$
$$\to 0\quad (k\to\infty),$$

所以 $z=(z_1, \cdots, z_n)\in\sigma_\pi(A)$。但又因 $z\in \operatorname{Bd}[\operatorname{conv}\overline{W(A)}]$，所以据定理 3.3，存在 H 中一列单位向量 $\{x_m\}$，使得

$$(A_i-z_i)x_m\to 0,\ (A_i^*-\overline{z_i})x_m\to 0(m\to\infty),\ i=1, \cdots, n$$

即然 $(0, \cdots, 0)\in\sigma_\pi(A_1-z, \cdots, A_n-z_n, A_1^*-\overline{z_1}, \cdots, A_n^*-\overline{z_n})$，因此有 $C^*(A)(A_1-z_1)+\cdots+C^*(A)(A_n-z_n)+C^*(A)(A_1^*-\overline{z_1})+\cdots+C^*(A)(A_n^*-\overline{z_n})\neq C^*(A)$，这时上述不等式的左边是 $C^*(A)$的一个闭的真左理想，由算子代数知识知道，它必包含在 $C^*(A)$上的某个纯态的左核中。设这个纯态为 ψ，$(\pi_\psi, H_\psi, \xi_\psi)$是由 ψ 导出的不可约表示，则有

$$\langle\pi_\psi((A_i^*-\overline{z_i})(A_i-z_i))\xi_\psi, \xi_\psi\rangle=\psi((A_i^*-\overline{z_i})(A_i-z_i))=0$$
$$\langle\pi_\psi((A_i-z_i)(A_i^*-\overline{z_i}))\xi_\psi, \xi_\psi\rangle=\psi((A_i-z_i)(A_i^*-\overline{z_i}))=0,$$

$i=1, \cdots, n$。再设(π, H)为 $C^*(A)$的原子表示，即所有 $C^*(A)$上不可约表示的直和，则有

$$\pi(A_i)\xi_\psi=z_i\xi_\psi,\ \pi(A_i^*)\xi_\psi=\overline{z_i}\xi_\psi,\ i=1, \cdots, n。\tag{3.2}$$

记 $w_{\xi_\psi}(T)=\langle T\xi_\psi, \xi_\psi\rangle$ 为 H 上的向量态，则(3.2) 式指出了 w_{ξ_ψ} 在 $\pi(C^*(A))=C^*(\pi(A))$ 上是可乘线性泛函并且 $w_{\xi_\psi}(\pi(A_k))=z_k$，$k=1, \cdots, n$。则 $\phi=w_{\xi_\psi}$。π 就是 $C^*(A)$ 上的一个特征并且满足 $\psi(A_k)=z_k$，$k=1, \cdots, n$。

§4 无界正常算子组的联合数值域

在第三章中，我们已经讨论了一些有界的交换正常算子组的联合数值域的一些性质。这一节中我们继续讨论交换的无界正常算子组的联合数值域，它包括了有界情形，一些方法与结果对于有界情况也是新的，下面若不特别指出，正常算子组指最一般定义，有界无界皆在内。

定义 4.1 设 $A=(A_1, \cdots, A_n)$ 是交换的正常算子组，A 的联合数值域 $W(A)$ 定义为

$W(A)=\{(\langle A_1x, x\rangle, \cdots, \langle A_nx, x\rangle): x\in D(A)=\bigcap_{i=1}^{n}D(A_i), \|x\|=1\}$，这里 $D(A_i)$ 是 A_i 的定义域，$i=1, \cdots, n$。

我们注意到 $D(A)$ 是空间 H 中的稠子空间，因为若 E 为 A 的乘积谱测度，Δ 为 $\boldsymbol{C}^n$ 中的紧集，有 $D(A)\supset E(\Delta)H$。

无界的交换正常算子组的联合数值域不必是 $\boldsymbol{C}^n$ 中有界集，但还是凸的。

引理 4.2 设 $A=(A_1, \cdots, A_n)$ 是交换正常算子组，则存在一族可测空间 $\{(\boldsymbol{C}^n, \rho_\alpha); \alpha\in\Lambda\}$ 使得每个 A_k 都酉等价于 $\bigoplus_{\alpha\in\Lambda}L^2(\boldsymbol{C}^n; \rho_\alpha)$ 上由 z_k 导出的极大乘法算子，$k=1, \cdots, n$，即

$$D(A_k)=\{(f_\alpha)\in\bigoplus_{\alpha\in\Lambda}L^2(\boldsymbol{C}^n; \rho_\alpha): (z_kf_\alpha)\in\bigoplus_{\alpha\in\Lambda}L^2(\boldsymbol{C}^n; \rho_\alpha)\}$$

和 $A_k(f_\alpha)=(z_kf_\alpha), k=1, \cdots, n$。

引理 4.2 的证明可参照单个自共轭算子的函数模型构造，在这里省略了。

定理 4.3 设 $A=(A_1, \cdots, A_n)$ 是交换的正常算子组，则 A 的联合数值域 $W(A)$ 是 $\boldsymbol{C}^n$ 中凸集。

证 由上面引理，我们可不失一般性，就假定 $A=(A_1, \cdots, A_n)$ 是由 $\bigoplus_{\alpha\in\Lambda}L^2(\boldsymbol{C}^n; \rho_2)$ 上 $z=(z_1, \cdots, z_n)$ 导出的极大乘法算子组。

设 $f=(f_\alpha), g=(g_\alpha)\in D(A)=\bigcap_{i=1}^{n}D(A_i)$ 和 $\|f\|=\|g\|=1$。则对任意 $t\in[0, 1]$ 固定后，记 $h=(h_\alpha)=((t|f_\alpha|^2+(1-t)|g_\alpha|^2)^{\frac{1}{2}})=t\sum_{\alpha\in\Lambda}\int|z_kf_\alpha|^2d\rho_\alpha+(1-t)\sum_{\alpha\in\Lambda}\int|z_kg_\alpha|^2d\rho_\alpha<\infty, k=1, 2, \cdots, n$。所以 $h=(h_\alpha)\in D(A)$。此外 $\|h\|^2=\sum_\alpha\|h_\alpha\|^2=t\sum_\alpha\|f_\alpha\|^2+(1-t)\cdot\sum\|g_\alpha\|^2=1$，因此有

$$\begin{aligned}
&t(\langle A_1f, f\rangle, \cdots\langle A_nf, f\rangle+(1-t))(\langle A_1g, g\rangle, \cdots, \langle A_ng, g\rangle)\\
&=\left(\sum_\alpha\int z_1(t|f_\alpha|^2+(1-t)|g_\alpha|^2)d\rho_\alpha, \cdots, \sum_\alpha\int z_n(t|f_\alpha|^2+(1-t)|g_\alpha|^2)d\rho_\alpha\right)\\
&=(\langle A_1h, h\rangle, \cdots\langle A_nh, h\rangle)\in W(A),
\end{aligned}$$

所以 $W(A)$是 $\boldsymbol{C}^n$ 中的一个凸集。证毕。

定义 4.4 设 A 如上，$z=(z_1, \cdots, z_n) \in \boldsymbol{C}^n$ 称属于 A 的联合近似点谱$\sigma_\pi(A)$，若存在 $D(A)=\bigcap_{i=1}^{n} D(A_i)$ 中的一列单位向量$\{x_i\}$，使得 $\|(z_k-A_k)x_i\| \to 0$, $(i\to\infty)$, $k=1, \cdots, n$。

引理 4.5 设 $A=(A_1, \cdots, A_n)$ 是交换的正常算子组，则有 $S_p(A)=\sigma_\pi(A)$，并且 $z_0 \in \sigma_p(A)$ 当且仅当 $E(\{z_0\}) \neq \{0\}$。

这个引理不难得出，读者可作为练习。

为了证明主要定理，我们还要引进 Durzt[68]中的一个结果。Borel 测度满足 $\mu(\Delta)=1$，则有

$$\int_\Delta z d_\mu(z) \in \Delta,\ z \in \boldsymbol{C}^n。$$

现在我们可以证明

定理 4.7 设 $A=(A_1, \cdots, A_n)$ 是交换的正常算子组，E 是 A 的乘积谱测度，设 S 是 $\boldsymbol{C}^n$ 中满足 $E(\Delta)=I$ 的凸 Borel 集 Δ 的全体，则我们有

$$W(A)=\bigcap_{\Delta\in S}\Delta。$$

证 记 $V(A)=\bigcap_{\Delta\in S}\Delta$。

(1) 对任何 $\Delta \in S$ 和 $x \in D(A)$，$\|x\|=1$，$\int_\Delta zd\|E(z)x\|^2$ 是一个关于概率测度 $\mu_x=\|E(\cdot)x\|^2$ 的 Bochner 积分，据引理 4.5 有

$$\begin{aligned}
&(\langle A_1x, x\rangle, \cdots, \langle A_nx, x\rangle)\\
&=\left(\int_{Sp(A_1)} z_1 d\langle E_1(z_1)x, x\rangle, \cdots, \int_{Sp(A_n)} z_n d\langle E_n(z_n)x, x\rangle\right)\\
&=\left(\int_\Delta z_1 d\langle E(z)x, x\rangle, \cdots, \int_\Delta z_n d\langle E(z)x, x\rangle\right)\\
&=\int_\Delta zd\|E(z)x\|^2 \in \Delta。
\end{aligned}$$

这就证明了 $W(A)\subset V(A)$。

(2) 现在我们证明 $V(A)\subset W(A)$。

因为 $S_p(A)=\sigma_\pi(A)$(引理 4.5) 及 $W(A)$ 凸(定理 4.3)，我们有 $\mathrm{conv}\,(S_p(A))\subset \overline{W(A)}$。考虑任何 $z_1\in V(A)$，易知此时有 $z_0\in \mathrm{conv}S_p((A))$。

如果 $E(\{z_0\})\neq 0$，则 $z_0\in\sigma_P(A)\subset W(A)$。

如果 $z_0\in \mathrm{int}(\mathrm{conv}\,(S_p(A)))$，则 $z_0\in \mathrm{int}\,\overline{W(A)}\subset W(A)$，由于 $W(A)$是凸集。

这样只需考虑 $z_0\in Bd[\mathrm{conv}\,S_P(A)]$，并且 $E(\{z_0\})=0$。

将 $\boldsymbol{C}^n$ 看成是维数为 $2n$ 的实线性空间，这时存在一个维数为 $2n-1$ 的超平面在 z_0

点支撑着 $\mathrm{conv}(S_p(A))$。将 z_0 取作原点，我们建立一个 R^{2n} 中的直角坐标系如下所作。

首先这样定义 x_1-轴，它使得超平面 π 的方程 $x_1=0$，并且 $\mathrm{conv}(S_p(A))$ 在 $x_1\geqslant 0$ 的一边。

在 $x_1=0$ 中，如果每个开的半空间 e 都有 $E(e)\neq 0$，则必然对每个 e 都存在紧子集 $\Delta\subset e$，使得 $E(\Delta)\neq 0$。因此可以取到一个单位向量 $x\in E(\Delta)H\subset D(H)$。这时据引理 4.6 有

$$\lambda_e=(\langle A_1x,\ x\rangle,\ \cdots,\ \langle A_nx,\ x\rangle)=\int_\Delta zd\parallel E(z)x\parallel^2\in\Delta\subset e。$$

既然 e 是 π 中任意的开半空间，我们就可以选取某些 λ_e 点使 z_0 含在其凸包中，因为 $W(A)$ 凸，$\lambda_e\in W(A)$，因此有 $z_0\in W(A)$。

否则，将存在一个 π 中半空间 e，使得 $E(e)=0$。这时我们确定 x_2-轴使得 $e=\{x_1=0,\ x_2<0\}$。用 $\{x_1=0,\ x_2=0\}$ 替代上面的 $\{x_1=0\}$，重复上面的过程，这样或者到某一步我们已可得到 $z_0\in W(A)$，或者最后定义了全部 R^{2n} 中一个直角坐标系，并且有

$$E\{x_1<0\}=0,$$
$$E\{x_1=0,\ x_2<0\}=0,$$
$$\cdots\cdots\cdots\cdots$$
$$E\{x_1=x_2=\cdots=x_{2n-2}=0,\ x_{2n-1}<0\}=0。$$

令
$$S_1=\{x_1=\cdots=x_{2n-1}=0,\ x_{2n}<0\},$$
$$S_2=\{x_1=\cdots=x_{2n-1}=0,\ x_{2n}>0\}。$$

则必有 $E(S_i)\neq 0,\ i=1,\ 2$。事实上若 $E(S_1)=0$，注意到 $E\{z_0\}=0$，令 $M=\{x_1>0\}\cup\{x_1=0,\ x_2>0\}\cup\cdots\cup\{x_1=\cdots=x_{2n-1}=0,\ x_{2n}>0\}$，则有 $E(M)=I$，而且显然 M 是凸集，但 $z_0=(0,\ \cdots,\ 0)\,\overline{\in}\,M$，这与 z_0 的定义是相矛盾的。同样可以证明 $E(S_2)\neq 0$。这样必分别存在紧的凸子集 $\Delta_1\subset S_1$ 和 $\Delta_2\subset S_2$ 使得 $E(\Delta_i)\neq 0,\ i=1,\ 2$。因此可找到两个单位向量 $x_1\in E(\Delta_1)H$ 和 $x_2\in E(\Delta_2)H$，显然 $x_i\in D(A),\ i=1,\ 2$。因为 Δi 凸，因此据引理 4.6 有

$$y_i=(\langle A_1x_i,\ x_i\rangle,\ \cdots,\ \langle A_nx_i,\ x_i\rangle)\in\Delta_i\subset S_i,\ i=1,\ 2。$$

因此还是有 $z_0\in\mathrm{conv}\{y_1,\ y_2\}\subset\mathrm{conv}\,W(A)=W(A)$。证毕。

定理 4.7 对于 $W(A)$ 是比较深刻的刻画，由此我们立即可以得到一些有意义的推论，而这些推论即是对于单个正常算子，它的原始证明也是比较烦琐的。

推论 4.8 设 $A=(A_1,\ \cdots,\ A_n)$ 是交换的正常算子组，则有 $\overline{W(A)}=\overline{\mathrm{conv}(S_p(A))}$。

证 从定理 4.7 的证明中不难得出。证毕。

推论 4.9 设 $A=(A_1,\ \cdots,\ A_n)$ 是交换的正常算子组，λ 属于 $\overline{W(A)}$ 的端点集合 $\mathrm{Ext}\,\overline{W(A)}$，则有 $\lambda\in S_p(A)$。

证 设 $\lambda\in\mathrm{Ext}\,\overline{W(A)}$，若 $\lambda\,\overline{\in}\,S_p(A)$，则必存在 λ 的一个邻域 O_λ 使得 $E(O_\lambda)=0$。

我们容易知道 $M=\overline{\mathrm{conv}(\overline{W(A)}\backslash O_\lambda)}$ 是 $\boldsymbol{C}^n$ 中的一个凸 Borel 集并且有 $E(M)=I$。据定理 4.7 我们有 $\lambda\in\overline{W(A)}\subset M$。但另一方面 $\lambda\in O_\lambda\cap\mathrm{Ext}\,\overline{W(A)}$，这就指出了 $\lambda\overline{\in}M$，因此产生了矛盾，故有 $\lambda\in S_p(A)$。 证毕。

推论 4.10 设 $A=(A_1,\cdots,A_n)$ 为交换的正常算子组，如果 $\lambda\in W(A)\cap\mathrm{Ext}\,\overline{W(A)}$，则有 $\lambda\in\sigma_p(A)$。

证 设 $\lambda\in W(A)\cap\mathrm{Ext}\,\overline{W(A)}$，若 $\lambda\overline{\in}\sigma_p(A)$，则 $E(\{\lambda\})=0$，从而 $\overline{W(A)}\backslash\{\lambda\}$ 仍然是一凸集。据定理 4.7 可知 $\lambda\in\overline{W(A)}\backslash\{\lambda\}$，这是不可能的，因此 $\lambda\in\sigma_p(A)$。 证毕。

从上面几个推论可以看出 $S_p(A)$ 与 $W(A)$ 的联系。对于交换的正常算子组 A，第九章中已介绍了由 A 生成的两类无界算子代数——GB^* 代数 $\mathscr{A}$ 与 $EC^\#$ 代数 $\mathscr{U}$。下面我们讨论它们与 $W(A)$ 的联系。

引理 4.11 （夏道行[20]）设 R 是具有单位元 e 的，对称，完备，赋可列半范代数，又设 f 是 R 上的正泛函，那么 f 是连续的。

定义 4.12 设 $A=(A_1,\cdots,A_n)$ 是交换的正常算子组，E 是 A 的乘积谱测度，定义 $R=\{E(f)=\int f dE:\ f$ 是 $S_p(A)$ 上局部有界可测函数$\}$ R 上拓扑有这样一列半范 $P_m(T)=\|E(\Delta_m)T\|$ 决定，其中$\{\Delta_m\}$ 是 $\boldsymbol{C}^n$ 中一列单调增趋于 $\boldsymbol{C}^n$ 的紧子集。

我们容易验证，R 是满足引理 4.11 条件的。事实上它还是一个 GB^* 代数。

定理 4.13 设 $A=(A_1,\cdots,A_n)$是交换的正常算子组，R 是上述的 GB^* 代数，令

$$U(A)=\{(f(A_1),\cdots,f(A_n)):\ f \text{ 为 } R \text{ 上态}\},$$

这时必有 $\overline{W(A)}=\overline{U(A)}$。

证 设 $D=\bigcap_{T\in R}D(T)$，$W_D(A)=\{(\langle A_1x,x\rangle,\cdots,\langle A_nx,x\rangle):\ x\in D,\ \|x\|=1\}$，则从定理 4.7 的证明中可以看出同样有 $W_D(A)=\bigcap_{\Delta\in S}\Delta$，因此有 $W(A)=W_D(A)$。

现取 $x\in D$，$\|x\|=1$，则 $T\to\langle Tx,x\rangle$ 显然是 R 上的一个向量态，这就证明了 $W(A)\subset U(A)$。

反之，如果存在态 f，使得 $\lambda_0=f(A)\overline{\in}\overline{W(A)}$，则由于$\overline{W(A)}$是闭凸集，故存在超平面将 λ_0 与$\overline{W(A)}$ 严格分离。不失一般性，我们可以假定 A 不是正则的（否则可作适当平移，因为 $W(A)$ 与 $U(A)$ 都是关于 A 线性的）。现取定义 4.12 中的那一列 $\boldsymbol{C}^n$ 中紧子集 $\{\Delta_m\}$，那么

$$A_m=E(\Delta_m)A=(E(\Delta_m)A_1,\cdots,E(\Delta_m)A_n)$$

是 H 上的有界的交换正常算子组，利用 R 的函数模型可知

$$S_p(A_m)=(\Delta_m\cap S_p(A))\cup\{(0,\cdots,0)\}\subset S_p(A)。$$

据推论 4.8 有

$$\overline{W(A_m)}=\overline{\text{conv}(S_p(A_m))}\subset\overline{\text{conv}(S_p(A))}=\overline{W(A)}。$$

设 $C^*(A_m)$是由 A_m 生成的有单位元的 C^* 代数，显然 $C^*(A_m)$是 R 的闭子代数，f 在 $C^*(A_m)$上作用还是态，据定理 3.5 有

$$f(A_m)\in\overline{W(A_m)}\subset\overline{W(A)}。$$

但在 D 的拓扑下，有 $A_m\to A$（指每个分量都取极限），而且 f 是 R 上的正泛函，因此据引理4.11 知 f 是连续的，因此有 $f(A_m)\to f(A)=\lambda_0$，但这与$\overline{W(A)}$被平面严格分离是矛盾的，故有$\overline{U(A)}\subset\overline{W(A)}$，因此得到$\overline{U(A)}=\overline{W(A)}$。 证毕。

对于 D 上的 $EC^\#$ 代数 $\mathscr{U}$，Inoue[88]中定义了一种称为弱连续的线性泛函，它满足对于任何 $\mathscr{U}$ 中的一个网$\{T_\alpha\}$和 $T\in\mathscr{U}$，若对任何 D 上向量 ξ，η 都有$\lim\limits_\alpha\langle T_\alpha\xi,\eta\rangle=\langle T\xi,\eta\rangle$，则 $\lim\limits_\alpha\varphi(T_\alpha)=\varphi(T)$。下面我们用这种泛函刻画 $W(A)$，而上面刻画了$\overline{W(A)}$。

引理 4.14 （A. Inoue [88]） 设 $\mathscr{U}$ 是 D 上的 $EC^\#$ 代数，φ 是 $\mathscr{U}$ 上的一个正线性泛函，则下列等价：

（1） φ 是弱连续的；

（2） 存在 $\xi_i\in D$，$i=1,\cdots,k$ 使得对任何 $T\in\mathscr{U}$ 有

$$\varphi(T)=\sum_{i=1}^{k}\langle T\xi_i,\xi_i\rangle。$$

这个引理可立即导出

定理 4.15 设 $A=(A_1,\cdots,A_n)$是交换的正常算子组，$\mathscr{U}$是由 A 生成的GB^* 代数，记 $\varepsilon=\{\varphi:\varphi$ 为 $\mathscr{U}$ 上弱连续的正泛函，$\varphi(I)=1\}$，则有

$$W(A)=\{(\varphi(A_1),\cdots,\varphi(A_n)):\varphi\in\Sigma\}。$$

证 同定理 4.13 中证明一样，可证 $W(A)=W_D(A)$。因此只需证明 $W_D(A)=\{\varphi(A):\varphi\in E\}$。

设 $\varphi\in\varepsilon$，由引理 4.1 知必存在 $\xi_i\in D$，$i=1,\cdots,k$，使对任何 $T\in\mathscr{U}$，有 $\varphi(T)=\sum\limits_{i=1}^{k}\langle T\xi_i,\xi_i\rangle$，注意到 $\varphi(I)=\sum\limits_{i=1}^{k}\|\xi_i\|^2=1$，因此

$$\begin{aligned}&(\varphi(A_1),\cdots,\varphi(A_n))\\&=\sum_{i=1}^{k}\|\xi_i\|^2\left(\left\langle A_1\frac{\xi_i}{\|\xi_i\|},\frac{\xi_i}{\|\xi_i\|}\right\rangle,\cdots,\left\langle A_n\frac{\xi_i}{\|\xi_i\|},\frac{\xi_i}{\|\xi_i\|}\right\rangle\right)\\&\in W_D(A),\end{aligned}$$

而 $W_D(A)\subset\{\varphi(A):\varphi\in\varepsilon\}$ 是显然的。证毕。

第十一章　压缩算子组的联合谱与 $A_{\aleph_0}$ 代数

近年来，运用 Brown 技巧讨论某些算子的不变子空间的问题有较大的进展。最近又有很多文献讨论一类由单个算子生成的对偶代数的 $A_{\aleph_0}$ 性质的问题。在这些文献，$A_{\aleph_0}$ 性与算子的谱是紧密相连的。见文献[100]、[101]、[41]等。我们在本章中，主要讨论多个算子生成的对偶代数的 $A_{\aleph_0}$ 性问题，这些问题同样与算子组的联合谱紧密相连的。

§1　重交换压缩算子组的联合酉扩张

本节内容是为下节作准备工作的。主要讨论多个算子的酉扩张理论，这是 Nagy-Foias 压缩算子理论的推广。

我们知道，多个交换的压缩算子组的酉扩张并不一定存在。即使存在，它们的最小酉扩张也不一定是唯一的。但在重交换的条件下这种酉扩张是存在的。

定义 1.1　$T=(T_1,\cdots,T_n)$ 是 Hilbert 空间 H 上交换的压缩算子组。若有 Hilbert 空间 $K\supset H$，使得任意 $k=(k_1,\cdots,k_n)$　$k_j=0,\pm1,\cdots$，$P_H U_1^{k_1}\cdots U_n^{k_n}|_H=T_1^{[k_1]}\cdots T_n^{[k_n]}$，其中 $T_j^{[k_j]}=T_j^{k_j}$，$j\geqslant 0$，$T_j^{k_j}=T_j^{*|k_j|}$，$k_j<0$。则称 $U=(U_1,\cdots,U_n)$ 是 T 的一个联合酉扩张。若不存在 Hilbert 空间 K_0，使 $H\subsetneqq K_0\subsetneqq K$，且 K_0 是 U 的约化子空间，则称 U 是 T 的最小酉扩张。

注：若 U 是 T 的酉扩张，则 $\widetilde{U}=(U,U)$ 不一定是 $\widetilde{T}=(T,T)$ 的联合酉扩张。

命题 1.2　设 $T=(T_1,\cdots,T_n)$ 是重交换的压缩算子组，则 T 的联合酉扩张是存在的，且在酉等价意义下，最小酉扩张是唯一的。

证　与单个算子的证明相类似，详见文献[108]。

由于 n 个算子的情形与 2 个算子的情形无原则区别，为书写方便起见，以下都只考虑 $n=2$。

记 $U=(U_1,U_2)$ 是 (T_1,T_2) 的联合酉扩张。记

$$L_0^j=\overline{(U_j-T_j)H},\quad L_1^j=\overline{(U_j^*-T_j)H},\ j=0,1。$$

$$L_{00}=\overline{(U_1U_2-U_1T_2-U_2T_1+T_1T_2)H},$$

$$L_{01}=\overline{(U_1U_2^*-U_1T_2^*-U_2^*T_1+T_1T_2^*)H},$$

$$L_{10}=\overline{(U_1^*U_2-U_1^*T_2-U_2T_1+T_1^*T_2)H},$$

$$L_{11}=\overline{(U_1^*U_2^*-U_1^*T_2^*-U_2^*T_1^*+T_1^*T_2^*)H}。$$

命题 1.3 $T=(T_1, T_2)$ 是重交换的压缩算子组,U 是 T 的联合酉扩张,则

(1) $L_{ij}(i, j=0, 1)$ 为 U 的 Wandering 子空间,即若$(k_1, k_2)\neq(k'_1, k'_2)$ 则 $U_1^{k_1}U_2^{k_2}L_{ij}\perp U_1^{k'_1}U_2^{k'_2}L_{ij}$,且

$$\dim L_{00}=\dim\overline{(I-T_1^*T_1)(I-T_2^*T_2)H},$$

$$\dim L_{01}=\dim\overline{(I-T_1^*T_1)(I-T_2T_2^*)H},$$

$$\dim L_{10}=\dim\overline{(I-T_1T_1^*)(I-T_2^*T_2)H},$$

$$\dim L_{11}=\dim\overline{(I-T_1T_1^*)(I-T_2T_2^*)H}。$$

(2) K 可以分解为 $\oplus K_{ij}$,其中 $K_{00}=H$,

$$K_{n0}=U_1^{n-1}L_0^1,\ n\geqslant 1;\ K_{n0}=U_1^{n+1}L_1^1,\ n\leqslant -1,$$

$$K_{0n}=U_2^{n-1}L_0^2,\ n\geqslant 1;\ K_{0n}=U_2^{n+1}L_1^2,\ n\leqslant -1,$$

$$K_{nm}=U_1^{n-1}U_2^{m-1}L_{00},\ n\geqslant 1,\ m\geqslant 1;$$

$$K_{nm}=U_1^{n+1}U_2^{m-1}L_{10},\ m\geqslant 1,\ n\leqslant -1,$$

$$K_{nm}=U_1^{n-1}U_2^{m+1}L_{01},\ n\geqslant 1,\ m\leqslant -1;$$

$$K_{nm}=U_1^{n+1}U_2^{m+1}L_{11},\ n\leqslant -1,\ m\leqslant -1,$$

且对任意 i,$\bigoplus_{-\infty}^{\infty}K_{ij}$ 是 U_1 的约化子空间,任意 j,$\bigoplus_{-\infty}^{\infty}K_{ij}$ 是 U_2 的约化子空间。

证 直接验证可知 $(i, j)\neq(n, m)$ 时,$K_{ij}\perp K_{nm}$,从而直和符号是有意义的。又可验证 $U_1L_{10}+U_1L_0^2=L_0^2\oplus L_{00}$, $U_1L_1^1\oplus U_1H=L_0^1\oplus H$,于是$\bigoplus_j K_{ij}$ 是 U_1 的约化子空间。又可定义 L_{00} 到$(1-T_1^*T_1)(1-T_2^*T_2)H$ 的映射 $\varphi_{00}:(U_1U_2-U_1T_2-U_2T_1+T_1T_2)h\rightarrow(1-T_1^*T_1)(1-T_2^*T_2)h$,则可验证 φ_{00}是等距。由于验证较长,详细的步骤略去。

若每个 T_j 都是完全非酉的,即不存在 T_j 的约化子空间使 T_j 在其上限制是酉算子,则称 T 是完全非酉的。

L 若是某子空间,记 $M_jL=\bigoplus_{-\infty}^{\infty}U_j^kL$, $M_j^+L=\bigoplus_{k=0}^{\infty}U_j^kL$, $j=1, 2$, $ML=\bigoplus_{k_1, k_2}U_1^{k_1}U_2^{k_2}L$, $M^{++}L=\bigoplus_{k_1\geqslant 0, k_2\geqslant 0}U_1^{k_1}U_2^{k_2}L$。

命题 1.4 $T=(T_1, T_2)$ 是完全非酉的重交换的压缩算子组,则

$$M_1L_{10}^*\vee M_1L_{00}=\bigoplus_n K_{1n},\tag{4.1}$$

$$M_1L_{11}^*\vee M_1L_{01}^*=\bigoplus_n K_{-1n},\tag{4.2}$$

$$M_2L_{01}^*\vee M_2L_{00}=\bigoplus_n K_{n1},\tag{4.3}$$

$$M_2L_{11}^* \vee M_2L_{10}^* = \bigoplus_n K_{n,-1}, \tag{4.4}$$

$$ML_{00} \vee ML_{00}^* \vee ML_{10}^* \vee ML_{11}^* = K。 \tag{4.5}$$

证 若 $(U_2 - T_2)h \in L_0^2$,但$(U_2 - T_2)h \perp M_1L_{10}^* \vee M_1L_{00}$,则若 $h' \in H$,

$$\begin{aligned}
&\langle (U_2 - T_2)h, U_1^{*k}(U_1U_2 - U_1T_2 - U_2T_1 + T_1T_2)h' \rangle \\
=&\langle U_2h, U_1^{*k-1}U_2h' \rangle - \langle T_2h, U_1^{*k-1}U_2h' \rangle \\
&-\langle U_2h, U_1^{*k-1}T_2h' \rangle + \langle T_2h, U_1^{*k-1}T_2h' \rangle \\
&-\langle U_2h, U_1^{*k}U_2T_1h' \rangle + \langle T_2h, U_1^{*k}U_2T_1h' \rangle \\
&+\langle U_2h, U_1^{*k}T_1T_2h' \rangle - \langle T_2h, U_1^{*k}T_1T_2h' \rangle \\
=&\langle h, T_1^{*k-1}h' \rangle - \langle T_2h, T_1^{*k-1}T_2h' \rangle \\
&-\langle h, T_1^*T_1h' \rangle + \langle T_2h, T_1^{*k}T_2T_1h' \rangle \\
=&\langle h, T_1^{*k-1}(I - T_1^*T_1 - T_2^*T_2 + T_1^*T_1T_2^*T_2)h' \rangle \\
=&0。
\end{aligned}$$

由 h'的任意性得 $(I - T_1^*T_1)(I - T_2^*T_2)T_1^{k-1}h = 0$, $k = 1, 2, \cdots$ 同样由$(U_2 - T_2)h \perp M_1L_{00}$得$(I - T_1T_1^*)(I - T_2^*T_2)T_1^{*k-1}h = 0$, $k = 1, 2, \cdots$。由 T 的完全非酉性得$(I - T_2^*T_2)h = 0$。但 $\|(U_2 - T_2)h\| = \|(I - T_2^*T_2)h\| = 0$,于是$(U_2 - T_2)h = 0$,从而得到 $L_0^2 \subset M_1L_{10}^* \vee M_1L_{100}$。再由 $U_1L_{10} \oplus U_1L_0^2 = L_0^2 \oplus L_{00}$,不难得到式(4.1)。

类似可证(4.2)～(4.4)式。

又 $H \subset M_1L_0^1 \vee M_1L_1^1$ 得到 $H \subset ML_{000} \vee ML_{10}^* \vee ML_{01}^* \vee ML_{11}^*$,故式(4.5)也成立。证毕。

命题 1.5 T 如上,记

$$K^{++} = \bigoplus_{n\geqslant 0;\ m\geqslant 0} K_{nm} = H \oplus M_1^+L_0^1 \oplus M_2^+L_0^2 \oplus M^{++}L_{00},$$

则 $K^{++} = M^{++}L_{11}^* \oplus M_1^+(U_1S_1) \oplus M_2^+(U_2S_2) \oplus S$,

而 $K = ML_{11}^* \oplus M_1(U_1S_1) \oplus M_2(U_2S_2) \oplus S$,

其中 $S_1 = (L_1^1 \oplus M_2^+L_{00}) \ominus M_2^+(U_2L_{11})$,

$S_2 = (L_1^2 \oplus M_1^+L_{01}) \ominus M_1^+(U_1L_{11})$,

$S = K^{++} \ominus (M^{++}L_{11}^* \oplus M_1^+(U_1S_1) \oplus M_2^+(U_2S_2))$。

证 $S_1 = (\bigoplus_n K_{n,-1}) \ominus M_2L_{11}$, $S_2 = (\bigoplus_m K_{-1,m}) \ominus M_1L_{11}$ 知, S_1、S_2 分别是U_1、U_2的约化子空间。

由 $(L_1^1 \oplus M_2^+L_{10}) \perp (L_1^2 \oplus M_1^+L_{01})$ 得 $S_1 \perp S_2$。

若 $f \in S_1$, $g \in S_2$,任意 $k_1, k_2 > 0$, $U_1^{*k_1}g \in S_2$, $U_2^{*k_2}f \in S_1$,于是$\langle U_1^{k_1}f, U_2^{k_2}g \rangle = \langle U_2^{*k_2}f, U_1^{*k_1}g \rangle = 0$,于是 $M_1(U_1S_1) \perp M_2(U_2S_2)$。

又 $S_1=(\bigoplus_n K_{n,-1})\ominus M_2L_{11}$，故 $M_1(U_1S_1)=(\bigoplus_k U_n^k(\bigoplus_n K_{n,-1}))\ominus ML_{11}$ 得 $ML_{11}^*\perp M_1(U_1S_1)$。同样 $ML_{11}^*\perp M(U_2S_2)$。

记 $J_0=(\bigoplus_n K_{0n})\ominus M_1L_1^1$，则 $\bigoplus_{n\geqslant 0}K_{0n}=J_0\oplus M_1^+(U_1L_1^1)$，

$J_1=(\bigoplus_n K_{1n})\ominus M_1L_{00}$，则 $\bigoplus_{n\geqslant 0}K_{1n}=J_1\oplus M_1^+(L_{10}^*)$，

这样

$$\begin{aligned}K^{++}&=H\oplus M_1^+L_0^1\oplus M_2^+L_0^2\oplus M^{++}L_{00}\\&=J_0\oplus M_1^+(U_1L_1^1)\oplus M_2^+(J_1\oplus M_1^+L_{10}^*)\\&=J_0\oplus M_1^+(U_1L_1^1)\oplus M_2^+J_1\oplus M^{++}L_{10}^*\\&=J_0\oplus M_2^+(J_1)\oplus M_1^+(U_1(M_2^+(U_2L_{11})\oplus S_1))\\&=J_0\oplus M_2^+J_1\oplus M^{++}L_{11}^*\oplus M_1^+(U_1S_1)。\end{aligned}$$

由对称性得 $M_2^+(U_2S_2)\subset K^{++}$。

$$\begin{aligned}K^{++}&=K\ominus((\oplus U_1^{*k_1}U_2^{k_2}L_{10})\oplus(\oplus U_1^{k_1}U_2^{*k_2}L_{01}))\oplus\\&\quad(\oplus U_1^{*k_1}U_2^{*k_2}L_{11})\oplus(\oplus U_1^{*k}L_1^1)\oplus(\oplus U_2^{*k}L_1^2)\\&=S\oplus M^{++}L_{11}^*\oplus(M_1(U_1S_1)\ominus(\bigoplus_{K\geqslant 0}U_1^{*k}S_1))\oplus\\&\quad(M_2(U_2S_2)\ominus(\oplus U_2^{*k}S_2))\\&=S\oplus M^{++}L_{11}^*\oplus M_1^+(U_1S_1)\oplus M_2^+(U_2S_2)。\end{aligned}$$

证毕。

命题 1.6 记 $M(L_{ij})$ 的投影为 P_{ij}，i，$j=1$，2；$M_i(U_iS_i)$ 的投影为 P_i，$i=1$，2，则

$$P_{11}M_1^+(L_{01}^*)\subset M_1^+(L_{11}^*),\tag{6.1}$$

$$P_{10}M_1^+(L_{00})\subset M_1^+(L_{10}),\tag{6.2}$$

$$P_{11}M_2^+(L_{10}^*)\subset M_2^+(L_{11}^*),\tag{6.3}$$

$$P_{01}M_2^+(L_{00})\subset M_2^+(L_{01}),\tag{6.4}$$

$$\overline{(1-P_{11})M(L_{01}^*)}=M_2(U_2S_2),\tag{6.5}$$

$$(1-P_{11})M(L_{10}^*)=M_1(U_1S_1),\tag{6.6}$$

$$\overline{(1-P_1-P_2-P_{11})M(L_{00})}=S。\tag{6.7}$$

证 设 $f\in L_{00}$，$g\in L_{10}^*$ 则对任意 $i\geqslant 0$，$j<0$ 时，$\langle U_1^if,U_1^jg\rangle=\langle U_1^{i-j}f,g\rangle=0$，最后等号是由于 $U_1^{i-j}\in U_1M^+(L_{00})$，而 $g\in U_1L_{10}$。这样得到(6.1)。类似可得(6.2)～(6.4)。

又由 $M_2(U_2S_2)=\overline{(1-P_{11})(ML_{11}^*\vee ML_{01}^*)}$ 及 $M_1(U_1S_1)=\overline{(1-P_{11})(ML_{11}^*\vee ML_{10}^*)}$ 得式(6.5)～(6.6)。又

$$
\begin{aligned}
S &= (1-P_{11}-P_1-P_2)K \\
&= \overline{(1-P_{11}-P_1-P_2)(ML_{11}^* \vee ML_{10}^* \vee ML_{01}^* \vee ML_{00})} \\
&= \overline{(1-P_{11}-P_1-P_2)ML_{00}}\text{。证毕。}
\end{aligned}
$$

命题 1.7 T 如前，记

$$
D_{11}=\overline{(1-T_1T_1^*)(1-T_2T_2^*)H},\ D_{10}=\overline{(1-T_1T_1^*)(1-T_2^*T_2)H},
$$

$$
D_{01}=\overline{(1-T_1^*T_1)(1-T_2T_2^*)H},\ D_{00}=\overline{(1-T_1^*T_1)(1-T_2^*T_2)H}\text{。}
$$

θ_j 为 T_j 的特征函数，$\Delta_j=(1-\theta_j^*\theta_j)^{\frac{1}{2}}$，$j=1, 2$[19]。$\Delta=\Delta_1\Delta_2$，则存在酉算子 W，使

$$
\begin{aligned}
WKW^{-1} &= L^2\otimes L^2\otimes D_{11}\oplus\overline{\Delta_1L^2\otimes L^2\otimes D_{01}}\oplus\overline{\Delta_2L^2\otimes L^2\otimes D_{10}} \\
&\quad\oplus\overline{\Delta L^2\otimes L^2\otimes D_{00}},
\end{aligned}
\tag{7.1}
$$

$$
\begin{aligned}
WK^{++}W^{-1} &= H^2\otimes H^2\otimes D_{11}\oplus\overline{\Delta_1L^2\otimes H^2\otimes D_{01}}\oplus\overline{\Delta_2H^2\otimes L^2\otimes D_{10}} \\
&\quad\oplus\overline{\Delta L^2\otimes L^2\otimes D_{00}},
\end{aligned}
\tag{7.2}
$$

$$
\begin{aligned}
WHW^{-1} = K^{++}\ominus\{&(\theta_1f_1+\theta_2f_2)\oplus(\Delta_1f_2+\theta_2g_2) \\
&\oplus(\theta_1g_1+\Delta_2f_2)\oplus(\Delta_1g_1+\Delta_2g_2);
\end{aligned}
$$

$$
\begin{aligned}
&f_1\in H^2\otimes H^2\otimes D_{01},\ f_2\in H^2\otimes H^2\otimes D_{10},\ g_1\in\overline{\Delta_2L^2\otimes H^2\otimes D_{00}}, \\
&\overline{g_2\in\Delta_1H^2\otimes L^2\otimes D_{00}}\},
\end{aligned}
\tag{7.3}
$$

其中 $L^2=L^2\left(S, \frac{1}{2\pi}dt\right)$，$H^2$ 为 L^2 中的 Hardy 空间。

而若 $u=u_{11}\oplus u_{01}\oplus u_{10}\oplus u_{00}\in WKW^{-1}$，$P$ 为 WHW^{-1}投影，

$$
\begin{aligned}
P_u = u-[&(\theta_1u_1+\theta_2u_2-\theta_1\theta_2u_0)\oplus(\Delta_1u_1+\theta_2v_2-\theta_2\Delta_2u_0) \\
&\oplus(\theta_1v_1+\Delta_2v_2-\theta_1\Delta_1u_0)\oplus(\Delta_1v_1+\Delta_2u_2-\Delta_1\Delta_2u_0)]
\end{aligned}
$$

其中
$$
u_1(e^{it_2})=\frac{1}{2\pi}\int(\theta_1^*(e^{it_1})u_{11}(e^{it})+\Delta_1u_{01}(e^{it}))dt,
$$

$$
u_2(e^{it_1})=\frac{1}{2\pi}\int(\theta_2^*(e^{it_2})u_{11}(e^{it})+\Delta_2u_{10}(e^{it}))dt,
$$

$$
v_1(e^{it_2})=\frac{1}{2\pi}\int(\theta_1^*(e^{it_1})u_{10}(e^{it})+\Delta_1u_{00}(e^{it}))dt_1,
$$

$$
v_2(e^{it_1})=\frac{1}{2\pi}\int(\theta_2^*(e^{it_2})u_{01}(e^{it})+\Delta_2u_{00}(e^{it}))dt_2,
$$

$$
u_0=\left(\frac{1}{2\pi}\right)^2\iint(\theta_1^*\theta_2^*u_{11}+\theta_2^*\Delta_1u_{01}+\theta_1^*\Delta_2u_{10}+\Delta_1\Delta_2u_{00})dt_1dt_2\text{。}
$$

证 如果把 $M_1^+L_{01}^*$ 按"F"展开,即若 $f\in M_1^+L_{01}^*$, $f=\sum U_1^k f_k$,令 $\hat{f}=\sum f_k e^{ikt}$,由命题 1.6 和文献[108] 得到 $L(L_{01}^*, L_{11}^*)$ 值的解析函数 $\hat{\theta}_1$,使得 $f\in M^+(L_{01}^*)$,有 $\hat{P}_{11}f=\hat{\theta}_1\hat{f}$。同样有 $L(L_{10}^*, L_{11}^*)$ 值的解析函数 $\hat{\theta}_2$, $L(L_{00}, L_{10}^*)$ 值的解析函数 $\tilde{\theta}_1$, $L(L_{00}, L_{01}^*)$ 值的解析函数 $\tilde{\theta}_2$,使得当 f 分别在 $M_2^+(L_{10}^*)$、$M_1^+(L_{00}^*)$、$M_2(L_{00})$ 时, $\hat{P}_{11}f=\hat{\theta}_2\hat{f}$, $\hat{P}_{10}f=\tilde{\theta}_1\hat{f}$, $\hat{P}_{01}f=\tilde{\theta}_2\hat{f}$。

由命题 1.4, $K=M(L_{11}^*)\oplus M_1(U_1S_1)\oplus M_2(M_2S_2)\oplus S$,而由命题 1.6, $\overline{(1-P_{11})M(L_{01}^*)}=M_2(U_2S_2)$,故 Φ_2: $(1-P_{11})f\to\hat{\Delta}_1\hat{f}$ 是等距算子,于是延拓为 $M(U_2S_2)$ 到 $\overline{\hat{\Delta}_1L^2\otimes L^2\otimes L_{01}^*}$ 上的酉算 z。同样有 $\overline{\Phi}_3$ 是 $M_1(U_1S_1)$ 到 $\overline{\hat{\Delta}_2L^2\otimes L^2\otimes L_{10}^*}$ 上的酉算子。且当 $f\in M(L_{00})$ 有 $\Phi_2(P_2f)=\Phi_2P_2P_{01}f=\Phi_2(1-P_{11})P_{01}f=\hat{\Delta}_1\tilde{\theta}_2\hat{f}$,同样 $\Phi_3(P_1f)=\hat{\Delta}_2\tilde{\theta}_1\hat{f}$。

又 $\overline{(1-P_{11}-P_1-P_2)M(L_{00})}=S$,这样又可在 S 的稠集上定义 $\Phi_4(1-P_{11}-P_1-P_2)f=(1-\tilde{\theta}_1^*\hat{\Delta}_2^2\tilde{\theta}_1-\tilde{\theta}_2^*\hat{\Delta}_1^2\tilde{\theta}_2-\tilde{\theta}_2^*\hat{\theta}_1^*\hat{\theta}_1\tilde{\theta}_2)^{\frac{1}{2}}\hat{f}$。

设 Φ_1 是 $M(L_{11}^*)$ 与 $L^2\otimes L^2\otimes L_{11}^*$ 的酉映射: $\Phi(\sum U_1^{k_1}U_2^{k_2}f_k)=\sum f_K e^{ik_1t_1}e^{ik_2t_2}$。

令 $W=\Phi_1\oplus\Phi_2\oplus\Phi_3\oplus\Phi_4$。由于 L_{ij}^* 与 D_{ij} 的维数是相同的,经过计算可以知道在同构对应之下, $\theta_j|_{D_{00}}=\hat{\theta}_j$, $j=1,2$, $\tilde{\theta}_1=\theta_1|_{D_{01}}$, $\tilde{\theta}_2=\theta_2|_{D_{10}}$,于是(7.1)式成立。

又由于 $K^{++}=M^{++}(L_{11}^*)\oplus M_1^+(U_1S_1)\oplus M_2^+(U_2S_2)\oplus S$,(7.2)式亦成立。

$H=K^{++}\ominus(X_1\vee X_2)$,其中 $X_1=M^{++}L_{10}^*\oplus M_2(\bar{S}_2)=M_2^+L_0^2\oplus M^{++}L_{00}$, $X_2=M^{++}L_{01}^*\oplus M_1^+(\bar{S}_1)$,而 $\bar{S}_2=(\bigoplus_{n\geqslant0}K_{n1})\ominus M_1L_{10}^*=(I-P_{10})M_1L_{00}$, $\bar{S}_1=(\bigoplus_{n\geqslant0}K_{1n})\ominus M_2L_{01}^*=(1-P_{01})M_1L_{00}$。

直接计算知若 $f\in(1-P_{10})M_1L_{00}$ 时, $f=(1-P_{10})g$,

$$
\begin{aligned}
Wf&=W(P_2+P_0)f\\
&=\Phi_3P_2(1-P_{10})g+\Phi_4P_0g\\
&=\Phi_3(1-P_{11})P_{10}g+\Phi_4P_0g\\
&=(\hat{\Delta}_1\tilde{\theta}_2+\hat{\Delta}_1\tilde{\Delta}_2)\hat{g},
\end{aligned}
$$

于是

$$
WX_1=\{\hat{\theta}_1f\oplus\hat{\Delta}_1f\oplus\tilde{\theta}_1g\oplus\tilde{\Delta}_1g;\ f\in H^2\otimes H^2\otimes L_{10}^*,\ g\in\Delta_2\overline{L^2\otimes H^2\otimes L_{00}}\},
$$

$$
WX_2=\{\hat{\theta}_2f\oplus\tilde{\theta}_2g\oplus\hat{\Delta}_1f\oplus\tilde{\Delta}_2g;\ f\in H^2\otimes H^2\otimes L_{01}^*,g\in\overline{\Delta_1H^2\otimes L^2\otimes L_{00}}\},
$$

这样(7.3)中用 L_{ij} 换成 $D_{ij}(i,\ j=1,\ 2)$ 是成立的。

$Pf=f-P_{x1}f-P_{x2}f-P_{x1\cap x2}f$,但 $P_{x1}f=\hat{\theta}_1u_1\oplus\hat{\Delta}_1u_1\oplus\tilde{\theta}_1v_1\oplus\tilde{\Delta}_1v_1$, $P_{x2}=\hat{\theta}_2u_2\oplus\tilde{\theta}_2v_2\oplus\hat{\Delta}_2v_2\oplus\tilde{\Delta}_2v_2$, $P_{x1\cap x2}f=\tilde{\theta}_1\hat{\theta}_1u_0\oplus\hat{\theta}_2\tilde{\Delta}_2u_0\oplus\hat{\theta}_1\tilde{\Delta}_2u_0\oplus\tilde{\Delta}_1\tilde{\Delta}_2u_0$,其中 $u_1,\ u_2,\ v_1,\ v_2,\ u_0$ 待定。要证明(7.4),我们只需验证(7.4)中的 $u_1,\ u_2,\ v_1,\ v_2,\ u_0$ 确实满足上面三式。这可以直接计算得到。证毕。

命题 1.8 $ML_{11}^{*}=K$ 的充分且必要条件为,$T_1^{*n}\to 0,\ T_2^{*n}\to 0,(n\to\infty)$,此时

$$WKW^{-1}=L^2\otimes L^2\otimes D_{11},$$

$$WK^{++}W^{-1}=H^2\otimes H^2\otimes D_{11},$$

$$WHW^{-1}=K^{++}\ominus(\theta_1H^2\otimes H^2\otimes D_{01}+\theta_2H^2\otimes H^2\otimes D_{10}),$$

$Pu=u-(\theta_1u_1+\theta_2u_2)$,其中 $u_1,\ u_2$ 满足(7.4) 条件。

命题 1.9 $T=(T_1,\ T_2)$ 是完全非酉的重交换的压缩算子组,则存在映射 Φ: $H^\infty(T^2)\to\mathscr{A}_T$,其中 $\mathscr{A}_T$ 为 T 生成的弱 $*$ 闭代数,且满足

(1) 若 $f\equiv1$,则 $\Phi(f)=I$;$f(z)=z_j$,则 $\Phi(f)=T_j,\ j=1,\ 2$;

(2) $\|\Phi(f)\|\leqslant\|f\|_\infty$;

(3) $\Phi(f)=P_Hf(U)|_H$,其中 $f(U)=\int f(e^{it})dE_t$,其中 E_t 是 T 的酉扩张 U 的谱测度;

(4) Φ 是$(H^\infty,\ \omega^*)$到$(\mathscr{A}_T,\ \omega^*)$的连续映照;

(5) 当 Φ 是等距时,Φ 是$(H^\infty,\ \omega^*)$到$(\mathscr{A}_T,\ \omega^*)$的同胚映照。

由于命题 1.8 与命题 1.9 在已证命题的帮助下,证明方法与 $n=1$ 情况类似,故其证明略去。

§2 联合谱与 $A_{\aleph_0}$ 代数

我们知道,$L(H)$ 可以看作 $c_1(H)$(迹类算子) 的对偶空间,而在 $*$ 拓扑下闭的 $L(H)$ 的子代数称为对偶代数。当 M 为对偶代数时,记 ${}^\perp M=\{K;\ K\in c_1(H)$,对任意 $T\in M,\mathrm{tr}(KT)=0\}$, $Q_M=c_1(H)/{}^\perp M$,则 $Q_M^*=M$ (参见文献[82])。

若 M 是对偶代数,任意 $[L_{ij}]\subset Q_M,\ i,\ j=1,\ 2,\ \cdots$,其中 $L_{ij}\in c_1(H)$,若有 $x_i,\ y_i\in H,\ i,\ j=1,\ 2,\ \cdots$,使得$[L_{ij}]=[x_i\otimes y_j]$,其 $x\otimes y$ 为一秩算子:$(x\otimes y)z=\langle z,\ y\rangle x$。

我们将证明若 $T=(T_1,\ \cdots,\ T_n)\in(BCP)_\theta,\ 0\leqslant\theta<1$,$T$ 生成的对偶代数 $\mathscr{A}_T$ 是 $\mathscr{A}_{\aleph_0}$ 代数,其中$(BCP)_\theta$ 是这样定义的:

若 K 是 Polydisc $D^n=D\times\cdots\times D$ 的子集,对任意 $f\in H^\infty(T^n)$,有 $\|f\|_\infty=\sup\limits_{z\in K}|\hat{f}(z)|$,其中$\hat{f}$是 f 在 D^n 中的解析延拓,则称 K 控制了 T^n。

记 $K_\theta=\{(\lambda_1,\ \cdots,\ \lambda_n):\ \inf\sigma_e(T_1^*-\bar{\lambda}_1)^{f(1)}(T_1-\lambda_1)^{f(1)},\ \cdots,\ (T_n-\lambda_n)^{f(n)}(T_n^*-$

$\lambda_n)^{f(n)}) \leqslant 0$，$f$ 是$\{1, 2, \cdots, n\}$到$\{1, *\}$的映射}。若 K_θ 控制了 T^n，则称 $T \in (BCP)_\theta$。

由于命题1.9，我们可以把 T 生成的对偶代数的命题变为 Polydisc D^n 上的 H^∞，L^1 和 $L^1/_{\perp H^\infty}$ 的命题。由于多复变与单复变的差别，证明比较复杂。我们只证 $n=2$ 的情况。

引理 2.1 设 $\lambda=(\lambda_1, \lambda_2) \in D^2$，记 $T_j(\lambda_j)=(T_j-\lambda_j)(1-\bar{\lambda}_j T_j)^{-1}$，$j=1, 2$ 则

$$
\begin{aligned}
&S_p(T_1^*(\lambda_1)T_1(\lambda_1), T_2^*(\lambda_2)T_2(\lambda_2)H) \cap D^2 \\
=&S_p(\theta_1^*(\lambda_1)\theta_1^*(\lambda_1), \theta_2^*(\lambda_2)\theta_2(\lambda_2)D_{00}) \cap D^2, \\
&S_{p_e}(T_1^*(\lambda_1)T_1(\lambda_1), T_2^*(\lambda_2)T_2(\lambda_2)H) \cap D^2 \\
=&S_{p_e}(\theta_1^*(\lambda_1)\theta_1(\lambda_1), \theta_2^*(\lambda_2)\theta_2(\lambda_2)D_{00}) \cap D^2。
\end{aligned}
$$

证 若 $\lambda=(0, 0)$，则

$(T_1^*(0)T_1(0)|_{D_{00}}, T_2^*(0)T_2(0)|_{D_{00}})=(\theta_1^*(0)\theta_1(0)|_{D_{00}}, \theta_2^*(0)\theta_2(0)|_{D_{00}})$，但 $H=D_{00} \oplus (D_1 \cap D_2^\perp) \oplus (D_1^\perp \cap D_2) \oplus (D_1^\perp \cap D_2^\perp)$，其中 $D_i=\overline{(1-T_i^* T_i)H}$，$i=1, 2$，且每个直和因子都是 $T_1^* T_1$，$T_2^* T_2$ 的约化子空间。在 $D_1^\perp$ 上，$T_1^* T_1=I$，在 $D_2^\perp$ 上 $T_2^* T_2=I$。这样由联合谱和联合本质谱的投影性质得

$$
\begin{aligned}
&z \in S_p(T_1^*(0)T_1(0), T_2^*(0)T_2(0); H) \cap D^2 \\
\Leftrightarrow &z \in S_p(\theta_1^*(0)\theta_1(0), \theta_2^*(0)\theta_2(0); D_{00}) \cap D^2, \\
&z \in S_{p_e}(T_1^*(0)T_1(0), T_2^*(0)T_2(i); H) \cap D^2 \\
\Leftrightarrow &z \in S_{p_e}(\theta_1^*(0)\theta_1(0), \theta_2^*(0)\theta_2(0); D_{00}) \cap D^2。
\end{aligned}
$$

当 $\lambda=(\lambda_1, \lambda_2) \in D^2$ 时，$T_j(\lambda)$ 的特征函数为 $\theta_j\left(\dfrac{u_j+\lambda_j}{1+\lambda_j u_j}\right)$，当 $\mu_j=0$ 时正好是 $\theta_j(\lambda_j)$，$j=1, 2$。这样利用已证结论可知，(1.1)与(1.2)式成立。证毕。

设 $f=u_{00} \oplus u_{01} \oplus u_{10} \oplus u_{11} \in K$，$g=v_{00} \oplus v_{01} \oplus v_{10} \oplus v_{11} \in K$，令$(f \cdot g^*)(e^{it})=\langle u_{11}(e^{it}), v_{11}(e^{it})\rangle+\langle u_{01}(e^{it}), v_{01}(e^{it})\rangle+\langle u_{10}(e^{it}), v_{10}(e^{it})\rangle+\langle u_{00}(e^{it}), v_{00}(e^{it})\rangle$，则 $f \cdot g^* \in L^*(T^2)$。

若 $\mu_j \in D$，令 $P_{\mu_j}=(1-|\mu_j|^2)^{\frac{1}{2}}(|1-\bar{\mu}_j t^{itj}|)^{-1}$，$j=1, 2$，$P_\mu=P_{\mu_1}P_{\mu_2}$；

若 $a \in D_{11}$，定义 $\mu \circ a=P_H(P_\mu a \oplus o \oplus o \oplus o)$，则经计算得

$$
\begin{aligned}
\mu \circ a=&(P_\mu a-\theta_1 w_1-\theta_2 w_2+\theta_1\theta_2 w) \oplus (-\Delta_1 w_1+\Delta_1\theta_2 w) \oplus \\
&(-\Delta_2 w_2+\Delta_2\theta_1 w) \oplus \Delta_1\Delta_2 w,
\end{aligned}
$$

其中 $w_j=\dfrac{1}{2\pi}\int \theta_j^* P_\mu \circ a dt_j=P_\mu \hat{\theta}_j^*(\mu_j)a$（$\hat{\theta}_j$ 为 θ_j 的解析延拓）$j=1, 2$。$w=P_\mu \hat{\theta}_1^*(\mu_1)\hat{\theta}_2^*(\mu_2)a$。

这样

$$
\begin{aligned}
&(\mu\circ a)\cdot(\mu\circ a)^*(e^{it})\\
=&\|P_\mu a-\theta_1P_\mu\hat{\theta}_1^*(\mu_1)_a-\theta_2P_\mu\hat{\theta}_2^*(\mu_2)_a-\theta_1\theta_2P_\mu\hat{\theta}_1^*\hat{\theta}_2^*(\mu_2)a\|_{D_{11}}^2+\\
&\|-\Delta_1P_\mu Q_1^*(\mu_1)a+\Delta_1\theta_2P_\mu\hat{\theta}_1(\mu_1)\hat{\theta}_2(\mu_2)a\|_{D_{10}}^2+\|-\Delta_2P_\mu\theta_2^*(\mu_2)a\\
&+\Delta_2\theta_1P_\mu\theta_1^*(\mu_1)\hat{\theta}_2^*(\mu_2)a\|_{D_{01}}^2+\|\Delta_1\Delta_2P_\mu\hat{\theta}_1^*(\mu_1)\hat{\theta}_2^*(\mu_2)a\|_{D_{00}}^2。
\end{aligned}
$$

上式计算比较复杂,但上边四边可依次等于

$$\|(P_{\mu_1}-\theta_1P_{\mu_1}\hat{\theta}_1^*(\mu_1))(P_{\mu_2}-\theta_2P_{\mu_2}\hat{\theta}_2^*(\mu_2))a\|^2,\tag{A}$$

$$\|-\Delta_1P_{\mu_1}\hat{\theta}_1^*(\mu_1)(P_{\mu_2}-\theta_2P_{\mu_2}\hat{\theta}_2^*(\mu_2))a\|^2,\tag{B}$$

$$\|-\Delta_2P_{\mu_2}\hat{\theta}_2^*(\mu_2)(P_{\mu_1}-\theta_1P_{\mu_1}\hat{\theta}_1^*(\mu_1))a\|^2,\tag{C}$$

$$\|\Delta_1P_{\mu_1}\hat{\theta}_1^*(\mu_1)\Delta_2P_{\mu_2}\hat{\theta}_2^*(\mu_2)a\|^2,\tag{D}$$

$$
\begin{aligned}
&(\mathrm{A})+(\mathrm{B})\\
=&\|P_{\mu_1}(P_{\mu_2}-\theta_2P_{\mu_2}\hat{\theta}_2^*(\mu_2))a\|^2-\langle P_{\mu_1}(P_{\mu_2}-\hat{\theta}_2P_{\mu_2}\theta_2^*(\mu_2))a,\theta_1P_{\mu_1}\\
&\cdot\hat{\theta}_1^*(\mu_1)(P_{\mu_2}-\theta_2P_{\mu_2}\hat{\theta}_2^*(\mu_2))a\rangle-\langle\theta_1P_{\mu_1}\hat{\theta}_1^*(\mu_1)(P_{\mu_2}\\
&-\theta_2P_{\mu_2}\hat{\theta}_2^*(\mu_2))a,P_{\mu_1}(P_{\mu_2}-\theta_2P_{\mu_2}\hat{\theta}_2^*(\mu_2))a\rangle\\
&+\|P_{\mu_1}\hat{\theta}_1^*(\mu_1)(P_{\mu_2}-\theta_2P_{\mu_2}\hat{\theta}_2^*(\mu_2))a\|^2,
\end{aligned}
$$

后二式之和记为 y_1,

$$
\begin{aligned}
y_1=&-\langle P_{\mu_1}\hat{\theta}_1^*(\mu_1)(P_{\mu_2}-\theta_2P_{\mu_2}\hat{\theta}_2^*(\mu_2))a,\theta_1^*P_{\mu_1}(P_{\mu_2}-\theta_2P_{\mu_2}\\
&\cdot\hat{\theta}_2^*(\mu_2))a-P_{\mu_2}\hat{\theta}_1^*(P_{\mu_2}-\theta_2P_{\mu_2}\hat{\theta}_2^*(\mu_2))a\rangle\\
=&-\langle P_{\mu_1}\hat{\theta}_1(\mu_1)(P_{\mu_2}-\theta_2P_{\mu_2}\hat{\theta}_2^*(\mu_2))a,(1-\theta_1)(P_{\mu_1}\hat{\theta}_1^*(\mu_1)\\
&(P_{\mu_2}-\theta_2P_{\mu_2}\hat{\theta}_2^*(\mu_2))a\rangle,
\end{aligned}
$$

若记 Q_1 是 $L^2\otimes L^2\otimes D_{11}$ 中子空间 $H^2\otimes L^2\otimes D_{11}$ 的投影。y_1 可以简记为$\langle h_1,(1-Q_1)h_2\rangle$。

当 $f\in H^\infty(T^2)$ 时

$$\int fy_1dt=\int f\langle h_1,(1-Q_1)h_2\rangle dt=\int\langle fh_1,(1-Q_1)h_2\rangle dt,$$

但 $fh_1\in H^2\otimes L^2\otimes D_{11}$,故上式为零,即 $y_1\in{}^\perp(H^\infty)$。

$$
\begin{aligned}
(\mathrm{C})+(\mathrm{D})=&\|P_{\mu_1}\Delta_2P_{\mu_2}\hat{\theta}_2^*(\mu_2)a\|^2-\langle P_{\mu_1}\Delta_2P_{\mu_2}\hat{\theta}_2^*(\mu_2)a,\theta_1P_{\mu_1}\hat{\theta}_1^*(\mu_1)\Delta_2P_{\mu_2}\\
&\cdot\hat{\theta}_2^*(\mu_2)a\rangle-\langle\theta_1P_{\mu_1}\hat{\theta}_1^*(\mu_1)\Delta_2P_{\mu_2}\hat{\theta}_2^*(\mu_2)a,\\
&P_{\mu_1}\Delta_2P_{\mu_2}\hat{\theta}_2^*(\mu_2)a\rangle+\|\Delta_1P_{\mu_1}\hat{\theta}_1^*(\mu_1)\Delta_2P_{\mu_2}\hat{\theta}_2^*(\mu_2)a\|^2,
\end{aligned}
$$

后二式记为 y_2,亦可证 $y_2\in{}^\perp(H^\infty)$。

(A)+(B)与(C)+(D)中的第二式相加等于

$$\langle P_{\mu_1}(P_{\mu_2}-\theta_2 P_{\mu_2}\hat{\theta}_2^*(\mu_2)a, \theta_1 P_{\mu_1}\hat{\theta}_1^*(\mu_1)(P_{\mu_2}-\theta_2 P_{\mu_2}\hat{\theta}_2^*(\mu_2)a\rangle$$
$$+\langle P_{\mu_1}\Delta_1 P_{\mu_2}\hat{\theta}_2^*(\mu_2)a, \theta_1 P_{\mu_1}\hat{\theta}_1^*(\mu_1)\Delta_2 P_{\mu_2}\hat{\theta}_2^*(u_2)a\rangle$$
$$=\langle P_\mu a, \theta_1 P_u\theta_1^*(\mu_1)a\rangle-\langle P_\mu a, \theta_1\theta_2 P_\mu\hat{\theta}_1^*(\mu_1)\hat{\theta}_2^*(\mu_2)a\rangle-$$
$$\langle\theta_2 P_\mu\hat{\theta}_2^*(\mu_2)a, \theta_1 P_\mu\hat{\theta}_1^*(\mu_1)a\rangle+\langle\theta_2 P_\mu\hat{\theta}_2^*(\mu_2)a, \theta_1\theta_2 P_\mu\hat{\theta}_2^*(\mu_1)$$
$$\cdot\hat{\theta}_2^*(\mu_2)a\rangle+\langle P_\mu\hat{\theta}_2^*(\mu_2)a, \theta_1 P_\mu\hat{\theta}_1^*(\mu_1)\hat{\theta}_2^*(\mu_2)a\rangle-\langle\theta_2^*\theta_2 P_\mu$$
$$\hat{\theta}_2^*(\mu_2)a, \theta_1 P_\mu\hat{\theta}_2^*(\mu_2)\hat{\theta}_1^*(\mu_1)a\rangle,$$

上式第四、六项之和为零,而第三、五项之和为

$$\langle P_\mu\hat{\theta}_2^*(\mu_2)a, \theta_1 P_\mu\hat{\theta}_1^*(\mu_1)\hat{\theta}_2^*(\mu_2)\alpha-\theta_1\theta_2^* P_\mu\hat{\theta}_1^*(\mu_1)\hat{\theta}_2^*(\mu_2)a\rangle,$$

由于 $\theta_2^* P_\mu a-P_{\mu_2}\hat{\theta}_2^*(\mu_2)a=(1-Q_2)P_{\mu_2}a$,其中 Q_2 是 $L^2\otimes L^2\otimes D_{11}$ 中子空间 $L^2\otimes H^2\otimes D_{11}$ 的投影,故同以上证明一样可知第三项和第五项之和在${}^\perp(H^\infty)$中。于是

$$(\mu\circ a)\cdot(\mu\circ a)^*-|P_\mu|^2$$
$$=\langle P_\mu a, \theta_1 P_\mu\hat{\theta}_1^*(\mu_1)a\rangle+\langle P_\mu a, \theta_2 P_\mu\hat{\theta}_2^*(\mu_2)a\rangle$$
$$-\langle P_\mu a, \theta_1\theta_2 P_\mu\hat{\theta}_1^*(\mu_1)\hat{\theta}_2^*(\mu_2)a\rangle+z$$
$$=\langle P_\mu a, (Q_1+Q_2-Q_1Q_2)P_\mu a\rangle+z,$$

其中 $z\in{}^\perp(H^\infty)$

$$\|[(\mu\circ a)\cdot(\mu\circ a)^*-|P_\mu|^2]\|_{L^{1/\perp}(H^\infty)}$$
$$=\int\langle P_\mu a, (Q_1+Q_2-Q_1Q_2)P_\mu a\rangle dt$$
$$=\|(Q_1+Q_2-Q_1Q_2)P_\mu a\|$$
$$\leqslant 1,$$

最后的不等号是由于 $Q_1+Q_2-Q_1Q_2$ 是 $H^2\otimes H^2\otimes D_{11}$ 的投影。

$$\int(\langle P_\mu a, (Q_1+Q_2-Q_1Q_2)P_\mu a\rangle+\langle P_\mu a, \theta_2 P_\mu\hat{\theta}_2^*(\mu_2)a\rangle$$
$$-\langle P_\mu a, \theta_1\theta_2 P_\mu\hat{\theta}_1^*(\mu_1)\hat{\theta}_2^*(\mu_2)a\rangle)dt$$
$$=\|P_\mu\hat{\theta}_1^*(\mu_1)a\|^2+\|P_\mu\hat{\theta}_2^*(\mu_2)a\|^2-\|P_\mu\hat{\theta}_1^*(\mu_1)\hat{\theta}_2^*(\mu_2)a\|^2$$
$$\leqslant\|P_\mu\hat{\theta}_1^*(\mu_1)a\|^2+\|P_\mu\hat{\theta}_2^*(\mu_2)a\|^2,$$

于是我们得到

$$\|[(\mu\circ a)^*\cdot(\mu\circ a)-P_\mu]\|L^{1/\perp}(H^\infty)\leqslant\|\hat{\theta}_1^*(\mu_1)a\|^2+\|\hat{\theta}_2^*(\mu_2)a\|^2$$

对任意 $a\in D_{01}, D_{10}, D_{00}$,记

$$\mu\Delta a = P_H e^{-it_1}\bar{P}_{\mu_1}P_{\mu_2}(\theta_1 a \oplus \Delta_1 a \oplus 0 \oplus 0),$$

$$\mu\Box a = P_H e^{-it_2}\bar{P}_{\mu_2}P_{\mu_1}(\theta_2 a \oplus c \oplus \Delta_2 a \oplus 0),$$

$$\mu \# a = P_H e^{-it_1}e^{-it_2}\bar{P}_{\mu_1}\bar{P}_{\mu_2}(\theta_1\theta_2 a \oplus \theta_2\Delta_1 a \oplus \theta_1\Delta_2 a \oplus \Delta_1\Delta_2 a)。$$

经过计算亦可得到相应的不等号。因此我们有

引理 2.2 对 $a \in D_{11}$，$b \in D_{01}$，$c \in D_{10}$，$d \in D_{00}$，

$$\| [(\mu \circ a)(\mu \circ a)^* - P_\mu^2] \|_{L'/\perp(H^\infty)} \leqslant (\| \hat{\theta}_1^*(\mu_1)a \|^2 + \| \hat{\theta}_2^*(\mu_2)a \|^2)^{\frac{1}{2}},$$

$$\| [(\mu\Delta b)\cdot(\mu\Delta b)^* - P_\mu^2] \|_{L'/\perp(H^\infty)} \leqslant (\| \hat{\theta}_1^*(\mu_1)b \|^2 + \| \hat{\theta}_2(\mu_2)a \|^2)^{\frac{1}{2}},$$

$$\| [(\mu\Box c)\cdot(\mu\Box c)^* - P_{\mu_2}] \|_{L'/\perp(H^\infty)} \leqslant (\| \hat{\theta}_1(\mu_1)c \|^2 + \| \hat{\theta}_2^*(\mu_2)c \|^2)^{\frac{1}{2}},$$

$$\| [(\mu \# d)\cdot(\mu \# d)^* - P_\mu^2] \|_{L'/\perp(H^\infty)} \leqslant (\| \hat{\theta}_1(\mu_1)d \|^2 + \| \hat{\theta}_2(\mu_2)d \|^2)^{\frac{1}{2}}。$$

引理 2.3 设$\{a_n\}$，$\{b_n\}$，$\{c_n\}$，$\{d_n\}$分别是 D_{11}，D_{01}，D_{10}，D_{00}的就范正交基，则对任意 $z \in H$，

$$\| (\mu \cdot a_n)\cdot z \|_{L'} + \| z \cdot (\mu \cdot a_n) \|_{L'} \to 0,$$

$$\| (\mu\Delta b_n)\cdot z \|_{L'} + \| z \cdot (\mu\Delta b_n) \|_{L'} \to 0,$$

$$\| (\mu\Box c_n)\cdot z \|_{L'} + \| z \cdot (\mu\Box c_n) \|_{L'} \to 0,$$

$$\| (\mu \# d_n)\cdot z \|_{L'} + \| z \cdot (\mu \# d_n) \|_{L'} \to 0。$$

证 只证第一个结论。

设 $z = u_{11} \oplus u_{01} \oplus u_{10} \oplus u_{00}$，则

$$
\begin{aligned}
&((u \cdot a_n)\cdot z)(e^{it}) \\
&= P_\mu(e^{it})[\langle a_n, u_{11}(e^{it})\rangle - \langle \theta_1 \hat{\theta}_1^*(\mu_1)a_n, \mu_{11}(e^{it})\rangle - \\
&\quad \langle \theta_2 \hat{\theta}_2^*(\mu_2)a_n, u_{11}(e^{it})\rangle + \langle \theta_1\theta_2 \hat{\theta}_1^*(\mu_1)\hat{\theta}_2^*(\mu_2)a_n, u_{11}(e^{it})\rangle \\
&\quad - \langle \Delta_1 \hat{\theta}_1(\mu_1)a_n, u_{01}(e^{it})\rangle + \langle \Delta_1\theta_1 \hat{\theta}_1^*(\mu_1)\hat{\theta}_2^*(\mu_2)a_n, \\
&\quad u_{01}(e^{it})\rangle - \langle \Delta_2 \hat{\theta}_2(\mu_2)a_n, u_{10}(e^{it})\rangle + \langle \Delta_2\theta_1 \hat{\theta}_2^*(\mu_2)\hat{\theta}_1^*(\mu_1)a_n, \\
&\quad u_{10}(e^{it})\rangle + \langle \Delta_1\Delta_2 \hat{\theta}_1^*(\mu_1)\hat{\theta}_2^*(\mu_2)a_n, u_{00}(e^{it})\rangle。
\end{aligned}
$$

只需证明每一项都趋于零。但等式右边的每一项都可以表示为$\langle a_n, f(e^{it})\rangle$的形式。由于 a_n 是正交系，故对每一个固定的 e^{it}，$\langle a_n, f(e^{it})\rangle \to 0$。再根据控制收敛定理立即可得。证毕。

引理 2.4 $T = (T_1, T_2) \in (BCP)_\theta$，$0 \leqslant \theta < 1$，则对任意 $\mu \in K_\theta$，$\varepsilon > 0$，必有 $x_n \in L^1$，$n = 1, 2, \cdots$，使得

$$\| [x_n \cdot x_n^* - P_\mu^2] \|_{L'/\perp(H^\infty)} \leqslant \theta + \varepsilon。$$

证 由定义 K_θ 控制 T^2。设 $\lambda\in K_\theta$，由多个算子的谱映照定理，必有以下四式之一满足

$$\inf\{|z|;\ z\in S_{p_e}((T_1^*-\lambda_1)(T_1-\lambda_1)+(T_2^*-\bar{\lambda}_2)(T_2-\lambda_2))\}\leqslant\theta,$$

$$\inf\{|z|;\ z\in S_{p_e}((T_1^*-\lambda_1)(T_1-\lambda_1)+(T_2-\lambda_2)(T_2^*-\bar{\lambda}_2))\}\leqslant\theta,$$

$$\inf\{|z|;\ z\in S_{p_e}((T_1-\lambda_1)(T_1^*-\bar{\lambda}_1)+(T_2^*-\bar{\lambda}_2)(T_2-\lambda_2))\}\leqslant\theta,$$

$$\inf\{|z|;\ z\in S_{p_e}((T_1-\lambda_1)(T_1^*-\bar{\lambda}_1)+(T_2-\lambda_2)(T_2^*-\bar{\lambda}_2))\}\leqslant\theta。$$

不妨设 λ 满足第一式。再由引理 2.1，

$$\inf\{|z|;\ z\in S_{p_e}(\theta_1^*(\lambda_1)\theta_1(u)+\theta_2^*(\lambda_2)\theta_2(\lambda_2);\ D_{00})\}\leqslant\theta。$$

因此对任意 $\varepsilon>0$，必有 $\alpha\in S_{p_e}((\theta_1^*(\lambda_1)\theta_1(\lambda_1)+\theta_2^*(\lambda_2)\theta_2(\lambda))^{\frac{1}{2}},\ D_{00})$，且 $\alpha^2<\theta+\varepsilon$，以及 $\{a_n\}$ 是 D_{00} 中的就范正交基，使得

$$(\hat{\theta}_1^*(\lambda_1)\hat{\theta}_1(\lambda_1)+\hat{\theta}_2^*(\lambda_2)\theta_2(\lambda_2)-\alpha^2)a_n\to 0\quad(n\to\infty),$$

这样便得到

$$\|\hat{\theta}_1(\lambda_1)a_n\|^2+\|\hat{\theta}_2(\lambda_2)a_n\|^2\to\alpha^2\quad(n\to\infty)。$$

故可不妨假定

$$(\|\hat{\theta}_1(\lambda_1)a_n\|^2+\|\hat{\theta}_2(\lambda_2)a_n\|^2)^{\frac{1}{2}}<\theta+\varepsilon,$$

再由引理 2.2，令 $x_n=\mu_0 a_n$，则

$$\|[x_n\cdot x_n^*-P_\mu^2]\|\leqslant\theta+\varepsilon。\qquad 证毕。$$

引理 2.5 $T=(T_1,\ T_2)\in(BCP)_\theta$，$0\leqslant\theta<1$，则由命题 1.9 定义的 Φ 是等距。

证 设 $f\in H^\infty$。取 $\{x_n\}$ 满足引理 2.4 条件，则对任意 $\lambda\in K_\theta$，

$$\begin{aligned}&|\hat{f}(\lambda)-\langle\Phi(f)x_n,\ x_n\rangle|\\=&|\hat{f}(\lambda)-(\Phi(f),\ x_n\otimes x_n)|\\=&|\langle f,\ P_\lambda^2\rangle-\langle f,\ x_n\cdot x_n^*\rangle|\\=&|\langle f,\ P_\lambda^2-x_n\cdot x_n^*\rangle|\\\leqslant&(\theta+\varepsilon)\|f\|_\infty,\end{aligned}$$

这样 $|f(\lambda)|-|\langle\Phi(f)x_n,\ x_n\rangle|\leqslant(\theta+\varepsilon)\|f\|_\infty$，

但 K_θ 控制了 T^2，因此必有

$$\|f\|_\infty-(\theta+\varepsilon)\|f\|_\infty\leqslant\|\Phi(f)\|。$$

用 f^n 代替 f 可以得到

$$(1-\theta-\varepsilon)\|f\|_{\infty}^{n} \leqslant \|\Phi(f)\|^{n},$$

开根 n，令 $n\to\infty$ 得 $\|f\|_{\infty}\leqslant\|\Phi(f)\|$。又由命题1.9中(2)，得 $\|f\|_{\infty}=\|\Phi(f)\|$，即 Φ 是等距。证毕。

设 $M\subset L(H)$ 是对偶代数。$\theta>0$，记

$X_{Q}(M)=\{[L];[L]\in Q_{M}$，且有 $\{x_{i}\}_{i=1}^{\infty}$，$\{y_{i}\}_{i=1}^{\infty}\subset H$，$\|x_{i}\|\leqslant 1$，$\|y_{i}\|\leqslant 1$，使 $\limsup\|[x_{i}\otimes y_{i}]-[L]\|\leqslant\theta$ 且对任何 z，$\|[x_{i}\otimes z]\|+\|[z\otimes x_{i}]\|+\|[y_{i}\otimes z]\|+\|[z\otimes y_{i}]\|\to 0\}$。

如果 $\overline{\mathrm{aco}}X_{\theta}(M)\supset B_{0,r}$，其中 $B_{0,r}=\{[L];[L]\in Q_{M}$，$\|[L]\|\leqslant r\}$，则称 M 具有 $X_{\theta,r}$ 性质(参见[82])。

推论 2.6 $T=(T_{1}, T_{2})\in(BCP)_{\theta}$，$0\leqslant\theta<1$，则 $\mathscr{A}_{T}$ 具有 $X_{+\varepsilon,1}^{\theta}$ 性质。

证 当 $\mu\in K_{\theta}$ 时，不妨设

$$\inf\{|z|;z\in S_{p_{e}}(T_{1}^{*}(\mu_{1})T_{1}(\mu_{1})+T_{2}^{*}(\mu_{2})T_{2}(\mu_{2}))\}\leqslant\theta,$$

则由引理 2.2，存在 $x_{n}=\mu\circ a_{n}$，使得

$$\|[x_{n}\cdot x_{n}^{*}-P_{\mu}^{2}]\|\leqslant\theta+\varepsilon,$$

又由引理 2.3，对任意 $z\in L^{1}$，

$$\|x_{n}\cdot z\|+\|z\cdot x_{n}\|\to 0,$$

但 K_{θ} 控制了 T^{2}，于是必有 $\overline{\mathrm{aco}}\{[P_{\mu}^{2}],\mu\in K_{\theta}\}\supset B_{01}$，其中 $B_{0,1}$ 是 $L^{1/\perp}(H^{\infty})$ 中的闭单位球。由引理 2.5，Φ 是等距，再由命题 1.9，Φ 是 H^{∞} 到 $\mathscr{A}_{T}$ 的 ω^{*} 同胚，因此 Φ 的共轭映射 φ：$Q\mathscr{A}_{T}\to L^{1}$ 是双射等距。设 $\phi(c_{\mu})=P_{\mu}^{2}$。注意到 $\phi(x\otimes y)=x\cdot y$，于是 $\|[x_{n}\cdot x_{n}^{*}]-c_{p}\|\leqslant\theta+\varepsilon$，且对任意 $z\in L^{1}$，$\|x_{n}\otimes z\|\to 0$ 和 $\{[c_{\mu}];\mu\in K_{\theta}\}\supset B_{0,1}$。这里 $B_{0,1}$ 是 $Q\mathscr{A}_{T}$ 中的闭单位球，即 $\mathscr{A}_{T}$ 具有 $X_{\theta+\varepsilon,1}$ 性质。证毕。

定理 2.7 $T=(T_{1}, T_{2})\in(BCP)_{\theta}$，$0\leqslant\theta<1$，则 T 生成的对偶代数 $\mathscr{A}_{T}$ 是 $\mathscr{A}_{\aleph_{0}}$ 代数。

证 由推论 2.6，$\mathscr{A}_{T}$ 具有 $X_{\theta+\varepsilon,1}$ 性质，再由[82]定理 3.7，$\mathscr{A}_{T}$ 具有 $\mathscr{A}_{\aleph_{0}}$ 性质，又由引理 2.5，$\mathscr{A}_{T}$ 具有 A 性质，即 $\mathscr{A}_{T}$ 是 $\mathscr{A}_{\aleph_{0}}$ 代数。证毕。

由单个算子生成的对偶代数是 $\mathscr{A}_{\aleph_{0}}$ 代数时，此算子必有丰富的不变子空间。多个算子的情况亦是如此。

引理 2.8 $T=(T_{1}, T_{2})$ 是重交换的压缩算子组，$A=(A_{1}, A_{2})$ 是任意的交换的压缩算子组，$\{e_{i}\}$ 是 H 的完备的就范正交基，则必有 M，$N\in\mathrm{Lat}\,T$，$M\supset N$，和 1-1 的闭算子 X：$D(X)\to M\ominus N$，使得

(a) $\overline{(D)X}=H$，$D(X)\supset\{e_{i}\}$，$\mathrm{Im}\,X=M\ominus N$；

(b) $A_{j}D(X)\subset D(X)$，$T_{jM\ominus N}Xz=XA_{j}z$ 对任意 $z\in D(X)$ 成立，$j=1, 2$。

证明 $\phi_{A}[e_{i}\otimes e_{j}]\in L^{1/\perp}(H^{\infty})$，由于 ϕ_{T} 是到上的等距，所以存在 $[L_{ij}]\in Q\mathscr{A}_{T}$，

使 $\phi_A[e_i \otimes e_i]=\phi_T[L_{ij}]$。但 $\mathscr{A}_T$ 有 $\mathscr{A}_{\aleph_0}$ 性质，必有 x_i, $y_i \in H$，使$[L_{ij}]=[x_i \otimes y_i]$，$i$，$j=1, 2, \cdots$。这样

$$\langle A_1^{k_1} A_2^{k_2} e_i, e_j\rangle = \mathrm{Tr}(A_1^{k_1} A_2^{k_2} e_i \otimes e_j) = \langle z_1^{k_1} z_2^{k_2}, \phi_A[e_i \otimes e_j]\rangle$$
$$= \langle z_1^{k_1} z_2^{k_2}, \phi_T[x_i \otimes y_j]\rangle = \langle T_1^{k_1} T_2^{k_2} x_i, y_i\rangle。$$

取 $$M = \overline{\mathrm{span}\{T_1^{k_1} T_2^{k_2} x_i;\ k_1 \geqslant 0,\ k_2 \geqslant 0,\ i=1\}},$$
$$M_* = \overline{\mathrm{span}\{T_1^{*k_1} T_2^{*k_2} y_i;\ k_1 \geqslant 0,\ k_2 \geqslant 0,\ i \geqslant 1\}},$$
$$N = M \cap M_*^{\perp},$$

则 M, $N \in \mathrm{Lat}\, T$, $M \supset N$。记 $x_i = z_i + w_i$，其中 $z_i \in M \ominus N$, $w_i \in N$，则$\langle A_1^{k_1} A_2^{k_2} e_i, e_j\rangle = \langle T_1^{k_1} T_2^{k_2} x_i, y_i\rangle = \langle T_1^{k_1} T_2^{k_2} x_i y_i\rangle$，即得到$[x_i \otimes y_j] = [z_i \otimes y_i]$，记 $\widetilde{T}_j = T_{jM\ominus N}$, $j=1, 2$，则 $T_1^{k_1} T_2^{k_2} z_i = \widetilde{T}_1^{k_1} \widetilde{T}_2^{k_2} z_i + v_{ik}$，其中 $v_{ik} \in N$。这样$\langle A_1^{k_1} A_2^{k_2} e_i, e_j\rangle = \langle \widetilde{T}_1^{k_1} \widetilde{T}_2^{k_2} z_i, y_i\rangle$。

定义 X_0: $P_0(A)e_0 + \cdots + P_n(A)e_n \to P_0(\widetilde{T})z_0 + \cdots + P_n(\widetilde{T})z_n$，其中 P_j 是二元多项式。易验证 X_0 是定义好的且是可闭算子。记 X 为 X_0 的闭扩张。验证知 X 是 1－1 的且满足(a)、(b)。证毕。

引理 2.9 $T=(T_1, T_2)$ 是重交换的压缩算子组，且 $\mathscr{A}_T$ 是 $\mathscr{A}_{\aleph_0}$ 代数。$\{(\lambda_{k_1}, \lambda_{k_2})\}_{k=1}^{\infty}$ 是 D^2 中的任一序列，则必有 M, $N \in \mathrm{Lat}\, T$，使 $T_{M\ominus N}$ 酉等价于 $\mathrm{diag}(\lambda_{k_1}, \lambda_{k_2})$，其中 $\mathrm{diag}(\lambda_{k_1}, \lambda_{k_2})$ 表示算子组 $A=(A_1, A_2)$, $A_j e_k = \lambda_{kj}$, $j=1, 2$。

证 设 $A=(A_1, A_2)$ 是对角算子组，使得每个 $\lambda_k = (\lambda_{k_1}, \lambda_{k_2})$ 是 A 的无限重特征值。由引理2.8，存在 M, $N \in \mathrm{Lat}\, T$，使得 $\widetilde{T}_j X e_k^{(n)} = X A_j e_k^{(n)} = \lambda_{kj} X e_k^{(n)}$, $j=1, 2$, $n=1, 2, \cdots$。由于 X 是 1－1 的，故$\{Xe_k^{(n)}\}_{n=1}^{\infty}$ 是线性无关的。把$\{Xe_k^{(n)}\}_{n=1}^{\infty}$，正交化后得到$\{f_k^{(n)}\}_{n=1}^{\infty}$，使$\widetilde{T}_j f_k^{(n)} = \lambda_{kj} f_k^{(n)}$, $n=1, 2, \cdots$。令 $K = \overline{\mathrm{Span}\{f_k^{(n)};\ n \geqslant 1,\ k \geqslant 1\}}$，则 $K \subset M \ominus N$，这样 $T_{M\ominus N}$ 酉等价于 $\mathrm{diag}(\lambda_{k_1}, \lambda_{k_2})$。证毕。

定理 2.10 $T \equiv (T_1, T_2)$ 是重交换的压缩算子组，$\mathscr{A}_T$ 是 $\mathscr{A}_{\aleph_0}$ 代数，则 $\mathrm{Lat}\, T$ 中有子格与 H 的子空间全体 $\mathrm{Lat}\, H$ 存在一一对应关系。

证 取 $(\lambda_{k_1}, \lambda_{k_2}) = (0, 0)$，则有 M、$N \subset H$，使得 $T_{M\ominus N}$ 酉等价于 0。又 $T_j M \subset N$, $j=1, 2$，于是 $\dim(M \ominus (T_1 M \vee T_2 M)) \geqslant \dim(M \ominus N) = \aleph_0$。设 K 是$M \ominus N$ 的任一子空间，则必有 $N \oplus K \in \mathrm{Lat}\, T$。又 $M \ominus N$ 是无限维的，其子空间与 $\mathrm{Lat}\, H$ 是一一对应的，这样 $\mathrm{Lat}\, H$ 含有一个与 $\mathrm{Lat}\, H$ 一一对应的子格。证毕。

第十二章　紧算子组与联合谱的摄动

对于有限维空间上的交换矩阵以及 Banach 空间上的交换的紧算子组，能否具有如单个算子那样的谱性质？这在本章第一、二节中将作些介绍，我们将看到，一些关于紧算子的基本谱性质(如 Riesz-Szuader 理论)，除极个别外，大都可以推广到几个交换紧算子组。第三节中，我们将证明交换的紧正常算子组可以根据其联合特征值展开，还证明了关于交换正常算子组关于紧摄动的联合 Weyl 定理。联合谱的摄动是一个较复杂的问题，我们在第四、五节中将给出一些初步的结果。

§1　有限维空间上的交换算子组的联合谱

我们知道，有限维空间上的任何算子，必存在空间的一组基，使算子在这组基下表示为约当标准形。这个算子的谱都是特征值，而且就是其约当标准形对角线上的 m 个数(计重数，并假定空间是 m 维的)。

现设 H 是 m 维线性空间，$A=(A_1, \cdots, A_n)$ 是 H 上的交换算子组，下面我们来看 A 的 Taylor 联合谱 $S_p(A)$ 是怎样的，首先我们需要代数学中的一个定理作为引理，这可由中国剩余定理推出(参见[23])。

引理 1.1　任何有限维线性空间上算子 T，必可唯一地分解为其半单部分 T_s 与幂零部分 T_N 的和，其中 T_s 与 T_N 都可表示为 T 的多项式。

注：这里 T_s 称为半单是指它相似于对角矩阵算子。

下面我们将看到，有限维空间上的交换矩阵组还是保留了单个矩阵的部分重要性质，并且一些归纳过程也具体地提供了一项联合谱的递推计算的方法。

引理 1.2　设 $A=(A_1, \cdots, A_n)$ 是交换矩阵组，则 A 的联合特征值 $\sigma_p(A)$ 非空。

证　$n=1$ 是对的。若 $n-1$ 时也对，则存在 $\lambda_1, \cdots, \lambda_{n-1}$，使 $\bigcap_{i=1}^{n-1}\operatorname{Ker}(A_i-\lambda_i)\neq\{0\}$。因为 A_n 与 A_i，$i=1, \cdots, n-1$，交换，所以 $\bigcap_{i=1}^{n-1}\operatorname{Ker}(A_i-\lambda_i)$ 是 A_n 的非零不变子空间，因此存在 λ_n，使 $\bigcap_{i=1}^{n-1}\operatorname{Ker}(A_i-\lambda_i)\neq\{0\}$，证毕。

引理 1.3　设 $A=(A_1, \cdots, A_n)$ 是 H 上的交换矩阵组，$\dim H=m$。则存在 $m+1$ 个 H 的子空间 $\mathscr{U}_0, \cdots, \mathscr{U}_m$ 满足：

(1) $A_i\mathscr{U}_j\subset\mathscr{U}_j$，$i=1, \cdots, n$；$j=0, 1, \cdots, m$；

(2) $\dim\mathscr{U}_j=j$，$j=0, \cdots, m$；

(3) $\{0\} = \mathscr{U}_0 \subset \mathscr{U}_1 \subset \cdots \subset \mathscr{U}_m = H$。

证 $m = 0, 1$ 结论是显然的。

假定结论在 $m-1$ 时已对，考虑 $A^* = (A_1^*, \cdots, A_n^*)$。由引理 1.2 知，存在非零向量 $x \in H$ 和 $\lambda_1, \cdots, \lambda_n \in \mathbf{C}$，使得 $A_i^* x = \lambda_i x$，$i = 1, \cdots, n$。设 L 是由 x 张成的子空间的正交补，则 $\dim L = m-1$，并且有 $A_i L \subset L$，$i = 1, \cdots, n$。由归纳假设，存在子空间 $\mathscr{U}_0, \cdots, \mathscr{U}_{m-1}$ 使得(1)、(2)、(3) 成立，只要将 L 看成 H。现令 $\mathscr{U}_m = H$，就完成了证明。

引理 1.3 告诉我们，交换矩阵组虽然还不能说同时化为约当标准形，但可以同时化为上三角形矩阵。由引理 1.1 中的唯一性，可以立即找出它们半单部分和幂零部分。

定理 1.4 设 H 是有限维线性空间，$\dim H = m$。$A = (A_1, \cdots, A_n)$ 是 H 上的交换算子组，则 $S_p(A) = \sigma_p(A)$，并且 $\sigma_p(A)$ 由 $\mathbf{C}^n$ 中 m 个数组组成(重数算在内)。

证 设 $A_k = S_k + N_k$ 为 A_k 的半单和幂零分解，$k = 1, \cdots, n$。证 $S = (S_1, \cdots, S_n)$ 和 $N = (N_1, \cdots, N_n)$，下面我们分三步证明。

(1) $S_p(S) = \sigma_p(S)$。

设 $S_i = \begin{pmatrix} \lambda_1^{(i)} & & \\ & \ddots & \\ & & \lambda_m^{(i)} \end{pmatrix}$，$i = 1, \cdots, n$。

则显然有 $\mathscr{T} = \{(\lambda_i^{(1)}, \cdots, \lambda_i^{(n)}) \in \mathbf{C}^n;\ i = 1, \cdots, m\} \subset \sigma_p(S) \subset S_p(S)$。

反之若 $\lambda = (\lambda_1, \cdots, \lambda_n) \overline{\in} \mathscr{T}$，则 $\sum |\lambda_i - \lambda_j^{(i)}|^2 \neq 0$，$j = 1, \cdots, m$。

作 $B_i = \begin{pmatrix} \overline{(\lambda_i - \lambda_1^{(i)})} / \sum\limits_{i=1}^{n} |\lambda_i - \lambda_1^{(i)}|^2 & & \\ & \ddots & \\ & & \overline{(\lambda_i - \lambda_m^{(i)})} / \sum\limits_{i=1}^{n} |\lambda_i - \lambda_m^{(i)}|^2 \end{pmatrix}$，

$i = 1, \cdots, n$。容易看出 $\sum\limits_{i=1}^{n} B_i(\lambda_i - S_i) = I$，当然更有 $\lambda = (\lambda_1, \cdots, \lambda_n) \overline{\in} S_p(S)$。实际上我们已证明了 $S_p(B) = \sigma_p(S) = \mathscr{T}$。

(2) $S_p(A) \subset S_p(S)$。

我们用归纳法。$m = 0, 1$ 时显然对。设 $m-1$ 时已对，由引理 1.3，存在 H 的一组基，使 A_i 的矩阵表示为

$$A_i = \left(\begin{array}{c:ccc} a_1^i & & * & \\ \hdashline & a_2^i & & * \\ & & \ddots & \\ & & & a_m^i \end{array}\right),\quad i = 1, \cdots, n。$$

据第三章引理 4.1，当 $A=(A_1, \cdots, A_n)$ 奇异时，

或者$(a_1^1, \cdots, a_1^n)$奇异，从而 $a_1^1=a_1^2=\cdots=a_1^n=0$，推得 S 奇异。

$$\text{或者}\left(\begin{pmatrix} a_2^1 & & * \\ & \ddots & \\ & & a_m^1 \end{pmatrix}, \cdots, \begin{pmatrix} a_2^n & & * \\ & \ddots & \\ & & a_m^n \end{pmatrix}\right)\text{奇异。}$$

据归纳假设 $\left(\begin{pmatrix} a_2^1 & & \\ & \ddots & \\ & & a_m^1 \end{pmatrix}, \cdots, \begin{pmatrix} a_2^n & & * \\ & \ddots & \\ & & a_m^n \end{pmatrix}\right)$ 奇异，推得 S 奇异。

(3) $S_p(S) \subset S_p(A)$。

由(1)知，$S_p(S)=\sigma_p(S)$。不妨设 $\bigcap_{i=1}^{n} \operatorname{Ker} S_i \neq \{0\}$。由引理 1.1 知，$S$ 与 N 都是交换算子组，而且任意 S_i 与 N_i 也是可以交换的，从而知，非零空间 $K=\bigcap_{i=1}^{n} \operatorname{Ker} S_i$ 是关于 N 不变的。类似引理 1.2 的证明可知，由于 N 是交换的幂零算子组，因此必存在非零向量 $x \in K$，使 $N_j x=0, i=1, \cdots, n$。这就得到了 $A_i x=0, i=1, \cdots, n$。

综合(1)、(2)、(3)，我们完成了全部证明。

§2 Banach 空间上的交换紧算子组

单个紧算子熟知有一套 Riesz-Szuader 理论，它与解积分方程有密切关系。自然我们关心交换的紧算子组有无类似的性质，因此相仿地，我们给出下面定义。

定义 2.1 设 $A=(A_1, \cdots, A_n)$ 为 Banach 空间 X 上的交换紧算子组，下面八个命题称为关于算子组的 Riesz-Szuader 理论。

(1) $S_p(A)$的非$(0, \cdots, 0)$谱点必为 A 的联合特征值。

(2) 若记 A 的 Banach 空间共轭算子组为 $A'=(A'_1, \cdots A'_n)$，则有 $S_p(A)=S_p(A')$。

(3) 当 $\lambda \neq (0, \cdots, 0)$ 为 A 的联合特征值时，与 λ 相应的联合特征向量空间必是有限维的。

(4) A 的关于 $\lambda \neq (0, \cdots, 0)$ 的联合特征向量空间与 A'关于 λ 的联合特征向量空间的维数相同。

(5) $S_p(A)$的极限点只可能是$(0, \cdots, 0)$。

(6) 若 $\lambda \neq \mu$，则 A 的相应于 λ 的任意的联合特征向量 x 与 A' 的任一相应于 μ 的联合特征向量 f 直交，即 $f(x)=0$。

(7) 若 $\lambda=(\lambda_1, \cdots, \lambda_n) \neq (0, \cdots, 0)$，则不定方程 $\sum_{i=1}^{n}(\lambda_i - A_i)x_i = y$ 可解的充要条

件是 y 与 A' 的任一相应于 λ 的联合特征向量 f 直交，即 $f(y)=0$。

(8) 若 $\lambda=(\lambda_1, \cdots, \lambda_n)\neq(0, \cdots, 0)$，则不定方程 $\sum_{i=1}^{n}(\lambda_i - A'_i)\varphi_i = f$ 可解的充要条件是 f 与 A 的任何相应于 λ 的联合特征向量 y 直交。

从上面定义中可看到，算子组的 Riesz-Szuder 理论与一类不定方程的解有密切关系。此外，定义中对 A 加了交换性，这是不可少的。从下面的例子可看到这一点。

取二维空间上的两个矩阵：

$$A_1=\begin{pmatrix}0 & 1\\ 0 & 0\end{pmatrix},\quad A_2=\begin{pmatrix}0 & 0\\ 1 & 0\end{pmatrix},$$

则不难验证，$A=(A_1, A_2)$ 没有联合特征值，这将导致 $S_p(A)=\varnothing$，当然是不合情理的。

我们希望算子组的 Riesz-Szuader 理论成立，但量的变化将可能引起质变，尽管如此，下面结果还是不太令人失望的。

定理 2.2 交换算子组的 Riesz-Szuader 理论除了第四条不成立，其余都是成立的。

证 我们先证当 $\lambda\neq(0, \cdots, 0)$ 且 λ 为 $S_p(A)$ 的孤立点时，$\lambda=(\lambda_1, \cdots, \lambda_n)$ 必为 $A=(A_1, \cdots, A_n)$ 的联合特征值。

事实上，有 Taylor 谱的分解性质知([113])，存在 A 的两个公共不变子空间 X 和 Y_1，使得 $X=Y+Y_1$，$S_p(A\mid Y)=\{\lambda\}$，$S_p(A\mid Y_1)=S_p(A)\backslash\{\lambda\}$。取 λ 的一个非零坐标 λ_i，由 Taylor 谱的投影性质知 $S_p(A_i\mid Y)=\{\lambda_i\}$。由于 $A_i\mid Y$ 仍是紧算子且 $\lambda_i\neq 0$，必然有 $\dim Y<\infty$。但由上一节的定理 1.5 知，$S_p(A\mid Y)=\sigma_p(A\mid Y)$，因此有 $\lambda\in\sigma_p(A\mid Y)\subset\sigma_p(A)$。

现在我们来证明(5)。用归纳法，$n=1$ 时已成立。假定小于 n 时都对。当 n 时，若 λ 为 $S_p(A)$ 的极限点，则存在两两不同的 $\lambda^{(m)}\to\lambda\ (m\to\infty)$。设 $\lambda^{(m)}=(\lambda_1^{(m)}, \cdots, \lambda_n^{(m)})$，$\lambda=(\lambda_1, \cdots, \lambda_n)$，只可能有三种情况：

(a) $(\lambda_1^{(m)}, \cdots, \lambda_{n-1}^{(m)})$ 与 $\lambda_n^{(m)}$ 关于 m 都是无限个不同，则 $(\lambda_1, \cdots, \lambda_{n-1})$ 与 λ_n 分别是 $S_p(A_1, \cdots, A_{n-1})$ 与 $S_p(A_n)$ 的极限点，由归纳假设得 $\lambda=(0, \cdots, 0)$。

(b) $(\lambda_1^{(m)}, \cdots, \lambda_{n-1}^{(m)})$ 关于 m 有无限个不同，但存在 M，当 $m>M$ 后，$\lambda_n^{(m)}\equiv\lambda_n$。由归纳假设 $(\lambda_1, \cdots, \lambda_n)=(0, \cdots, 0)$，而且 $m>M$ 后，$(\lambda_1^{(m)}, \cdots, \lambda_{n-1}^{(m)})$ 必是 $S_p(A_1, \cdots, A_{n-1})$ 的孤立点。若 $\lambda_n\neq 0$，则 $\{(\lambda_1^{(m)}, \cdots, \lambda_{n-1}^{(m)}, \lambda_n);\ m>M\}$ 是 $S_p(A)$ 无限个两两不同的孤立点，由前面讨论知它们必是 A 的联合特征值。取相应的联合特征向量 $\{x^m;\ m>M\}$。一方面由于 $\lambda_n\neq 0$，则有 $\dim\{\mathrm{Span}(x^m;\ m>M)\}<\infty$。另一方面至少存在一个 i，使 $\lambda_i^{(m)}$ 有无限个不同，但 A_i 的不同特征向量对应的特征向量是线性无关的，这个矛盾说明只能 $\lambda_n=0$。

(c) $(\lambda_1^{(m)}, \cdots, \lambda_{n-1}^{(m)})$ 只有有限个不同，这时 $\{\lambda_n^{(m)}\}$ 必有无限个不同，下面证明与(c)类似，故略。

这样就证得了(1)和(5)。

(9) 必要性。设 $\sum_{i=1}^{n}(\lambda_i - A_i)x_i = y$ 可解，$f \in \bigcap_{i=1}^{n}\mathrm{Ker}(\lambda_i - A'_i)$，则 $f(y) = f(\sum(\lambda_i - A_i)x_i) = \sum_{i=1}^{n}[(\lambda_i - A'_i)f](x_i) = 0$。

充分性。首先当 $\lambda = (\lambda_1, \cdots, \lambda_n) \neq (0, \cdots, 0)$ 时，我们证明联合值域 $\sum_{i=1}^{n}\mathrm{Im}(\lambda_i - A_i)$ 闭。事实上只要证明

$$T: (x_1, \cdots, x_n) \to \sum_{i=1}^{n}(\lambda_i - A_i)x_i$$

的值域闭。由单个算子谱论知这只要证明 T 的共轭算子

$$T': y \to ((\lambda_i - A'_1)y, \cdots, (\lambda_n - A'_n)y)$$

的值域闭。设 $\lambda_{i_0} \neq 0$，作算子

$$S: (y_1, \cdots, y_n) \to \lambda_{i_0}^{-1} y_{i_0},$$

易知此时 $ST' = I - \lambda_{i_0}^{-1}A_{i_0}$，其中，$I$ 为 X' 上的恒等算子。由于 $\lambda_{i_0}^{-1}A_{i_0}$ 是 X' 上的紧算子，因此 T' 是上半 Fredholm 算子，因此 Im T' 闭。

现在我们可以证明充分性。

当 $y \in \sum_{i=1}^{n}\mathrm{Im}(\lambda_i - A_i)$，则由刚才的讨论知 $\sum_{i=1}^{n}\mathrm{Im}(\lambda_i - A_i)$ 是闭子空间，因此存在 $f \in X'$，使 $f(y) \neq 0$，但是由于 $f(\sum \mathrm{Im}(\lambda_i - A_i)) = 0$，因此 $f \in \bigcap^{n}\mathrm{Ker}(\lambda_i - A'_i)$。

(10) 必要性。设 $\sum_{i=1}^{n}(\lambda_i A'_i)\varphi_i = f$ 可解，则对于任意的 $x \in \bigcap_{i=1}^{n}\mathrm{Ker}(\lambda_i - A_i)$，有 $f(x) = \sum_{i=1}^{n}\varphi_i((\lambda_i - A'_i)x) = 0$。

在证明充分性之前，我们先给个注记。由(7)可知，当 x 是自反空间特别是有限维空间时，(8)是成立的。

现证充分性。设 $f \in x'$，$f(\bigcap_{i=1}^{n}\mathrm{Ker}(\lambda_i - A_i)) = 0$。

若 $\lambda = (\lambda_1, \cdots, \lambda_n)$ 是 A 的正则点，结论显然成立。

现设 $\lambda = (\lambda_1, \cdots, \lambda_n) \neq (0, \cdots, 0)$ 为 A 的谱点。在(1)和(5)的证明中已看到，这时存在 A 的两个公共不变子空间 Y 和 Y_1，使得 $X = Y + Y_1$，$S_p(A \mid Y) = \sigma_p(A \mid Y) = \{\lambda\}$，$S_p(A \mid Y_1) = S_p(A)\backslash\{\lambda\}$。其中 $\dim Y < \infty$。

由于 $\lambda - A$ 限制在 Y_1 上是正则的，因此存在 $g_1, \cdots, g_n \in Y'_1$，使得 $\sum_{i=1}^{n}(\lambda_i - (A_i \mid Y)')g_i = f \mid Y_1$。将 $g_1, \cdots, g_n$ 延拓成 X 上的泛函 $\hat{\varphi}_1, \cdots, \hat{\varphi}_n$ 使得 $\hat{\varphi}_i(Y) = 0$，$i = 1, \cdots, n$。则这时有

$X \in Y$ 时，$\sum_{i=1}^{n}(\lambda_i - A'_i)\hat{\varphi}_i(x) = 0$；

$X \in Y_1$ 时，$\left(\sum_{i=1}^{n}(\lambda_i - A'_i)\hat{\varphi}_i\right)(x) = \sum(\lambda_i - (A_i \mid Y_1)')g_i(x) = f(x)$。 (2.1)

又因为 $\dim Y < \infty$ 以及 $\bigcap_{i=1}^{n}\mathrm{Ker}(\lambda_i - A_i) \subset Y$，我们有

$$f_Y \mid \left(\bigcap^{\infty}\mathrm{Ker}(\lambda_i - A_i \mid Y)\right) = f\left(\bigcap_{i=1}^{n}\mathrm{Ker}(\lambda_i - A_i)\right) = 0。$$

据上面的注记知，必存在 $h_1, \cdots, h_n \in Y'$，使得

$$\sum((\lambda_i - (A_i \mid Y)')h_i = f \mid Y。$$

将 h_i 都延拓成 X 上的泛函$\tilde{\varphi}_i$，使得 $\tilde{\varphi}_i(Y_1) = 0$，$i = 1, \cdots, n$，此时有

$x \in Y$ 时，$\left(\sum_{i=1}^{n}(\lambda_i - A'_i)\varphi_i\right)(x) = \sum_{i=1}^{n}(\lambda_i - (A_i \mid Y)'h_i)(x) = f(x)$；

$x \in Y_1$ 时，$\left(\sum_{i=1}^{n}(\lambda_i - A'_i)\tilde{\varphi}_i\right)(x) = 0$。 (2.2)

令 $\varphi_i = \hat{\varphi}_i + \tilde{\varphi}_i$，$i = 1, \cdots, n$，则由(2.1)和(2.2)立即知

$$\sum_{i=1}^{n}(\lambda_i - A'_i)\varphi_i = f。$$

(4)不成立的例子。取 $H = \boldsymbol{C}^3$，$A = (A_1, A_2)$ 为 H 上两个交换算子，它们矩阵可表示为

$$A_1 = \begin{pmatrix} 0 & 0 & 0 \\ 0 & 0 & 1 \\ 0 & 0 & 0 \end{pmatrix}, \quad A_2 = \begin{pmatrix} 0 & 0 & 0 \\ 1 & 0 & 0 \\ 0 & 0 & 0 \end{pmatrix},$$

则

$$A'_1 = \begin{pmatrix} 0 & 0 & 0 \\ 0 & 0 & 0 \\ 0 & 1 & 0 \end{pmatrix}, \quad A'_2 = \begin{pmatrix} 0 & 1 & 0 \\ 0 & 0 & 0 \\ 0 & 0 & 0 \end{pmatrix},$$

易知此时 $\dim(\mathrm{Ker}\,A_1 \cap \mathrm{Ker}\,A_2) = 1$，$\dim(\mathrm{Ker}\,A'_1 \cap \mathrm{Ker}\,A'_2) = 2$。 证毕。

§3 紧正常算子组及联合 Weyl 定理

上节我们已经知道了交换的紧算子组的 Taylor 联合谱为 $\boldsymbol{C}_n$ 中以$(0, \cdots, 0)$为唯一可能聚点的可列集，并且其非$(0, \cdots, 0)$谱点均为有限重数的联合特征值。现在我们考

虑性质更好的算子组——Hilbert 空间上的交换紧正常算子组。

我们知道，Hilbert 空间上的对角矩阵算子组是结构较简单清楚的一列算子组（参见第四章），它的联合谱结构，联合范数等都直接可算出来。我们指出，当每个对角矩阵的对角元素都趋于 0 时，就成为交换的紧正常算子组，下面我们要证明，事实上每个交换紧算子组都可以在某组基下表示成对角矩阵算子组。

定理 3.1 设 H 是 Hilbert 空间，$A=(A_1, \cdots, A_n)$ 是交换的紧正常算子组，则 A 可以根据联合特征值进行展开，从而可看成对角算子组。

证 由上节定理 2.2 知道，

$$S_p(A)=\{(\lambda_1^{(m)}, \cdots, \lambda_n^{(m)});\ m=1, 2, \cdots\} \cup \{(0, \cdots, 0)\},$$

其中 $|\lambda_1^{(m)2}|+\cdots+|\lambda_n^{(m)}|^2 \neq 0$, $m=1, 2, \cdots$，并且 $\lambda^{(m)}=(\lambda_1^{(m)}, \cdots \lambda_n^{(m)})$ 为 A 的联合特征值，对应 $\lambda^{(m)}$ 的联合特征空间是有限维的，设其正交基为 $e_1^m, \cdots, e_{k_m}^m$。由于 A 是正常算子组，易知不同联合特征值对应的联合特征空间是相互正交的，而且若令 P_m 为对应 $\lambda^{(m)}$ 的联合特征空间上的投影，$P_0=I-\sum P_m$，则由于 A 的乘积测度集中在 $S_p(A)$ 上，我们得 $A_iP_m=\lambda_i^{(m)}P_m$, $A_iP_0=0$, $i=1, \cdots, n$。这样对任何 $x \in H$，有 A 的联合特征展开：

$$A_1x=\sum_{m, k}\lambda_1^{(m)}\langle x, e_k^m\rangle e_k^m$$

$$A_2x=\sum_{m, k}\lambda_2^{(m)}\langle x, e_k^m\rangle e_k^m$$

$$\cdots$$

$$A_nx=\sum_{m, k}\lambda_n^{(m)}\langle x, e_k^m\rangle e_k^m$$

这里 $m=1, 2, \cdots; k=1, \cdots, k_m$。

显然正交向量序列 $\{e_k^m\}_{m, k}$ 再加上 P_0H 中的一组正交向量，就得到 H 的一组正交基，在这组基下，$A=(A_1, \cdots, A_n)$ 可表示为对角矩阵算子。证毕。

现在我们利用联合特征展开来证明一个有趣的结果。

定理 3.2 设 $A=(A_1, \cdots, A_n)$ 为 Hilbert 空间 H 上的交换紧正常算子组，$\{\lambda^m=(\lambda_1^{(m)}, \cdots, \lambda_n^{(m)}) \neq (0, \cdots, 0)\}$ 为 A 的一列联合特征值（重数计算在内），若将 $\{\lambda^m\}$ 按模排列，使得 $|\lambda^{(1)}| \geqslant |\lambda^{(2)}| \geqslant \cdots$，则有 $|\lambda^{(1)}|=\|A\|$，

$$|\lambda^{(2)}|=\min_{g_1; g_2 \in H}\max\left\{\left(\sum_{i=1}^n\|A_if\|^2\right)^{\frac{1}{2}};\ f \perp g_1, g_2, \|f\|=1,\right\},$$

$$\cdots\cdots$$

$$|\lambda^{(m+1)}\|=\min_{g_1; \cdots g_m \in H}\max\left\{\left(\sum_{i=1}^n\|A_if\|^2\right)^{\frac{1}{2}};\ f \perp g_1, \cdots, g_m, \|f\|=1,\right\},$$

$$\cdots\cdots$$

证 因为$\{f: f \perp g_1, \cdots, g_m, \| f \| \leqslant 1\}$是$H$中弱紧集,又$A$是紧算子组,故max是有意义的。下面证明中将指出min也是有意义的。

因为A是交换紧正常,所以$r_{sp}(A) = \| A \|$, $S_p(A)/\{0\} \subset \sigma_p(A)$,所以立得$|\lambda^{(1)}| = \| A \|$。

现取一列对应$\{\lambda^{(m)}\}$的规范正交联合特征向量序列$\{f_m\}$,我们就选$g_i = f_j$, $j = 1, \cdots, m$。则对每个$f \perp g_1, \cdots, g_m$,利用A的联合特征展开,我们有

$$
\begin{aligned}
\sum_{i=1}^{n} \| A_i f \|^2 &= \sum_{i=1}^{n} \| \sum_{j>m} \lambda_i^{(j)} \langle f_j, f \rangle f_j \|^2 \\
&= \sum_{i=1}^{n} \sum_{j>m} | \lambda_i^{(j)} |^2 | \langle f_j, f \rangle |^2 \\
&= \sum_{j>m} | \langle f_j, f \rangle |^2 \sum_{i=1}^{n} | \lambda_i^{(j)} |^2 \\
&\leqslant | \lambda^{(m+1)} |^2 \| f \|^2,
\end{aligned}
$$

由此得到$| \lambda^{(m+1)} | \geqslant \min \max\{\cdots\}$。而且看到min是有意义的。

现设$g_1, \cdots, g_m$是H中的任意向量,则存在$f_1, \cdots, f_{m+1}$线性张中的一个单位向量f,使得$f \perp g_1, \cdots, g_m$。这时

$$
\begin{aligned}
\sum_{i=1}^{n} \| A_i f \|^2 &= \sum_{i=1}^{n} \left\| \sum_{j=1}^{m+1} \lambda_i^{(j)} \langle f_j, f \rangle f_j \right\|^2 \\
&= \sum_{i=1}^{n} \sum_{j=1}^{m+1} | \lambda_i^{(j)} |^2 | \langle f_j, f \rangle |^2 \\
&= \sum_{j=1}^{m+1} | \langle f_j, f \rangle |^2 \sum_{i=1}^{n} | \lambda_i^{(j)} |^2 \\
&\geqslant \| f \|^2 \cdot | \lambda^{(m+1)} |^2 = | \lambda^{(m+1)} |^2,
\end{aligned}
$$

所以有$| \lambda^{(m+1)} | \leqslant \min \max\{\cdots\}$。证毕。

对于交换的紧自共轭算子,我们用Reyleigh商来逼近联合特征值,也许为计算方法更感兴趣些。

定理3.3 设$A = (A_1, \cdots, A_n)$为交换的紧自共轭算子组,将$\sigma_p(A)$从左到右,从大到小按字典法排序:

$$
(\lambda_1^{(1)}, \cdots, \lambda_n^{(1)}) \succ (\lambda_1^{(2)}, \cdots, \lambda_n^{(2)}) \succ \cdots
$$

其中联合特征值计重数,则有

$$
\lambda^{(1)} = (\lambda_1^{(1)}, \cdots, \lambda_n^{(1)}) = \max(W(A)),
$$

$$
\lambda^{(2)} = (\lambda_1^{(2)}, \cdots, \lambda_n^{(2)}) = \min_{y} \max_{x \perp y} (\langle A_1 x, x \rangle, \cdots, \langle A_n x, x \rangle) / \| x \|^2,
$$

……

$$
\lambda^{(k+1)} = (\lambda_1^{(k+1)}, \cdots, \lambda_n^{(k+1)}) = \min_{y_1, \cdots, y_n} \max_{x \perp y_i: i=1, \cdots, k} (\langle A_1 x, x \rangle, \cdots, \langle A_n x,
$$

$x\rangle)/\|x\|^2$,

其中 max, min 也是字典序意义下的。

证 设 $E(\cdot)$为 A 的乘积谱测度，$\|x\|=1$，有

$$(\langle A_1x, x\rangle, \cdots, \langle A_nx, x\rangle)=\int_{sp}(z_1, \cdots, z_n)d\langle E(z)x, x\rangle$$
$$\prec(\lambda_1^{(1)}, \cdots, \lambda_n^{(1)})=\lambda^{(1)},$$

因为 A 是紧算子组，所以 $W(A)$是 $\boldsymbol{C}^n$ 中紧集，不难得到第一式。余下证明我们略去了，只要注意到 A 的联合特征向量空间必是 A 的公共约化子空间，就不难写出全部证明。证毕。

为了研究一个算子在紧摄动后的谱的变化，人们曾引进 Weyl 谱。关于正常算子，有个著名的 Weyl 定理，就是说一个正常算子的谱去掉孤立的有限重数的特征值后，剩下的谱是紧算子永远摄动不了的。下面我们将这个结果推广到交换的正常算子组。

定义 3.4 设 $T=(T_1, \cdots, T_n)$ 是 Hilbert 空间 H 上的交换算子组，$\sigma_{00}(T)$ 为 T 的孤立的有限重数的联合特征值全体，$\sigma_c(T)=S_p(T)\backslash\sigma_{00}(T)$ 称为 T 的联合极限谱。

引理 3.5 设 $A=(A_1, \cdots, A_n)$ 为交换的正常算子组，则 $\lambda=(\lambda_1, \cdots, \lambda_n)\in S_p(A)/\sigma_{00}(A)$ 时，必有一列单位向量$\{f_m\}$，使得 $f_m\xrightarrow{w}0$，$\|(\lambda_i-A_i)f_m\|\to 0$，$(m\to\infty)$

证 对 λ 的任意邻域 O_λ，必有 $\dim E(O_\lambda)H=\infty$。作收缩到 λ 的一列邻域$\{\Delta^m\}$，这时可选取一列正交的单位向量$\{f_m\}$，其中 $f_m\in E(\Delta^m)H$，$m=1, \cdots$。因此这时 $f_m\xrightarrow{w}0$，和$(A_i-\lambda_i)f_m\to 0$，$(m\to\infty)$，$i=1, \cdots, n$。证毕。

定理 3.6 设 $A=(A_1, \cdots, A_n)$为交换的正常算子组。记$\mathscr{K}=\{K=(K_1, \cdots, K_n)$：$K$ 是紧算子组，且 $A+K$ 是交换算子组$\}$。则下面等式成立：

$$\sigma_c(A)=\bigcap_{k\in\mathscr{K}}S_p(A+K)。$$

证 设$\lambda=(\lambda_1, \cdots, \lambda_n)\overline{\in}\sigma_c(A)$，则存在$\lambda$ 的邻域O_λ，使$E(O_\lambda)$是有限秩算子。令 $K=(K_1, \cdots, K_n)$，$K_i=E(O_\lambda)$，$i=1, \cdots, n$。则 $K\in\mathscr{K}$，且 $A+K-\lambda$ 是联合下方有界的。又显然 $A+K$ 是交换的正常算子组，故 $\lambda\overline{\in}S_p(A+K)$。

反之，设$\lambda=(\lambda_1, \cdots, \lambda_n)\in\sigma_c(A)$，据引理 3.5，有一列单位向量列$\{f_m\}$，$f_m\xrightarrow{w}0$，$\|(A_i-\lambda_i)f_m\|\to 0(m\to\infty)$。对任意 $K=(K_1, \cdots, K_n)\in\mathscr{K}$，必有 $\|K_if_m\|\to 0$ $(m\to\infty)i=1, \cdots, n$。于是 $\|(A_i+K_i-\lambda_i)f_m\|\to 0$ $(m\to\infty)i=1, \cdots, n$。这样知 $\lambda=(\lambda_1, \cdots, \lambda_n)\overline{\in}S_p(A+K)$。证毕。

定义 3.7 设 $A=(A_1, \cdots, A_n)$ 为交换正常算子组，K 如定理 3.6，则称 $w(A)=\bigcap_{k\in K}S_p(A+K)$ 为 A 的联合 Weyl 谱。

定理 3.8 设 $A=(A_1, \cdots, A_n)$ 为交换正常算子组，则 $w(A)=S_{p_e}(A)=\sigma_c(A)$。

证 定理 3.6 已指出 $w(A)=\sigma_c(A)$。现只要证 $S_{p_e}(A)=\sigma_c(A)$。这可由以下一列等价关系得到($\pi: L(H)\to L(H)/K$)

$$\lambda \overline{\in} S_{p_e}(A) \Leftrightarrow \pi(\hat{A})-\lambda \text{ 可逆}$$

$$\Leftrightarrow (\pi(\hat{A})-\lambda)^*(\pi(\hat{A})-\lambda) \text{ 可逆}$$

$$\Leftrightarrow \pi\left(\operatorname{diag}\left(\sum_{i=1}^{n}(A_i-\lambda_i)^*(A_i-\lambda_i)\right)\right) \text{ 可逆}$$

$$\Leftrightarrow 0 \overline{\in} S_p\left(\sum_{i=1}^{n}(A_i-\lambda_i)^*(A_i-\lambda_i)\right)/\sigma_{00}\left(\sum_{i=1}^{n}(A_i-\lambda_i)^*(A_i-\lambda_i)\right)$$

(单个算子的 Weyl 定理)

$$\Leftrightarrow \lambda \overline{\in} S_p(A)/\sigma_{00}(A)\text{。}$$ 证毕。

§4 混合谱与紧摄动

在第二章中,对于 Banach 空间 X 上的交换算子组 $A=(A_1, \cdots, A_n)$, $\sigma_m(A)=S_p(A)/(\sigma_\pi(A)\cup\sigma_\delta(A))$ 定义为 A 的混合谱。本节将用摄动方法来研究混合谱。

第二章中我们定义了联合谱、联合本质谱和指标,并且还给出了一些正则的或 Fredholm 算子组的特征,为了下面证明的需要,我们再给出以下定理(参见 Vasilescu [117]注意我们以下用上链来定义复形的)。

定理 4.1 设 $A=(A_1, \cdots, A_n)$ 为 Hilbert 空间 H 上交换算子组。$E(H, A)=(E^k(H), d^k)$ 是相应的 A 的复形,则存在 Hilbert 空间 $H_0=\bigoplus_{K\geqslant 0} E^{2k}(H)$ 和 $H_1=\bigoplus_{K\geqslant 0} E^{2K+1}(H)$ 及 $T_A\in L(H_0, H_1)$ 满足

(1) 对一切 k, $\operatorname{Im} d^k$ 闭 $\Leftrightarrow \operatorname{Im} T_A$ 闭;

(2) A 是半 Fredholm(Fredholm)$\Leftrightarrow T_A$ 是半 Fredholm(Fredholm)

(3) A 正则$\Leftrightarrow T_A$ 正则。

T_A 的定义为 $T_A(\oplus \xi_{2k})=\oplus(d^{2k}\xi_{2k}+d^{2k+1*}\xi_{2k+2})$ 且有下列关系式:

$$\operatorname{Ker} T_A=\bigoplus_{K\geqslant 0}(\operatorname{Ker} d^{2k}\ominus \operatorname{Im} d^{2k-1}),$$

$$\operatorname{Im} T_A=\bigoplus_{K\geqslant 0}(\operatorname{Im} d^{2k}\oplus \operatorname{Im} d^{2k+1*}),$$

$$H_1\ominus \operatorname{Im} T_A=\bigoplus_{K\geqslant 0}(\operatorname{Ker} d^{2k+1}\ominus \operatorname{Im} d^{2k})\text{。}$$

定理 4.2 设 $A=(A_1, A_2)$ 是交换算子对,则 $\sigma_m(A)$是开集。

证 设 d^0, d'是对应于 A 的边界算子,则根据 T_A 的定义, $T_A(x\oplus y)=d^0x+$

$d'^* y$。为证$\sigma_m(A)$是开集，只需证明若$0 \in \sigma_m(A)$，则存在0的邻域$V_0 \in \boldsymbol{C}^2$，使对任何$z \in V_0$，有$z \in \sigma_m(A)$。

设$0 \in \sigma_m(A)$，则由$\sigma_m(A)$的定义及定理4.1知$\operatorname{Im} T_A = \operatorname{Im} d^0 \oplus \operatorname{Im} d^{1*}$闭，$H \ominus \operatorname{Im} T_A = \operatorname{Ker} d^1 \ominus \operatorname{Im} d^0 \neq \{0\}$。因此$T_A$是半Fredholm算子。据Kato[91]定理Ⅳ.5.16，存在$\varepsilon > 0$，当$\| T_A - T_{A-z} \| = \| T_z \| < \varepsilon$时，$T_{A-z}$也为半Fredholm算子，且$\dim \operatorname{Ker} T_{A-z} \leqslant \dim \operatorname{Ker} T_A$，$\operatorname{Ind} T_A = \operatorname{Ind} T_{A-z}$，于是知当$\| T_z \| < \varepsilon$时，$\operatorname{Ker} T_{A-z} = \operatorname{Ker} d^0(A-z) \oplus (H \ominus \operatorname{Im} d^1(A-z)) = \{0\}$，$\operatorname{Im} T_{A-z} = \operatorname{Im} d^0(A-z) \oplus \operatorname{Im} d^{1*}(A-z)$闭。$\dim(H_1 \ominus \operatorname{Im} T_{A-z}) = \dim(\operatorname{Ker} d'(A-z) \ominus \operatorname{Im} d^0(A-z)) = \dim(H_1 \ominus \operatorname{Im} T_A) \neq 0$。这说明$z \in \sigma_m(A)$。因为$T_z$关于$z$是连续的，故存在$\delta > 0$，当$\| z \| < \delta$时$\| T_z \| < \varepsilon$。因此，$V_0 \subset \sigma_m(A)$，即$\sigma_m(A)$是一个开集。

推论 4.3 设$A = (A_1, A_2) \subset L(H)$是交换算子对，则$S_p(A)$的边界$\operatorname{Bd}(S_p(A)) \subset \sigma_\pi(A) \cup \sigma_\delta(A)$。

证 由于$\sigma_m(A)$是开集，且$\sigma_m(A) \subset S_p(A)$故$\operatorname{Bd}(S_p(A)) \cap \sigma_m(A) = \varnothing$，从而有$\operatorname{Bd}(S_p(A)) \subset \sigma_\pi(A) \cup \sigma_\delta(A)$。证毕。

下面的定理是关于紧摄动的。

定理 4.4 设$A = (A_1, A_2)$，$B = (B_1, B_2) \subset L(H)$都是交换算子对，$K_i = B_i - A_i$，$i = 1, 2$，是紧算子，若$0 \in S_p(A) \backslash S_p(B)$，则$0 \overline{\in} \sigma_m(A)$。

证 由于$T_B - T_A = T_k$是紧算子，于是$\operatorname{Ind} T_A = \operatorname{Ind} T_B = \dim \operatorname{Ker} T_A - \dim(H_1 \ominus \operatorname{Im} T_A) = 0$。但$0 \in S_p(A)$，$A$是Fredholm，故$\operatorname{Ker} T_A = \operatorname{Ker} d^0 \oplus (H \ominus \operatorname{Im} d') \neq \{0\}$，即$0 \in \sigma_\pi(A) \cup \sigma_\delta(A)$，$0 \overline{\in} \sigma_m(A)$。证毕。

$n \geqslant 3$时，混合谱较复杂，上面两个定理也不成立。

定义 4.5 设$A = (A_1, \cdots, A_n)$是交换算子组。

$\sigma_m(A) = \{z \in \sigma_m(A)$：$d_{2k}(A-z)$，$k \geqslant 0$都可逆，或者$d_{2k+1}(A-z)$，$k \geqslant 0$都可逆$\}$；

$\sigma_{m_2}(A) = \{z \in \sigma_m(A)$：存在$i \geqslant 0$，使$d^2(A-z)$，$d^{i+1}(A-z)$都不可逆$\}$；

σ_m称为混合Ⅰ型谱，σ_{m_2}称为混合Ⅱ型谱，显然有

$$\sigma_m = \sigma_{m_1} \cup \sigma_{m_2}, \quad \sigma_{m_1} \cap \sigma_{m_2} = \phi。$$

交换算子对只有混合Ⅰ型谱。

定理 4.6 $\sigma_{m_1}(A)$是开集。

证 若$z \in \sigma_{m_1}(A)$，则$A - z$是半Fredholm，且有$d^0(A-z)$，$d_n(A-z)$可逆，$\operatorname{Ker} T_{A-z} = \{0\}$，或者$H_1 \ominus \operatorname{Im} T_{A-z} = \{0\}$。不妨设$\operatorname{Ker} T_{A-z} = \{0\}$。对$T_{A-z}$，$d^0(A-z)$，$d^n(A-z)$应用Kato[91]定理Ⅳ.5.16，由$T_{A-z}$，$d^0(A-z)$，$d^n(A-z)$关于$z$连续知存在$\delta > 0$，使当$\| z' - z \| < \delta$时，$T_{A-z'}$仍为半Fredholm，$d^0(A-z')$，$d^n(A-z')$仍可逆，并且$\dim \operatorname{Ker} T_{A-z'} \leqslant \dim \operatorname{Ker} T_{A-z'} = 0$，$\operatorname{Ind} T_{A-z'} = \operatorname{Ind} T_{A-z}$，于是得到$\operatorname{Ker} T_{A-z} =$

$\{0\}$，$H_1 \ominus \mathrm{Im}\, T_{A-z} \neq \{0\}$。因此$V_0 = \{z' \in \boldsymbol{C}^n : \| z - z' \| < \delta\} \subset \sigma_{m_1}(A)$，$\sigma_{m_1}(A)$是开集。证毕。

推论 4.7 设$A = (A_1, \cdots, A_n)$是交换算子组，则有

$$\mathrm{Bd}(S_p(A)) \subset \sigma_\pi(A) \cup \sigma_\delta(A) \cup \sigma_{m_2}(A)。$$

定理 4.8 设$A = (A_1, \cdots, A_n)$，$B = (B_1, \cdots, B_n)$是交换算子组，$B_i - A_i = k_i$，$i = 1, \cdots, n$，都是紧算子，如果$0 \in S_p(A) \backslash S_p(B)$，则$0 \overline{\in} \sigma_{m_1}(A)$。

证 由于$T_B - T_A = T_k$是紧算子，故$\mathrm{Ind}\, T_A = \mathrm{Ind}\, T_B = 0$。但是$0 \in S_p(A)$，因此$\mathrm{Ker}\, T_A = \bigoplus_{K \geqslant 0} (\mathrm{Ker}\, d^{2k} \ominus \mathrm{Im}\, d^{2k-1}) \neq \{0\} H_1 \ominus \mathrm{Im}\, T_A = \oplus (\mathrm{Ker}\, d^{2k+1} \ominus \mathrm{Im}\, d^{2k}) \neq \{0\}$，即$0 \overline{\in} \sigma_{m_1}(A)$。证毕。

§5 有限重联合特征值的稳定性

有限重数的联合特征值在联合谱中也占有一定的地位。因为对于交换紧算子组$K = (K_1, \cdots, K_n)$，由定理 2.2 可知，除去$(0, \cdots, 0)$外，$S_p(K)$都是有限重特征值。这节的主要目的是讨论有限重特征值的稳定性。

首先对有限维空间上的算子组加以考察，然后将这些结果移植到 Banach 空间上去。

设A是有限维空间X上的线性变换，$\dim X = N$。A的特征多项式$\det(A - \lambda) = f(\lambda) = (\lambda - \lambda_1)^{r_1} \cdots (\lambda - \lambda_s)^{r_s}$。则$X = V_1 \oplus V_2 \oplus \cdots \oplus V_s$。其中$V_i = \{\xi \in X : (A - \lambda_i)^{r_i} \xi = 0\}$。通常称$V_i$为$A$的根子空间，并且$V_i$是$A$的不变子空间。

设$A = (A_1, \cdots, A_n)$是X上的交换算子组，对每个A_i，X有相应的分解$X = \bigoplus_{k=1}^{S_i} V_k^j$。由于$A_i A_j = A_j A_i$，因此$\{V_k^i\}_{i,k}$是每个$A_j$的不变子空间。这里$V_k^i = \{\xi \in X : (A_i - \lambda_k^i)^{r_{ik}} \xi = 0\}$。

令$V_{k_1 \cdots k_n} = V_{k_1}^1 \cap \cdots \cap V_{k_n}^n$，$1 \leqslant k_i \leqslant s_i$。

则$V_{k_1 \cdots k_n}$是$A = (A_1, \cdots, A_n)$的不变子空间，并且$X = \bigoplus_{1 \leqslant k_i \leqslant S_i} V_{k_1 \cdots k_n}$（注意：$V_{k_1 \cdots k_n}$可能为$\{0\}$）。

引理 5.1 $V_{k_1 \cdots k_n} \neq \{0\}$的充分必要条件是$(\lambda_{k_1}^1, \cdots, \lambda_{k_n}^n)$是$A$的联合特征值。

证 充分性是显然的，必要性的证明只要利用$A = (A_1, \cdots, A_n)$的交换性。

定义 5.2 若$V_{k_1 \cdots k_n} \neq \{0\}$，则称$V_{k_1 \cdots k_n}$为$A$的联合特征值$(\lambda_{k_1}^1, \cdots, \lambda_{k_n}^n)$的根子空间。$\dim V_{k_1 \cdots k_n}$称为$(\lambda_{k_1}^1, \cdots, \lambda_{k_n}^n)$的代数重数。

下面所提到的重数都是指代数重数。

对交换算子组$A = (A_1, \cdots, A_n)$，X可分解成A的根子空间的直和$X = \oplus V_i$，但若$A = (A_1, \cdots, A_n)$不是交换的，我们前面已看到A可能没有联合特征值。

现设$A(x) = (A_1(x), \cdots, A_n(x))$，$A_i(x) \subset L(X)$，$X$是有限维空间，$x \in D_0 \subset$

$\boldsymbol{C}$，D_0 是连通开集，对每个 $x \in D_0$，$A(x)$ 是交换算子组，且 $A_i(\cdot)$ 在 D_0 中解析，为方便起见，不妨 $0 \in D_0$，$A(0)=A=(A_1, \cdots, A_n)$。

设 $\lambda=(\lambda_1, \cdots, \lambda_n)$ 是 A 的联合特征值，重数为 $m \leqslant N=\dim X$。取多面体域 $V=U_1 \times \cdots \times U_n$，使 U_i 分离 λ_i 与 $S_p(A_i) \backslash \{\lambda\}$。从而 V 仅包含 A 的联合特征值 λ，$S_p(A)/\{\lambda\} \cap \overline{V}=\phi$。另取一开集 V_1，使 $V \cup V_1 \supset S_p(A)$，但 $\overline{V}_1 \cap \overline{V}=\varnothing$，于是特征函数 $\chi_V(z)$ 是 $V \cup V_1$ 上解析函数。在 U_i 中取一闭围线 Γ_i，使 λ_i 落在 Γ_i 的内部，$\lambda_i \in \operatorname{int} \Gamma_i$，由于 $A_i(x)$ 解析，故存在 $\delta>0$，当 $|x|<\delta$ 时，$A_i(x)$ 在 Γ_i 上可逆。于是

$$
\begin{aligned}
\chi_V(A(x))\xi &= \frac{1}{(2\pi i)^n}\int R_{A(x)-z}\chi_V(z)\xi dz_1 \wedge \cdots \wedge dz_n \\
&= \left(\frac{1}{2\pi i}\right)^n \int_V R_{A(x)-z}\xi dz_1 \wedge \cdots \wedge dz_n \\
&= \left(\frac{1}{2\pi i}\right)^n \int_{\Gamma_1} \cdots \int_{\Gamma_n} \prod_{i=1}^n (A_i(x)-z_i)^{-1}\xi dz_1 \cdots dz_n。
\end{aligned}
$$

因此当 $|x|<\delta$ 时，$P(x)=\chi_V(A(x))$ 关于 x 解析。由于 $P(x)$ 是投影算子，故 $\dim P(x)=\dim P(0)$。

根据 Taylor [113] 中定理 4.9 的证明知 $S_p(A|_{(P(0)X)}=\{\lambda\} S_p(A|_{(I-P(0)X)}=S_p(A)\backslash\{\lambda\})$。由此可得 $P(0)$ 是 A 关于 λ 的根子空间，$\dim P(0)=m$（$P(0)$ 称为 λ 的特征投影）。

总结上面结果得出了

定理 5.3 设 $A(x)=(A_1(x), \cdots, A_n(x))$ 是解析交换算子值函数组，$x \in D_0 \subset \boldsymbol{C}$。对 $x_0 \in D_0$，λ 是 $A(x_0)$ 的任一联合特征值 $P(x_0)$ 是 λ 的特征投影。V 是分离 λ 与 $S_p(A(x_0))\backslash\{\lambda\})$ 的多面体域，则存在 $\delta>0$，当 $|x-x_0|<\delta$，$x \in D_0$ 时，$\dim P(x)=\dim P(x_0)$，并且 $P(x)$ 解析。

这个定理说明，当 $|x-x_0|<\delta$ 时，$A(x)$ 在 V 中特征值的总重数与 λ 的重数相等，但我们并不知道 $A(x)$ 在 V 中的特征值个数究竟是多少。对于单个解析函数（算子值）$T(x)$，Kato [91] 中证明了，$T(x)$ 在区域 D_0 中解析，则 $T(x)$ 的特征值的个数除 D_0 中有限个点外（这种点被称为例外点），不依赖于 x 的变化，而是一个常数 s。对于交换算子组，这个性质同样存在。

定理 5.4 设 $A(x)=(A_1(x), \cdots, A_n(x))$ 是区域 D_0 中解析的交换算子值函数组，如果 $D \subset D_0$ 是不含 $A(x)$ 的例外点的单连通区域，则 $A(x)$ 的特征值的个数在 D 中是一常数 s，并且可用在 D 中解析的 s 个单值函数来表示这些特征值（x 称为 $A(x)$ 的例外点，如果 x 是某个 $A_i(x)$ 的例外点）。

证 只需证明对于任何 $x \in D$，存在 x 的邻域 Vx，使对一切 $y \in Vx$，$A(y)$ 特征值的个数等于 $A(x)$ 的特征值的个数。从而由有限覆盖定理及 D 的连通性得，$A(x)$ 在 D 中特征值的个数是一常数 s。

设 $x=0\in D$，对 0 证明上述性质。0 不是 $A_i(x)$ 的例外点。

由单个算子的解析稳定性，为 $A=(A_1, \cdots, A_n)$ 的任一特征值 $\mu_i=(\lambda_1^i, \cdots, \lambda_n^i)$ 可取多圆域 $V_i=V_1^i\times\cdots\times V_n^i$，使 V_k^i 分离 λ_k^i 与 $S_p(A_k)\backslash\{\lambda_k^i\}$。对每个 k，存在 $\delta_k^i>0$，当 $|x|<\delta_k^i$ 时，$A_k(x)$ 在 V_k^i 中仅有一个特征值 $\lambda_k^i(x)$；又 $P_i(x)=\left(\frac{1}{2\pi i}\right)^n\int_{V_i}R_{A(x)-z}dz_1\wedge\cdots\wedge dz_n$ 在 $|x|<\varepsilon_i$ 中连续。取 $\delta_i=\min\{\varepsilon_i, \delta_1^i, \cdots, \delta_n^i\}$，则当 $|x|<\delta_i$ 时，$\dim P_i(x)=\dim P_i(0)=\mu_i$ 的重数 $\neq 0$。因此根据联合谱的投影性质，$A(x)$ 在 V_i 中只有一个联合特征值，且重数与 μ_i 的重数相同。由于 $A(x)$ 的特征值的总重数为 $N=\dim X$，取 $\delta=\min\{\delta_1, \cdots, \delta_n\}$，当 $|x|<\delta$ 时，$A(x)$ 的特征值个数等于 $A(0)$ 特征值的个数。

在上面的证明中可以看到，对于 A 的一个特征值 μ_i，当 $|x|<\delta_i$ 时，$A(x)$ 在 V_i 中只有一个联合特征值 $\mu_i(\lambda)=(\lambda_1^i(x), \cdots, \lambda_n^i(x))$。而 $\lambda_k^i(x)$ 根据单个解析算子的性质是解析的，因此在 $x=0$ 的一个邻域中 $A(x)$ 的 s 个联合特征值可由 s 个在此邻域中解析的函数组来表示。由解析函数的唯一性，得到 D 中 $A(x)$ 的特征值可用 s 个解析函数组来表示。

下面讨论连续性和可微性。仍设 X 是有限维空间。

定义 5.5 设 $A(x)=(A_1(x), \cdots, A_n(x))$ 是交换算子值函数组，x 在区域 D_0 中变化，若任给 $A(0)=A$ 的特征值 λ 及 λ 的一个邻域 V_λ，V_λ 分离 λ 与 $S_p(A)/\{\lambda\}$，存在 $\delta>0$，当 $|x|<\delta$ 时，$A(x)$ 在 V_λ 中特征值的总重数等于 λ 的总重数，则称 $A(x)$ 的特征值 $\lambda(x)$ 在 $x=0$ 连续。

为精确刻画连续性，仿造单个算子的情形，引进一个度量，为此，考虑 $A(x)$ 的重复特征值，即如果 λ 是 A 的 m 重特征值，则将 λ 看作 A 的 m 个特征值，这样 A 的联合特征值个数与 X 的维数相等，都为 N。

对 $\boldsymbol{C}^n$ 中的无序 N 一组。$s=\{\lambda_i\}_{i=1}^N$，$s'=\{\lambda'_i\}_{i=1}^N$，$\lambda_i$，$\lambda'_i\in\boldsymbol{C}^n$。

$$\text{令 } \operatorname{dist}(s, s')=\min\max_{1\leqslant i\leqslant N}\|\lambda'_i-\lambda_i\|, \tag{5.1}$$

其中 min 是对 s 的所有不同的排列取的。$\|\lambda'_i-\lambda_i\|$ 是 $\boldsymbol{C}^n$ 中的范数。易证(5.1)定义了一个距离。

定理 5.6 设 $A(x)=(A_1(x), \cdots, A_n(x))$ 是交换算子值函数组，$A(x)$ 在 $x=0$ 连续，用 $S(x)$ 表示 $A(x)$ 的 N 个重复特征值的无序组，则当 $x\to 0$ 时，$S(x)$ 按(5.1)定义的距离趋于 0。

注：可以看出 $A(0)$ 的每个联合特征值按定义 5.5 连续与 $S(x)$ 按(5.1)连续是等价的。

现证定理 5.6。只须证 $A(0)$ 的每个特征值按定义 5.5 连续。设 λ 是 $A(0)$ 的任一特征值，取 λ 的邻域 V，V 分离 λ 与 $S_p(A)\backslash\{\lambda\}$。固定 x，$A_i(x)-z_i-f_i(x, z)$ 关于 z 解析，并且 $f_i(x, z)$ 关于 (x, z) 连续，因此

$$P(x)\xi=\left(\frac{1}{2\pi i}\right)^{n}\int_{V}R_{A(x)-z}\xi dz_{1}\wedge\cdots\wedge dz_{n}$$

关于 x 连续。由于 X 是有限维的，故 $P(x)$关于 x 连续。从而，$\dim P(x)=\dim P(0)$，当 $|x|<\delta$ 时。因此 $A(x)$ 的特征值 $\lambda(x)$ 在 $x=0$ 连续。

从 Kato [91]定理Ⅱ.5.2 得

命题 5.7 设 $S(x)$是 $\boldsymbol{C}^{n}$ 中的无序 N -组，$S(x)$在区间 $I\subset R^{1}$ 中按(5.1) 式定义的距离连续，则存在 N 个单值连续函数组 $\mu_{i}(x)=(\lambda_{1}^{i}(x),\cdots\lambda_{n}^{i}(x))$，使对每个 $x\in I$，$S(x)$ 可用$\{\mu_{i}(x)\}_{i=1}^{N}$ 来表示。

推论 5.8 设 $A(x)=(A_{1}(x),\cdots,A_{n}(x))$ 是区间 $I\subset\boldsymbol{R}^{1}$ 中连续的交换算子函数组，那么存在 $N=\dim X$ 个连续函数组$\{\mu_{i}(x)\}_{i=1}^{N}$，$\mu_{k}(x)=(\lambda_{1}^{k}(x)\cdots,\lambda_{n}^{k}(x))$ 使对每个 $x\in I$，$A(x)$ 的 N 个重复特征值 $S(x)$ 可用$\{\mu_{k}(x)_{k=1}^{N}\}$ 来表示。

注 实际上，联合特征值的连续性可以不考虑参变数 x，而直接将 A 的 N 个重复特征值 S 看成为 A 的函数 $S(A)$。同样可以证明 $S(A)$是 A 的连续函数。

仿照单个算子，可以定义联合特征值及其特征投影的可微性，也可将 Kato [91]定理Ⅱ.5.6 推广到算子组。

现设 X 是 Banach 空间，$A(x)=(A_{1}(x),\cdots,A_{n}(x))$ 是定义在区域 D 中的交换算子值函数组。设 $A(x)$ 在 $x=0$ 解析，则有

命题 5.9 证 $S_{p}(x)=S_{p}(A(x))$，如果 $S_{p}(x)$分离成两部分，则相应的 z 空间关于 x 解析。

证 设 $S_{p}(0)$分离成 $\sigma'(0)$、$\sigma''(0)$。则存在不交开集 V'，V''使 $\sigma'(0)\subset V'$，$\sigma''(0)\subset V''$。由联合谱的上半连续性，知存在 $\delta>0$，当 $|x|<\delta$ 时，$S_{p}(x)$ 也分离成两部分 $\sigma'(x)$，$\sigma''(x)$，分别包含在 V'，V'' 中。故当 $|x|<\delta$ 时，$X=M'(x)+M''(x)$，满足 $S_{p}(A(x)|_{M'(x)})=\sigma'(x)$，$S_{p}(A(x)|_{M''(x)})=\sigma''(x)$，而

$$P(x)\xi=\left(\frac{1}{2\pi i}\right)^{n}\int_{V'}R_{A(x)-z}\xi dz_{1}\wedge\cdots\wedge dz_{n},$$

据 Taylor[113]第三章，$P(x)\xi$ 关于 x 解析。$P(x)$是 X 沿 $M''(x)$到 $M'(x)$的投影，所以 $M'(x)=P(x)X$ 解析。同理 $M''(x)$也解析。

根据这个命题 $P(x)$解析。由 Kato [91]第二章 §4.2 及第七章 §1.3，存在 $U(x)\in L(X)$，$U(x)$，$U^{-1}(x)$ 都解析，使得 $U(x)$：$M'(0)\to M'(x)$，$P(x)=U(x)P(0)U^{-1}(x)$。令

$$\begin{aligned}\widetilde{A}(x)&=U^{-1}(x)A(x)U(x)\\&=(U^{-1}(x)A_{1}(x)U(x),\cdots,U^{-1}(x)A_{n}(x)U(x)),\end{aligned}$$

$\widetilde{A}(x)$仍为解析交换，并且 $P(0)$与 $A(x)$可交换。这样 $A(x)|M'(0)$有意义。由于 $\widetilde{A}(x)P(0)=U^{-1}(x)A(x)P(x)U(x)$，得到 $A(x)|_{M'(x)}$与$\widetilde{A}(x)|_{M'(0)}$相似，它们的特征

值相同，特征向量有关系：若 f 是$\widetilde{A}(x)|_{M'(0)}$的相应于特征值 λ 的特征向量，则 $U(x)f$ 是$A(x)|_{M'(x)}$ 的相应于特征值 λ 的特征向量。

$\widetilde{A}(x)$与 $A(x)$相似，因此它们的联合谱相同，$A(x)$的谱可分离成二部分 $\sigma'(x)$，$\sigma''(x)$，X 有相应的分离 $X=M'(0)+M''(0)$。

设$\sigma'(0)$仅包含有限个有限重数的联合特征值，则 $\dim M'(0)<\infty$，$\dim M'(x)=\dim M'(0)$。

下面我们给出两个定理，它们的证明是设法归结为有限维空间 $M'(0)$上的问题，因此可引用前面的结果，具体证明不再赘述了。

定理 5.10 设 X 是 Banach 空间，$A(x)=(A_1(x),\cdots,A_n(x))$ 是在 $x=0$ 解析的交换算子值函数组。则 $A(x)$ 的任何有限个有限重数的孤立联合特征值都可用若干组解析函数的分支来表示(由于是解析函数的分支，可能有有限个代数奇点，如果用定理 5.4 的表达方式，应该说在 $x=0$ 的一个不包含 $A(x)|_{M'(0)}$的例外点的单连通邻域中，可用若干组解析函数来表示)。

定理 5.11 若 $A(x)=(A_1(x),\cdots,A_n(x))$ 是在 $x=0$ 连续的交换算子值函数组，则 $A(x)$ 的任何有限个有限重数的孤立联合特征值作为重复特征值的无序组在 $x=0$ 连续。

第十三章　具有谱容量的交换闭算子组

关于多个可分解算子组的谱理论，首先由 Frunza [77]等开始。本章我们主要考虑具有谱容量的交换闭算子组，其中要用到很多有关有界的可分解算子组的结论，为节省篇幅，我们都不加证明地引用。有关可分解算子组的谱理论，国内还有邹承祖、刘光禄等人有过出色的工作，读者可参考有关文献阅读([8]、[3]、[4])。

§1　交换闭算子组的算子演算

Eschmeier, J. 在[73]中定义了交换的闭算子组的 Taylor 联合谱。设 X 是 Banach 空间，$T_1, \cdots, T_n$ 是 X 上的闭算子。对每个 i，存在 $\xi_i \in \rho(T_i)$，记 $A_i=(\xi_i-T_i)^{-1}$。若 $A=(A_1, \cdots, A_n)$ 是交换的算子组，则称 $T=(T_1, \cdots, T_n)$ 是交换的闭算子组。而

$$S_p(T)=\left\{\left(\xi_1-\frac{1}{z_1}, \cdots, \xi_n-\frac{1}{z_n}\right): (z_1, \cdots, z_n) \in S_p(A)\right\}。$$

由于无界算子组的有关记号比较繁复，我们引进几个简写符号。

若 $(i)=\{i_1, \cdots, i_n\} \subset \{1, \cdots, n\}$，$\tau=(t_1, \cdots, t_n)$ 是 n 个不定元，用 $t_{(i)}$ 表示 $t_{i_1} \wedge \cdots \wedge t_{i_n}$。$D_{(i)}=\bigcap \{D_{j_1 \cdots j_k}$：对任意$\{j_1, \cdots, j_k\} \cap (i)=\varnothing\}$，其中 $D_{j_1 \cdots j_k}$ 表示 $T_{j_1} \cdots T_{j_k}$ 的定义域。$D_{J_p}=\{\sum x_{(i)} t_{(i)}: x_{(i)} \in D_{(i)}, |(i)|=p\}$。$J_p$ 是从 D_{J_p} 到 $D_{J_{p+1}}$ 的映射：$\sum x_{(i)} t_{(i)} \to \sum\limits_{(i)} \sum T_j x_{(i)} t_j \wedge t_{(i)}$。

设 U 是 $\hat{\boldsymbol{C}}^n=\hat{\boldsymbol{C}} \times \cdots \times \hat{\boldsymbol{C}}$ 中的开集($\hat{\boldsymbol{C}}=\boldsymbol{C} \cup \{\infty\}$)，我们定义：

(1) $\hat{\mathscr{U}}(U, X)=\{f: f \in \mathscr{U}(U, D_{(i)})$，且对任意$\{j_1, \cdots, j_k\} \cap (i)=\varnothing$，则有 $z_{j_1} \cdots z_{j_k} f(z) \in \mathscr{U}(U, D_{(i)})$ 以及 $T_{j_1} \cdots T_{j_k} z_{j_1} \cdots z_{j_k} f(z) \in \mathscr{U}(U, X)\}$

$$\Lambda^p[\tau, \hat{\mathscr{U}}(U, X)]=\{\sum f_{(i)} t_{(i)}: f(i) \in \hat{\mathscr{U}}(U, X), |(i)|=p\},$$
$$p=0, \cdots, n。$$

(2) $\hat{C}^{\infty}_{(i)(j)}(U, X)=\{f: f \in C^{\infty}(U, D_{(i)})$，且对任意$\{j_1, \cdots, j_h\} \cap (i) \neq \varnothing$，$\{i_1, \cdots, i_k\} \subset (i)$，则有 $z_{i_1} \cdots z_{i_k} \quad \bar{z}^2_{j_1} \cdots \bar{z}^2_{j_h} \in C^{\infty}(U, D_{(i)})$ 以及 $T_{i_1} \cdots T_{i_k} z_{i_1} \cdots z_{i_k} \bar{z}^2_{j_1} \cdots \bar{z}^2_{j_h} f(z) \in C^{\infty}(U, X)\}$

$$\Lambda^p[\tau \cup d\bar{z}, C^{\infty}(U, X)]=\{\sum f_{(i)(j)} t_{(i)} \wedge d\bar{z}_{(j)}:$$
$$f_{(i)(j)} \in C^{\infty}_{(i)(j)}(U, X), |(i)|+|(j)|=p\}, p=0, \cdots, 2n。$$

J_p 亦可表示 $\Lambda^p[\tau, \hat{\mathscr{U}}(U, X)]$ 到 $\Lambda^{p+1}[\tau, \hat{\mathscr{U}}(U, X)]$ 的映射，$\sum f_{(i)}t_{(i)} \to \sum_{(i)}\sum_{j}(z_j - T_j)f_{(i)}(z)t_j \wedge t_{(i)}$。$J_p \oplus \bar{\partial}$ 是 $\wedge_p[\tau \cup d\bar{z}, \hat{C}^{\infty}(0, X)]$ 到 $\Lambda^p[\tau \cup d\bar{z}, \hat{C}^{\infty}(0, X)]$ 内的映射：

$$(J_p \oplus \bar{\partial})\sum f_{(i)(j)}t_{(i)} \wedge \overline{dz}_{(j)}$$
$$= \sum_{(i)(j)}\sum_{k}(z_k - T_k)f_{(i)(j)}t_k \wedge t_{(i)} \wedge \overline{dz}_{(j)}$$
$$+ \sum_{(i)(j)}\sum_{k}\frac{\partial}{\partial \bar{z}_k}f_{(i)(j)}d\overline{z_k} \wedge t_{(i)} \wedge \overline{dz}_{(j)}。$$

若 U 是 $\hat{\boldsymbol{C}}^n$ 中开集，$\xi_i \in \rho(T_i) \cap \boldsymbol{C}$，$i = 1, \cdots, n$。我们用 $\frac{1}{\xi - U}$ 表示集合 $\left\{\left(\frac{1}{\xi_1 - z_1}, \cdots, \frac{1}{\xi_n - z_n}\right): z = (z_1, \cdots, z_n) \in U\right\}$。

定理 1.1 设 $T = (T_1, \cdots, T_n)$ 是交换闭算子组，$\xi_1 \in \rho(T_i)$，$A_i = (\xi_i - T_i)^{-1}$，$A = (A_1, \cdots, A_n)$，则下列图可交换：

$$\begin{array}{ccccccc}
0 \to \Lambda^0[\tau, \hat{\mu}(U, X)] & \xrightarrow{\tau_0} & \Lambda^1[\tau, \hat{\mu}(U, X)] & \to \cdots \xrightarrow{J_{n-1}} & \Lambda^n[\tau, \hat{\mu}(U, X)] \to 0 \\
\downarrow u_0 & & \downarrow u_1 & & \downarrow u_n \\
0 \to \Lambda^0[\sigma, \hat{\mu}(V, X)] & \xrightarrow{\alpha_0} & \Lambda^1[\sigma, \hat{\mu}(V, X)] & \to \cdots \xrightarrow{\alpha_{n-1}} & \Lambda^n[\sigma, \hat{\mu}(V, X)] \to 0
\end{array}$$

其中 $V = \frac{1}{\xi - U}$，U_p 是 $\Lambda^p[\tau, \hat{\mathscr{U}}(U, X)]$ 到 $\Lambda^p[\sigma, \mathscr{U}(V, X)]$ 上的同构；对任意 $f_{(i)}t_{(i)} \in \Lambda^p[\tau, \hat{\mathscr{U}}(U, X)]$，$U_p(f_{(i)}t_{(i)})_{(\lambda)} = \prod_{j \in (i)}\left(\frac{T_j - \xi_j}{\lambda_j}\right)f_{(i)}\left(\xi - \frac{1}{\lambda}\right)S_i$。因此，若记 $H^p[\hat{\mathscr{U}}(U, X), T] = \operatorname{Ker} J_p / \operatorname{Im} J_{p-1}$，则 $H^p[\mathscr{U}(U, X), J] \cong H^p[\mathscr{U}(V, X), \alpha]$，$p = 0, 1, \cdots, n$。

定理 1.2 T 和 A 如定理 1.1 则

$$\begin{array}{ccc}
0 \to \Lambda^0[\tau \cup \overline{dz}, C^{\infty}(U, X)] & \xrightarrow{J \oplus \bar{\partial}} \cdots \to & \Lambda^{2n}[\tau \cup \overline{dz}, C^{\infty}(V, X)] \to 0 \\
\downarrow w_0 & & \downarrow w_{2n} \\
0 \to \Lambda^0[\sigma \cup \overline{d\lambda}, C^{\infty}(V, X)] & \xrightarrow{\alpha \oplus \bar{\partial}} \cdots \to & \Lambda^{3n}[\sigma \cup \overline{d\lambda}, C^{\infty}(V, X)] \to 0
\end{array}$$

其中 w_p 是 $\Lambda^p[\tau \cup \overline{dz}, C^{\infty}(U, X)]$ 到 $\Lambda^p[\sigma \cup \overline{d\lambda}, C^{\infty}(V, X)]$ 上的同构：对任意 $f_{(i)(j)}t_{(i)} \wedge \overline{dz}_{(j)} \in \Lambda^p[\tau \cup \overline{dz}, C^{\infty}(U, X)]$，$w_p f_{(i)(j)}t_{(i)} \wedge \overline{dz}_j = (-1)^{|(j)|} \prod_{k \in (i)}\left(\frac{T_k - \xi_k}{\lambda_k}\right)\prod_{k \in (j)}\frac{1}{\bar{\lambda}_h^2}f_{(i)(j)}\left(\xi - \frac{1}{\lambda}\right)S_{(i)} \wedge \overline{d\lambda}_{(j)}$，因此，若记 $H^p[C(U, X), J \oplus \bar{\partial}] = \operatorname{Ker}(J_p \oplus \bar{\partial}) / \operatorname{Im}(J_p \oplus \bar{\partial})$，则有

$$H^p[C(U, X), J \oplus \bar{\partial}] \cong H^p[C(V, X), \alpha \oplus \bar{\partial}], \ p=0, \cdots, 2n。$$

定理 1.1 和 1.2 的证明可以直接进行计算得到，略去。

设 U 是 $\boldsymbol{C}^n$ 中的开集，$z \in U$，用 $O^p\{(z), X\}$ 表示在 z 上次数为 p 的解析型的芽的全体，$O^p(U, X)$ 表示在 U 上次数为 p 的解析型的芽的全体。类似定义 $B^p(\{z\}, X)$ 为在 z 上次数为 p 的光滑型的芽的集合，$B^p(U, X)$ 为在 U 上次数为 p 的光滑型的芽层。以自然的方式，有 $O^p(\{z\}, X)(B^p(\{z\}, X))$ 到 $O^{p+1}(\{z\}, X)$，$B^{p+1}(\{z\}, X)$ 的映射 $J_p(J_p \oplus \bar{\partial})$，定义 $H^p[C^\infty(\{z\}, X), J] = \mathrm{Ker}\, J_p / \mathrm{Im}\, J_{p-1}$，$H^p[\boldsymbol{C}^*(\{z\}, X), J \oplus \bar{\partial}] = \mathrm{Ker}\,(J_p \oplus \bar{\partial}) / \mathrm{Im}(J_{p-1}, \bar{\partial})$。由定理 1.2 得下列推论：

推论 1.3 对任意 $z \in \boldsymbol{C}^n$ 和 $\lambda = \dfrac{1}{\xi - z}$，$H^p[\mathcal{U}(\{z\}, X), J] \cong H^p[\mathcal{U}(\{\lambda\}, X), \alpha]$，$0 \leqslant p \leqslant n$；$H^p[C^\infty(\{z\}, X), J \oplus \bar{\partial}] \cong H^p[C^\infty(\{\lambda_i\}, X), \alpha \oplus \bar{\partial}]$。

推论 1.4 对任意 $z \in \rho(T)$，$H^p[\mathcal{U}(\{z\}, X), J] = 0$，$p=0, \cdots, n$；$H^p[C^\infty(\{z\}, X), J \oplus \bar{\partial}] = 0$，$p=0, \cdots, 2n$。

证 若 $z \in \rho(T)$，可选 $\xi_1 \in \rho(T_i)$ 但 $\xi_i \neq z_i$，$i=1, \cdots, n$。则$=\dfrac{1}{\xi - z} \in \rho(T) \cap \boldsymbol{C}^n$，于是 $H^p[\hat{\mathcal{U}}(\{z\}, X), J] \cong H^p[\mathcal{U}(\{\lambda_j\}, X), \alpha] = 0$。类似可证 $H^p[C^\infty(\{z\}, X), J \oplus \bar{\partial}] = 0$。证毕。

命题 1.5 对任意开集 $U \subset \rho(T)$，下列正合。

$$0 \to \Lambda^0[\tau \cup \overline{dz}, C^\infty(U, X)] \to \cdots \to \Lambda^{2n}[\tau \cup \overline{dz}, C^\infty(U, X)] \to 0。$$

证 设 $\psi \in \Lambda^p[\tau \cup \overline{dz}, C^\infty(U, X)]$，$(\psi)_z$ 是层 B^p 的截面，因(U, X)是强层，而 $H^p[C^\infty(\{z\}, X), J \oplus \bar{\partial}] = 0$ 对任 $z \in U$ 成立，是由[94]命题 6.3.2 和 6.3.6，上述序列是正合的。证毕。

推论 1.6 若 f 是在 $S_p(T)$的某邻域解析的函数，则对任意 $x \in X$，存在 $\psi \in \Lambda^{n-1}[\tau \cup \overline{dz}, C^\infty(V, X)]$ $(V = U \cap \rho(T))$，使 $xt_1 \wedge \cdots \wedge t_n = (J \oplus \bar{\partial})\psi$。特别有 $\psi \in \Lambda^{n-1}[\tau \cup \overline{dz}, C^\infty(\rho(T), X)]$ 使 $xt_1 \wedge \cdots \wedge t_n = (J \oplus \bar{\partial})\psi$。

证 由定义验证 $\wedge\, f(z)xt_1 \wedge \cdots \wedge t_n \in \Lambda^n[\tau \cup \overline{dz}, C^\infty(V, X)]$ 且 $(J \oplus \bar{\partial})(f(z)xt_1 \wedge \cdots \wedge t_n) = 0$，于是直接可由命题 1.5 得到。证毕。

我们将定义“单值延拓性”，在叙述定义之前，我们需要以下引理，如[94]引理 2.1。

为方便起见，记 $\Lambda_q^p[\tau \cup \overline{dz}, C^\infty(U, X)] = \{\sum f_{(i)(j)} t_{(i)} \wedge \overline{dz}_{(j)};\ |(i)| + |(j)| = p,\ |(i)| = q\}$。

引理 1.7 设 D 是 $\boldsymbol{C}^n$ 中多圆柱，则对任 k，$0 \leqslant k \leqslant n$，下列正合

$$0 \to \Lambda^k[\tau, \mathcal{U}(D, X)] \xrightarrow{i} \Lambda_k^k[\tau \cup \overline{dz}, C^\infty(D, X)] \xrightarrow{\bar{\partial}} \cdots \xrightarrow{\bar{\partial}} \Lambda^{k+n}[\tau \cup z, C^\infty(D, X)] \to 0$$

其中 i 为嵌入映射。

证 先证 $k=0$ 的情况。

不失一般性,我们设 D 的中心为(0, …, 0)。我们证明类似[94]定理5.8.1、5.8.2,但稍微复杂一些。证明分下面几步:

(1) 对任意相对紧多圆柱 $D'\subset D$,若 $\psi\in\Lambda_0^{p+1}[\tau\cup\overline{dz}, C^\infty(D, X)]$ 且 $\bar\partial\psi=0$,则必有 $\varphi\in\Lambda_0^p[\tau\cup\overline{dz}, C^\infty(U, X)]$,使 $\partial\bar\varphi=\psi$ 在 D' 上成立,这里 U 是 $\overline{D'}$ 的某领域。这部分用归纳法来证明。假设归纳的第 $k-1$ 步证明是对的,即若 ψ 不含 $\overline{dz_k}$, …, $\overline{dz_n}$ 时结论是成立的。设 ψ 不含 $\overline{dz_{k+1}}$, …, $\overline{dz_n}$。则 $\psi=\overline{dz_k}\wedge g+h$,其中 g, h 与 $\overline{dz_k}$, …, $\overline{dz_n}$ 无关。设 $g=\sum g_i\overline{dz_i}$。令

$$G_i=\frac{1}{2\pi i}\int(t-z_k)^{-1}\theta(t)g_i(z_1, \cdots, t\cdots, z_n)dt\,\overline{dz},$$

其中 $\theta(t)$ 是有紧支集的标量函数。由于 $g_i\in\hat{C}_{(i)}^\infty(D, X)$ 则对任意 $\{j_1, \cdots, j_k\}\subset\{1, \cdots, n\}$, $T_{j_1}\cdots T_{j_k}g_k\in C^\infty(D, X)$,于是 $G_i\in C^\infty(D, D_0)$ 且 $T_{j_1}\cdots T_{j_k}G_i\in C^\infty(D, X)$。这样由定义 $G=\sum G_i\wedge\overline{dz_i}\in\Lambda_0^{p+1}[\tau\cup\overline{dz}, C^\infty(D, X)]$。验证可知 $\psi-\partial\bar G$ 与 $\overline{dz_k}$, …, $\overline{dz_n}$ 无关,于是有 φ_1,使 $\partial\bar\varphi_1=\psi-\partial\bar G=$ 在 U 上成立。设 $\varphi=\varphi_1+g$,则 $\partial\bar\varphi=\psi$ 在 U 上成立。

(2) 对 $p=0$,选 $\{D_j\}_{j=1}^\infty$, D_j 在 D 中相对紧且与 D 有相同的中心,满足 $\bar D_j\subset D_{j+1}$, $\bigcup\limits_{j=1}^\infty D_j=D$。我们构造 $\{\varphi_j\}\subset\Lambda^0[\tau, \mathscr{U}(D, X)]$ 满足:

(a) $\partial\bar\varphi_j=\psi$ 在 $\bar D_j$ 的某一邻域上成立, $j=1, \cdots$;

(b) $\|\varphi_{j+1}-\varphi_j\|_{\bar D_j}\leqslant\frac{1}{2^j}$,其中 $\|\varphi_{j+1}-\varphi_j\|=\max\limits_{z\in D_j}\|\varphi_{j+1}(z)-\varphi_j(z)\|$;

(c) 对任意 $\{j_1, \cdots, j_k\}\subset\{1, \cdots, n\}$,

$$\|T_{j_1}\cdots T_{j_k}(\varphi_{j+1}-\varphi_j)\|_{\bar D_j}\ \frac{1}{2^j}。$$

设 φ_1, …, φ_k 满足上述条件,由第1步,我们得到 φ'_{k+1},使得 $\partial\bar\varphi'_{k+1}=\psi$ 在 $\bar D_{k+1}$ 的某邻域中成立。取 $\varphi'_{k+1}-\varphi_k$ 以及 $T_{j_1}\cdots T_{j_k}(\varphi'_{k+1}-\varphi_k)$ 的 Taylor 展开,可得多项式 p,其系数在 D_0 内,使 $\|\varphi'_{k+1}-\varphi-p\|_{D_k}<\frac{1}{2^k}$, $\|T_{j_1}\cdots T_{j_k}(\varphi'_{k+1}-\varphi_k-p)\|_{D_k}<\frac{1}{2^k}$ 对任意 $\{j_1, \cdots, j_k\}\subset\{1, \cdots, n\}$ 成立。

设 $\varphi_{k+1}=\varphi'_{k+1}-p$。这样 $\{\varphi_j\}_{j=1}^\infty$ 和 $\{T_{j_1}\cdots T_{j_k}\varphi_j\}_{j=1}^\infty$ 在 $\bar D_k$ 上一致收敛。令 $\varphi=\lim\varphi_j$,则 $\varphi\in\Lambda^0[\tau, \mathscr{U}(D, X)]$ 且 $\partial\bar\varphi=\psi$。

(3) $p\geqslant 1$ 的情况证明同[94]定理5.8.2。注意到 $\{\varphi_j\}$ 满足条件 $\varphi_{k+1}|_{\bar D_k}=\varphi_k$,因此 $\varphi|_{D_k}=\varphi_k$,故 $\varphi\in\Lambda_0^p[\tau\cup\overline{dz}, C^\infty(D, X)]$。

现假设 $k \geqslant 0$。$\psi \in \Lambda_k^{k+p+1}[\tau \cup \overline{dz}, C^\infty(D, X)]$。假设 $\psi = \sum f_{(i)(j)} t_{(i)} \wedge \overline{dz}_{(j)}$，则 $\bar{\partial}\psi = 0$ 等同于对任意(i)，$\bar{\partial}\left(\sum_{(j)} f_{(i)(j)} \overline{dz}_j\right) = 0$。同样我们可构造 $\sum g_{(i)(j)} \overline{dz}_{(j)}$ 使得 $g_{(i)(j)} \in C^\infty(D, D_i)$，且对任意$\{j_1, \cdots, j_k\} \cap (i) = \phi$，就有 $T_{j_1} \cdots T_{j_k} g_{(i)(j)} \in C^\infty(D, X)$，$\bar{\partial}\left(\sum_{(j)} g_{(i)(j)} \overline{dz}_{(j)}\right) = \sum_{(j)} f_{(i)(j)} \overline{dz}_j$。令 $\varphi_{(i)} = \sum_{(j)} g_{(i)(j)} \overline{dz}_j$，$\varphi = \sum \varphi_{(i)} \wedge t_{(i)}$，则 $\varphi \in \Lambda_k^{k+p}[\tau \cup \overline{dz}, C^\infty(D, X)]$，且$\partial\bar{\varphi} = \sum \partial\bar{\varphi}_{(1)} = \psi$。证毕。

若 $D = D_1 \times \cdots \times D_n$ 是$\hat{\boldsymbol{C}}^n$ 中开多圆柱，其中 $D_i = \{z : |z - b_i| < r_i\}$ 或 $D_i = \{z : |z| > r_i\}$。用D' 表示$\boldsymbol{C}^n$ 中多圆柱$D_1' \times \cdots \times D_n'$，其中 $D_i \subset \boldsymbol{C}$，则 $D_i' = D_i$，否则 $D_i' = \frac{1}{D_i}$。

引理 1.8 若 D 是 $\hat{\boldsymbol{C}}^n$ 中多圆柱，则引理 1.7 中序列正合。

证 不妨设 $D_i = \{z : |z| > r_i\}(i > k)$，而 $D_i \subset C(i \leqslant k)$。定义映射 δ_p：$\wedge_k^{k+p}[\tau \cup \overline{dz}, C^\infty(D, X)] \to \Lambda_k^{k+p}[\tau \cup d\bar{\lambda}, C^\infty(D', X)]$，$\delta_p f_{(i)(j)} \overline{dz}_{(j)} \wedge t_{(i)} = \prod_{q \in (i)/(1;\cdots;R)} \frac{1}{\lambda_q^2} f^*_{(i)(j)} \overline{d\lambda}_{(j)} \wedge t_{(i)}$，其中

$$f^*_{(i)(j)}(\lambda) = f\left(\lambda_1, \cdots, \lambda_k, \frac{1}{\lambda_k}, \cdots, \frac{1}{\lambda_n}\right)。$$

$$\delta_* : \Lambda^k[\tau, \mathscr{U}(D, X)] \to \Lambda^k[\tau, \mathscr{U}(D', X)],$$

$\delta_* f_{(i)} t_{(i)} = f^*_{(i)} t_{(i)}$。易验证下图可换：

$$\begin{array}{ccccccc}
0 \to \Lambda^n[\tau, \mathscr{U}(D, X)] & \xrightarrow{i} & \Lambda_k^k[\tau \cup \overline{dz}, C^\infty(D, X)] & \to \cdots \to & \Lambda_k^{k+n}[\tau \cup \overline{dz}, C^\infty(D, X)] \to 0 \\
\downarrow \delta_n & & \downarrow \delta_1 & & \downarrow \delta_n \\
0 \to \Lambda^n[\tau, \mathscr{U}(D', X)] & \xrightarrow{i} & \Lambda_k^k[\tau \cup \overline{dz}, C^\infty(D', X)] & \to \cdots \to & \Lambda_k^{k+n}[\tau \cup \overline{dz}, C^\infty(D', X)] \to 0
\end{array}$$

于是，由引理 1.7 得引理 1.8。

定义 1.9 设 $T = (T_1, \cdots, T_n)$ 是交换闭算子组，若对任意 $z \in \hat{\boldsymbol{C}}^n$，$H^p[\mathscr{U}(\{z\}, X), J] = 0$，$1 \leqslant p \leqslant n-1$，则称 T 具有单值延拓性(SVEP)。

定义 1.10 设 $T = (T_1, \cdots, T_n)$ 是交换的闭算子组，则下列条件等价：

(1) $H^p[\mathscr{U}(\{z\}, X), J] = 0$，对任意 $z \in \hat{\boldsymbol{C}}^n$，$p = 0, \cdots, n-1$；

(2) $H^p[C^\infty(\{z\}, X), J \oplus \bar{\partial}] = 0$，对任意 $z \in \hat{\boldsymbol{C}}^n$，$p = 0, 1, \cdots, n-1$；

(3) $H^p[C^\infty(U, X), J \oplus \bar{\partial}] = 0$，对任意开集 $U \subset \hat{\boldsymbol{C}}^n$，$p = 0, \cdots, n-1$；

(4) $H^p[\mathscr{U}(D, X), J] = 0$，对任意$\hat{\boldsymbol{C}}^n$ 中多圆柱 D，$p = 0, 1, \cdots, n-1$。

证 (1)$\Leftrightarrow$(2)：由引理 1.7、1.8，用[76]命题 2.1 的同样方法可得。

(2)$\Rightarrow$(3)：由假定 $0 \to B^0(\{z\}, X) \to B'(\{z\}, X) \to \cdots \to B^n(\{z\}, X)$ 是正合的。由[92] 推论 6.3.3 和 6.3.4，$0 \to \Lambda^0[\tau \cup \overline{dz}, C^\infty(U, X)] \to \cdots \to \Lambda^n[\tau \cup \overline{dz}, C^\infty(U, X)]$ 正合，即 $H^p[C^\infty(U, X), J \oplus \bar{\partial}] = 0$，$p = 0, \cdots, n-1$。

(3)$\Rightarrow$(4)：若 $\varphi \in \Lambda^p[\tau, \mathscr{U}(D, X)]$ 且 $J_p\varphi = 0$，则$(J_p \oplus \varphi) = 0$，因此有 $\psi \in \Lambda^{p-1}[\tau \cup$

$\overline{dz}$, $C^{\infty}(V, X)$]使$(J_{p-1} \oplus \bar{\partial})\psi = \varphi$。用[72]命题2.1方法可知有$\xi \in \Lambda^{p-1}[\tau, \mathscr{U}(D, X)]$,使$J\xi = \varphi$。

(4)⇒(1):显然。证毕。

命题 1.11 设$T = (T_1, \cdots, T_n)$是交换的闭算子组,$\xi_i \in \rho(T_i) \cap \boldsymbol{C}$, $A_i = (\xi_i - T_i)^{-1}$, $i = 1, \cdots, n$。$A = (A_1, \cdots, A_n)$。则T具有SVEP的充要条件是A具有SVEP。

证 对任意$\lambda \overline{\in} \boldsymbol{C}^n$,则$\lambda \in \rho(A)$(此时也把$A$看作闭算子组),因此$H^p[\mathscr{U}(\{\lambda\}, X), \alpha] = 0$, $p = 0, 1, \cdots, n$成立。当$\lambda \in \boldsymbol{C}^n$时,由命题1.3,$H^p[\mathscr{U}(\{\lambda\}, X), \alpha] \cong H^p[\mathscr{U}(\{z\}, X), J]$可得。证毕。

定义 1.12 设$T = (T_1, \cdots, T_n)$具有SVEP,则任意$x \in X$,局部谱$\sigma(T, x)$定义为$\rho(T, x) = \bigcup \{U \subset \boldsymbol{C}^n$:存在$\psi \in \Lambda^{n-1}[\tau \cup \overline{dz}, C^{\infty}(U, X)]$使$xt_1 \wedge \cdots \wedge t_n = (J \oplus \bar{\partial})\psi\}$的余集。

命题 1.13 T和A如命题1.9,则$\sigma(T, x) = \xi - \dfrac{1}{\sigma(A, x)}$, $\prod_i(\sigma(T, x)) = \sigma(T_i, x)$对任意$i$成立。这里$\pi_i$是$\boldsymbol{C}^n$中对第$i$个坐标投影。

证 直接从定义和定理1.2以及[73]推论2.2得到。证毕。

在[73]中,Eschmeier定义了交换闭算子组的解析演算。若f在$S_p(T)$的邻域解析,则f_ξ在$S_p(A)$邻域上解析$\left(f_\xi(\lambda) = f\left(\xi - \dfrac{1}{\lambda}\right)\right)$。于是$f(T)$定义为$f_j(A)$。我们试图直接定义算子演算。

设$\boldsymbol{C}^{\xi_i} = \boldsymbol{C} \backslash \{\xi_i\}$, $\boldsymbol{C}^n_\xi = \boldsymbol{C}_{\xi_1} \times \cdots \times \boldsymbol{C}_{\xi_n}$,则$\boldsymbol{C}^n_\xi$是局部紧空间。注意到若用$\boldsymbol{C}^n_\xi$中紧集代替$\boldsymbol{C}^n$中紧集,则[113]引理3.3,3.4都是成立的。因此,若f在$S_p(T)$的邻域U上解析(可假定$U \subset \boldsymbol{C}^n_\xi$),则存在$x \in \Lambda^n[\tau \cup \overline{dz}, C^{\infty}_\xi(U, \lambda)]$使$f(z)xt_1 \wedge \cdots \wedge t_n - \chi = (J \oplus \bar{\partial})\psi$,这里$C^{\infty}_\xi(U, X)$表示在$\boldsymbol{C}^n_\xi$中有紧支集的型。设$\pi$是使$\chi$只保留$\overline{dz_1} \wedge \cdots \wedge \overline{dz_n}$的,而$T_\xi(z) = \prod_{i=1}^{n}\left(\dfrac{\xi_i - T_i}{\xi_i - z_i}\right)$,定义$R_{z-T}f(z)x = (-1)^n \pi\chi$,则可证明

$f(T)x = \left(\dfrac{1}{2\pi i}\right)^n \int T_\xi(z) R_{z-T} f(z) x dz_1 \wedge \cdots \wedge dz_n$是可积的,而$f \to f(T)$是满足谱映照定理的代数同态。由于[113]定理2.2、2.4,只需证明

$$f_\xi(A)x = \left(\frac{1}{2\pi i}\right)^n \int T_\xi(z) R_{z-T} f(z) x dz_1 \wedge \cdots \wedge dz_n。$$

定理 1.14 设$T = (T_1, \cdots, T_n)$是交换的闭算子组,A如命题1.9。f在$S_p(T)$的邻域U上解析,则对任意$x \in X$, $f_\xi(A)x = \left(\dfrac{1}{2\pi i}\right)^n \int_U T_\xi(z) R_{z-T} f(z) x dz_1 \wedge \cdots \wedge dz_n$。

证 用定理1.2,等式 $f(z)xt_1\wedge\cdots\wedge t_n-\chi=(J\oplus\bar{\partial})\psi$ 成为 $w_n(f(z)xt_1\wedge\cdots\wedge t_n)-w_n\chi=(\partial\oplus\bar{\partial})(w_n-\psi)$,即 $f_\xi(\lambda)xS_1\wedge\cdots\wedge S_n-w_n\chi=(\alpha\oplus\bar{\partial})(\omega_{n-1}-\psi)$。由定义 $R_{\lambda-A}f_\xi(\lambda)x=(-1)^n\pi\omega_n\chi=(-1)^n\omega_n\pi x_0$,令 $\chi=x_1+h\overline{dz_1}\wedge\cdots\wedge\overline{dz_n}$,则 $w_n\pi\chi=\prod_{i=1}^{n}\left(\frac{\xi_i-T_i}{\lambda_i}\right)\prod_{i=1}^{n}\frac{1}{\lambda_i^2}h\left(\xi-\frac{1}{\lambda}\right)\overline{d\lambda_1}\wedge\cdots\wedge\overline{d\lambda_n}$,

$$\text{因此},f_\xi(A)x=\left(\frac{1}{2\pi i}\right)\int_{U\xi}(-1)^n\prod_{i=1}^{n}\left(\frac{\xi_i-T_i}{\lambda_i}\right)\prod_{i=1}\frac{1}{\lambda_i^2}h\left(\xi-\frac{1}{\lambda}\right)\overline{d\lambda_1}\wedge\cdots\wedge\overline{d\lambda_n}\wedge\overline{d\lambda_1}\wedge\cdots\wedge\overline{d\lambda_n}$$

$$=\left(\frac{1}{2\pi i}\right)^n\int_U(-1)^n\prod_{i=1}^{n}\left(\frac{\xi_i-T_i}{\xi_i-z_i}\right)h(z)\overline{dz_1}\wedge\cdots\wedge\overline{dz_n}\wedge\overline{dz_1}\wedge\cdots\wedge\overline{dz_n}$$

$$=\left(\frac{1}{2\pi i}\right)^n\int_U T_\xi(z)R_{z-T}f(z)xdz_1\wedge\cdots\wedge dz_n\text{。}$$ 证毕。

记 $\mathrm{Inv}(T)=\{Y:Y$ 是 X 的闭子空间,且 $T_i(Y\cap DT_i)\subset Y,\rho(T_i\mid Y)\neq\varnothing,i=1,\cdots,n\}$;$R(T)=\{Y:Y\in\mathrm{Inv}(T)$,且 $\rho(T_i)\cap\rho(T_i\mid Y)\neq\phi\}$。

推论1.15 设 $Y\in R(T)$,U 是 $S_p(T)\cup S_p(T\mid Y)$ 的邻域。若 f_k 在 U 上解析,$k=1,\cdots,m$,$f(T)=(f_1(T),\cdots,f_m(T))$,则 $Y\in\mathrm{Inv}(f(T))$,并且 $f(T\mid Y)=f(T)\mid Y$。特别若 $\xi_i\in\rho(T_i)$,$A_i=(\xi_i-T_i)^{-1}$,则 $Y\in\mathrm{Inv}(A)$ 且 $A\mid Y=((\xi_1-T\mid_Y)^{-1},\cdots,(\xi_n-T_n\mid Y)^{-1})$。

证 对任意 $\xi_i\in\rho(T_i)\cap\rho(T_i\mid Y)$ 和 $y\in Y$,

$$f_k(T\mid_Y)y=\left(\frac{1}{2\pi i}\right)^n\int T_\xi(z)R_{z-T\mid Y}f_k(z)ydz_1\wedge\cdots\wedge dz_n$$

$$=\left(\frac{1}{2\pi i}\right)^n\int T_\xi R_{z-T}f_k(z)y\overline{dz_1}\wedge\cdots\wedge\overline{dz_n}\wedge dz_1\wedge\cdots dz_n$$

$$=f_k(Y)y\text{。}$$

因此 $f_k(T)y\in Y$,且 $f_k(T)y=f_k(T\mid Y)y$。证毕。

若 T 具有SVEP,我们也可以定义在局部谱上的解析演算。若 f 在 $\sigma(T,X)$ 的邻域 U 上解析,则必有 $x\in\Lambda^n[\tau\cup\overline{dz},C_\xi^\infty(U,X)]$ 使 $f(z)xt_1\wedge\cdots\wedge t_n-\chi=(J\oplus\bar{\partial})\psi$ 在 U 上成立。我们定义 $f_T(x)=\left(\frac{1}{2\pi i}\right)^n\int T_\xi(z)(-1)^n\pi\chi dz_1\wedge\cdots\wedge dz_n$。[70]中结果全部可推广到 n 个闭算子的情况,特别当 f 在 $S_p(T)$ 的邻域解析时,则有 $f(T)x=f_T(x)$。由于证明类同,我们略去详细的证明。我们有如下的命题。

命题1.16 设 $T=(T_1,\cdots,T_n)$ 具有SVEP,若对 $x\in X$,$\sigma(T,x)$ 在 $\mathbf{C}^n$ 中紧,则 $x\in\bigcap_{i=1}^{n}D_{T_i}$,且 $f(T)x=\left(\frac{1}{2\pi i}\right)^n\int R_{z-T}f(z)xdz_1\wedge\cdots\wedge dz_n$ 对任意在 $S_p(T)$ 的邻域解析的函数 f 成立。

证 因$\sigma(z)=\prod_{i=1}^{n}(\xi_i-z_i)$在$\sigma(T,x)$的某相对紧邻域$U$上解析，于是存在$\chi$，具有紧支集，使$f(z)xt_1\wedge\cdots\wedge t_n-\chi=(J\oplus\bar{\partial})\psi$。因此$g(z)f(z)t_1\wedge\cdots\wedge t_n-g(z)\chi=(J\oplus\bar{\partial})g(z)\psi$。结果

$$
\begin{aligned}
&\left(\frac{1}{2\pi i}\right)^n\int R_{z-T}f(z)xdz_1\wedge\cdots\wedge dz_n\\
&=\left(\frac{1}{2\pi i}\right)^n\int(-1)^n\pi\chi dz_1\wedge\cdots\wedge dz_n\\
&=\prod_{i=1}^{n}A_i\left[\left(\frac{1}{2\pi i}\right)^n\int T_\xi(z)\pi g(z)\chi dz_1\wedge\cdots\wedge dz_n\right]\\
&=\prod_{i=1}^{n}A_i(fg)_T(x)\\
&=\prod_{i=1}^{n}A_if(T)\prod_{i=1}^{n}(\xi_i-T_i)x\\
&=f(T)x\text{。}
\end{aligned}
$$

因此$x=(hg)_T(x)=h_T(g_T(x))=\prod_{i=1}^{n}A_i[g_T(x)]$，即$x\in\bigcap_{i=1}^{n}D_{T_i}$且$\prod_{i=1}^{n}(\xi_i-T_i)x=g_T(x)$。证毕。

§2 具有谱容量的闭算子组

引理 2.1 设$T=(T_1,\cdots,T_n)$是交换闭算子组，$X=X_1+X_2$，$X_j\in R(T)$，$j=1,2$。对任意$\xi_i\in\rho(T_i)\cap\rho(T_i\mid X_1)$，$\xi=(\xi_1,\cdots,\xi_n)$，$U\subset\boldsymbol{C}_\xi^n$，则必有

(1) 对任意$\varphi\in\Lambda^p[\tau,\mathscr{U}(U,X)]$可写成$\varphi=\varphi_1+\varphi_2$，其中$\varphi_j\in\Lambda^p[\tau\cup\overline{dz},\mathscr{U}(U,X_j)]$，$j=1,2$。

(2) 对任意$\psi\in\Lambda^p[\tau\cup\overline{dz},C^\infty(U,X)]$可写成$\psi_1+\psi_2$，其中$\psi_j\in\Lambda^p[\tau\cup\overline{dz},C^\infty(U,X_j)]$，$j=1,2$。

证 (1) 另证$\rho(T_i)\cap\rho(T_i\mid X_1)\subset\rho(T_i\mid X_2)$，因而$\xi_i\in\rho(T_i\mid X_2)$若$\varphi\in\Lambda^p[\tau,\mathscr{U}(U,X)]$，则由定理1.1得$u_p\varphi\in\Lambda^p[\alpha,\mathscr{U}(V,X)]$，其中$V=\frac{1}{\xi-U}$。因$X_j\in\mathrm{Inv}(A)$（推论1,15），而$A$是有界的，这样$u_p\varphi=\varphi_1^*+\varphi_2^*$，其中$\varphi_j^*\in\Lambda^p[\alpha,\mathscr{U}(V,X)]$，$j=1,2$。因此$\varphi=u_p^{-1}\varphi_1^*+u_p^{-1}\varphi_2^*$，易验证$u_p^{-1}\varphi_j^*\in\Lambda^p[\tau,\mathscr{U}(U,X_j)]$，于是令$\varphi_j=u_p^{-1}\varphi_j^*$就可以了。

(2) 用同样方法可得。证毕。

引理 2.2 设$T=(T_1,\cdots,T_n)$是交换的闭算子组，$Y\in R(T)$，对任意$\xi_i\in\rho(T_i)\cap$

$\rho(T_i \mid Y)$, $\xi=(\xi_1, \cdots, \xi_n)$, $U \subset \boldsymbol{C}_\xi^n$，则有

(1) 任意 $\tilde{f} \in \Lambda^p[\lambda, \mathscr{U}(U, X/Y)]$ 可写成 $\tilde{f}=f/Y$，其中 $f \in \Lambda^p[\tau, \mathscr{U}(U, X)]$。

(2) 任意 $\tilde{g} \in \Lambda^p[\tau \cup \overline{dz}, C^\infty(U, X)]$ 可写成 $\tilde{g}=g/Y$，其中 $g \in \Lambda^p[\tau \cup \overline{dz}, C^\infty(U, X)]$。

证 T_i^Y 是 X/Y 上的闭算子，且 $S_p(T_i^Y) \subset S_p(T_i) \cap S_p(T_i \mid Y)$，因此 $\xi_i \in \rho(T_i) \cap \rho(T_i \mid Y) \subset \rho(T_i \mid Y) \subset \rho(T_i^Y)$，且 $(\xi_i - T_i^Y)^{-1}=A_i^Y$，其中 $A_i=(\xi_i-T_i)^{-1}$。若 $\tilde{f} \in \Lambda^p[\tau, \mathscr{U}(U, X/Y)]$，则 $u_p\tilde{f} \in \Lambda^p[\sigma, \mathscr{U}(V, X/Y)]$。由推论 1.15，$Y \in \operatorname{Inv}(A)$，因此有 $f^* \in \Lambda^p[\sigma, U(V, X)]$ 使 $f^*/Y=u_p\tilde{f}$。令 $f=u_p^{-1}f^*$，则 $f \in \Lambda^p[\tau, \mathscr{U}(V, X)]$ 且 $f/Y=\tilde{f}$。同样可得(2)。证毕。

引理 2.3 设 $T=(T_1, \cdots, T_n)$ 是交换的闭算子组，则

(1) 若 $X=X_1+X_2$, $X_j \in R(T)$, $j=1, 2$，则对任意 $x \in D_{(i)}$, $(i) \subset \{1, \cdots, n\}$, x 可写成 $x=x_1+x_2$，其中 $x_j \in X_j \cap D_{(i)}$, $j=1, 2$。

(2) 若 $Y \in R(T)$, $\tilde{D}_{(i)}=\bigcap\{\tilde{D}_{j_1\cdots j_K}: \{j_1\cdots j_k\} \cap (i)=\varnothing\}$，其中 $\tilde{D}_{j_1\cdots j_k}$ 为 $T_{j_1}^Y\cdots T_{j_k}^Y$ 的定义域，则任意，$\tilde{x} \in \tilde{D}_{(i)}$, $\tilde{x}=x/Y$，其中 $x \in D_{(i)}$。

证 (1) 选 $\xi_i \in \rho(T_i) \cap \rho(T_i \mid X_1) \cap \rho(T_i \mid X_2)$, $i=1, \cdots, n$。若 $x \in D_{(i)}$，则 $\prod\limits_{j\in(i)}(\xi_j-T_j)x=x_1^*+x_2^*$，其中 $x_j^* \in X_j$, $j=1, 2$。因此 $x=\prod\limits_{j\in(i)}A_jx_1^*+\prod\limits_{j\in(i)}A_jx_2^*$。由于 $x_1, x_2 \in R(T) \subset \operatorname{Inv}(A)$，则有 $x_1=\prod\limits_{j\in(i)}A_jx_1^* \in X_1 \cap D_{(i)}$。同样 $x_2=\prod\limits_{j\in(i)}A_jx_2^* \in x_2 \cap D_{(i)}$，而 $x=x_1+x_2$。

(2) 选 $\xi_i \in \rho(T_i) \cap \rho(T_i \mid Y)$，则 $\xi_i \in \rho(T_i^Y)$, $(\xi_i-T_i^X)^{-1}=A_i^Y$。若 $\tilde{x} \in \tilde{D}_{(i)}$，则 $\prod\limits_{j\in(i)}(\xi_j-T_j)^Y\tilde{x} \in X/Y$，故有 $x^* \in X$，使 $X^*/Y=\prod\limits_{j\in(i)}(\xi_j-T_j)^Y\tilde{x}$。设 $x=\prod\limits_{j\in(i)}A_ix^*$，则 $x \in D(i)$，且 $x/Y=\tilde{x}$。证毕。

定义 2.4 设 $T=(T_1, \cdots, T_n)$ 是交换的闭算子组，若存在从 $\hat{\boldsymbol{C}}^n$ 中闭子集全体 $\mathscr{F}(\hat{\boldsymbol{C}}^n)$ 到 $\operatorname{Inv}(T)$ 的映射 ε，满足

(1) $\varepsilon(\phi)=\{0\}$, $\varepsilon(\hat{\boldsymbol{C}}^n)=X$；

(2) 对任意 $\{F_i\} \subset \mathscr{F}(\hat{\boldsymbol{C}}^n)$, $\varepsilon\left(\bigcap\limits_{j=1}^{\infty}F_j\right)=\bigcap\limits_{j=1}^{\infty}\varepsilon(F_j)$,

(3) 对任意 $\hat{\boldsymbol{C}}^n$ 的有限开覆盖 $\{G_j\}_{j=1}^m$，则 $X=\sum\limits_{j=1}^m\varepsilon(\bar{G}_j)$，则称 T 具有谱容量 ε。

命题 2.5 若 $T=(T_1, \cdots, T_n)$ 具有谱容量 ε，则对任意 $F \in \mathscr{F}(\boldsymbol{C}^n)$，下列结论成立。

(1) $S_p(T \mid \varepsilon(F)) \subset S_p(T)$；

(2) $S_p(T_i \mid \varepsilon(F)) \subset S_p(T_i)$, $i=1, \cdots, n$；

(3) $\varepsilon(F) \in R(T)$。

证 设 $z \overline{\in} S_p(T)$，则有开集 D 和 D_1，使 $z \in D$, $D \cup D_1=\hat{\boldsymbol{C}}^n$，而 $\bar{D} \cap S_p(T)=\varnothing$。于是 $X=\varepsilon(\bar{D})+\varepsilon(\bar{D}_1)$。对任意 $x \in \varepsilon(\bar{D})$，存在 $\psi \in \Lambda^{n-1}[\tau \cup \overline{dz}, C^\infty(U, \varepsilon(\bar{D}))]$ 使

$xt_1 \wedge \cdots \wedge t_n=(J \oplus \bar{\partial})\psi$，其中 $U=\hat{\boldsymbol{C}}^n/\bar{D} \supset S_p(T)$。由定义 $R_{z-T}x=0$，因此 $x=0$。由 x 的任意性得 $\varepsilon(\bar{D})=\{0\}$，而 $X=\varepsilon(\bar{D}_1)$。于是 $S_p(T \mid \varepsilon(F))=S_p(T \mid \varepsilon(F) \cap \varepsilon(\bar{D}_1))=S_p(T \mid \varepsilon(F \cap \bar{D}_1)) \subset \bar{D}_1$，得 $z \overline{\in} S_p(T \mid \varepsilon(F))$。又由 z 的任意性得，$S_p(T \mid \varepsilon(F)) \subset S_p(T)$。而且，$S_p(T_i \mid \varepsilon(F))=\pi_i S_p(T \mid \varepsilon(F)) \subset \pi_i S_p(T)=S_p(T_i)$，$\rho(T_i) \cap \rho(T_i \mid \varepsilon(F))=\rho(T_i) \neq \phi$，因此(1)、(2)、(3)均成立。证毕。

命题 2.6 $T=(T_1, \cdots, T_n)$ 具有谱容量 ε，则 $\operatorname{Supp}\varepsilon=S_p(T)$。

证 若 $F \in \mathscr{F}(\hat{\boldsymbol{C}}^n)$ 且 $\varepsilon(F)=X$，则 $S_p(T)=S_p(T \mid \varepsilon(F)) \subset F$，因此 $S_p(T) \subset \operatorname{Supp}\varepsilon$。另一方面，由命题2.5证明可知若 $z \overline{\in} S_p(T)$，则存在 D 使 $z \in D$ 而 $\varepsilon(\bar{D})=\{0\}$，因而 $z \overline{\in} \operatorname{Supp}\varepsilon$。证毕。

定理 2.7 设 $T=(T_1, \cdots, T_n)$ 具有谱容量 ε。f_j 是 $S_p(T)$ 上的解析函数，$j=1, \cdots, m$。则 $f(T)=(f_1(T), \cdots, f_m(T))$ 是[77]定义3.1意义下可分解的。$f(T)$的谱容量 ε^* 由等式

$$\varepsilon^*(F)=\varepsilon(f^{-1}(F) \cap S_p(T))\text{ 唯一确定。}$$

证 若 $F \in \mathscr{F}(\boldsymbol{C}^m)$，令 $\varepsilon^*(F)=\varepsilon(f^{-1}(F) \cap S_p(T))$，则有

(1) $\varepsilon^*(\phi)=\{0\}$，$\varepsilon^*(\boldsymbol{C}^m)=\varepsilon(f^{-1}(\boldsymbol{C}^m) \cap S_p(T))=\varepsilon(S_p(T))=X$；

(2) $\varepsilon^*(\bigcap F_i^*)=\varepsilon(f^{-1}(\bigcap F_i) \cap S_p(T))=\varepsilon(\bigcap f^{-1}(F)) \cap S_p(T))=\bigcap \varepsilon^*(F_i)$；

(3) 若 $\{G_j\}_{j=1}^k$ 是 $\boldsymbol{C}^m$ 的开覆盖，则 $S_p(T) \subset \bigcup\limits_{i=j}^k (f^{-1}(\bar{G}_j)) \cap S_p(T))$，则 $\sum\limits_{j=1}^k \varepsilon^*(\bar{G}_j)=\sum\limits_{j=1}^k \varepsilon(f^{-1}(\bar{G}_j) \cap S_p(T)=X$；

(4) 由推论1.15，$\varepsilon^*(F) \in \operatorname{Inv}(f(T))$，并且 $f(T \mid \varepsilon^*(F))=f(T) \mid \varepsilon^*(F)$，因此 $S_p(f(T) \mid \varepsilon^*(F))=S_p(f(T \mid \varepsilon^*(F))=f(S_p(T \mid \varepsilon^*(F))=f(S_p(T \mid \varepsilon(f^{-1}(F) \cap S_p(T)))) \subset f(f^{-1}(F) \cap S_p(T)) \subset F$。

于是 $f(T)$是可分解的，且 ε^* 是 $f(T)$的唯一的谱容量。证毕。

推论 2.8 若 $T=(T_1, \cdots, T_n)$ 具有谱容量，$\xi_j \in S_p(T_j)$，$A_j=(\xi_j-T_j)^{-1}$，$j=1, \cdots, n$，则 $A=(A_1, \cdots, A_n)$ 是可分解的。

推论 2.9 若 $T=(T_1, \cdots, T_n)$ 具有谱容量，则 T 具有SVEP，且 $\varepsilon(F)=\{x: \sigma(T, x) \subset F\}$ 对任意 $F \in \mathscr{F}(\boldsymbol{C}^n)$ 成立。

证 由推论2.8，$A=(A_1, \cdots, A_n)$ 可分解，因此 A 具有SVEP。再由命题1.11可知 T 具有SVEP，而且 $\varepsilon(F)=\varepsilon_A\left(\frac{1}{\xi-F} \cap \boldsymbol{C}^n\right)=\left\{x: \sigma(A, x) \subset \frac{1}{\xi-F}\right\}=\{x: \sigma(T, x) \subset F\}$。

定义 2.10 设 $T=(T_1, \cdots, T_n)$ 是交换闭算子组，而 $Y \in \operatorname{Inv}(T)$。若对任意 $Z \in \operatorname{Inv}(T)$ 满足条件 $S_p(T \mid Z) \subset S_p(T \mid Y)$，就可推得 $Z \subset Y$，则称 Y 为 T 的极大谱子空间。T 的极大谱子空间的全体记为 $\operatorname{SM}(T)$。

命题 2.11 设 $T=(T_1, \cdots, T_n)$ 具有谱容量 ε，则 $Y \in \operatorname{SM}(T)$ 的充要条件是 $Y=$

$\varepsilon(S_p(T\mid Y))$。

证 若 $F\in\mathscr{F}(\boldsymbol{C}^n)$，则 $\varepsilon(F)=X_T(F)=\{x:\sigma(T,x)\subset F\}$。设 $Z\in\mathrm{Inv}(T)$，$\sigma(T\mid Z)\subset S_p(T\mid\varepsilon(F))$，若 $x\in Z$，$x\in X_{T_1Z}(S_p(T\mid Z))\subset X_T(S_p(T\mid Z)=\varepsilon(S_p(T\mid Z))\subset\varepsilon(S_p(T\mid\varepsilon(F))\subset\varepsilon(F)$，因而 $Z\subset\varepsilon(F)$。反之，若 $Y\in S_M(T)$，则由 $S_p(T\mid\varepsilon(S_p(T\mid Y)))\subset S_p(T\mid Y)$ 可知 $\varepsilon(S_p(T\mid Y))\subset Y$。设 $y\in Y$，$Y\in X_T(S_p(T\mid Y))=\varepsilon(S_p(T\mid Y))$，于是 $Y\subset\varepsilon(S_p(T\mid Y))$，这样得到 $Y=\varepsilon(S_p(T\mid Y))$。证毕。

命题 2.12 设 $T=(T_1,\cdots,T_n)$ 具有谱容量 ε，则对任何 $F\in\mathscr{F}(\boldsymbol{C}^n)$，$S_p(T^{\varepsilon(F)})\subset\boldsymbol{C}^n\setminus\mathring{F}$。

证 只要证若 $z_0\in\mathring{F}$，则 $z_0\in\rho(T^{\varepsilon(F)})$。设 $\widetilde{\psi}=\sum x_{(i)}t_{(i)}$，$T_p(z_0)\widetilde{\psi}=0$。由引理 2.3，$\widetilde{x}_{(i)}=x_{(i)}/\varepsilon(F)$，因此，$T_p(z_0)\widetilde{\psi}=\sum\limits_{(i)}\sum\limits_{j}(z_j^0-T_j)x_{(i)}/\varepsilon(F)t_j\wedge t_{(i)}=0$。若 G 是开集。$z_0\in G\subset\overline{G}\subset\mathring{F}$，则 $\boldsymbol{C}^n\setminus\overline{G}$ 和 $\mathring{G}$ 是 $\boldsymbol{C}^n$ 的开覆盖，于是 $X=X_1+X_2$，其中 $X_1=\varepsilon(\boldsymbol{C}^n,G)$，$X_2=\varepsilon(F)$。因 $X_1,X_2\in R(T)$，于是 $x_{(i)}=z_{(i)}+y_{(i)}$，其中，$z_{(i)}\in D_{(i)}\cap X_1$，$y_{(i)}\in D_{(i)}\cap X_2$。令 $\psi_1=\sum z_{(i)}t_{(i)}$，$\psi_2=\sum y_{(i)}t_{(i)}$，$\psi=\psi_1+\psi_2$，则 $J_p(z_0)\psi_1/\varepsilon(F)=J_p(z_0)\psi/\varepsilon(F)=J_p(z_0)\widetilde{\psi}=0$，因而 $\widetilde{\psi}$ 的各系数在 $\varepsilon(F)\cap\varepsilon(\boldsymbol{C}^n/F)=X_1\cap X_2$ 中，即 $J_p(z_0)\psi_1/X_1\cap X_2=0$。令 $\widetilde{T}_j=(T_j\mid X_1)^{X_1\cap X_2}$，$j=1,2,\cdots,n$，$\widetilde{T}=(\widetilde{T}_1,\cdots,\widetilde{T}_n)$，则 $\widetilde{T}$ 是交换的闭算子组。若 S 是 X/X_2 到 $X/X_1\cap X_2$ 内的映射：$x/X_2=(x_1+x_2)/x_2\to x_1/X_1\cap X_2$，则 $T_i^{X_2}=S^{-1}\widetilde{T}_iS$。由[73]定理 2.1，$S_p(T^{X_2})=S_p(\widetilde{T})\subset S_p(T\mid X_1)\cup S_p(T\mid X_1\cap X_2)\subset\boldsymbol{C}^n/G$。因 $z_0\in G$，故 $z_0\overline{\in}S_p(T)$，必有 $\widetilde{\varphi}$ 使 $J_p(z_0)\widetilde{\varphi}=\sum z_{(i)}/X_1\cap X_2t_{(i)}=\psi_1/X_1\cap X_2$。设 $\widetilde{\varphi}=\varphi/X_1\cap X_2$，则 $J_p(z_0)\varphi-\psi_1\in\Lambda^p[\tau(z_0),X_1\cap X_2]$ 并且 $J_p(z_0)\varphi/\varepsilon(F)=\psi_1/\varepsilon(F)=\psi/\varepsilon(F)=\widetilde{\psi}$。最后得到 $z_0\in\rho(T^{\varepsilon(F)})$，于是命题获证。

命题 2.13 设 $T=(T_1,\cdots,T_n)$ 具有谱容量 ε。设 $F\in\mathscr{F}(\boldsymbol{C}^n)$，$\{G_j\}_{j=1}^m$ 是 F 的开覆盖，则 $\varepsilon(F)\subset\sum\limits_{j=1}^m\varepsilon(\overline{G}_j)$。

证 选 $\xi_i\in\rho(T_i)$，令 $A_i=(\xi_i-T_i)^{-1}$，则 $A=(A_1,\cdots,A_n)$ 可分解，且 $\varepsilon_A(F)=\varepsilon\left(\left(\xi-\frac{1}{F}\right)\cap\boldsymbol{C}^n\right)$。由[77]定理，$\varepsilon(F)=\varepsilon_A\left(\left(\xi-\frac{1}{F}\right)\cap\boldsymbol{C}^n\right)\subset\sum\limits_{j=1}^m\varepsilon_A\left(\left(\xi-\frac{1}{G_j}\cap\boldsymbol{C}^n\right)\right)=\sum\limits_{j=1}^m\varepsilon(\overline{G}_j)$。证毕。

命题 2.14 设 $T=(T_1,\cdots,T_n)$ 具有谱容量 ε，则

(1) T_j 具有谱容量 ε_j：$F\to\varepsilon(\boldsymbol{C}\times\cdots\times F\times\cdots\times\boldsymbol{C})$，$j=1,\cdots,n$；

(2) $\varepsilon(F)=\bigcap\left(\sum\limits_{j=1}^m[\varepsilon_1(\overline{D}_{(j)})\times\cdots\times\varepsilon_n(\overline{D}_{nj})]:F\subset\bigcup\limits_{j=1}^m(D_{1j}\times\cdots\times D_{nj})\right)$。

证 (1)是显然的,只要证明(2)好了。

由命题 2.13, $\varepsilon(F)$ 含在等式右边。若 x 属于右边,则 $\sigma(T, x) \subset \bigcap \{\bigcup_{j=1}^{m} D_{1j} \times \cdots \times D_{nj}: \bigcup_{j=1}^{m}(D_{1j} \times \cdots \times D_{nj}) \supset F\} = F$,因此 $x \in \varepsilon(F)$。证毕。

定义 2.15 设 $T=(T_1, \cdots, T_n)$ 是交换的闭算子组。假若对 $\boldsymbol{C}^n$ 的任意开覆盖 $\{G_j\}_{i=1}^{m}$,必有,$X_j \in \operatorname{Inv}(T)$, $j=1, \cdots, m$,使 $X=\sum_{j=1}^{m} X_j$,且 $S_p(T \mid X_j) \subset G_j$,则称 T 具有谱分解性质(SDP)。

定理 2.16 设 $T=(T_1, \cdots, T_n)$ 具有 SDP,则 T 具有 SVEP。

证 只要证明对任意 $z \in \boldsymbol{C}^n$, $H^p[\mathscr{U}(\{z\}, X), J]=0$, $p=0, \cdots, n-1$。设 $z \in U=U_1 \times \cdots \times U_n$, $\psi \in \Lambda^p[\tau, \mathscr{U}(D, X)]$ 且 $J_p\psi=0$。任意取 $\xi_j \in \rho(T_j)$, $j=1, \cdots, n$。若有某 j 使 $z_j=\xi_j$,则 $z=(z_1, \cdots, z_n) \in \rho(T)$,则对任意 p, $H^p[(\{z\}, X)), J]=0$。若对每个 i, $z_i \neq \xi_i$,则有开集 D_i, $D_i' \subset \boldsymbol{C}$,使 $\xi_i \in D_i' \subset \overline{D}_i' \subset \overline{D}_i \subset \overline{D}_i \subset \rho(T_i)$。令 $G_i=\boldsymbol{C} \times \cdots \times D_i \times \cdots \times \boldsymbol{C}$, $G_i'=\boldsymbol{C} \times \cdots D_i' \times \cdots \boldsymbol{C}$, $G=\bigcup_{i=1}^{n} G_i$, $G'=\bigcup_{i=1}^{n} G_i'$。另选非空开集 $V_i \subset \boldsymbol{C}$ 使 $V_i \subset \overline{V}_i \subset U_i$, $V=V_1 \times \cdots \times V_n$,则 $U \backslash \overline{G'}$, $\hat{\boldsymbol{C}}^n \backslash (V \cup \overline{G'})$ 和 $\{G_j\}_{j=1}^{n}$ 是 $\hat{\boldsymbol{C}}^n$ 的开覆盖,于是有 X_1, X_2, Y_j, $j=1, \cdots, n$,使 $S_p(T \mid X_1) \subset U \backslash \overline{G'}$, $S_p(T \mid X_2) \subset \boldsymbol{C}^n / (V \cup \overline{G'})$, $S_p(T \mid Y_j) \subset G_j$, $j=1, \cdots, n$。由谱的投影性质, $S_p(T_j \mid Y_j) \subset D_j$, $j=1, \cdots, n$。因 $D_j \cap S_p(T_j)=\phi$,故 $Y_j=\{0\}$。显然 $\xi_j \overline{\in} \pi_j(U \backslash \overline{G'})$,这样 $\xi_j \in \rho(T_j \mid X_1)$。同样也有 $\xi_j \in \rho(T_j \mid X_2)$。这样 X_1, $X_2 \in R(T)$ 且 $X=X_1+X_2$。事实上,我们还有 $\xi_j \in \rho(T_j \mid X_1 \cap X_2)$。这是因为若 $x \in X_1 \cap X_2$,则有 $y_j \in X_j$, $j=1, 2$,使 $(\xi_j-T_j)y_1=(\xi_j-T_j)y_2=x$,于是 $(\xi_j-T_j)(y_1-y_2)=0$, $y_1=y_2 \in X_1 \cap X_2$,于是 $(\xi_j-T_j) \mid X_1 \cap X_2$ 是满射的,从而 $\xi_j \in \rho(T_j \mid X_1 \cap X_2)$。由命题 2.4 的证明可得 $S_p(T^{X_2}) \subset S_p(T \mid X_1) \cup S_p(T \mid X_1 \cap X_2)$。又有 $S_p(T_j \mid X_1 \cap X_2) \subset U_j$。于是 $S_p(T^{X_2}) \subset U$,从而 $S_p(A_j^{X_2}) \subset \dfrac{1}{\xi_j-U_j}$。$H^p[\mathscr{U}(U, X/X_2), J] \cong H^p[\mathscr{U}(V, X/X_2), \alpha]=0$。因 $J_p\psi/X_2=0$,于是有 $\widetilde{\psi} \in \Lambda^p[\tau, \mathscr{U}(U, X/X_2)]$ 使 $J_{p-1}\widetilde{\varphi}=\psi/X_2$。设 $\varphi/X_2=\widetilde{\varphi}$,则 $\psi^*=\psi-J_{p-1}\varphi \in \bigcap^p[\tau, \mathscr{U}(U, X)]$。因 $S_p(T \mid X_2) \cap V=\phi$,必有 η,使 $\psi^*=J_{p-1}\eta$,于是 $\psi=J_{p-1}(\eta+\varphi)$。$H^p[\mathscr{U}(\{z\}, X), J]=0$ 得证。

定理 2.17 设 $T=(T_1, \cdots, T_n)$ 有 SDP,则对任意 $F \in \mathscr{F}(\boldsymbol{C}^n)$, $X_T(E) \in R(T)$,且对 $\mathbf{C}^n$ 中的紧集 F, $T_i \mid X_T(F)$ 是有界的, $i=1, \cdots, n$。

证 选 $\xi_i \in \rho(T_i)$, $i=1, \cdots, n$。设 $z \overline{\in} F$,则有多圆柱 D, D',使 $z \in D' \subset \overline{D'} \subset D \subset \boldsymbol{C}^n \backslash F$,且 $\rho(T_i)D_i \neq \varnothing$。与定理 2.6 相似,可证有 $X_j \in R(T)$, $j=1, 2$,使 $X=X_1+X_2$,且 $\xi_j \in \rho(T_i \mid X_j)$, $i=1, \cdots, n$, $j=1, 2$, $S_p(T \mid X_1) \subset \boldsymbol{C}^n \backslash \{z\}$, $S_p(T \mid X_1) \subset D'$。对任意 $x \in X_T(F)$, $x=x_1+x_2$, $x_j \in X_j$, $j=1, 2$。令 $U=D \cap (\boldsymbol{C}^n /$

$\overline{D'}$)。因 $x \in X_T(F)$, $F \cap U = \phi$,则有 $\psi^* \in \Lambda^{n-1}[\tau \cup \overline{dz}, C^\infty(U, X)]$ 使 $xt_1 \wedge \cdots \wedge t_n = (J \oplus \bar{\partial})\psi^*$。因 $U \cap S_p(T \mid X_2) = \varnothing$,又有 $\psi_2 \in \Lambda^{n-1}[\tau \cup \overline{dz}, C^\infty(U, X)]$ 使 $x_2 t_1 \wedge \cdots \wedge t_n = (J \oplus \bar{\partial})\psi_2$。令 $\psi_1^* = \psi - \psi_2$,则 $x_1 t_1 \wedge t_2 \cdots \wedge t_n = C^\infty(J \oplus \bar{\partial})\psi_1^*$。又因 $S_p(T^{X_1}) \subset S_p(T \mid X_1) \cup S_p(T \mid X_1 \cap X_2) \subset D'$,则有 $\tilde{\varphi} \in \Lambda^{n-2}[\tau \cup \overline{dz}, C^\infty(U, X/X_1)]$ 使 $\psi_1^*/X_1 = (J \oplus \bar{\partial})\tilde{\varphi}$。由于引理2.3,我们可设 $\tilde{\varphi} = \varphi/X_1$,因此 $\psi_1 = \psi^* - (J \oplus \bar{\partial})\varphi \in \bigcap^{n-1}[\tau \cup \overline{dz}, C_\xi^\infty(V, X_j)]$, $j = 1, 2$。于是

$$\left(\frac{1}{2\pi i}\right)^n \int_D T_\xi(z)(-1)^n \pi x dz_1 \wedge \cdots \wedge dz_n$$

$$= \left(\frac{1}{2\pi i}\right)^n \int_D T_\xi(z)(-1)^n \pi x_1 dz_1 \wedge \cdots \wedge dz_n + x_2,$$

其中 $x = x_1 + x_2$。因 $x \in X_T(F)$, $D \cap F = \phi$,因此,

$$x_2 = -\left(\frac{1}{2\pi i}\right)^n \int_D T_\xi(z)(-1)^n \pi x_1 dz_1 \wedge \cdots \wedge dz_n \in X_1,$$

$$x = x_1 + x_2 \in X_1。$$

由 x 的任意性得 $X_T(F) \subset X_1$。用 X_z 记 X_1,于是,$X_T(F) \subset \bigcap_{z \overline{\in} F} X_z$。又显然 $\bigcap_{z \in F} X_z \subset X_T(F)$,这样 $X_T(F) = \bigcap_{z \in F} X_z$ 是 T 的不变子空间。又由于 $z \overline{\in} F$, $\xi_i \in \rho(T_i \mid X_z)$, ξ_i 必在 $\rho(T_i \mid X_T(F))$ 之中,于是 $X_T(F) \in R(T)$。

若 F 是 $\boldsymbol{C}^n$ 中紧集,则 $X_T(F) \subset \bigcap_{i=1}^n D_{T_i}$, $T_i | X_T(F)$ 是闭的又定义在完备空间 $X_T(F)$ 上,因而必为有界。证毕。

定理 2.18 设 $T = (T_1, \cdots, T_n)$ 具有 SDP,设 f_j 在 $S_p(T)$ 上解析,$j = 1, \cdots, m$,则 $f(T) = (f_1(T), \cdots, f_m(T))$ 具有 SDP。

证 设 $\{G_j\}_{j=1}^k$ 是 $\boldsymbol{C}^m$ 的开覆盖。则 $\{f^{-1}(G_j)\}_{j=1}^k$ 是 $S_p(T)$ 的开覆盖。设 $D_i', D_i \subset \boldsymbol{C}$ 满足条件:$\phi \neq D_i' \subset \overline{D_i'} \subset D_i \subset \overline{D_i} \subset \rho(T_i)$,令 $V_i = \boldsymbol{C} \times \cdots \times D_i \times \cdots \times \boldsymbol{C}$, $V = \bigcup_{i=1}^n V_i$, $V_i' = \boldsymbol{C} \times \cdots \times D_i' \times \cdots \times \boldsymbol{C}$, $V' = \bigcup_{i=1}^n V_i'$,则 $\{V_i\}_{i=1}^n$ 和 $\{f^{-1}(G_j)/\overline{V'}\}_{j=1}^k$ 覆盖了 $S_p(T)$,因此存在 $Y_i (i = 1, \cdots, n)$, $X_j (j = 1, \cdots, k)$,使 $X = \sum_{i=1}^m Y_i + \sum_{j=1}^j X_j$, $S_p(T \mid Y_i) \subset V_i$, $S_p(T \mid X_j) \subset f^{-1}(G_j) \setminus \overline{V'}$。同定理 2.16 证明一样得 $Y_i = \{0\}$, $i = 1, \cdots, n$, $X_j \in R(T)$, $j = 1, \cdots, k$。因而,$X_j \in \mathrm{Inv}(f(T))$ 且 $f(T) \mid X_j = f(T \mid X_j)$, $S_p(f(T) \mid X_j) = S_p(f(T \mid X_j)) = f(S_p(T \mid X_j)) \subset f(f^{-1}(G_j)) = G_j$, $1 \leqslant j \leqslant k$。于是 $f(T)$ 具有 SDP。证毕。

参考文献

[1] 王声望.I, Eradelyi.闭算子的局部谱理论[M].苏州大学数学系编印,1984.

[2] 王宗尧.自共轭算子组的联合谱[J].科学通报,30(15):1124—1126.

[3] 刘光裕.可单位分解多个算子[J].数学学报,1985(28):763—771.

[4] 刘光裕.可单位分解多个算子[J].数学年刊,1986,7(A):671—676.

[5] 刘光裕.具有σ′谱密度交换算子组的对偶原理[J].1987,8(A):671—676.

[6] 李绍宽.《算子理论导引》[M].上海:华东师范大学出版社,1984.

[7] 李绍宽,顾才兴.关于初等算子的几个问题[J].数学年刊,1988,9(A):188—202.

[8] 李良青.可交换算子组的解析不变子空间,Ⅱ.东北数学,2(1985)206—212.

[9] 关肇直.泛函分析讲义[M].北京:高等教育出版社,1959.

[10] 陈晓漫.亚正常算子组的联合谱,待发表于数学学报.

[11] 张奠宙,王宗尧.无界算子组的联合谱[J].华东师范大学学报(自然科学版),1983(3).

[12] 张奠宙,王宗尧.Hilbert 空间上闭算子组的 Taylor 联合谱[J].中国科学 A 辑,1984(12).英文版,1985(6).

[13] 张奠宙,黄旦润.乘积谱测度与联合谱[J].科学通报,1985(3).

[14] 张奠宙,黄旦润,On the joint Spectrum for n-tuple of hyponomal operators.数学年刊(英文版)7B(1)1986.

[15] 黄旦润,张奠宙.Joint Spectrum and Unbounded Operator Algebras.数学学报(英文版)1986 Vol.2 No.3.

[16] 胡善文.Banach 空间上算子张量积的联合本质谱和指标[J].科学通报,1988(17):1293—1295.

[17] 胡善文.关于亚正常算子组不可约的必要条件[J].数学年刊,1988,9(A):541—545.

[18] 黄超成.亚正规算子组的联合谱,待发表于数学年刊.

[19] 夏道行.线性算子谱理论(Ⅰ)[M].北京:科学出版社,1983.

[20] 夏道行.无限维空间上测度和积分论(上册)[M].北京:科学出版社,1965.

[21] 黄旦润.正常算子组的联合数值域[J].华东师范大学学报,1984(3):12—16.

[22] 黄旦润.关于算子组的联合谱及其应用.华东师范大学硕士学位论文,1984.

[23] 柴俊.联合谱的分类及摄动.华东师范大学硕士学位论文,1984.

[24] 夏道行,严绍宗.线性算子谱论Ⅱ[M].北京:科学出版社,1987.

[25] 季跃.线性算子组理论中的若干问题.中国纺织大学研究生学位论文(1987).

[26] Zhang Dianzhou, Huang Danrun; On the joint spectrum for n-tuple of hyponormal operators, Chin, of Math. 7B, 1(1986): 14—23.

[27] Huang Danrun; Joint numerical rangea for unbounded normal operators, Pro. Edinburgh Math. Soc. 28(1985): 225—232.

[28] Hu Shanwen; Joint essential spectrum and index of tensor product of linear operators in Banach spaces, Kexue Tongbao, Vol.34 No.11, (1989): 885—888.

[29] Hu Shan Wen: Commuting n-tuples of closed operators which possess specttral capacity, Chin. of Math. 8B, 2(1987): 156—169.

[30] Xia Daoxing: On the Semi-hyponormal n-tuple of operators, In Integral Equ. and Operator Theory, 6(1983): 879—898.

[31] Xia Daoxing: On the analytic model of a class of hyponormal operators, Integral Equ. and Operator Theory, 6(1983): 135—156.

[32] Albrecht. E, Frunza.: Non-analytic functional calculi in several, variables, Manicscripta

Math. 18(1976): 327—336.

[33] Albrecht. E, Vasilescu. F.H: Semi-Fredholn complexes, Op. Theory. Advance Appl. 11 (1983): 15—39.

[34] Albrecht. E, Vasilescu. F.H: Spectral decomposition for systems of commuting operators, Proc. Royal Irish Academy, (1981).

[35] Arens, Calderon: Analytic functions of several Banach algebra elements, Ann. of Math 62 (1955): 204—206.

[36] Allan. G.R.: On a class of locally convex algebras, Proc London Math, Soc. (3), 17, (1967): 91—114.

[37] Berberian S. K.: Approximate proper vectors. Proc. Amer. Math. Soc., 13(1962): 111—114.

[38] Binding, Kallstrom, Sleeman: Proc. Roy. Soc. Edinbough, 92A, (1982): 193—204.

[39] Booss, B, Bleecker D. D: Topology and analysis, Springer-Verlag, (1985).

[40] Brown S.: Some invariant subspaces for subnormal operators, Integral Equ. and Operator Theory, 6(1978): 310—333.

[41] Brown S., Cherveau B., Pearcy C.: Contractions with rich spectrum have invariant subspaces, J. Op. Theory. 1(1979): 123—136.

[42] Brown L., Douglas R.G.: Fillmore: Uniratary equivalence modulo the compact operators and extensions of C^*-algebras, Lecture notes in Math. No 345, Springer-Verlag, 1973.

[43] Bunce J.: Characters on singly generated C^*-algebras, Proc. Amer. Math. Soc.25(1970): 297—303.

[44] Ceausescu Z, Vasilescu: Tensor products and the joint spectrum, Proc. Amer. Math. Soc., 72 (1978): 505—508.

[45] Carey R., Pincus J.: Principal currents, Integral Eq. Op. Theory 8(1985): 614—640.

[46] Carey R., Pincus J.: Mosaics, principal functions and mean motion in Von-Neumann algebras, Acta. Math. 138(1977): 153—218.

[47] Carey R., Pincus J.: Construction of seminormal operators with prescribed mosaic, Indiana Univ. Math. J. 23(1974): 1155—1165.

[48] Cho, M: Sci. Rep. Hirosaki 26, (1979): 15—19.

[49] Cho, M and Takaguchi. M: Boundary points of joint numerical ranges, Pacific J. Math 95 (1981): 27—36.

[50] Cho, M and Takaguchi. M: Identity of Taylor's joint spectrum and Dash's joint spectrum, Studia Math. 70(1981): 225—229.

[51] Cho, M and Takaguchi. M: Some classes of commuting n-tuples of operators, Studia Math. 80(1984): 49—63.

[52] Cho, M and Takaguchi. M: Boundary of Taylor's joint spectrum for two commuting operators, Rew. Roum. Math. Pure et Appl. 27(1982): 863—873.

[53] Choi M.D, Chandler D: The spectral mapping theorem for joint approximate spectum. Bull. Amer. Math, Soc. 80(1974): 317—321.

[54] Cho M.D and Dash A.T: On the joint spectrum of double commting n-tuple of seminormal operators, Glasgow Math. J.26(1985): 47—50.

[55] Curto R.E: Fredholm and invertible n-tuples of operators, Tran. Amer. Math. Soc. 266

(1981)：129—159.

[56] Curto RE：Fredholm and invertible tuples of bounded linear operators，Ph. D. Dissertation. S. U.N.Y. (1978).

[57] Curto R E：Spectral permanence for joint spectra，Tran. Amer Math. Soc. 297(1982)：659—665.

[58] Curto R E：Spectral iuclusion for doubly commting subnormal n-tuples，Proc. Amer. Math. Soc. 83(1981).

[59] Curto RE：The spectral of elementary operators，Indiana Univ. Math. J. 32(1983)：193—197.

[60] Curto R.E. and Herrero D.A：On closures of joint simitarily orbits，Integral Eq. Op. Theory. 8(1985)：489—556.

[61] Curto R.E. and Salinas N：Spectral properties of cyclic subnormal m-tuples，Amer. J. Math.，107(1985)：113—138.

[62] Dash. A.T.：Joint numerical range，Glasnik Math.，7(1972)：75—81.

[63] Dash. A.T.：Joint spectra，Studia Math.，45(1973)：225—237.

[64] Davis C Rosenthal P.：Solving linear operator equations，Canad. J. Math. 26(1974)：1384—1389.

[65] Dixon P.G.：Gencralized B^*-algebra，London Math. Soc.21 (1970)：693—715.

[66] Douglas R.G：Operator theory and C^*-algebra.

[67] Dunford and Schwartz：Linear operator，Part Ⅰ，Interscience Publishes，(1958).

[68] Durszt E：On the numerical range of normal operators，Acta Soc. Math. 25(1964)：262—265.

[69] Erdelyi and Lange：Spectral decompositions on Banach space，(1977).

[70] Eschmeier J.：Local properties of Taylor analytic functional calculus Invent. Math. 68(1982)：103—116.

[71] Eschmeier J.：On two notes of the local spectrum for several commuting operators，Michigan Math. J 30，(1983)：245—248.

[72] Eschmeier J.：Equivalent of decomposability and 2 - decomposability for several commuting operators，Math. Ann.，262(1983)：305—312.

[73] Eschmeier：Spektralzerlegungen und functionakakule fur vertauschende tupel stetiger und abgeschlossener operatorn in Banachraumen，Schriftenreine des Math. Instituts der Universisat Muster，2. Serie，Helf 20，1045，July (1981).

[74] Eschmeier：Operator theory Advance and Appl. Vol.14(1984)：115—123.

[75] Eschmeier：Are Commuting system of decomposable operators decomposable，Op. Theory.

[76] Eschmeier and Putinar：Spectral theory and sheaf theory，J. Reine. Angew. Math. 354(1984)：150—163.

[77] Frunza，S.：The Taylor spectrum and spectral decomposition，J. Functional Analysis，19 (1975)：390—421.

[78] Fialkow，L.A.：Spectral properties of elementary operators，Tran. Amer. Math. Soc. 290 (1985)：415—429.

[79] Fialkow，L.A.：Essential properties of elementary operators，Acta. Sci. Math. (Szeged) 46 (1983)：269—283.

[80] Foias，C.，Pearcy，C and Sz-Nagy，B.：The functional model of a contraction and the space，

L. Acta Sci. Moth. (Szeged), 43(1981): 273—280.

[81] Foias, C. and Pearcy, C.: (BCP)-opeartors and enrichment of invariant subspaces lattices, J. Op. Theory 9(1983): 187—202.

[82] Foias, C. and Pearcy, C.: Dual algebras with applications to invariant subspaces and dilation theory.

[83] Dynin: Inversion problem for singular integral operator: C^*-approach, Proc. Nalt. Acad. Sci. U.S.A. 75(1978)No.10: 4668—4670.

[84] Conway, J.: Subnormal operators, Research Notes in Math. 51 (1981).

[85] Hormander: An Introduction to complex analysis in several variables (1966).

[86] Helton, J.W., Howe, R.: Trace of commutators of integral operators, Acta Math. 135 (1975): 271—305.

[87] Ichinose, T.: On the spectra of tenson products of linear operators in Banach spaces, J. Reine Angew Math., 244(1970): 119—153.

[88] Inoue, A.: On aclass of unbounded operator algebras, 65(1976): 77—95.

[89] Jacobson: Basic Algebra. 1980.

[90] Juneja, P.: On extreme points of the joint numerical range, Pacific J. Math, 67(1976): 473—476.

[91] Kato, T.: Perturbation theory for linear operators, (1966).

[92] Lumer, G., Rosenblum, M.: Linear operator equations, Proc. Amer. Soc. E Math. Soc.10 (1959): 32—41.

[93] McGhee and Roach: The Spectrum of multiparameter problems in Hilbert space.

[94] Mike, F.: Several complex variable and complex manifolds (2), London Math Soc. Lecture Note Series 65(1981).

[95] Patet, A.B: A joint spectrum theorem for unbounded normal operators, Austral Math. Soc., Sev. A 34(1983): 203—213.

[96] Pederson, G.K: C^*-algebra and their automorphism groups, (1979).

[97] Putnam, C.R.: Ranges of normal and subnormal operators, Michigan Math. J 18(1971): 33—36.

[98] Putinar, M.: Spectral inclusion for subnormal n-tuples, Proc. Amer. Math. Soc., 90(1984).

[99] Putinar, M.: Base change and the Frodholm index, Integral Eq. Op. Theory, 8(1985): 674—691.

[100] Robel, G.: On the structure of (BCP)-operators and related algebras J. Op. Theory 12 (1984): 23—45.

[101] Robel, G.: On the structure of (BCP)-operators and related algebras J. Op. Theory 12 (1984): 235—245.

[102] Rubin, H., Wesler, U.: A note on covexity in Euclidean n-space. Proc. Amer. Math. Soc., 9 (1958): 522—523.

[103] Rudin, W.: Function Theory in polydisc, 1969.

[104] Rudin, W: Function Theory in the unit ball of C^n, 1980.

[105] Sleeman B.D.: Multiparameter spectral theory in Hilber space, 1978.

[106] Schatten, R.: Norm ideal of completely contiuous operators, 1960.

[107] Soldkowski, Z.: Studia Math, 61(1977).

[108] Sz-Nage, B and Foias, C.: Harmonic analysis of operators on Hilbert space, 1970.

[109] Salinas, N.: Quasitriangularity of operators, J. Op. Theory 10(1986): 167—205.

[110] Takaguchi M: Joint Maximal numerical range, (to appear).

[111] Takaquchi, M.: and Cho, M., The joint numerical range and the joint essential numerical range, (preprint).

[112] Taylor, J.L.: A. joint. spectrum for several commuting operators, J. Funct. Anal., 19 (1975): 390—421.

[113] Taylor, J.L.: The analytic functional calculus for several commuting operators, Acta. Math., 125(1970): 390—421.

[114] Putnam, C.R: Spectra of polar facts of hyponormal operators, Trans. Amer. Math. Soc., 188(1974): 419—428.

[115] Vasilescu, F.H.: A characterization of the joint spectrum in Hilbert spaces, Rev. Roum. Pure and Appl. 22(1977): 1003—1009.

[116] Vasilescu, F.H.: Tensor products and the joint spectrum in Hilbert space, Proc, Amer. Math. Soc. 72, (1978): 505—509.

[117] Vasilescu. F.H.: Stability of the index of a complex of Banach space, J. Operator Theory 2 (1979): 247—275.

[118] Vasilescu, F.H.: On pairs of commuting operators, Studia Math. 62(1977): 201—205.

[119] Vasilescu, F.H.: Analytic Functional Calculus, 1982.

[120] Weidmann: Linear Operators in Hilbert space, 1980.

第三部分

现代数学思想讲话

编辑说明

本部分是张奠宙先生关于现代数学思想的论述。

内容取自张奠宙和朱成杰合著的《现代数学思想讲话》，该书于 1991 年由江苏教育出版社出版，曾获中国数学会颁发的全国优秀数学图书奖。

全书共有七篇 27 讲，其中主要由张奠宙撰写的有基础篇(第 1—3 讲)、计算篇(第 4—8 讲)、随机篇(第 9—12 讲)、模型篇(第 13—17 讲)和核心篇(第 23—26 讲)。主要由朱成杰撰写的有优化篇(第 18—22 讲)和教学篇(第 27 讲)。

这里收录的只是张先生撰写的部分，共 5 篇 18 讲。

张先生指出：数学思想是数学的核心。每一门数学学科都有其独特的赖以指导研究或学习的数学思想。掌握数学思想，就可以研究各门数学分支的精神实质，计算才能发生作用，形式的演绎体系才有灵魂。

数学是一种文化，采用的是数学的语言。现代数学是建立在集合论的基石之上的，集合论的语言可以清晰地阐述数学中的“关系学”：等价关系、半序关系、函数关系。同样现代数学也用严密的数理逻辑语言阐述了公理系统，建立了概率论基础上的统计学。张先生在书中呼吁：让现代公民掌握数学语言和数学观念，并通过计算机应用领会随机性、科学计算性，以及优化、变换、方程、函数、控制等数学思想，提高全民的文化素质。

前　言

人们对数学的看法，大概是多种多样的。古时中国称数学为算学，因此世人多以为学数学就是学会计算，多位数乘法能一口报清答案，打算盘拨珠如飞，当为数学强人，早年曾将大学数学系毕业生分配到财务室任会计，也许出自此种看法。另有一些同志学过中学数学后，觉得平面几何最有魅力，于是认为学数学就是学证明，懂逻辑。数学的形式演绎体系征服了无数学子，乃至于不少教师。于是乎许多同仁将“言必有据”“严谨思维”看成数学的代名词，数学竟等同于逻辑了。

以上两种看法，当然有其道理。数学作为衡量人们才能，挑选英才的筛子，理应要求学数学的人算得快、算得准；想得严谨，考虑周密。可是事实并没有那么简单。大数学家往往不会打算盘，做多位数乘法出错乃是家常便饭。至于逻辑严密性，也是因时因事而异，并非数学家的唯一特征。17世纪牛顿发明的微积分，实在不严格。欧拉的鸿篇巨著，许多问题并无严密证明。著名概率论学者杜勃(Doob)说：“现代数学杂志上发表的论文，平均每两页中至少有一处错误。”说数学家的思维只有靠滴水不漏才有创造，恐怕不是那么回事。

说了这一篇话，目的无非是想表明：数学思想才是数学的核心。每一门数学学科都有其特有的数学思想，赖以进行研究（或学习），以便人们掌握其精神实质。只有把数学思想掌握了，计算才能发生作用，形式的演绎体系才有灵魂。数学是一种文化，数学教育则是一种文化素质教育。让现代公民掌握数学语言和数学观念，领会随机性、可计算性，以及优化、变换、方程、函数、控制等数学思想，对于提高全民的文化素质，将会是有帮助的吧！

本书的写作意图是想为学过高等数学的中学数学教师，提供一份借以回味的数学思想清单，对于居高临下地观察中学数学内容也许有些帮助。数学的演绎体系很容易掩盖生动活泼的精神实质。本书若能在形式演绎的海洋里提供若干导航目标，那就达到我们的初衷了。

本书主要由本人执笔完成，朱成杰收集了不少材料，并写了部分内容。江苏教育出版社在出版业低谷之时，约写此稿，颇为感激，谨向何震邦、王建军等诸位同志致以谢意。

张奠宙
于华东师大数学系
1989年10月

目 录

基础篇

19 世纪末，微积分学的严格基础由于实数理论的确立而完成。希尔伯特的《几何基础》使欧氏几何的公理体系真正得到了科学化。数学基础似乎已经一劳永逸地解决了。然而，康托尔(Cantor)的无限集合理论带来了新的麻烦，引起了一场数学基础的大论战。时至今日，数学基础的大厦仍旧存在裂缝。不过，大谈“第三次数学危机”恐怕是言过其实了。数学的健康状况相当好。数学领域中生机盎然，等待着有志之士去耕耘。让我们先从作为数学语言的“集合”开始。

第 1 讲　20 世纪的数学语言

1.1　在中学里，语文、数学、外语三门主课，其实都是语言。语文、外语自不待说，数学也是语言，一种简明有效的科学语言。人类文明早期的记数符号和方法就是最早的语言形式。中国古代记 325 是|||═|||||，乃是先进的位置记数法，而古希腊则要记作 HHHΔΔΓ，这种语言不是位置记数，很不方便，终于被淘汰。我们现在用的阿拉伯数码计数法，乃是一种国际性的数学语言。数学符号的引入(如以 x、y、z 表未知元)，古希腊的几何论证，牛顿无穷小数学的创立(无限小量、极限等语言的使用)、$\varepsilon-\delta$ 语言、以及当代常用的同胚、同伦、同调等拓扑语言，都是数学语言的重要发展。

20 世纪以来，全世界的数学语言获得了很大的统一。这是一个很大的进步。我国在辛亥革命之前，尚未能做到采用国际通用语言。例如，1905 年京师大学堂所使用的教科书上，x、y、z、w 记为天、地、人、元，不用阿拉伯数码，加减号用⊥⊤。因此书中将 $\frac{w^2}{5}-\frac{z^2}{3}+\frac{x^2y^4}{27}$ 写成

$$\frac{\text{五}}{\text{元}^{\text{二}}}\top\frac{\text{三}}{\text{人}^{\text{二}}}\perp\frac{\text{二七}}{\text{天}^{\text{二}}\text{地}^{\text{四}}}$$

这多麻烦！

1.2　现在让我们回到“集合”这一语言上来。19 世纪末 20 世纪初，数学研究的对象日益广泛。分析学中只是开区间、闭区间这类数集已不够用。康托尔在 1871 年研究的问题是：函数 $f(x)$展开成傅里叶级数后，级数在哪些“数集”上收敛于 $f(x)$自身？这是研究一般数集之始。以后人们推而广之，研究函数的集合，几何图形的集合，微分方程解

的集合等。于是，集合成了一个普通名词，用以限定我们所要研究的对象。它的一般形式是

$$M=\{x \mid P(x)\},$$

它表示具有性质 P 的那些 x 的集合。然后再用"$\in$"(属于)的符号，导出包含关系($\subset$)，集合的交($\cap$)、并($\cup$)等运算，这就简化了自然语言。

用集合语言来描述对象，可以简化啰里啰唆的自然语言。正如工程师用图纸语言描述工程建设一样，简约、精确，是它们的共同特点。

然而，集合语言对数学来说，还有更大的功用：与逻辑推理有关。我们知道，集合中的"并"，相当于逻辑语言中的"或"，"交"相当于"且"，余集相当于"非"。集合按并、交、余运算构成布尔代数。这就是说，在非空集合 X 的子集(包括空集$\varnothing$)间，定义了$\cup$，$\cap$及$\complement$(余集)运算后，能满足以下基本性质：

(1) 交换律：$A \cup B=B \cup A$，$A \cap B=B \cap A$。

(2) 结合律：$A \cup (B \cup C)=(A \cup B) \cup C$，

$A \cap (B \cap C)=(A \cap B) \cap C$。

(3) 分配律：$A \cap (B \cup C)=(A \cap B) \cup (A \cap C)$，

$A \cup (B \cap C)=(A \cup B) \cap (A \cup C)$。

(4) 幂等律：$A \cup A=A$，$A \cap A=A$。

(5) 互余律：$A \cup \complement(A)=X$，$X \cap \complement(A)=\varnothing$。

(6) 德·摩根(De Morgan)律：$\complement(A \cup B)=\complement(A) \cap \complement(B)$，

$\complement(A \cap B)=\complement(A) \cup \complement(B)$。

(7) 两次余律：$\complement(\complement(A))=A$。

(8) 空集与全集关系律：$A \cup X=X$，$A \cap \varnothing=\varnothing$，

$A \cup \varnothing=A$，$A \cap X=A$，$\complement(X)=\varnothing$，$\complement(\varnothing)=X$。

(9) 吸收律：$A \cap (A \cup B)=A$，$A \cup (A \cap B)=A$。

(其中有些可视作公理，有些可视作推论)

1.3 现在，我们考虑在一个论域 G 上所有命题的集合。例 $G=\{0, 1, 2, 3, 4\}$，一个关于论域内元素 x 代入后可以判定真假的陈述句称为命题。例如，"x 是一个平方数"、"x 小于 3""x 不为 0"等。我们用 p，q，r 表示这三个命题，那么，论域G上这三个命题都唯一对应一个使之成立的真集：$p(x)=\{0, 1, 4\}$，$q(x)=\{0, 1, 2\}$，$r(x)=\{1, 2, 3, 4\}$。我们进一步定义

$p \wedge q$，读作 p 与 q，其真集为 $p(x) \cap q(x)=\{0, 1\}$；

$p \vee q$，读作 p 或 q，其真集为 $p(x) \cup q(x)=\{0, 1, 2, 4\}$；

$\neg p$，读作非 p，其真集为 $p(x)$的余集$\{2, 3\}$。

这样，命题关于$\vee$，$\wedge$，$\neg$的运算，和命题的真集关于$\cup$，$\cap$，$\complement$的运算相当，也构成

一个布尔代数。以上论证对一般情形也对。这样一来,集合的语言就和逻辑推理发生了联系,这也就是集合语言为什么倍受重视的另一原因。我们在20世纪80年代初的短短几年时间,中学里普及了集合语言的知识,而且编入了中学教材,这是我国数学教育内容现代化的一项重要措施,其影响将是积极的。当然,我们也不必夸大它的作用,要求在教材中处处使用、反复使用也不一定必要,集合语言虽简明准确,但有时不如自然语言来得明白易懂,不可一概取而代之。请读者注意,我们在这里未提出"集合论",仅将集合看作一种语言,乃是实事求是的说法。有人以为康托尔的"集合论"就是 $\in$, $\subset$, $\cap$, $\cup$ 等基本符号及性质,那是误解。集合论的内容涉及无限集,我们将在第三讲中再提及。

1.4 关于数学语言的发展,要进一步谈一下逻辑语言。这些在我国中学里没有普及。逻辑代数曾设课,却并未认真实践。至于用数理逻辑知识来取代传统的形式逻辑,则还未提到议事日程上来。国外中学数学的教材里,已有许多渗透,普及得相当快。其根本动力在于计算机的广泛使用,计算机程序中需要数理逻辑思想。

这里,我们不能全面讲数理逻辑,只准备谈一些与"蕴涵"有关的内容。"→"这个符号在中学里是常用的,形式逻辑中的许多规则中也有"若……,则……"的论法(如三段论法)。它们之间究竟有何关系呢?

首先,正如莫绍揆先生指出的那样,传统的三段论法甚至不能很好地解释"$a>b$, $b>c$,则 $a>c$"这样的数学推论。

人是要死的	a 是大于 b 的
张三是人	b 是大于 c 的
张三是要死的	a 是大于 c 的

这两个推理中,标准的三段论法中有三个要素:人,要死的,张三。而在后一推理中出现 a,大于 b 的,b,大于 c 的,这样四个要素,二者不是一回事。所以说,形式逻辑在数学中的用途实在是很有限的。中学里常提逻辑思维能力,许多人认为就是指形式逻辑,其实早已超过形式逻辑的范围了。如果你想用形式逻辑去理解极限的"$\varepsilon-N$"定义,简直是不可思议的麻烦事。

因此,中学数学实际上已进入了数理逻辑的圈子,只是未予明确指出而已。

1.5 现在,让我们来谈谈"蕴涵"这一逻辑推理中最关键的概念。数学中最常出现的句型是"如 p,则 q"。现在中学里常常用记号"→"表示蕴涵:$p \to q$。但这仅是朴素的理解。究竟什么是"蕴涵",应该有明确定义。有了定义还要建立起正确的推理规则,例如:$p \to q$ 且 $q \to r$,则应有 $p \to r$。但是你能不能证明这条规则一定对呢?现在我们就来看看数理逻辑中是如何处理的。

(Ⅰ)命题的真值表,先看 $p \vee q$。当 p 真或 q 真或 p, q 都真这三种情形发生时,$p \vee$

q(p 或 q) 就是真的，当且仅当 p，q 均为假时，$p \vee q$ 为假。再看 $p \wedge q$(p 且 q)，只有在 p，q 均为真时它才为真，p 假或 q 假或 p，q 均假时，$p \vee q$ 当然都取假值。把这个日常生活中的道理明确起来，就可以作成真值表，可以帮助理解 $p \vee q$ 和 $p \wedge q$ 的含义，甚至用作定义。为简单起见，用 1 表"真"，用 0 表"假"。

p	q	$p \vee q$
1	1	1
1	0	1
0	1	1
0	0	0

p	q	$p \wedge q$
1	1	1
1	0	0
0	1	0
0	0	0

我们如果把命题间的"$\vee$"，用真假值 0，1 间的加法来表述可以得到

$$1+1=1,\quad 1+0=1,\quad 0+1=1,\quad 0+0=0。$$

同理，用乘法来表述 $\wedge$，又可得

$$1\cdot 1=1,\quad 1\cdot 0=0,\quad 0\cdot 1=0,\quad 0\cdot 0=0。$$

再从"p 真则非 p 假，p 假则非 p 真"可知，如用"$'$"表示"非"，则有 $0'=1$，$1'=0$。这样，就生成了由 0，1 两个数按上述加、乘、非构成的布尔代数，这是最小的布尔代数。

（Ⅱ）罗素(Russell)把 $p \to q$ 定义为 $\neg p \vee q$，我们来分析其合理性。先看 $\neg p \vee q$ 的真值表，是否和 p 蕴涵 q 的道理吻合。为了便于理解，我们举例加以说明。设有一位父亲对他的孩子说："如果你考 100 分，那么我给你买辆自行车。"这个命题具有 $p \to q$ 的形式，它的真值表，按常理可如下确定：

p	q	$\neg p$	$\neg p \vee q$
1	1	0	1
1	0	0	0
0	1	1	1
0	0	1	1

(1) $p=1$，$q=1$，即孩子考了 100 分，父亲买了车，$p \to q$ 当然成立，即 $p \to q$ 为真(取值 1)。

(2) $p=1$，$q=0$，即孩子考了 100 分，父亲未买车，p 与 q 没有因果关系了，$p \to q$ 为假，即取值 0。

(3) $p=0$，$q=1$，孩子未考得 100 分，但父亲还是买了车，既然孩子已得了车，孩子也就不去检验父亲许诺中的条件了，默认 $p \to q$ 也是真的，取值 1。

(4) $p=0$，$q=0$，孩子未考 100 分，父亲也未买车，孩子认为父亲的行动是正确的，所以 $p \to q$ 也认为成立。

以上 4 种情况表明，$p \to q$ 里的真值表和 $\neg p \vee q$ 相同，罗素就把二者当成一回事。尽管对这一定义曾有不少争论，如第 3 种情况($p=0$，$q=1$)的分析有些勉强，不过现在，

已经取得了比较统一的意见。

（Ⅲ）永真式。有些由 p，q，…，r 等命题组成的复合命题，不管 p，q，…，r 分别为真或假，永远取真值，即在最后一列中恒为 1，则称此复合命题为永真式。例如，$(p\wedge q)\to(p\vee q)$是永真式。由 p 且 q 成立必然能保证 p 或 q 成立，这是常识范围内的事，这可由真值表来加以验证。注意：

$$(p\wedge q)\to(p\vee q)\text{ 等价于 }\neg(p\wedge q)\vee(p\vee q)\text{。}$$

p	q	$p\wedge q$	$p\vee q$	$\neg(p\wedge q)\vee(p\vee q)$
1	1	1	1	$0+1=1$
1	0	0	1	$1+1=1$
0	1	0	1	$1+1=1$
0	0	0	0	$1+0=1$

永真式可以帮助我们确立推理规则。上述的$(p\wedge q)\to(p\vee q)$就是一个。我们也可以用真值表证明数理逻辑中的三段论法则：

p	q	r	$p\to q$	$q\to r$	$(p\to q)\wedge(q\to r)$	$p\to r$	$((p\to q)\wedge(q-r))\to(p\to r)$
1	1	1	1	1	1	1	1
1	1	0	1	0	0	0	1
1	0	1	0	1	0	1	1
1	0	0	0	1	0	0	1
0	1	1	1	1	1	1	1
0	1	0	1	0	0	1	1
0	0	1	1	1	1	1	1
0	0	0	1	1	1	1	1

若 $p\to q$，且 $q\to r$，则 $p\to r$。将它全用符号写出是

$$[(p\to q)\wedge(q\to r)]\to(p\to r)\text{。}$$

这就验证了三段论的正确性（验证永真式还有许多其他办法，这里不赘述）。传统的形式逻辑把三段论当作公理，数理逻辑则将它当作可以证明的定理。显然数理逻辑开掘得更深，体系也更完整了。传统逻辑的另一不足是没有量词 ∀（任意一个）和 ∃（存在一个），根本讲不清“$\varepsilon-\delta$”的极限定义。这两个量词现在已用得相当普及了。

1.6 前文曾提及，数学思维中的许多形式并非由逻辑得来。例如，$a>b$，$b>c$ 则 $a>c$ 并不是逻辑规则可以推出来的，它是“大于”这个词的定义所规定的（“大于”关系有传递性将在下一讲内提及）。我们常常把“逻辑思维能力”一词夸大为“一切数学思维过程都是逻辑过程”，其实很不妥当。逻辑没有那么大的能耐。

然而，在中学数学课程中确实有许多逻辑推理规则要遵循。据 Bell 的研究，中学涉及的推理规则有以下 9 条：

(1) 假言推理：p 且 $p \to q$，则 q。

(2) 三段论：若 $p \to q$ 且 $q \to r$，则 $p \to r$。

(3) 拒式假言推理：$p \to q$ 且 $\neg q$，则 $\neg p$。

(4) 演绎推理：(p 且 $q_1, q_2, \cdots, q_n$) $\to r$，则(q_1 且 $q_2, \cdots, q_n$) $\to (p \to r)$。

(5) 逆否：$\neg q \to \neg p$，则 $p \to q$。

(6) 分类证明：$p_1 \to q$ 且 $p_2 \to q$，$\cdots$，且 $p_n \to q$，则 $(p_1 \vee p_2 \vee \cdots \vee p_n) \to q$。

(7) 数学归纳法：$P(1)$ 且 $\forall k \in \mathbf{N}^*$ 有 $P(k) \to P(k+1)$，则 $P(n)$ 真 $\forall n \in \mathbf{N}$。

(8) 举反例：猜想 $\forall x \in S$，$p(x)$，如 $\exists a \in S$ 有 $\neg p(a)$，则 $\neg(\forall x \in S, p(x))$，即猜想不对。

(9) 非直接证明：(p 且 $\neg q$) $\to$ (r 且 $\neg r$)，则 $p \to q$。

1.7 前面已提到的“集合”语言和“逻辑”语言，都是 20 世纪发展起来的数学语言，它们不仅是数学家使用的语言，也是中学数学课程里逐渐使用的语言，甚至已成为人类普遍使用的语言。它们的重要性由于计算机的发展而获得进一步的肯定。计算机语言是自然语言中能使计算机“弄懂”的部分，其中的基础就是集合和逻辑。离散数学和计算机数学也是从这两者发端的。可以预料，随着电子计算机的更进一步普及，诸如 BASIC 语言等计算机语言将会为多数人所掌握，数学语言也将为更多的人所使用。

第 2 讲　数学是一门“关系学”

2.1 数学这个词是 1936 年以后才通用起来的。传统上，中国将数学称为算学。一般人认为数学好的人就是会算，算得快，算得准。实际上，数学系的大学生搞四则运算远不如售货员和会计，甚至不如小学生算得快。这是因为数学不仅是算术。现在的中学数学包括代数、几何、三角，其基本内容是工业革命时代定下来的，几百年来没有大变。20 世纪初叶，大数学家克莱因(F.Klein)倡导中学数学应该以研究函数为中心。这就是说，数学不只是做算术，解代数方程，证平面几何题，主要是研究数与数之间的关系：函数。克莱因的这一见解自 50 年代以后在我国逐渐生根。直线方程、二次方程都用一次函数、二次函数来处理，三角函数、指数函数、对数函数及其性质占据了中学课程的中心位置。

70 年代以后，引入集合语言，函数被描写为集合之间的对应关系。单射、双射、反映射、复合映射都在中学课程里有所反映。此时，数学似乎就是以“映射”为中心了。

但是，从现代数学的观点看，数学的对象不仅是数、形以及数与数的对应（函数），还应该扩大到关系。其实，对应就是一种关系。除此之外，大小是关系，集合的包含也是关系，直线之间的平行与垂直也是关系。几何图形之间有全等关系、相似关系、射影关系。高等数学中的微分、积分、同构、同胚、同余等也都是关系。因此，我们应该仔细研究一下数学中的“关系”。

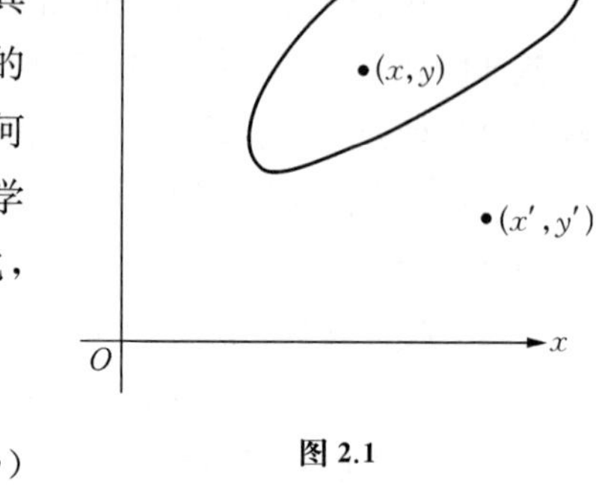

图 2.1

关系是很原始的概念，可以严格定义。

设有两个集合 X 和 Y，我们把所有的有序对 (x, y) 所成之集，其中 $x \in X$，$y \in Y$，称为 X 和 Y 的笛卡儿(Deacartes)积，记作 $X \times Y = \{(x, y) \mid x \in X, y \in Y\}$。

$X \times Y$ 中的任何一个子集 R 都表示一个关系。也就是说，如果 $(x, y) \in R$，则称 x 和 y 间有关系 R，记为 xRy。若 $(x', y') \notin R$，则 x' 与 y' 之间没有关系 R。如图 2.1。

在众多的关系中有几个关系特别重要。

2.2 等价关系

设在 $A \times A$ 中有一子集 E，它有如下特性则称为等价关系：

(1) 自反性：对任何 $a \in A$，$(a, a) \in E$，(R 条件)。

(2) 对称性：对任何 $a_1 \in A$，$a_2 \in A$，若 $(a_1, a_2) \in E$，则必有 $(a_2, a_1) \in E$，(S 条件)。

(3) 传递性：设 a_1，a_2，a_3 均在 A 中，若 $(a_1, a_2) \in E$，$(a_2, a_3) \in E$，则必有 $(a_1, a_3) \in E$，(T 条件)。

若用图形示意，则 R 条件要求图形 E 包含对角线，S 条件要求关于对角线对称，T 条件要求图形相当整齐完备。在这一示意图中，只有对角线本身和整个象限这两种图形符合 RST 条件。

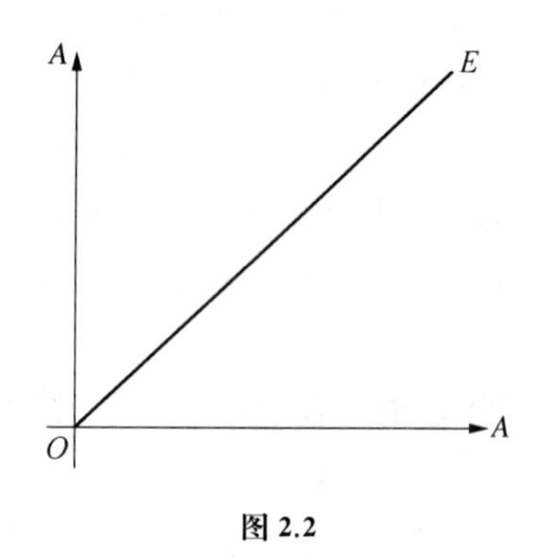

图 2.2

满足 RST 条件的关系很多。

(1) 实数的相等关系：$a = a$，若 $a = b$，则 $b = a$；若 $a = b$，$b = c$，则 $a = c$。

(2) 三角形的全等。(R)：$\triangle ABC \cong \triangle ABC$；($S$)：若 $\triangle ABC \cong \triangle A'B'C'$，则 $\triangle A'B'C' \cong \triangle ABC$；($T$)：若 $\triangle ABC \cong \triangle A'B'C'$，$\triangle A'B'C' \cong \triangle A''B''C''$，则 $\triangle ABC \cong \triangle A''B''C''$。

(3) 三角形的相似也满足 RST 条件。

(4) 直线的平行同样满足 RST 条件。但是直线的互相垂直关系不是等价关系。它不满足 T，因为 $l_1 \perp l_2$，$l_2 \perp l_3$，不能保证 $l_1 \perp l_3$。

(5) 整数的同余关系。设 p 是素数，$\bmod(p)$ 是等价关系。(R)：$a \equiv a \pmod p$；(S)：若 $a \equiv b \pmod p$，则 $b \equiv a \pmod p$，(T)：$a \equiv b \pmod p$，$b \equiv c \pmod p$，则必

$a \equiv c \pmod p$。

(6) 生活中的许多事例也是等价关系,如亲戚关系就是。(R):自己与自己当然有亲缘关系(消极满足);(S):若 x 与 y 是亲戚,那么 y 和 x 也必然是亲戚;(T):若 x 与 y 是亲戚,y 与 z 是亲戚,则 x 与 z 也必有亲属关系。但是父子关系、同学关系、国家间的外交关系等都不是等价关系,原因也是不满足条件 T,没有传递性。

数学中对等价关系特别重视,因为等价关系往往是分类的依据。我们时常把按某种意义下等价的东西分在同一类。平面图形可按全等或相似或射影不变分类。整数可按质数 p 的同余分为 $0, 1, 2, \cdots, p-1$ 类。方程可按相同的次数分为 1 次,2 次,…,n 次方程(次数相等是等价关系)。同解方程也是同类,因为"同解"是等价关系。

当我们从大量的数学关系中提炼出 RST 条件后,就可以更广泛地讨论一般的社会关系。如动物按某特征的分类,种群的血缘关系,某种股票的持有者之间都存在着等价关系。但是同学关系,户佣关系等都只有 RS 条件,没有 T 条件。这些都值得我们仔细剖析。由这些议论,我们也可看到,数学能作为"关系学"的一种理由。

2.3 序关系

数学中对象有大小次序的区别,这使我们更一般地研究序关系。

给定集合 A,在 $A \times A$ 上的关系 R 称为半序关系,记为"$\leqslant$"。如果:

(1) 自反性:对任何 $a \in A$,有 $a \leqslant a$;

(2) 反对称性:如 $a \leqslant b$ 且 $b \leqslant a$ 则 $a = b$;

(3) 传递性:如 $a \leqslant b$, $b \leqslant c$,则 $a \leqslant c$。

满足这三条的关系也是经常遇到的。

例 1 实数之间的"小于或等于"关系,显然满足上述的三条件。通常的"小于"或"大于"关系没有自反性和反对称性,但满足传递性。在第一讲中,我们曾说过大小关系的传递性是"定义"出来的。现在可以看得很清楚了:因"$\leqslant$"满足传递性。把"$<$"定义为"$\leqslant$"但"$\neq$",仍满足传递性。所以"$<$"(或"$>$")的传递性是实数定义中所要求的,不是根据什么理由"推"出来的。

例 2 集合之间的包含关系"$\subseteq$"也是半序关系。这是因为 $A \subseteq A$;若 $A \subseteq B$, $B \subseteq A$,则 $A = B$;若 $A \subseteq B$, $B \subseteq C$,则 $A \subseteq C$。

例 3 整数的整除关系也是半序关系。(1) a 能被自己整除;(2) a 能被 b 整除,b 又能被 a 整除,则 $a = b$;(3) 若 a 能被 b 整除,b 能被 c 整除,则 a 也能被 c 整除。

例 4 在区间$[a, b]$上的每点 x,都有 $f(x) \leqslant g(x)$,则称 f 小于等于 g。这一关系也是半序关系。

大家可能要问,为什么要研究"半序",是否还有全序?是的,全序关系是在上述三条件之外再加上可比性条件:

(4) 任何一对元素 a, b,在 $a \leqslant b$ 或 $b \leqslant a$ 中至少有一个成立。

例 1 中的实数大小关系满足可比性条件。因为任何两个实数 a, b,或者是(1) $a \leqslant$

b（$b \leqslant a$ 不成立）；(2) $b \leqslant a$（$a \leqslant b$ 不成立）；(3) $a \leqslant b$，$b \leqslant a$，都成立，因而 $a = b$。这就是说在实数范围内 $a < b$，$a > b$，$a = b$ 三者中有且只有一个成立。这种全序关系在数学中不多见，大量的都是半序关系。例 2 中的集合包含关系不能保证任何两个集合必然有包含关系，可以谁也不包含谁。例 3 中的整除关系同样不能保证任何两整数彼此间能有整除关系发生。例 4 中，称 f 小于等于 g，要每个 $x \in [a, b]$ 都有 $f(x) \leqslant g(x)$，但任两函数之间可以在某 x_1 处 $f(x_1) \leqslant g(x_1)$，但在 x_2 处 $f(x_2) > g(x_2)$。所以也不满足可比性。

最后，让我们讨论复数的大小关系。复数可以按字典序定义全序关系如下：设 $\alpha = a_1 + a_2 \mathrm{i}$，$\beta = b_1 + b_2 \mathrm{i}$，我们说 $\alpha < \beta$ 是指：(1) $a_1 < b_1$，或(2) $a_1 = b_1$ 但 $a_2 < b_2$。这种排序法是先对实部比较大小，若相等再比较虚部大小。如实部、虚部都相等，就称 $\alpha = \beta$。这当然是全序，容易验证自反性、反对称性、传递性和可比性。

但是我们不能用这个全序关系来定义复数的大小。这是因为，按复数的这一字典序有 $\mathrm{i} > 0$，及 $-1 < 0$。但是按照大小关系和代数运算互相协调的要求，必须坚持"乘正数保持顺序不变"的原则，即 $a \leqslant b$，$c > 0$，则 $ac \leqslant bc$。但按上述字典序 i 是正数，$\mathrm{i} > 0$，两边乘正数 i，得 $\mathrm{i}^2 = -1 > 0$，与 $-1 < 0$ 矛盾！

用类似的方法可以证明复数无论排出怎样的全序，都不可能坚持"加法保序"和"乘正数保序"的原则，所以复数就只能有全序而不能有大小了。

复数可以规定半序如下：

对任何复数 $\alpha = a_1 + a_2 \mathrm{i}$ 和 $\beta = b_1 + b_2 \mathrm{i}$，如果 $a_1 \leqslant b_1$ 且 $a_2 \leqslant b_2$，则称 $\alpha \leqslant \beta$。

显然这一规定满足自反性、反对称性和传递性。这个半序能保持"加法保序"，但不能满足乘任何"复"的正数仍保序的特性。

数学中研究较多的对象是半序集，同时是线性空间，且允许加法保序和乘正实数保序，如例 4 就是如此。

2.4 函数关系

函数是两个集合之间的一种对应关系。就是说对任何 $x \in X$，存在 Y 中唯一的一个元素 y 与 x 相对应，则称 y 是 x 的函数，记为 $y = f(x)$。

这里的所谓"对应"就是指 x 和 y 有关系 R：$(x, y) \in R$，R 是 $X \times Y$ 中的一个子集。函数（或映射）关系的特征是"唯一的 y"。因此，我们可以精确地定义函数关系如下：

设有集合 X 和 Y，F 是 $X \times Y$ 的子集，若由 $(a, b') \in F$ 及 $(a, b'') \in F$ 可推知 $b' = b''$，则称 F 是一个函数关系。

这样一来，函数（映射）也是关系，只不过是一种特殊的关系而已。

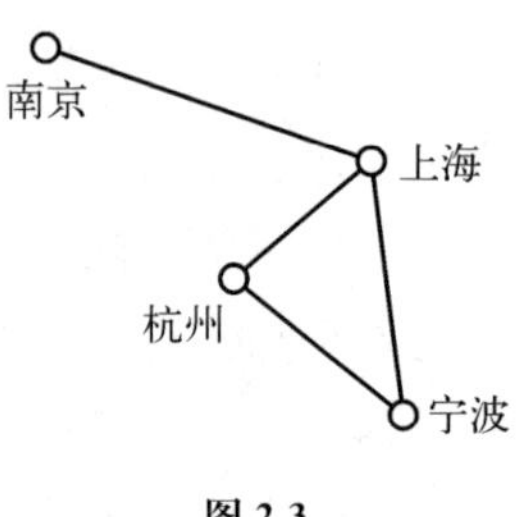

图 2.3

我们通常要画各种关系图，如南京、上海、杭州、宁波四城市的交通图（图 2.3），连线表示彼此有直达车船。这样的图正是

“图论”这门学科研究的对象。这里不赘述。我们只是再次提出：数学是一门关系学，数学的许多概念，日常生活中的许多联系、关联等，追本溯源，都是归结为某种“关系”。不同的关系就会引出一种数学对象，展开一门新的数学学科。

第 3 讲　数学大厦的基础牢不牢

3.1　数学在人们的眼里是“天衣无缝”“绝对正确”的，可是事情并不如想象中的那样美妙。数学大厦的基础至今存在着裂缝，100％绝对正确的数学基础现在还没有，将来是否会有，也不能打包票。

其实，数学的严格性历来是相对的。欧几里得(Euclid)的《几何原本》曾被认为“严格”的典范，可是直到 1898 年，才在希尔伯特的手中真正把它的公理体系完美地建立起来。牛顿创立了微积分，却一直没有严格的基础，二百多年内没有严格的实数定义，也没有坚实的极限理论。然而，这种不严格的微积分，却在欧拉，拉格朗日(Lagrange)，拉普拉斯(Laplace)，柯西(Cauchy)等数学大家的手中产生了无数的数学成果，解决了大量的科学技术难题。把“严格性”吹得神乎其神，似乎“基础不牢”就会使数学大厦倾倒，其实是没有根据的，甚至可说是有害的。20 世纪数学的发展，一日千里，生机勃勃，可是在数学的整个基础上，却陷入了自相矛盾，至今也未摆脱困境。

事情是从康托尔研究“无限”集合引起的。如果说“集合”仅仅是一种数学语言，那么“集合论”就是关于“无限”的理论了。

康托尔是为微积分奠定严格基础的功臣之一。他提出实数的序列说，即实数 α 是自身收敛的有理数列 $\{a_n\}$。这是指对任意的 $\varepsilon > 0$，存在自然数 N，当 $n, m > N$ 时，有 $|a_n - a_n| < \varepsilon$。这种实数定义现在仍经常被采用。康托尔解决了微积分的基础问题，却触发了另一个基础危机——罗素悖论。

1902 年，英国的哲学家、数学家罗素用康托尔集合论的术语构造了一发重磅炮弹。

试把集合分成两类。集合本身是该集合的元素的属甲类(例如由图书馆构成的集合 M 仍是一个图书馆，即 $M \in M$)；不是甲类的集合属于乙类(例如人组成的集合 N 不再是人，即 $N \notin N$)。罗素问：乙类集合的全体也是一个集合，记为 τ。则 τ 属于哪类集合？此时将引起悖论：若 $\tau \in$ 甲，按甲的定义 $\tau \in$ 乙。若 $\tau \in$ 乙，则仍按甲的定义应有 $\tau \in$ 甲。但甲和乙两类集合完全不相同，非甲即乙，非乙即甲，不能又甲又乙。简单明了的集合论命题，使数学陷入自相矛盾的尴尬境地，一大批数学家被惊得目瞪口呆。

数学家一致认为，不能允许罗素悖论存在，必须将它赶出数学的“伊甸园”。从而公理集合论应运而生。他们认为，康托尔的集合概念失之于宽，不能什么东西都可以是集合。罗素悖论中的乙类集合所成的集合 τ，就不应看作数学讨论的对象。“集合所成的集合”这类语言应如以限制。这便是策梅洛(Zermelo)和弗兰克尔(Frankel)提出的 ZF 集合公理体系。按照这些公理所构成的那些集合中，不会出现罗素悖论。不过，正如人们比喻的那样，“狼已被挡在羊栏之外，但羊群里是否还有披着羊皮的狼，我们仍然不能肯定”。

3.2 罗素悖论带来的冲击刚刚告一段落，数学证明中的选择公理又来惹麻烦。

选择公理是说，任给一族集合 $X_\alpha(\alpha \in A)$，总存在集合 M，使 $M \cap X_\alpha = x_\alpha(\alpha \in A)$。也就是说，$M$ 是从每个 X_α 中选出一个元素 x_α 所拼成的一个集合。这种“选”法在数学上是否准许？这又要涉及“无限”。因为对有限个集合 X_1，…，X_n 要选出上述 M 是容易做到的。但对无限多个 X_α，何年何月能选完？当未选完时，根本不知道所有的 x_α 是哪一个元素，怎能说 M 已经确定下来？看来确实有问题。所以，选择公理和 ZF 公理合成的体系 ZFC 公理能否在数学上立足，就成为最引人注目的数学基础问题之一。

1924 年，波兰数学家巴拿赫(S. Banach)运用选择公理证出了一个分球奇论：“一个球可以分解为若干块，并将它们重新拼装成与原来球等积的两个球。”做 n 次后，一个球就可分成 2^n 个与原来体积一样大的球。这简直是魔术了。人们于是增加了对选择公理的不信任感。

1940 年，奥地利的数学家哥德尔(Gödel)证明，ZF 公理和选择公理相容，即不能从 ZF 公理推出选择公理是错的。这就是说，数学家如果相信 ZF 公理是合理的，那么使用选择公理至少不会发生和 ZF 公理抵触的情况。所以人们用用也无妨。

1963 年，美国的柯恩(Cohen)又证明 ZF 公理和 C 是独立的。即从 ZF 公理导不出 C。这样一来，数学就有两种，承认选择公理的 ZFC 数学，以及不承认选择公理的 ZFC′数学。正如欧氏几何与非欧几何对平行公理的态度那样，可以并行不悖。

但是 ZFC′数学引起数学家的不满，不用选择公理许多定理就证不出，像不可测集的存在，Hahn-Banach 延拓定理的不可分情形都得推翻重来，以至“$\lim\limits_{x\to a} f(x) = A$ 与对任何 $x_n \to a$ 有 $\lim\limits_{x_n\to a} f(x_n) = A$ 之间的等价性”也要怀疑。这未免太不方便了。数学家舍不得这些已到手的果实。

那么承认选择公理，搞 ZFC 数学行不行？行，但是那个“分球奇论”却正眨着眼睛在嘲笑数学的绝对正确性，十分令人不快。

那么，数学究竟何去何从？至今没有定论。数学大厦的基础上确实存在着裂缝，但数学大厦却不会因此倾倒。人们一如既往地信任数学。数学家在谨慎地使用选择公理，至今没有出过大的偏差。至于“分球奇论”，只要无关大局，且自由它，暂时闭上眼睛不看就是了。

最后，想顺便谈谈有关“数学危机”的提法。在我国数学教育界，经常提数学在历史上经历了三次危机：第一次，无理数的发现；第二次，牛顿的无穷小学说遭到伯克莱(Berkeley)主教的抨击；第三次，罗素悖论的产生。这一分析，若从数学哲学与数学史的角度去考虑，自然有其一定道理。但这种“危机”并非一般意义下的危机。危机通常意味着停滞、倒退和萧条。但是，当今的数学正一日千里地迅猛发展，计算机带来了新的数学革命，数学与其他科学的交融正显示出勃勃的生机。环顾整个数学界，罗素悖论带来了多大的危害？呈现了多少危机？因此，大谈其“危机”，似乎没有多大必要，稍微知道一下就可以了，比这更重要的东西有的是！

计算篇

如果18世纪蒸汽机的发明标志着工业革命的成功，那么20世纪电子计算机的出现触发了信息革命。我们现今正经历着的这场用机器代替脑力劳动的变革，其意义怎样估计也不会过分。正如电磁波传播音乐那样，数学也将随着电子计算机的普及走向社会的每一角落。与此同时，数学本身也正在按计算机的要求重新装扮。首先，电子计算机的出现，打破了数学科学中的原有平衡。在离散与连续、有限与无限、精确与近似等许多基本矛盾中，天平正向离散、有限、近似的方向倾斜。其次，电子计算机成了数学家手中的工具。“一张纸、一支笔、一个脑袋”搞数学的时代将要结束。一旦计算机会做数学证明，数学家将从“数学施工员”变成“数学设计师”。可是，人们也不能被来势凶猛的计算机热所陶醉。计算机本身还没有充分完善，人们使用计算机的技能也有待提高。前面的困难还很多，让我们用全力去迎接新的挑战。

第4讲　计算机的速度还是太慢了

1943年4月9日，第二次世界大战中的美国军方批准研究电子计算机。当它正式运行时，已是战后的1946年，这台取名ENIAC的世界第一台电子计算机，占地170平方米，用了18 000个电子管，总重30吨，速度为每秒做5千次加法，或16次乘法。经过40年的发展，电子计算机的运算速度与年俱增，我国研制的“银河”巨型机，每秒能运算一亿次。照常理推想，每秒能运算一亿次的计算机，应该是什么问题都能算的了。只要排出式子，制定算法，计算机会在顷刻之间告诉你结果。果真如此吗？否！

4.1　让我们从“货郎担问题”谈起。1979年11月7日，很少发表数学新闻的《纽约时报》，刊登了一篇专稿，题目是《苏联的一项发现震动全世界》。文中写道：“一项发现提出了一个用计算机求解与‘货郎担问题’（*Traveling Salesman Problem*）相关问题的方法。”“这项发现震动了数学界和计算机分析界。”文中提到的发现就是苏联青年数学家哈奇扬（Khachyian）提出的求解线性规划问题的“椭球算法”。哈奇扬因此获得了国际运算学会颁发的Fulkuson奖。不过，哈奇扬并没有像《纽约时报》所说的解决了“货郎担问题”，那是一篇失实的报道。

“货郎担问题”研究的是：某货郎要走遍n个城镇，在不许走回头路或重复路的情形下，如何确定一条最短路线。现在让我们用一种最“笨”的办法来解此问题。首先计算出货郎可能走的全部路线（p条），并算出每条路线的长度。假定令电子计算机作比较大小的运算，每次都留下较短的一条，那么计算机运算 $p-1$ 次，就会得出最短路线，问题也就解决了。

现在我们来求 p 之值。设货郎从 n 个村镇中任选一个作为出发点，那么第 2 站的选法有 $n-1$ 种，第 3 站的选法有 $(n-2)$ 种，依此类推，可知

$$p=(n-1)(n-2)\cdots(n-r+1)\cdots 3\cdot 2\cdot 1=(n-1)!$$

一般来说，n 可以很大。现在取一不太大的数字，$n=31$，则 $p=30!\approx 2.6\times 10^{32}$。如按上述笨办法，要求计算机运算差不多 2.6×10^{32} 次。

假定我们选用每秒一亿次的计算机，即每秒 10^8 次。每天有 86 400 秒，一年约 3.2×10^7 秒。所以电子计算机不停地算一年，也只能算 3.2×10^{15} 次。要运算 2.6×10^{32} 次，则需 0.8×10^{17} 年，即 8 亿亿年。所以用我们的笨办法，货郎担问题事实上是不可解。这里不是指理论上不存在解，而是说用高速电子计算机也无法求出它的解。因此，没有解和算不出解是两个不同的概念。

4.2 但是，求"货郎担问题"的解，完全可以不用这个笨办法。采用更经济简捷的有效算法，也许只要几小时或几天就能完成，那么什么是"有效算法"？"有效"的标准是什么？这是当今数学界研究的热点之一，即计算复杂性问题。我们把一种算法所需要运算的次数记为 $f(n)$，这里 n 是问题的规模(如"货郎担问题"中城镇的个数)。当 $f(n)$ 是 n 的指数函数时，就是复杂的，现有计算机一般无法承受。若 $f(n)$ 是 n 的多项式，则称此算法是多项式算法，计算机有可能承受。为了让大家对多项式次数、指数次数和阶乘次数间的差别有一个感性认识，特列出下表，以供参考。

$f(n)$	$n=2$	$n=3$	$n=4$	$n=10$	$n=20$	$n=30$
n^2	4	9	16	100	400	900
n^5	32	243	1 024	10^5	32×10^5	243×10^5
2^n	4	8	16	1 024	1 048 576	约 10^9
$n!$	2	6	24	3 628 800	2.4×10^{18}	2.6×10^{32}

由此可见，当 n 增大时多项式的增长与指数增长相距是非常大的。因此，寻求某个问题的多项式算法是至关重要的。上面提到的苏联哈奇扬的新发现，原来是指线性规划问题(参见优化篇第 19 讲)可以有一个"椭球算法"是多项式算法。至于"货郎担问题"的多项式算法迄今尚未找到，《纽约时报》的文章是误传了。

4.3 那么，如果解决了"货郎担问题"又有什么意义？为什么《纽约时报》会那样重视一个普通的数学难题呢？这是因为，和"货郎担问题"同一类型的计算复杂性问题很多，

解决了“货郎担问题”，其他问题也就迎刃而解了。在《纽约时报》的那篇文章中这样写道：若干年前，有一个计算机专家小组建议用大数的素因子分解系统进行编码以保持机密。如果计算机能用多项式算法求解“货郎担问题”，那么大数的素因子分解就将成为可能，密码也就不安全了。因此，苏联的发现对各国的情报机构有着明显的重要性。

好，现在我们来介绍目前正在大力研究的公开密钥密码体制。在这种体制下，每个通信者 X 都有两把密钥，一把公开的加密密钥 E_X，一把自藏的解密密钥 D_X，使 $D_X \cdot E_X \equiv I$。现在假定 X 想打电报给 Y，将有如下步骤：

(1) X 在公开密钥簿上查到 Y 的加密密钥 E_Y；

(2) X 将要发的电报明文（一串 01 数码列）P 用 E_Y 加密，得到密文 $C=E_Y(P)$；

(3) X 将 C 发送给 Y（用普通电报传输）；

(4) Y 收到 C 后，用只有 Y 自己知道的解密密钥 D_Y 将 C 恢复出明文 P：$D_Y(C)=D_Y(E_Y(P))=I(P)=P$。

如果第三者截得密文 C，因不知这是拍给谁的电报（即不知 Y），更不知道 D_Y，所以破译是非常困难的。

现在介绍 RSA 体制。

1978 年，Rivest-Schamir-Adleman 提出一种密码体制，它要求每个通信者 X，选两个不同的大素数 p_X 和 q_X，比如大致有 100 位的素数，令 $n_X=p_X \cdot q_X$，$\phi(n_X)=(p_X-1)(q_X-1)$。再找一个正整数 e_X，使 e_X 与 $\phi(n_X)$ 互素。令 d_X 是满足

$$d_X e_X \equiv 1(\mathrm{mod}\ \phi(n_X))$$

的整数，将它作为解密密钥 D_X 的参数严格保密。

现在 X 要将信息 P 传给 Y，我们要求 P 是等价于一个二进制的数列 $\{a_0, a_1, \cdots, a_{t-1}\}$ 的十进制整数，不超过 n_Y-1。由于 n_Y 是两个 100 位整数之积，这个数是很大的。

通讯过程如下：

(1) X 查到 Y 的加密密钥参数 n_Y 和 e_Y；

(2) X 作加密计算：$C=E_Y(P)\equiv P^{e_Y}(\mathrm{mod}\ n_Y)$；

(3) X 将 C 传给 Y；

(4) Y 用自己珍藏的 d_Y，作 $D_Y(C)=C^{d_Y}=P^{e_Y \cdot d_Y}$。其中已知 $e_Y \cdot d_Y=d_Y \cdot e_Y \equiv 1(\mathrm{mod}\ \phi(n_Y))$。

即 $$e_Y d_Y=1+r\phi(n_Y)，r \text{ 是某整数。}$$

于是

$$D_Y(C)=P^{e_Y d_Y}=P^{1+r\phi(nY)}。$$

注意 $n_Y=p_Y q_Y$。如 P_Y 不整除 P，由欧拉定理有

$$P^{P_Y}-1\equiv 1(\mathrm{mod}\ P_Y)。$$

但 (P_Y-1) 整除 $\phi(n_X)$，故

$$P^{1+r\phi(nY)} \equiv P(\bmod P_Y)。$$

如果 P_Y 整除 P，则 $P \equiv 0(\bmod P_Y)$，这时显然有

$$P^{1+r\phi(nY)} \equiv P(\bmod P_Y)$$

因此，不论 P_Y 能否整除 P，都有

$$P^{1+r_{\phi(nY)}} \equiv P(\bmod P_Y)。$$

同样讨论 q_Y，也可得

$$P^{1+r\phi(nY)} \equiv P(\bmod P_Y)$$

总之，有

$$D_Y(c) \equiv P^{1+r\phi(nY)} \equiv P(\bmod n_Y)。$$

这就恢复了明码 P，将它改写为二进制，就是一封电报。

例 取 $p=5$，$q=11$，则 $n=55$，$\phi(55)=4\times 10=40$。取 $e=7$，则 $d=23(23\times 7=161\equiv 1(\bmod 40))$。设 Y 公开的加密密钥是$\{55, 7\}$，珍藏的 $d_Y=23$。今 X 发送信息$\{1, 1\}$给 Y，它的十进制表示是 3。X 将 3 加密为 $E_Y(3)=3^7\equiv 42(\bmod 55)$，然后发给 Y 是二进制的数码，其十进制数是 42。Y 收到后，

$$\begin{aligned} D_Y(42) &= 42^{23} = 42^{24}\cdot 42^{22}\cdot 42^2\cdot 42 \\ &\equiv 31\cdot 16\cdot 4\cdot 42 \equiv 3(\bmod 55)。\end{aligned}$$

Y 就得到 X 发送给他的信息是 3。

4.4 现在我们可以来分析 RSA 体制的奥秘了。这里的要点有两个：一是找 100 位的素数很难，二是将一个大数目 n_X 分解为 p_X 和 q_X 更难。

前一个问题叫素数确定问题，尽管素数无穷多，但我们无法写出所有素数。目前知道的最大素数是

$$2^{216\,091}-1,$$

共 65 050 位。比它大的素数肯定有，但目前还不能具体写出。如果位数少一些，例如 100 位的数，用电子计算机可以在 30 秒内判定它是否是素数，对 200 位的数也只要 8 分钟。所以第一个难关已经突破，制造 RSA 体制的公开的加密密钥 p_X，q_X 虽然是难题，但总算已经解决了。因而可以实施 RSA 体制。

后一个问题叫作大数的素因子分解问题。这个问题如果计算机能解，那么从公开的 n_X 找出 p_X，q_X，从而知道 $\phi(n_X)$。又从公开的 e_X 求出适合 $d_Xe_X\equiv 1(\bmod \phi(n_X))$ 的 d_X，密码就被破译了。所以 RSA 体制的保密性能在于大数不能用电子计算机找出它的素因子。

找一个数的素因子很难。例如我们已知 $2^{101}-1$ 是一个 31 位的数，它是两个不同的素数的乘积，其中较小的一个至少有 11 位，但至今尚未求出这两个素因子是多少。又例如，我们知道，当 $r=2^{1945}$ 时，2^r+1 的最小素因数 $p=5\times2^{1947}+1$，但至今还不知道其他的素因子是什么。

现在再回到《纽约时报》关于哈奇扬算法的文章上来。如果 1979 年哈奇扬真能将"货郎担问题"用多项式算法求得解，那么从理论上可以推证大数的素因子分解也一定可以用多项式算法求解，即计算机可以算得出任何大数的素因子，RSA 体制的价值也就没有了。这就是"各国情报机构"都对哈奇扬算法如此关注的缘故。

然而，"货郎担问题"至今没有找到多项式算法，RSA 体制仍然有效。留给我们的启示是：计算机的速度仍然是太慢了。就是再快上 10 倍、100 倍、10 000 倍，也解决不了问题，也许，人类的智慧将来会对此问题有一个圆满的解决，或者是制出特超高速的电子计算机，每秒运算达 10^{100} 次；或者找到一种好算法。究竟如何，现在还是"谜"。

第 5 讲　如虎添翼的迭代方法

数学中的迭代方法，古已有之，于今为烈。计算机的出现，使它如虎添翼，备受青睐。

5.1　让我们先说一个关于"世界末日"的故事。18 世纪时，有人在法国的一份杂志上介绍了一个印度传说。当印度教的主神梵天创造地球这一世界时，曾在一座神庙里构造一座梵塔(又称河内塔)。这是一块黄铜板，上面插着三根棒针，在一根棒上套着 64 个圆形的金片，半径各不相同，最大的在最底下，然后依半径大小放好。天神梵天要庙里的僧侣把这些金片全部移到另一根棒上，一次只能移一片，大的不能放在小的上面，允许用第三根棒作为过渡，神说，只要把这 64 块金片移动完毕，世界末日就要来到。现在让我们来计算它。

我们不限于 64 这个数目。一般地，我们令 n 表示金片数，$h(n)$ 表示按上述规则移动所需的次数。显然 $h(0)=0$，$h(1)=1$，当 $n=2$ 时，先把小片套在 B 棒上，再将大片置于 C 棒上，最后将小片移在 C 棒上，共三次。如果有 n 片，先将 A 上的 $n-1$ 片移至 B 上需 $h(n-1)$ 次，然后把最大的移到 C 上，最后再将那 B 棒上的 $n-1$ 个金片移到 C 棒上(又要 $h(n-1)$ 次)(如图 5.1 所示)，所以总数是

$$h(n)=2h(n-1)+1。$$

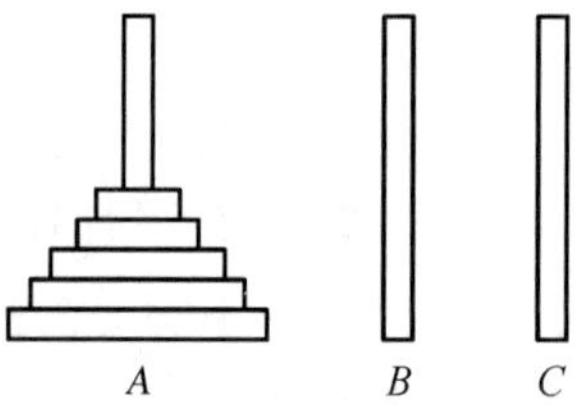

A　　B　　C

图 5.1

我们将这个递推关系改写为

$$\begin{aligned}h(n)&=2[2h(n-2)+1]+1=2^2h(n-2)+2+1\\&=2^2[2h(n-3)+1]+2+1\\&=2^3h(n-3)+2^2+2+1=\cdots\end{aligned}$$

$$=2^n h(0)+2^{n-1}+\cdots+2^2+2+1$$
$$=2^{n-1}+\cdots+2^2+2+1=2^n-1。$$

因此河内塔问题的答案是

$$2^{64}-1=18\,446\,744\,073\,709\,551\,615。$$

如果每秒搬一次，一年有 31 536 000 秒，印度众僧搬完它需要 58 万亿年，这比太阳系的年龄大得多了，因此“世界末日”还早着呢！

5.2 递推与迭代本来只是一种计算和推理的方法，本无甚特别之处。可是当电子计算机出现以后，它的身价高起来了。原因在于计算机的长处是不怕烦，能够机械地重复同一动作而不叫苦，而迭代方法形成的递推关系却正好提供了一个可以重复的算法。于是人们在使用计算机时，就会想到迭代法，用最少的指令去叫计算机干一件重复的活。此类例子比比皆是。

例如，要计算多项式 $f(x)$ 当 $x=5$ 时的值，这里

$$f(x)=Ax^7+Bx^6+Cx^5+Dx^4+Ex^3+Fx^2+GX+H。$$

我们当然可以先求出 5^2, 5^3, $\cdots$, 5^7 的值，再乘上各自的系数，最后加起来得出结果。但这太麻烦，不如写成

$$f(x)=((((((Ax+B)x+C)x+D)x+E)x+F)x+G)x+H。$$

这样一来，我们只需要两个动作：乘 x 和加下一个系数。计算 $f(x)$ 的框图如图 5.2。只要将系数 A, B, C, D, E, F, G, H 依次输入计算机，按框图操作，即可得出 $f(x)$ 之值，这比前一种方法的指令要省事多了。

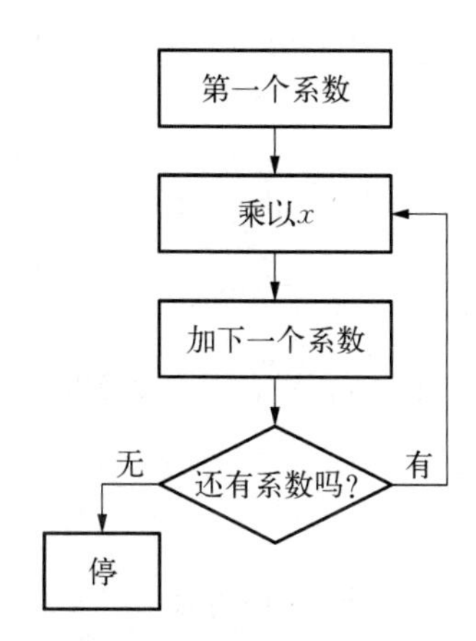

图 5.2

5.3 计算机如何开平方？这也要归结为迭代算法。

设有正数 a，我们可以用迭代公式：任取 $x_0>0$，

$$x_{n+1}=\frac{1}{2}\left(x_n+\frac{a}{x_n}\right), n=0, 1, 2, \cdots \tag{1}$$

来求。这只要证 x_n 是有界单调下降数列，因而有极限 c。将 (1) 两端取极限，即得 $c=\frac{1}{2}\left(c+\frac{a}{c}\right)$，此即 $c^2=a$, $c=\sqrt{a}$。

至于 x_n 有下界是显然的（$x_n>0$）。而 $x_{n+1}\leqslant x_n$，可先由(1)除以 x_n 得出

$$\frac{x_{n+1}}{x_n}=\frac{1}{2}\left(1+\frac{a}{x_n^2}\right)。$$

再据 $t>0$ 时 $f(t)=\frac{1}{2}\left(t+\frac{1}{t}\right)\geqslant 1$，知 $x_n=\sqrt{a}\cdot\frac{1}{2}\left(\frac{x_{n-1}}{\sqrt{a}}+\frac{\sqrt{a}}{x_{n-1}}\right)\geqslant\sqrt{a}$。这就证明了 $x_{n+1}\leqslant x_n$。

这一迭代方法的误差是 $\delta_{n+1}\leqslant\frac{\delta_n^2}{2\sqrt{a}}$（只要用 $\delta_n=x_n-\sqrt{a}$ 代入(1)式估算易得）。

例 求$\sqrt{81\,725.3}$。

取 $x_0=300$，则

$$x_1=286.208\,833\,334,$$

$$x_2=285.876\,564\,976,$$

$$x_3=285.876\,371\,881,$$

$$x_4=285.876\,371\,881,$$

即迭代到第 4 次，精度已到小数点以后第 9 位。

这里我们不妨再给出一种开平方根的迭代算法。

对 $a>0$，我们先取正数 x_0，y_0 使 $x_0y_0=a$，$x_0>y_0$。这太容易了（当 $a>1$ 时，取 $x_0=a$，$y_0=1$；$a<1$ 时，令 $x_0=1$，$y_0=a$）。然后作

$$x_1=\frac{x_0+y_0}{2},\quad y_1=\frac{2x_0y_0}{x_0+y_0}。$$

此时仍有 $x_1y_1=a$，而且

$$\begin{aligned}x_1-y_1&=\frac{x_0+y_0}{2}-\frac{2x_0y_0}{x_0+y_0}=\frac{(x_0-y_0)^2}{2(x_0+y_0)}\\&=\frac{x_0-y_0}{2}\cdot\frac{x_0-y_0}{x_0+y_0},\end{aligned}$$

由于 $x_0-y_0>0$，所以 $x_1-y_1>0$。此外，由 $y_1>0$ 知

$$\frac{x_0-y_0}{x_0+y_0}<1,\quad x_1-y_1<\frac{x_0-y_0}{2}。$$

一般地，同样可证

$$x_n-y_n<\frac{x_{n-1}-y_{n-1}}{2},\ x_ny_n=a,\ x_n>y_n。$$

这样，当 $n\to\infty$ 时，x_n，y_n 却趋于同一值 c。因 $x_ny_n=a$，故 $c^2=a$，即 $c=\sqrt{a}$。

这表明 x_n 或 y_n 可以作为$\sqrt{a}$的近似值，其误差为

$$\delta_n\leqslant x_n-y_n<\frac{x_{n-1}-y_{n-1}}{2}<\cdots<\frac{x_0-y_0}{2^n}。$$

这一收敛速度也是很快的。

递推的算法可用于许多情形。比如解二次方程，按常规似应代公式

$$x_{1,2}=\frac{1}{2a}(-b\pm\sqrt{b^2-4ac})。$$

事实上，迭代法也可用于二次方程的求解。

设 $x^2-4x-1=0$，将它改写为 $x=4+\frac{1}{x}$，即可得到迭代式

$$x_{n+1}=4+\frac{1}{x_n}。$$

如取 $x_1=4$，则有

$$x_1=4,$$
$$x_2=4.25,$$
$$x_3=4.235\,294\,118,$$
$$x_4=4.236\,111\,111,$$
$$x_5=4.23\,606\,551\,1,$$
$$\cdots$$
$$x_9=4.236\,067\,977,$$
$$x_{10}=x_8,$$
$$x_{11}=x_9,$$

即迭代 10 次以后，就能保证 9 位有效数字了。

5.4 迭代法的图像表示。迭代的思想可用于许多方面。例如，渔业生产中有一贝佛顿-侯尔特模型(如图 5.3)。图中 S_n 表示某时刻第 n 年鱼群中成熟鱼的数量。相应地，R_n 表示以 S_n 为底数时一年后成熟鱼的数量。显然，$R_{n-1}=S_n$。按照繁殖曲线 $f(S)$作迭代：

$$R_n=f(S_n)=f(R_{n-1})。$$

如果 $f(x)$如图 5.3 所示，则 R_n 将收敛于 $R^*=S^*$。如果 $f(x)$如图 5.4 所示，选取 S_0 后，S_n 和 R_n 将不会收敛，处于一种振荡和混乱的状态。贝佛顿-侯尔特正是利用各种不同的繁殖曲线所引出的蛛网模型，来解释海洋中鱼群的繁殖规律的。

迭代方法正在向许多方向进军。我们以上的迭代都是实值的，如果复值呢？例如简单的 $Z_{n+1}=Z_n^2+C$，曾在 1918 年被 Julia 所研究，但未引起注意。现在有了计算机工具，用大量的数据揭示了此种迭代的许多有趣现象，并和复动力系统相联。“迭代”不仅使许多学科起死回生，还建立了不少新学科，下一讲的“混沌”就是一例。

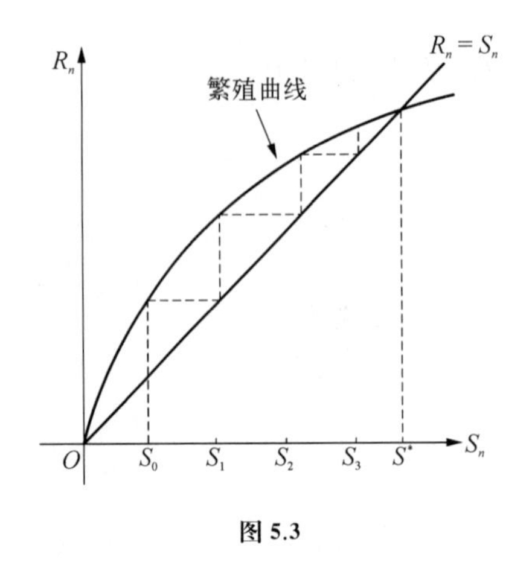

图 5.3

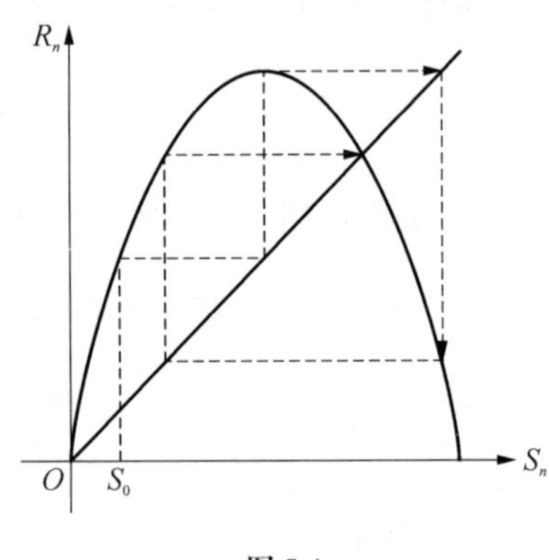

图 5.4

第 6 讲　混沌：周期 3 则乱七八糟

最近十几年来，混沌（chaos）不胫而走，成为物理学家和数学家共同追逐的目标。对于混沌一片的无序状态，过去是无法研究的。但是这种无序的混沌状态，竟然可以从一个二次方程的迭代产生出来。计算机对各种初始值和参数作大量的迭代计算，终于揭开了"混沌"的神秘面纱的一角，使人为之一振。

6.1　让我们从昆虫的繁殖说起。夏日的蝉是每年都会看见的，但品种繁多。有一种 17 年蝉，成虫只活几星期。然后产下大量卵，孵化为幼虫后钻入地下，附在树根上 17 年，然后再羽化成蝉。因此这种蝉每 17 年大量出现一次。此外，还有 13 年蝉、7 年蝉、4 年蝉，等等。

描写昆虫种群数量的变化，可以通过迭代方程 $x_{n+1}=f(x_n)$ 来描述，这和上一讲中关于鱼群的迭代关系是同一类型。数学上最常处理的是下述迭代关系（由二次函数 $\lambda x(1-x)$ 作成）：

$$x_{n+1}=\lambda x_n(1-x_n),\ 0\leqslant\lambda\leqslant 4,\ n=0,\ 1,\ 2,\ \cdots。$$

我们设 x_0 是 17 年蝉大量出现时的虫口数，$f(x)$是它的繁殖曲线，那么将有

$$x_{17}=f(x_{16})=f(f(x_{15}))=\cdots=\underbrace{f(f\cdots f}_{17个}(x_0))=x_0$$

以后记 f^n 为 f 的 n 次复合，那么 x_0 就是 $f^{17}(x)$的不动点：$f^{17}(x_0)=x_0$。我们也称 x_0 是 $f(x)$的 17 周期点。下面分析迭代情形。

(1) $0<\lambda<1$。$f(x)=\lambda x(1-x)$ 有两个不动点，因为

$$x=\lambda x(1-x)$$

的解是 $x^{\#}=0$ 和 $x^{*}=1-\dfrac{1}{\lambda}$。此时 $x^{*}<0$ 不合题意,故只有 $x^{\#}=0$ 是不动点。从图形上看,不动点 x_0 就是 $f(x)$ 和 $y=x$ 的交点处的横坐标。任何初值 x_0,经迭代后都会收敛于不动点 O(见图 6.1)。

(2) $1<\lambda<3$。此时 $f(x)=\lambda x(1-x)$ 仍有两个不动点 $x=0$, $x=1-\dfrac{1}{\lambda}$。任取初值 x_0,迭代后一定收敛于 $1-\dfrac{1}{\lambda}$。O 虽然也是不动点,除了 O 变为 0 之外,任何不为 0 的初值 x_0,无论如何靠近于 O,却不会收敛于 0,而要收敛于 $1-\dfrac{1}{\lambda}$。这时 O 是排斥子,$1-\dfrac{1}{\lambda}$ 是吸引子(见图 6.2)。

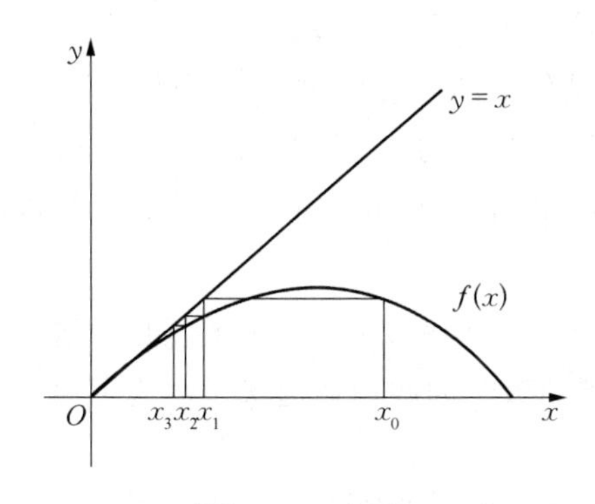

图 6.1 (0<λ<1)

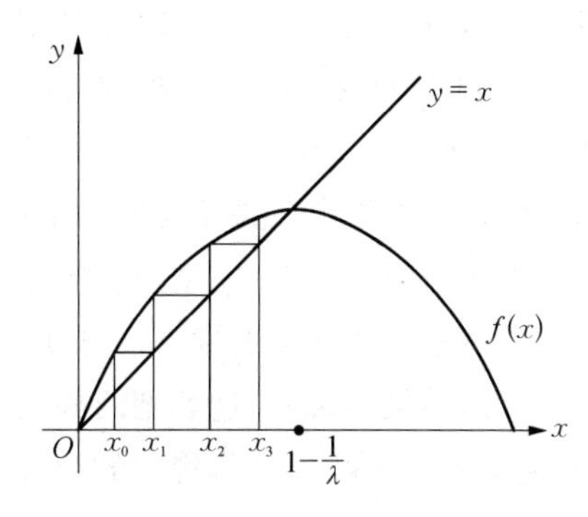

图 6.2 (1<λ<3)

(3) $3<\lambda<1+\sqrt{6}\approx 3.449$。这时的不动点仍为 0 和 $1-\dfrac{1}{\lambda}$,但它们都是排斥子。我们从图 6.3 中可看出,由初值 x_0 出发得出的 x_n 不收敛于 0 也不收敛于 $1-\dfrac{1}{\lambda}$,而在两个点上来回变动。经计算,这两个点是

$f^2(x)=f(f(x))=\lambda^2 x(1-x)[1-\lambda x(1-x)]$

的不动点,它有 4 个解:

$0,\ 1-\dfrac{1}{\lambda}$,以及 $\dfrac{1}{2\lambda}(1+\lambda\pm\sqrt{(\lambda+1)(\lambda+3)})$。

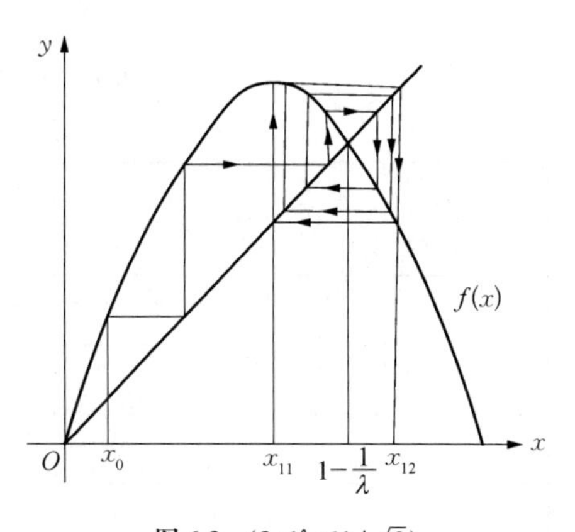

图 6.3 (3<λ<1+√6)

这说明当 $\lambda>3$ 后,不动点 $\left(1-\dfrac{1}{\lambda}\right)$ 由吸引子转为排斥子,同时派生出两个 2 周期点:

$$x_{11}=\frac{1}{2\lambda}(1+\lambda+\sqrt{(\lambda+1)(\lambda+3)}),$$

$$x_{12}=\frac{1}{2\lambda}(1+\lambda-\sqrt{(\lambda+1)(\lambda+3)})。$$

$$f(x_{11})=x_{12},\ f(x_{12})=x_{11}。$$

$$f(f(x_{11}))=x_{11},\ f(f(x_{12}))=x_{12}。$$

(4) $1+\sqrt{6}<\lambda<3.544$。这时两个 2 周期点又将分化为 4 个 4 周期点：

$$\begin{array}{ccc} 0.3\,828 & \longrightarrow & 0.826\,9 \\ \uparrow & & \downarrow \\ 0.875\,0 & \longleftarrow & 0.500\,9 \end{array}$$

随着 λ 的增大，f 的周期点个数不断增加。这种一分为二，二分为四的过程，称为分歧过程。参数 3 是一分为二的分歧值，$1+\sqrt{6}$ 是二分为四的分歧值。可以算出，$\lambda=3.544, 3.564$时分别是四分为八，八分为十六的分歧值。这一分歧过程会不断发生，分歧值越来越靠近，收敛于 $\lambda=3.569\,945\,972$ 时，出现周期为∞的解，此时即进入混沌状态，任何初值的迭代都不会收敛于有限的值(吸引子)，x_n 将在整个[0, 1]上游荡，好像可以随机地出现在任何位置上，完全没有规律可循。

这自然是一个深刻的发现。从确定的现象(一个二次函数 $\lambda x(1-x)$) 通过迭代居然能产生出随机性现象，这就把两种完全不同类型的数学问题沟通起来了。这个深刻的发现，使人不禁感叹大自然规律的神奇。

事情尚未到此完结，20 世纪 70 年代末期，美国康奈尔大学的菲根鲍姆(Feigenbaum)从上述的迭代过程中发现了普适常数 4.669 201 629…。请看表 1。

表 1　周期倍化分歧中间距比值变化情况
$f(x)=\lambda x(1-x)$

m	分岐情况	分岐值	间距比值 $\frac{\lambda_m-\lambda_{m-1}}{\lambda_{m+1},-\lambda_m}$
1	1 分为 2	3	
2	2 分为 4	3.449 489 743	4.751 466
3	4 分为 8	3.544 090 359	4.656 251
4	8 分为 16	3.564 407 266	4.668 242
5	16 分为 32	3.568 759 420	4.668 74
6	32 分为 64	3.569 691 610	4.669 1
⋮	⋮	⋮	⋮
∞	混沌	3.569 945 972	4.669 201 629

菲根鲍姆对许多迭代函数进行了大量的计算，都得到 4.669 201 629…这个数。这决非巧合。尽管目前还不清楚这个数的本质，但学术界倾向于认为它是自然界中的普适常数，此即著名的菲根鲍姆常数。

现在世界上至少有几千名学者热衷于混沌理论，期望这一现象的研究会揭示宇宙的奥秘。

6.2 周期 3 则乱七八糟。让我们回到数学上来。1974 年 4 月的一天，美国马里兰大学的博士研究生李天岩走进他的导师——约克(J. A. Yorke)教授的办公室。约克随口对李天岩说："试试区间迭代怎么样？"一个星期以后，李天岩证明了如下结果：

定理：若 $f(x)$ 是区间 $[a, b]$ 上的连续自映射，且有一个 3 周期点，则对任何正整数 $n>3$，都有 n 周期点。

这一定理看上去很简单，李天岩和约克联名向《美国数学月刊》投稿。这是一本中级数学杂志，1975 年出版的第 82 卷 985—992 页上登了出来。题目是 *Period Three Implies Chaos*。按李天岩本人的译法就是《周期 3 则乱七八糟》。这篇不起眼的小文章，由于通俗易懂，读者很多，物理学家也接受了。随之而来的便是 Chaos 热(Chaos 现在中译为混沌)。现在，它已发展为研究混乱现象(湍流、分形)的基础理论了。

这一定理的结论很简单，但并不直观。试看图 6.4 中的函数，它显然有一个 3 周期点 0：$f(0)=\frac{1}{2}$，$f\left(\frac{1}{2}\right)=1$，$f(1)=0$。但你能看出来它会有 4 周期点、5 周期点以至对任意 n 的 n 周期点？显然这不是靠直观能办到的事，必须用数学方法严格证明。

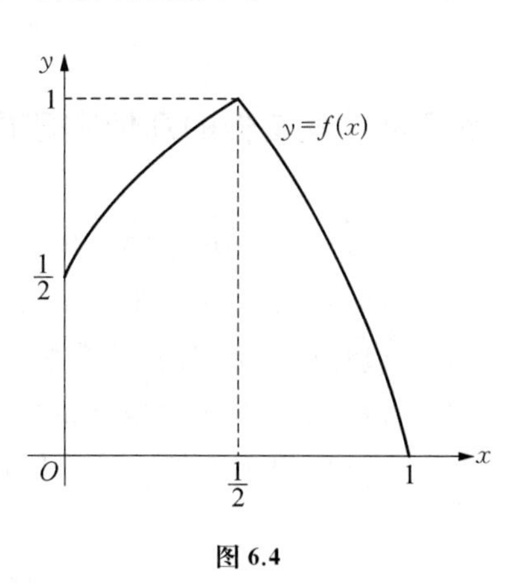

图 6.4

这一定理的证明并不难，主要用初等方法就行。有兴趣的读者可参看 1985 年《自然杂志》上刊登的《从平凡的事实到惊人的定理》一文。

6.3 那么究竟什么是混沌呢？它可以较为严格地定义如下。

设在闭区间 I 上有一到自身的连续映射 $f(x)$，如果具有以下性质，则称 f 产生混沌现象：

(1) f 的周期不动点的周期无上界；

(2) 存在 I 上的不可数子集 S，满足：

1° 对任意 $x, y\in S$，当 $x\neq y$ 时，有

$$\limsup_{n\to+\infty}|f^n(x)-f^n(y)|>0。$$

2° 对任意 $x, y\in S$，有

$$\liminf_{n\to+\infty} | f^n(x) - f^n(y) | = 0。$$

3° 对任意 $x \in S$，和 f 的任一周期点 y，有

$$\limsup_{n\to+\infty} | f^n(x) - f^n(y) | > 0。$$

从定义可以看出，S 中的两点 x，y 经迭代后不会彼此越来越靠近(上确界大于 0)，也不会越来越分离(下确界为 0)，即忽分忽合，呈现一片混乱状态。李-约克的论文证明了，若 f 有 3 周期点，则 f 一定会产生混沌现象。

混沌是古人想象中世界开辟以前的无序状态。盘古开天地，清者上浮为天，浊者下沉为地，终于形成天地分明的上下有序状态。这种现象物理世界中常常会遇到。满天乌云，滚滚浓烟，江河中的紊流，冬天凝结的冰花，杂乱无章，混沌而无序。然而一切有序是从无序中产生出来的。康德的"星云说"揭示了太阳系是由混沌弥漫的星云而发展起来的。人们研究无序向有序的转化乃是一件重大的科学探索。如果说以前只是定性的描述，那么现在已能进行定量的研究。对 $f(x)$ 整体性质的研究出现了数学理论，而计算机则为迭代提供了实验手段。在未来的岁月里，无序与有序之间的辩证关系将使人们在认识世界的长河中达到新的境界，而随着混沌现象奥秘的揭开，数学研究也会出现新的飞跃。

第 7 讲　吴文俊的几何定理机器证明

计算机对数学的影响是多方面的。如前述的算法设计、迭代程序，以及大范围科学计算等都是。近几十年来，"孤立子"现象是 1965 年用计算机发现的，许多昂贵的工程试验是通过计算机模拟的，计算机不仅会计算数值，而且能操作符号运算。计算机给情报资料和研究手段带来的便利也是前所未有的。但是，最激动人心的工作还是用计算机证明数学定理。人们不禁会问，计算机究竟在多大程度上能发挥数学家特有的智能呢？

7.1　初等几何定理的机器证明是一个首先想到的问题。这个问题看起来不难，实际上相当棘手。传统的欧几里得证明定理的方法要求个别处理，使用特殊的技巧，并无一个统一的证题模式。常常听到有人说，代数是死的，有方程式可寻，一步一步去做，最多繁一些，最后总能做出结果来。而几何题无法模仿，一个题一个样。这大概是中学生反映几何难学的原因之一。现在要用计算机证明几何题，如不告诉它一般的方法，即机械的程序，机器是不会证题的。

20 世纪以来，许多大数学家为此做过工作。希尔伯特在他的名著《几何基础》里，给出严格的几何学公理体系。后来又对一类构造型的纯交点定理给出了机械化方法。1950 年，波兰数学家塔尔斯基(Tarski)对一类有次序关系的实闭域上的几何给出了机械化方法。我国的吴文俊教授在 70 年代提出了一种机械证明方法，广受国内外注意。他

的工作包含了希尔伯特的定理，而和塔尔斯基的工作互相交叉而不包含。特别是吴文俊方法效率高，可在普通计算机上实现，现已证出了欧氏几何已知的全部定理，而且发现了几个新的几何定理。

7.2 计算机不认识几何图形，更不会推理。它的长处是会“算”，而且不厌其繁（不能到太繁的程度）。所以把平面几何代数化，即用代数方法来处理几何问题将是可行的。几何定理的机器证明应有如下的三步：

(1) 从几何公理系统出发，引进数式与坐标系，使任何几何定理的条件和结论都写成代数式，从而几何证明成为纯代数问题。

(2) 将定理假设部分的代数关系式进行整理，然后依确定的步骤；验证定理结论的代数式可由假设部分的代数式推出。

(3) 按上述确定步骤编成程序，并在计算机上实现。

显然，这里的关键是第二步。从一些代数式出发，去推出另一些代数式成立，似乎并无什么成法可套。

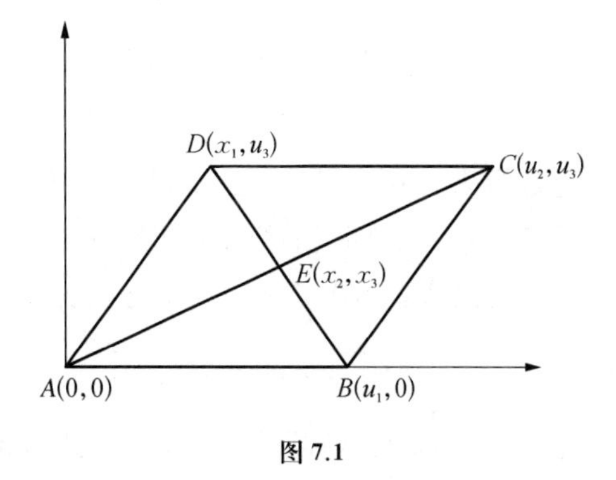

图 7.1

例 试证：平行四边形的对角线互相平分。我们首先想到，先把几何问题代数化。

引入坐标系后，首先注意到 D 的坐标不是随意的。其纵坐标与 C 同，都是 u_3。其横坐标可由 u_1，u_2，u_3 决定。同样对角线交点 E 的坐标 (x_2, x_3)，也由 u_1，u_2，u_3 决定。因此，u_1，u_2，u_3 是独立坐标，x_1，x_2，x_3 则不独立。根据题设，我们可以写成假设条件中的代数式：

1° $AD \parallel BC$，　　故　$u_3(u_2 - u_1) - x_1 u_3 = 0$。　(1)

2° E 在 BD 上，　　$x_3(x_1 - u_1) - u_3(x_2 - u_1) = 0$。　(2)

3° E 在 AC 上，　　$x_3 u_2 - x_2 u_3 = 0$。　(3)

定理的终结部分要求：$EA = EC$。为避免根式（机器不能表示无限不循环过程），写 $EA^2 = EC^2$，这表明

$$x_2^2 + x_3^2 = (u_2 - x_2)^2 + (u_3 - x_3)^2,$$

即

$$u_2^2 - 2u_2 x_2 + u_3^2 - 2u_3 x_3 = 0。\tag{4}$$

同理，由 $EB = ED$ 得出

$$-2u_1 x_2 + u_1^2 - x_1^2 + 2x_1 x_2 - u_3^2 + 2u_3 x_3 = 0。\tag{5}$$

现在的问题就是从(1)，(2)，(3)去推出(4)，(5)。通常的想法是从(1)，(2)，(3)中解出

$$\begin{cases}x_1=u_2-u_1,\\x_2=u_2/2,\\x_3=u_3/2。\end{cases}$$

代入(4),(5)正好满足,于是证完。

但这一方法不能推广到一般情形。因为在一般的几何定理中,条件部分不一定都是线性方程(如圆就是二次方程),更不一定能唯一地确定一组解。我们设计的机器证明方法,必须对一切情形都能适用才能交给机器去做。

7.3 吴文俊提出的一般机械化步骤是:

第一步:将变量作"三角化"安排。即将定理条件中的代数式写成

$$\begin{cases}f_1(u_1,\cdots,u_l,x_1)=0,\\f_2(u_1,\cdots,u_l,x_1,x_2)=0,\\\cdots\cdots\\f_n(u_1,\cdots,u_l,x_1,x_2,\cdots,x_n)=0。\end{cases}$$

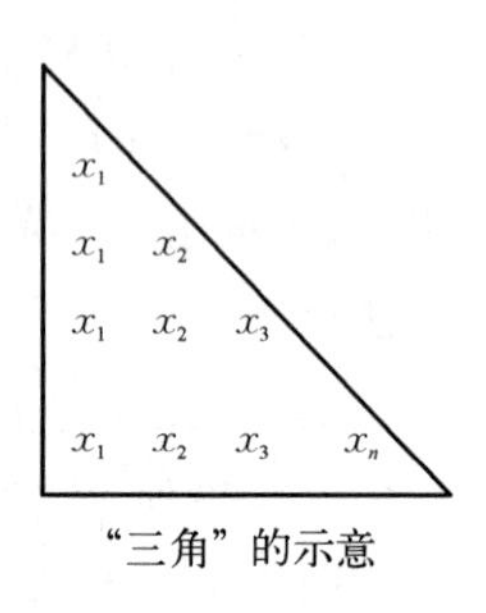

"三角"的示意

图 7.2

这是指第一式中只含不独立的 x_1,第二式中只含 x_1, x_2,排起来的示意图是"三角形"的样子(图 7.2)。

第二步:逐次除法。把表示终结的式子写成

$$g(u_1,u_2,\cdots,u_l,x_1,x_2,\cdots,x_n)=0。$$

先将 g 除以 f_n(都看作 x_n 的多项式),得

$$c_1g=a'_1f_n+R_n。$$

将 R_n(不含 x_n)除以 f_{n-1}(都当作 x_{n-1} 的多项式),得

$$c_2R_n=a'_2f_{n-1}+R_{n-1},$$

同样,

$$c_3R_{n-1}=a'_3f_{n-2}+R_{n-2},$$

$$\cdots\cdots$$

$$c_{n-1}R_3=a'_{n-1}f_2+R_2,$$

$$c_nR_2=a'_nf_1+R。$$

把以上各式中第一个式子乘以 c_2,将第二个式代入得

$$c_1c_2g=a'_1c_2f_n+a'_2f_{n-1}+R_{n-1}。$$

再把该式乘以 c_3,再将第三式代入,得

$$c_1c_2c_3g=a'_1c_2c_3f_n+a'_2c_3f_{n-1}+a'_3f_{n-2}+R_{n-2}。$$

如此继续,最后得

$$c_1c_2c_3\cdots c_ng = a_1f_n + a_2f_{n-1} + \cdots + a_nf_1 + R。\qquad (*)$$

其中 a_i', c_i, a_i 等都是经过整理的多项式。现在从(*)可以看出 $f_1 = f_2 = \cdots = f_n = 0$ 及 $R = 0$,可知 $g = 0$。当然,还要假定 c_1, c_2, $\cdots$, c_n 不为0。

这样,我们在 c_1, c_2, $\cdots$, c_n 不为0的情形下,把定理证明归结为检验 $R = 0$(细节未作推敲!)。

7.4 例 将平行四边形对角线平分的定理,用机械化证明方法可处理如下。

2.7.2 中(1)式为

$$f_1 = u_2 - u_1 - x_1 = 0。(它只含 x_1)$$

2.7.2 中(2),(3)两式均有 x_2, x_3,现消去 x_2。由(2)减(3),令

$$f_2 = x_3(x_1 - u_1 - u_2) + u_1u_3 = 0。(只含 x_1, x_3)$$

令

$$f_3 = x_3u_2 - u_3x_2 = 0。$$

f_3 中本要求含 x_1, x_3 以及 x_2。但这里未出现 x_1,看作 $0 \cdot x_1$ 即可,无关大局,值得注意的是,这里的"三角化"是 x_1;然后是 x_1, x_3,最后是 x_1, x_3, x_2。这也无关紧要,无非是编号不同。

现在将 2.7.2 中的(4)式看作 $g_1 = u_2^2 - 2u_2x_2 + u_3^2 - 2u_3x_3$ 并用逐次除法。

用 f_3 除 g_1,得 $\quad u_3g_1 = 2u_3f_3 + R_3$。

$$(R_3 = -2(u_2^2 + u_3^2)x_3 + u_3(u_2^2 + u_3^2))$$

用 f_2 除 R_3,得 $\quad (x_1 \quad u_1 - u_2)R_3 = -2(u_2^2 + u_2^3)f_2 + R_2$。

其中 $R_2 = 2u_1u_3(u_2^2 + u_2^3) + u_3(u_2^2 + u_3^3)(x_1 - u_1 - u_2)$

$\qquad = u_3(u_2^2 + u_2^3)(x_1 + u_1 - u_2)$。

用 f_1 除 R_2,得 $\quad R_2 = -u_3(u_2^2 + u_3^3)f_1 + R$。

因此 $R = 0$。于是由(1)、(2)、(3)式可推出(4)式,同样可证(5)式。此定理的证明完毕。

7.5 我们这里只是一个大概描述,许多细节并未深究。例如,平行四边形不允许退化成一条线,那时两条对角线相互重叠,根本不能平分。这些都在人们的常识之中,但机器不懂,所以必须设法排除这种情形。而 $c_1 \neq 0$, $c_2 \neq 0$,就反映了这一要求。

此外,机器会不会做"三角化",会不会做除法,得余数等都应考虑,不过这还不是太难的问题。

更进一步的问题是,我们只考虑了条件和结论中都是有关几个交点的情形,都仅涉及代数等式。对于"三角形两边之和大于第三边"之类的命题,将涉及代数不等式,以上办法就不灵了,还得另觅他途加以补救。

至于复数域情形，非欧几何学情形，射影几何学定理，以及代数几何方面的命题，都可以做到一定程度的机械化。但是对于极限、连续、微分、积分等，计算机肯定无能为力，不能机械化。

总之，计算机时代的数学有其许多新的特点，人机关系将变得越来越重要，机器证明在何种程度上能代替人的脑力劳动，又将带来什么问题，我们将在下一讲"四色问题证明了吗?"继续讨论。

第 8 讲　四色问题证明了吗

1976 年，美国伊利诺斯(Illinois)大学的阿佩尔(Appel, K.)和哈肯(Haken, W.)宣布，任何平面地图着色"只要四种颜色就够了"。于是，他们用电子计算机检验了 1 478 个构形之后断言"四色问题已经解决"。这一时成为轰动性的数学新闻。数学家对这项成就的评价各不相同，多数人赞赏，少数人怀疑，有些人则持批评态度。风风雨雨经历了 10 年之后，忽然传说"四色定理的证明是错的"。沸沸扬扬的传播并未证实，大约是事出有因，查无实据。1986 年，阿佩尔和哈肯发表文章说，证明中有些细节确实有些毛病，但都能改正，整体上肯定是正确的。总之，"四色问题"的证明，仍然是人们谈论的话题，计算机证明带来的哲学困惑更是发人深思的。

8.1　先说些"四色问题"的历史。1852 年，格思里(Guthrie, F.)在给他弟弟的一封信中说："看来，每幅地图若用不同的颜色标出邻国，只要四种颜色就够了。"邻国的意思是指有共同边界线，不是一点或几点。一个国家当然指一个连通的区域。格思里兄弟都在伦敦大学学院中听大数学家德·摩根的课，他知道这个问题，但也无法判断其真伪。

1872 年，著名数学家凯莱，A.(Cayley, A.)把这个问题提交给伦敦数学学会。一年之后，肯普(Kempe, A. B.)，一位伦敦的律师和数学会会员，发表了论文，宣称证明了四色猜想。他的构思十分巧妙，但在 1890 年却被指出证明有误，且不易改正。

进入 20 世纪以后，数学家的兴趣并未消减。1950 年以前最好的结果是证明了"少于 36 个国家的地图用四种颜色就够了"。但过了四分之一世纪，到 1975 年时，上述结论中的数字 36 提高到了 52。而问题并未彻底解决。1976 年，就发生了上述计算机证明"四色问题"的特大新闻。

8.2　肯普的证明思路是对的。他把一张地图说成是正规的，如果没有一个国家包围其他国家，或者三个以上的国家交于一点。"四色问题"归结为证明"不可能存在一张必须使用五种颜色的正规地图"。肯普还注意到，如果有这样的五色地图，一定会有国家数最少的"极小正规五色图"。肯普先设法证明了"每张正规地图中至少有一国具有两个或三个或四个或五个邻国"。然后又想证明"每张极小正规五色图如果有一国家的邻国为两个至五个，则将会有国数更少的正规五色地图"，这与极小性矛盾。所以极小五色图不存在，于是四色定理证明完毕。

可惜的是，在最后那一步与极小性相矛盾的证明中有破绽，未能成立。

但是，肯普提供了一些重要的概念。第一，“不可避免的构形”，这脱胎于“正规地图必有一国具有二或三或四或五个邻国”。也就是说对正规地图来说：(1) 一国有两个邻国，(2) 一国有三个邻国，(3) 一国有四个邻国，(4) 一国有五个邻国，构成一个不可避免组，即不可避免地要出现这四种情况之一。第二，可约构形。直观地说，构形可约的条件是只要检查构形和一串国家能够合并的方式就能证明这个构形不可能出现在极小五色图里。

1936 年，希什(Heesch)提出，可以用肯普的思路，用寻找可约构形的不可避免组的方法证明“四色问题”，只是可约构形的内容要扩大，不可避免组也不再是上述的四种情形。

8.3 1970 年前后，问题已集中到如何判断一个构形是否可约。检查有 11 个顶点(国家)的构形是否可约在计算机上是可行的，但以后每增加一个顶点需要 4 倍的计算时间，计算 18 个顶点的构形是否可约要 100 个计算机小时。另一方面，不可避免组需要几千个可约构形，如果是 1 000 个 18 个顶点的不可避免组，就需 10 万小时，超过 11 年了。因此，困难在于计算机的速度不够快，或者算法不够好。

1972 年开始，阿佩尔与哈肯着手细致地研究有关的计算机程序，搜寻计算量较小的可约构形的不可避免组。不断地改良，终于使得计算机有可能承担检验任务了。他们在三台 IBM 型机器上工作了 1 000 小时，检验了 1 478 个构形的可约性，并形成了不可避免组，“四色问题”终于证明了。

8.4 著名的概率论学者杜勃在阿佩尔与哈肯的上述论文发表之初，就对哈肯说：“你的证明在 5 个月之内一定会被发现有错。”他的根据是他自己的统计结果：“随机地打开数学论文，在两页内一定能找到一个并非印刷性的错误。”哈肯当时则说：“当我注意到这个错误以后，我一定会在两星期内加以改正。”事实是，证明中的计算机程序不断发现有错，阿佩尔和哈肯一直在忙于订正。他们把错误分为三类。一类是小错误，几分钟内即可订正。中等错误的改正要几小时，而一类大的错误，通常要好几天。1981 年，施密特(Schmit, U.)在他的博士论文中，将阿佩尔和哈肯的计算机程序中的 40%，逐一进行检验，结果发现了 14 个小错和 1 个大错。这篇博士论文传送到世界各地，“四色问题”未获最后证明的传闻随之而起，在我国数学界也广为流传。

读者的信件不断涌向著名的数学杂志《数学信使》(Mathematical Intelligencer)，询问“四色问题”究竟证明了没有。该杂志请阿佩尔与哈肯写了一篇文章：“‘四色问题’的证明是充分的(The four color proof suffices)”，刊登在该刊 1986 年(8 卷)第 1 期上。文中试图介绍这一证明的原始思想，解释为什么在检验细节时出现的错误不会影响证明的正确性。该文作者表示：“我们将肯定地评价对我们证明中其余 60%加以独立地核实，而且欢迎当找到进一步错误时通知我们。我们已完成了对各种补充材料进行计算机核验的计算机程序。当这些完成后，我们会出版原始证明的一种完全的校订本。”

看来，用计算机证明“四色问题”的争论还会持续下去。阿佩尔和哈肯的证明虽有错，但目前尚未发现致命的错误。但是数学界的疑虑并未消除。该项证明的计算机程序长达400页，在大型电子计算机上要算1 000多小时，人工核验程序已是十分吃力的事，要花1 000计算机小时去重复他们的工作，似乎也无人愿意干。另一方面，计算机也不能保持绝对不出错。1 000多小时运算难道能保证不出错？一旦错了该怎么办？有些数学家坚持认为数学证明只能是人工可以检验的，否则只能叫作计算机证明，二者不可混为一谈。但是，有些数学家说人工证明一样会出错，上述杜勃定律就是明证。这样的争论已涉及数学哲学领域了。

国际数学教育委员会在它的第1号研究丛书（*The Influence of Computers and Informatics on Mathematics and its Teaching*）中指出，计算机可被用于通过有限种情况的检验而得到整个定理证明的情形，正如“四色问题”那样。借助计算机的证明不该比人工证明加以更多的怀疑。许多错误的证明，包括“四色问题”的许多证明，都是人工的。我们不能认为计算机将增加错误证明的数目，恰恰应是反过来。对计算机证明的批评，例如“四色问题”的证明，主要集中在依靠蛮力和缺乏思考的洞察力。可惜有些事情，如找大素数和大数的素因子分解非这样做不可。况且许多计算机证明会带来一些看法和启发，通过存在性的验证会激励人们去寻找更漂亮、更短或更富说明性的证明……从长远看，计算机证明的使用，会鼓励数学家去更准确地把握和更形式化地表示他们头脑中的想法。这种发展将促进构造性证明的教学，并导致专家系统的发展使之至少会做某些数学工作（包括常规的代数操作，计算等），这就部分地实现了莱布尼兹（Leibniz）关于理性计算机的梦想。

在上述同一本书中还收有当代数学大家阿蒂亚（Atiyah, M.F.）的论文：《数学和计算机革命》。他在盛赞计算机革命对人类的伟大意义和对数学的推动的同时，提出了“智力危机”的问题。他说：“数学会继续是人类努力的最高形式之一吗？会不会逐步被计算机所取代呢？”为了解释他心目中的智力危机，举出“四色问题”的证明作为例子。他说，这一证明很困难的问题，是一个大的成功，但在美学观点上看极令人失望，完全不靠心智创造，全靠机械的蛮力。科学活动的目的是理解客观世界并进而驾驭客观世界。然而，我们能说“理解”了四色问题的证明了吗？我怀疑。我可以描述“四色问题”的证明，可是我的描述必须说“计算机检验了以下的事实”这句话。这种对数学的描述可能会使数学舒舒服服地被计算机所取代，然而我认为这将导致数学的萎缩。数学是一种艺术，一种使人摆脱用蛮力计算，而用成熟的概念和技巧使人更轻松地漫游。如果计算机在15世纪就被使用，现今的数学将是一个苍白的身影。

以上两种意见，看来是针锋相对的。谁是谁非目前还不能下定论。多数人似乎赞成前者，但是真理不一定在多数人手中。作为大数学家的阿蒂亚说出这番话来，自然有其相当的分量。可以肯定的一点是：这一问题只能在20世纪后半叶才会提出，它是当代数学发展的一个侧面，值得人们去思考，去辨别，去体味。

随机篇

世间的事，千姿百态。我们面临的数学问题，既有决定性的，又有随机性的，或者是二者的混合。人们处世办事，免不了会有风险，这就是随机因素。天有不测风云，人有旦夕祸福，即是随机性现象的写照。公元前一千多年前的商代甲骨文中即有问卜之事。伊拉克北部曾发现公元前三千年的骰子。17 世纪以后，西欧出现了人口生死记录的分析。1797 年第一次出现了统计学这个词。关于赌场里的概率论从 16 世纪就开始了。帕斯卡(Pascal, B.)、费尔玛(Fermat)、贝努利(Bernoulli, J.)都曾做出开创性的贡献。但是这些工作较之确定性现象的数学来说，恰如小巫见大巫。当阿拉伯人的代数、牛顿的微积分大踏步前进，傅立叶分析，偏微分方程，微分几何，复变函数论等确定性数学取得辉煌胜利的时候，概率统计还在襁褓时期，尚未登堂入室。概率统计作为一种数学思想，一种科学方法登上科学殿堂，那是 20 世纪的事。我国对这门学科的重视又是比较晚的。60 年代以后，大学数学系有了概率论课程，80 年代才在理工科大学普及。至于中学，实际上还没有触及。至于在广大干部和群众中树立最起码的概率观念，也许需要一个启蒙运动。当然，我们也不必妄自菲薄。20 世纪的中国，曾出现许宝騄这样驰名世界的数理统计学家。只要重视它，研究它，中国大地一定会开出绚丽的随机数学之花。

第 9 讲 “去掉最高分和最低分”的启示

近几年来，电视屏幕上不断播出各种竞赛的实况。当一个演员表演完毕后，先由 10 个(或若干个)评委亮分。裁判长用这 10 个数据判分时，总要去掉最高分和最低分，再用其余的 8 个数据的平均值作为该演员的最后得分。现在这已是人们的常识了。

这一常识背后的数学，就是数据处理中的代表数问题。

9.1 算术平均数是最常用的技巧，在我国也是最普及的数学知识之一。任何一个干部和工人，至少都懂得平均数和百分比这两个概念。“我厂工人平均工资是多少，这次有百分之几的人可以加工资，”这类话人人都能懂。学生的成绩用总分来衡量，也会用总平均来衡量。比较两班学生的某科成绩，也用各班该科得分数的平均数作为衡量标准。至此，人们将平均值奉为至宝，似乎是金科玉律、无可更改的科学定则。

实际上不尽然。用算术平均数来作为代表数，有两个缺点。一是容易受异常值的影响；二是计算比较复杂，不能一眼看出。前面所说的去掉最高分和最低分就是为了避免第一个缺点。让我们看一个极端的例子。如果一个班级有 30 个学生，其中两个学生逃学旷课，数学考试只得 2 分和 10 分。此外，有 5 个学生得 90 分，22 个得 80 分，某同学得 78 分。此时该班数学成绩的平均分是。

$$\frac{1}{30}(2+10+5\times 90+22\times 80+78)=\frac{1}{30}\times 2\,300\approx 76.67\text{ 分。}$$

确实，如以 76.67 分作为该班平均分，太受那两个得 2 分和 10 分的同学牵连了。结果不反映大多数人的真实状况。从直观上看，应在 80 分或 80 分以上才对。于是我们就去掉一个最低分，总平均是 $\frac{1}{29}\times 2\,298\approx 79.2$ 分。如果去掉两个最低分，总平均则是 $\frac{1}{28}\times 2\,288\approx 81.7$ 分。这似乎比较符合实际了。

9.2 但是这种去掉最高分或最低分的方法，在计算全班总成绩时未免有“弄虚作假”之嫌。明明是本班的学生，为何不计入总分呢？所以去掉最高分和去掉最低分的方法，不见得都合适。

上述的以平均数作为代表数，由于异常值的影响往往不能反映中等水平。一般以为的平均数就是中等水平，乃是误解。上述 30 个学生的数学成绩中，总平均是 76.67。某同学得 78 分，超过平均数，似乎该是“中上”水平了，其实他是倒数第三名！

那么我们用什么办法来刻画“中等水平”呢？这就是数据的中位数。其定义为：设有 n 个数据，将它们从小到大依次排列为

$$x_1,\ x_2,\ \cdots,\ x_k,\ \cdots,\ x_n\text{。}$$

如果 n 是奇数，则第 $\frac{n+1}{2}$ 项 $x_{\frac{n+1}{2}}$ 是中位数；若 n 是偶数，则取第 $\frac{n}{2}$ 项 $x_{\frac{n}{2}}$ 和第 $\frac{n}{2}+1$ 项 $x_{\frac{n}{2}+1}$ 的平均值作为中位数。中位数的特征是比它大的数据个数和比它小的数据个数一样多，它恰在中间位置。

例 1 在体操比赛中，规定有四个裁判给一个运动员打分。例如：

$$9.30,\ 9.35,\ 9.45,\ 9.90$$

它的中位数是当中两项的平均值：

$$\frac{1}{2}(9.35+9.45)=9.40\text{ 分。}$$

这相当于去掉最低分 9.30 和最高分 9.90 而得出的平均分。体操比赛规定这样给分，就避免了过高分数 9.90 的影响，同时 9.40 分处于 4 个裁判分的中间位数，不偏不倚，十分公正。

例 2 上面的 30 个学生的数学成绩中，若依大小排列后，第 15 位和第 16 位都是 80 分，所以中位数就是 80 分。那么 78 分低于此数，当然是中下水平无疑了。

例 3 若一个生产小组有 15 个工人，每人每天生产某零件数目是 6，7，7，8，8，8，

8，9，10，10，11，12，12，17，18。如以平均数作为班产量则是 $\frac{1}{15}\times 151\approx 10.07$。若取中位数则是第 8 个数字 9，比 9 大的有 7 个人，比 9 小的也有 7 个人。以 9 为标准日产量，则有半数人可超产。管理者希望多数人超产，则应定得中位数为较低；若希望少数人超产，则应比中位数大一些。这些都是中位数提供的信息。

9.3 众数也是常常使用的代表数，即数据中重复出现次数最多的那个数据。例如，全班 30 人所穿鞋子尺寸为：33 号的 5 人，34 号的 6 人，35 号的 15 人，36 号 3 人和 37 号 1 人。如取平均数得 34.63，此数没有多大意义，鞋厂不生产 34.63 号码的鞋。如取众数，则为 35 号。该班穿 35 号鞋的人最多。通常评“最佳”“最受欢迎”“最畅销”等往往都和众数有关系。

9.4 以上三种代表数各有优缺点，也各有各的用处。各人从不同的角度出发会选取不同的代表数。

比如，美国某厂职工的月工资数统计如下

月工资数(美元)	得此工资的人数
10 000	1(总经理)
8 000	2(副总经理)
5 000	2(助理)
2 000	5
1 000	12
900	18
800	23
700	5
500	2

如何来选取该厂的月工资代表数呢？经计算，平均值为 1 387 美元，中位数 900 美元，众数 800 美元。工厂主为了显示本厂职工的收入高，用少数人的高工资来提高平均数，故采用 1 387 美元。工会领导人则不同意，主张用众数 800 美元(职工中以拿每月 800 美元的人最多)。而税务官则希望取中位数，以便知道目前的所得税率会对该厂的多数职工有利还是不利，以便寻求对策。

我们常说，“胸中有数”，但是究竟有些什么数，怎样才能有合适的数，却需要使用一些数据处理的知识才能做到合理、有效、准确。这里所说的代表数仅是其中简单的一例。现代数学的思想就在我们的周围，就在普通的生活中！

第10讲 “伟大的”期望值

美好的愿望是人类生存的精神支柱。为一个特定的目标而奋斗，通过艰苦的努力去战胜各种风险，以致终于达到预先的期望，这种成功的喜悦是最激动人心的场面之一。期望！伟大的期望！

10.1 期望与风险并存。数学家从期望值来观察风险，分析风险，以便作出正确的决策。古典概率论可以说发源于此。

帕斯卡首先提出了数学期望值的概念。如果卖出彩票1 000张，奖金总额为500元，那么巴斯卡会说，你每购买一张彩票的期望值为

$$500\times\frac{1}{1\,000}=0.50\text{ 元。}$$

如果你买了600张，那么期望值将是

$$600\times0.5=\frac{600}{1\,000}\times500=\frac{3}{5}\times500=300\text{ 元。}$$

一般地定义期望值 m 为概率 p 乘奖金数 A：

$$m=pA\text{。}$$

我们也可以把期望看成是一长串统计试验的结果。例如上例中，买600张彩票，不妨看作在5 000次摸彩中，3 000次中奖，2 000次落空$\left(\text{概率是}\frac{3}{5}\right)$，奖金为500元，故

$$\frac{\overbrace{0+0+\cdots+0}^{2\,000\text{次}}+\overbrace{500+500+\cdots+500}^{3\,000\text{次}}}{5\,000}=\frac{2}{5}\cdot0+\frac{3}{5}\cdot500=300\text{。}$$

我们可以说，摸奖落空的概率是 $p_1=\frac{2}{5}$（奖金为 $A_1=0$），获奖的概率是 $p_2=\frac{3}{5}$（奖金为 $A_2=500$），所以期望值 E 可以定义为

$$E=p_1A_1+p_2A_2\text{。}$$

再看一个复杂些的例子。假如有一场竞赛，规则如下：如掷一个六面体骰子，出现1，你赢10元；出现2或3或4，你输2元；出现5或6，不输不赢。这场竞赛对你是否有利？我们还是算期望值。出现1的概率是$\frac{1}{6}$，出现2，3，4的概率是$\frac{3}{6}$即$\frac{1}{2}$，出现5，6的概率是$\frac{2}{6}$即$\frac{1}{3}$。所以期望值 E 为

$$\frac{1}{6}\times 10+\frac{1}{2}\times(-2)+\frac{1}{3}\times 0=\frac{2}{3}。$$

因此，这场竞赛对你是有利的。

10.2 以上我们举的是掷骰子、摸彩票的例子，好像如果不去赌博的人永远不会碰到期望值问题，其实不然，我们天天在和期望值打交道。

例如，有一家个体户，有一笔资金，如经营西瓜，风险大但利润高（成功的概率为0.7，获利2 000元）；如经营工艺品，风险小但获利少（95%会赚，但利润为1 000元）。究竟该如何决策？

于是计算期望值。若经营西瓜，期望值 E_1 为0.7乘2 000即1 400元。而经营工艺品为 $E_2=0.95\times 1\,000=950$ 元。所以权衡下来，情愿"搏一记"，去经营西瓜，因它的期望值高。

期望值这个概念，并不是很容易接受的。在有些人看来，如中奖就拿1 000元，不中奖就一分钱也没有，这个期望值（中奖概率0.001乘以1 000）1元是个什么"东西"？应该说我国的广大干部和群众，对这一数学知识的理解和认识是很差的，远不及"平均数"和"百分比"那样普及。但是在商品经济不断发展的今天，风险处处存在，决策时时要作。如无"期望值"的概念，作为领导者连经济人员写的可行性报告也看不懂，那怎么进行工作？

这里我们不妨举一个某省关于某工程的投资决策的实例。

该新工艺流程如投产成功可收益300万元。但投产之前，必须有小试和中试两步，每次分别需2万元和36万元。小试的成功率为0.7。如做两次小试，则成功率可提高到0.8，小试基础上的中试的成功率为0.7。如直接搞中试的成功率为0.5。于是有三种决策：

（1）一小试一中试。此时工程投资的收益期望为

$$E_1=-2+0.7(-36+300\times 0.7)=119.8(万元)。$$

（2）两小试一中试，此时

$$E_2=-4+0.8(-36+300\times 0.7)=135.2(万元)。$$

（3）有些领导急于求成，想省去小试，直接搞中试那么期望值将是

$$-36+0.5\times 300=114(万元)。$$

显然，这时采取第二方案最有利。但是，如果一位领导者没有概率知识，对期望值概念茫无所知，那么他对这份决策报告也许看不懂，不理解，这就很成问题了。

10.3 现在我们介绍一下对策论的知识。在第二次世界大战前夕和战争进行中，一个描写对抗双方策略的数学学科诞生了。鲍莱尔是先驱，冯·诺伊曼（J. Von

Neumann)是主要奠基者，他和摩根斯敦(Morgenstern)在1944年出版的《对策论与经济行为》是这方面的代表作品。对策论又称博弈论。他们把军事上的对峙、经济上的竞争，都描写为一场决斗或赌博。最简单的情形是二人零和对策研究。这种对策可用一矩阵表示。例如右侧的3×3矩阵，表示甲乙双方各有3种策略可选择，如甲取1，乙亦取1，则表示甲方赢得3分，也就是乙方输3分，输赢之和为0，故称零和对策。这表示在这场竞争中，我赢的东西都来自对方，总体上不创造新价值，也不丢失原价值。当我们有了这样一个矩阵之后，提出的问题是，甲选取何种策略为最优？就是说甲取哪种策略所冒风险最小而收益最大呢？让我们来做些分析。

		乙方策略		
		1	2	3
甲方策略	1	3	1	2
	2	6	0	−3
	3	−5	−1	4

这个矩阵为支付矩阵。对甲来说(甲$_2$，乙$_1$)将是最合算的，可是乙不会那么傻，他如选乙$_3$，(甲$_2$，乙$_3$)意味着甲要赔3元。甲又想，如选策略3，则(甲$_3$，乙$_3$)会使甲赢4元，但若(甲$_3$，乙$_1$)则要输5元，这比选策略2风险更大。因此，甲觉得选策略1最保险，无论乙选什么策略，稳赢。乙也看到这一点，料定甲会选甲$_1$，乙想我输是肯定要输的，想少输一些，就选乙$_2$，于是(甲$_1$，乙$_2$)就会是这场赌局的最终选择。

这样说，也许觉得太啰嗦，有没有简明的数学方法呢？有。这就是冯·诺伊曼提出的最大最小值方法(对甲)和最小最大值方法(对乙)。

$$\begin{pmatrix} 3 & 1 & 2 \\ 6 & 0 & -3 \\ -5 & -1 & 4 \end{pmatrix} \quad \begin{matrix} \left.\begin{matrix} \text{第一行最小值 } 1 \\ \text{第二行最小值} -3 \\ \text{第三行最小值} -5 \end{matrix}\right\} \text{三者中最大值 } 1 \\ \left.\begin{matrix} \text{第一列最大值 } 6 \\ \text{第二列最大值 } 1 \\ \text{第三列最大值 } 4 \end{matrix}\right\} \text{三者中最小值 } 1 \end{matrix}$$

因此这一对策问题有解，即取矩阵中元素1的策略(甲$_1$，乙$_2$)。此值在矩阵中的位置常被称为对策图形的鞍点，如图10.1。但是并非每个矩阵都有鞍点。

例如

$$\begin{matrix} & \text{乙} \\ \text{甲} & \begin{pmatrix} 2 & 1 \\ 0 & 3 \end{pmatrix} \end{matrix} \cdots\cdots\cdots\cdots (*)$$

这时，

$$1=\max_i \min_j \alpha_{ij} \neq \min_i \max_j \alpha_{ij}=2,$$

所以没有鞍点。此时应该如何考虑呢？如甲想稳赢，当然取甲$_1$，但此时乙老是取乙$_2$，使甲只得

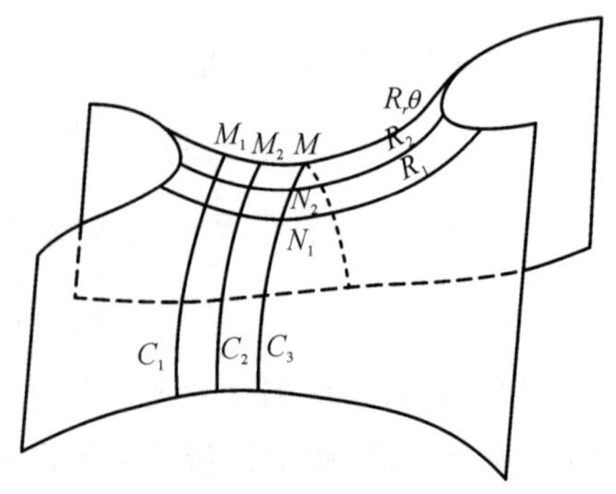

图 10.1　M_1，M_2 是 C_1，C_2 之最大点，N_1，N_2 是 R_1，R_2 之最小点，M 是最大中之最小，也是最小中之最大。

1 分。甲就会想，我若偶尔取甲$_2$，乙仍取乙$_2$ 的话，就可赚得 3 分。但甲也不能老是取甲$_2$，那时乙就会改取乙$_1$，叫甲$_1$ 分也赚不到。所以这时应该用随机策略。也就是说，如果此对局可以进行任意多次，那么甲以$\frac{3}{4}$的概率采取甲$_1$，而以$\frac{1}{4}$的概率采取甲$_2$，最为合算。

至于为什么会这样，我们将再度请教“伟大”的期望值！

10.4 矩阵对策的随机解。如上所述，有些矩阵对策没有鞍点这种确定解，而可以有一个附以概率的混合策略解。对矩阵（∗）来说，最优解是甲的策略概率分布为$\left(\frac{3}{4}, \frac{1}{4}\right)$，乙为$\left(\frac{1}{2}, \frac{1}{2}\right)$。我们来证明一下。我们将这个已经指出的解，写成概率矩阵。a_{11}表示甲取甲$_1$$\left(\text{概率为}\frac{3}{4}\right)$，乙取乙$_1$$\left(\text{概率为}\frac{1}{2}\right)$的概率，即$\frac{3}{4}\times\frac{1}{2}=\frac{3}{8}$。同理可得其余三项。于是

$$P=\begin{pmatrix}\frac{3}{8} & \frac{3}{8}\\ \frac{1}{8} & \frac{1}{8}\end{pmatrix}$$

将它和支付矩阵（∗）的相应项相乘再加起来应是

$$\frac{3}{8}\times 2+\frac{3}{8}\times 1+\frac{1}{8}\times 0+\frac{1}{8}\times 3=\frac{3}{2},$$

这就是甲的期望值。我们说此解为最优，就是指$\frac{3}{2}$是甲可能获得的最大值。为此，我们一般地设甲取甲$_1$ 的概率为 x，取甲$_2$ 的概率则为 $(1-x)$；乙取乙$_1$ 的概率为 y，取乙$_2$ 的概率则为$(1-y)$。那么一般的概率矩阵是

$$\begin{pmatrix}xy & x(1-y)\\ y(1-x) & (1-x)(1-y)\end{pmatrix}$$

此时与支付矩阵（∗）的对应项乘积之和是

$$\begin{aligned}E(x, y)&=2xy+x(1-y)+0\cdot y(1-x)+3(1-x)(1-y)\\&=4xy-2x-3y+3\\&=4\left(x-\frac{3}{4}\right)\left(y-\frac{1}{2}\right)+\frac{3}{2}。\end{aligned}$$

当甲取甲$_1$ 的概率 $x=\frac{3}{4}$时，不论乙如何取，$E(x, y)$ 均为$\frac{3}{2}$。同样 $y=\frac{1}{2}$时，$E(x, y)$ 也恒为$\frac{3}{2}$。

容易看出，x 取其他值时，$E(x, y)$将减少。这是因为如 x 大于$\frac{3}{4}$，则只要 y 取小于$\frac{1}{2}$，$E(x, y)$的第一项为负，$E(x, y)$将小于$\frac{3}{2}$。当 $x<\frac{3}{4}$，$y>\frac{1}{2}$，$E(x, y)$也将小于$\frac{3}{2}$。因此为了不冒风险，甲还是使 $x=\frac{3}{4}$ 为宜。

同样乙选 $y=\frac{1}{2}$，付出最少$\left(\text{也是}\frac{3}{2}\right)$。因若 $y<\frac{1}{2}$，则甲使 $x<\frac{3}{4}$，$E(x, y)$中第一项取正值，y 要付出的将超过$\frac{3}{2}$。同理 $y>\frac{1}{2}$，则当 $x>\frac{3}{4}$ 时，$E(x, y)$也将大于$\frac{3}{2}$。

这样，我们就证明了矩阵对策的最优随机策略为$\left(\frac{3}{4}, \frac{1}{4}\right)$，$\left(\frac{1}{2}, \frac{1}{2}\right)$。

一般地，冯·诺伊曼证明，每一矩阵对策都有解，即

$$\max_x(\min_y E(x, y))=\min_y(\max_x E(x, y))。$$

此值即为甲的最大期望值。

如果考虑矩阵对策

$$\begin{array}{cc} & \text{乙} \\ \text{甲} & \begin{pmatrix} 3 & 2 & 1 \\ -1 & 0 & 3 \end{pmatrix} \end{array}$$

且甲取策略的概率为 x 和 $1-x$，乙取三种策略的概率为(1, 0, 0)或(0, 1, 0)或(0, 0, 1)时得

$$E_1(x)=3x+(-1)(1-x)=4x-1,$$

$$E_2(x)=2x,$$

$$E_3(x)=1\cdot x+3(1-x)=-2x+3。$$

这三个函数分别称为期望函数。从图 10.2 中我们可以看出粗黑线表示的，是 $E_1(x)$，$E_2(x)$，$E_3(x)$三者中较小的值，而当 x 变化时，期望最大值在 $x=x^*$ 处(点 M)达到最大。这仍是求极小中之极大的方法。

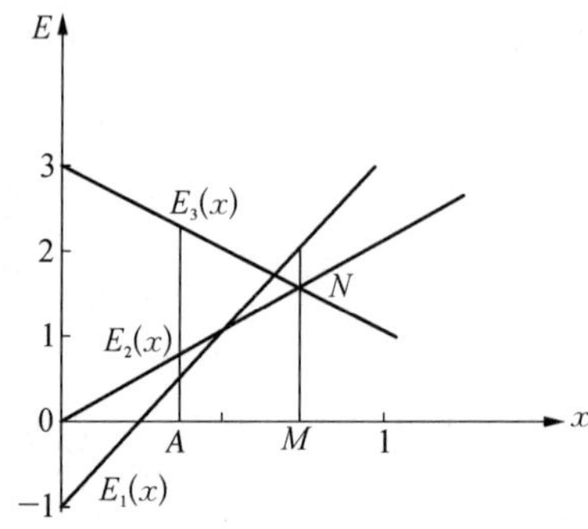

图 10.2

我们关于对策论可说的内容还很多，在此就暂时打住了。这一讲，我们主要围绕数学期望作了一些介绍，其中没有用到什么高深的数学，也没有什么难懂之处。只要能理解随机的策略、概率的思想，一切都是很容易的。20 世纪的数学并非像许多人想象的那样，都是看不懂的“天书”，深奥得世界上没有几个人能懂。其中的一部分并不艰深，只不过将一般的常识上升为

理论罢了。我们倒是要叹服冯·诺伊曼那样的数学大家，竟然会从如此平凡的问题中导出漂亮的数学理论，贡献出不朽的数学思想，这恐怕是中国数学和数学教育工作者应该注意研究和向之学习的重要课题之一。

第11讲　没有概率的统计学是走不远的

统计这件事大约从人们认识自然数的时候就已经有了。原始社会的先民就懂得统计猎物的日获量以及人均分配食品。时至今日，没有一个人不和统计打交道。工厂要统计日产量，商店要统计销售量，农村要统计亩产量，个人要统计自己的各种收入，国家统计局要公布整个国民收入。经常见诸报端的统计数字有人均国民收入、职工平均工资、学生的总平均成绩等平均数，以及劳动生产率、通货膨胀率、升学率等百分比。80年代以来，初中数学教材里有一章统计。这样看来，统计知识在我国似乎已相当普及了。

且慢。我国广大干部群众中的统计是不以概率论为基础的。人们头脑里的统计工作，就是收齐报表，用算盘把数字加起来，求些平均值和百分比就完了。无怪数理统计学毕业的大学生被派到账房间算账，还被誉为“专业对口”。

20世纪数学的一大成就是把统计学提到新的水平：以概率论为基础的数理统计。在当今的欧美日本诸国，数理统计思想已深入到社会的每一角落，中学里也把概率统计列入必修课。但在社会主义国家，过去一直把“数理统计”当作“为资产阶级攫取高额利润”的工具。苏联至今未在中学数学课中包含统计内容，但东欧的波兰、捷克和斯洛伐克已经这样做了。我国曾列入概率与统计内容，但改为选学，结果等于不学。所剩下的一点必修的统计内容，被评论为“没有统计思想”的统计课，学生不知何意。“沉舟侧畔千帆过”。人家已经领先了，我们应该急起直追，加入“千帆”竞发的行列中去。

11.1　统计数据中隐藏着概率特性。1662年，英国的格劳特(Graunt, J.)在很长一段时间内统计出在教堂受洗的男孩有139 782名，女孩有130 866名，即男女比例几乎一样。18世纪英国政府统计的死亡公报中，关于各种年龄人的死亡率，为人寿保险公司提供了依据。1865年，奥地利的遗传学家孟德尔(G. Mendel)发表报告。他将黄豌豆和绿豌豆杂交，得到的第一代(F_1)都是黄的。将 F_1 代中黄豌豆杂交所产生的第二代(F_2)有如下的统计数字：

黄	绿	黄对绿的比例
6 022	2 001	3.01∶1

孟德尔对它作了解释。纯黄色的基因是 YY。纯绿色的基因是 gg。F_1 这一代中的基因是 Yg，黄绿基因各一个，但因黄色是显性基因，故 F_1 代的所有豌豆均呈黄色。但这

时不是纯黄(YY)而是外表上黄，基因里有绿的因子(Yg)。那么将 F_1 的两颗豌豆再杂交，即从 Yg(父)和 Yg(母)中随机地配对，就得出 F_2 这一代的四种可能：(1) Y(父)Y(母)；(2) Y(父)g(母)；(3) g(父)Y(母)；(4) g(父)g(母)。由于 Y 是显因子，故前面三种中有 Y 的，均呈黄色。只有第(4)种，没有黄的因子，故呈绿色，这便是 3∶1 的由来。

由此可见，尽管统计数字是死的(6 022 颗黄，2 001 颗绿)，但有了概率的分析，数字就活了起来，它促使我们用概率统计的方法，对遗传基因作出新的判断，从而为以后的数量遗传学揭开了序幕。

11.2 数理统计学与一般统计学的根本区别在于总体与样本概念的引入。通常人们所说的统计，是对涉及某一总体的数据的讨论，而数理统计学的任务是通过样本的分析来推断总体的特性。具体说来，数理统计思想的基本模式是：

(1) 确定一个客观存在的总体(例如本书的全体句子)；

(2) 得到上述总体的一个随机样本(例如从本书中随机地抽出 10 个句子)；

(3) 根据这一样本得出的数据来推测总体的某些数字特征(例如我们感兴趣的是本书每一句子的平均字数，我们就从这 10 个句子(样本)的平均字数等数据来加以推断)。

用样本推断总体准不准？为什么不直接考察总体？这是读者最容易提出的问题。首先，很多总体的数字特征不容许我们直接考察。例如研究一批日光灯管的寿命，一批罐头食品的质量，如果把所有日光灯管都作试验，所有罐头都打开，总体的特征倒是知道了，但产品全被破坏了。所以只能用抽样的方法，检验几件样品(构成样本)以推断整批产品的质量。其次，有些总体虽然可以直接研究，但是工作量太大，也只能根据样本推算。例如上海市居民的身高，一一去作调查并非不准许，而是没有那么大的精力去做。所以此类指标均通过抽样调查获得，从而可以节约人力物力。第三，有些总体本身是无限的，无法穷尽。例如人的寿命，有些人已死去，却未能记录其寿命；有些人尚未死，甚至尚未出生，也无法统计其寿命。我们只能根据现有的资料对总体作推断。

至于用样本对总体的推断是否准确，这正是数理统计学要研究的问题。应该说，从样本推算总体，免不了会有误差，总有可能做出错误结论，也就是说得冒一定的风险。数理统计学原理的基本点就是对这种作出错误结论的风险，给出计量和控制。

11.3 样本必须取随机样本。这也是人们通常所不接受的。一般认为样本应该有代表性，因为样本是总体的代表。如果仅考虑少数指标这也许可以做到，但要面面俱到，那是不可能的。比如你要研究对某镇上 2 000 人的吸烟率，就要作调查，样本大小是 8，于是你先考虑性别的代表性，4 男 4 女，其次考虑年龄的代表性，男女各 4 人中 30 岁以上 2 人，30 岁以下 2 人。再在这 2 人一组中考虑教育因素，中学以上 1 人，中学以下 1 人。如果再要考虑体力劳动还是脑力劳动、收入在 150 元以上或以下、家庭有无吸烟成员等因素，非把人撕成小块不可。所以要完整的代表性是办不到的。那么如何才好呢？

现在已广为接受的想法是随机地选择样本，即用一种方法使得每个“个体”都有同等的机会被选到。最容易想到的办法是将每个个体编上号码(例如 1—2 000)，放在一个口袋里，弄匀以后，随机地摸出样本(例如 8 个)。但这么做，太复杂了，通常采用随机数表。仍将总体中每一个体编上号。现在是 1—2 000，这是 4 位数。在随机数表中任选四列，例如 6，7，8，9。依次读出小于 2 000 的数字：0756，1619，0015，1472，只有 4 个，还不够，再任选 4 列，比如为 21，22，23，24 列，又得出 0948，0326，1757，0332，以上 8 个数码便是一个样本。

随机样本，避免了任何人为因素。我们索性不考虑任何代表性，实际上却有其代表性。这就是随机样本的好处。

5	6	7	8	9	20	21	22	23	24
2	2	6	6	2	7	9	3	6	5
8	5	2	0	5	4	2	2	4	9
4	0	7	5	6	1	3	8	5	8
6	9	4	4	0	0	3	6	3	8
8	1	6	1	9	5	9	8	8	8
9	8	3	2	6	5	0	9	4	8
9	4	0	7	0	7	5	0	1	9
0	0	0	1	5	3	6	4	6	6
8	4	8	2	0	7	0	3	2	6
6	4	1	5	7	4	1	7	5	7
1	7	6	7	6	3	4	8	3	3
8	8	0	4	0	6	6	3	3	4
3	7	4	0	3	6	0	3	3	2
5	2	8	2	0	6	3	1	1	6
0	9	2	4	3	8	5	6	9	3
7	5	9	9	3	0	2	5	4	0
0	3	6	4	8	7	3	4	4	3
1	2	4	7	9	7	1	0	5	8
2	1	4	7	2	5	3	3	4	2
7	7	3	1	2	3	2	1	4	1

11.4 现在考虑一个统计推断的例子。例如甲要估计上海市成年男子身高的平均值 μ。这是一个总体的平均数。甲通过平日自己所接触的中国男子的身高数据(一个样本)作猜想。他无法知道 μ 的确切数值，但是他能够有个大概估计，比如约为 1.70。于是甲判断 μ 在区间 1.70 ± 0.10 范围内，即(1.60 米，1.80 米)内的可能性是 80%，在(1.50，1.90)的可能性是 95%，而在(1.45，1.95)之内的可能性将高达 99%。这种说法，就是一种对参数 μ 的区间估计。

当然，以上的说法不过是一种常识，未经严密的数学化过程。

比较准确的提法是：

设有一个正态分布的总体，其平均数 μ 和方差 σ 都不知道。今有一个大小为 n 的样本，其均数是 $\bar{x}$，方差为 S。我们想用 $\bar{x}$ 作为 μ 的估计。现在假定事先给一个可能程度 α (例如 80%或 95%，或 99%)，试问 μ 落在 $(\bar{x}-c, \bar{x}+c)$ 内的概率恰为 α 的值 c 应该是多少?

这是一个典型的统计推断问题。按照戈赛特(W.S. Gosset)在 1907 年提供的方法，我们应先算统计量 t：

$$t=\sqrt{n}(\bar{x}-\mu)/S。$$

t 的分布曲线依赖于 n，其密度函数为

$$f(t)=\frac{\Gamma\left(\frac{n+1}{2}\right)}{\sqrt{n\pi}\,\Gamma\left(\frac{n}{2}\right)}\left(1+\frac{t^2}{n}\right)^{-\frac{n+1}{2}}, \quad -\infty<t<\infty。$$

于是我们可以通过查表得出 $t_{\frac{\alpha}{2},\,n-1}$，然后知道，$c = t_{\frac{\alpha}{2},\,n-1} \cdot \dfrac{S}{\sqrt{n}}$，即 μ 落在区间$(x - c,\ x + c)$中的概率为 α。

我们再举实例说明统计推断的大意。

例 为了制订高中学生体育锻炼成绩标准，某区教育局在该区高中学生中随机抽选了 36 名男生测验 100 米短跑成绩。测验结果表明，这 36 名学生的平均成绩为 13.5 秒，样本标准差为 1.1 秒。试估计在 95%置信水平下，全区高中男生 100 米跑的平均成绩 μ。

解 这里 $n = 36$，$\alpha = 0.95$，$\overline{tx} = 13.5$，$5 = 1.1$，查表得 $t_{\frac{\alpha}{2},\,n-1} = t_{0.475,35} = 2.030\ 1$。

于是我们有

$$\left(x \pm t_{0.475},\ 35 \cdot \frac{S}{\sqrt{n}}\right) = \left(13.5 \pm 2.030\ 1 \cdot \frac{1.1}{\sqrt{36}}\right) = (13.5 \pm 0.37) = (13.13,\ 13.87)。$$

即该区男生 100 米跑平均成绩 μ 落在(13.13，13.87)的可能性达到 95%以上。

11.5 我们再举一个统计推断的例子。有一位书法鉴定家 A 说他可以从书法判定作者的性别。于是我们拿了 18 张纸，将纸对折，18 位女士分别随机地选在右边或左边写，剩下的一边由 18 位男士去写。然后请 A 鉴定每张纸上那一边为女士所写。

我们分析，若 A 并无真本事，全凭瞎猜，那么猜中的概率是$\dfrac{1}{2}$。若 A 确有本事，则猜中的概率应大于$\dfrac{1}{2}$。我们如果认为从字体难分男女，故假设 A 是瞎猜，亦即以“$p = \dfrac{1}{2}$”作为原假设，记为 H_0。我们要设法检验 H_0 成立的可能性。与此相反，我们有另外一种可能，即 A 确有真本事，亦即“$p > \dfrac{1}{2}$”，记为 H_1，称它为备择假设。

好，我们现在请 A 作鉴定。如果 A 猜中 9 张，那么 A 无非是瞎猜，接受 H_0。如 A 猜中 18 张，当然应拒绝 H_0，接受 H_1。可是如猜中 11 张、14 张等，算不算 A 有真本事？该不该接受 H_0？我们能否定一数 r，使得猜中次数小于 r，即认为 H_0 成立？

我们假设 H_0 成立，则 A 瞎猜鉴定男女，这和猜掷硬币时国徽向上和向下是一样的，故它适合二项式分布。容易算出成功 11 次以上的概率 p_{11} 和成功 15 次以上的概率 p_{15} 分别为

$$p_{11} = \sum_{i=11}^{18} C_{18}^{i} \left(\frac{1}{2}\right)^{i} \left(\frac{1}{2}\right)^{18-i} = 0.24,$$

$$p_{15} = \sum_{i=15}^{18} C_{18}^{i} \left(\frac{1}{2}\right)^{i} \left(\frac{1}{2}\right)^{18-i} = 0.004。$$

这说明，在假设 A 瞎猜的情形下，A 猜对 11 次的概率为 0.24，但 A 猜对 15 次的可

能性仅 0.004。一般认为 0.24 的概率还比较大，所以不能说 A 猜对 11 次就一定不是瞎猜。但0.004就太小了，不能对 A 要求太苛刻，以致 A 猜对了 15 次还说人家瞎猜。通常以 0.05 为置信概率，即先定下概率 $\alpha=0.05$，求解下列方程中的 r：

$$\sum_{i=r}^{18}\left(\frac{1}{2}\right)^{i}\left(\frac{1}{2}\right)^{18-i}=0.05。$$

解之得 $r\approx 13$。这说明当 A 猜到 13 次以上，"A 瞎猜"的可能性只有 0.05，即接受 H_0 还能猜中 13 次的概率只有 0.05。这等于说此时拒绝 H_0 会有 95％的把握。所以结论是当猜中 13 次以上时，拒绝原假设 H_0，接受备择假设 H_1(以 0.95 的置信概率)。

这样，我们又看到一种统计推断，它仍凭概率 α 的大小(置信概率)，从大小为 18 的样本出发，找出统计量 r，最后算出当 $r\geqslant 13$ 时应该拒绝原假设。这种颇为独特的思考方式，不是很值得我们深思和学习吗？

11.6 最后，让我们来研究统计推断的方法论价值。世间的推断分为两大类，演绎推断和归纳推断。演绎推断由一般到特殊，只要前提正确，结论一定正确。归纳推断是由特殊到一般，特殊情形下正确的，一般情形不一定正确。统计推断则是给出归纳推断可信性的一种方法。

数理统计学不提供准确无误的结论，它的结论常常是可错的，只不过给出"可错"的概率，担受一些接受该结论的风险而已。统计推断常常提供大胆的、新奇的、有趣的论据，使我们在常识范围内不能作选择的地方，作出某种决策，而且给以足够合理的信心。前面两个例子都说明了这一点。从统计的观点看问题，不是要像形式逻辑推理那样，给予 100％的信服和崇奉。而是让你在风浪中去选择、去运用、去行动、去搏击。一个不愿担风险的人，老是戴一顶求稳怕险、不担肩胛的"乌纱帽"混日子，恐怕是最没出息的。一个有能力的决策人，应该用统计推断方法给自己引路，有魄力在风险中拍板定案，同时努力排除使横在面前的小概率事件出现的各种因素。

从科学思维方法上看，科学起源于经验的观测。爱因斯坦(A. Einstein)说过："……纯逻辑的思维不可能告诉我们任何经验世界的知识，现实世界的一切知识是始于经验并终于经验。"经验性的观察积累了数据，然后从数据作出某种判断。这种科学活动当然要依据各门学科自身的规律，但是统计方法发挥着越来越大的作用。我们看到很多讲数学方法的书，竟然不提统计推断方法，确实感到美中不足。

第 12 讲　异军突起的蒙特卡罗方法

12.1 随机数学的发展经历了很长的过程。早期的概率论谈不上什么严格性。1812 年拉普拉斯关于古典概率论的专著，虽然妙趣横生，却毫无严密性可言。连任命拉普拉斯为部长和上议员的拿破仑皇帝，也说拉普拉斯又把"无穷小的幽灵"引进来了。法国的拉普拉斯追随者中不乏大数学家，如庞加莱(Poincare)和鲍莱尔等，也未能给概率以前后衔接的严密理论。直至本世纪 20 年代，这一混乱局面未能改观。英国著名经济学家凯恩斯(Keyens)在提到概率论时说："有一点占星术和炼金术的味道。"1919 年，冯・米赛(Von Mises)说："今天，概率论不是一门数学。"

在 20 世纪 20 年代。苏联的辛钦(А.Я. Хинчин)和柯尔莫戈罗夫(А.Н. Колмогоров)成了正在发展的概率论学科的带头人。向法国学习实变函数论的鲁津(Лузин Н.Н)，在"十月革命"前后领导了莫斯科大学的数学学派，他的学生柯尔莫戈罗夫把实变函数论移植到概率论基础上，终于使概率论有了坚实的基础，时在 1933 年。当年曾说"概率论不是数学"的人，此后也缄口不言了。

柯尔莫戈罗夫的概率论公理学有以下要点。

(1) 事件概念。我们经常遇到的一些问题中，有些对象需要判断其出现的可能性，我们统称为事件。例如，掷一颗骰子，"出现 6""出现 1，3，5""出现 2，4，6"等都是事件。把可能出现的基本事件(如一颗骰子的 6 个面)看作基本空间(例如，$\{1, 2, 3, 4, 5, 6\}$就是掷一颗骰子这个随机现象的基本空间)。所谓事件，也就是基本空间里的一个子集。$\{6\}$，$\{1, 3, 5\}$，$\{2, 4, 6\}$都是$\{1, 2, 3, 4, 5, 6)$的子集。基本空间一般用 Ω 表示。

(2) 可测集类。既然事件可理解为 Ω 的子集，我们设想要给每个 Ω 中的子集 A，都有一个概率 $P(A)$。但是，实变函数论的研究告诉我们，要使每个子集都有概率是办不到的，我们只能给一部分子集以概率的测度。这些子集，称为可测集。我们用 $\mathscr{F}$ 记可测集的全体。对 $\mathscr{F}$ 有一定的要求，即可列个属于 $\mathscr{F}$ 的子集之并仍是属于 $\mathscr{F}$ 的子集，而且 $\mathscr{F}$ 中两集之差集也在 $\mathscr{F}$ 中。

(3) 可列可加性。概率无非是使每一个事件 A(可测集)对应一个在 0 和 1 之间的实数$P(A)$，以标志 A 发生的可能性。所以不妨将 $P(A)$ 看作定义在 $\mathscr{F}$ 上的一个函数 $p(A)$，$A \in \mathscr{F}$。还是根据实变函数论的研究，为了以后积分的需要，应当要求：

1° $P(\varnothing)=0$，$\varnothing$ 表示空集，$P(\Omega)=1$，一般地 $0 \leqslant P(A) \leqslant 1$，$A \in \mathscr{F}$。

2° P 具有可列可加性：若 $A_i \in \mathscr{F}$，$i=1, 2, \cdots$，$A_i \cap A_j=\varnothing$，$i \neq j$，$(\bigcup\limits_{i=1}^{\infty} A_i)=\sum\limits_{i=1}^{\infty} P(A_i)$。意指两两不相交的可测集之并集的测度等于各可测集相应概率之和。

这样一来，所谓研究一种随机现象，可以按照上述的三元组$(\Omega, \mathscr{F}, P)$加以描述。

对掷一颗骰子来说，$\Omega=\{1, 2, 3, 4, 5, 6\}$。$\mathscr{F}$ 表示 Ω 的一切子集所成的集类。P 可先规定在基本事件上的值：

$$P(\{1\})=P(\{2\})=P(\{3\})=P(\{4\})=P(\{5\})=P(\{6\})=\frac{1}{6}。$$

然后对 $\mathscr{F}$ 中每个子集，例如$\{1, 3, 5\}$，运用可加性，即知

$$P(\{1, 3, 5\})=P(\{1\} \cup \{3\} \cup \{5\})=P(\{1\})+P(\{3\})+P(\{5\})$$

$$=\frac{1}{6}+\frac{1}{6}+\frac{1}{6}=\frac{3}{6}=\frac{1}{2}。$$

如果 $\Omega=[0, 1]$，$\mathscr{F}$ 是 $[0, 1]$ 中的一切勒贝格可测子集所成的集类。对任何区间 $[a, b]$，$0\leqslant a\leqslant b\leqslant 1$，令 $P([a, b])=b-a$。实变函数论已证明 P 可扩充定义到任何 $A\in\mathscr{F}$，满足 $0\leqslant P(A)\leqslant 1$。因此 $[0, 1]$ 上勒贝格测度就是一种概率。而概率也是一种特殊的测度：$0\leqslant P(A)\leqslant 1$，$A\in\mathscr{F}$。

这样，我们就将概率置于坚固的测度理论之上，将随机数学归结为确定性数学的一种形式。概率思想是随机的，表现形式是决定性的。

12.2 柯尔莫戈罗夫把概率看成是集合上的一种测度，就像面积是平面图形的一种度量一样。这一平凡的又是深刻的思想，把随机性现象的数学奠定在决定性现象的数学基础之上。数学思想是如此重要而伟大，使人们再次想起，当前中国的数学教育太注重于已知结果推理数学，严格又严格，把逻辑奉为至高无上的"数学心脏"，会欣赏仅限于逻辑美，实在是作茧自缚。试问，柯尔莫戈罗夫把概率看成测度的思想难道是"推理"出来的吗？你能将它纳入"已知，求证"的模式中去吗？

当然，话又要说回来，数学思想并非空洞的教条，也不是朦胧的意念。它的具体实施仍要依赖严密的逻辑演绎。新颖的数学思想、观念、方法为主导，严密的形式演绎推理为载体，这才能形成一门新的学科。没有严密基础的概率论仍然"活着"，正如婴儿降临人间时并没有单独生活的能力一样，需待不断的教育才会懂得做人的道理，打下为人处世的坚实基础。微积分当初也没有严格基础，却日长夜大，丰富多彩，二百年后才得到了完成基础严密化的工作。柯尔莫戈罗夫为概率论奠定严格基础的工作，是人类智慧的表现，亦为概率论成长注入了新的活力。这里想要指出的是，不要以为概率论的心脏是柯尔莫戈罗夫的概率论公理。概率论的源泉在于现实世界的随机性现象，概率论的活的灵魂在于各种各样的随机性数学观念。柯尔莫戈罗夫的伟大在于他深邃的洞察力和广博的知识面，这才是我们大家的不足之处呵！

12.3 蒙特卡罗方法(Monte Carlo method)将给我们另一方面的启示：用随机性数学反过来解决确定性数学问题。这种用随机试验求值的计算方法，最初产生于 20 世纪 40 年代。几十年来已在许多学科中普遍使用，威力极大。尤其是和计算机相配合，可将核爆炸、人口增长、作战等无法实验或极昂贵实验用随机手段搬到实验室用计算机作计算模拟，有极大的经济效益。这里只介绍一个大致的思想。

这一想法可追溯到 1777 年法国学者蒲丰(Buffon)的试验。平面上有相互距离均为 $2a$ 的平行线束，向平面上随机地投长为 $2l$ 的针。设 $a>l>0$，M 为针的中点，y 为 M 与最近平行线的距离，φ 为针与平行线的交角，$0\leqslant y\leqslant a$，$0\leqslant\varphi\leqslant\pi$。于是，针与平行线相交的充要条件是 $y\leqslant l\sin\varphi$，故相交的概率为

$$P=\frac{1}{\pi a}\int_0^{\pi}d\varphi\int_0^{l\sin\varphi}dy=\frac{1}{\pi a}\int_0^{\pi}l\sin\varphi d\varphi=\frac{2l}{\pi a}。$$

用 N 表投针次数，ν 为针与平行线相交次数。当 N 充分大时，

$$\frac{2l}{\pi a}\approx\frac{\nu}{N},\quad 即\ \pi\approx\frac{2lN}{a\nu}。$$

根据这一公式，可用投针来求 π 之值。

	a	l	N	ν	π
Wolf(1850)	45	36	5 000	2 532	3.159 6
Lazzarini(1901)	3	2.5	3 408	1 808	3.141 592 9

这一例子告诉我们，π 本是确定性的数，但可以用随机试验求出来，这无疑是一个极为新颖而深刻的思想。让我们再来看一个例子(计算定积分)：

设 $g(x)$ 是 $[0,\ 1]$ 上的连续函数，$0\leqslant g(x)\leqslant 1$。需要计算的积分为 $I=\int_0^1 g(x)dx$。

积分 I 即图中面积 G。向图 12.1 所示单位正方形内均匀地投点 $(\xi,\ \eta)$，则该随机点落入 G 内的概率为

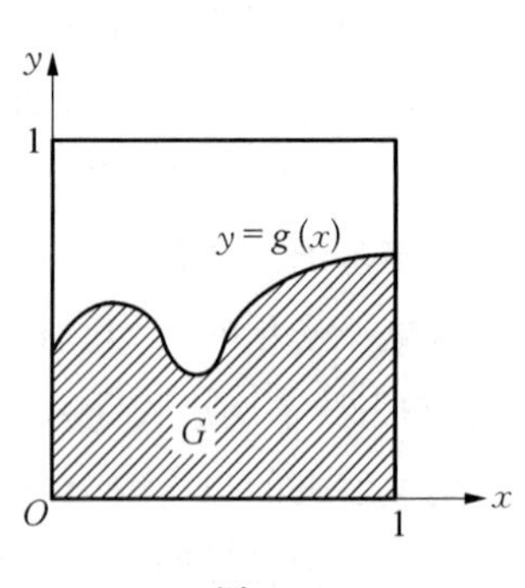

图 12.1

$$P_r\{y\leqslant g(x)\}=\int_0^1\int_0^{g(x)}dydx=\int_0^1 g(x)dx=I。$$

于是可按以下步骤求 I：

1° 产生两个随机数 x_i，y_i，作为随机点 $\xi_i=(x_i,\ y_i)$ 的坐标；

2° 检验 ξ_i 是否落入 G 内，即 $y_i\leqslant g(x_i)$ 是否成立；

3° 统计 N 个随机点落入 G 中的次数 m；

4° 结论：$I\approx\frac{m}{N}$。

我们举一实例。试求 $I=\int_0^1 e^{x-1}dx$。

我们查随机数表(只用两行)可见：

26687 60675 45418 69872 03765 84686 91512 10737
74223 75169 98635 48026 86366 57636 49670 49307
54870 48967
19676 49579

用它构成随机点进行计算。

随机数 x	随机数 y	$g(x)=e^{x-1}$	$y \leqslant g(x)$ 频数
0.266	0.742	0.480	0
0.606	0.751	0.674	0
0.454	0.986	0.579	0
0.698	0.480	0.739	1
0.037	0.863	0.382	0
0.846	0.576	0.857	1
0.915	0.496	0.919	1
0.107	0.493	0.409	0
0.548	0.196	0.636	1
0.489	0.495	0.600	1

对 $N=10$，得 $I \approx \frac{5}{10}=0.50$。已知 $I=\int_0^1 e^{x-1}dx=0.632$，因此误差较大。若将 N 增至 20，则可得出 $I \approx \frac{12}{20}=0.60$，就比较接近了。$N$ 取得更大，可以相当精确。

综上所述，用蒙特卡罗方法解题的一般步骤是：

(1) 构造或描述问题的概率过程；

(2) 实现从已知概率分布的抽样；

(3) 建立各种统计量的估计。

这样，就将一个确定性数学问题随机化了。

12.4 20 世纪以来，随机性数学大量采用确定性数学为工具，同时又使确定性数学的许多部门不断随机化。一方面，概率论需要微积分，另一方面，微积分又被随机规律所改造，这就是随机微分方程和随机积分方程的出现。近来又有随机变量的幂级数出现。随机的整函数论也应运而生。不久前诞生的随机微分几何，主要考察定义在黎曼流形 M 上的半鞅。将它和 M 上二阶微分算子相联系，并用以研究扩散过程，流形 M 上的布朗运动构成它的特例，我们还可以举出随机线性算子理论、随机力学等一连串将确定性数学随机化的科目。

70 年代以来，概率论学者已不满足将一门门的确定性数学随机化，而是用随机数学的理论和技巧处理“正宗”的确定性数学问题。1975 年，戴维斯运用概率论中布朗运动的技巧，证明了经典复函数论中的著名定理——毕卡小定理。80 年代以来，能运用概率论技巧处理的学科，已扩展到现代微分几何中的陈省身示性类理论、霍曼德(Homander)的一般偏微分算子理论。新近,运用马利文(Mallivin)提出的随机变分学,已将当代最重要最深刻的纯粹数学定理,阿蒂亚-辛格(Singer)指标定理重新给出证明。整个数学中,到处都有概率论的影子。随机数学与确定性数学彼此促进,互相交融,你中有我,我中有你。这是80年代以来,数学思想又一新的突破。

模型篇

模型本是一个普通名词，凡对所研究情景的有关性质的模拟物，都是模型。地图是地球表面的模型，体温计中的水银柱是温度的模拟物。这一篇要说的是利用数学语言模拟现实的模型。

数学模型由来已久，自然数就是先人对猎获物的数量模拟。简而言之，每个重要的数学学科都是一种模型。微积分是物体运动的模型，概率论是偶然与必然现象的模型，欧氏几何是现实空间的模型。但是，20 世纪以来，数学模型已不仅是数学学科的背景材料，它已成为人们改造自然的一种技术。千姿百态的数学模型，闪烁着人类智慧的无限光芒。构造数学模型的热浪，遍及科学、工程、经济、语言乃至历史考古。计算机的出现使模型插上飞翅，获得实时控制的实用效果。异军突起的计算机模拟技术已成为第三种科学方法，起着理论研究和实验方法所不能代替的作用。

第 13 讲　数学模型是活的数学

构作数学模型可说是中国古代数学的优良传统。《九章算术》里 246 个题目归结为 9 类，也就是 9 种数学问题的数学模型。这些模型的构作，体现了我国数学有很强的实用性。现在人们说中国传统数学不严谨，不讲究古希腊式的逻辑演绎，当然确是事实，不必讳言。然而，如果认为，数学的价值仅在于逻辑推理，没有逻辑演绎便不成其为数学，这恐怕也是极大的谬误。应该说，数学的活的灵魂在于体现在数学模型中的数学思想，逻辑证明只是形式地演绎推理，其技巧和方法自然也是精华，但始终要受制于数学思想的导向。目前中学数学教育中的一个偏向就是死记某类数学问题的程式，刻意模仿套用，至于活的灵魂往往恰被丢弃了。

13.1　试以方程为例。我们讲三元一次方程组，学生只记住消去法、代入法之类的程式，解出来完事，虽然也有一些应用题，也只是把题中的话翻译成数学语言，对号入座就行。可是，方程观念的核心是对某些问题的实际情况，创设数学情景，构造数学模型，这才能列出方程求解。请看下列实例(上海陈振宣先生提供)：

上海某饭店各房间的室内温度，由控制室统一调整。一位施工的师傅发现控制室内仪表指示的温度与室内的实际温度有差异，老是调不准。后来查出原因，乃是因为从高层房间到控制室的距离很长，三相电的三根电线因转弯处折转不同而有长有短，因而造成三根电线的电阻不同，结果仪表上就出现了偏差。那么如何来测量这三根线的电阻呢？任何万用表也不能把一头放在十几层楼房间里的 a'处，另一头放在底楼控制室的 a 处，这该怎么办？

一位学过代数的青年师傅想出了办法。他假设 x，y，z 分别是 aa'，bb'和 cc'的电阻。这是三个未知量，电表不能直接测量出这三个数。然而我们可以每 a'和 b'连接起来，在 a 和 b 处量得电阻 $x+y$ 为 l，然后将 b'和 c'连接起来，在 b 和 c 处测得 $y+z$ 为 m，同理，连接 a'和 c'，可测得 $x+z$ 为 n。这样我们得到三个变元的三个方程式

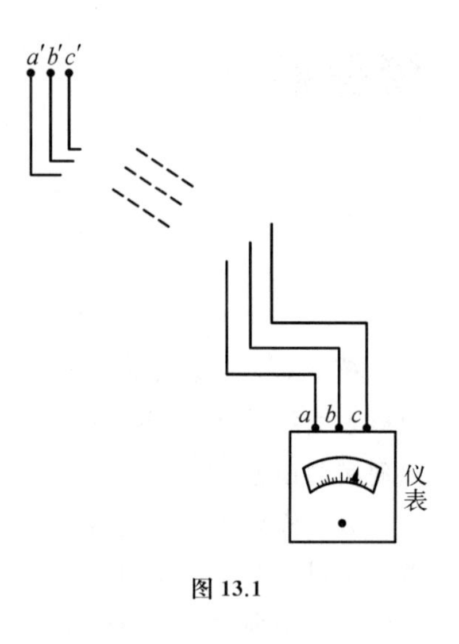

图 13.1

$$\begin{cases} x+y=l, \\ y+z=m, \\ x+z=n。 \end{cases}$$

于是 x，y，z 解出，仪表一下就调整好了。

这个实例告诉我们，联立方程的求解并不难，一般学生都会做。再进一步，如将此题改为文字应用题："如果我们可以量得 aa'和 bb'两线串接后的电阻为 l，bb'和 cc'串接后为 m，cc'和 aa'串接后为 n，试问三线的电阻是多少？"那么只需将文字语言翻译为方程语言，问题便迎刃而解，这个问题也不稀奇。这位青年师傅的可贵之处，在于他创设问题的情景（把线两两连接再测），构作数学模型（三个未知数需要列三个方程形成联立方程组）。难就难在用方程的"立场"、"观点"去分析这个实际问题，用活的数学思想使实际问题转到新创设的情景中去。这个问题之难在于构造模型，而不在解方程。如果我们的数学教学只让学生去解几十道甚至上百道方程题，却不教学生去经历用方程观念构作模型的过程，怎能说尽到了教师的责任？

国际数学教育委员会将数学教育的研究课题分为 15 个专题，其中第 7 个（*Topic Area* 7）方面是"问题解决，模型化和应用"。他们把解题和构作模型放在一起，称之为当今数学教育发展的三大趋势之一。他们的口号之一是："解决一个问题胜似做一千道习题。"我们不能把眼光老是盯在考试题目上，要学生按逻辑程式操练不止。模型不是逻辑的产物，而是创造力的结果。让我们多一些实际的模型构作，少一些机械性的解题模仿！

13.2 下面我们再看 20 世纪一项重大技术成就和数学模型的关系。数学造福于人类的成果，何止千万。许多人享受着现代文明的恩惠，却不知道数学家的贡献。如果没有偏微分方程理论，喷气式飞机就设计不出来。如果没有卡尔曼凝波理论，现代飞机的导航就无法进行。现在我们再举一例，如果没有拉东变换，也就没有诊断疑难病例的 CT 扫描仪，CT 的发明者豪斯费尔德（G. N. Hounsueld）和柯马克（A. M. Cormack）获得了 1979 年的诺贝尔医学奖金。尽管他们并不是数学家，但是他们构造了 CT 的数学模型，数学是他们成功的基石之一。

让我们简述一下 CT 的原理。x 光光源沿线 L 穿过断层扫描区域到达检测器，接收到光源的强度。由于扫描区域内置有被检物体，所以光源的强度将沿 L 不断衰减，这一衰减函数 $\mu(z)$ 是定义在 L 各点之上的函数。我们用补偿器和参考检测器可使在区域 G 之外的相对衰减均为 0。于是衰减只在区域 G 内发生，沿 L 的光线也只在 $Z=0$ 到 $Z=D$ 这一段有衰减。一个光子从光源经衰减后到达检测器时的强度 p_L，反映出衰减的总和 $m_L=e-p_L$，e 是光子的能量。衰减的总和可写成积分形式

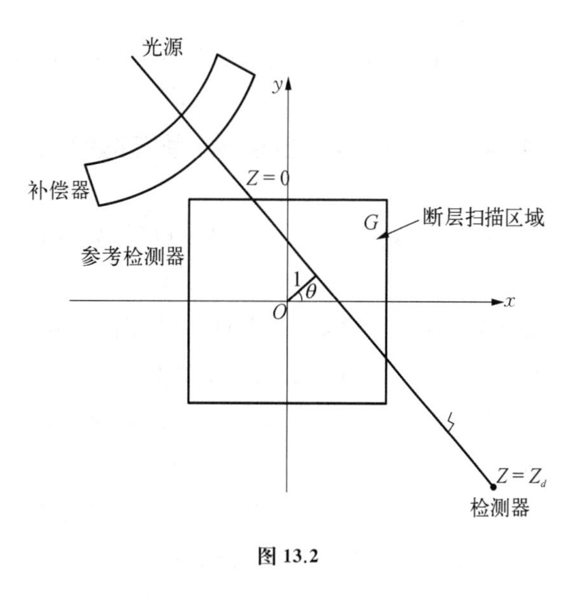

图 13.2

$$\int_0^z \mu(z)dz = m_L。$$

现在将直线 L 用 (l, θ) 作为参数来表示。我们就由衰减函数 $\mu(x, y)$，$(x, y) \in G$，得到沿直线 (l, θ) 的衰减总和 $m(l, \theta)$（它可由检测器的读数 $p(l, \theta)$ 得出）。

上面分析了由 $\mu(x, y)$ 得 $m(l, \theta)$ 的过程。现在，我们要提出反问题：如果我们知道了 $m(l, \theta)$，即 $\mu(x, y)$ 沿 (l, θ) 的线积分值，能否知道 $\mu(x, y)$？也就是说，从检测器读数中得到的函数值 $m(l, \theta)$（(l, θ) 代表从光源出发的各条线 L），能否确定 $\mu(x, y)$，$(x, y) \in L$？如果在区域 G 内有异常物（癌变），那么 $\mu(x, y)$ 会在某些位置出现突然变化，这正是我们诊断所要知道的位置。

1917 年，奥地利数学家拉东（Radon）已经给出了以下的公式

$$\mu(x, y) = -\frac{1}{2\pi^2}\lim_{\varepsilon\to\theta}\int_\varepsilon^\infty \frac{1}{q}\int_0^{2\pi} m'(x\cos\theta + y\sin\theta + q, \theta)d\theta dq。$$

这 $m'(l, \theta)$ 是 $m(l, \theta)$ 关于 l 的偏导数。

这样，豪斯费尔德和柯马克运用数学方法给出了断层扫描问题的数学模型，恰巧拉东早在 60 年以前曾找到此问题的数学解法，一项造福于人类的发明就这样诞生了。

当然，诺贝尔医学奖并非唾手可得，拉东变换还只是理想化的工具。两位得奖人要借助物理学的成果，计算机的数据处理，误差消除和补偿等复杂的手续，才能真正付之实用。1963 年，他们用了两天时间求得 256 条数据来重建模型，而到 80 年代，只用 5 秒钟就能得到一百万条数据，计算技术在这里起了关键作用。

CT 的成功说明，建立数学模型是何等艰难，两位获奖者几乎用了毕生精力构作了这个模型。这个模型当然不是用数学方法靠逻辑推理得出来的，数学家提供的仅是问题的求解方法，拉东所作的只是这项杰作的后期工程，作为数学思想的巧妙运用和数学模型

的精心制作,应该归功于豪斯费尔德和柯马克。

第14讲　信息论、控制论、系统论的数学描述

14.1　第二次世界大战结束以后,数学的进展日新月异。信息论、控制论和系统论先后问世,形成了当今最主要的一种科学思想。信息论和控制论的奠基人都是数学家。信息科学产生于1948年。当时在贝尔电话实验室工作的仙农(Shannon),发表的《通信的数学理论》一文,标志着信息论的诞生。仙农曾就读于密执安大学,1940年在麻省理工学院获得数学博士学位。战争期间即接触通信问题,战后又研究军事通信系统,使他的数学研究工作深深扎根于工程实践之中。

控制论也诞生于1948年。美国的维纳(Wiener, N.)是著名数学家,曾在巴拿赫空间理论、积分方程、随机过程方面有突出贡献,但是他把主要精力放到神经对肢体的控制、火炮自动跟踪、信息传输中的反馈等一系列实际问题,终于在1948年发表名著《控制论》,名垂史册。他为控制理论制定了数学模型。与维纳同时,苏联的柯尔莫戈罗夫也在卫国战争中研究火炮自动控制,发展了控制理论,可惜苏联科学界曾对此持有偏见,未能像西方那样加以重点发展。

系统论是在上述两方面工作的基础上进一步概括发展而成。它的形成可追溯到冯·贝塔朗菲(Von Bertalanffy, L.)在1937年的文章,但是成熟的系统论著作则应推他在1968年发表的《一般系统论的基础、发展和应用》。系统论受到信息论和控制论的鼓舞,是在这二者的基础上进一步概括和发展而成的。

贝塔朗菲是生物学家,但他能纯熟地使用数学方法,为一般系统提供数学模型。他把系统定义为"相互作用着的若干元素的复合体",并用一组联立微分方程组对系统进行了描述。

$$\frac{\mathrm{d}\theta_1}{\mathrm{d}t}=f_1(\theta_1, \cdots, \theta_n),$$

$$\frac{\mathrm{d}\theta_2}{\mathrm{d}t}=f_2(\theta_1, \cdots, \theta_n),$$

$$\cdots$$

$$\frac{\mathrm{d}\theta_n}{\mathrm{d}t}=f_n(\theta_1, \cdots, \theta_n)。$$

其中θ_i表示第i个元素的量。在这组联立方程中,θ_i的变化不是孤立的,每个θ_i的变化会影响其他θ_j的变化。这些量中你中有我,我中有你,形成彼此不可分离的整体——系统。这种想法完全是数学化了的。

下面我们讨论一些信息论和控制论中的简单模型。

14.2 首先我们来看信息量与对数的关系。我国古代的烽火台，燃起烽火，表示有敌情(记为1)，不燃，则无敌情(记为0)。它只能表示两种信号：0和1。这可视为最简单的信息，其信息量似可定为1个单位。于是对信号数目2，取以2为底的对数，得出

$$\log_2 2 = 1,$$

这就是说，对某通信所能表示的信号数 m 取以2为底的对数 $\log_2 m$，作为信息量是有道理的。

请再看一例，假设要报告风向，共需 A(东)，B(东南)，C(南)，D(西南)，E(西)，F(西北)，G(北)，H(东北)等8个信号。如用二进位数字表示，必须用三位数，取

A	1	1	1
B	1	1	0
C	1	0	1
D	1	0	0
E	0	1	0
F	0	1	1
G	0	0	0
H	0	0	1

这里信息数目为8，相当于三个烽火台式的二进位数字表示，其关系式是 $2^3=8$，即 $\log_2 8=3$。这再次说明，用 $\log_2 m$ 表示信息量，正说明信息数与需要二进位数字的个数之间存在着必然的联系：$H=\log_2 m$。这里 m 为不同信息的个数，H 为信息量。

采用对数度量信息有其方便之处。H 随 m 而增加，且具有可加性，即两个消息合在一起的总信息量等于每个信息单独存在时各自信息量之和：

$$\log_2(m_1 \cdot m_2) = \log_2 m_1 + \log_2 \mathrm{m}_2。$$

此时，如果 m_1 是烽火台信息，表示有无敌人2种信息；m_2 是风向，有8种信息。两个信息合在一起共有 $2\times8=16$ 种信息(有敌人时的8种风向，无敌人时的8种风向)。所以此时的信息量应为

$$4=\log_2(2\cdot 8)=\log_2 2+\log_2 8=1+3。$$

其次，我们来看信息的统计模型。

仙农认为，从收信人的角度来看，收到的信息量越大，表明他对该事不确定的认识越小。因此信息量是收信人知识变化的数值度量。

让我们来分析掷骰子的例子。对“掷骰子”这个事件来说，它“掷下去”显示出结果后究竟能给人们消去多少不确定性？或者说它本身能提供多少信息量？众所周知，一颗骰子有6面(记为 A_1，A_2，A_3，A_4，A_5，A_6)，所以一颗骰子的不确定性的数量是6，用对

数度量应为 $\log_2 6$。掷下去若出现 A_1 面，则可消去不确定性 $\log_2 6=-\log_2 \frac{1}{6}$。但 A_1 面出现的概率为 $\frac{1}{6}$，故掷一颗骰子出现 A_1 面消去的不确定性的度量应为 $-\frac{1}{6}\log_2 \frac{1}{6}$。同样考虑 A_2，A_3，A_4，A_5，A_6 诸面，均可消去不确定性 $-\frac{1}{6}\log_2 \frac{1}{6}$，故掷一颗骰子最终消去的不确定性应为

$$6\times\left(-\frac{1}{6}\right)\log_2 \frac{1}{6}=-\log_2 \frac{1}{6}。$$

用概率的形式来写，则有

事件 A	A_1	A_2	A_3	A_4	A_5	A_6
概率 p	$p_1=\frac{1}{6}$	$p_2=\frac{1}{6}$	$p_3=\frac{1}{6}$	$p_4=\frac{1}{6}$	$p_5=\frac{1}{6}$	$p_6=\frac{1}{6}$

从而，掷一颗骰子的信息量为

$$H=6\times\left(\frac{-1}{6}\log_2 \frac{1}{6}\right)=-\sum_{i=1}^{6} p_i \log_2 p_i。$$

一般地，若我们用 N 个字母通信。字母集为

$$A=\{\alpha_1,\alpha_2,\cdots,\alpha_N\},$$

p_1，p_2，…，p_N 分别为上述字母在通信中使用的概率，$p_i\geqslant 0$，$\sum_{i=1}^{N} p_i=1$。此时每一字母 α_i 所产生的信息量为 $-\log p_i$，称为自信息。进而将自信息作加权平均，即得

$$H(A)=-\sum_{i=1}^{N} p_i \log p_i。$$

$H(A)$称为信源的熵，信息论中用它来作为信息量的计量标准。在热力学中，熵表示系统的紊乱程度，即在封闭的孤立系统中，总是自发地从有序到无序，热力学熵总是增加的。信息熵越大，不确定程度就越小，即无序程度越小，热力学熵也越小，所以说信息熵与热力学熵互为负值。我们在信息熵中加了一个负号，使 $H(A)$总为正数，信息量大即信息熵大。信息熵越大，信息越多，不确定性越少，无序情形越少。

信息论作为一门数量科学，是从信息量的度量开始的。因此，真正运用信息论，必须有信息量的确定。那些没有信息量的“信息论”，只不过是信息论概念和名词的搬用，是一种广义的“应用”，那与数学就没有多大关系了。

14.3 控制论中的状态空间方法。为描述某个集合中各个不同对象所用的最少的有

序的一组变量(s_0, s_1, …, s_n)称为该事物的状态向量。例如,平面上的点,我们用有序的一对数(x, y)即可加以区别。人们考察的许多系统,它的状态是由微分方程确定的。系统越复杂,微分方程的阶数一般就越高,对于多输入、多输出的系统来说,由于关系复杂,状态变量的选择就十分重要。我们可以用向量与矩阵通过状态方程描述一个系统。

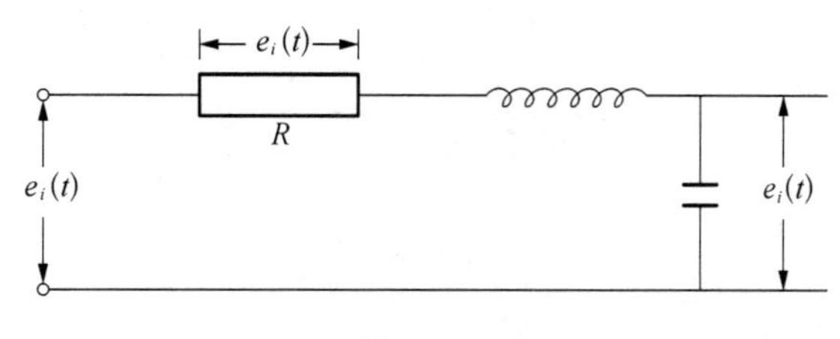

图 14.1

(1) LRC 串联电路系统。

由物理学定律可知,电流 $i(t)$,电压 $u(t)$通过电阻 R、电感 L 和电容 C 的关系为

$$i(t)=\frac{1}{R}u(t)。$$

$$u(t)=L\frac{di}{dt},\quad 或\quad i(t)=\frac{1}{L}\int u(t)dt。$$

$$i(t)=C\frac{du}{dt},\quad 或\quad u(t)=\frac{1}{C}\int i(t)dt。$$

在如图的串联电路中,电压 $e_i(t)$满足

$$e_i(t)=L\frac{di(t)}{dt}+R\cdot i(t)+\frac{1}{C}\int i(t)dt,$$

其中 $\frac{1}{C}\int i(t)dt=e_c(t)$。

现记输入变量为 $x(t)$,输出变量为 $y(t)$。选择两个状态变量 $S_1(t)$为 $q(t)=\int i(t)dt$, $S_2(t)$为 $i(t)$。因此

$$\dot{S}_1(t)=\frac{d}{dt}S_1(t)=S_2(t)。$$

将这些记号代入原方程,经整理可得

$$\dot{S}_1(t)=S_2(t),$$

$$\dot{S}_2(t)=-\frac{1}{LC}S_1(t)-\frac{R}{L}S_2(t)+\frac{1}{L}x(t),$$

$$y(t)=\frac{1}{C}S_1(t)。$$

写成向量形式,即为

$$\begin{pmatrix}\dot{S}_1(t)\\ \dot{S}_2(t)\end{pmatrix}=\begin{pmatrix}0 & 1\\ -\frac{1}{LC} & -\frac{R}{L}\end{pmatrix}\begin{pmatrix}S_1(t)\\ S_2(t)\end{pmatrix}+\begin{pmatrix}0\\ \frac{1}{L}\end{pmatrix}x(t),$$

$$y(t)=\begin{pmatrix}\frac{1}{C} & 0\end{pmatrix}\begin{pmatrix}S_1(t)\\ S_2(t)\end{pmatrix},$$

令

$$S(t)=\begin{pmatrix}S_1(t)\\ S_2(t)\end{pmatrix},\ A=\begin{pmatrix}0 & 1\\ -\frac{1}{LC} & -\frac{R}{L}\end{pmatrix},\ B=\begin{pmatrix}0\\ \frac{1}{L}\end{pmatrix},$$

$$C^T=\begin{pmatrix}\frac{1}{C}\\ 0\end{pmatrix},$$

则状态方程可写为

$$\dot{S}(t)=AS(t)+Bx(t),$$

输出方程为

$$y(t)=C\cdot S(t)。$$

如果将电阻 R 两端的 e_R 也看作输出。令 $y_1(t)=e_R(t)$，$y_2(t)=e_0(t)$，则输出方程为

$$\begin{pmatrix}y_1(t)\\ y_2(t)\end{pmatrix}=\begin{pmatrix}0 & R\\ \frac{1}{C} & 0\end{pmatrix}\begin{pmatrix}S_1(t)\\ S_2(t)\end{pmatrix}。$$

这就导出了多输出与状态之间的关系。

由此例可以知道，运用状态变量，可以描述多变量系统，也可以描述高阶微分方程。经过一定处理后，均可变换为等价的一阶线性微分方程组，于是可设法用矩阵代数进行运算，这也就可以用计算机处理了。

(2) 上面的例子中，状态变量 $S_1(t)$、$S_2(t)$是时间 t 的函数，而时间 t 是连续变化的，所以可以讨论求导问题，状态方程是微分方程。有些情形的时间变量不是连续变化的，而是离散的。这时的状态方程是差分方程。让我们看以下的例子。

例 （鱼池模型） 设鱼的生长期分为四个阶段：卵、鱼苗、小鱼、大鱼。系统的输入是每年放入池内的鱼卵数，系统的输出是每年从池中迁出小鱼数。此外，还设 $u(k)$是第 k 年供给鱼池的鱼卵数，$x_1(k)$是第 k 年池中鱼苗数，$x_2(k)$、$x_3(k)$则分别是小鱼数和大鱼数。

我们列出下一年的鱼数：

1° $k+1$ 年的鱼苗数等于第 k 年大鱼产卵的有效数，减去 k 年被鱼苗及小鱼吃掉

的卵数，再加上外部供给的鱼卵数：

$$x_1(k+1)=a_1x_3(k)-a_2x_2(k)-a_3x_1(k)+u(k)。$$

2° 第 $k+1$ 年的小鱼数等于 k 年鱼苗所变成的小鱼数

$$x_2(k+1)=a_4x_1(k)。$$

3° 第 $k+1$ 年大鱼数等于第 k 年留下的大鱼数(除去死亡数)，加上第 k 年小鱼长成大鱼数

$$x_3(k+1)=a_5x_2(k)+a_6x_3(k)。$$

其中 a_1，a_2，a_3，a_4，a_5，a_6 都是相应的常数。

由此三方程可知

$$X(k+1)=\begin{bmatrix}-a_3 & -a_2 & a_1\\ a_4 & 0 & 0\\ 0 & a_5 & a_6\end{bmatrix}, X(k)+\begin{bmatrix}1\\0\\0\end{bmatrix}u(k)。\qquad (*)$$

其中 $X(k)=(x_1(k), x_2(k), x_3(k))^T$，表示第 k 年鱼池的状态。(*)就是鱼池的状态方程。这里没有微分运算仅是差分运算。

(3) 由上述两例可以看出，一般的状态方程可写为

$$\dot{X}(t)=F(t, u(t), X(t)), X(0)=X。$$

其中

$$X(t)=\begin{bmatrix}x_1(t)\\x_2(t)\\ \vdots\\x_n(t)\end{bmatrix}, \dot{X}(t)=\begin{bmatrix}\dot{x}_1(t)\\ \dot{x}_2(t)\\ \vdots\\ \dot{x}_n(t)\end{bmatrix}, F(\cdot)=\begin{bmatrix}f_1(\cdot)\\f_2(\cdot)\\ \vdots\\f_n(\cdot)\end{bmatrix}。$$

$u(t)$是输入量。

这一矩阵式的状态方程称为连续时间状态方程。在计算机拉制系统中，往往把 t 取作离散变量的形式，就得到差分方程

$$X(t_{k+1})=F(t_k, u(t_k), X(t_k)), X(t_o)=X_0,$$

$$k=0, 1, 2, \cdots。$$

如果 F 是线性的，即 $f_1, f_2, \cdots, f_n$ 都是有关变元的线性函数，则此系统称为线性系统。这时可运用矩阵工具进行研究，是目前研究最多的一类系统。

(4) 系统的能控性和能观性。

一个系统称为是能控的，是指输入信号能对系统的每一状态变量施加独立的影响，使之能从任意的初态出发，经有限时间后总能到达预先期望的任意值。一系统称为能观

的，是指输出信号受每个状态变量的独立影响，使之能从观测一段时间的输出值来唯一确定状态变量在某一时刻的值

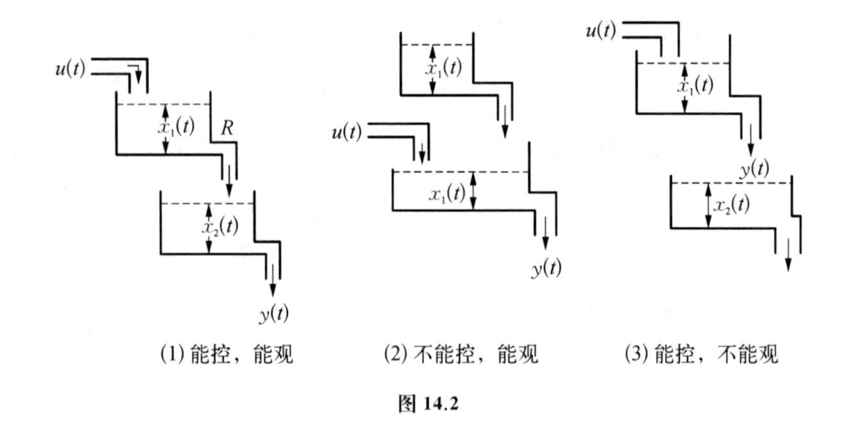

图 14.2

从以上三个示意图来看，图(1)中的 $u(t)$ 能影响 $x_1(t)$ 也能影响 $x_2(t)$，故能控。图(3)同理也能控。但图(2)中 $u(t)$ 只影响 $x_2(t)$，却不能影响 $x_1(t)$，故不能控。另一方面，图(1)中的 $y(t)$ 可以反映 $x_2(t)$，也可间接反映 $x_1(t)$。图(2)的情形也是如此，故这二者是能观的。但图(3)中，$y(t)$ 只反映 $x_1(t)$，却反映不出 $x_2(t)$ 的变化，故不能观。

下面再来分析鱼池模型的能控能观性问题。从模型的假设出发，如果鱼苗不能长成小鱼 ($a_4=0$)，或小鱼不能长成大鱼($a_5=0$)，那就不能指望小鱼数 x_2 和大鱼数 x_3 能达到预先指定的任意值，故此时不可控，$a_4 \neq 0$，$a_5 \neq 0$ 是可控的必要条件。另一方面，$a_1 \neq 0$，$a_4 \neq 0$ 是可观的必要条件。因为如 $a_1=0$，表示大鱼所产的卵不能孵化为鱼苗，因此输出 $y(k)$(小鱼数) 不能反映大鱼的数量(此时池中小鱼不是大鱼的后代)；如 $a_4=0$，表示鱼苗不能长成小鱼，故 y 只能反映 x_2，不能反映 x_1 与 x_3。

那么，使系统能控和能观测的充分条件是什么呢？这是控制论中研究的基本问题之一，请参看有关专著。

作为数学分支的控制论，有极其广泛的应用，它们在宇航、工业控制等许多方面具有基本重要性。但是，控制论的思想在许多社会科学领域也在应用，那只不过是名词的改变、概念的复述，由于没有状态方程，更不讨论可控与可观测，就不能说是数学控制论的应用了。

第 15 讲　社会学的数学模拟

数学模型已不再是物理学、工程学的专利，生物学的模型(如上一讲中的鱼池模型)已不计其数，霍金曾因研究乌贼神经生理的数学模型荣获诺贝尔生物学奖金。20 世纪的数学继续向社会科学领域挺进，经济学的许多优化模型将在优化篇的各讲中陆续提到。我国著名控制论专家宋健等人提出了我国人口系统的数学模型，成为人口理论中的重大研究成果。它的最简单形式是

$$x(t+1)=H(t)x(t)+\beta(t)B(t)x(t),\ x(t_0)=x_0$$

其中 $x(t)=(x_1(t),\ \cdots,\ x_i(t),\ \cdots,\ x_m(t))$，$x_i(t)$表示 t 年度 i 周岁的人数，$x(t)$称人口状态向量。$H(t)$是人口状态转移矩阵，$B(t)$是生育矩阵，$\beta(t)$是妇女总和生育率，x_0 是 $t=t_0$ 时刻的状态，即初始状态。通过调查，将上述几个矩阵和生育率确定下来，人口预测就可以进行了。

社会学和政治学中还有一些活动可以用数学模型来描述，我们在这里介绍几个简单易懂的例子。

15.1 投票模型。在西方国家里，实行多党制，因而许多有关投票选举的模型随之发生。我们略去这些模型的政治含义，可以在经济联合、委员会决策、股东权益等与投票有关问题中找到这类模型的某些应用。它涉及的数学知识并不多，但是在构想模型、解释某些社会现象方面当可有所借鉴。

设有 n 个政党，w_i 为第 i 个政党在国会中拥有的席位（$i=1,\ 2,\ \cdots,\ n$）。全部议席数为 $w=\sum_{i=1}^{n}w_i$。用 S 表示 $N=\{1,\ 2,\ \cdots,\ n\}$ 的一个子集，用它来描述若干政党的联合。我们来考察若干政党联合执政的问题。

设 q 是一个定额。比如$\frac{w}{2}$或$\frac{2}{3}w$，表示可以执政所需的最低议席数，亦即最低的多数票限额，因此我们把$[q;\ w_1,\ \cdots,\ w_n]$看作是 n 个政党分别带权 $w_1,\ \cdots,\ w_n$ 的一次竞争。如果有一集合 S，使得

$$\sum_{i\in S}w_i\geqslant q,$$

则 S 中各政党的联合取得多数席位，可以执政。q 通常都假设大于$\frac{w}{2}$，且 $w_i<q,\ i=1,\ 2,\ \cdots,\ n$。

这一模型也可用来描述公司的 n 位股东的决策。这时记股东持有的股票占股票总数的百分数为 w_i，$\sum_{i=1}^{\pi}w_i=100$。q 一般应为 51。几个股东联合起来拥有 51%的股票即可决策公司的重大问题。今设有 4 个股东 A，B，C，D 所持有股票份额分别为 28，24，24，24。我们有模型[51；28，24，24，24]，这时股东 A 虽只握有 28%的股票，但他处于有利地位，他和 B，C，D 任何一个联合即可控制 52%的股票，获多数。而 B，C，D 除非三者一起联合，任何两个联合都无法得到多数，那么[51；26，26，26，22]的格局，则是 D 处于绝对劣势。A、B、C 三家中任何两家联合都可得多数，但 A，B，C 中任何一家与 D 联合都得不到多数，D 的作用可以说无足轻重了。再看另一种格局[51；40，25，20，15]，B，C，D 三家份额虽不同，但作用都一样，他们之中谁和 A 联合都能掌握多数。

因此，在一场竞争中，带权的投票问题，不仅看各自的票数（权重），而且要看票数的

分布。有些格局彼此是等价的。比如三个集团的以下格局的效力可以说是相同的：

$$[3;2,2,1],[8;7,5,3],[51;49,48,3],[2;1,1,1]$$

在最后一个竞赛格局中，A，B，C 分别取 1 票，他们地位固然相同，而在$[51;49,48,3]$中，C 只有 3 票，但其地位与有 49 票、48 票的完全相同。小党有时会起大作用，这就是例子。设 n 是奇数，那么$[50(n-1)+1;100,100,\cdots,100,1]$中，最后一位虽只有一票，但他和前面有 100 票的各位处于完全均等的地位。1972 年加拿大选举情形是

自 由 党	109 席
保 守 党	107 席
新民主党	31 席
其　　它	17 席

总席位是 264，超过 132 席为多数。结果是新民主党与两个大党自由党和保守党处于同等有利地位。

以上的例子只是凭直观来看各集团在获得多数上的实力。那么能否给出一个数量指标来表明各集团在这一竞赛格局中的地位，并加以计算呢？以下是一种方法。

设竞赛格局是$[q;w_1,\cdots,w_n]$，$N=\{1,2,\cdots,n\}$，S 是 N 的子集，$W=\{S\mid \sum_{i\in S}w_i\geqslant q\}$，

$$M=\{S\in W\mid S\backslash\{i\})\notin W,i\in S\}$$

对第 i 个竞争者(政党、股东、集团)，我们定义

$$M(i)=\{S\in W\mid i\in S\}。$$

这里，W 表示所有的可赢联合。M 表示全体最小的可赢联合(少了 S 中的任何一个都不行)，$M(i)$是有 i 参加的最小可赢联合。于是我们定义

$$\rho(i)=\frac{1}{\mid M\mid}\sum_{S\in M(i)}\frac{1}{\mid S\mid},$$

这里$|M|$表示集合 M 中元素的个数，$|S|$也同样理解，$\rho(i)$即为各竞争者的实力指标。

例　设有竞赛 $\Gamma=\{5;4,2,1,1,1\}$，竞争者依次为 a，b，c，d，e。不难看出，最小可赢联合为

$$M=\{ab,ac,ad,ae,bcde\},\mid M\mid=5。$$

于是

$$\rho(a)=\frac{1}{5}\left(\frac{1}{2}+\frac{1}{2}+\frac{1}{2}+\frac{1}{2}\right)=\frac{2}{5}=\frac{8}{20},$$

$$\rho(b)=\frac{1}{5}\left(\frac{1}{2}+\frac{1}{4}\right)=\frac{3}{20},$$

同样 $\rho(c)=\rho(d)=\rho(e)=\frac{3}{20}$。

这就是各个竞争者的实力指标。

15.2 反馈耦合系统。在许多自然现象和社会现象中，完全定量地计算是难以做到的，有许多模型是半定量化的。人们借助这种模型给予定量的说明。下面的反馈耦合系统即是一例。

设有两个子系统 X 和 Y 按下列方式耦合(图 15.1)：X 向 Y 输入 x_1，则经 Y 作用后输出 $y_1=r_Y x_1$，y_1 输入 X 后，输出为 $x_2=r_X\cdot y_1$，如此继续反复作用下去。这一系统的子系统的任何输出由两因素决定：① 该子系统的反应率(r_X 或 r_Y)；② 另一子系统对这一子系统的输入。

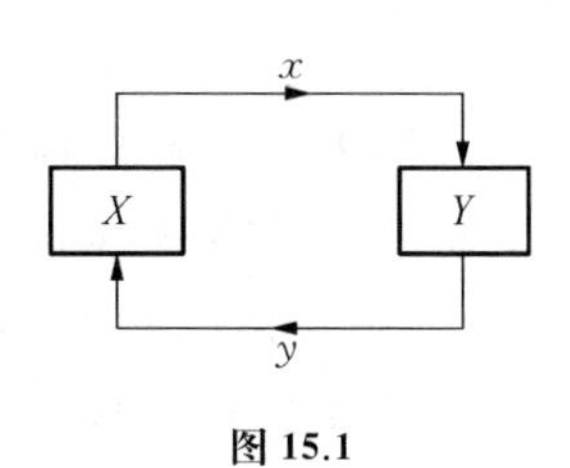

图 15.1

命题 1：子系统的动作依赖于：1°本系统的前一动作；2°两反应率的乘积。即

$$x_n=r_X\cdot r_Y\cdot x_{n-1},\ y_n=r_X\cdot r_Y\cdot y_{n-1},\ n>1。$$

这一结果表明，① 在耦合系统中(例如对峙的双方)，第一步很要紧，它往往是导火线；② 若双方反应都很强烈，则第二步、第三步愈演愈烈；③ 一方反应率很强烈，则不仅影响对方，也影响自己。因而对峙的紧张关系是双方的。

命题 2：设动作 x_1，y_1，x_2 都是正的，即 $r_X>0$，$r_Y>0$，则动作序列$\{x_n\}$和$\{y_n\}$是单调上升序列。若 $x_1>0$，$y_1>0$ 但 $x_2<0$，即 $r_X<0$，$y_Y>0$，则 x_n 与 y_n 呈振荡型：

$x_1>0$，$y_1>0$，$x_2<0$，$y_2>0$，$x_3<0$，$y_3>0$，…，$x_n<0$，$y_n>0$，…。这说明除第一个动作 x_1 外，x_n 取负值，y_n 取正值。

命题 3：1°若 $r_X r_Y>1$，则 x_n 和 y_n 都发散到无穷大；

2°若 $r_X r_Y=1$，则 $x_n=x_1$，$y_n=y_1(n=2,3,\cdots)$；

3°若 $r_X r_Y<1$，则 $x_n\to 0$，$y_n\to 0$。

我们可以用这一模型解释地主与农民之间的镇压与反抗的关系。

地主阶级的反应率 r_X 的正负表示对农民加紧剥削还是适当让步。农民阶级的反应率 r_Y 的正负表示农民对地主的剥削采取反抗态度还是忍让态度。

若 $r_X>0$，$r_Y>0$，且 $r_X\cdot r_Y>1$，则从镇压引起反抗，反抗引起进一步镇压，最后导致农民起义推翻反动统治(正反馈)。

若 $r_X>0$，$r_Y>0$，但 $r_X\cdot r_Y=1$，表示基本稳定。

若 $r_X>1$，$0<r_Y<1$，但 $r_X\cdot r_Y<1$，表示镇压加强，农民反抗减弱，地主阶级统治得到加强。

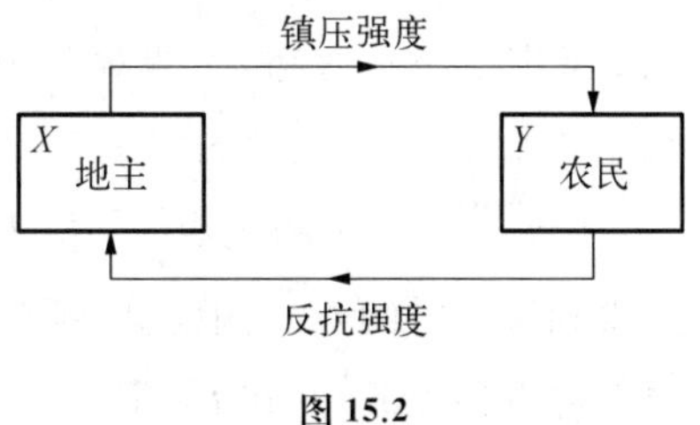

图 15.2

若 $r_X<0$，$r_Y>0$，$|r_X\cdot r_Y|>1$，由镇压 x_1

始，引起反抗 y_1，X 对 y_1 让步，$x_2<0$，于是 $y_2=r_Y x_2<0$，农民也退让，但这时 X 觉得农民软弱，$x_3=r_X\cdot y_2>0$，加强镇压，然后又是反抗、退让、镇压，振荡不止，程度越来越大。这时处于激烈的阶级斗争，属于发散正反馈。

我们还可以讨论其余各种情形，这里不赘述，这种定性描述模型不可能刻画得很准确，只能帮助作些解释。

第 16 讲　计算机模拟技术方兴未艾

16.1　1988 年 12 月 13 日，北京召开了"计算——第三种科学方法与经济发展技术讨论会"。与会专家认为，近四十年来，随着计算机与计算方法的迅速发展，计算已成为和理论、实验相并列的第三种科学方法。此话从何说起？

自古以来，人们认识自然界的规律，总是使用理论探讨和科学实验两种方法。从德谟克利特(Democritus)的原子论到爱因斯坦的相对论，就是用人类的理性思维对自然的奥秘的探索。但是与之相辅相成的另一种科学方法是实验。从伽利略(Galilei, G.)在比萨斜塔上的落体实验，到迈克尔逊(Micherson)—莫雷(Morley)的光速不变实验，都为人类确认真理提供了可靠依据。但是，世间的现实系统十分复杂，有关的随机因素很难用数学公式一一列举出来，理论探讨相当困难。许多大规模系统无法用实验来实现，或者虽然可以实验但代价十分昂贵。比如有一场战争，双方投入战争的海陆空军兵力、装备及地形、气候诸多因素是理论上无法一一顾及的。而做一场战争实验又根本不可能。剩下只有一条路：模拟。原始的沙盘作业就是一种模拟，但它和现代战争中瞬息万变的速度不能适应。电子计算机的出现，便可以在操纵台上模拟一场"战争"。诸如原子弹爆炸，飞机设计、石油勘探、航天发射等极其昂贵的实验活动，都需要计算机模拟来寻求规律。因此作为第三种科学方法的计算机数值模拟技术，便成为现代科技发展的支柱。这是数学家对人类科学进步的一个重大贡献。

16.2　让我们从一个简单的例子说起。设有一个服务员为随机到来的顾客服务。顾客到达的间隔相互独立且都服从分布 F，每个顾客需要服务的时间互相独立且服从分布 G。排队规则为先到先服务，顾客来后如没有空则需等待。当 $t=0$ 时，系统中的顾客数 $N=0$。下面我们来模拟这一随机服务系统。

(1) 产生一个随机数 x_1，利用 x_1 按 F 分布得到 T_1，这就是 $1^{\#}$ 顾客到达系统的时间。此时服务员有空，立即对 $1^{\#}$ 服务，所用的时间 τ_1 又是随机的，所以要用另一个随机数 x_1'根据 G 分布确定 τ_1。于是 $1^{\#}$ 在时刻 $T_1+\tau_1$ 后离去。

(2) 产生一个随机数 x_2，按 F 分布得到时间间隔 T_2，产生另一个随机数 x_2'，按 G 分布得到服务时间 τ_2。因此 $2^{\#}$ 顾客在 T_1+T_2 时来到。这时若 $T_1+T_2\geqslant T_1+\tau_1$，则 $2^{\#}$ 马上可得到服务，并在 $t=T_1+T_2+\tau_2$ 后离去。如果 $T_1+T_2<T_1+\tau_1$，那么他需要等

待一会，到 $1^{\#}$ 离去时($t=T_1+\tau_1$)才能受到服务，这样 $2^{\#}$ 将在 $T_1+\tau_1+\tau_2$ 时离去。

(3) 类似地可以模拟 $3^{\#}$，$4^{\#}$，…，$n^{\#}$ 顾客的到达时间和服务时间，直到预定的下班时间达到后模拟结束。

(4) 计算这次模拟中排队情况的数量指标，如排队的长度、顾客等待的总时间、顾客等待的平均时间、服务员的空闲时间等，并根据这些数据作效益分析。

(5) 可以根据实际需要多次模拟，比较各次模拟的结果，并提出改进意见。

那么，如何让计算机来执行这一模拟程序呢？

先给出有关参数的记法如下：

T_k：$k^{\#}$ 顾客与 $(k-1)^{\#}$ 顾客到达的时间间隔。

τ_k：对 $k^{\#}$ 顾客的服务时间。

w_k：$1^{\#}$ 到 $k^{\#}$ 的顾客排队等待时间之和。

g_k：$k^{\#}$ 离去的时间。

r_k：$k^{\#}$ 到达的时刻。

b_k：在 $k^{\#}$ 接受服务时，服务员已空闲的总时间。

计算机模拟的算法可写成：

(1) 取 $g_0=0$，$r_0=0$，$w_0=0$，$b_0=0$，$k=1$。

(2) 生成随机数 $\xi(k)$ 和 $\eta(k)$。

(3) 由 ξ_k 和 F 分布确定 T_k，由 $\eta(k)$ 和 G 分布确定 τ_k，令 $r_k=r_{k-1}+T_k$。

(4) $r_k \geqslant g_{k-1}$?

是：取 $b_k=b_{k-1}+r_k-g_{k-1}$，$g_k=r_k+\tau_k$，$w_k=w_{k-1}$；

否：取 $w_k=w_{k-1}+g_{k-1}-r_k$，$g_k=g_{k-1}+\tau_k$，$b_k=b_{k-1}$。

(5) $r_k>T$?

是：计算本系统的各项指标，算法终止；

否：取 $k=k+1$，转入(2)。

以上程序，对计算机来说是非常简单的，你要模拟多少次都行。经过多次重复之后，如果我们得到的数据是：每天 24 小时有 288 人来等候服务(比如说借工具)，平均每人等待时间是 2.75 分钟，于是一天内总等待时间为

$$2.75\times 288=792(\text{分钟})=13.2(\text{小时})$$

该厂工人每个工时的价值为 3 元，因此由等待时间而产生的损失为

$$13.2\times 3=39.6\ \text{元。}$$

假定一日三班，该系统共需三名服务员，每人每班工资为 8 元，则应付出 24 元。这样工厂为该系统的总支出为

$$39.6+24=63.6\ \text{元。}$$

为了比较,我们可以安排每班两个服务员,相应地构造模拟模型,并计算总支出。看看增加服务员,但减少排队时间,总体上是否合算,最后作出管理决策。

16.3 下面我们来介绍一个作战模拟的例子。第二次世界大战之后,美国为陆军服务的运筹学组织(*Operations Research Office*),附属于霍普金斯大学。1950—1952 年间,他们搞了世界上最早的作战模拟,取名为 *Tin Soldier* 坦克战斗模拟。

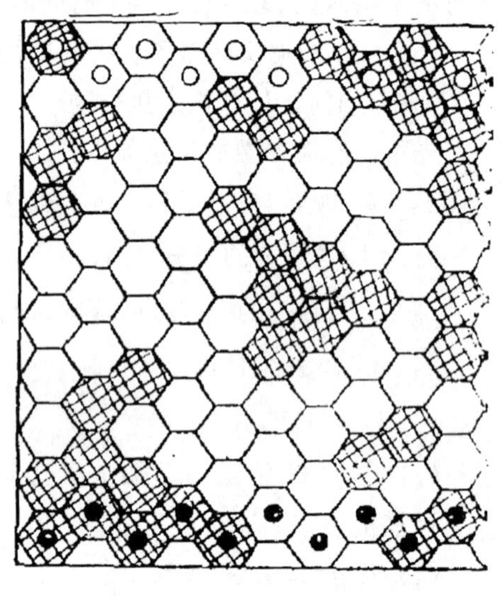

图 16.1

假定有黑白双方的坦克排列在一块平原上(如图)。将这块交战地划分为正六边形的格子,有阴影的表示树林区,空白的是开阔地。黑白双方各有 10 辆坦克,置于图中的两条底线上。如果两个相邻的格子(不全在阴影)中各有黑白坦克,则它们之间将发生战斗,其结果由掷骰子决定。如果一辆坦克面对敌方两辆坦克,则只能先击一辆再击另一辆。当白格子坦克与树林中坦克对峙时,空白区坦克被击中的概率要大些,如果黑白两辆都位于毗邻的两个阴影区,则不发生战斗。必须二者都位于同一阴影格中才可以攻击。

战斗的目标是,一方以最小的损失达到击毁对方最多的坦克。设想黑白双方各有一人指挥,战斗规则是:

(1) 每一方可以指挥坦克移动一格,相当于地面上坦克 10 秒钟的行进距离。

(2) 当行进到交火位置时,便进行攻击,胜负用掷骰子决定。这里要考虑双方装备的优劣。例如黑方的坦克炮为 90 毫米,白方为 50 毫米,则黑方胜率为 $\frac{4}{5}$,白方胜率为 $\frac{1}{5}$,按此设计骰子。

(3) 当一方坦克已全部被毁,或撤出战场,战斗宣告结束。

这一模拟和下棋差不多,只不过要通过掷骰子来制定"吃"掉对方还是被吃而已。由于战斗的模型仍靠人工运转,速度很慢。随着电子计算机技术的飞速发展,战争的计算机模拟模型飞速发展。据报道,美国陆军在 1969—1972 年间推出的 CARMONETTEV 模型的技术结算是:

目的:这是一个计算机化的解析模型,用以模拟双方最大兵力各为两个营的地面战斗,用数学语言描述部队移动、目标探测、武器交火等过程,通过不同种类武器效应,评价射击效果、战术及观测设备对战斗结局的影响。

一般描述:双边地面力量和武装直升机的一次战斗。从单个士兵到排,再到两个营、模拟 4～6 分钟战斗，计算机工作时间为 1 分钟。求解此模型技术为蒙特卡罗统计实验。

输入数据：军队一览表、武器一览表、武器精度、武器性能数据、武器杀伤力、观测设备性能数据、机动装备特性数据、地形特征，最后是战术计划及实施细则。全部输入数据为 35 项。

输出数据：伤亡事件概要、按目标类型和武器类型进行的杀伤统计。

模型极限：每边最多 36 种武器，48 个武装单位，每单位至多 63 个单元(人员或装备)；战场网格为 63×62，网格尺寸 5～250 米。

硬件：计算机为 CDC 6400 系列，操作系统 SCOPE3.3，EXECⅧ。

软件：程序语言为 Fortran 和 Compass。

时间要求：获取基本数据(一个月)，输入数据为 2～3 人工作一个月。对 50 分钟战斗需 300 秒模拟时间。

模型使用率：每年 200 次。

以上模拟过程，主要是数学模型的建立。诸如武器杀伤力、设备性能、地形特征等都要变成数据。这就要对以上事项作出单项的评估模型，然后将这些项目综合起来，配合一定的战术，模拟战斗过程，其中主要是数学模型在动作。

现在，世界各国训练军官的指挥能力，多半是在这种系统上操练的。到此，我们可以对本讲开头所说的“计算——第三种科学方法”有更深的体会了吧！

第 17 讲　市场的蛛网模型

数学在经济学理论中的地位，已是无可争辩的了。不懂得相当多的数学，几乎就不能成为一名经济学家。1969 年首次设立诺贝尔经济学奖时，弗瑞希(R. Frisch)和丁伯根(J. Tinbergen)，因“发展及运用动态数理统计模型以为经济分析之卓越贡献”而得奖。他们致力于经济科学数量化，创立了“计量经济学”，为世人所推崇。自此以后，以数学工具见长的经济学家屡屡获诺贝尔奖。列昂节夫(Leontief, W.)因投入产出分析于 1973 年得奖。阿罗,J (Arrow, J.)与达布鲁(Debren)以极高深的数理经济学均衡理论，分别获得 1972 和 1986 年度诺贝尔经济学奖。1980 年的得主是以倡导数学经济模型著称的克莱因(Klein, L.R.)。苏联数学家康多罗维奇因发展线性规划理论在 1975 年也得了此奖。总之，经济学正在从“定性”论述逐步走向定量化的刻画，数学为经济学提供了极为重要的模型。

17.1　在经济学中，生产与消费是一对矛盾。如果市场完全是自由的，没有外界干预，那么某产品的产量和价格会稳定在一个固定水平上，取得市场的平衡。

我们看一个最简单情形。在图 17.1 中，a 是需求曲线，反映消费者的立场，当产量增大(供给增加)时，价格将下跌。曲线 b 是供给曲线，反映生产者的立场，它随产量增大呈上升态势，因为高价格刺激高产量。

现在从 A_1 开始。此时产品短缺(q_1)，价格很高(p_1)。据价格 p_1，使生产者积极性大增，各厂商开足马力供货，很快达到 q_2，即处于 $B_1(q_2, p_1)$状态。此时供过于求，价格迅速下跌，按需求曲线，跌至 $A_1'(q_2, p_2)$状态。p_2 的价格太低了，厂商缩减产量至 q_3。但这又少于需求，价格再涨，按曲线 a 应为价格 p_3，即处于 $A_2(q_3, p_3)$状态。如此几经往复，需求与供给渐趋平衡。即到达 Q 点。此时的产量 q 与价格 p 不再产生波动。由于这一过程的图像很像蛛网，故称之为“蛛网模型”。

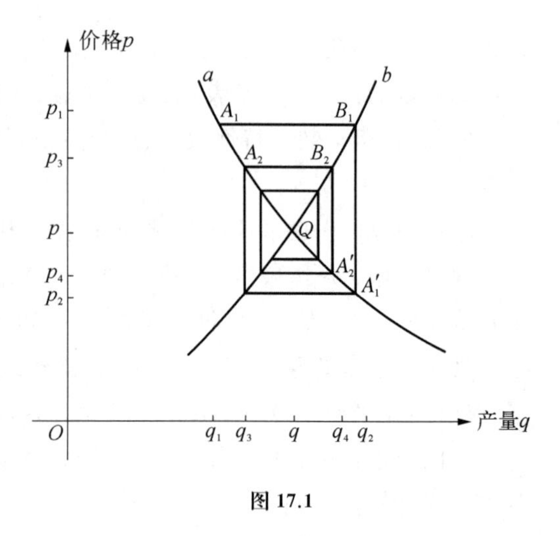

图 17.1

对于自由资本主义时期的供求关系来说，这一模型能够给予某种解释，提供某产品一幅市场的完善图景。当然实际情况会远比这复杂，自然条件、社会因素都会引起许多变化。实际上真正的平衡也是不存在的，不平衡倒是绝对的。然而不平衡状态的普遍存在不会使平衡理论失去作用。相反，要了解不均衡的运动，必须依据对均衡状况的认识。均衡理论犹如一幅速写，其整体变化过程指明了影响商品价格和产量的动力及所起作用的方向。这种均衡模式反映了经济学规律的内在倾向。

17.2 在生产产量 q 为横坐标，产品价格 p 为纵坐标的图上，作为价格 p 的函数的供给曲线的斜率是正的，因为价格高刺激产量高；而需求曲线的斜率是负的，因为价格高消费少，只要求低的生产量。现在我们来考察以下三种情形。

为简单起见，设供给曲线 S_t 和需求曲线 D_t 都是直线：

$$D_t(p_t) = A - Bp_t,\ A > 0,\ B > 0$$
$$S_t(p_t) = bp_{t-1} - a,\ b > 0,\ a > 0$$

其中 t 表示时刻，通常指时间间隔。例如 $t = 0, 1, 2, \cdots$ 表示第 0 年，第 1 年，第 2 年等。p_1 为 t 时刻的价格，D_t 和 S_t 表示 t 时刻的需要量和供给量。

在自由竞争市场中，在 $t-1$ 年的价格 p_{t-1} 决定了下一年的供应量 S_t，而这也就是以 t 年的新价格 p_t 被消费者购去的需求量 D_t。因此 $S_t = D_t$，即

$$D_t = A - Bp_t = bp_{t-1} - a = S_t,$$

整理可得

$$p_t = \left(-\frac{b}{B}\right)p_{t-1} + \frac{a+A}{B},\ t = 1, 2, \cdots$$

这是一个价格变化的递推公式。设 p_0 是起始价格，我们可知

$$p_t=\left(-\frac{b}{B}\right)^t p_0+\left(\frac{a+A}{B+b}\right)\left[1-\left(-\frac{b}{B}\right)^t\right]。\qquad (*)$$

让我们讨论以下三种情况：

(1) 持续摆动情况。此时的参数为 $b=B$，$-\frac{b}{B}=-1$。于是

$$p_t=(-1)^t p_0+\frac{a+A}{B+b}[1-(-1)^t]。$$

当 $t=0$ 或偶数，$p_t=p_0$。当 t 为奇数，则

$$p_t=-p_0+\frac{a+A}{B+b}\cdot 2=2\frac{a+A}{B+b}-p_0=p_1。$$

因此，价格在这两个数之间来回摆动。从几何看(图 17.2)，两条直线 S_t 与 D_t 斜率绝对值相等，符号相反。因此，作为平衡过程一直在两个特殊价格点 p_0 和 p_1 之间摆动。

(2) 减幅摆动。此时 $b<B$，$\frac{b}{B}<1$。

这时在式(*)中，当 $t\to\infty$ 时，$\left(-\frac{b}{B}\right)^t\to 0$，所以

$$p_t\to p_\infty=\frac{a+A}{B+b}。$$

这表明此时价格趋于平衡，一旦达到 p_∞，价格的变动就停止了。

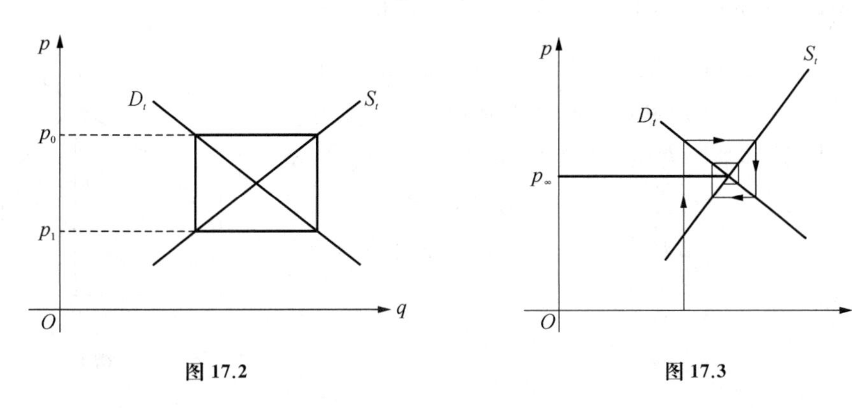

图 17.2　　　　图 17.3

从几何上看(图 17.3)，S_t 的关于 p 的斜率 b 要小于 D_t 的关于 p 的斜率的绝对值 B $\left(\text{即 } S_t \text{ 关于 } q \text{ 的斜率}\frac{1}{b}\text{要大于 } D_t \text{ 的斜率绝对值}\frac{1}{B}\right)$，我们就会逐步减幅地收敛于均衡点。

(3) 发散性摆动。如果 $b>B$，因此$\frac{b}{B}>1$。那么在式(*)中$\left(-\frac{b}{B}\right)^t$ 将忽正忽负，分别趋于$+\infty$和$-\infty$，发散至∞，失去平衡。

从几何上看(图 17.4),乃是 S_t 的倾斜度 b 大于 D_t 的倾斜度绝对值 B(关于变量 p),也就是关于 q 的斜率 $\frac{1}{b}$ 小于 $\frac{1}{B}$。此时发散于 ∞ 的态势十分明显。

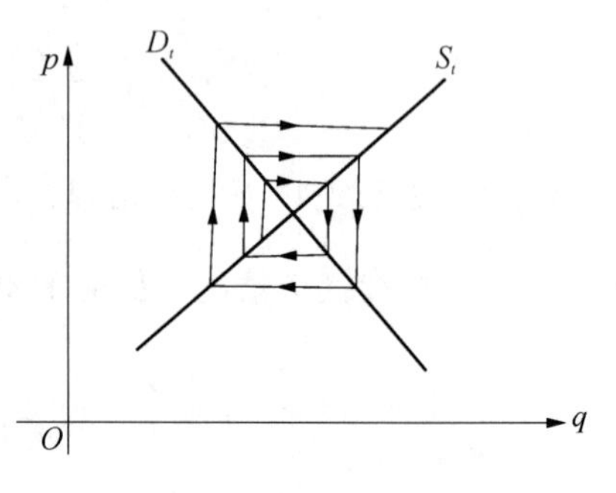

图 17.4

17.3 现在我们来看一个应用。设 p 为连续变量,$D=A-Bp$,$S=bp-a$。最后达到均衡点时 $D=S$,此时的均衡价格为 $p=\frac{A+a}{B+b}$。

现在我们令 $A=30$,$B=1$,$b=3$,$a=10$。此时该产品的供应曲线是 $S=3p-10$,需求曲线是 $D=30-p$,均衡价格 $p=\frac{30+10}{1+3}=10$。

下一步假定征税。设供应曲线中的供给价格 p 没有将税款计入成本,并设税款为 $\frac{4}{3}$。于是供应曲线中的 p 应换成 $p'=p+\frac{4}{3}$,那么在生产 10 件产品的情况下,$S=3p-10=10$,$p=\frac{20}{3}$。而 $S'=3p'-a=3\left(p+\frac{4}{3}\right)-a=24-a=10$。这要求 $a=14$ 才行。因此均衡价格

$$p'=\frac{30+14}{1+3}=11。$$

这表明均衡价格在抽税后提高的量 1 小于税款 $\frac{4}{3}$。这个原因可以从几何上看出,开始时均衡点 P_1 是 D 和 S 的交点,价格为 P_1A,产量为 OA,税收造成了新的供应曲线 S'。S 与 S' 间的垂直距离是税收额 P_2S,但新的均衡点在 P_2,其相应的价格为 P_2B,它比原来的 P_1A 增加了 P_2R。但是从图中可见 $P_2R<P_2S$。这就是上述例子中 1 和 $\frac{4}{3}$ 之间的差异。

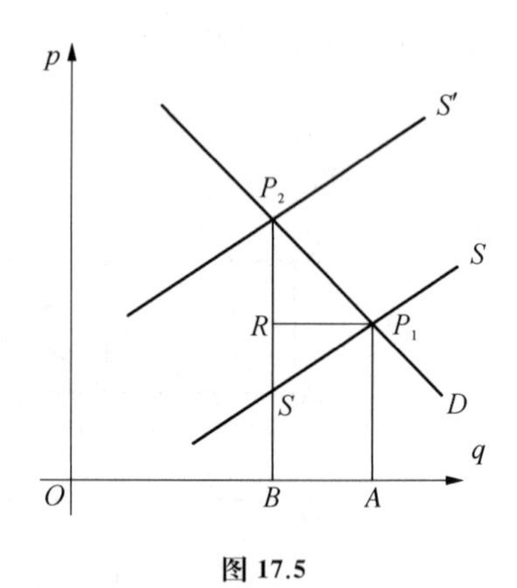

图 17.5

核心篇

第23讲　宇宙的几何学

茫茫太空，遥遥未来，我们生活的宇宙空间究竟是什么样的？这是一个永恒的科学主题。古往今来，不知有多少科学志士为此付出了毕生的精力，但是研究至今仍未完结。一部数学发展史，竟也和这一课题结下不解之缘。各种各样的几何学正是描摹宇宙的数学框架。

23.1　欧几里得几何学是现实空间最简单最粗略的近似，它为牛顿的绝对时空准备了数学模型。在牛顿看来，空间像一个大容器，物体在其中运动或静止、放进或移出，空间并不会发生什么变化。另一方面，时间像一条川流不息的河流，无论事件发生或不发生，时间总是均匀不变地流逝。因此，三维欧氏几何学可以描写空间、一维欧氏空间（数轴）可以描写时间，二者互不相干。这是人们最朴素的时空观，也是现今大多数人持有的时空观。在人们日常生活中，用这样的方法描述宇宙也就可以了。

笛卡儿给欧氏几何装上了坐标架，使数形结合起来诞生了解析几何学。用三维的空间解析几何学来描写宇宙，增加"数"的描摹手段，自然有更大的表现力。但是，这也给人们带来了新的问题。这就是，坐标原点如何选择？三根两两垂直的坐标轴指向如何确定？换句话说，由于宇宙本来没有坐标，坐标原点和坐标轴的架设完全是人为的，各人可以有各人的笛卡儿坐标系（见图23.1）。但是空间中物体的位置和运动状态是客观存在，不依坐标系的选择不同而有所改变。例如线段AB的长度，在$o-xyz$和$o'-x'y'z'$中都应该是一样的。同理，两个三角形是否全等，也不能依赖于坐标系的选择。所以说，在解析几何学中，我们所研究的几何对象乃是那些与坐标系选择无关的量，即在坐标变换下的不变量。

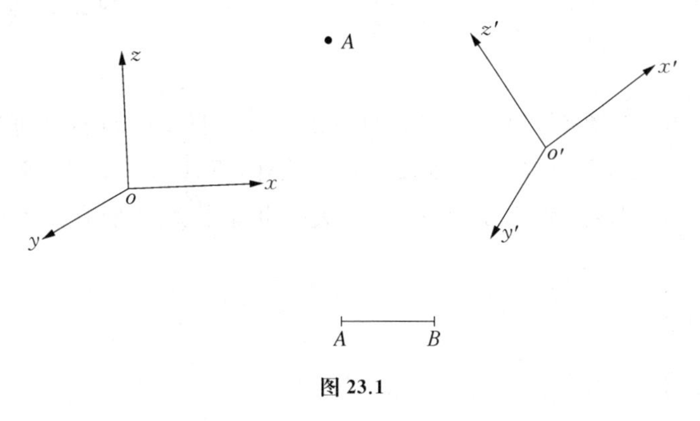

图 23.1

坐标变换是数学家所熟悉的。三维欧氏空间中的两个坐标系 $o-xyz$ 和 $o'-x'y'z'$，如以 $o-xyz$ 为基准，点 o' 在 $o-xyz$ 中的坐标是 (d_1, d_2, d_3)，那么任何点 A 的两种坐标 (x, y, z) 和 (x', y', z') 之间有关系

$$\begin{cases} x' = a_{11}x + a_{12}y + a_{13}z + d_1 \\ y' = a_{21}x + a_{22}y + a_{23}z + d_2 \\ z' = a_{31}x + a_{32}y + a_{33}z + d_3 \end{cases}, (a_{ij})\text{是正交西矩阵。}$$

如果 oz 与 $o'z'$ 平行，那么坐标变换公式为

$$\begin{cases} x' = x\cos\theta + y\sin\theta + d_1, \\ y' = -x\sin\theta + y\cos\theta + d_2, \\ z' = z + d_3\text{。} \end{cases}$$

其中 θ 是 ox 与 $o'x'$ 间的夹角。这是平面坐标系的平移与旋转。欧氏几何正是研究在上述变换下的不变性问题，如长度与角度不变，保持全等、相似不变，图形面积不变等等。高等代数告诉我们，全体正交西变换构成群（欧氏变换群），欧氏几何正是研究这一群下的不变量的几何学。

23.2 狭义相对论与洛仑兹变换。1905 年，爱因斯坦发表了狭义相对论。他的基本思想是空间与时间不是完全分离的，应该在统一的四维空间中考察现实世界，其中物体的位置与运动规律不能再用欧氏变换群下的不变量来刻画，而要改为洛仑兹群。

现在我们用相对论原理来推导洛仑兹变换公式。

设考虑两个惯性坐标系 S 和 S^*。在 $t=0$ 时二者重合，以后 S^* 相对于 S 沿 x 轴方向以等速 v 运动。x 与 x^* 轴重合，y^* 与 y，z^* 与 z 都相同（见图 23.2）。于是可得方程

$$\begin{cases} x^* = \alpha(x - vt), \\ y^* = y, \\ z^* = z\text{。} \end{cases} \qquad (1)$$

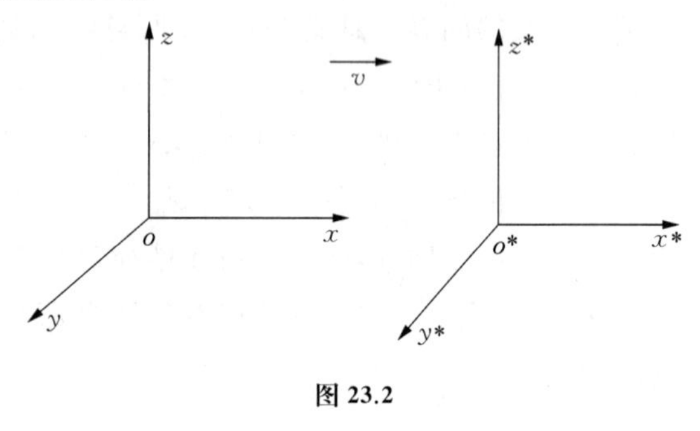

图 23.2

其中 α 为待定常数。现在再考虑 t^* 与 t 的关系。由于假设空间和时间都是“平直”“均匀”的，t^* 必定与 t、x、y、z 有线性依赖关系。此外，不管 y，z 轴安排在何种位置，S^* 中的时钟将指示同一时刻，故 t^* 必和 y，z 无关。也就是说，我们有关系式：

$$t^* = \beta t + \gamma x, \qquad (2)$$

β 和 γ 也是待定的。

相对论原理的基石是：

(1) 相对性原理：在作相对运动的 S 和 S^* 中的两个考察者看来，物理规律是相同的；

(2) 光速不变原理：宇宙中所有观察者测得的光速都相同。

据此，假定在 $t=0$ 时有一电磁波（球形传播）以光速 c 离开原点。那么，在 S 和 S^* 中都将看到波的同样传播，其方程分别为

$$\begin{cases} x^2+y^2+z^2=c^2t^2, \\ x^{*2}+y^{*2}+z^{*2}=c^2t^{*2}。 \end{cases} \tag{3}$$

将式(1)(2)中各式代入，使带 * 号的各量用不带 * 号的量代替，得到

$$c^2(\beta t+\gamma x)^2=\alpha^2(x-vt)^2+y^2+z^2,$$

整理后可知

$$(\alpha^2-c^2\gamma^2)x^2+y^2+z^2-2(v\alpha^2+c^2\beta\gamma)xt=(c^2\beta^2-v^2\alpha^2)t^2。$$

与式(3)中的方程比较系数可得出

$$\begin{cases} c^2\beta^2-v^2\alpha^2=c^2, \\ \alpha^2-c^2\gamma^2=1, \\ v\alpha^2+c^2\beta\gamma=0。 \end{cases}$$

先消去 α，得到

$$\begin{cases} \beta(\beta+v\gamma)=1, \\ c^2\gamma(\beta+v\gamma)=-v。 \end{cases}$$

再消去 γ，就得到

$$\beta^2=\frac{1}{1-v^2/c^2}。$$

然后求出

$$\gamma=-\frac{\beta v}{c^2},\ \alpha^2=-c^2\beta\gamma/v=\beta^2。$$

把所有的值代入方程(1)和(2)，得到

$$\begin{cases} x^*=-\dfrac{x-vt}{(1-v^2/c^2)^{\frac{1}{2}}}, \\ y^*=y, \\ z^*=z, \\ t^*=\dfrac{t-\dfrac{v}{c^2}x}{(1-v^2/c^2)^{\frac{1}{2}}}。 \end{cases} \tag{4}$$

这就是洛仑兹变换方程。当 v/c 很小，即 S^* 相对于 S 的运动速度 v 远小于光速时，就得出通常的欧氏几何中的伽利略变换

$$\begin{cases} x^* = x - vt, \\ y^* = y, \\ z^* = z, \\ t^* = t。 \end{cases} \tag{5}$$

方程(4)是一种特殊的洛仑兹变换公式。一般地，$t=0$ 时，S^* 与 S 未必同在一处，S 与 S^* 也未必平行运动。这时，洛仑兹变换矩阵是 4×4 方阵，它依赖于 6 个参数：S^* 相对于 S 的 3 个欧拉角，以及两个坐标系分离的相对速度 v 的 3 个分量。

若设 S 的 4 个分量为 x_1, x_2, x_3, x_4，S^* 的为 $\bar{x}_1, \bar{x}_2, \bar{x}_3, \bar{x}_4$，则洛仑兹变换为：

$$\overline{x_\nu} = L_u^\gamma x_\mu + d^\nu \quad (\mu, \nu = 1, 2, 3, 4)。 \tag{6}$$

狭义相对论要求必须满足关系式

$$\eta_{\mu\nu}\, \overline{dx_\mu}\, \overline{dx_\gamma} = \eta_{\mu\nu} dx_\mu dx_\nu \quad (\mu, \nu = 1, 2, 3, 4)。 \tag{7}$$

这里洛仑兹度规定为

$$\eta_{\mu\nu} = \begin{pmatrix} -1 & 0 & 0 & 0 \\ 0 & 1 & 0 & 0 \\ 0 & 0 & 1 & 0 \\ 0 & 0 & 0 & 1 \end{pmatrix} = \eta^{\mu\nu}。 \tag{8}$$

由此可以算出(将式(6)微分代入式(7))

$$\eta_{\sigma\lambda} = \eta_{\mu\gamma} L_\sigma^\mu L_\lambda^\nu。$$

这一关系式确定 10 个独立的方程。L_μ^ν 中 16 个元素中尚有 6 个参数是自由的。

洛仑兹变换构成连续群。狭义相对论建立在时间与空间互相关联的四维空间上，而关于洛仑兹群的不变量是这种四维时空几何学的主要内容。

23.3 牛顿的绝对时空和狭义相对论的四维时空都是“平直”“均匀”的空间。但是这并非宇宙的真实情形，在爱因斯坦广义相对论看来，宇宙空间是弯曲的，它是四维连续统的一个三维截面。由于四维空间难以直觉想象，不妨以三维空间中的二维截面打比方。这时的二维宇宙不是平面，而是在三维空间中弯曲凹凸不平的曲面。它在时间这根轴上不封闭，形状好像一个 V 形的锥面(当然表面是弯曲不平的)，一端相交，另一端敞开。

宇宙空间为什么是弯曲的？这是因为广义相对论不仅考虑时间与空间的联系，还要考虑引力。如果一个人受地心引力自由下降，那么和他同时下降的一个苹果将被视作“不动”。爱因斯坦提出的等价性原理是，如果限于空间的小范围，静止的引力场等价于

无引力场中以匀加速运动的一个参考系。也就是说，在这个小范围内，狭义相对论是正确的。用几何学的语言来说就是，广义相对论的宇宙是弯曲的三维图形，但在其上的每点的小邻域里，却类似一个平直的三维欧氏空间(如用二维打比方，便是弯曲的曲面上一点处，可近似地看作平面)。显然这就是切线、切平面在三维情形下的推广，称为切空间。

在曲面上研究几何问题，首先得考虑“距离”概念的拓广。试想，原来平直的空间内，两点之间以直线段为最短，这是无需数学探讨的人人皆知的常识。可是曲面上两点该怎么办？就以球面来说，球面上两点间怎样规定它的距离？于是我们先要定义“弧长”概念，然后通过比较，知道联结两点的大圆圆弧的长度是联结两点的所有弧线中最短的。为了一般地考察弯曲面，我们需高维的微分几何。这里仅就二维情形作些粗浅介绍，以取得直观想象的效果。

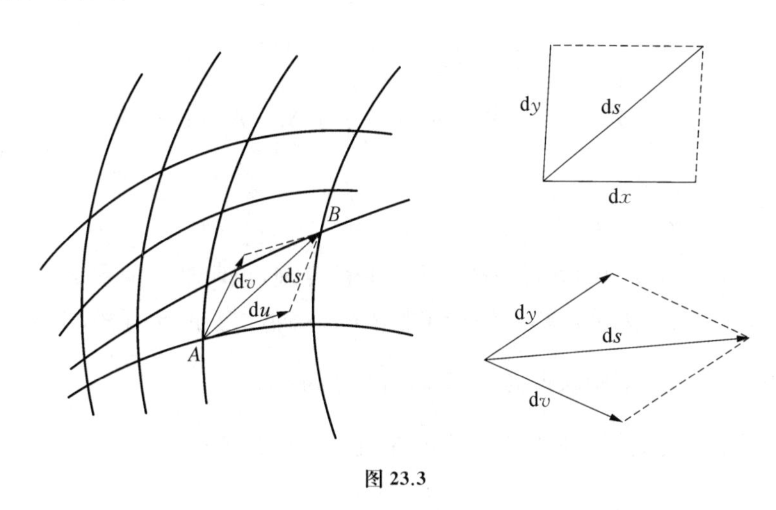

图 23.3

(1) 原来的笛卡儿直角坐标系，要改为曲线坐标系。笛卡儿直角坐标系中，$ds^2 = dx^2 + dy^2$，是欧几里得式距离。而在曲线坐标系中，就没有什么“直角”可言了。在局部范围内，曲线坐标可用微分元 du，dv 代替，弧 $x(t)=(u(t),\ v(t))(t_0 \leqslant t \leqslant t_1)$ 的弧长的微元 ds 应为：

$$\mathrm{d}s^2 = E(u,\ v)\mathrm{d}u^2 + 2F(u,\ v)\mathrm{d}u\mathrm{d}v + G(u,\ v)\mathrm{d}v^2,$$

其中

$$E(u,\ v) = \left(\frac{\partial x}{\partial u}\right)^2,\ F(u,\ v) = \frac{\partial x}{\partial u}\frac{\partial x}{\partial v},\ G(u,\ v) = \left(\frac{\partial x}{\partial v}\right)^2。$$

这可用余弦定理及 du 与 dv 间夹角公式导出。这便是曲面的第一基本形式。以此可决定弧长。两点间弧长最短的线称为测地线。

(2) 曲面上有了弧长，相当于平直空间中有了距离。但是曲面的另一特征是“曲率”，即弯曲程度的衡量。微积分中将曲线的曲率定义为：曲线 C 上一点$(u(t_0),\ v(t_0))$处切线与曲线上邻近点 $(u(t_0+\Delta t),\ v(t_0+\Delta t))$ 上切线间的夹角 $\Delta\alpha$ 与该段弧长 Δs 之比的

极限。曲率向量的方向是曲线法线方向，大小为

$$\lim_{\Delta t\to 0}\frac{\Delta\alpha}{\Delta s}=k。$$

那么曲面上一点 P 的曲率如何定义？过曲面一点有很多条曲线，每条曲线 C 都有一个曲率向量 k_C，指向为曲线的法线方向 $\vec{n}_C$，但是曲面在 P 有唯一的法向量 $\vec{n}_0$，这两个法向量一般不同。我们把 $\vec{n}_C$ 在 $\vec{n}_0$ 上的投影称为曲线在 P_0 处的法曲率 k_n。这些法曲率中最大和最小的两个称为主曲率，两个主曲率的乘积称为高斯曲率。曲率涉及二阶导数，描写法曲率要用第二基本形式：

$$k_n=L(u,v)\left(\frac{\mathrm{d}u}{\mathrm{d}s}\right)^2+2M(u,v)\frac{\mathrm{d}u}{\mathrm{d}s}\frac{\mathrm{d}v}{\mathrm{d}s}+N(u,v)\left(\frac{\mathrm{d}v}{\mathrm{d}s}\right)^2。$$

其中

$$L=\vec{n}_0\cdot\frac{\partial^2 x}{\partial u^2},\ M=\vec{n}_0\cdot\frac{\partial^2 x}{\partial u\partial v},\ N=\vec{n}_0\cdot\frac{\partial^2 x}{\partial v^2}。$$

高斯曲率 $K=\dfrac{LN-M^2}{EG-F^2}$。

(3) 高斯(Gauss, C. F.)获得一个极为深刻的定理，说明高斯曲率 K 不仅与坐标选择无关而且与弯曲变形无关，即 K 在等距映射下保持不变。由此可知，半径为 r 的球面$\left(\text{高斯曲率为}\dfrac{1}{r^2}\right)$不可能等距映射为平面(高斯曲率为 0)。

进一步，我们会有高斯—博内(Bonnet)定理：在曲面 S 的一个区域 U 上，U 的边界为 C，那么

$$\iint_U K\,\mathrm{d}A+\oint_C k_g\,\mathrm{d}s=2\pi。$$

其中 k_g 为测地曲率，即沿测地线方向得到的法曲率。这是一个很深刻的定理，它不再是分析、解释曲面在一点的局部性质，而是给出了一块区域 U 上的整体性质，这正是我们最终要探究的一种曲面特性。

(4) 20 世纪的宇宙学由微分几何学武装起来。主要是克服高维带来的困难。用四维时空中的三维曲面描写的宇宙模型，需要采用新的表示手段。拓扑学方法的运用将在下一讲中提到。这里我们想提到张量的概念。

在二维曲面上，我们使用了两个基本形式，其中涉及 E、F、G；L、M、N 两组量，它们都是张量。当坐标系不同时，这些量也随着改变，但是它们遵循着一定的规律使得第一基本形式和第二基本形式不变。一般地，在宇宙空间中也有两个张量，相当于第一基本形式的是度规张量(二阶)

$$g(U,V)=\sum_{i,j=1}^{4}g_{ij}\,\mathrm{d}u\,\mathrm{d}v；$$

相当于第二基本形式的是曲率张量(三阶)

$$W^l(X, Y, Z) = \sum_{i, j, k=1}^{4} R^l_{ijk} x^i y^j z^k。$$

广义相对论中的爱因斯坦方程也是用张量描述的。Licci 张量描写测地线偏差的体积变化部分,能量-动量张量描述物质密度。由此出发可讨论“黑洞”。

假设宇宙是各向同性的。地球对整个宇宙来说不占统治地位,那么宇宙必是费里德曼(A. A. Friedman)模型。这种模型以描写空间曲率的 k 来标志。这种宇宙模型有一个初始奇点,那里的时空曲率为无穷大,此即宇宙大爆炸的起源。

由于篇幅,在这里作进一步介绍看来有困难。我们只想说:宇宙模型是基本物理观念,但却是用数学描述的,这是 20 世纪微分几何学发展的原动力之一。微分几何学作为当今的核心数学的重要组成部分,其原因也大抵在于此。

第 24 讲　从局部到整体的桥梁:拓扑学

拓扑学是 20 世纪纯粹数学的骄子,核心数学中之核心。它在 19 世纪末已经萌芽,大数学家庞加莱已给出同伦群的定义。但是希尔伯特在 1900 年发表的 23 个问题演说中并没有预见到拓扑学的重要性。冯·诺伊曼天才横溢,在拓扑学上贡献也不多。拓扑学的兴盛是在 20 世纪 30 年代以后,起初是代数拓扑,现在则是微分拓扑。80 年代以来,纯粹数学界的重大事件多与拓扑有关。弗里德曼解决四维的庞加莱猜想,唐纳尔逊(S. Donaldson)得到四维空间是两种以上的微分结构,都是拓扑学工作,他们两人都是 1986 年的数学最高奖菲尔兹奖得主。

24.1　我国介绍拓扑学的作品,都喜欢用哥尼斯堡的“七桥问题”和多面体的欧拉定理来引入,这无疑是很对的。这也许是拓扑学和日常生活最接近的两个例子。图 24.1(a)是“七桥问题”的原型及归结为一笔画问题的图(b)。不过,我们若把拓扑学看成图论中的一笔画问题,那就有失偏颇了。拓扑学的中心问题是研究拓扑变换下的不变量。正如距离和角度是欧几里得空间中平移、旋转、反射等变换的不变量一样,“七桥问题”中的 A, B, C, D 四点之间的联接关系是拓扑学变换下的不变量。所以七桥的原型(a)经拓扑学变换后变成(b)。变中有不变,这本是数学研究中的基本课题,拓扑学也不例外。

欧拉定理是说,凸多面体的面数 F、棱数 E 和顶点数 V 之间有下述关系

$$F + V - E = 2。$$

有一种证明方法要先将多面体沿一个方向投影到平面上,使得点、面、棱的关系保持不变,这又是一种拓扑学变换。

在拓扑学看来,一个正方形和一个圆是没有区别的。因为通过一个“一一对应的到上的双方连续映射”可以将正方形变成圆,这种映射称为同胚映射(也称拓扑变换)。如

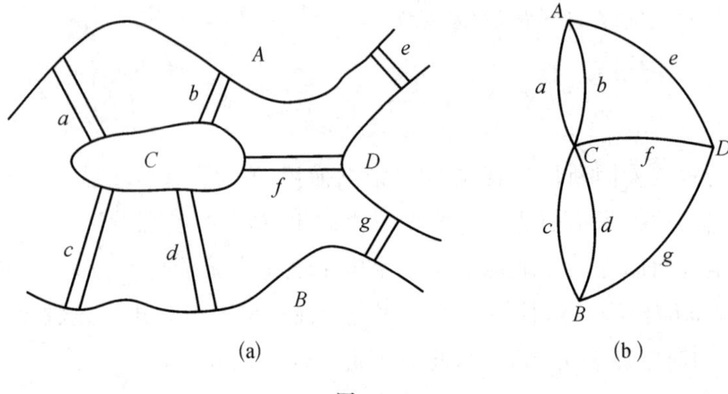

图 24.1

图 24.2,单位圆周 S' 上的点 P 可以径向地映到正方形 B 上的 P',这是一个双方单值的连续变换。

我们也可以说,正方形块可以缩为一点,单位圆盘可缩为一点,甚至整个欧氏平面也可缩为一点。这个可缩也是一种拓扑学上的变换。与它相同的语言是这些图形 X 上的恒等变换 I 同伦于零变换 0。其意思是:如果 X 是平面 R^2,R^2 到 R^2 的恒等变换为 I,R^2 各点全对应于零点的变换为 0,那么我们可以定义一个二元连续变换 $h: X\times[0,1]\rightarrow X$,使

$$h(x,0)=I,\ h(x,1)=0。$$

具体做法是,令

$$h(x,t)=\left(\frac{1-t}{t}x_1,\ \frac{1-t}{t}x_2\right),$$

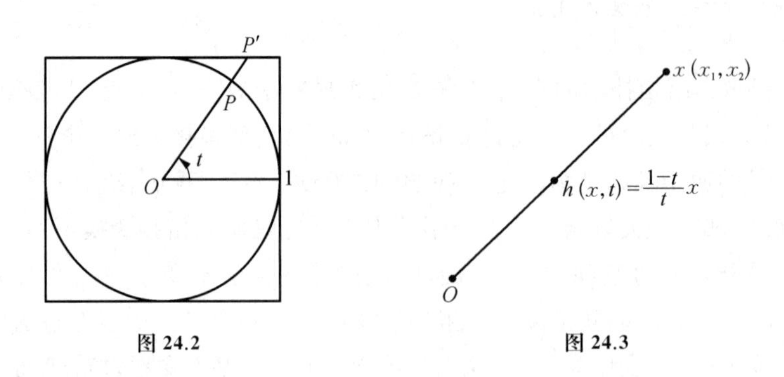

图 24.2　　　　图 24.3

这是连续变换。当 $t=1$ 时,

$$h(x,1)\equiv 0。$$

这种收缩变换(同伦于 0)是拓扑学中的重要变换。“七桥问题”中的岸或岛可以收缩为一点,即属于这种变换的例子。

总之,拓扑学研究的核心思想仍然是“变中之不变”。至于如何刻画不变量,那就要用更深的工具了。

24.2 前已提到，拓扑学中的变换，都是连续变换。那么何谓连续？这就要涉及极限理论。极限的基础是邻域。通常将R'上a点的ε邻域表为$(a-\varepsilon, a+\varepsilon)$。至于平面上，$a$点的$\varepsilon$邻域可以是圆盘：$\{z \mid |z-a|<\varepsilon\}$，也可以是正方形$\{(x, y) \mid \max\{|x|, |y|\}<\varepsilon\}$，也可以是菱形$\{(x, y) \mid |x|+|y|<\varepsilon\}$。这些邻域对描写欧氏平面上点的极限过程都是等价的。于是人们想建立一套点集上的邻域理论。这就是诞生于20世纪初年的点集拓扑学。

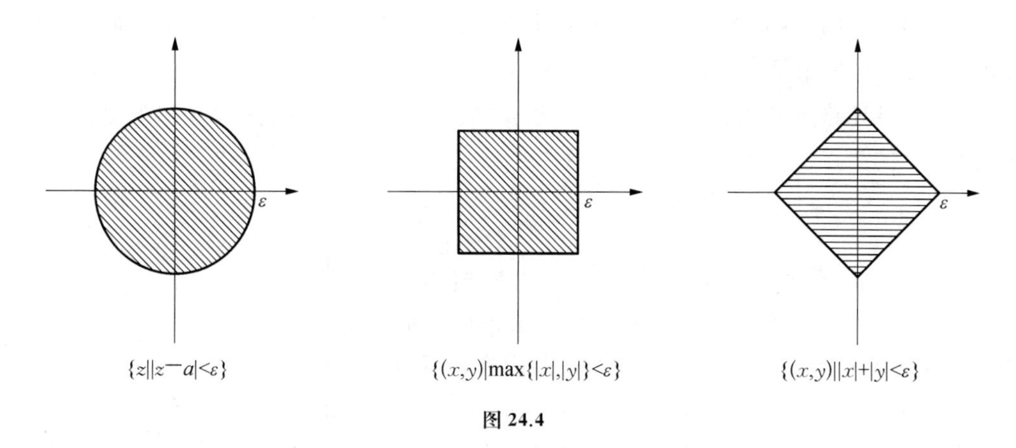

图 24.4

点集拓扑学中最重要的篇章是距离空间。欧氏空间中的距离都用绝对值表示，上述三个邻域的例子中都用到距离。但是距离并非欧氏空间所独有。例如，$[a, b]$上的连续函数全体$C[a, b]$中，可定义两连续函数$f(x)$和$g(x)$之间的距离是

$$d(f, g)=\max_{a\leqslant x\leqslant b} |f(x)-g(x)|。$$

用这一距离可描述函数$f(x)$在$C[a, b]$中的ε邻域是

$$N(f, \varepsilon)=\{g \mid d(f, g)<\varepsilon\}=\{g \mid \max_{a\leqslant x\leqslant b} |f(x)-g(x)|<\varepsilon\}。$$

用这个距离可以描述一致收敛，也即$f_n(x)$在$[a, b]$上一致收敛于$f(x)$，等价于

$$d(f_n, f)\to 0(n\to\infty)。$$

数学家根据各种不同的需要，可以造出各色各样的稀奇古怪的拓扑空间出来。一个平凡的例子是：任何集M上每点只有两个邻域：空集$\varnothing$和集M本身。在这个拓扑下，任何M中的点列x_n都能收敛于M中的任何点。

不过，点集拓扑学无非是一种工具。它的主要任务在于研究各种点集的特性，按某种特征将点集分类。例如，$[a, b]$与(a, b)不同。微积分上的连续函数三大定理(取得最大值、介值性、一致连续性)都只能在$[a, b]$上讨论才能成立，在(a, b)上就不行。因此$[a, b]$的特性可以抽象为“紧”的概念。紧集是点集拓扑学中又一最重要的概念。

24.3 点集拓扑学的高潮早已过去。从20年代起主要是代数拓扑的时代。其中同

伦和同调是两个最基本的概念。这里我们介绍一下同伦。

设有一拓扑空间(不妨将它想象成一条曲线或一个曲面)S。a 是 S 上一点。M_a 是自 a 出发又回到 a 的位于曲面 S 上的连续曲线(称为环路)全体。设 $p, q \in M_a$,且 p 可以连续地变化为 q,则称 p 与 q 同伦。如果我们把彼此同伦的环路看成同一个元素,那么 M_a 中的环路构成群。理由如下:

(1) M_a 中有单位元 I,即 a 点本身构成不动的环路。

(2) 两个环路 p, q 的乘积。$p \circ q$ 是指由 a 经 q 回到 a,再经 p 回到 a 的那条环路,它仍属 M_a。此乘法符合结合律,且 $p \circ I = I \circ p = p$。

(3) 每条环路 p 都有逆元 p^{-1}。p^{-1} 是 p 的反向,将 p 的始点作为 p^{-1} 的终点,p 的终点为 p^{-1} 的始点。于是

$$p \circ p^{-1} = p^{-1} \circ p = I。$$

因此,M_a 构成群,这个群称为基本群,也称 M 在 a 点的同伦群。

例 1 平面上圆周 S^1 在其上的任何点处的同伦群是整数群 Z。因为从任何一点 a 出发,正向绕一圈回到 a 可对应整数 1,正向绕 n 圈对应 n,反向绕 n 圈对应整数 $-n$。若 a 点不动,则对应 0。所以单位圆周的同伦群相当于整数群。

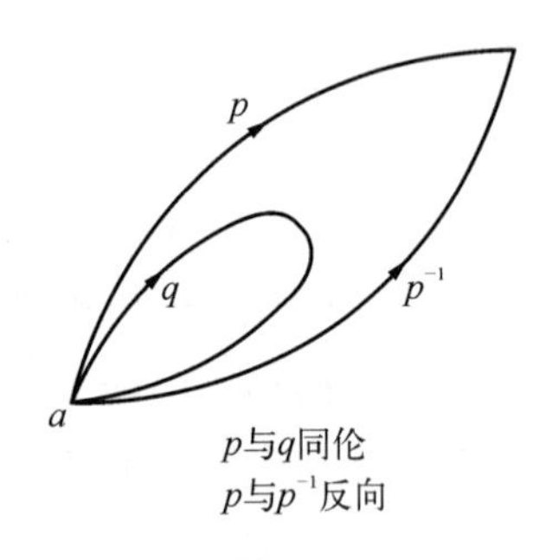

图 24.5

例 2 球面的同伦群是平凡群 0。即具有一个元素的群。因为球面上任何一点 a 处的环路,都可以连续地收缩为 0。

例 3 环面的同伦群是有两个生成元 α, β 的自由群。这是因为环面上的任何点 a,都有互不相干的一个经圆 α 和纬圆 β。由 a 出发沿 α 绕 m 圈回到 a,再沿 β 绕 n 圈回到 a。这条环路应该对应整数对 (m, n)。这当然是有两个生成元的自由群。

现在,我们可以来领略一下拓扑学的味道了。拓扑学的基础是邻域理论,它可以描述"连续"。于是,我们可以有"连续"环路 p, q 以及它们之间的"连续"变化(同伦)以及"连续"收缩于 0 之类的话。这个"连续",便是局部性质,因为它只涉及一点的附近,邻域和极限。然而我们的目的是整体性质,即整体结构的不同。例如,同伦群就是标志各种曲面的特征。球面与环面的同伦群就是不一样的。直观上我们也看出这两种曲面在整体结构上有差异。由于我们用群来刻画这一特征,所以这种学问称为代数拓扑学。

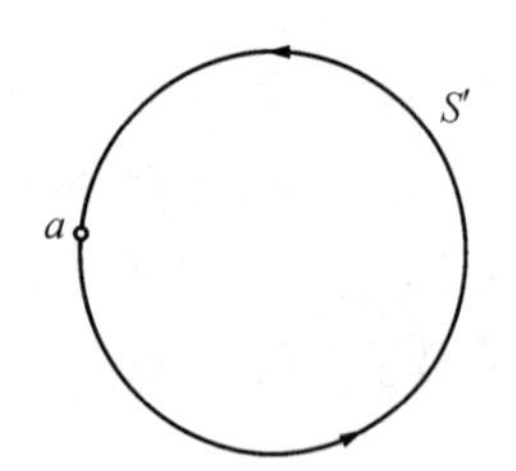

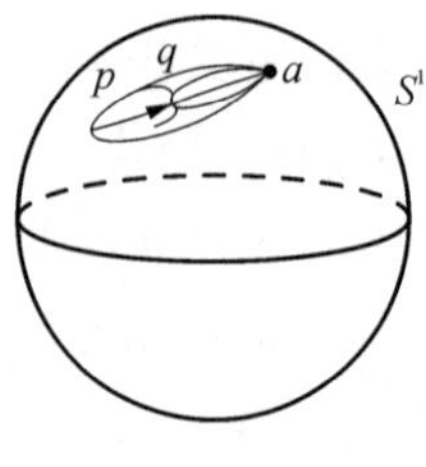

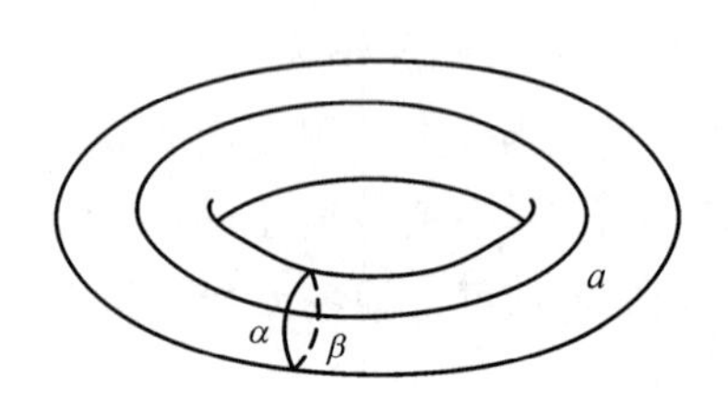

图 24.6

当然，我们这里仅是直观地描述，许多深入的研究是相当艰深的。比如说，同伦群是坐标变换下的不变量，即一种曲面，不管你选取什么坐标，其同伦群是不会变的。更进一步，如果两个曲面彼此同胚，即彼此间有双方单值且连续的变换使一个变为另一个，那么同伦群也不变，即同伦群是同胚变换下的不变量。

代数拓扑之所以能在20世纪获得重大发展，正是因为它能刻画同胚变换下的许多不变量。例如，对于封闭的双侧曲面来说，在同胚等价的意义下可以按亏格 p 进行分类。也就是说，我们有如下定理：

任何紧双侧曲面 X，如果不和球面同胚，则存在整数 p，使得 X 与 M_p 同胚，其中 M_p 是亏格为 p 的曲面。

所谓亏格为 p，直观上就是带有 p 个圈的圈饼。球面的亏格是0。环面的亏格是1。

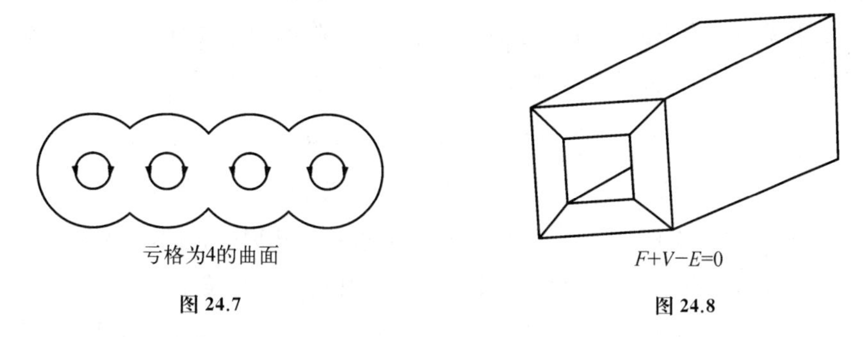

图 24.7　　图 24.8

亏格有很多用处。例如欧拉定理，对简单的多面体（与球面同胚）来说 $F+V-E=2$，即

$$面数+顶点数-棱数=2。$$

但对非简单多面体来说，亏格 p 不为0，那么应有

$$F+V-E=2-2p。$$

比如中空的两端微凸砖块，亏格为1（与环面同胚）。此时面数 $F=16$，顶点 $V=16$，棱数 $E=12+12+4+4=32$，故 $F+V-E=0$。此即 $p=1$，$2-2p=0$ 的情形。

第25讲　高维高次的时代

尽管数学已经发展得相当深入，成果之多使人目不暇接，但是数学似乎又相当幼稚，连一些很基本的问题也没有解决。时至今日，"费尔玛猜想"[①]尚未证实，偏微分方程能求解的只是极少数，艰深的代数几何学仍在处理平面上的高次代数曲线，人们对多变量复变函数论所知不多。未知的东西太多了。有一点可以看得很清楚：挡在数学家面前的一

① 编者注：费马猜想，也称为费马大定理，已于1995年被英国数学家怀尔斯证明。

座大山是：高维和高次。

25.1 英国当代最杰出的数学家阿蒂亚这样说过："如果要找一个单一的主要因素把19世纪和20世纪的数学加以区别，那么我认为研究多变量函数的日益重要性就是这样的因素。"这里的多变量函数当然涉及高维空间上的函数与映射。至于多个变量的一次方程，由于线性代数的发展，问题也不大了。剩下的问题都是高次的情形。所以说20世纪数学是高维高次的时代，大体上不会错。

从单变量函数到多变量函数，其差别主要在几何方面，即一维与高维空间之差异。一维空间（全体实数）中的几何是没有什么意思的。要谈几何起码是二维，即平面几何。一维空间上的点 a，只有左右两个方向。而平面上一个点 a，却有无限多个方向趋近于它。所以微积分中处理单变量函数很方便，只看左右极限、左右导数即可。而多变量函数，就得考虑无限多个方向的方向导数，研究最速下降的梯度方向。再如一维空间里的坐标变换无非是平移和反射。二维情形就复杂多了，坐标变换涉及旋转（参数 α）：

$$\begin{cases} x' = x\cos\alpha - y\sin\alpha, \\ y' = x\sin\alpha + y\cos\alpha, \end{cases}$$

这种旋转的施行可以交换，先转 α 再转 β 的结果与先转 β 再转 α 的结果是一样的。现在如果看三维情形，也有无穷多个旋转变换，这时必须要两个欧拉角作参数，而且接连施行的两个坐标变换 T_1 与 T_2 不能交换：$T_1 \cdot T_2 \neq T_2 \cdot T_1$，复杂程度又进了一层。

再看单变量的复平面。我们用一个无穷远点可以使它封闭起来成为复球面。这何等方便。但是对两个复平面之积 $\mathbf{C} \times \mathbf{C}$，那时的无穷远点就不是一个 ∞ 了，(z, ∞) 和 (∞, ω)，以及 (∞, ∞) 都是无穷远点。这就麻烦多了。再如，在复平面上，典型的定义域是单位圆盘 $\{z \mid |z| \leqslant 1\}$。但在多复变量情形，$\mathbf{C} \times \mathbf{C}$ 中的典型域不唯一。不仅要考察满足 $|z_1| \leqslant 1$，$|z_2| \leqslant 1$ 的 (z_1, z_2)，也要考察满足 $|z_1|^2 + |z_2|^2 \leqslant 1$ 的 (z_1, z_2)，平添了许多麻烦。

25.2 高维空间的复杂几何结构给多变量函数研究带来许多困难。比如，单变量多项式的根是有限个复数，但多变量多项式的解却是一条曲线。比如 $f(x, y) = x^2 + y^2 - 1$ 的零点，就是一条曲线：圆。单复变数函数的零点都是孤立点，一个一个都彼此分开。但是多复变函数就不同了。例如，$w = z_1^2 + z_1 z_2$ 的零点乃是满足 $z_1 = 0$ 或 $z_1 + z_2 = 0$ 的 (z_1, z_2) 所组成的复数集，情况更趋复杂。

就以最简单的高次代数曲线来说，问题是再简单不过了：研究两个变量的 n 次多项式

$$f(x, y) = \sum_{i+j \leqslant n} a_{ij} x^i y^j$$

的零点。这似乎没有什么大困难，可是仔细一想就不对了。$f(x, y) = 0$ 是一条曲线，而

且是代数曲线。可是我们所知道的代数曲线，仅限于二次曲线，三次以上就变化多端。例如 $y^2-x^3=0$，它在原点有一个二重点，属于奇点的范畴。人们对这种奇点需要通过变换加以分解。例如，令 $x=x'$，$y=x'y'$，则 $y^2-x^3=x'^2y'^2-x'^3=x'^2(y'^2-x')=0$，这样消去多出来的因子 x'^2 后，就得到没有奇点的曲线

$$y'^2-x'=0,$$

乃是一条抛物线。这种手法，在高次代数曲线研究中是常用的。

此外，人们还讨论一个似乎显然的事实：一个 n 次代数曲线 F 和一个 m 次代数曲线 Φ(F，Φ 无公因子)，它们的交点有 $n\cdot m$ 个。这便是经典的别朱定理。解这两个高次二变量的联立方程，通常的消去法、代入法等都没法用(五次以上代数方程没有根式解，其解表示不出来!)，其证明很不简单。

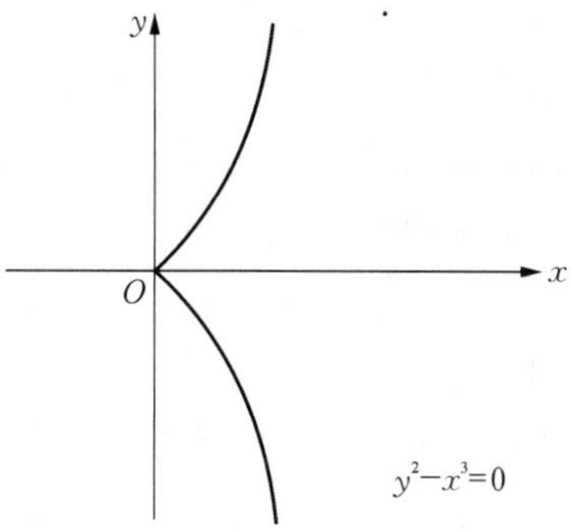

晚近以来，对代数方程的整数解和有理数解问题引起人们极大兴趣。著名的费尔玛定理其实是三变量代数曲线的整数解问题：

$$x^n+y^n=z^n,\ n\geqslant 3。$$

它也可化为

$$\left(\frac{x}{z}\right)^n+\left(\frac{y}{z}\right)^n=1,\ n\geqslant 3。$$

图 25.1

的有理数解问题。1983 年，联邦德国的青年数学家法尔廷斯(Faltings, G.)解决了莫德尔猜想。这个猜想是说，任何一个不可约有理系数二元多项式 $f(x, y)$，次数为 n，且

$$g=\frac{1}{2}(n-1)(n-2)-d\geqslant 2\quad (d\ 为二重点个数),$$

则 $f(x, y)=0$ 至多只有有限多个解。

这是一个相当漂亮的突破。例如，在法尔廷斯之前，人们不知道 $y^2=x^6+n$(n 是非零整数)所表示的曲线上，纵坐标与横坐标均为有理数的点是否有限，现在则可以作肯定的答复。同样，费尔玛定理是说 $\left(\frac{x}{z}\right)^n+\left(\frac{y}{z}\right)^n=1$($n\geqslant 3$)没有有理数解，法尔廷斯的结果表明，即使有解也只能是有限个。虽然离真正解决还很远，可总是一次突破。法尔廷斯因此获得了 1986 年的菲尔兹奖。

25.3 高维、多变量问题给拓扑学以巨大的刺激。如果说一维和二维空间上函数的性态可以有直观的形象，例如曲线、切线、奇点、曲面、切平面、法线、曲率等，那么三维乃至高维空间上的几何对象就没有直观背景可资参考。它们的特征刻画，分类，关联等全要用拓扑学的语言来描述。

首先要引进的是流形概念。这个词也许取自文天祥“天地有正气,杂然赋流形”的诗句。应该说译得很好。所谓流形,你可以理解为曲面的推广。所不同的是它只有一种局部的了解。所谓 n 维流形,是一个拓扑空间,其上每点的邻域可以近似地看成 n 维欧氏平面上的 n 维小球。拿二维情形来说,二维流形是用许多小圆片粘接而成。你可以用微圆片粘成一个球面,也可以粘成柱面、环面等等。一个近视的蚂蚁,看球面上一小块和环面一小块似乎都差不多,它们都是流形。但是前已说过,流形的微观部分大家都差不多,但宏观的整体结构却大不相同。如球面与环面完全不同。这就需要用拓扑结构描写,二维情形如此,高维情形更是如此。

高斯的伟大功绩之一是发展了曲面论。黎曼(Lieberman)将高斯的思想推广到 n 维空间,即所谓黎曼几何。把黎曼几何和克莱因纲领(关于某运动群不变性质的研究是几何的目的)进一步统一起来的是纤维丛观念。按这种理论,几何的研究对象不必固定在某一空间内。许多空间可以“长”在一个底空间 B 上。B 中每一点对应一个克莱因式的空间。这样,就形成纤维丛。这个思想框架很适合表达高维的问题。比如,底空间可以是一个黎曼几何意义下的黎曼流形,流形上每一点对应一个切空间(如以二维曲面作底空间,曲面上每点对应一个切平面)。

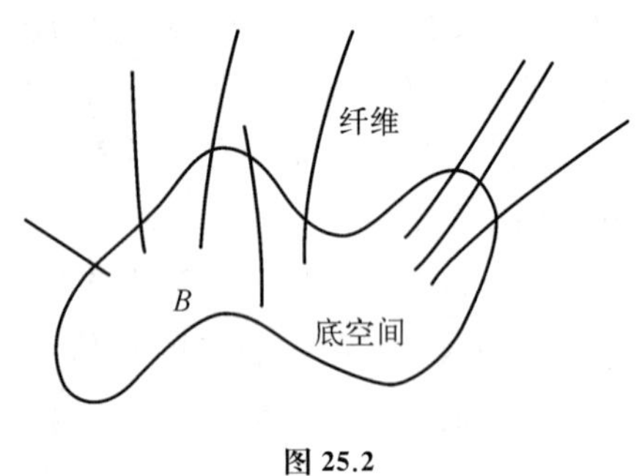

图 25.2

纤维丛有了,就要研究“纤维之间”的相互关联,反映这种关联的几何概念,叫作联络。例如,二维曲面上切平面变化的剧烈程度必然和曲面的特征——曲率——有关。所以切平面与切平面之间必然有“联络”,这种“联络”又和底空间上的测地线等密切相关。这样,纤维丛就成为描写高维几何学最强有力的工具。近几十年,特别是近三四十年的几何学,主要是探究纤维丛这种广义的高维空间的性质,了解它与传统几何学的联系。

值得提出的是,杨振宁和米尔斯在研究规范场论时,发现纤维丛是它合适的数学框架。由于所有的传统场论都是规范场,纤维丛框架下的规范场包括了所有的物理学的场论现象(包括电磁场、引力场、弱场、强场)。

25.4 自从 40 年代以来,高维几何学一直是数学研究的主流学科之一,谁抓住拓扑学工具,掌握纤维丛理论,发展高维的微分几何学,谁就能取得主动,走在数学发展的前列,著名数学家陈省身正是如此。他本来也仅仅研究二维的局部的几何学,但当他和嘉当(Cartan, E.)等大数学家接触之后,就致力于发展新的几何观念——纤维丛理论,把目光转向整体微分几何学。1944 年,他将高斯-博内公式从二维情形推广到高维情形,使他名垂史册。

近几年来,又发现一个令人惊奇的事实,所谓“高维”困难,倒不是越高越难。恰恰是四维和三维情形最难。这就是所谓“低维拓扑学”的由来。例如,著名的庞加莱猜想:一个单连通的闭 n 维流形一定和 n 维球面同胚。一维和二维情形早已解决。1960 年,斯梅尔(Smale)证明 $n \geqslant 5$ 是对的。费里德曼到80年代证明 $n=4$ 也是对的。至于 $n=3$ 的情形尚未解决。唐纳森在1983年指出，与一般 n 维空间不同，四维空间中至少存在两种不同的微分结构。这也许是含义深刻的物理法则的反映：黎曼曲率张量正好需要四个指标！总之，高维空间上的数学正汇成一股强大的潮流，在今后一段时间内仍将继续保持势头！

应该说，我国目前大学数学系的课程似乎过于经典，知识结构局限于“单变量微积分”“一元多项式”和“多元线性方程组”。多元高次的问题基本上不接触。至于现行教科书中的多元函数微积分，无非是偏导数、累次积分，基本上是单元做法，并无真正的多元气味。现在许多专家在呼吁“缩小经典分析”，“增加现代的代数与几何课程”，“用多元多项式理论来丰富高等代数课程”，这一切，都是很重要的建议。为了掌握现代数学思想，必须面对高维高次问题的挑战，掌握它、熟悉它、发展它。

第26讲　向无限维王国挺进

当康托尔证明了整数与有理数一样多，超越数远多于代数数时，通向“无限”之门被打开了。尽管“无限”给数学家带来众多烦恼，但无限王国里的甜果终究使人愉快。涉及无限的悖论是讨厌的，泛函分析的成就却赏心悦目。20世纪上半叶诞生的无限维分析学，在量子力学推动下，曾经风靡一时。

26.1　希尔伯特是康托尔“无限”集合论的忠实捍卫者，他更以非凡的才智，首先在无限维王国中建立一座大厦，这就是后人称之为希尔伯特空间的理论，时在1906—1909年。

希尔伯特的思想也很简单：他希望有无限维的欧氏空间 H。那里有 $e_1, e_2, \cdots, e_n, \cdots$ 无限多根两两正交的坐标轴。每个元素 h，有 $(h_1, h_2, \cdots, h_n, \cdots)$ 这样的无限多个坐标。按照 k 维欧氏空间中的法则，向量 $x=(x_1, x_2, \cdots, x_k)$ 的长度 $\|x\|$ 应满足勾股定理

$$\|x\|^2=x_1^2+x_2^2+\cdots+x_k^2,$$

那么在 H 中的元素，也应该有长度

$$\|h\|^2=\sum_{n=1}^{\infty}h_n^2<\infty。$$

k 维欧氏空间中的向量 $x=(x_1, x_2, \cdots, x_k)$，$y=(y_1, y_2, \cdots, y_k)$ 之间有内积：

$$(x, y)=x_1y_1+x_2y_2+\cdots+x_ky_k。$$

那么，当 $h=(h_1, h_2, \cdots, h_n, \cdots)$，$k=(k_1, k_2, \cdots k_n, \cdots)\in H$ 时，将

$$(h, k)=\sum_{n=1}^{\infty}h_nk_n<\infty$$

作为 H 的内积也是顺理成章的。

所以，简单地说，希尔伯特空间就是无限维的解析几何学。其中有内积，有正交性，有向量的长度，有向量间的距离，有向量列的收敛性，当然也可像讨论实数的完备性一样来讨论 H 的完备性。这一切似乎信手拈来，不费什么事。其实，无限有无限的难处。希尔伯特选中“平方可和”数列空间 L^2 作为标本，是一项极有眼力的构思。在这一空间中的向量可以相加，可以乘以数，可以有内积、长度和距离，而且加法和数乘关于这个距离是连续的。这些都需要证明，虽不算难，但要看到它却不容易。

为希尔伯特的 L^2 作后盾的是三角级数。三角级数理论证实，一个平方可积的函数 $f(x)$，即

$$\int_0^{2\pi} f^2(x)dx < \infty,$$

必定对应一个平方可和的傅里叶系数所成的数列(C_0, C_1, C_2, …, C_n, …)使得

$$\sum_{n=0}^{\infty} |C_n|^2 < \infty。$$

这样一来，研究无限维空间，并非数学家的杜撰，实际上是研究函数所组成的空间。平方可积函数空间 L^2 和平方可和数列空间 l^2，完全是同构的，可看作一回事。

有了无限维解析几何学，我们就可以研究无限维空间上的函数和泛函，即泛函分析和算子理论。在 L^2 空间上对每一个 $f \in L^2$，积分是泛函：

$$I(f) = \int_0^{2\pi} f(x)dx,$$

就是 L^2 到 R^1 上的泛函。同理，在$[0, 2\pi]$上的连续可微函数 f，微分是算子：

$$\left(\frac{d}{dx}\right) f = f'(x),$$

就是连续可微函数空间到连续函数空间上的算子。无限维空间上的分析学由此诞生。

函数：数集$\xrightarrow{f}$数集

泛函：函数集$\xrightarrow{f}$数集

算子：函数集$\xrightarrow{f}$函数集

希尔伯特研究的是积分算子 K：

$$g(x) = \int_a^b K(t, x)f(t)dt。$$

其中 f, $g \in L^2$, $K(t, x)$满足

$$\int_a^b\int_a^b |K(t, x)|^2 dtdx < \infty。$$

这时，如果 t, x 离散化，

$$a=t_0<t_1<\cdots<t_n=b,\ a=x_0<x_1<x_2<\cdots<x_n=b,$$

那么这一算子相当于线性方程组

$$g(x_k)=\sum_{j=1}^{n}K(t_j,\ x_k)f(t_j),\ k,\ j=1,\ 2,\ \cdots,\ n。$$

$K(t_j,\ x_k)$构成 $n\times n$ 的矩阵。希尔伯特运用一系列技巧，把线性方程组的结论统统搬到无限维空间上来，终于使积分方程论向前推进一步，也初步显示出无限维空间上分析的威力。

26.2 在希尔伯特空间出现之后十余年，物理学又发生了一件大事：量子力学的出现。

量子力学描写微观粒子的运动规律，作为描述宏观运动的牛顿力学，物体在时刻 t 到达某位置 P 乃是可以测知并按力学定律唯一确定的。但微观粒子不服从这样的规律。如图 26.1，当一微观粒子 α，穿过小孔到达屏幕时，并不像牛顿力学一样可以唯一地测定它的位置。经过很多次的实验我们只能测量出 α 到达屏幕的位置有一个分布；比较集中在 0 附近，但伸向屏幕两端的粒子也有，只不过少一些，这就是说，粒子经小孔到达屏幕的位置并非唯一确定，而是有一个分布。我们不能说"粒子 α 在某时刻在什么位置"，只能说，"粒子 α 在某处小邻域内出现的概率是多少"。所以，我们用一个波函数 $\psi(x,\ y,\ z,\ t)$来标志粒子的状态，其意义是$|\psi(x,\ y,\ z,\ t)|^2\mathrm{d}x\mathrm{d}y\mathrm{d}z$ 表示时刻 t 测量粒子的位置时，粒子位于 $(x,\ x+\mathrm{d}x)\times(y,\ y+\mathrm{d}y)\times(z,\ z+\mathrm{d}z)$ 这一微立方体中的概率。因为总体概率必定为 1，所以我们有条件：

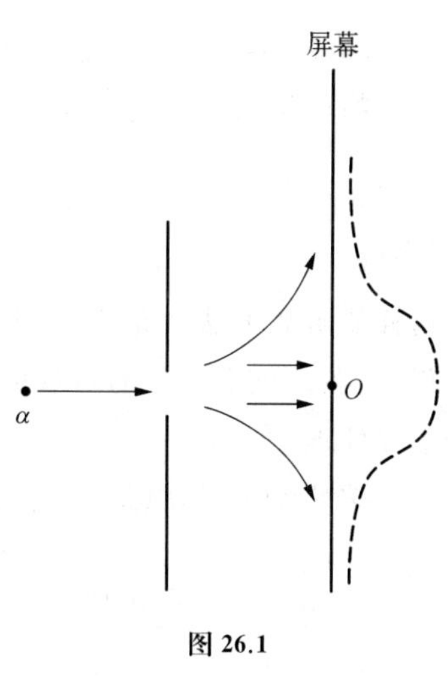

图 26.1

$$\int_{-\infty}^{\infty}\int_{-\infty}^{\infty}\int_{-\infty}^{\infty}|\psi(x,\ y,\ z,\ t)|^2\mathrm{d}x\mathrm{d}y\mathrm{d}z=1。$$

这样一来，一个由点粒子构成的体系，其状态由一个波函数——平方可积函数所确定，所有可能的状态构成了平方可积函数空间 L^2，这正是希尔伯特空间。量子力学找到的数学框架又是数学家预先准备好了的(量子力学产生于 1925 年前后)。

量子力学对泛函分析的推动，更深刻地反映在无限维空间的算子理论上。波函数体现了粒子的状态。对它进行由算子 A 表示的物理量的测量，则得到取值 a_k 的概率为 $|\boldsymbol{C}_k|^2$。此处 a_k 是 A 对应于特征函数 $\phi_k(x)$的特征值(在离散谱中)，即 $A\phi_k(x)=a_k\phi_k(x)$，$\boldsymbol{C}_k$ 是波函数$\psi(x,\ t)$按$\{\phi_k(x)\}$作特征展开时第 k 项的系数。

将希尔伯特空间上的自伴算子进行谱分解，是对称矩阵对角线化理论在无限维的推广。推广工作是非平凡的，这是一套漂亮而有效的无限维空间技巧，大家所熟悉的一般矩阵的约当块分解，现在还没能完全推广到无限维情形。

26.3 无限维空间上的算子全体，构成了算子代数。这又是现今数学界致力研究的方向。一般来说，两个算子不能交换，即 $A \cdot B \neq B \cdot A$。即使两个有限维空间的算子(矩阵)也不能交换。由于无限维空间内容丰富，算子代数呈现出五光十色的特性。非交换微分几何、非交换的积分理论、非交换的概率纷纷诞生，新的一轮推广工作正在进行之中。

微分方程实际上是无限维空间上的微分算子理论。线性微分算子的理论已相当成熟。目前发展更快的是非线性泛函分析，它在相当程度上成为非线性偏微分方程的理论框架。微分几何、微分方程、泛函分析正在彼此影响，形成分析学的一个主攻方向。

26.4 这里我们应该提到广义函数，这是显示无限维空间作用的一个很好的例子。

物理学家狄拉克(Dirac)把一个脉冲形容为 δ 函数：

$$\delta(x)=\begin{cases}0 & x \neq 0 \\ \infty & x=0,\end{cases} \int_{-\infty}^{\infty} \delta(x)\mathrm{d}x=1。$$

这样的函数无法用通常的函数意义去理解，且按照黎曼积分的思想，只在一点不为 0 的函数的积分应当是 0。所以需用更新的观点加以处理。

图 26.2 $\boldsymbol{\delta(x)}$ 是脉冲的抽象

按照 $\delta(x)$ 的原意，对连续函数 $\varphi(x)$，可以预期

$$\int_{-\infty}^{\infty} \delta(x)\varphi(x)\mathrm{d}x=\lim_{\varepsilon \to 0}\int_{-\varepsilon}^{\varepsilon} \delta(x)\varphi(x)\mathrm{d}x=\varphi(0)。$$

于是我们可以将 $\delta(x)$ 看作连续函数空间上的泛函。就是说，对 $\varphi \in \boldsymbol{C}(-\infty, \infty)$，令

$$\delta(\varphi)=\varphi(0)。$$

这样，作为连续函数空间(无限维)上泛函，$\delta(x)$ 得到确切无误的定义。

由此想开去，我们把无限维空间上的泛函作为通常函数概念的推广，形成了广义函数理论。有些微分方程没有通常意义下的函数解，却可以有广义函数解。这一想法极大地刺激了常系数线性微分算子理论的进展，使许多无解的偏微分方程在广义函数范围内得到了解决。

26.5 最后，让我们指出，无限维的分析学正在迅速发展。无限维空间上的微分概念、积分概念尚未得到妥善的推广和使用，无限维的李代数也正受到人们的青睐。有人预言，21 世纪的数学也许会以无限维空间上的数学作为中心，这并非是毫无根据的猜测。事实上，有些问题在有限情形搞不清，但索性推到无限情形，倒把问题说清楚了。微积分中的极限理论不就是这样的吗？

人名索引